KB271843

세상에서 가장 행복한 '태교콘서트'에 초대합니다

'태교는 미신이고, 비과학이다?' 요즘도 이런 말을 하거나 믿는 사람들이 있을까요? 몇 년 전만 해도 나는 의무감을 갖고 태교의 과학성에 대해 사람들에게 당부하고 다녔습니다. 엄청난 교육열을 가진 우리 나라 부모들이지만 뱃속아기 교육에 대해서는 그리 관심이 높지 않았었기 때문입니다. 그런데 놀랍게도 불과 몇 년 사이에 사람들의 인식이 많이 바뀌었습니다. 요즘엔 '어찌하면 태교를 더 잘할 수 있을까' 에 대해 고민하는 경우는 있어도 태교의 과학성에 대해서 의심하는 사람은 거의 없습니다. 태교의 중요성을 전파하는 사람중의 한 명으로서 가슴 뿌듯한 일이 아닐 수 없습니다.

이제는 '사회태교' 에 대한 인식이 필요합니다. 태교는 임신부 혼자만의 몫이 아닙니다. 임신부는 본능적으로 태교를 하게 되어 있지만 남편이나 친척, 직장 동료들은 그렇지 못합니다. 하지만 진정한 태교는 그들의 적극적인 협조와 배려가 있을 때 완성되는 것입니다. 임신부 혼자 아무리 평정심을 가지려 해도 남편이나 가족들, 회사 사람들이 스트레스를 준다면 임신부 혼자 하는 태교는 아무런 의미가 없기 때문입니다. 인간은 사회적 동물이기 때문에 태교도 사회적이어야 합니다. 스트레스를 받고 자란 태아는 그렇지 않은 태아에 비해 지능이 떨어짐은 물론 인격 형성에도 해를 입습니다. 이는 현대 과학이 속속 증명해내고 있는 사실들입니다.

아내에게 태교 책을 선물하는 남편은 아름답습니다. 하지만 태교 책을 아내에게 던져주고 자신은 가끔 밤늦게 들어와 태담 몇 마디 하는 것으로 태교를 다 했다고 위안 삼아서는 안 됩니다. 아내와 함께, 아내의 배를 쓰다듬으며 이 책을 탐독하세요. 임신부의 태교 못지 않게 중요한 것이 부성 태교입니다. 부성 태교는 우리네 전통태교에서도 임신 전부터 중히 여겨온 빛나는 전통입니다. 또한 결혼한 여성들의 스트레스 1순위라는 시댁 식구들도 태교에 힘써야 합니다. 장차 태어날 손자, 조카가 건강하고 똑똑하길 바란다면 말입니다. 그리고 요즘은 맞벌이 부부들이 많아서 임신 중에도 직장 생활을 하는 임신부들이 많은데 직장 동료들도 임신부의 태교에 참여해야 합니다.

이 책은 임신부는 물론 남편, 친척, 회사 동료까지 모두 돌려보면 좋겠습니다. 임신부가 주체이긴 하지만 태교에 함께 참여해야 하는 모든 사람들을 위해 만든 책이기 때문입니다. 이 책은

전통태교에서부터 최근 서구에서 속속 발표되고 있는 태아 프로그래밍까지, 궁중태교부터 세계의
태교까지 아우르고 있으며, 이런 내용들을 주 단위로 보기 쉽게 추려 놓았으니 생활 속에
적용하기도 쉬울 것입니다.
태교는 과학, 더 정확히 말하자면 인성 과학입니다. 태교는 뇌 발달, 지능지수(IQ), 감성지수(EQ),
도덕지수(MQ) 등 인간에게 필요한 모든 것을 담고 있는 토털지수로서의
태교지수(TQ)로 이해되어야 합니다. 건강한 태아를 키우는 것은 사회와
나라를 위한 것이며 우리의 미래를 위한 일이기도 합니다.

박 문 일 대한태교연구회 회장 / 전 한양대 의과대학 산부인과 교수

Table of contents

01

태교 전문가 박문일 교수에게 듣는다
왜 태교를 해야 할까?

22 태교의 이유? 태아는 알고 있다
24 태교는 과학이다
26 아이의 평생 건강 좌우하는 태교
28 IQ는 유전일까? 태교가 결정할까?
30 태교는 임신부 혼자의 몫이 아니다

02

태교의 시작은 계획임신!
잉태태교에서 뱃속태교까지

34 임신 전 잉태태교
36 부부가 함께, 임신 전 태교 플랜
39 임신 전에 꼭 받아야 하는 검사
42 건강한 아기를 위한 계획임신
44 정자와 난자의 만남, 드디어 임신

intro.

6 태교 메시지
14 우리 아기 얼마나 자랐을까?
18 계산하지 않고 알 수 있는 분만예정일 캘린더

03

태교지수(TQ)를 높여라!

남편과 함께 주 단위 태교

★ **두뇌발달의 기초를 다지는 임신 1~4주**

52 주 단위 임신 캘린더
태아의 성장발달 │ 임신부의 신체변화 │ 이번 주에 체크해야 할 일

54 이 시기에 효과적인 태교
신재용 한의사의 음식태교 │ 전선혜 교수의 운동태교 │ 김수자 교수의 마사지태교

60 박문일 교수의 태교 특강 1

★ **입덧과 영양에 신경 써야 하는 임신 5~8주**

64 주 단위 임신 캘린더
태아의 성장발달 │ 임신부의 신체변화 │ 이번 주에 체크해야 할 일

66 이 시기에 효과적인 태교
신재용 한의사의 음식태교 │ 전선혜 교수의 운동태교 │ 김수자 교수의 마사지태교

72 박문일 교수의 태교 특강 2

★ **심장이 발달하는 임신 9~12주**

76 주 단위 임신 캘린더
태아의 성장발달 │ 임신부의 신체변화 │ 이번 주에 체크해야 할 일

78 이 시기에 효과적인 태교
신재용 한의사의 음식태교 │ 전선혜 교수의 운동태교 │ 김수자 교수의 마사지태교

84 박문일 교수의 태교 특강 3

★ 두뇌발달에 가속도가 붙는 **임신 13~16주**

88 주 단위 임신 캘린더
태아의 성장발달 │ 임신부의 신체변화 │ 이번 주에 체크해야 할 일

90 이 시기에 효과적인 태교
신재용 한의사의 음식태교 │ 전선혜 교수의 운동태교 │ 김수자 교수의 마사지태교

96 박문일 교수의 태교 특강 4

★ 본격적인 태교를 시작해야 하는 **임신 17~20주**

100 주 단위 임신 캘린더
태아의 성장발달 │ 임신부의 신체변화 │ 이번 주에 체크해야 할 일

102 이 시기에 효과적인 태교
신재용 한의사의 음식태교 │ 전선혜 교수의 운동태교 │ 김수자 교수의 마사지태교

108 박문일 교수의 태교 특강 5

★ 두뇌피질이 완성되는 **임신 21~24주**

112 주 단위 임신 캘린더
태아의 성장발달 │ 임신부의 신체변화 │ 이번 주에 체크해야 할 일

114 이 시기에 효과적인 태교
신재용 한의사의 음식태교 │ 전선혜 교수의 운동태교 │ 김수자 교수의 마사지태교

120 박문일 교수의 태교 특강 6

★ 자율신경활동이 활발해지는 **임신 25~28주**

124 주 단위 임신 캘린더
태아의 성장발달 │ 임신부의 신체변화 │ 이번 주에 체크해야 할 일

126 이 시기에 효과적인 태교
신재용 한의사의 음식태교 │ 전선혜 교수의 운동태교 │ 김수자 교수의 마사지태교

132 박문일 교수의 태교 특강 7

★ 오감이 완성되는 임신 29~32주

136 주 단위 임신 캘린더
태아의 성장발달 │ 임신부의 신체변화 │ 이번 주에 체크해야 할 일

138 이 시기에 효과적인 태교
신재용 한의사의 음식태교 │ 전선혜 교수의 운동태교 │ 김수자 교수의 마사지태교

144 박문일 교수의 태교 특강 8

★ 엄마의 감정 상태에 민감하게 반응하는 임신 33~36주

148 주 단위 임신 캘린더
태아의 성장발달 │ 임신부의 신체변화 │ 이번 주에 체크해야 할 일

150 이 시기에 효과적인 태교
신재용 한의사의 음식태교 │ 전선혜 교수의 운동태교 │ 김수자 교수의 마사지태교

156 박문일 교수의 태교 특강 9

★ 아기의 모습을 갖추고 세상으로 나갈 준비를 하는 임신 37~40주

160 주 단위 임신 캘린더
태아의 성장발달 │ 임신부의 신체변화 │ 이번 주에 체크해야 할 일

162 이 시기에 효과적인 태교
신재용 한의사의 음식태교 │ 전선혜 교수의 운동태교 │ 김수자 교수의 마사지태교

168 박문일 교수의 태교 특강 10

point·info

예비 부모들의 건강한 아기를 위한
10계명 35
산전검사로 건강한 아기를 낳아요 41
임신 중 성생활 47
전통태교 '칠태도'가 궁금하다 61
너무나 궁금한 위인들의 태교 73
입덧의 태교학 85
스트레스와 태아곤란증 97
왜 꼭 모짜르트 음악인가? 109
태교의 기본, 태담 잘하기 121
영어, 태교로 가능할까? 133
자궁의 신비 145
산후건망증과 우울증이 걱정되나요?
157
스트레스가 적은 분만 방법은? 169
태담, 이렇게 말해보세요 176
전통태교에서 임신부가 해야 할 일
vs 하지 말아야 할 일 180

04

태교 효과 업그레이드시키는

주제별 행복태교

172 대화로 사랑을 나누는 **태담태교**

178 현대과학도 놀란 **전통태교**

184 집중력을 길러주는 **음악태교**

193 감성과 미적 감각을 키워주는 **미술태교**

193 명화 감상을 즐길 수 있는 **감상태교**

196 컬러감각을 높여주는 **그림태교**

197 손끝으로 두뇌를 자극하는 **십자수태교**

198 잠재력을 쑥쑥 길러주는 **동화태교**

203 네 자녀를 천재로 만든 **스세딕태교**

208 삶의 활력소, 휴식같은 **여행태교**

215 뇌세포를 활성화시키는 **산소태교**

215 태아의 피부를 자극하는 **산책태교**

217 산소공급을 원활하게 도와주는 **삼림욕태교**

220 생활의 활력을 찾아주는 **운동태교**

220 다리부기와 허리통증 없애주는 **수영태교**

223 태아의 성장발달을 돕는 **요가태교**

228 온몸을 스트레칭하는 **필라테스태교**

231 몸과 마음에 생명을 불어넣는 **기태교**

236 마음의 평온함을 찾아주는 **일기태교**

238 국제화 시대에 꼭 맞는 **영어태교**

244 건강하고 지혜로운 아기 낳는 **체질태교**

244 일본·독일·중국·유태·프랑스·미국 **세계의 태교**

05

똑똑하고 건강한 아기 낳는
실전! 명품태교

★ 똑똑하고 재능있는 아기 낳는 태교

252 동화태교
290 명화태교

★ 건강하고 씩씩한 아기 낳는 태교

300 음식태교
324 운동태교

★ 성품이 곱고 예쁜 아기 낳는 태교

332 DIY태교
342 명상태교

point.info

전통태교에서 임신부가 먹으면 좋은 것
vs 먹어선 안 되는 것 180
음악태교 배울 수 있는 곳 188
상황에 따라 골라 듣는 음악 191
남편과 함께 주말 미술관 나들이 194
그림태교, 책으로 하세요 196
전문가 추천 태교에 좋은 동화책 202
스세딕태교를 위한 카드 만들기 207
임신부가 여행할 때 꼭 챙길 것 210

자동차나 비행기로 여행할 때
체크해야 할 일 213
산책이나 삼림욕 후 발&종아리 마사지 219
임신 중 운동할 때 꼭 지킬 일 224
요가태교할 때 꼭 알아두세요 225
기체조할 때 주의하세요 232
이런 영어태담 어때요? 242
태교에 좋은 영어교재 242

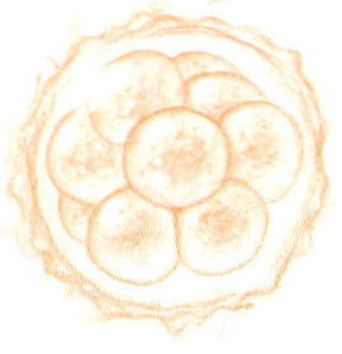

우리 아기 얼★마★만★큼 자랐을까?

철저한 계획 아래 잉태태교를 하고
임신이 되었다면, 이제부터는 임신부의 몸과
뱃속 태아의 성장에 관심을 기울여야 한다.
임신 40주 동안 임신부의 몸에는 어떤 변화가
나타나고 태아는 어떻게 성장해 가는지
꼼꼼하게 살펴 태아의 성장발달에 맞는
맞춤 태교법을 찾아보자.

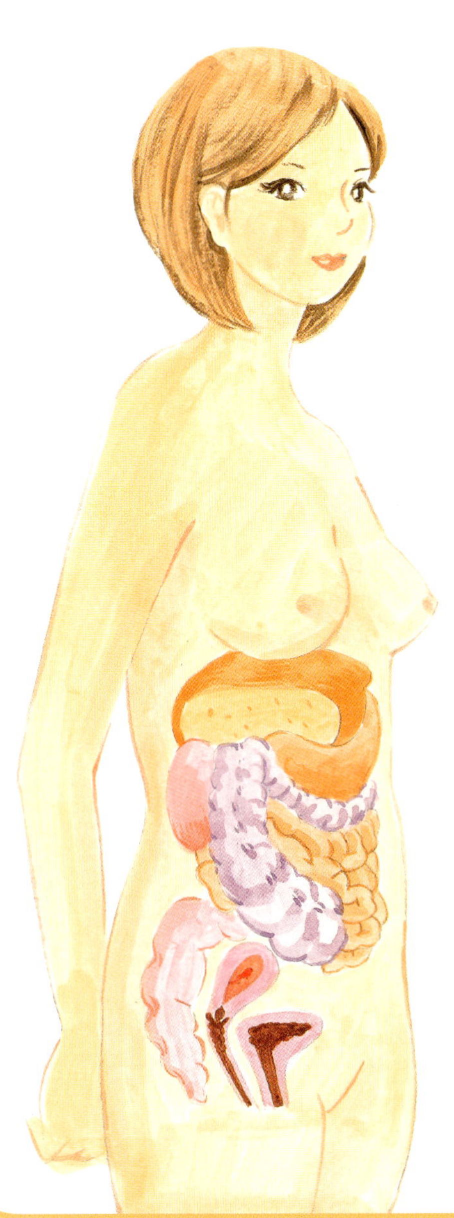

2 개월 배아는 심박동을 시작하고, 뇌와 신경세포가 분화되며, 다른 내부 장기가 생겨난다.

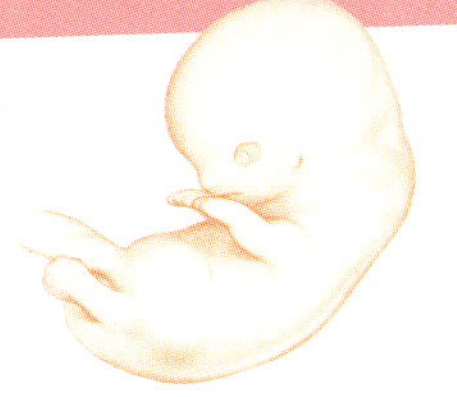

태아의 키 (머리부터 엉덩이까지)	
5주	약 1.25mm
6주	약 2~4mm
7주	약 11~13mm
8주	약 14~20mm

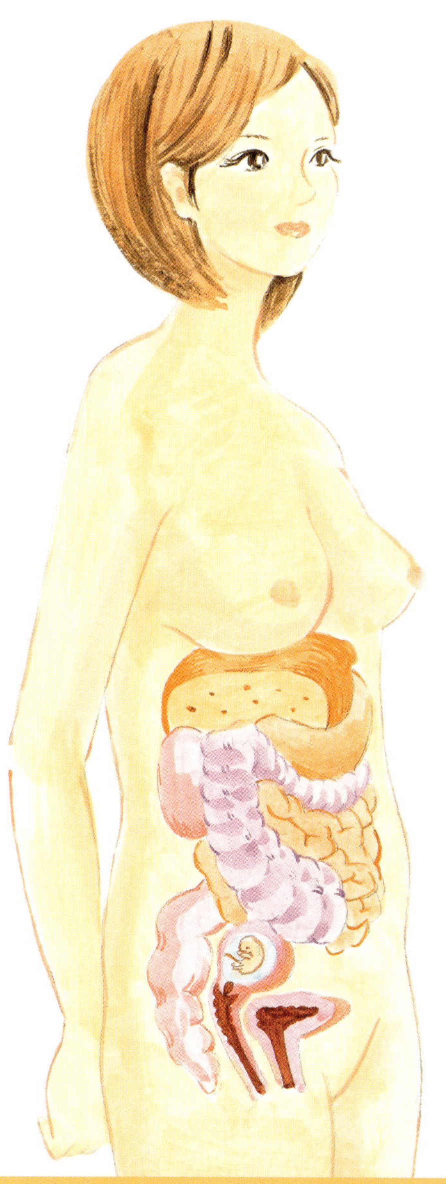

3 개월 손가락·발가락이 생기고, 엄마는 느끼지 못하지만 태동을 시작한다. 유산을 조심한다.

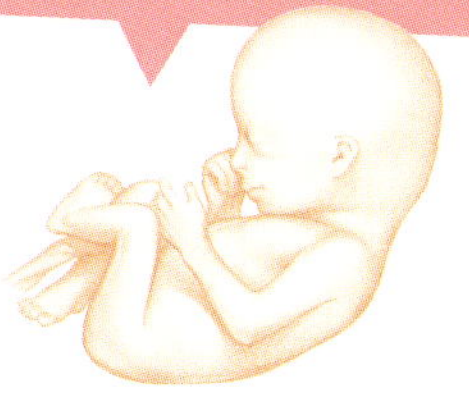

태아의 키	태아의 체중
9주	약 22~30mm	
10주	약 31~42mm	약 5g
11주	약 44~60mm	약 8g
12주	약 61mm	약 8~14g

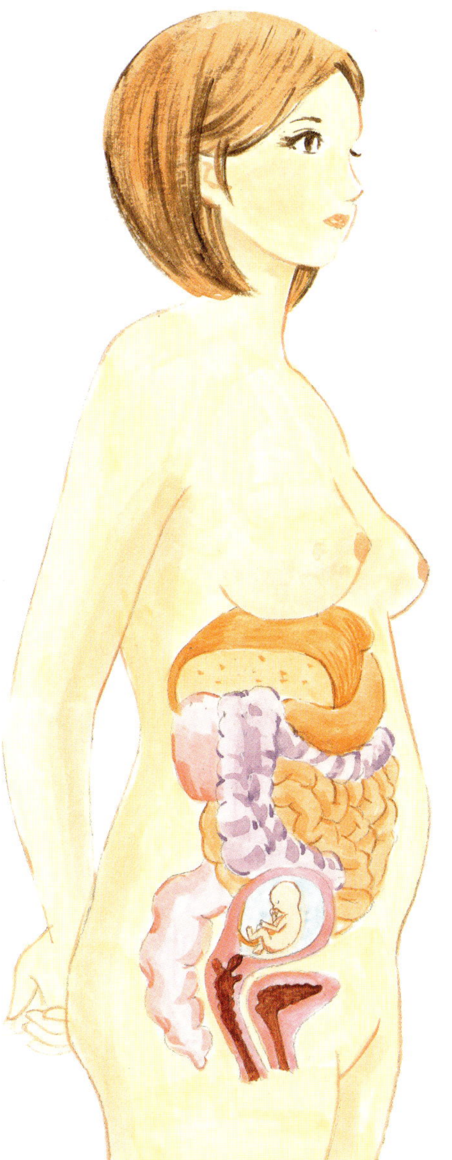

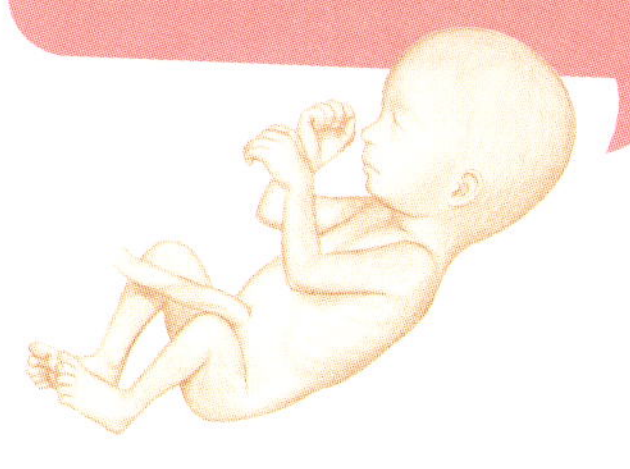

4 개월 중요 신체 기관이 모두 형태를 갖추고 제 기능을 발휘하기 위해 성장을 시작한다.

태아의 키	태아의 체중
13주	약 65~78mm	약 13~20g
14주	약 80~99mm	약 25g
15주	약 93~103mm	약 50g
16주	약 108~116mm	약 80g

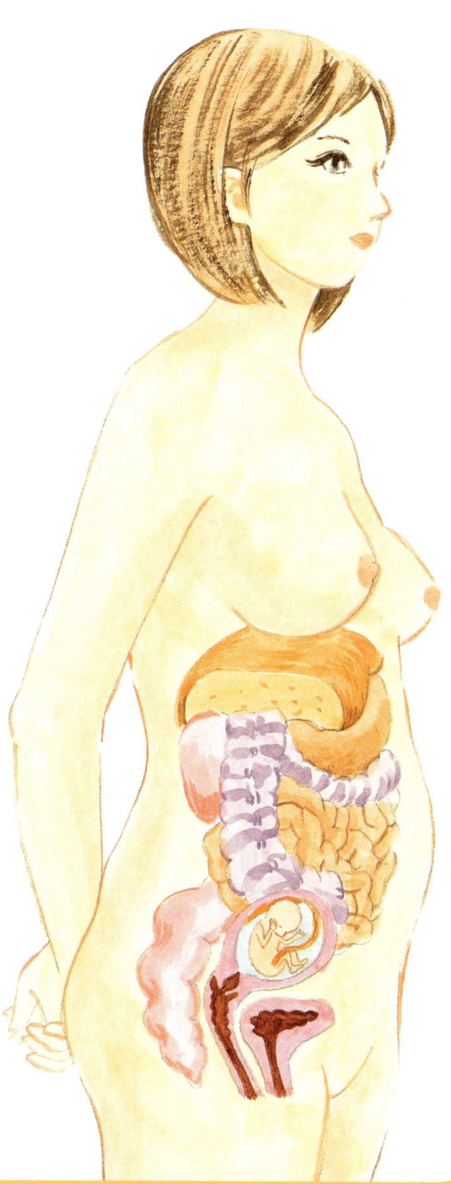

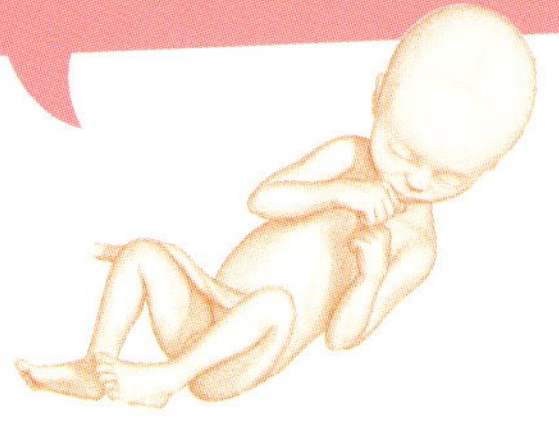

17~20주

5 개월

태아의 청각기관이 발달하며, 배가 눈에 띄게 나와 눈으로 임신을 확인할 수 있다.

	태아의 키	태아의 체중
17주	약 11~12cm	약 100g
18주	약 12.5~14cm	약 150g
19주	약 12~15cm	약 200g
20주	약 14~16cm	약 260g

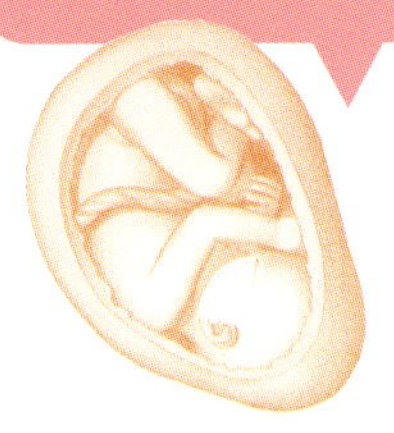

21~24주

6 개월

뇌가 급속도로 성장하고, 폐혈관이 발달하며, 소화기 계통이 기능을 시작한다.

	태아의 키	태아의 체중
21주	약 18cm	약 300g
22주	약 19cm	약 350g
23주	약 20cm	약 455g
24주	약 21cm	약 540g

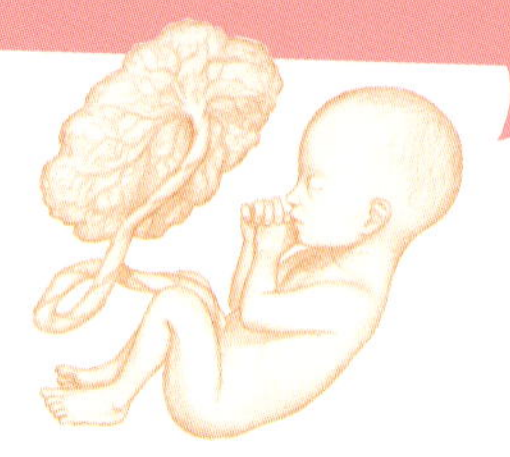

25~28주

7 개월

몸이 통통해지고, 호흡을 위한 연습을 시작한다. 배를 건드리면 태아가 반응을 보인다.

	태아의 키	태아의 체중
25주	약 22cm	약 700g
26주	약 23cm	약 910g
27주	약 24cm	약 1kg
28주	약 25cm	약 1.1kg

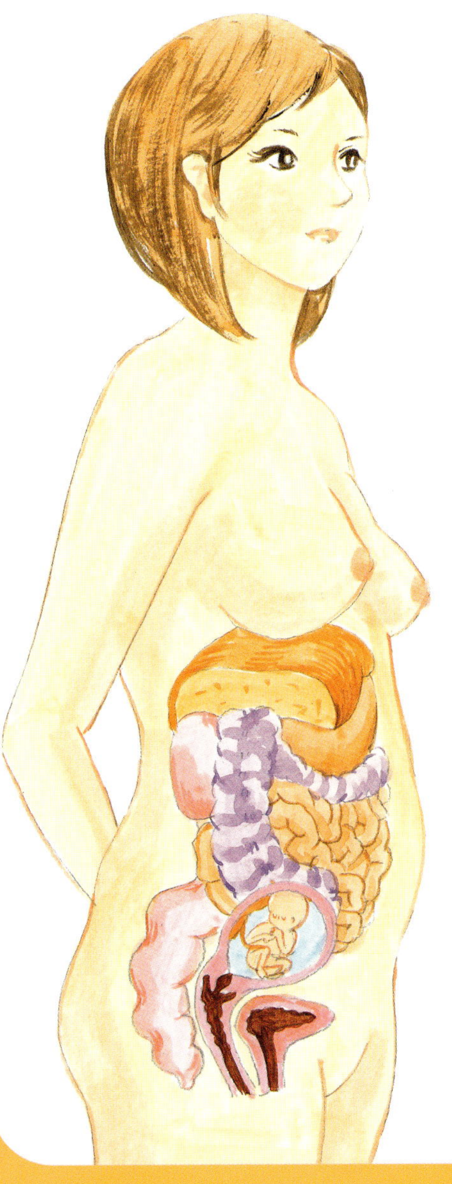

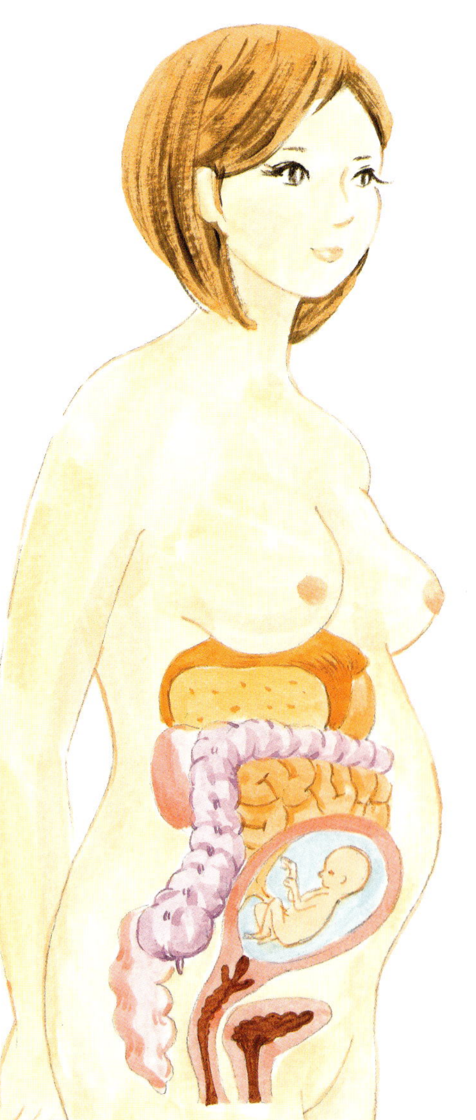

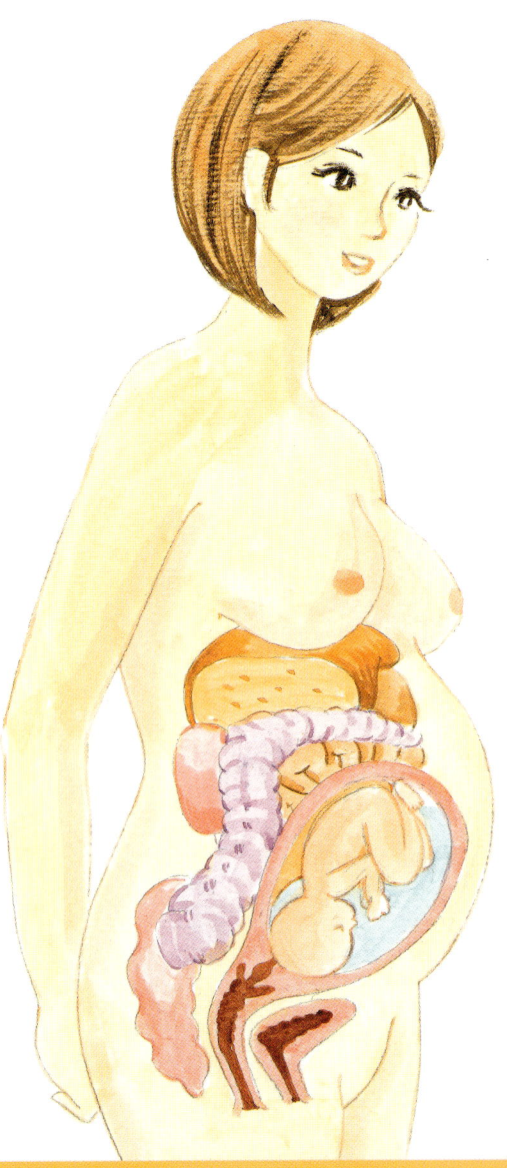

29~32 주

8 개월

빛에 반응하고, 폐와 소화기관이 거의 완성된다. 후기에 접어들면서 태동이 줄어든다.

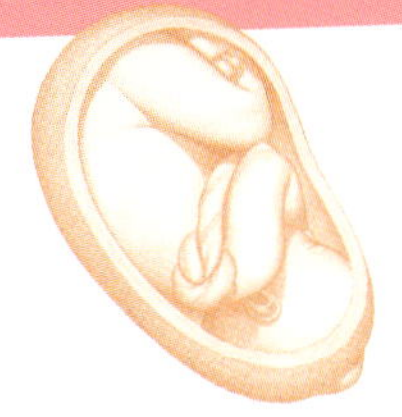

	태아의 키	태아의 체중
29주	약 26cm	약 1.25kg
30주	약 27cm	약 1.35kg
31주	약 28cm	약 1.6kg
32주	약 29cm	약 1.8kg

33~36 주

9 개월

머리 골격이 단단해지고, 손·발톱이 자라며, 출생 후 체온 조절 위해 피하지방이 생긴다.

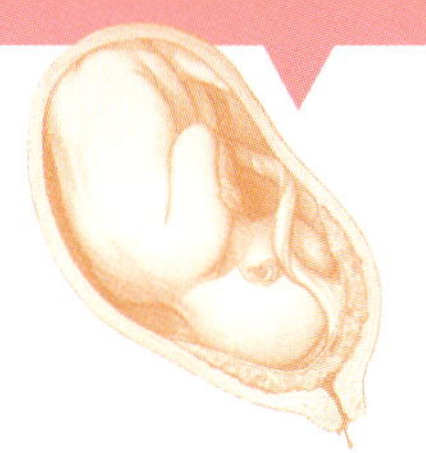

	태아의 키	태아의 체중
33주	약 30cm	약 2kg
34주	약 32cm	약 2.28kg
35주	약 33cm	약 2.5kg
36주	약 34cm	약 2.75kg

37~40 주

10 개월

솜털과 머리 잔털이 빠지고, 자궁 밖에서 기능할 수 있도록 신체 모든 기관이 준비된다.

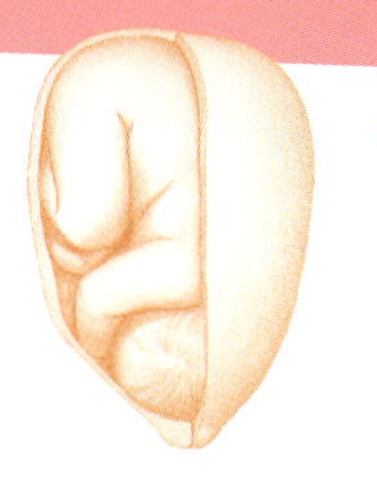

	태아의 키	태아의 체중
37주	약 35cm	약 2.95kg
38주	약 35cm	약 3.1kg
39주	약 36cm	약 3.25kg
40주	약 37~38cm	약 3.4kg

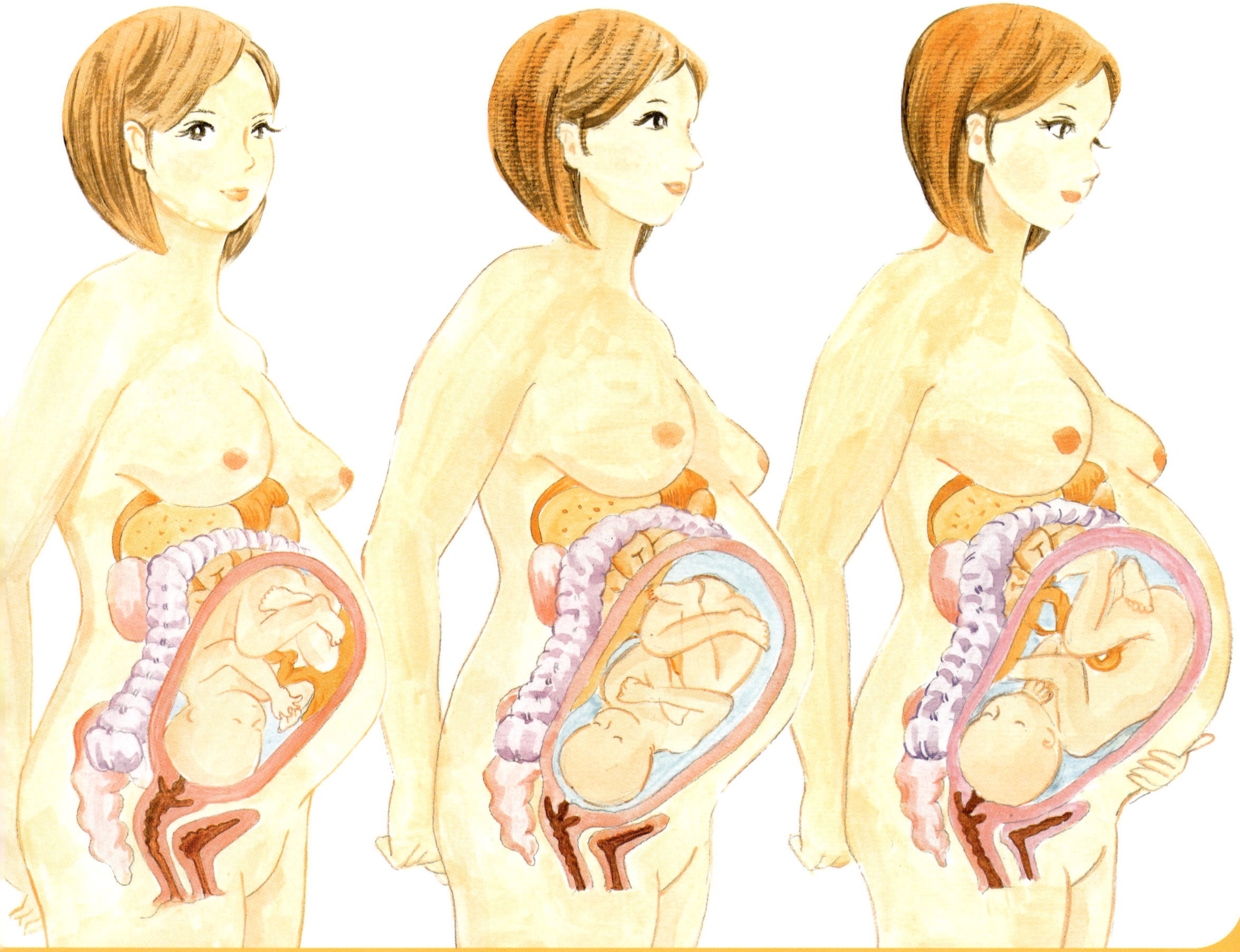

계산하지 않고 한 눈에 쉽게 알 수 있어요

분만 예정일 캘린더

JANUARY 1

		10/8 1	10/9 2	10/10 3	10/11 4
10/12 5	10/13 6	10/14 7	10/15 8	10/16 9	10/17 10	10/18 11
10/19 12	10/20 13	10/21 14	10/22 15	10/23 16	10/24 17	10/25 18
10/26 19	10/27 20	10/28 21	10/29 22	10/30 23	10/31 24	11/1 25
11/2 26	11/3 27	11/4 28	11/5 29	11/6 30	11/7 31	

FEBRUARY 2

		11/8 1	11/9 2	11/10 3	11/11 4
11/12 5	11/13 6	11/14 7	11/15 8	11/16 9	11/17 10	11/18 11
11/19 12	11/20 13	11/21 14	11/22 15	11/23 16	11/24 17	11/25 18
11/26 19	11/27 20	11/28 21	11/29 22	11/30 23	12/1 24	12/2 25
12/3 26	12/4 27	12/5 28	12/6 29			

MARCH 3

		12/7 1	12/8 2	12/9 3	12/10 4
12/11 5	12/12 6	12/13 7	12/14 8	12/15 9	12/16 10	12/17 11
12/18 12	12/19 13	12/20 14	12/21 15	12/22 16	12/23 17	12/24 18
12/25 19	12/26 20	12/27 21	12/28 22	12/29 23	12/30 24	12/31 25
1/1 26	1/2 27	1/3 28	1/4 29	1/5 30	1/6 31	

APRIL 4

		1/7 1	1/8 2	1/9 3	1/10 4
1/11 5	1/12 6	1/13 7	1/14 8	1/15 9	1/16 10	1/17 11
1/18 12	1/19 13	1/20 14	1/21 15	1/22 16	1/23 17	1/24 18
1/25 19	1/26 20	1/27 21	1/28 22	1/29 23	1/30 24	1/31 25
2/1 26	2/2 27	2/3 28	2/4 29	2/5 30		

MAY 5

		2/6 1	2/7 2	2/8 3	2/9 4
2/10 5	2/11 6	2/12 7	2/13 8	2/14 9	2/15 10	2/16 11
2/17 12	2/18 13	2/19 14	2/20 15	2/21 16	2/22 17	2/23 18
2/24 19	2/25 20	2/26 21	2/27 22	2/28 23	2/29 24	3/1 25
3/2 26	3/3 27	3/4 28	3/5 29	3/6 30	3/7 31	

JUNE 6

		3/8 1	3/9 2	3/10 3	3/11 4
3/12 5	3/13 6	3/14 7	3/15 8	3/16 9	3/17 10	3/18 11
3/19 12	3/20 13	3/21 14	3/22 15	3/23 16	3/24 17	3/25 18
3/26 19	3/27 20	3/28 21	3/29 22	3/30 23	3/31 24	4/1 25
4/2 26	4/3 27	4/4 28	4/5 29	4/6 30		

다음에서 당신의 마지막 월경 시작일을 찾아보세요(왼쪽 큰 글씨)
오른쪽 상단에 있는 색 글씨의 달과 날짜가 당신의 분만 예정일입니다.

최종 월경 시작일   분만 예정일

JULY 7

			1	**4/7** 2	**4/8** 3	4/9 4	4/10
4/11 5	4/12 6	4/13 7	4/14 8	4/15 9	4/16 10	4/17 11	
4/18 12	4/19 13	4/20 14	4/21 15	4/22 16	4/23 17	4/24 18	
4/25 19	4/26 20	4/27 21	4/28 22	4/29 23	4/30 24	5/1 25	
5/2 26	5/3 27	5/4 28	5/5 29	5/6 30	5/7 31		

AUGUST 8

			1	5/8 2	5/9 3	5/10 4	5/11
5/12 5	5/13 6	5/14 7	5/15 8	5/16 9	5/17 10	5/18 11	
5/19 12	5/20 13	5/21 14	5/22 15	5/23 16	5/24 17	5/25 18	
5/26 19	5/27 20	5/28 21	5/29 22	5/30 23	5/31 24	6/1 25	
6/2 26	6/3 27	6/4 28	6/5 29	6/6 30	6/7 31		

SEPTEMBER 9

			1	6/8 2	6/9 3	6/10 4	6/11
6/12 5	6/13 6	6/14 7	6/15 8	6/16 9	6/17 10	6/18 11	
6/19 12	6/20 13	6/21 14	6/22 15	6/23 16	6/24 17	6/25 18	
6/26 19	6/27 20	6/28 21	6/29 22	6/30 23	7/1 24	7/2 25	
7/3 26	7/4 27	7/5 28	7/6 29	7/7 30			

OCTOBER 10

			1	7/8 2	7/9 3	7/10 4	7/11
7/12 5	7/13 6	7/14 7	7/15 8	7/16 9	7/17 10	7/18 11	
7/19 12	7/20 13	7/21 14	7/22 15	7/23 16	7/24 17	7/25 18	
7/26 19	7/27 20	7/28 21	7/29 22	7/30 23	7/31 24	8/1 25	
8/2 26	8/3 27	8/4 28	8/5 29	8/6 30	8/7 31		

NOVEMBER 11

			1	8/8 2	8/9 3	8/10 4	8/11
8/12 5	8/13 6	8/14 7	8/15 8	8/16 9	8/17 10	8/18 11	
8/19 12	8/20 13	8/21 14	8/22 15	8/23 16	8/24 17	8/25 18	
8/26 19	8/27 20	8/28 21	8/29 22	8/30 23	8/31 24	9/1 25	
9/2 26	9/3 27	9/4 28	9/5 29	9/6 30			

DECEMBER 12

			1	9/7 2	9/8 3	9/9 4	9/10
9/11 5	9/12 6	9/13 7	9/14 8	9/15 9	9/16 10	9/17 11	
9/18 12	9/19 13	9/20 14	9/21 15	9/22 16	9/23 17	9/24 18	
9/25 19	9/26 20	9/27 21	9/28 22	9/29 23	9/30 24	10/1 25	
10/2 26	10/3 27	10/4 28	10/5 29	10/6 30	10/7 31		

01

사회태교가 진정한 태교

태교는 꼭 해야 할까? 태교는 과연
과학적인가? 태교를 하면 정말 건강하고
똑똑한 아기를 낳을 수 있을까?
임신을 준비하고 있거나 임신사실을 막
확인한 부부라면 누구나 갖게 되는 태교에
관한 이런 저런 궁금증을 태교전문가
박문일 교수가 확실하게 풀어준다.

태교의 이유? 태아는 알고 있다!

태교는 왜 해야 할까? 태교는 과연 과학적인 것인가? 태교는 과연 태어난 후의 교육보다 효과가 있는 것인가? 임신을 준비하고 있거나 혹은 이제 막 임신 사실을 확인한 부부라면 누구나 갖게 되는 태교에 관한 궁금증을 모두 풀어본다.

원정 출산이나 설소대 수술보다 태교가 좋다!

소문으로만 떠돌던 미국 원정출산이 일부 계층에서 흔하게 이루어지고 전문 알선 업체까지 있음이 밝혀져 큰 충격과 논란을 일으킨 적이 있다. 그런데 더 황당한 것은 그런 사실이 알려진 후 원정출산 소개 업체는 더 바빠졌다는 것이다.

그저 막연히 '나도 원정출산 한번 해볼까?' 라고 생각만 하던 부모들이 '옳다구나. 저런 업체가 있었구나!' 하고 연락을 하면서 때아닌 호황을 누리게 됐다는 것이다. 누가 들으면 이게 무슨 코미디 같은 얘기냐고 하겠지만 이것이 바로 21세기 초 한국의 현실이었다.

오래 전 개봉했던 영화 '여섯 개의 시선' 을 보면 영어 발음을 좋게 하기 위해 설소대 수술을 하는 장면이 나온다. 인위적으로 혀의 길이를 늘여 발음을 좋게 하는 설소대 수술은 실제로 한때 일부 부모들 사이에서 유행처럼 번졌었다.

자신의 입 안에서 메스와 실이 왔다갔다하고 결국 맨살이 찢기는 아픔에 아이는 울며 자지러지지만 부모는 "다 너를 위한 거야. 조금만 참아!" 하며 아이를 다그쳤다. 이 또한 2003년 한국에서 일어났던 비극 같은 희극이었다.

아이들의 행복을 위해 태교를 시작하자

위의 두 경우 모두 부모의 왜곡된 교육열과 지나친 자식 사랑이 낳은 웃지 못할 일이라고 할 수 있다. 하지만 과연 이런 방법이 아이들의 삶의 질에 얼마만큼 긍정적인 효과를 줄 것인가? 물론 미국 영주권을 얻으면 군대도 안 가도 되고, 아예 미국에서 교육도 받을 수 있고, 남보다 조금 좋은 발음으로 영어를 말할 수 있을지도 모른다. 하지만 평생 '원정 출산으로 낳은 아이' 라는 꼬리표를 달고 살고 설소대 수술을 부모로부터 받은 아픔으로 기억하는 아이들의 삶이 그렇게 행복하지만은 않을 것이다. 결국 부모가 원한 것이 아이들의 행복한 삶이었다면 이는 부모의 바람과는 완전히 어긋난 것이 될 수도 있다는 말이다.

그렇다면 어떻게 키워야 아이들이 행복하게 살 수 있을까?

이 물음에 대한 정답은 '태교로 시작하자!' 이다. 아이들의 행복한 삶을 진정으로 바라는 부모라면 태교부터, 그것도 임신하기 전의 태교로부터 시작해야 한다.

전통 태교법에 대한 관심이 높아지고 있다

태교를 해야만 하는 이유에 대해서 깊이 생각하는 부모는 그리 많지 않았을 것 같다. 그저 '남들이 다 하니까, 해서 나쁠 것은 없으니까' 하는 생각이었고, 그것도 그저 가끔 안 듣던 클래식 음악 듣고, 남편이 동화책 읽어주는 정도면 충분한 태교라고 생각했다.

하지만 최근 들어 태교의 효과가 과학적으로 입증되면서 태교에 대한 인식이나 태도도 많이 바뀌고 있다. 특히 주목할 만한 것은 우리 전통 태교법에 대한 관심이 전에 없이 높아지고 있다는 사실이다. 이는 세계적인 전문가들이 제시한 태교 지침들이 우리 나라 전통태교의 그것과 거의 흡사하다는 사실에 따른 것이다.

과학적으로 속속 입증되는 태교의 신비!

예전에는 막연히 '태교를 잘해야 똑똑한 아이가 태어난다'고 했다. 그런데 과학적으로 그것을 입증해줄 만한 연구결과가 발표되었다. 또한 '태교를 잘해야 건강한 아이를 낳을 수 있다'고 했는데, 이것 또한 태교와 생후 아이 건강의 연관성을 밝혀주는 연구 결과가 발표되었다. 그런가 하면 '심성이 고운 아이를 낳으려면 태교를 잘해야 한다'는 말도 있었는데, 태아 시절 극심한 스트레스를 겪었던 엄마에게서 태어난 아이들에게서 정신질환 등의 문제가 많이 나타난 사실도 입증되었다. ·

이런 연구 성과 덕분에 이젠 그 누구도 태교의 필요성과 중요성에 이의를 제기하는 사람이 없게 되었다.

태어나 10년 교육보다 태아 10개월 교육이 중요하다!

'태어나 10년 교육보다 태아 10개월 교육이 중요하다.'

조선시대 태교 입문서라고 할 수 있는 영조 때 사주당 이씨 부인이 쓴 〈태교신기〉의 한 구절이다. 태교의 중요성과 그 효과를 단적으로 보여주는 문구다. 태어나 받는 조기교육, 영재교육, 영어교육 등 각종 교육보다 태중에서의 열 달 교육이 훨씬 더 중요하다는 말이다. 사정이 이렇고 보니 앞으로 이 나라의 국가경쟁력은 태아를 품고 있는 임신부의 몫이라고 말해도 과언이 아닐 것이다.

역사적으로 위대한 인물들의 뒷얘기 속에는 언제나 어머니의 훌륭한 태교가 있다. 조선시대의 어진 임금들의 내력을 살펴도 이들을 하늘같이 모셨던 태중 시절이 있었음을 알 수 있다.

이처럼 예전부터 어머니들은 본능적으로 뱃속의 태아를 위해 태아 교육을 하고 있었던 것이다. 그게 우리 나라에서는 '태교'라는 이름으로 불리웠고, 서양에서는 최근 '태아 프로그래밍'이라는 이름으로 불리고 있다.

인간의 지능은 48%의 유전과 52%의 태내 환경으로 결정된다

오늘날 많은 부모들이 태교를 하는 가장 핵심적인 이유는 태교를 함으로써 똑똑하고 건강한 아이를 낳을 수 있다는 믿음 때문일 것이다.

각종 연구결과를 보면 이런 사실을 입증할 수 있다. 인간의 지능은 80%가 유전이라는 것이 오랫동안의 상식이었는데, 최근 미국의 한 연구팀이 오랜 연구를 통해 지능에서 유전자가 차지하는 비율은 단지 48%일 뿐이며, 나머지는 태내 환경이 결정한다는 놀라운 연구결과를 발표한 것이다.

또한 영국의 저명한 생의학 박사인 피터 너대니얼스는 비만, 당뇨, 암, 심장병 등 각종 질병들이 태내 환경의 영향을 받는다고 발표했다. 한 사람의 평생 건강을 좌우하는 데 태아 시기보다 더 중요한 때는 없다는 결론인 것이다.

태교의 시기를 놓치면 평생 후회하게 된다

여기서 주목해야 할 것은 태교는 한 번 그 시기를 놓치면 다시 되돌릴 수 없다는 사실이다. 자신의 교육관이나 육아관이 잘못됐을 경우엔 깨닫는 순간 고치면 되지만 태교는 그 시기를 놓쳤을 경우 그것으로 끝이다. 아기를 다시 엄마 뱃속으로 집어넣을 수는 없는 일 아닌가.

그래서 태교를 임신 사실을 알았을 때 시작하면 이미 늦다는 것이다. 임신 계획을 세운 시점부터, 아니 결혼하는 순간부터 준비해야 하는 것이 바로 태교이고, 그래야 확실한 효과를 얻을 수 있는 것이다. 왜 태교를 해야 하는지, 태교의 결과를 고스란히 갖고 태어나 평생을 살아갈 태아는 이미 그 이유를 알고 있다!

태교는 과학이다!

태교를 예로부터 내려오는 민간 속설쯤으로 생각하는 사람들이 많다. 하지만 수많은 연구 결과를 통해 태교는 비과학이나, 미신이 아닌 지극히 과학적인 것임이 속속 증명되고 있다. 태교의 과학적 근거에 대해서 알아보자.

태아는 음악을 듣고, 사진을 본다

태교를 하기로 마음먹은 부모가 가장 먼저 시작하는 일은 무엇일까? 아마도 가장 많은 임신부들이 오디오의 스위치를 켜고 음악을 듣기 시작할 것이다. 좋은 음악을 듣는 것이 태교에 좋다는 것 정도는 이제 온 국민의 상식이 되었기 때문이다. 그렇다면 정말로 좋은 음악을 듣는 것이 태교에 도움이 될까?

연구에 의하면 임신부에게 음악을 들려줬을 때, 실제로 태아가 반응하는 것을 볼 수 있다고 한다. 임신 17~24주(5~6개월) 된 태아는 외부의 소리를 모두 알아듣고, 구별할 수 있으며 심지어 그 소리에 대한 기억을 신생아 때까지 갖고 있다. 그래서 뱃속에서 들은 아빠와 엄마의 소리를 기억하여 신생아 시절 자신의 이름을 부르면 아기는 반응하게 되는 것이다.

태아가 소리를 듣는 것은 물론이고 기억까지 한다니 임신 기간 중 좋은 소리만 들려주어야 하는 것은 당연한 일.

게다가 시끄러운 소리보다는 조용한 음악이 태아의 뇌 발달에 도움이 된다는 연구 결과가 있으니 임신부들이 자연스럽게 클래식 음악을 듣는 것도 본능적인 태교 방법이라고 할 수 있겠다. 하지만 클래식을 좋아하지 않는 임신부가 억지로 클래식을 들을 필요는 없다. 임신부가 즐기는 음악이라면 어떤 음악이라도 태아는 함께 즐길 자세가 되어 있으니 말이다.

임신부는 본능적으로 좋은 것을 찾는다

임신부들이 흔히 하는 태교 중 또 하나는 집이나 사무실 책상 위에 예쁜 사진을 걸어놓고 보는 것이다. 특히 예쁜 아기 얼굴을 보면 예쁜 아기를 낳을 수 있다는 말에 여기 저기서 구한 예쁜 아기들의 사진을 붙이고 있는 경우가 많다. 물론 태아도 시각을 갖는다. 그리고 보는 것에 반응한다.

하지만 태아가 직접 보는 것은 불빛을 구별하는 정도이니 아마도 임신부들이 예쁜 사진을 보는 것은 정서적인 안정과 관련이 깊다고 할 수 있을 것이다. 아무래도 좋은 것을 보고 있으면 마음이 푸근해지는 법이니까.

하지만 더 중요한 것은 예쁜 것을 본다는 것은, 적어도 나쁜 것은 보지 않겠다는 본능적인 행동이라는 사실이다. 태아는 엄마가 불빛이 현란한 곳에 가면 바로 반응을 한다. 그다지 맘에 들지 않는다는 표시이다. 그러므로 태아의 시각에 영향을 주는 나쁜 것은 보지 않고 좋은 것만 보겠다는 임신부의 행동 중의 하나로 예쁜 사진을 걸어놓는 것이 아닐까?

이렇듯 태교의 '태' 자에도 관심 없는 임신부가 무의식중에 하는 몇몇의 행동들조차 과학적인 것임이 증명되고 있다.

현대 물리학자도 감탄하는 태교의 과학성

태교가 과학적이라는 것에 대해서 태교 전문가들은 누누이 강조해 왔다. 하지만 최근 들어서는 각 분야의 전문가들이 이를 직접 입증하고 나섰고, 심지어 태교가 국가적 과제라고 주장하는 물리학자도 있다.

한국과학기술원(KAIST) 물리학과 김수용 교수는 태교와 뇌 과학에 대한 과학적인 근거를 제시하며 태교의 중요성을 역설하고 있다.

그는 태아가 엄마의 뱃속에서 소프트웨어와 하드웨어를 갖춰갈 때 의미 있는 자극을 계속 주면 훌륭하게 성장할 수 있다는 게 과학의 입장에서 본 태교의 원리라고 말한다.

그는 태아 뇌 생성과 발달과정과 전통태교의 지침들과의 연관성을 과학적으로 설명하면서 태교의 현대적 의미를 재조명한다. 또 뇌세포 중 사람이 느끼고 생각하는 일을 맡는 뉴런과 기억, 인지 등의 정보처리 과정을 수행하는 뉴런의 집합체 시냅스가 활동하는 과정을 설명하면서 뱃속에서 시작되는 영재교육에 대해서도 말한다.

'아기의 자아와 부모와의 왕성한 유대관계는 뱃속에서부터 만들어지는 것이다. 자궁 내의 물리적 환경뿐 아니라 정서적 환경도 올바르게 유지해야 한다.'

결국 어머니의 뱃속에서 인재가 양성되는 것이니, 이는 곧 국가의 경쟁력과 직결된다는 것. 따라서 태교는 국가적 과제라 할 정도로 중요하다는 것이다. 이런 주장은 서울대와 컬럼비아대학에서 물리학 박사 학위를 받은 바 있는 김 교수가 뇌 정보 처리 모델링, 신경과학 등을 지속적으로 연구해왔기 때문에 신빙성을 더한다.

청각 · 미각의 발달 시기를 알고 그에 맞는 태교를 했던 선조들

태교에 관한 관심이 높아지면서 '태교는 과학이다' 라는 명제에 의문을 표하는 사람은 이제 거의 없다. 당연히 태교의 과학성을 증명하라고 우기는 사람도 없다. 이미 태교의 과학성은 많은 사람들에 의해서 증명되었고, 각종 매체를 통해 태교의 중요성과 효과에 대한 홍보도 많이 되었기 때문이다.

그 덕분에 이제 사람들은 대부분, 해서 나쁠 것이 없는데 노력하지 않을 이유가 없다라는 마음이 자리잡은 것이 사실이다.

좋은 것을 보고, 좋은 것을 듣고, 그래서 궁극적으로 편안한 마음을 갖는 것은 누구에게나 이로운 것이다. 설혹 임신한 사람이 아니라고 하더라도 말이다. 마음을 다스리기 위해 일반인들도 요가를 하고, 기 체조를 배우는 게 붐인 요즘, 하물며 뱃속에 하나의 생명을 더 가진 임신부라면 평화로운 마음을 갖기 위해 노력하는 것은 당연한 일이다.

그 옛날 우리 선조들은 그저 앞사람의 경험에 의해 전해 내려오던 태교를 택했다. 그러나 그 방법들이 모두 과학적인 근거가 있음이 밝혀지고 있다. 아기에게 좋은 소리를 들려주라는 시기는 알고 보니 태아의 청각이 발달하는 시기였

고, 좋은 음식을 먹으라는 시기는 알고 보니 아기의 미각이 발달하는 시기였으며, 부부의 합궁을 피하라는 시기는 성생활이 태아에게 치명적인 손상을 줄 수 있는 시기였다.

태교? 과학적이거나 비과학적이거나…

물론 지나치게 피하라는 것이 많기도 하고, 때로는 주가 되는 것이 태교라기보다는 아들 낳는 방법인 듯한 면도 있지만 어떤 이유에서든 나쁠 것은 없다.

우리 전통태교의 내용을 찬찬히 살펴보면 태교란 것이 무슨 특별한 기능도 아니고, 태아의 발달 상황에 맞춘 산전교육도 아님을 알 수 있다. 그저 하나의 생명을 잉태한 임신부의 열 달 동안의 마음가짐이고 생활태도라고 해야 맞을 것이다.

그러나 현대 사회에서 전통적인 태교에서 제시하는 모든 지침들을 다 지키기란 사실 불가능하다. 단지 최대한 지키겠다는 마음가짐을 갖는 것이 중요하다.

그러니 그것이 과학적인가, 비과학적인가 하는 것이 무슨 의미가 있겠는가. 최고의 만남을 위해서 태아와 엄마, 아빠가 함께 노력했다는 것, 그것이 태교의 가장 중요한 의미일 것이다.

아이의 평생 건강 좌우하는 태교

임신한 부모들의 최대 소원은 역시 건강한 아기 출산이다. 물론 속내를 살펴보면 '일단 건강하게 낳아서 똑똑하게 키우는 것' 이 가장 큰 목적이겠지만 어쨌든 뱃속에 있을 동안에는 건강한 아기 낳기가 최우선 과제이다.

건강한 아기를 원하십니까? '태교' 가 정답입니다!

임신부들에게 물었다.

'장차 태어날 아기가 어떻게 되기를 원하십니까?'

대답 1위는 역시 '심신이 건강한 아기' 였다. 건강을 최고로 택한 임신부가 전체 응답자의 반을 넘은 것이다. 뒤이어 착한 아이, 말 잘 듣는 아이, 공부 잘하는 아이가 차지했다.

사람들은 이 결과를 보고 의아하게 생각할지 모른다. 똑똑한 아이를 얻기 위해 임신을 확인한 후 하지 않던 영어 공부를 하고, 한자 공부를 하는 사람들인데 '공부 잘하는 아이를 원한다' 는 대답이 겨우 4위라니 이거 너무 위선적인 거 아니야? 하는 생각이 들 것이다.

하지만 이 통계는 엄마들의 솔직한 심정을 잘 보여준다. 조기교육이다 영재교육이다 하는 것들도 일단 아기가 건강하게 태어나야 가능한 것. 일단 뱃속에 있을 때는 그저 '손가락, 발가락 다섯 개씩 붙어 있는 정상적인 아기' 를 얻는 것만이 최대 희망일 수밖에 없을 것이다.

태아의 지능은 물론 건강까지 태교가 좌우한다

그런데 태교는 이렇게 태어날 때 건강한 아기를 얻는 것뿐만 아니라 아이의 평생 건강을 좌우하기도 한다. 영국 케임브리지 대학 출신으로 현재 미국 코넬대의 임신 및 신생아 연구소 소장으로 있는 피터 너대니얼스 교수는 사람의 평생 건강을 좌우하는 가장 중요한 요소가 바로 태내 환경이라고 발표했다. 엄마와 태아 사이에서 이루어지는 신체적, 호르몬적, 감성적인 상호 작용이 그 아기가 태어나 살아갈 평생 동안의 신체와 정신 건강에 분명한 영향을 미친다는 것이다.

결국 유전자보다 자궁 안에서의 환경이 더 결정적인 영향을 미친다는 것이다. 지능지수뿐만 아니라 한 사람의 건강은 선천적으로 물려받는 것이라는 그동안의 상식을 뒤엎는 주장이다. 그의 주장에 따르면 임신부의 태교에 의해서 건강이 좌우되는 것이니 건강은 인간의 힘으로는 어쩔 수 없는 운명적인 것이라는 생각은 버려도 될 것이다. 이는 여러모로 사람들에게 희망을 주는 연구라고 할 수 있겠다.

태내 환경이 극명하게 달랐던 형제가 보여주는 결과

피터 너대니얼스 교수의 연구 사례 중의 하나를 살펴보자.

1년 내내 온난한 기후가 계속되는 미국 캘리포니아의 한 가정. 평범한 중산층 부부 사이에서 첫 번째 아들 제임스가 태어났다. 제임스를 임신하고 있는 동안 그 집안에는 아무 문제도 없었고, 부모는 편안한 마음으로 임신 기간을 보낼 수 있었다. 그렇게 건강하게 태어난 제임스는 돌이 될 때까지 행복하게 부모와 함께 살았다.

그러던 제임스의 집에 불행이 닥친 것은 제임스가 한 살이 되던 해였다. 제임스의 아버지는 교통사고로 장애인이 되었고, 그로 인하여 실직하였으며, 생계가 막막하던 부모는 친척들이 살고 있는 피츠버그로 갔다. 그곳에서 제임스의 엄마는 세탁 전문 회사에 취업해 하루 종일 무거운 빨랫감들을 옮기며 부지런히 일했다. 그래도 살림은 나아지지 않아 경제적 궁핍은 여전했고, 신선하고 좋은 음식들을 먹는 일도 적어졌다. 그런 와중에 엄마는 둘째를 임신했고, 둘째 아들 윌리엄이 태어났다.

여기까지만으로도 첫째 제임스와 둘째 윌리엄의 태내 환경이 얼마나 달랐을 것인지 짐작할 수 있을 것이다. 제임스는 좋은 기후 환경과 어려움이 없는 경제 환경, 스트레스 없는 엄마의 뱃속에서 평화롭게 자랐고, 윌리엄은 극심한 경제적 어려움에 처한 상태에서, 육체적으로는 물론 정신적으로도 지쳐 있는 엄마의 몸에서 자랐다. 이렇듯 그 둘의 태내 환경은 극명하게 달랐다.

유전이나 생활 환경보다 더 중요한 태내 환경

그렇다면 결과는 어떨까? 동생 윌리엄은 40세에 고혈압 증상을 보였으며, 50대에 당뇨병이 찾아왔고, 60대 초반에 결국 심장마비로 사망하였다. 반면 형인 제임스는 79세인 지금까지도 건강하게 살고 있다.

물론 이 둘은 유전자가 다르므로 완전한 비교라고는 할 수 없다. 하지만 유전자가 비슷한 형제이고 생활 환경이 같았다는 것을 본다면 그들의 건강은 각자의 태내 환경에 의해 결정지어졌다는 결론을 내릴 수 있다. 물론 이 두 형제만의 연구 결과를 놓고 태내 환경이 평생 건강을 좌우한다고 주장하는 것은 아니다.

수많은 사례가 있지만 제임스, 윌리엄 형제의 경우 아주 극명하게 태내 환경의 중요성이 드러난 경우라고 할 수 있기 때문에 언급한 것이다. 피터 너대니얼스 교수의 태내 환경에 대한 연구는 30년이 넘게 지속되어 왔기 때문에 그 연구 결과에 의문을 제기할 사람은 거의 없다.

똑같은 부모 사이에서 태어나, 똑같은 환경에서 자랐음에도 불구하고 이렇게 확연히 다른 건강 상태를 보였다면 얼마나 태내 환경이 중요한지 알 수 있을 것이다. 그러니 진정으로 건강한 아이를 낳아 기르기를 원한다면 편안한 태교를 위한 첫걸음을 빨리 내디뎌야 한다.

건강한 아기는 건강한 태교에서 나온다!

동양에서는 아기들이 태어나자마자 한 살이라고 친다. 태어나서 열두 달을 살아야 비로소 한 살로 인정하는 서구의 경우에 반해 동양에서는 엄마 뱃속에서의 열 달까지 아이의 삶으로 인정해주는 것이다.

뱃속에서 이미 보고, 듣고, 느끼기까지 다하는 태아를 하나의 생명체로 인정하는 것이 사실상 더 정확하고 과학적이라는 주장이 나오고 있다. 이런 분위기에 힘입어 최근 서구에서도 엄마 뱃속은 물론 임신 전의 시간까지도 중요시하는 경향이 확산되고 있다. 최근 서구에서 인기를 얻고 있는 임신 프로그래밍에서는 임신부들에게 자신만의 임신 프로그램을 만들라고 제안한다. 임신부는 자신의 건강과 식습관, 운동 스타일, 스트레스 정도에 따라 자신에 어울리는 임신 프로그램을 짜야 한다.

임신 프로그램이라는 것이 바로 '태교' 다. 어차피 사람들은 각자의 생활 패턴이 있으므로 보편적인 프로그램과 함께 자신의 라이프 스타일에 맞는 태교 프로그램을 가져야 한다는 말이다.

임신부의 건강은 태아 건강의 바로미터, 국가 경쟁력의 뿌리다

그런데 진정으로 완벽한 임신 프로그램을 원한다면 임신하기 전부터 자궁뿐 아니라 여성의 몸 전체를 생명을 잉태할 수 있는 최상의 상태로 만들어 놓아야 한다는 주장이 있다. 건강한 아이는 건강한 임신부로부터 나온다는 믿음 때문이다.

아기의 건강은 태내 환경에서 결정된다. 신체적 기형은 물론 심장병, 고혈압, 당뇨, 암, 정신적 질환까지 자궁 환경이 결정적인 영향을 끼친다. 결국 임신부의 건강이 태아의 건강을 지키는 지름길임은 물론 앞으로 국가 경쟁력의 뿌리라고도 할 수 있다. 아니, 거창하게 나라를 걱정하지 않더라도 건강한 아기를 낳는 것은 엄마가 자녀에게 해줄 수 있는 최고의 선물이자, 나아가 화목한 가정을 이루는 밑거름이 된다. 그러므로 그저 '태교, 하면 좋지. 나쁠 거 없잖아?' 하고 막연하게 생각할 것이 아니라 건강한 아기를 낳아 행복하게 키우고 싶다면 결코 태교를 소홀히 해서는 안 될 것이다. 게다가 그것이 아기의 한때 건강만이 아니라 평생 건강까지도 좌우하는 것이라면 더욱더 신경을 써야 하지 않을까.

IQ는 유전일까? 태교가 결정할까?

똑똑한 아이로 키우기 위한 우리 부모들의 노력은 눈물겹다. 영재태교, 영재교육, 영재영어 등 '영재'가 붙지 않으면 유아 관련 사업은 명함도 내밀지 못할 정도다. 그렇다면 과연 '똑똑한 아이'를 판가름하는 핵심요소로 꼽는 지능지수는 선천적일까, 후천적일까? 정답은 엄마 뱃속에 있다.

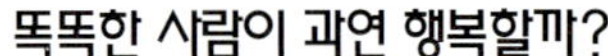

똑똑한 사람이 과연 행복할까?

부모는 똑똑한 아이를 원한다. 똑똑해야 좋은 학교에 가고, 좋은 직장에 들어가 평생 대우받으며 살 수 있다고 믿기 때문이다.

물론 똑똑한 아이가 좋은 학교에 들어가고, 좋은 직장을 얻을 수 있을지는 모르지만 요즘처럼 평생 직장도 없고, 미래를 알 수 없는 사회에서 그것만으로 평생 편안한 생활을 보장받으리라는 생각은 너무 순진한 것인지도 모른다. 게다가 박사급 실업자가 넘치는 요즘 세상에 그 아이가 뛰어난 학자가 되어 평생 존경받으며 살라는 보장도 없다.

그리고 설혹 돈 많은 사업가나 뛰어난 학자가 된다고 하더라도 그게 행복의 필요충분 조건이 될 수는 없다. 요즘은 똑똑한 것뿐만 아니라 감성적인 부분의 충족 정도도 행복의 필요 조건이 되고 있기 때문이다.

'IQ는 유전'이라는 학설이 흔들리고 있다

이런저런 변수가 있음에도 불구하고 부모들은 일단 똑똑한 아이, 한 마디로 지능지수가 높은 아이를 원한다. 그것이 행복의 필요충분 조건이 될 수 없다는 것을 알지만 최소한 좀더 수월하고 편안하게 살 수 있으리라는 믿음은 버릴 수 없기 때문이다. 그렇다면 똑똑한 아이는 어떻게 얻을 수 있을까?

'엄마, 아빠 똑똑하면 똑똑한 아이가 나오는 거지 뭐, 다른 게 있나?'

대부분의 사람들은 아이의 지능지수가 선천적이고 유전적인 것이라 생각한다. 그럼에도 불구하고 후천적이고 환경적인 요인도 중요하다는 생각에 온갖 영재교육에 아이를 내맡긴다.

우리 나라뿐만 아니라 서양에서도 '인간의 IQ는 80%가 유전된다'는 것이 정설이었다. 그러나 최근 여러 연구 결과에 의해 이런 믿음들이 조금씩 흔들리고 있다.

유전도 환경도 아닌 태교가 결정적인 영향력을 발휘한다

최근의 많은 연구 결과들 중 가장 믿을 만한 것은 미국 피츠버그 대학팀의 연구 결과였다. 이 연구에 의하면 유전자는 사람의 IQ를 결정짓는 데 48%의 역할밖에 하지 않는다는 것. 인간의 지능지수의 형성에는 자궁 내 환경, 즉 태내 환경이 결정적이라는 것이 이들이 내놓은 결론이었다.

'우리 집이야 부모 둘 다 똑똑하니까' 하고 자신만만해 하던 부모들이나, '유전이 얼마나 중요하겠어. 크면서 얼마나 좋은 교육을 받는지가 중요한 거지' 하고 생각하는 부모에게는 참으로 맥빠지는 결론이라고 하겠다. 유전도, 환경도 아닌 태교라니.

이런 결과를 보고 너무 태교로만 몰고 가는 거 아니냐고 반기를 드는 사람이 있을지도 모른다. 하지만 무려 5만 명의 어린이를 대상으로 한 실험이었고, 세계적인 과학전문지인 〈네이처〉에 실린 것이어서 설득력을 더한다.

태아 시절 태교를 받지 못한 아기는 뇌 발달이 더디다

하지만 사람들은 이미 알고 있었다. 지능지수라는 것이 뇌와 관련이 있는 것이고, 또한 지능지수가 좋다는 것이 뇌가 잘 발달된 것을 말하는 것이며, 태아시기에 사람의 뇌가 폭발적으로 발달하는데 스트레스나 나쁜 영향을 받으면 뇌가 수축되기도 하고, 제대로 발달하지 못한다는 것을 말이다.

그러니 차근차근 생각해본다면 태아 시절 태교가 제대로 되지 못하면 뇌가 제대로 발달하지 못할 것이고, 제대로 발달되지 못한 뇌를 갖고 태어난 아이가 똑똑하긴 어렵다는 것은 너무나 당연한 얘기다.

물론 태교가 결정적이라는 것이지 전부라는 얘기는 아니다. 그러므로 태어난 후의 교육과 육아도 중요하다. 하지만 똑똑한 아이를 얻고 싶고 그러기 위해 노력을 할 거라면 태교부터 차근차근 아이의 뇌 발달을 위해 애쓰라는 것이다.

어질고 똑똑한 성군 만든 조선시대 왕세자 태교

역사 속에는 수많은 위인들이 있다. 그들은 엄청난 업적을 세웠기에 유명해졌고, 그들의 이름과 함께 그들 어머니들의 태교법과 육아법이 후대에까지 전해져 내려왔다. 위인 어머니들의 남다른 태교와 육아법 그리고 그 속에서 자란 위인들이 남긴 업적은 태교와 환경적 요인의 중요성을 말하기에 좋은 예라 할 것이다.

조선시대 수많은 성군들 또한 훌륭한 예다. 조선시대 왕세자들의 태교 이야기를 듣는다면 역시 똑똑하고 어진 사람은 엄마 뱃속에서부터 만들어진다는 것을 다시 한 번 확인하게 된다.

왕실의 태교 프로젝트는 합방 날부터 시작되었다

왕세자들의 태교는 우리 나라의 전통태교가 그렇듯 부부가 합방하는 날부터 시작됐다. 날씨가 좋지 않거나 왕의 몸이 좋지 않은 날 등을 피해서 합궁 날짜를 잡았기 때문에 정작 합궁이 가능한 날은 한 달에 고작 한 번 정도였다. 이렇게 하여 임신한 왕비는 아침에 눈을 뜨는 순간부터 태교를 시작하였다. 성현의 교훈을 외는 것으로 시작해, 수정으로 만든 액세서리를 만지며, 고운 색채를 바라보았다.

임신 3개월째부터는 어지러운 바깥 세상과 소식을 끊고 왕과도 서신으로만 소식을 전했다. 늘 정숙을 유지하고 궁중 악사들이 연주하는 가야금과 거문고 소리를 들었다. 또한 머리와 피부 가꾸기에도 각별히 신경을 써서 금기시하는 재료들은 모두 사용하지 않았다.

십장생이 그려진 병풍을 치고 십장생도를 보면서 자수를 놓았고, 태어날 아기에게 입힐 누비옷을 왕비가 직접 만들기도 했다. 또한 해산달에는 아예 몸을 씻지 않아 해로운 일을 예방했다.

당시 민간인들의 태교는 '이렇게 하는 것이 좋다' 수준이었으나 왕실의 태교는 '꼭 이렇게 해야 한다'는 것이었으니 훗날 왕이 될지도 모를 아기를 잉태한 왕비의 태교는 왕실 전체의 엄청난 프로젝트였음이 분명하다.

밥상 태교도 똑똑한 아기를 낳는 데 큰 몫을 한다

똑똑하고 어진 아기를 낳기 위한 밥상 태교도 중요시했다. 임신 3개월째부터는 단맛을 경계했다. 단맛을 과다하게 섭취할 경우 칼슘부족으로 건강한 아이를 낳을 수 없다는 것을 알았기 때문이었다. 또한 5개월째부터는 임신부의 영양관리를 위해 상궁, 나인의 수를 두 배로 늘렸고, 7개월째부터는 고기류를 피하고 아침 식사 전에 순두부를 먹었다. 콩으로 된 음식이 두뇌 발달에 좋다는 것에 따른 것이다.

또한 각종 채소와 김, 미역, 새우, 흰살생선 등이 주로 상에 올랐으며, 게와 문어는 피했다. 그 밖에 특별 영양식으로 잉어, 오골계, 쇠고기, 전복, 해삼이나 용봉탕을 올리기도 했다.

이러한 조선시대 왕실 태교는 출산까지 이어져 분만일이 가까워지면 '산실청'이라는 출산을 전담하는 기관을 설치하기에 이르렀다. 태교의 끝은 분만이라는 태교의 법도를 그야말로 원칙대로 지킨 태교법이라 할 수 있다. 이런 엄격하고 철저한 태교와 왕세자 교육 과정을 거쳐 조선시대 왕세자들이 탄생한 것이다. 그러니 이제 '왕들은 워낙 좋은 유전자를 타고났으니 선천적으로 똑똑했던 것 아니야?'라고 생각했던 사람들은 그 의심을 거두시길. 이런 특별한 태교와 가르침을 받았기에 왕세자들이 훗날 다 어질고 훌륭한 성군이 된 것이니 말이다.

태교는 임신부 혼자의 몫이 아니다

여성에게도 소중한 것들이 있다. 지금까지 지켜온 자신만의 라이프스타일, 인간관계, 일과 경력 등등. 그런데 이러한 것들을 임신과 함께 모두 포기하라고 임신부에게 요구하는 것은 무리다. 임신과 함께 오는 많은 변화들을 함께 고민하고, 스트레스에서 벗어나는 일을 남편과 시댁 식구들 등 친척, 직장 동료, 사회가 함께 나눠야 한다.

사회적 태교의 중요성

이제 막 임신 사실을 알았거나 임신을 준비하는 모든 사람들이 태교에 대해서 생각할 때 절대로 잊어버리면 안 되는 한 가지가 있다. 이른바 '사회적 태교'가 그것이다.

사회적 태교란 한마디로, 임신과 태교는 임신부 혼자의 몫이 아니라는 얘기다. 임신부가 뱃속에 품은 아기는 부부 사이의 소중한 자녀이고, 할머니·할아버지에게는 귀한 손자이며, 삼촌·이모·고모를 비롯한 친척들에게는 귀여운 조카이고, 나아가 국가와 회사에게는 소중한 미래의 인적 자원인 것이다. 그러므로 태교는 임신부 혼자 떠맡을 것이 아니라 이 모든 주체들이 서로 협력하여 함께 진행시켜 나가야 한다.

남편, 친척, 직장 동료도 태교에 참여시킨다

임신부는 특별히 태교에 대해 생각하지 않더라도 본능적으로 태교를 한다. 가능하면 몸에 좋은 음식을 먹으려 하고, 나쁜 곳을 피하려 하고, 좋은 음악을 들으려 노력한다. 직장인의 경우 상사가 스트레스를 줘도 본능적으로 '그래, 떠들어라!' 하고 마음을 다스리게 된다. 평소에 하던 남 흉보기도 왠지 이 시기에는 꺼림칙하다. 이게 바로 임신부의 본능적인 태교이다.

여기에 태교에 대한 중요성까지 인식한다면 임신부는 임신 기간 내내 최선을 다해 태교를 하게 된다. 게다가 태교의 파트너인

남편이 합세를 하면 태교는 더욱 모양새를 갖춘다. 사실 태교는 임신 순간부터, 아니 임신 전부터 아내와 남편이 함께 해야 하는 것이기 때문이다.

최근에는 태교의 중요성을 제대로 인식한 남편들이 늘어나면서 자발적으로 태교에 동참하는 남편들이 많아졌다. 물론 하루 종일 엄마 뱃속에 있으면서 교감을 나누는 엄마와 달리 아빠가 태아를 만날 수 있는 시간은 한정되어 있으므로 태교에 대한 부담은 훨씬 적다.

하지만 태아가 외부에서 들리는 아빠의 목소리에 무엇보다 반갑게 반응하는 것을 안다면 그리 소홀하게 하지는 못할 것이다. 시도 때도 없이 아기에게 아빠의 목소리를 들려주거나 아내의 배를 맞사지하면서 태아와의 접촉을 시도하는 것, 아내와 함께 산책하는 일 등 아빠가 태아를 위해 해줄 수 있는 일은 많다.

시댁 식구들과의 관계를 부드럽게 유지하는 것이 중요하다

물론 이런 것 이외에 아내의 마음을 편하게 해 주기 위한 남편의 노력이 모두 태교가 될 수

있다. 아빠태교에 있어서 가장 중요한 것은 태교는 아내가 하는 것이고, 남편은 보조자일 뿐이라는 생각은 절대로 하지 않는 것이다. 태교의 두 주축을 뽑으라면 엄마와 아빠이고, 그중 누구의 역할이 더 중요한가를 가리는 것은 무의미하다.

그리고 태교에 있어서 또 중요한 역할을 하는 것이 시댁 식구들을 비롯한 친척들이다. 임신부에게 가장 해로운 것은 스트레스이다. 이는 태아의 지능은 물론 건강까지도 해칠 수 있다. 그런데 예나 지금이나 시댁 문제는 여성들에게 힘든 숙제이다. 그러므로 적어도 임신 기간만이라도 임신부가 마음 편히 지낼 수 있도록 배려해 주어야 한다. 신경이 예민한 임신부는 집안 내 대소사 때의 육체 노동은 물론이고, 지나가는 말 한마디에도 상처를 받는다는 것을 기억하고 배려하자.

똑똑하고 건강한 아기가 태어나면 그게 어디 엄마 한 사람의 기쁨이겠는가. 그런 손자와 조카를 얻은 친척들의 기쁨이기도 하니 적어도 임신 기간만큼은 임신부를 배려하자. 내 한 마디가 한 생명의 평생 건강과 행복을 좌지우지한다고 생각하면 말이나 행동을 한번 더 가려서 하게 될 것이다.

임신 사실을 밝히고 직장 상사와 동료들에게 이해를 구한다

요즘은 맞벌이 부부가 많아서 임신 기간에도 회사에 다니는 여성들이 많다. 일하는 여성들의 경우는 또 하나의 스트레스와 마주친다고 봐야 한다. 복잡하고 빠르게 돌아가는 현대 사회 속에서 임신부를 특별하게 배려해주기란 쉽지 않다.

하지만 그럴 때는 임신부가 먼저 당당하게 임신 사실을 밝히고 상사와 동료들에게 배려를 요구하자. 물론 경우에 따라서는 임신 사실을 알리고 배려를 요구하는 것이 오히려 회사 생활을 더욱 어렵게 만들 수도 있다. 하지만 그렇다고 '쉬쉬~' 했다가 태아에게 문제라도 생기면 그걸 누가 책임질 것인가?

미국 유명 잡지사의 대표이사인 한 여성의 경우를 보자. 바쁘게 돌아가는 잡지사의 성격상 일로 인한 스트레스 때문에 첫아이를 엄청난 합병증을 동반한 조산아로 얻은 후, 두 번째 임신은 완전히 다른 길을 택했다. 남편과 주변 사람들에게 도움을 요청했고, 일을 줄여서 스트레스를 피했으며, 운동, 음식 조절에 신경 썼다.

임신 전 일에 쏟았던 그 많은 열정을 태교에 쏟은 것이다. 그 결과 그녀는 건강한 아이를 얻을 수 있었다. 물론 그녀는 일시적인 변화를 겪었고 쉽지 않은 결정이었겠지만 그 일이 한 아이의 일생보다 더 중요하지 않다는 믿음이 있었을 것이다.

임신으로 포기할 수 없는 여성의 소중한 것들, 함께 지킨다

조선시대에도 왕비의 잉태 소식을 들은 국왕은 그 공을 치하하고 왕비 처소의 내관, 상궁, 나인들에게까지 후한 상을 내렸다고 한다. 그게 무슨 뜻이겠는가. 태교는 혼자 하는 것이 아니니 주변에서 잘 도와주라는 국왕의 사려 깊은 배려인 것이다.

이처럼 태교란 임신부 혼자 노력해서 되는 것이 아니라 주변의 도움을 받아서 그들과 함께 하는 것이다.

'태교는 국가 경쟁력의 밑거름'이라는 말도 한다. 하지만 이 말을 듣고 아무리 태교가 중요하다고 국가 경쟁력까지 운운하는 건 너무 확대 해석이 아니냐는 반론도 있을 것이다. 하지만 태교는 확실히 국가 경쟁력과 직결된다. 국가 경쟁력의 바탕이 국민일진데 건강하고 똑똑한 국민들이 많다면 그게 바로 국력과 연결되는 것이 아니겠는가?

현재 부모는 미래 세대의 행복까지 보장할 수 있다. 왜냐하면 건강한 부모가 낳은 건강한 자녀가 미래에 또 다시 건강한 아이를 낳을 수 있기 때문이다.

태교에 나라의 건강한 미래가 달려 있다

프랑스 사람들은 일반적으로 유해 콜레스테롤 수치와 혈압을 높인다고 알려진 동물성 지방이 함유된 음식을 많이 섭취함에도 불구하고 다른 서구 사람들에 비해 심장병 발생률이 아주 낮다. 이유가 뭘까? 혹자는 이를 올리브 기름과 적포도주, 마늘을 많이 먹는 그들의 식습관에서 찾는다.

하지만 정확히 살펴본다면 거기에 태교의 신비가 숨어 있다. 프랑스는 다른 나라들과 달리 이미 1백년 전부터 임신부들의 태아기 프로그램을 실시해 왔고, 이것이 현재의 건강한 프랑스를 만드는 밑거름이 된 것이다.

이는 태교가 한 개인을 넘어 가정과 사회, 국가에 얼마나 중요한 일인지를 보여주는 결과다. 그러므로 한 아이의 태교는 임신부 혼자 책임지는 것이 아니라 남편, 친척, 직장동료, 국가가 함께 해야 한다.

여성에게도 임신 때문에 완전히 희생할 수 없는 일과 가족, 많은 역할들이 있다. 그리고 임신부 혼자 수많은 스트레스로부터 스스로를 온전히 방어하기란 힘든 일이다.

그러므로 임신부에게 중요한 것들을 지키고, 갖은 스트레스로부터 임신부와 태아를 보호하는 일에 모든 주체가 함께 나서야 하는 것이다. 한 사람의 건강과 행복이 모여서 가정, 회사, 사회, 국가의 행복이 이뤄진다는 것을 생각하면서.

02 잉태태교에서 뱃속태교까지

태교는 임신 후에 시작하는 것이 아니다.
임신을 계획하는 순간부터 시작되어야
한다. 이것이 바로 잉태태교이다. 건강하고
똑똑한 아기를 낳기 위해서는 임신 전부터
철저한 계획이 필요하다. 부부가 함께
임신의 시기를 정하고 건강검진과 함께
신체를 단련하고 균형 잡힌 식생활로
태아를 맞이할 준비를 하자.

임신 전 잉태태교

건강한 아이를 원하는 것은 모든 예비 부모들의 바람이다.
임신 10개월간 태교에 관심을 쏟는 것도 그 때문이다. 그러나
진정한 태교는 임신 후부터가 아니라 임신 전부터
시작되어야 한다. 아기를 갖기 전에 미리 부모가 몸과 마음의
준비를 하는 것에서부터 태교는 시작된다.

태교, 임신 후에는 늦다

진정한 태교는 임신 전부터 시작한다

떼쓰고 버릇없고, 제멋대로인 아이 때문에 힘들어하고, 어떻게 해
서든 고치려고 애쓰는 부모들을 심심찮게 볼 수 있다. 출산율이 낮아
져 혼자 크는 아이들이 많아지면서 이러한 문제의 심각성은 더욱 커
지고 있다.

아이를 낳아 키우면서 아이의 잘못된 부분을 고치는 데 드는 어려
움에 비하면 태교는 몇백 배나 손쉽고도 값진 교육이다. 아이의 지능
은 물론이거니와 체질이나 성격 등도 태교를 어떻게 하느냐에 따라
달라진다. 그러므로 성격 좋고 건강한 아이를 낳으려면 태교에 온 신
경을 쏟아야 한다.

태교란 한마디로, 엄마가 뱃속에 있는 아기에게 좋은 환경을 만들
어주려는 노력과 애정, 그리고 사랑이다. 좋은 환경이란 즉, 아기가
열 달을 보내는 보금자리인 '태내 환경'을 말한다. 엄마가 편안하고
즐겁게 임신 기간을 보내면 태내 환경이 좋아지고, 이것이 태아가 자
라는 데 좋은 영향을 미치게 되는 것이다.

전통태교와 유태태교에서 강조하는 임신 전 태교의 중요성

그럼 280일, 임신 10개월만 태교를 잘하면 되는 것일까. 그렇지 않
다. 이보다 더 중요한 것이 임신 전 태교이다. 부부가 건강한 몸과 마
음으로 수태를 준비할 때 건강한 정자와 난자가 만나 건강한 수정란

을 만들 수 있기 때문이다.

전통태교에서는 부부가 교합하는 시간과 장소까지 중요하게 여
길 정도로 임신 전 태교를 강조하였다. 유태인의 '닛다' 임신법 또
한 임신 전 태교의 중요성을 역설하고 있다. '닛다'의 핵심은 신선
한 난자와 원기 왕성한 정자가 만나야 건강하고 우수한 재능을 가진
아기가 태어난다는 것이다. 유태인들은 이런 믿음 아래 까다로운 성
생활 규칙을 지키고 가장 이상적인 조건에서 성관계를 가져 아기를
잉태한다.

진정한 태교는 2세를 가지려는 부모가 확실한 계획 아래 미리 몸
과 마음을 바르게 하여 아기를 얻고자 하는 계획임신에서부터 시작
된다는 것을 명심하자.

태교의 기초는 철저한 계획임신

태아와의 만남은 인생을 살아가면서 가장 신비롭고 경이로운 경험이다. 동시에 책임감과 부담감도 느껴지는 일이다. 책임감과 부담감을 줄이고 임신을 축복이 되도록 하기 위해서 필요한 것이 바로 계획임신이다.

건강한 아이를 낳기 위해서는 미리 계획을 세우는 것이 필요하다. 대개 임신 사실을 뒤늦게 알게 되기 때문에 그 사이에 약을 먹었다거나 엑스레이 촬영을 했다든지 하여 임신 기간 내내 불안해하는 임신부들이 종종 있다. 이런 불안감은 임신부에게는 물론 아기의 정서에도 나쁜 영향을 미치게 된다.

그러나 계획임신을 하게 되면 미리 몸과 마음을 준비할 수 있어 태아에게 위험한 행동을 할 확률이 크게 줄어든다. 실제로 계획임신을 한 경우 기형아 출산율이 낮다. 무엇보다 임신부가 편안한 마음으로 280일간을 보내며 태아를 맞이할 수 있다는 점에서 더욱 필요한 것이기도 하다.

준비된 아빠만이 건강한 아기를 얻는다

임신을 계획한다면 부부가 함께 임신과 출산, 육아에 대해 충분히 상의하고 건강도 미리 점검 받아 건강한 몸 상태를 만드는 등의 노력이 있어야 하며 이것이야말로 건강한 아기를 낳을 수 있는 길이다.

흔히 태교는 아내 혼자 하면 되는 것으로 알지만 실은 아빠의 노력에 따라 건강한 아기를 가질 수도, 그렇지 않을 수도 있다. 올바른 태교는 부부가 함께 하는 것으로 태교에서부터 출산에 이르기까지 부부가 함께 누리는 축복이 되어야 한다.

아빠의 태교는 두 가지로 나누어 볼 수 있는데, '잉태태교'와 '협조태교'가 그것이다.

잉태태교는 아기를 가질 때 좋은 것을 가려서 주려는 노력으로 아기를 가지기 전에 미리 몸을 건강하게 하고 마음과 행동을 조심하여 훌륭한 2세를 얻으려는 것을 말한다. 아빠가 건강하고 마음이 평안할 때 가진 아기가 후에 튼튼하고 머리 좋은 아이가 될 확률이 높다고 한다. 태교의 중요성을 크게 강조해온 전통태교에서도 아빠의 태교가 얼마나 중요한지 역설하고 있다.

이후 임신을 하게 되면 남편의 협조태교가 필요하게 된다. 남편의 협력과 배려는 임신부의 기분을 안정시켜주는 묘약으로 다른 무엇과도 비교할 수 없다. 임신부의 안정되고 편안한 마음이 태아에게 좋은 영향을 주게 되고 결국 순산으로 이어지게 된다.

부부가 함께 몸과 마음의 준비를 한다

건강한 정자와 난자가 만나는 것은 건강한 아이를 낳기 위한 절대조건이다. 그러기 위해서는 무엇보다 부부가 임신하기 몇 달 전부터 몸과 마음가짐을 바르게 하려는 노력이 필요하다. 정자도 난자도 몸속에서 만들어지는 것이므로 당연히 건강 상태의 영향을 받게 마련이기 때문이다.

신체적으로나 정신적으로 건강한 상태여야 하고 특히 담배나 알코올 등에 대해서는 각별히 주의하지 않으면 안 된다. 한국가정사연구소의 자료에 따르면 남편은 아내가 임신하기 6개월 전부터 몸과 마음의 준비를 해야 하는데, 술·담배는 물론이고 태아에게 해로운 언행을 금하고 감사하는 마음으로 태아를 만날 준비를 해야 한다고 말한다.

최근에는 여성들의 사회진출이 본격화되면서 결혼 적령기가 늦어지고 첫 임신의 연령 또한 많이 늦춰지고 있는 추세인데, 사실 출산에 적합한 나이는 20대라 할 것이다. 임신과 출산을 겪는 과정에서 나타나는 문제들을 대부분 피할 수 있고, 아기도 비교적 건강하게 낳을 수 있기 때문이다. 하지만 평소 건강관리를 철저히 하여 부부가 모두 건강하다면 출산 연령이 그리 큰 문제가 되지는 않을 것이다.

예비 부모들의 건강한 아기를 위한 10계명

1 술과 담배 등 태아에게 해를 주는 행동은 금한다.
2 태교에 대해 공부한다.
3 부부싸움을 하지 않으며 행복한 시간을 자주 갖는다.
4 무리한 다이어트는 피한다.
5 유전에 대해 전문가의 조언을 듣는다.
6 임신하면 큰 부담을 갖게 되는 치아를 미리 점검한다.
7 체력단련을 위해 운동을 꾸준히 한다.
8 가족계획, 피임법, 현재의 건강 상태 등에 대해 전문의와 상담한다.
9 영양소를 골고루 섭취한다.
10 규칙적인 생활습관을 유지한다.

부부가 함께, 임신 전 태교 플랜

건강하고 똑똑한 아기를 낳기 위해서는 임신 전부터 철저한 계획이 필요하다. 몸가짐, 마음가짐, 음식습관, 생활습관 등 부부가 함께 지키고 고쳐나가야 할 것들이 많다. 언제쯤 임신을 할 것인지 먼저 정하고 그에 따라 신체를 단련하고, 균형 잡힌 식생활로 임신 전 태교에 임하자.

임신 전 부부의 마음가짐

임신 시기를 결정한다

아기를 원한다면 먼저 언제 아기를 가질 것인지 부부가 함께 의논한다. 임신을 원하는 시기, 육아 계획 등까지 구체적으로 꼼꼼히 상의하는 것이 좋다. 이때 가정 경제 상황도 살펴보는 것이 바람직하다. 임신이나 출산, 육아에는 상당한 액수의 지출이 따르게 마련이기 때문에 경제가 안정되었을 때 임신을 하는 것이 임신부의 정신 건강에도 좋다. 또 장기 여행 계획이 있거나 이사를 생각하고 있다면 되도록 임신을 피하도록 한다.

태아, 임신, 출산에 대해 미리 공부한다

임신은 결혼한 부부의 인생에 하나의 전환점이 될 수 있다. 이전과는 전혀 다른 삶이 펼쳐지는 순간이 바로 임신인 것이다. 아기를 임신하고 출산하는 것은 커다란 축복임과 동시에 책임이 요구되어 부담이 되기도 한다. 그러므로 아무 생각 없이 덜컥 아기를 맞이하는 것이 아니라 미리 공부를 해둔다면 부담되는 부분이 줄어들게 된다.

임신, 출산, 태교에 관한 책을 읽거나 문화센터, 병원, 아동상담소 등에서 실시하는 부모강좌를 듣거나 인터넷을 통해 다양한 사람들의 육아기, 출산기, 태교 이야기를 엿보는 것도 도움이 된다.

태어날 아기를 위해 미리 공부를 하면 임신 전 태교가 얼마나 중요한지, 임신 중 어떻게 태교를 하고 출산을 맞이할 것인지 등에 대해 절실히 느끼게 된다. 부부가 함께 공부하다 보면 자연히 부부간의 애정도 깊어지게 되고, 이는 자연스럽게 나중에 생길 태아에 대한 사랑으로 이어진다.

스트레스는 건강한 정자와 난자의 생성을 막는다

만병의 근원인 스트레스. 어느 정도 적당한 스트레스는 삶의 활력소가 된다고 하지만 지나치면 질병을 일으키는 원인이 된다. 잦은 스트레스를 받다 보면 심신이 약해져 질병에 걸릴 확률도 높아지고 호르몬 분비도 제대로 이뤄지지 않아 제때 배란이 이뤄지지 않기 때문에 임신이 힘들 수 있다.

태교의 기본은 엄마의 마음을 편안히 하여 태내 환경을 좋게 하는 데 있듯이 임신 전 태교 또한 마음가짐을 편하게 갖는 것에 있음을 잊지 말자. 실제로 마음이 불안하고 스트레스를 받으면 체액이나 혈액이 산성으로 변하기 때문에 건강한 정자와 난자를 만드는 데 방해가 될 수 있다.

부부가 함께 하는 시간을 자주 갖는다

사랑은 표현해야 아름답다는 말이 있듯이 부부 사이에도 애정 표현을 자주 하는 것이 좋다. 그러다 보면 자연히 부부싸움은 하지 않게 된다.

바쁘게 돌아가는 현대를 살다보면 부부가 함께 하는 시간이 너무나 부족하다. 부부가 서로에 대한 사랑을 가득 지닌 채 아기를 갖는 것은 그렇지 못한 경우와 분명 차이가 있다. 임신 전 태교는 몸과 마음이 건강한 상태에서 아기를 갖자는 것이므로, 둘이서 함께 할 수 있는 시간을 많이 만들어 애정을 돈독하게 한다.

가장 좋은 것은 공동의 관심사를 갖는 것이다. 화초를 가꾸거나, 같은 책을 읽고 대화를 나누거나 여행을 하거나 음악을 듣는 등 다양한 방법이 있다.

여러 가지 운동을 통해 건강한 신체를 단련한다

명상을 하거나 가벼운 운동을 통해 스트레스를 해소한다. 마음을 편안히 하기가 정 힘들 때는 한약의 도움을 받는 방법도 있다. 한약 중에는 몸의 결점을 치료하는 것뿐만 아니라 마음을 변화시키는 약들도 많다. 자주 화를 내거나 신경이 불안정하고 가슴이 답답한 경우 등 마음이 편치 않은 사람들에게 좋은 약들이 있다.

또는 요즘 관심을 끌고 있는 아로마 요법도 좋다. 식물에서 추출한 식물성 오일을 이용한 아로마 요법도 기분을 전환하고 마음을 가라앉히는 데 효과가 있다. 자신의 취향에 맞는 향기를 골라 향을 맡거나 목욕을 하거나 차로 마시는 등으로 이용한다.

임신 전 부부의 몸관리

피임은 임신 3개월 전에 중단한다

임신을 원한다면 피임을 중단해야 하는 것은 당연한 이치. 그럼 언제쯤 중단을 하고 언제쯤 임신을 해야 할까. 만약 피임약을 복용하고 있었다면 최소한 약을 끊고 3개월이 지난 후 임신을 하는 것이 좋다. 피임약을 끊자마자 임신이 되었다고 기형아를 낳는 것은 아니지만 최소한 부작용을 줄이기 위해서 여유를 두는 것이 좋다.

의사에 따라서는 다음 월경이 시작되면 피임약의 영향은 완전히 사라지기 때문에 바로 전달까지 복용해도 좋다고 말하기도 한다.

건강 검진을 받는다

임신 전에 현재의 건강 상태에 대해 전문의와 상담을 하고 건강 검진을 받는 것이 좋다. 남편과 함께 산부인과를 찾아 태아에게 영향을 미칠 수 있는 병이 있지는 않은지 미리 검사해 본다.

자신도 모르게 질병에 걸려 있는 수도 있기 때문에 미리 검진을 받아 이상이 발견되면 치료를 받은 후 임신을 한다.

술, 담배를 피한다

임신을 하기 전에 엄마나 아빠의 몸 상태를 자연에 가깝게 정화시켜야 태아에게 나쁜 영향을 미치지 않는다.

임신 계획을 세웠다면 무엇보다 먼저 해야 할 일이 술과 담배를 끊는 것이다. 술과 담배가 몸에 나쁘다는 것은 누구나 아는 상식. 담배를 피는 남성의 경우에는 정자의 활동성이 떨어지고 정자 수도 적다.

임신 후에는 저산소증을 초래할 수 있다. 완전히 끊는 것이 힘들다면 앞으로 태어날 2세를 위해 임신 전후 기간만이라도 삼가도록 한다.

약물을 조심한다

약물 복용으로 기형아가 태어나지나 않을까 고민하는 임신부들이 의외로 많다. 실제 임신 4주 전에는 임신 사실을 깨닫기 어렵기 때문에 약물을 모르고 복용했다가 유산하는 경우가 있다. 계획임신을 하는 경우 이런 불안감에서 벗어날 수 있다는 것이 큰 장점이다. 임신을 계획하고 있는 때이므로 모든 의약품에 주의를 하는 것이 좋다.

규칙적인 생활을 한다

건강한 정자와 난자를 위해서는 건강한 몸을 만드는 것이 필수. 건강한 몸을 위해서는 규칙적인 생활이 최고. 수영이나 자전거 타기, 산책, 조깅 등의 운동을 꾸준히 한다. 매 세 끼 식사를 거르지 않고 충분한 수면을 통해 피로를 푼다. 이런 규칙적인 생활은 보약을 먹는 것보다 훨씬 좋은 건강관리 방법이다.

표준 체중을 유지한다

몸무게 때문에 고민하는 사람들이 많은데, 지나친 다이어트는 하지 않는 것이 좋지만 과체중과 저체중일 경우 적절한 체중 관리가 필요하다. 과체중과 저체중의 경우 모두 임신 확률을 낮출 수 있다.

또한 임신 후에도 태아나 임신부에게 나쁜 영향을 미치게 된다. 과체중의 경우 임신중독증이나 관절에 무리를 줄 수 있고 저체중일 경우 태아의 성장이 느려지거나 저체중아가 될 가능성이 있다.

임신 전 부부의 음식습관

균형 잡힌 식사를 한다

건강을 위한 고른 영양섭취는 누구에게나 필요하다. 다만 임신을 계획하고 있다면 좀더 신경을 써서 단백질이나 야채, 과일 등을 챙겨 먹는 것이 필요하다. 임신 초기에 태아에게 충분한 영양을 공급할 수 있는 확실한 기반을 만들 수 있기 때문이다.

영양가 없는 밀가루 제품이나 단 음식들은 삼가고 인스턴트 제품들도 가급적 먹지 않는다. 혼자 집에 있다 보면 간단히 차려서 먹는다고 라면이나 통조림 등을 이용하기 쉬운데, 건강한 몸을 가꾸려면 피해야 한다. 또 날고기나 반숙 계란 등 위험 요소가 있는 음식은 먹지 않는다.

영양제는 임신 3개월 전부터 복용하지 않는다

먹고 있는 영양제가 있다면 설명서를 자세히 읽어 임신 중 태아에게 어떤 영향을 미치는지 잘 살핀다. 비타민이나 미네랄, 허브 등은 전문가와 의논하지 않고 함부로 많은 양을 먹었을 경우 오히려 부작용을 일으킬 수도 있다.

예를 들면 비타민 A를 지나치게 많이 복용하면 기형아 출산 확률이 높아질 수 있다는 연구 결과가 나온 바 있다. 임신을 계획하고 있다면 임신하기 3개월 전부터 영양제 복용을 중단하는 것이 좋다. 대신 여러 가지 음식을 골고루 먹어 영양소가 부족하지 않게 한다.

엽산이 선천성 기형을 예방한다

선천성 기형에 대한 불안감을 없애고 싶다면 임신하기 3~4개월 전부터 엽산을 꾸준히 먹는다. 엽산은 비타민 B로, 매일 0.4mg 정도를 섭취하면, 척추나 뇌와 관련된 여러 가지 선천성 기형을 예방할 수 있다. 신경관은 임신 3주 전에 완성되기 때문에 임신을 계획하고 있을 때부터 엽산을 먹으면 효과가 있다.

선천성 기형 가운데 하나인 이분척추는 임신하고 처음 몇 주 동안에 발생한다. 전문가들은 이분척추의 사례 가운데 75%는 임신부가 미리 엽산을 복용했더라면 피할 수 있었다고 말한다. 엽산이 많이 들어 있는 식품으로는 아스파라거스, 아보카도, 바나나, 콩, 브로콜리, 달걀노른자, 완두, 간, 시금치, 딸기, 요구르트 등이 있다.

임신 전 부부의 생활습관

월경주기를 체크한다

아기를 계획하고 있다면 먼저 월경주기를 체크하는 것이 필요하다. 배란 시기를 안다면 그때 부부관계를 갖는 것이 좋다. 배란 시기는 월경 시작일을 기준으로 14일 전을 말한다. 배란 시기를 제대로 알면 계획임신을 하기가 훨씬 쉬워진다.

월경이 불규칙하다면 기초 체온법을 이용하거나 병원에서 소변검사를 통해 배란일을 알 수 있다. 결혼한 지 1년이 지나고 피임을 하지 않는데도 임신이 되지 않는다면 산부인과를 찾아 간단한 정자검사나 배란검사를 받아보는 것이 좋다.

주변 환경을 쾌적하게 한다

밝은 색은 사람의 마음까지 밝아지게 한다. 집안을 전체적으로 밝고 화사하게 하고 옷도 밝고 따뜻한 색상으로 입는다. 허전한 벽에 명화를 걸거나 잔잔한 음악을 틀어 정서를 안정시킨다. 자주 환기를 시켜 실내공기를 맑게 하는 것도 필요하다. 엄마가 쾌활하고 즐거운 생활을 하게 되면 장차 태어날 아기에게도 좋은 영향을 미치는 것은 당연한 일이다.

임신 전에 꼭 받아야 하는 검사

임신을 계획하고 있다면 미리 상담을 받고 검사를 하여 몸 상태를 체크해 보는 것이 필요하다. 이 또한 태교의 하나로, 건강한 아기를 낳기 위해서는 꼭 필요하다. 검사 결과에 이상이 있으면 병을 치료한 후 임신을 해야 하기 때문. 임신부는 자신뿐만 아니라 태아의 건강까지 책임져야 하므로 평소보다 더 꼼꼼한 건강 관리가 필요하다.

>> 풍진검사

혈청검사를 통해 풍진 감염 여부를 알아낸다

풍진은 홍역과 비슷한 발진이 생기는 급성 전염병이다. 위생상태가 좋지 않은 저개발국이나 개발도상국에서 많이 나타난다. 홍역보다는 증세가 가볍고 한 번 앓고 나면 평생 면역이 생긴다. 대개 어릴 때 감기와 유사한 증세를 보이며 풍진을 앓고 지나가는 경우가 많다. 이렇게 한 번 앓게 되면 풍진에 대해 면역이 생기는 것.

풍진 감염 여부를 알기 위해서 혈청 검사를 하게 된다. 우리 나라의 경우, 임신부가 될 연령에 있는 여성에게 혈청 검사를 해보면 대부분 이미 풍진에 면역되어 있다는 것을 알 수 있다.

태아에게 치명적인 영향을 미친다

풍진 바이러스는 공기 중에 매우 흔하게 돌아다니기 때문에 몸에 풍진 면역체가 없을 경우 쉽게 감염된다. 풍진에 대한 면역체가 없는 임신부가 풍진에 걸리게 되면 본인은 감기와 같은 가벼운 증세를 보일 뿐이지만 태아에게는 치명적인 결과를 가져온다. 선천성 풍진 증후군으로 선천성 심장 질환, 백내장, 난청 등의 선천 이상을 가진 태아를 출산하게 되므로 반드시 검사를 해야 한다.

임신 3개월 이전에 감염이 되면 유산이 되기 쉽고, 유산이

되지 않았다면 임신부의 약 50~75%는 심한 형태의 기형아를 낳거나 사산아를 분만하거나 태어난 후 얼마 못 가 죽기도 한다. 감염 시기가 임신 후반기일수록 기형아 발생률은 낮아진다.

예방접종 후 최소 3개월 후에 임신하는 것이 안전하다

한편 최근 국민 보건 상태가 좋아지고 위생환경도 나아지면서 어릴 때 풍진에 감염되지 않았을 확률이 높아지면서 성인이 되어 풍진을 앓게 되는 경우가 늘고 있다. 당연히 면역이 없는 상태에서 임신을 하게 될 가능성도 덩달아 높아지고 있다. 임신 전 풍진 검사가 꼭 필요한 이유가 여기에 있다.

임신 전 풍진 항체 검사를 해보고 항체가 없다면 예방접종을 한다. 접종 후에도 최소 3개월간은 피임을 한 후 아기를 갖는다.

>> 혈액형검사

출산 시 응급상황에 대비해 자신의 혈액형을 알아둔다

임신부 중 약 5~20%가 자신의 혈액형을 잘못 알고 있는 경우가 있으므로 필수적으로 해야 하는 검사다. 출산을 하다보면 언제 어느 때 응급 상황이 발생할지 모른다. 분만 시 심한 출혈로 수혈을 해야 하는 경우도 있는데 이때 정확한 혈액형을 아는 것이 필요하다. 혈액형은 무엇인지, RH 인자는 무엇인지 등을 알아두어야 안전하다.

혹시 RH 음성인 경우 특별한 관리가 필요하다. 물론 자신의 혈액형을 정확히 알고 있다면 굳이 다시 검사할 필요는 없다.

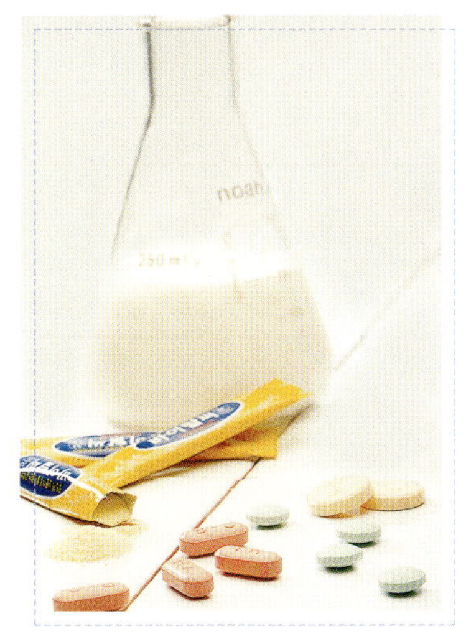

>> 매독반응검사

매독은 태아 사망이나 선천성 기형을 유발한다

매독이나 임질 등은 누구나 알다시피 성병이다. 매독은 감염된 상태에서도 모르고 지날 수 있기 때문에 검사가 필요하다. 임신부가 매독에 걸리면 조기 진통이나 태아 사망, 선천적인 결함이나 이상을 가지고 태어날 수 있다.

매독에 걸린 사람과 성관계를 하고 난 후 보통 6주 정도가 지난 후 1차 매독 증상이 나타난다. 1차 매독 증상은 성기 주위에 궤양이 나타나는데 외관상으로 확인하지 못하는 경우도 많다. 보통 이 궤양은 2~6주가 지나면 저절로 낫는다.

궤양이 사라지고 6~8주가 지나면 피부에 다양한 변화가 나타나는데, 이때가 2차 매독이다. 2차 매독 이후에는 별다른 증상 없이 혈청검사를 통해 양성반응을 나타내는 잠복 매독의 기간을 가지게 된다. 그 이후에 나타나는 것이 3차 매독이다.

임신 18주 전에 치료받으면 태아 감염을 막을 수 있다

임신부가 매독에 걸리면 매독균이 태반으로 건너가 선천성 감염을 일으키게 된다. 태아가 감염이 되면 폐, 간, 비장, 췌장, 뼈에 영향을 주게 된다. 태반에도 변화가 생긴다. 비정상적으로 크기가 커지고 창백한 색을 띠게 된다. 이런 태반의 변화가 태아의 건강에도 악영향을 미친다. 매독 감염 여부를 알려면 혈청검사를 받아야 한다. 임신 초기에 한 번 시행하는데 위험성이 높은 임신부라면 임신 후반기에 한 번 더 하는 것이 좋다.

매독에 걸린 경우 페니실린으로 치료가 가능하다. 임신 18주 전에 치료를 받으면 태아의 감염을 예방할 수 있고 그 이후라도 치료하면 태아도 함께 치료가 된다.

>> 에이즈검사

에이즈 환자는 반드시 보건당국에 신고하고 지시에 따른다

날로 심각한 문제가 되고 있는 에이즈. 최근 한 부부가 에이즈 감염 사실을 알고도 출산하여 뉴스가 된 적이 있다. 우리나라에서 에이즈가 부모로부터 신생아에게 수직 감염된 사례는 2003년 9월 말까지 모두 5건이 있었지만 부모가 에이즈 감염 사실을 알고도 출산한 경우는 이 부부가 처음이었다.

아빠나 엄마가 에이즈에 감염된 상태에서 아이에게 수직 감염될 가능성은 평균 25% 정도 된다. 그러므로 부모가 감염 사실을 알고 있는 경우에는 임신을 해서는 안 된다. 에이즈 감염 상태에서 임신을 했다면 일단 보건당국에 신고해 상담을 받는다. 임신 8개월부터 수직 감염 예방약을 먹으면 아기에게 옮길 가능성이 6~8%로 낮아지기 때문이다.

대부분의 정상적인 임신부의 경우, 에이즈 감염 가능성은 매우 희박하지만 그래도 언제나 예방에 신경을 쓰는 것이 좋다. 에이즈 검사를 사전에 받아 건강한 상태에서 아기를 갖도록 한다.

>> 빈혈검사

빈혈이 있으면 태아에게 충분한 산소와 영양을 공급하지 못한다

태아는 엄마의 혈액을 통해 필요한 산소와 영양을 얻는다. 모체가 빈혈 상태라면 태아에게 충분한 산소와 영양을 공급할 수 없게 된다. 빈혈에 취약한 집단이 바로 임신부, 가임기 여성이다.

임신부의 빈혈은 저체중아를 출산하거나 조산, 난산, 태아의 성장지연 외에도 심하면 신생아 사망까지 불러올 수 있으므로 임신부의 영양 상태는 신생아 건강의 밑거름이라 해도 과언이 아니다. 임신 전에 미리 검사를 통해 문제가 있다면 치료를 받는 것이 바람직하다.

>> 간염검사

출산 시 태아에게 감염될 수 있다

임신부가 간염이 있을 때는 출산 때 산도를 통해 나오는 아기도 감염이 된다. 간염은 본인도 모르게 앓고 있는 경우가 많으므로 간 기능 검사를 하지 않고는 발견이 불가능하다.

임신을 계획하고 있다면 미리 간염 예방접종을 하여 항체가 만들어진 후 임신하는 것이 안전하다. 간염 항체가 없으면 간염 접종을 3회 받아서 항체가 생긴 것을 확인한 후 임신한다. 만약 항원이 있으면 몇 가지 검사를 통해 활동성인지, 비활동성인지 알아본다. 활동성 간염이라 진단되면 임신 기간 동안 푹 쉬는 것이 좋다. 임신부가 간염 보균자인 경우에는 출산 후 바로 아기에게 면역 글로불린이나 백신을 접종하게 된다.

>> 소변검사

임신중독증을 예방하거나 예견할 수 있다

방광염이나 요도염, 신우염 등을 진단하기 위해 필요한 검사다. 또한 소변에서 단백이나 당이 나오면 임신 기간 중 임신중독증에 걸릴 위험이 있다는 신호이다. 소변검사를 하고 임신계획을 세운다.

>> 난소와 자궁근종검사

초음파를 통해 난소와 자궁의 이상을 찾아낸다

임신이 가능한 여성의 10% 정도에서 자궁의 이상이 발견된다고 한다. 난소와 자궁 이상은 초음파를 통해 간단히 알 수 있어 간편하다. 난소에 혹은 없는지, 기형은 아닌지 등을 알아보는 검사로, 미리 받아 보는 것이 좋다.

>> 톡소플라즈마검사

애완동물을 통한 감염으로 유산이나 불임의 원인이 된다

요즘 애완동물을 기르는 사람들이 늘고 있다. 집에서 애완동물을 기르는 사람이라면 이 검사를 받아보는 것이 좋다. 톡소플라즈마라는 원충은 주로 고양이를 통해 감염이 된다. 감염이 되어도 특별한 증상이 없어 모르고 지내기도 하지만 후유증이 심하다.

임신부가 톡소플라즈마에 감염되면 유산이나 불임을 일으킬 수 있다. 태아의 중추신경계에 침투해서 뇌에 이상을 불러일으키거나 지능 장애 등을 초래하기도 한다.

>> 클라미디아검사

흔한 성병균, 불임의 원인이 되므로 치료 후에 임신한다

클라미디아는 성병균의 하나로, 최근 제일 흔하게 성병을 일으키는 균이다. 자궁내막 난관에 염증을 일으켜 불임의 원인이 되기도 하고 임신 초기에는 유산, 조산, 사산 등의 위험을 초래하기도 한다. 미리 검사를 받아 발견이 되면 치료한 후 아기를 가져야 한다.

알 짜 태 교

산전 검사로 건강한 아기를 낳아요

● 일반적으로 하는 산전 필수 검사
① 혈액형검사(ABO &RH)
② 빈혈검사(CBC & diff)
③ 매독검사(VDRL)
④ 소변검사(Urinalysis)
⑤ 간염검사(HBS Ag)

● 그 외의 산전 필수 검사
① 풍진검사
② 소변배양검사
③ 불규칙항체선별검사
④ 자궁경부암검사
⑤ 클라미디아 성병검사
⑥ 임질검사

● 특정한 시기에 받아야 할 산전 필수 검사
모체혈청 당화 단백검사(기형아검사) 어느 시기에나 할 수 있지만 보통 임신 15~18주 사이에 받는데, 이때 검사하는 것이 좀더 정확한 결과를 얻을 수 있다. 무뇌증, 척수이분증 등 뇌신경계 계통의 선천성 기형, 염색체 이상 발견에 도움이 된다.

혈당검사 우리 나라의 경우, 임신부 100명 중 3명에서 임신성 당뇨병이 발견된다. 위험요인이 많은 임신부는 첫 산전 관리 시에, 그 외에는 대개 24~28주에 한다. 임신 중의 당뇨병은 임신중독증, 선천성 기형을 동반할 수 있기 때문에 정확하게 혈당검사를 받는 것이 좋다.

빈혈검사 첫 산전 진찰 때, 그리고 임신 말기에 다시 하여 출산에 대비한다.

● 태아의 안전을 위한 검사
초음파검사 임신 초기, 중기, 후기에 한 번씩 하여 아기의 발달상태, 기형 여부를 알 수 있다.

양수검사 임신 중기에 받는 검사로 임신부가 만 35세 이상이거나, 기형아 검사에서 비정상적인 결과가 나온 경우, 기형아를 출산한 경우, 형제나 친척 중에 기형아가 있는 경우 양수검사를 받는다.

건강한 아기를 위한 계획임신

원하는 때에 임신을 하는 것이 바로 계획임신이다. 계획임신을 하게 되면 마음의 준비가 되어 있어 임신 기간을 편안하게 보낼 수 있고 기형아 출산도 예방할 수 있다. 임신부와 태아의 건강까지 생각하는 계획임신. 고려해야 할 것들에는 무엇이 있는지 꼼꼼히 살펴보자.

임신 계획을 세운다

젊은 신혼부부들의 경우 무절제한 성생활을 통해 뜻하지 않게 아기를 갖는 경우가 많다. 계획하지 않은 상태에서 하게 된 임신은 축복이기보다는 걱정거리나 부담으로 다가올 수 있다. 가정 경제가 넉넉하지 않거나 건강에 이상이 있거나 약물이나 알코올 중독 상태에서 임신을 한 경우도 그러하다.

이런 경우 임신부는 기형아가 태어나지는 않을까 하는 불안 때문에 10개월 내내 전전긍긍하게 된다. 이런 불안감은 엄마는 물론 태아의 정서에도 좋지 않다.

계획임신을 하게 되면 기형아 출산을 막을 수 있을 뿐 아니라 모든 이의 축복 속에서 임신과 출산 280일을 즐겁게 보낼 수 있다.

임신하기 좋은 시기를 고른다

이사나 장기간 여행, 유학 등을 계획하고 있다면 임신을 피하는 것이 좋다. 봄에 출산을 하면 날씨가 따뜻해 아기 키우기도 수월하고 산후조리하기에도 좋다고 하여 4월에 아기를 낳으면 좋다고들 한다. 이렇게 봄에 아기를 낳으려면 6~8월 사이에 임신을 하면 된다.

입덧이 심한 사람이나 어머니가 입덧으로 고생했던 경우에는 입덧이 심한 계절을 피하여 임신을 하는 것이 좋다. 입덧은 봄철과 여름철에 심해지는 경향이 있으므로 이 계절을 피한다.

가정 형편 또한 꼭 고려해야 할 사항이다. 육아나 출산에 있어 상당한 비용이 들기 때문에 가정 경제가 넉넉할 때 임신을 도모하는 것이 바람직하다. 위에 아이가 있다면 둘째는 터울을 생각하여 임신을 계획한다. 연년생으로 낳을 것인지, 3~4세 터울을 두고 낳을 것인지 미리 생각하고 결정하는 것이 좋다.

하룻밤이 아기의 평생 건강을 결정한다

어떤 정자와 난자가 만나느냐에 따라 아기의 평생이 좌우될 수 있다. 조선조 사주당 이씨가 세계 최초로 태교에 관한 내용만 집대성하여 만든 책인 〈태교신기〉에 따르면 '스승이 10년을 가르쳐도 어미가 열 달 뱃속에서 잘 가르침만 못하고, 어미가 뱃속에서 열 달을 가르침

이 아비가 하룻밤 부부 교합을 할 때 바른 마음가짐만 못하니라' 고 했다. 하룻밤 어떤 마음가짐으로 부부관계를 맺는지, 정자와 난자의 상태가 어떠한지에 따라 태어날 아기에게 미치는 영향이 크다는 것을 강조한 말이다.

엄마 아빠가 임신을 계획하고 있다면 미리 건강검진을 받고 체력을 단련하며, 몸에 해로운 음식이나 행동은 삼가는 등 철저한 준비가 필요하다. 준비된 엄마, 아빠만이 건강한 아기를 낳을 수 있다.

건강한 정자와 난자를 만든다

정자는 시원한 것을 좋아한다. 건강한 정자란 활동성이 좋은 정자를 말하는데, 정자의 운동을 활발하게 하기 위해서는 지나치게 뜨거운 곳이나 더운 기운을 피해야 한다. 불 앞에서 일해야 하는 직업이나 운전을 장시간 하는 경우, 오랫동안 앉아서 일하는 남자의 경우 정자의 운동성이 떨어진다는 연구 결과가 나온 바 있다.

정자는 다른 부분보다 섭씨 2~3도 낮은 온도가 가장 좋은 상태다. 고환이나 음경이 모두 몸 밖에 있는 것도 이런 이유 때문이다. 꽉 조이는 팬티나 달라붙는 청바지는 고환을 자극하여 정자 생산 능력을 떨어뜨릴 수도 있으니 되도록 헐렁한 팬티나 바지를 입는 것이 좋다.

반면 난자는 따뜻한 것을 좋아한다. 그래서 고환과 달리 여성의 성기는 안으로 들어가 있다. 여성의 몸 안에서 한 달에 한 번 배란되는 난자를 건강하게 하기 위해서는 무엇보다 스트레스를 피하는 것이 중요하다.

균형 잡힌 식사를 하고 가벼운 운동으로 질병을 예방하는 등의 노력을 한다. 난자를 건강하게 하는 것이 바로 자신의 몸 전체를 건강하게 하는 것을 말한다.

사랑하는 마음으로 부부관계를 한다

배란일을 확인하고 아기를 만드는 순간, 어떻게 부부관계를 해야 할까. 건강한 아기를 위해서는 무엇보다 건강한 부부관계가 우선되어야 한다. 먼저 서로 사랑하는 마음을 가져야 하는 것이 필수. 술에 취한 상태나 불안한 마음, 하기 싫은 상태에서 하는 부부관계는 태아에게도 나쁜 영향을 미칠 수 있다. 잠자리에서는 다른 생각은 모두 잊고 상대방만을 생각하며 서로의 사랑을 확인한다.

단, 건강하고 똑똑한 아이를 얻기 위한 임신 전 태교의 첫째로 절욕을 꼽는다. 건강한 정자를 위해서는 지나친 성생활을 삼가는 것이 좋다.

정확한 배란일을 체크한다

원하는 시기에 임신을 하기 위해서는 배란일을 아는 것이 중요하다. 배란은 난소에서 성숙 난포가 파열되어 난자가 복강으로 배출되는 것을 말한다. 이렇게 배란이 되어 나온 난자가 나팔관으로 들어가, 성관계를 통해 자궁경구를 거쳐 나팔관으로 들어온 정자를 만나 수정이 되어 착상하게 되면 임신이 되는 것이다. 배란은 보통 월경 시작일을 기준으로 14일 전이다. 하지만 배란일은 사람마다 차이가 있다.

♥ **기초체온으로 알기** … 월경이 불규칙하다면 기초체온법으로 배란일을 좀더 정확히 알 수 있다. 기초체온이란 아침에 눈을 뜬 직후의 체온을 말한다. 매일 아침 일정한 시간에 체온을 재어 그래프를 그리다 보면 대체로 일정하던 기초체온이 0.5도 정도 올라가는 날이 있다. 이날이 배란일이다. 측정하는 시간이 일정해야 하고 아침에 일어나자마자 해야 한다.

♥ **중간통으로 알기** … 배란일에 오른쪽 아랫배에 잠깐씩 미미한 통증이 느껴지기도 하는데 이것을 '중간통'이라 한다. 이는 난소에서 난자가 배출될 때 생기는 아픔이다. 하지만 이런 중간통은 누구나 느끼는 것이 아니라 100명 중 15명 정도밖에 느끼지 못하기 때문에 누구나 사용할 수 있는 방법은 아니다. 중간통이 느껴진다면 매달 월경주기 며칠째 통증이 느껴지는지 기록을 하면 배란일을 알 수 있다.

♥ **배란진단시약으로 알기** … 가격이 비싼 것이 흠이지만 집에서 간편하게 배란일을 확인할 수 있는 배란진단시약. 소변 5~6방울을 투입구에 떨어뜨려 두 개의 선이 생기면 양성이다. 보통 이 결과는 2~3일동안 계속되는데 배란은 첫 양성반응 24~36시간 뒤에 일어난다. 배란 시기를 대충 파악해 이 시점을 전후해서 배란진단시약을 구입해 진단하면 정확한 결과를 얻을 수 있다.

♥ **병원검사를 통해 알기** … 가장 정확하게 배란일을 알 수 있는 방법은 전문의를 찾아 검사를 받는 것이다. 병원에서는 3차원 초음파검사나 소변검사 결과로 배란일을 진단한다. 3차원 초음파검사는 난자를 만드는 난소에 있는 주머니 크기를 재서 배란일을 진단하게 된다. 주머니 크기가 1.6cm 정도가 되면 배란이 된다. 정확한 배란일을 알기 위해서는 3~4회 계속해서 받는 것이 좋다. 소변검사는 소변에 들어 있는 호르몬 양의 변화를 통해 알아낸다.

정자와 난자의 만남, 드디어 임신!

임신은 어떻게 이루어질까. 정자와 난자의 신비로운 만남을 통해 이루어지는 임신. 임신이 이루어지는 과정을 제대로 알아야 임신 전 태교의 중요성도 깨달을 수 있다. 새로운 생명을 탄생시키는 씨앗인 정자와 난자의 만남에서 임신이 이루어지기까지의 과정을 하나하나 살펴본다.

새로운 생명의 씨앗, 정자와 난자

수십억 개의 세포가 모여 이루어진 우리 몸. 이 수십억 개의 세포들 중 새로운 생명을 탄생시키기 위해 필요한 것이 바로 난자와 정자이다. 남성과 여성에 각각 들어 있는 두 세포는 남녀의 결합을 통해 만날 수 있다. 두 세포가 결합하여 수정란이 되어 착상을 하고 영양분을 섭취하면서 쑥쑥 자라면 280일 뒤에 엄마 아빠를 보기 위해 세상 밖으로 나오는 것이다.

여성은 난자를 가지고 태어난다

여성은 세상에 태어날 때 이미 난자를 가지고 태어난다. 난자의 모세포인 오보사이트를 지니고 태어나는데, 사춘기가 되면 성숙한 난자로 변하게 된다. 5개월째인 여아의 태아 속에는 이 오보사이트가 약 7백만 개 정도 있다고 한다. 이것이 사춘기가 될 무렵엔 20~50만 개 정도로 줄어든다.

난소에서 이 성숙한 난자를 배출하기 시작하면 여성은 임신이 가능해진다. 난자는 인간 세포 중에서 가장 큰 크기로 불투명한 무색이다. 난소를 박차고 나온 난자는 정자를 배웅하러 나팔관으로 이동한다.

정자와 만날 장소에 도달한 난자는 12~24시간 동안 정자를 기다린다. 난자의 생명은 하루이기 때문에 정자를 만나지 못하면 죽어버린다. 이 현상이 바로 월경이다.

남성은 사춘기가 되어서야 정자를 생산한다

여성이 난자를 가지고 태어나는 반면 남성은 사춘기가 되어서야 비로소 정자를 만들어낸다. 고환에서 정자를 만들어내는데, 노인이 될 때까지 생산한다. 올챙이 모양을 닮은 정자는 꼬리를 마구 흔들면서 난자를 만나러 간다. 정자는 크기가 가장 작은 세포로 너무 작아 육안으로는 보이지 않는다.

정액은 정자에게 영양을 공급해주고 운반을 쉽게 해주는 역할을 한다. 정액과 함께 여성의 몸에 들어간 정자는 3~4일 동안 살 수 있다.

정자와 난자의 만남, 수정에서 착상까지

수정이 이루어지려면 정자가 난자를 찾아 긴 여행을 해야 한다. 정자는 1회 사정에서 수천만~2억 개나 나오는데, 이 가운데 난관까지 오는 것은 100개 미만이고 그중 단 한개만 수정이 되는 것이다. 대단한 경쟁률을 뚫고 정자와 난자의 만남이 이뤄지는 것.

수정은 자궁 안이 아니라 나팔관 중앙에서 일어난다. 일단 정자가 난자 속에 들어가면 정자의 꼬리가 없어지고 정자의 머리가 커져서 남성 생식핵이 되고 난자는 여성 생식핵이 된다. 남성 생식핵과 여성 생식핵의 염색체가 서로 뒤섞이면서 각 염색체에서 나온 정보와 형질이 혼합된다.

이 염색체 정보들이 각 개인의 독특한 유전 형질을 형성하게 된다. 수정란이 만들어지면 수정란은 280일 동안 살아야 할 보금자리를 찾아 서서히 이동한다. 이 보금자리가 바로 자궁이다. 자궁에서 수정란은 영양분을 공급받으며 성장한다. 자궁내막에 안착하기까지 세포분열을 하면서 급속도로 성장한다. 수정이 일어나고 약 일주일이 지나면 자궁에 안착하게 되는데 이것을 착상이라고 한다.

임신의 시작, 모체에서 영양분을 빨아들여 쑥쑥 큰다

착상이 이뤄지면 임신이 시작된 것이다. 수정란이 착상했을 당시 크기가 0.25mm인데 이것이 인간의 형상을 갖추기 위해서는 많은 영양분이 필요하다. 마치 스펀지가 물을 빨아들이듯 모체에서 영양분을 빨아들여 신체 기관들을 만들고 만들어진 신체의 각 부분들을 발육시키게 된다. 그러니 임신부는 잘 먹어야 한다.

월경일을 통해 임신을 확인한다

아기를 갖기로 했다면 월경이 시작되는 날을 매달 표시해 두는 것이 좋다. 임신을 확인할 때도 출산 예정일을 살필 때도 필요하기 때문이다. 매달 하던 월경이 멈췄을 때 임신인지 확인해 본다.

임신 테스트는 가까운 약국에서 테스트용품을 구입해 간단히 할 수도 있고 산부인과를 찾아 확인한다. 임신 테스트용품은 대개 한 번 검사할 수 있도록 되어 있다.

분만 예정일도 미리 알아둔다

임신이 확인되면 아기가 언제 태어날지 궁금해지는 것은 당연한 일. 분만 예정일을 아는 방법은 크게 세 가지가 있다. 마지막 월경한 날짜를 알면 간단한 계산으로 헤아릴 수 있다.

마지막 월경 날짜를 알지 못할 때는 초음파로 태아의 크기를 재서 임신 주 수를 계산하여 예정일을 예측할 수 있다. 그러나 분만 예정일을 정확히 알았다고 해도 그 날짜에 출산하는 경우는 드물다. 조금 늦거나 때로는 조금 빠르게 출산하는 경우가 많다.

● **마지막 월경 날짜로** … 마지막 월경 첫 날짜+280일을 하면 된다. 혹은 그 달에서 3개월을 빼고 그 날에서 7일을 더하면 분만 예정일을 계산할 수 있다. 예를 들어 6월 27일이 마지막 월경의 첫 날짜라면 6-3, 27+7, 하면 달은 3월이 되고, 날짜는 34일이지만 3월은 31일까지 있으므로 예정일은 4월 3일이 된다. (14~15쪽 참조)

● **초음파로** … 가장 확실한 방법으로 초음파 검사를 통해 태아의 머리부터 엉덩이까지의 길이를 재어 개월 수를 산출한다. 초음파로 임신 주 수 확인을 하는 경우 개인별 태아 성장의 차이가 적은 임신 20주 이전에 한다.

임신 4~7주에는 아기를 싸고 있는 태낭의 크기를 보고, 임신 8~11주에는 태아 머리끝에서 엉덩이 끝까지의 길이, 임신 12주 이상의 경우에는 태아의 머리를 바로 위에서 보았을 때 옆 길이, 몸 둘레, 대퇴골의 길이를 재면 임신 주 수를 확인할 수 있다. 임신 11~12주가 되면 태아의 맥박소리를 들을 수 있는데, 심장박동소리와 초음파 결과를 종합하면 보다 정확하게 분만 예정일을 산출할 수 있다.

임신을 알 수 있는 다양한 징후

앗, 월경을 안 하네~

매월 규칙적으로 하던 월경이 뚝 끊겼다면 임신을 의심해보자. 임신이 아니라면 체중의 변화나 스트레스, 피로, 호르몬 문제 등으로도

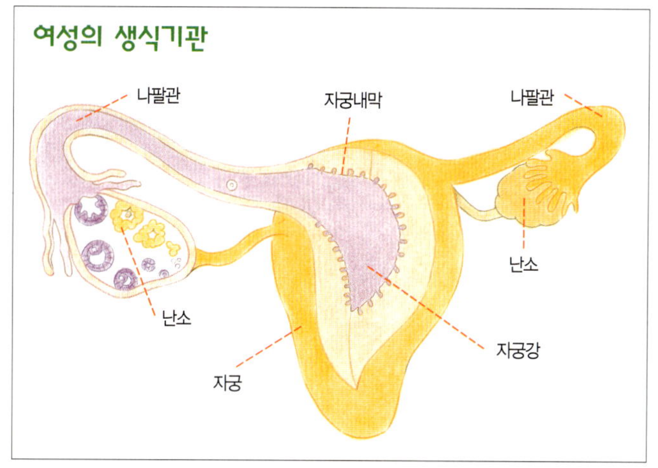

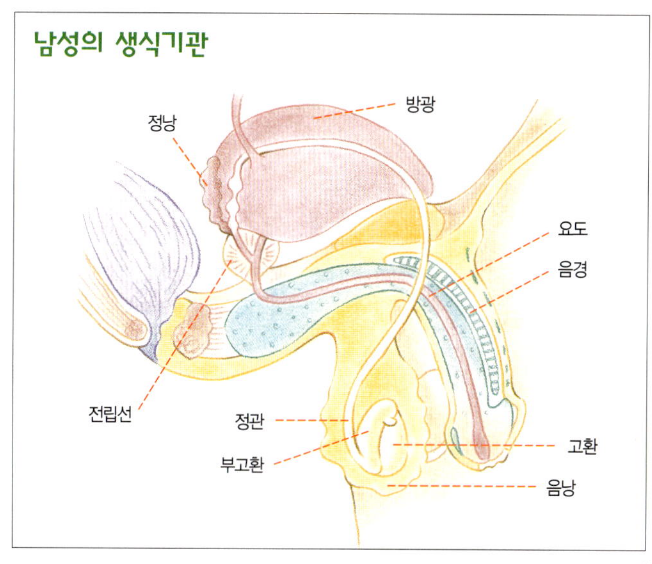

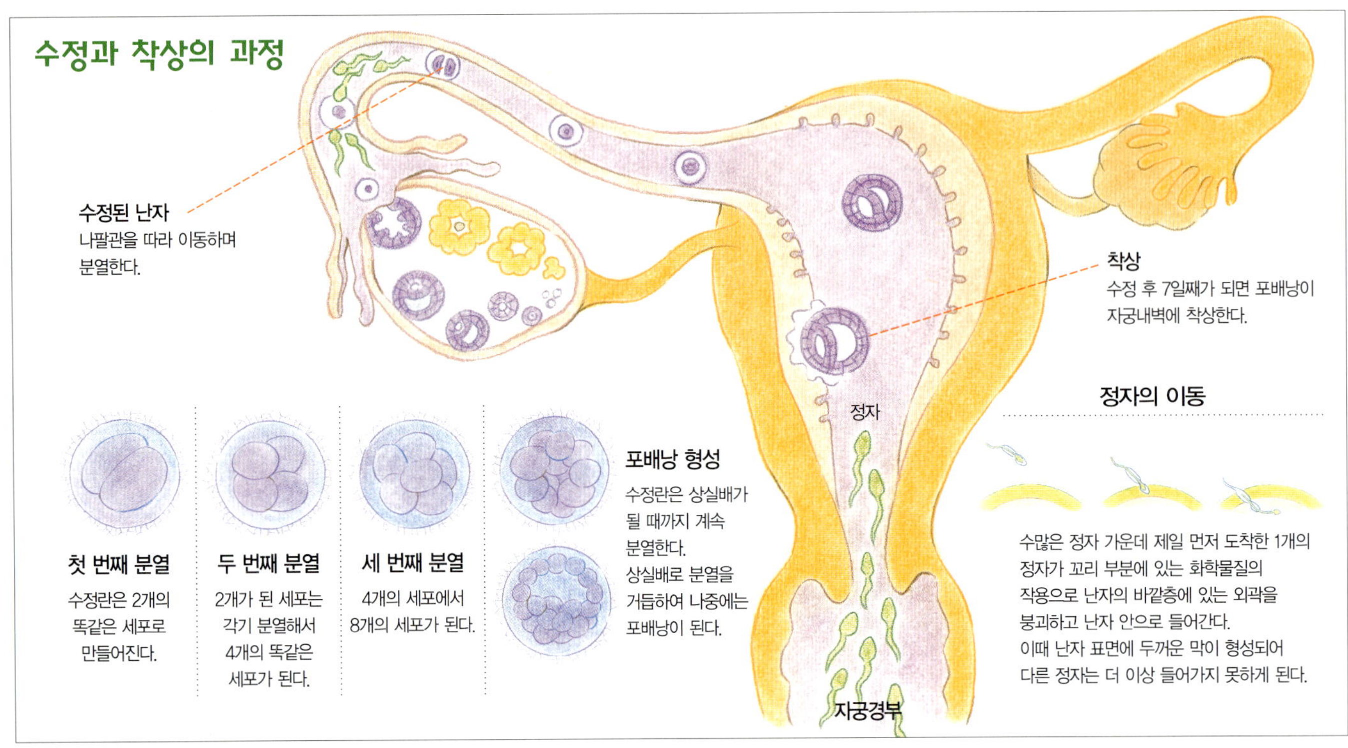

월경이 멈출 수 있다. 그런데 임신인데도 약간의 출혈이 있어 월경으로 오인하는 경우가 있다. 수정란이 자궁에 착상할 때 두세 방울 정도의 출혈이 생길 수 있다. 2~3일 정도 지나면 이런 현상은 없어지지만 이것은 월경이 아니다. 출혈이 계속 있다면 유산 염려가 있으므로 병원에 가서 검사를 받는다.

속이 메슥메슥!

심하면 먹은 것을 토하기도 하고 단순히 메스꺼움만 느낄 수도 있다. 이런 입덧은 주로 공복에 생기는데, 임신부에 따라 입덧의 정도가 달라 어떤 임신부는 임신내내 병원에 입원해 있는 경우도 있다.

좋아하던 향수 냄새가 어느 날 싫어지고 맛있게 느껴지던 음식 냄새가 불쾌해지고 구토증이 생기는 것 등이 모두 입덧의 증상이다.

빵빵해진 내 가슴

임신을 하게 되면 유방에 변화가 온다. 가슴이 커지고 예민해지고 유두의 색깔이 진해진다. 유방의 변화는 난소의 황체 호르몬 때문에 생긴다. 이 황체 호르몬이 유선에 작용해서 유방이 커지는 것이다.

아~ 나른한 내 몸

감기에 걸린 것처럼 왠지 몸이 나른해지고 자꾸 눕고 싶고 열이 조금 나는 것도 같다. 민감한 사람은 임신 1개월부터 몸이 나른해지는 증상을 느낀다. 식사 후에는 졸음이 몰려오고 금세 피곤해져 밤에도 일찍 자게 된다.

자꾸만 소변이 마려워~

잦은 소변으로 화장실 문이 닳도록 들락거리게 된다. 혈액이 골반에 몰리면서 방광을 자극하면서 빈뇨가 생기게 된다. 방광에 소변이 조금만 차도 자극을 줘서 요의가 느껴지게 되는 것이다.

입맛이 변했어요

체내에 호르몬이 증가하면서 임신부 타액이 혈액의 일정 부분과 반응해서 입맛을 변하게 한다. 고기를 싫어하던 사람이 햄버거를 찾게 되고 라면이나 피자 같은 건 손도 안 대던 사람이 그런 음식이 자꾸 생각난다면 임신을 의심해본다.

임신 중 성생활

● 임신초기

임신 1주에서 12주까지는 임신 기간 중 가장 중요한 시기다. 정자와 난자가 수정하여 착상한 후 아기가 자궁에 자리를 잡는 시기여서 간혹 유산의 위험이 따르기 때문이다. 그렇다고 자연스런 성생활에 구애받을 필요는 없다. 격렬하지 않고 무리가 가지 않는 정도면 된다. 단, 횟수를 줄이고 너무 깊게 삽입하는 것은 피한다. 손가락을 질 안에 삽입하는 것은 세균 감염이나 상처가 날 우려가 있으므로 하지 않는다.

– 정상위 남녀가 마주보고 누워 결합하는 가장 기본적인 체위. 너무 깊이 삽입되지 않도록 여자가 무릎을 세운다.

– 신장위 정상위의 상태에서 여자가 다리를 한데 모아 오므린 채 한다. 남자는 양손을 바닥에 대고 몸을 지탱해 여자의 배를 압박하지 않도록 주의한다.

피해야 할 체위
– 승마위 아내가 남편의 위에 걸터앉는 이 체위는 자궁을 깊이 자극하기 때문에 질이 짧은 여성이나 임신 중에는 피하는 것이 좋다.

● 임신중기

임신 5개월 무렵이 되면 안정기에 접어들게 된다. 입덧도 가라앉고 몸도 마음도 임신 상태에 적응이 되고 태반이 튼튼하게 자리를 잡아 웬만한 충격에도 유산되지 않는다. 신체적으로는 성생활을 해도 무리가 가지 않지만 임신부의 30~40%는 의식적으로 성관계를 피하려는 마음이 생기기 쉽다. 싫을 때는 남편에게 심경을 털어놓고 이해를 구한다. 남편도 성행위를 할 때 아내의 배를 누르지 않는 상태에서 부드럽게 한다.

– 후배위 남편이 아내 뒤에서 상체를 지탱하면서 삽입한다. 남편의 체중이 실리지 않고 결합의 깊이도 조절할 수 있어 좋다.

– 전좌위 남편이 무릎을 꿇고 앉은 자세에서 아내가 그 위로 다리를 올리고 앉아 서로 마주보며 한다. 배를 압박할 염려가 없고 결합의 깊이도 자유롭게 조절할 수 있다.

피해야 할 체위
– 굴곡위 아내가 허벅지 관절과 무릎을 강하게 들어올리는 이 체위는 결합이 깊어져 자궁에 영향을 미칠 수 있다.

● 임신후기

임신 8개월이 되면 배가 많이 불러 압박감을 느끼게 된다. 잘 때도 똑바로 누우면 너무 힘이 들어서 옆으로 누워서 자야 할 정도. 이 시기부터는 성관계의 횟수도 평소의 1/3 정도로 줄이는 것이 좋다.
성행위를 할 때도 특별한 주의가 필요하다. 그리고 임신 10개월 때는 남편이 아내를 배려해 가능한 한 성생활을 하지 않는 것이 좋다.

– 후좌위 남편이 다리를 벌리고 앉고 아내는 등을 남편 쪽으로 돌리고 앉는다. 삽입은 얕게 한다.

– 측와위 두 사람이 서로 마주보고 옆으로 누워 결합하는데 이때 아내는 다리를 벌리거나 오므려 삽입의 정도를 조절한다.

피해야 할 체위
– 후배위 아내가 두 팔로 몸을 지탱해야 하는 후배위는 결합이 깊어지고 배에 압박감을 강하게 주므로 피하는 것이 좋다.

03

남편과 함께
주 단위 태교

임신 40주는 여자의 인생에서 가장
빛나는 순간이다. 입덧이나 임신중독증 등
다양한 트러블과 질병으로 고생을 하기도
하지만 뱃속아기로 인해 세상에서 가장
아름다운 이름인 어머니로 성숙하기
때문이다. 건강하고 똑똑한 아기,
재능 있는 아기를 낳기 위한 어머니의
정성은 이 시기에 최고조를 이룬다.

태아의 성장발달

임신부의 신체변화

임신 1~4주

임신 · 태교 포인트

임신을 하게 되면 궁금한 것과 걱정되는 일이 많아진다. 특히 첫아기를 가진 엄마와 아빠의 경우에는 더욱 그렇다. 지금쯤 뱃속아기는 얼마나 자랐으며 어떤 모습을 하고 있는지, 엄마의 몸에 나타나는 여러 가지 증상들은 정상인지, 이번 주에는 어떤 태교로 뱃속아기와 이야기를 나눌 것인지, 궁금증은 꼬리에 꼬리를 문다. 주 단위로 태아와 임신부의 변화, 그리고 효과적인 태교방법을 요약하여 정리해 보았다.

1~2주

태아의 성장발달
- 1주는 마지막 월경이 시작되는 주이다.
- 2주가 되면 자궁내막이 두터워지면서 배란을 준비한다.
- 배란이 일어날 때 약간의 통증이 나타나기도 한다.

임신부의 신체변화
- 월경이 없어지고 메스꺼움, 피로감, 빈뇨 등이 나타난다.
- 임신의 징후를 알아두어 임신에 대비한다.
- 분만예정일 체크 요령도 알아두도록 한다.

3주

태아의 성장발달
- 나팔관에서 정자와 난자가 만나 수정(착상)이 이루어진다.
- 수정란이 나팔관에서 자궁 속으로 들어가 세포분열을 시작하는데, 이때가 바로 임신의 시작이다.
- 자궁에서 자라는 배아는 아주 작지만 급속도로 증식하고 성장하고 있다.

임신부의 신체변화
- 질 분비물이 늘어나거나 가벼운 통증이 나타난다.
- 아직 월경 주기를 거른 것도 아니어서 임신 사실을 모르기 쉽다.
- 착상 과정에서 출혈이 있을 수 있다. 색이 붉지 않고 거무스름하다면 걱정하지 않아도 된다.

4주

태아의 성장발달
- 4주 말경이 되면 월경이 없어 몸에 변화가 생겼음을 느끼게 된다.
- 수정란은 둘로 나뉘어 하나는 태반이 되고 다른 하나는 아기가 된다.
- 초음파 검사를 해 보면 아기집이 될 원형의 태낭이 보인다.

임신부의 신체변화
- 임신을 지속시키는 황체 호르몬이 형성된다.
- 임신부의 체중 변화나 외모의 변화는 나타나지 않는다.
- 월경이 없어지면서 임신을 떠올리게 된다.

이번 주에 체크할 일

- 충분하고도 고른 영양 섭취에 신경을 쓴다.
- 적절한 운동과 휴식도 잊지 말자.
- 신선한 식품을 통해 영양을 섭취하고 알코올이 함유된 음식섭취에 주의한다.

- 엽산은 임신 중 빈혈과 기형아 출산을 예방한다.
- 과일, 녹황색 채소 등을 많이 섭취하고 하루 8컵 이상의 물을 마신다.
- 아기의 성별은 난자와 결합하는 정자의 유형에 의해 결정된다.

- 체중·혈압·소변·혈액검사 를 기본적으로 받는다.
- 정기적인 체중검사는 임신중독증과 쌍태아 판단에 도움을 준다.
- 혈압검사는 임신중독증의 중요한 실마리가 된다.
- 임신 초기에는 머리염색과 파마를 피하는 것이 좋다.

이번 주의 효과적인 태교

음식태교

- 간 기능을 강화하는 음식 을 먹는다
- 양질의 단백질과 칼슘을 섭취한다
- 변비와 빈혈을 예방하는 자두를 먹는다
- 달걀노른자와 간유를 섭취 한다

* 이 시기에 꼭 맞는 요리

냉이조개된장무침

양배추과일초절임

굴두부탕

운동태교

- 임신초기의 나른함과 피로 를 이겨내려면 적당한 스 트레칭과 근력운동이 필요 하다.
- 모든 운동은 자연스러운 호흡과 함께 하며, 각 동작 은 8~12회 반복한다.
- 똑바로 누워서 하는 동작 의 경우 3~5회 반복 후 몸을 옆으로 돌려 눕는다.

* 이 시기에 꼭 맞는 운동

심호흡하기

옆구리늘리기

마사지태교

- 이 시기에 많이 나타나는 트러블은 냉·대하 증가 와 빈뇨, 피로 등이다.
- 임신 중에는 마사지를 할 때 지압봉을 사용하지 말 고 엄지손가락이나 손바 닥을 이용해서 부드럽게 마사지한다.

* 이 시기에 꼭 맞는 마사지

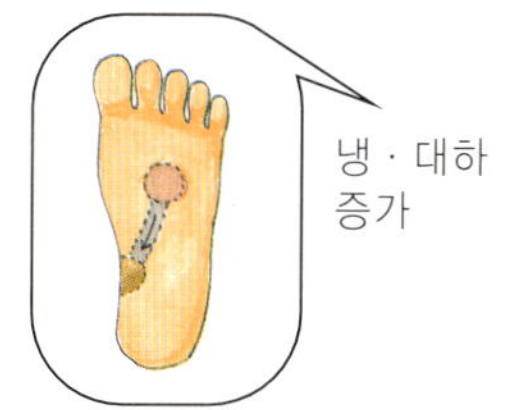

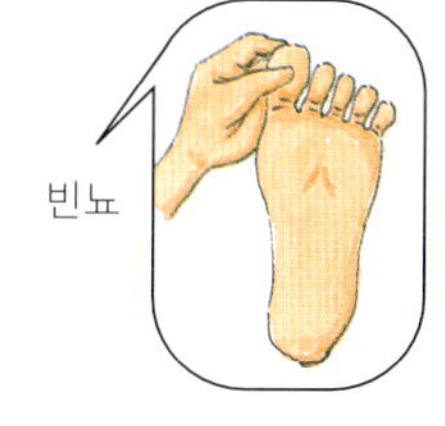

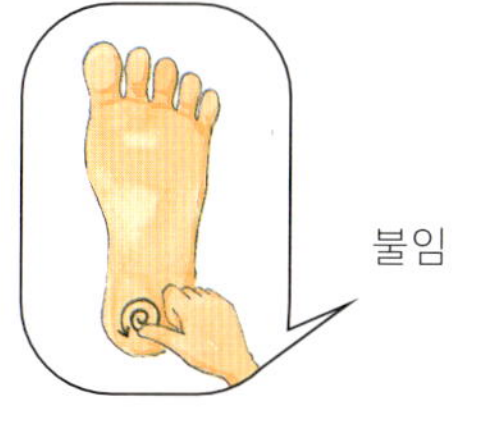

주 단위 임신 캘린더

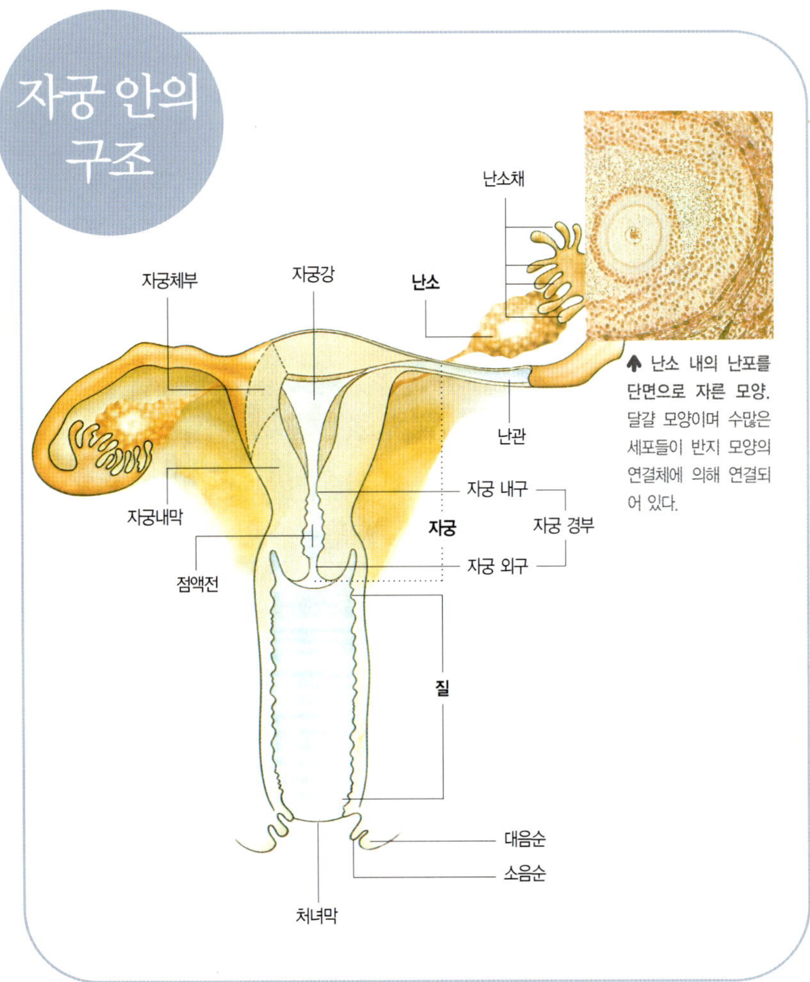

↑ 난소 내의 난포를 단면으로 자른 모양. 달걀 모양이며 수많은 세포들이 반지 모양의 연결체에 의해 연결되어 있다.

임신 1~2주

>> 태아는 얼마만큼 자랐을까?

1주는 마지막 월경이 시작되는 주이다. 자궁내막이 떨어져 나와 월경이 시작되면 호르몬은 다시 난자를 배출할 준비를 한다. 2주가 되면 자궁내막이 두터워지면서 배란을 준비한다. 배란이 일어날 때 약간의 통증이 나타나기도 한다.

>> 임신부의 몸에는 어떤 변화가 나타날까?

월경이 없어지고 메스꺼움, 피로감, 빈뇨 등이 나타나는 것이 임신의 주 증상이다. 하지만 아직은 임신이 아니므로 특별한 징후는 없다. 소화불량, 피로감 등이 나타나더라도 이는 임신이 아닌 다른 요인 때문일 수 있으므로 원인이 무엇인지 체크해보아야 한다. 다만, 이 시기에 임신의 징후를 알아두어 임신에 대비하고 분만예정일 체크 요령도 알아두도록 한다.

>> 이번 주에 잊지 말아야 할 일

충분한 영양 섭취 … 태아는 물론 임신부에게도 고른 영양 섭취가 중요하므로 신경을 쓴다. 또한 가공식품보다는 신선한 식품을 통해 영양을 섭취하고 알코올이 함유된 음식섭취에 주의한다. 적절한 운동과 휴식도 잊지 말자.

임신은 정자와 난자가 만나는 순간부터가 아니라 임신을 계획하고 준비하는 순간부터 시작된다. 건강한
난자와 튼튼한 정자가 만나 일단 임신에 성공하면 임신부는 몸도 마음도 바빠진다. 변화하는 신체에 적응도
해야 하고 태교도 시작해야 하기 때문이다. 이렇게 임신은 시작된다.

임신 3주

〉〉 태아는 얼마만큼 자랐을까?

나팔관에서 정자와 난자가 만나 수정(착상)이 이루어진다. 수정된 난자를 수정란이라고 하는데, 수정란은 나팔관에서 자궁 속으로 들어가면서 세포분열을 시작한다. 이때가 바로 임신의 시작이다. 이 시기에 자궁에서 자라는 배아는 아직 세포의 무리에 불과해 아주 작지만 급속도로 증식하고 성장하고 있다. 이 시기 태아의 크기는 0.15mm 정도이다.

〉〉 임신부의 몸에는 어떤 변화가 나타날까?

큰 변화는 없으나 질 분비물이 늘어나거나 가벼운 통증을 통해 배란을 의식하기도 한다. 하지만 아직 월경 주기를 거른 것도 아니기 때문에 임신 사실을 모르고 있기 쉽다. 유방 확대나 입덧 등의 변화도 아직 일어나지 않는다.

그리고 착상 과정에서 출혈이 있을 수 있다. 임신부 5명 중 1명이 임신 초기 출혈을 경험하게 되는데, 전문의에게 보이되, 색이 붉지 않고 거무스름하다면 그리 걱정하지 않아도 된다.

〉〉 이번 주에 잊지 말아야 할 일

엽산 섭취 … 임신 중 빈혈과 기형아 출산을 예방한다. 그러므로 엽산이 다량 함유되어 있는 과일, 콩, 녹황색 채소, 정백하지 않은 곡물 등을 많이 섭취하고 하루 8컵 이상의 물을 마시도록 한다.

규칙적인 운동 … 적당한 운동은 진통과 분만을 이겨낼 힘을 길러주므로 임신 주기에 맞는 운동을 규칙적으로 한다. 단, 운동 중 맥박이 140 이상을 넘지 않도록 하고 자주 쉬어준다.

임신 4주

〉〉 태아는 얼마만큼 자랐을까?

작은 수정란이 자궁에 자리를 잡게 되는데 이것을 포배낭이라고 한다. 일단 자궁에 도착한 수정란은 둘로 나뉘어진다. 하나는 자궁벽에 붙어 태반이 되고, 나머지 하나는 아기가 된다. 초음파 검사를 해보면 아기집이 될 원형의 태낭이 보인다. 4주 말경이 되면 월경이 없어 몸에 변화가 생겼음을 느끼게 된다. 임신 4주째 태아의 크기는 0.36~1mm 정도이다.

〉〉 임신부의 몸에는 어떤 변화가 나타날까?

월경이 없어지면서 임신을 떠올리게 된다. 임신을 지속시키는 황체 호르몬이 형성되지만 임신부의 체중 변화나 외모의 변화는 나타나지 않는다.

〉〉 이번 주에 잊지 말아야 할 일

기본검사 … 임신 초기에는 체중·혈압·소변·혈액검사를 기본적으로 받아야 한다. 정기적인 체중검사는 임신중독증과 쌍태아, 기타 이상을 판단하는 데 도움을 주며, 혈압검사는 임신중독증의 중요한 단서가 된다.

소변검사는 질병 감염 여부와 단백질 정도와 당분 정도를 알아보는 데 필요하며, 혈액검사는 혈액형과 Rh인자, 풍진 면역성, B형간염이나 성병감염 여부를 알아볼 수 있다.

파마·염색 주의 … 임신 초기 3개월 동안은 머리염색과 파마를 피하는 것이 좋다.

이 시기에 효과적인 태교

수정에서 10주까지를 '배아기'라 하며, 12주까지를 임신 제 1기라고 한다. 이 시기에는 특히 충분한 영양 섭취에 중점을 두어야 한다. 뇌의 기형 발생도 1~6주 사이, 그 다음으로 7~12주 사이에 영양을 잘못 섭취한 데에서 많이 일어난다.
또 영양이 불충분하면 9~12주에 생기는 손발의 뼈가 제대로 발달되지 않아 태아의 수족이 원만하게 만들어지지 않을 수 있다. 때문에 입덧도 심해지고 미숙아가 되는 경우도 많다.

태교는 임신이 된 후 시작하는 것이 아니다. 임신을 계획한 순간 태교는 시작되어야 한다. 임신 계획은 최소 3개월 전에 이루어져야 한다. 이 순간 수정되는 정자는 이미 3개월 전에 만들어진 것이기 때문에 아빠가 될 남성은 임신 전 3개월부터 마음의 안정과 함께 술과 담배 등을 금하고 어류나 육류를 많이 먹는 것이 좋고, 엄마가 될 여성은 치과 검진을 비롯한 종합적인 건강검진을 통해 치료해야 할 것을 치료한 후에 음식 섭취에도 신경을 써야 한다.

안전한 착상을 돕는 음식을 먹는다

특히 비타민 A, B, C, E를 비롯해서 충분한 단백질과 칼슘 등을 섭취해야 한다. 예를 들어 현미, 곡물의 배아, 통밀, 콩나물, 두부, 완두콩, 검은콩 등 곡물류를 비롯해서 신선한 야채나 과일이 좋은데 그중에서도 고구마, 감자, 유자, 플름(서양자두), 대추, 호박, 브로콜리, 파슬리, 양배추 등이 좋다. 또 아연과 구리를 많이 함유하고 있는 육류, 굴 등의 해산물 등도 많이 먹도록 한다. 비타민 E가 듬뿍 들어 있는 당귀를 1일 10g씩 차처럼 끓여 마시는 것도 좋다.

착상을 돕고 튼튼하게 자랄 수 있는 여건을 조성하기 위해서는 생지황을 생즙 내어 1회 20cc씩 1일 2~3회 공복에 마시거나 생지황 생즙에 불린 쌀을 넣어 죽을 쒀서 먹으면 좋다. 심장의 혈액을 보충해주고 심장의 열을 내리는 데 효과가 있다. 또 연꽃의 씨를 껍질 벗기고 속의 심을 뺀 후 쌀과 함께 동량의 물에 불려 죽을 쒀 먹는다.

이 외에도 씀바귀가 착상을 돕고 심장 기능을 강화하며 정신을 안정시키는 데 도움이 된다. 레시틴이 많이 함유되어 있는 콩, 된장국, 달걀노른자, 동물의 간 등도 많이 먹도록 한다.

간의 기능을 강화하는 음식을 먹는다

임신 1~4주째를 〈동의보감〉에서는 이슬구슬 같은 응어리가 형성되는 시기라고 하였다.

수정란 주위에 부드럽고 가느다란 풀뿌리 같은 융모가 생겨 자궁내막에 파고 들어가 태아에게 필요한 영양과 산소를 섭취하는 역할을 하기 때문에 '배아기'라고 한다.

● 양질의 단백질과 칼슘을 섭취한다

이 시기에는 모체의 '족궐음경맥(足厥陰經脈)'이 태아를 기른다. 족궐음경맥이란 간 경락이다. 그래서 이 시기에는 성생활에 주의하고 약을 함부로 복용하지 않아야 하며, 간 기능을 강화하는 음식을 많이 먹어야 한다. 냉이, 더덕, 부추, 오얏, 산딸기 등이 좋으며 산수유차나 모과차 등이 좋다.

아울러 양질의 단백질과 칼슘, 비타민과 미네랄 등을 충분히 섭취해야 한다. 육류, 동물의 간과 내장, 우유, 치즈, 달걀노른자, 장어나 미꾸라지 같은 생선류가 좋다. 이 밖에도 뼈째먹는생선, 굴, 콩, 해조류 그리고 파 뱃속아기의 성장과 엄마의 신체변화에 맞춰 효과적인 태교를 해보자. 뇌가 발달하는 시기에는 어떤 음식을 먹어야 하는지, 손발이 생겨날 때는 어떤 영양분이 필요한지, 입덧이 심할 때는 어떤 마사지를 해주면 좋은지, 손발이 부을 때는 어떤 스트레칭을 하면 좋을지, 주 단위 태교포인트를 알아본다.

슬리, 피망, 양배추 같은 녹황색 야채 등도 좋은 식품이다.

● **자두는 변비와 빈혈을 예방한다**

특히 비타민 B2는 리보플라빈이라고 하는데, 이것이 결핍되면 음부나 입안이 자주 헐게 되므로 많이 섭취해야 한다. 주로 우유, 달걀, 장어, 김, 아몬드 등에 많이 함유되어 있다.

자두 역시 좋다. 비타민 B2는 물론 비타민 A도 다른 과일에 비해 월등히 많으며 티아민으로 불리는 B1, 니코틴산 또는 니아신으로 불리는 B5 등이 함유되어 있을 뿐 아니라, B3인 판토텐산이 들어 있기 때문이다. 그리고 임신부의 변비, 빈혈에도 좋다.

● **달걀노른자와 간유를 섭취한다**

그리고 머지 않아 뼈대를 형성해갈 아기에게도 필요하고, 또 칼슘이 부족해지기 쉬운 모체를 위해서도 칼슘과 비타민 D가 풍부한 음식을 많이 먹어두어야 한다. 이 성분은 달걀노른자, 어류, 그리고 간유에 많이 들어 있다.

특히 간유는 명태, 상어, 북어, 대구 등의 간장에서 짜낸 불포화도가 높은 맑고 노란색을 띤 지방유이다. 임신으로 체력이 극도로 소모되었을 때나 임신으로 태아에게 엄청난 칼슘을 뺏기게 되어 칼슘 공급이 절대적으로 필요한 때에 간유를 1일 5g 정도씩 복용하면 좋다. 정신적으로 초조함이 심하고 피부가 거칠어지는 때도 간유가 효과를 발휘한다.

냉이조개된장무침

냉이 200g, 조갯살 100g, 청주 조금
무침장
된장 1큰술, 다진마늘 1작은술, 다진파 1큰술, 깨소금 · 참기름 조금씩

01 냉이는 다듬어 끓는물에 소금을 넣고 파랗게 데친 후 냉수에 헹군다.
02 냄비에 물을 자작하게 부은 뒤 끓으면 조갯살과 청주를 넣고 데친다.
03 ①과 ②의 물기를 꼭 짠 다음 무침장을 넣어 버무린다.

양배추과일초절임

양배추 5장, 적양파 · 사과 1/4개씩, 귤 · 키위 1/2개씩, 소금 조금
단촛물
물 1/2컵, 식초 · 설탕 1/4컵씩, 소금 1큰술

01 양배추는 굵직하게 썰어 끓는물을 끼얹는다.
02 적양파도 굵직하게 채썰어 끓는물을 살짝 끼얹은 다음 찬물에 담가 보라색 물을 없앤다.
03 사과는 껍질째 썰고, 귤은 한 알씩 떼고, 키위도 썬다. 분량의 단촛물 재료를 넣고 끓인다.
04 밀폐용기에 ①, ②를 담고 뜨거운 단촛물을 붓는다. 이틀 후 단촛물만 따라내어 끓여 식힌 후 다시 부어 냉장 보관한다. 먹기 10분 전에 ③의 과일을 섞어 두었다가 먹는다.

굴두부탕

두부 1/4모, 굴 1/2컵, 다시마물 3컵, 새우젓국물 1큰술, 마늘즙 1/2큰술, 소금 · 후추 · 생강즙 조금씩, 건홍고추 1/2개, 참기름 2방울, 송송썬 대파 · 쑥갓 조금씩

01 두부는 2cm 크기, 0.7cm 두께로 썰고, 굴은 연한 소금물에 2번 정도 씻어 건진다.
02 건홍고추는 속씨를 털어내고 부수어 둔다.
03 분량의 다시마물에 두부를 넣고 새우젓국물을 넣고 끓인다.
04 두부가 부드러워지면 마늘즙과 생강즙을 넣고 굴을 넣어 끓인다.
05 굴이 통통하게 부풀어오르면 소금과 후춧가루로 간을 맞추고 건홍고추를 넣고 참기름을 뿌려 담는다. 송송썬 대파와 쑥갓을 올려 낸다.

전 선 혜 교 수 의
운 동 태 교

모든 운동은 자연스러운 호흡과 함께 하며,
각 동작은 8~12회 정도씩 반복해준다.
늘려주는 동작을 할 경우에는 15~20초간 정지하고
있으면서 근육이 충분히 늘어날 수 있도록
해주어야 한다. 모든 동작은 반드시 오른쪽 왼쪽을
번갈아 실시해야 하며 같은 힘과 같은 각도로
운동이 이루어지도록 주의해야 한다. 호흡을 할
때에는 코로 숨을 들이마시고 입으로 숨을
내뱉는다. 4개월 이후에는 아기에게 전달되는
혈관이 눌리지 않도록 하기 위해 똑바로 누워서
하는 동작은 오래 하지 않도록 한다.
똑바로 누워서 하는 동작의 경우 3~5회 반복 후
몸을 옆으로 돌려 눕는다.

임신 초기에 흔히 나타나는 증상은 메스꺼움과 피로이며, 12주(3개월) 정도가 지나면 대체로 없어지게 된다. 임신한 여성의 80% 정도는 2개월쯤부터 입덧을 하게 되며, 대개의 경우 임신 4~5개월경에 저절로 없어지지만 5개월 이상, 더 심한 경우는 아기가 태어날 때까지 입덧과 비슷한 상태가 지속되는 사람도 있다.

태아 주위에는 밤송이처럼 보이는 융털돌기 조직이 둘러싸고 있는데 이 조직이 자궁벽에서 모체의 양분을 흡수하여 운반해준다. 입덧은 이 융털돌기 조직에서 특수한 호르몬, 즉, 융모성선 호르몬이 많이 분비되면서 모체에 여러 가지 변화를 일으키게 되어 나타나는 현상이다.

보통 아침 공복일 때 혹은 음식물을 먹은 뒤 메스꺼움과 구토증을 느끼고 온몸에 힘이 빠지고 나른한 기분을 갖게 된다. 어느 정도의 입덧은 임신 초기의 자연스러운 현상이므로 지나치게 신경을 쓸 필요는 없다.

또한 임신 초기의 나른함과 피로감도 임신으로 인한 신체의 변화에 따라 나타나는 증상인데 피로감이 느껴진다고 무조건 잠만 잘 것이 아니라 가벼운 운동으로 기분전환을 하는 것이 좋다. 임신 초기 4주간은 착상이 아직 완전히 되지 않은 상태이므로 지나친 움직임은 좋지 않다. 피로감을 이기기 위해서는 적당한 스트레칭과 근력운동을 해주는 것이 좋다.

등 펴기

바닥에 편하게 앉은 자세로 두 손을 가슴 앞에서 깍지 끼고 위로 밀어올린다. 등을 곧게 펴고 팔을 위로 힘 있게 민다. 호흡을 들이마시면서 위로 힘껏 밀어주었다가 입으로 숨을 내쉬면서 양팔을 내린다. 등 근육을 강화하고 어깨의 긴장을 풀어준다.

목 돌리기

목을 천천히 오른쪽으로 돌려 옆으로 보았다가 다시 왼쪽으로 돌려 왼쪽 옆을 본다. 다시 위로 보았다가 아래로 내린다. 천천히 오른쪽에서 왼쪽으로 목을 돌려주고 다시 왼쪽에서 오른쪽으로 돌려준다. 목 근육의 경직을 막아주고 이완시켜준다.

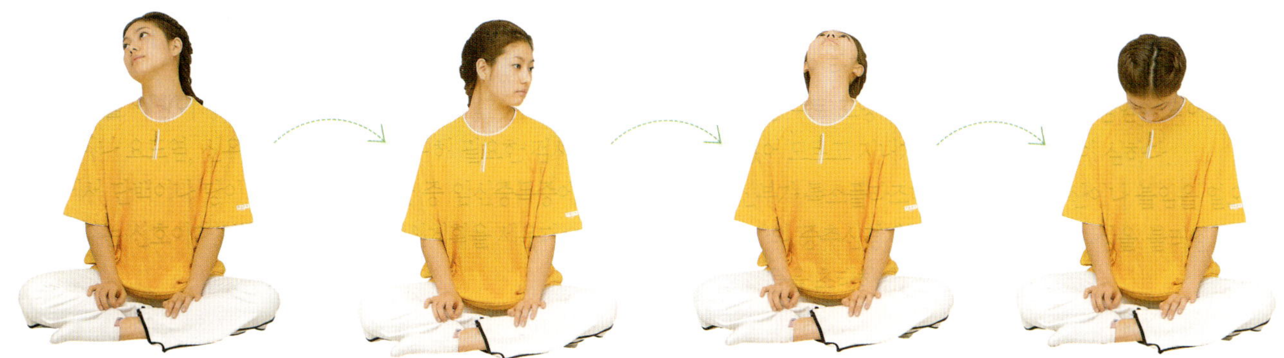

심호흡하기

두 손을 배 위에 대고 천천히 코로 크게 숨을 들이마시면서 배를 앞으로 나오게 한다. 다시 천천히 입으로 숨을 내쉬면서 배를 안으로 쑥 들어가게 한다. 입덧을 가라앉히고 마음의 안정을 찾는 데 도움을 준다.

옆구리 늘리기

다리를 벌리고 선 자세에서 양팔을 펴서 가슴 높이로 올리고 한쪽 옆구리를 구부리면서 한 손을 위로 들고 다른 한 손은 아래로 내리고 옆구리를 한껏 늘려준다. 다시 반대쪽으로 반복한다.

뒷다리 늘리기

한 다리를 앞으로 내딛고 선 자세에서 앞다리를 곧게 편 상태로 뒤꿈치를 바닥에 댄다. 뒷다리는 구부리고 상체를 곧게 펴서 머리와 허리가 곧게 펴지도록 한다. 그 상태로 15~30초간 정지하고 호흡을 편안하게 한다. 앞에 편 다리의 무릎이 구부러지지 않도록 손으로 가볍게 누른다. 다리 뒤쪽 근육의 유연성을 증가시켜준다.

임신을 하게 되면 임신부는 감기에 걸리거나,

배가 아프거나, 머리가 지끈거리거나, 허리가

쑤셔도 함부로 약을 먹거나 바를 수 없어

불편함이 이만저만이 아니다.

임신 트러블은 임신이 진행됨에 따라 주별로

다양하게 나타나고 시간이 흐름에 따라 증상도

심해지는데, 이런 불편한 증상을 마사지로 해결해

보자. 마사지 전문가 김수자 선생의 지도를

하나하나 따라하다 보면 저절로 통증이 사라진다.

입덧이나 부기는 물론 임신중독증과 같은

심각한 질병도 시원하게 해결할 수 있다.

냉 · 대하 증가

01 신장의 반사구인 용천을 1~2회 엄지손가락으로 지그시 누른다.

02 용천에서 방광 쪽으로 이어지는 수뇨관 반사구를 엄지손가락으로 9회 정도
미끄러지듯이 문지른다.

03 방광의 반사구를 엄지손가락으로 3회 정도 누른다.

04 엄지발가락 바닥에 있는 대뇌 반사구를 엄지손가락으로 4초 이상 누른다.
4~5회 반복한다.

05 생식선 반사구를 가볍게 주먹을 쥐고 4~5회
두드린다.

06 양 발의 복사뼈와 반대쪽 내측에 있는 자궁과
난소의 반사구를 시계 반대 방향으로 원을 그리
듯 마사지한다.

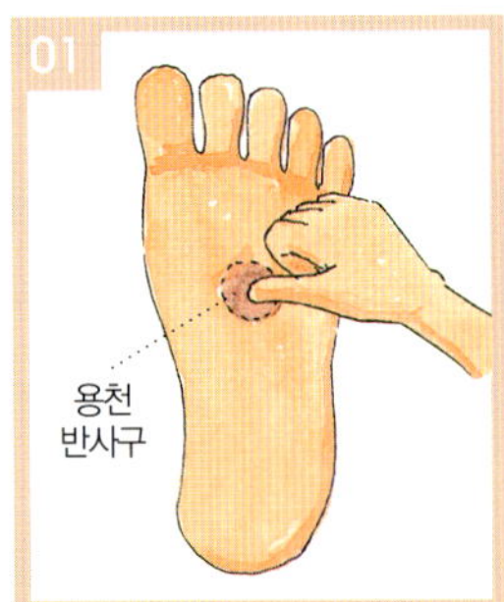

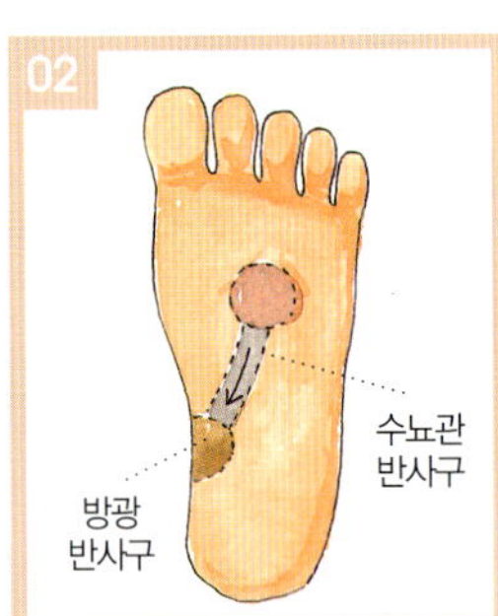

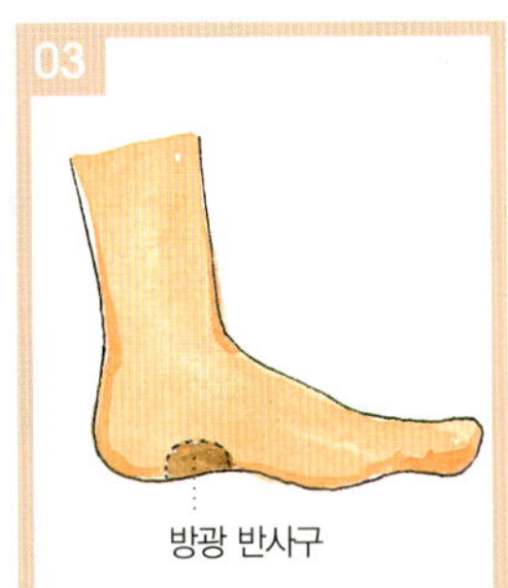

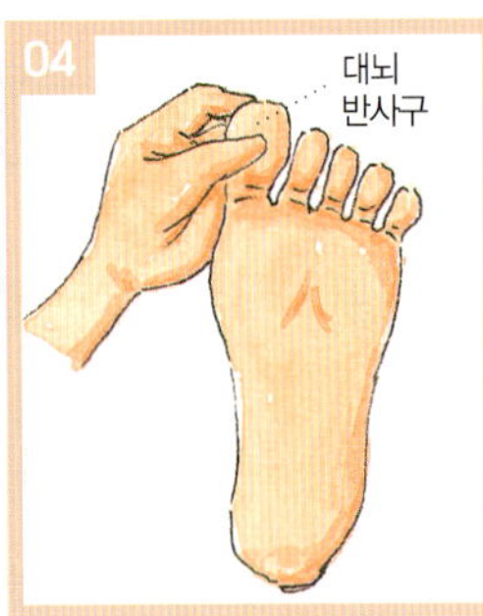

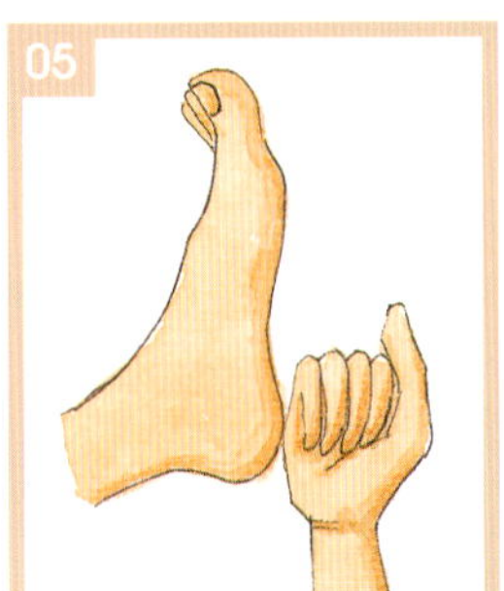

빈뇨

01 신장의 반사구인 용천을 엄지손가락으로 천천히 4회 누른다. 3~4회 반복한다.

02 용천에서 방광 반사구 쪽으로 이어지는 수뇨관의 반사구를 엄지손가락으로 미끄러지듯 화살표 방향으로 9회 정도 문지른다.

03 발 안쪽에 있는 방광의 반사구를 3초씩 아프지 않게 3회씩 누른다.

04 엄지발가락 중앙에 있는 대뇌의 반사구를 엄지손가락으로 지그시 누른다. 4~5회 반복한다.

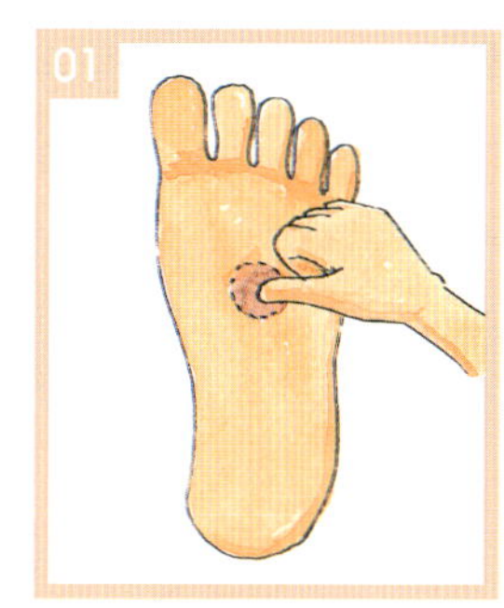
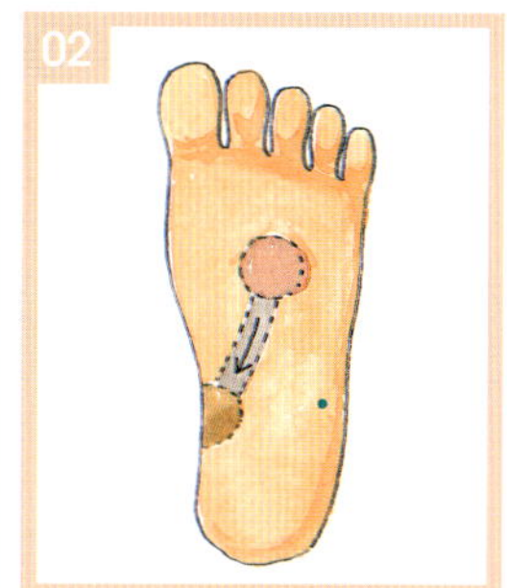
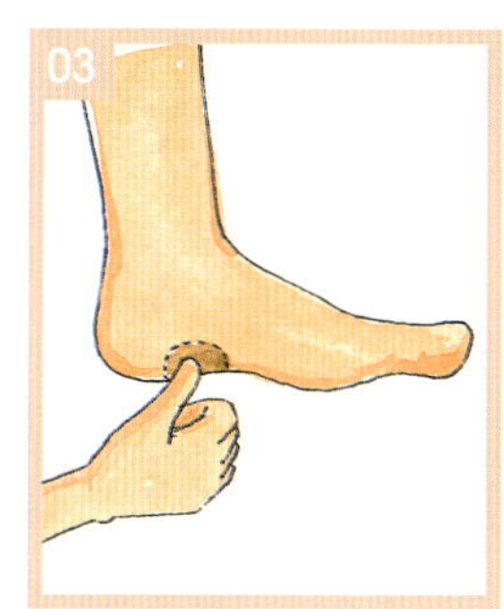
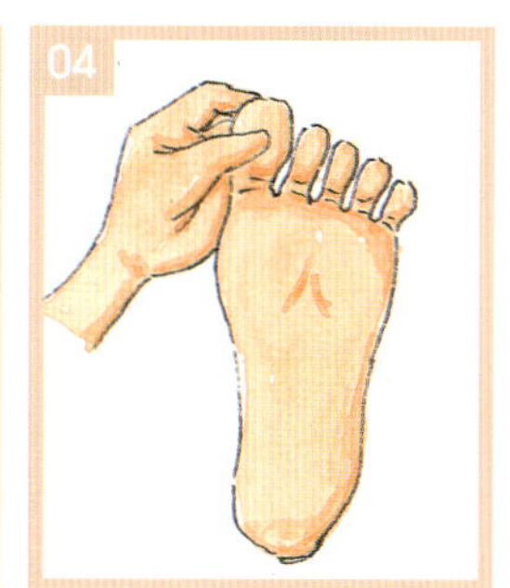

불임

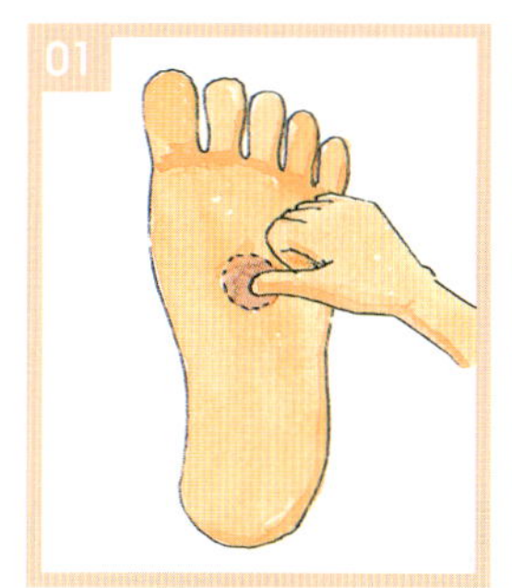
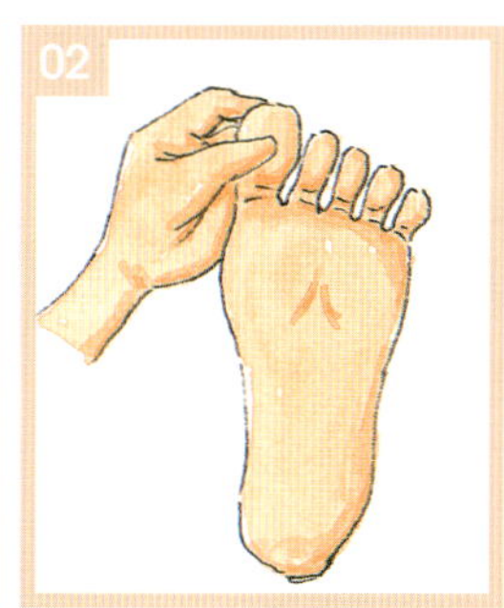

01 발바닥에서 발바닥 윗부분과 중간 부분 사이에 사람 인(人) 자 모양으로 움푹하게 들어간 부분인 용천을 엄지손가락으로 4초씩 3회 지그시 누른다.

02 엄지발가락 중앙에 위치한 뇌하수체의 반사구를 4초씩 3회 누른다.

03 생식선(내분비계통)을 시계 반대 방향으로 소용돌이를 그리듯 안에서 바깥으로 원을 그리며 엄지손가락으로 문지른다. 2~3회 반복한다.

04 복사뼈 안쪽인 양 발의 안쪽, 자궁 반사 부위를 엄지손가락으로 화살표 방향으로 문지른다. 2~3회 반복한다.

05 양 발의 바깥쪽 복사뼈 부위인 난소의 반사구를 화살표 방향으로 지그시 누르며 미끄러지듯 문지른다.

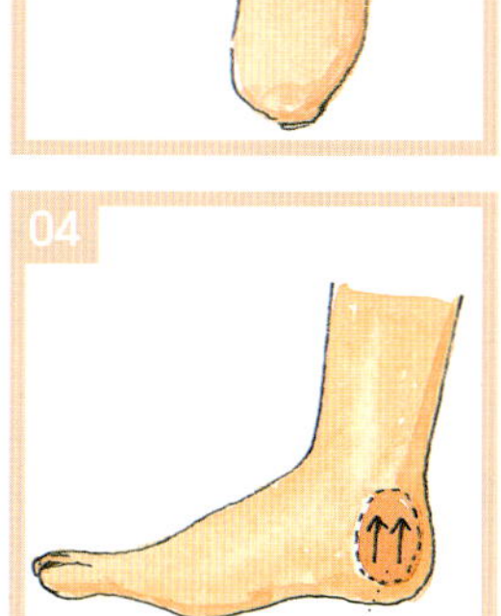

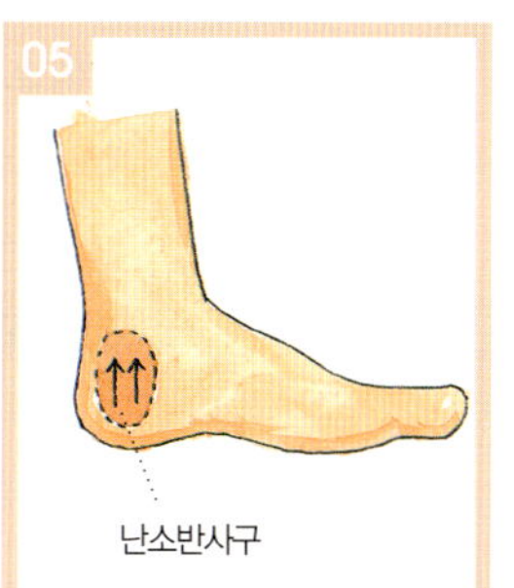

조기교육보다 중요한 조기태교 & 아빠태교

박문일 교수의
태교 특강

● 태아 · 엄마 · 아빠의 3人4脚 태교

태아는 … 난자와 정자가 만나 이루어진 수정란은 일주일 이내에 자궁내막에 안착한다. 자궁에 도착할 때까지 세포분열을 계속하던 수정란이 부드러운 자궁에 드디어 자리를 잡게 되는 것이다. 착상 후 곧 신경관, 혈관계, 순환계의 근본이 되는 조직이 거의 완성되며 심장에서 피를 보내기 시작한다. 아직 이 시기는 태아라고 부를 수 없으며 배아 시기라고 할 수 있다. 이때 배아를 둘러싼 부드러운 섬모 조직이 후에 태반의 기초가 된다.

엄마는 … 임신부 스스로도 아직 자신의 임신 사실을 모르는 시기. 대부분의 여성들이 생리를 하지 않으면서 임신을 의심하기 시작하기 때문에 이때는 뱃속 수정란의 존재를 모르는 경우가 많다. 혹 예민한 여성일 경우 잦은 피로감, 감기 기운이나 약간의 미열, 한기 등으로 임신을 의심하는 경우도 있다. 임신을 원하고 있었다면 이런 작은 변화를 감지해서 임신 여부를 재빨리 확인하는 것이 좋다.

아빠는 … 여자에 비해 초기 태교가 부족한 남자들. 하지만 임신을 계획한 부부라면 언제 아기를 가질지, 어떤 병원으로 할 것인지 등을 의논하며 함께 임신을 준비하는 것이 바람직하다. 임신 계획이 없어 피임을 하고 있다 하더라도 결혼을 했다면 언제나 임신 가능성이 있다는 마음가짐으로 아내를 대해야 한다. 그것이 바로 아빠 태교의 시작이라고 할 수 있다.

● 임신부의 건강한 신체는 태교의 기본이다

태교에 관한 이야기를 시작하기 전에 먼저 해야 할 이야기가 있다. 대부분의 책이나 잡지를 보면 개월별로 태교법을 전하고 있지만 태교는 기술이 아니므로 어떤 시기에 딱 맞는 태교법이 따로 있을 리 없다. 주 단위 또는 월 단위로 나누어 소개하는 구체적인 태교 방법은 태교라기보다는 임신부를 위한 산전교육이라고 보는 것이 정확하다. 물론 이것 또한 중요하다. 임신부의 건강한 신체야말로 모든 태교의 기본이 되기 때문이다.

태교를 임신 기간 내내 엄마와 아빠가 가져야 하는 마음가짐이라고 본다면 열 달 내내 태교에서 권하는 가장 좋은 마음가짐과 생활태도를 갖는 것이 중요하다. 좋은 음악을 꼭 임신 6개월경부터 들어야 한다고 말할 수 없다는 얘기다. 좋은 음악은 임신 기간 내내 들으면 좋은 것이다. 물론 태아가 엄마의 뱃속에서 성장하면서 조금씩 변해가므로 그 변화에 맞춰서 태교에도 변화를 준다면 좀더 효과적일 수는 있다.

하지만 책에 나와 있는 정보를 보고 무조건 '아, 이번 달에는 태담을 시작해야지', '이번 달부터 좋은 음악을 들어야겠구나' 하고 생각하는 것은 잘못이다.

임신과 태교에 관한 책이 있다면 우선 처음부터 끝까지 다 읽어서 태아와 엄마 몸의 변화를 쭉 훑어보고, 좋은 태교라는 것이 어떤 것인지에 대해서 충분히 이해한 다음 임신을 준비하는 순간부터 태교를 시작하는 것이 좋다. 아기한테 좋은 것이라는데 늦게 시작해서 좋을 이유가 없다.

요즘 '조기교육'에 대한 관심들이 높은데, 사실 조기교육보다 중요한 게 조기태교다. 태교도 광범위하게 생각하면 일종의 조기교육이라고 할 수 있을 것이다. 태교는 조기교육보다 더 일찍 시작하는 것이니 더 정확하게 말하면 '조 조기교육' 정도쯤 될까?

● 태교는 임신 전부터 시작한다

대부분의 여성들은 임신 1~2개월 이후에나 자신의 임신 사실을 알게 된다. 그러니 진정 제대로 된 태교를 원한다면 임신 가능성이 있는 순간부터 준비해야 한다. 그렇지 않으면 중요한 초기 태교를 놓치게 되기 때문이다.

전통 태교와 현대의 태교 모두 태교는 기술이 아니고 마음가짐이고, 생활태도라는 것을 강조한다. 그러니 더더욱 임신 전부터 태교가 필요한 것이다. 마음가짐과 생활태도가 어디 하루아침에 몸에 익혀지겠는가. 임신이 가능한 순간부터 차근차근 준비하는 것이 진정한 태교의 시작이다.

● 부부 사이가 나쁘면 장애아가 나올 확률이 2.5배 높다

이 시기 또 하나 중요한 것이 부성태교 즉, 아빠태교이다. 임신 중에 사이가 좋았던 부부에 비해 사이가 나빴던 부부에게서 태어난 아기에게 정신적·신체적 장애가 올 확률이 2.5배나 높다는 통계가 있다. 그만큼 태교는 엄마만의 책임이 아니라 부모 양쪽의 책임이라는 얘기인데 전통태교에서는 임신 중에는 물론 임신 전부터 아빠태교를 중시하고 있다.

특히 수태 시에는 아빠의 마음가짐이 중요한데 아기의 마음은 아빠의 태교에서, 생김은 엄마의 태교에서 비롯된다고 한다. 이렇듯 아빠태교는 수태부터 분만 때 곁에 있어주는 것까지 열 달 내내 아내와 함께 하는 것이어야 한다.

전통태교 '칠태도'가 궁금하다!

우리 나라의 전통태교는 현재의 과학적인 태교와 일치하는 바가 많다. 전통태교의 핵심이라 할 '칠태도'의 내용을 간략히 알아보자.

제1도 임신 중 머리감기, 높은 곳 올라가기, 술 마시기, 무거운 짐 들기, 냇물 건너기, 색다른 음식 먹기 등을 금한다.

제2도 말 많거나 놀라거나 겁먹거나 곡하거나 우는 것을 금한다.

제3도 월별로 마루, 창과 문, 문턱, 부뚜막, 뒷간 등 태아에게 위험한 곳을 피한다.

제4도 아름다운 말만 듣고, 좋은 책을 읽으며, 좋은 음악을 듣는다.

제5도 가로눕지 말고, 기대지 말고, 한 발로 서지 않는다.

제6도 좋은 향, 좋은 자연의 소리 등을 항상 접한다.

제7도 임신 중에는 금욕한다.

〉〉임신·태교·출산에 도움이 되는 책

● 임신·태교·출산 아기의 첫 365일/주부생활
● 임신출산 40주/학원사
● 첫아기 안심하세요/여성자신
● 첫아기 임신출산/북플러스
● 첫 임신출산/여성자신
● 뱃속아기와 이야기를 나눠요/여성자신

임신 5~8 주

임신 · 태교 포인트

임신을 하게 되면 궁금한 것과 걱정되는 일이 많아진다. 특히 첫아기를 가진 엄마와 아빠의 경우에는 더욱 그렇다. 지금쯤 뱃속아기는 얼마나 자랐으며 어떤 모습을 하고 있는지, 엄마의 몸에 나타나는 여러 가지 증상들은 정상인지, 이번 주에는 어떤 태교로 뱃속아기와 이야기를 나눌 것인지, 궁금증은 꼬리에 꼬리를 문다. 주 단위로 태아와 임신부의 변화, 그리고 효과적인 태교방법을 요약하여 정리해 보았다.

태아의 성장발달

임신부의 신체변화

5주

태아의 성장발달
- 태아가 심박동을 시작한다. 태반과 탯줄이 영양 공급선 역할을 한다.
- 심장이 될 판이 생기고 두 개의 심장관이 수축을 시작하며 뇌와 척추가 형성된다.

임신부의 신체변화
- 메스꺼움과 구토가 나타나며 피로감에 시달리기 쉽다.
- 입던 옷이 작게 느껴질 정도로 가슴이 커지기도 하며, 소변을 자주 보게 된다.

6주

태아의 성장발달
- 눈의 안포와 수정체가 생기고, 팔다리의 아체가 생기며 머리와 꼬리, 팔을 구별할 수 있다.
- 간과 허파, 심장의 초기 형태가 나타나고 혈액순환이 시작된다.

임신부의 신체변화
- 입덧이 생기고 피로가 밀려오며 빈뇨가 나타난다.
- 가끔 유방이 따끔따끔하고 쓰린 느낌과 함께 가슴앓이가 나타난다.
- 배변습관의 변화로 변비나 치질이 생기기도 한다.

7주

태아의 성장발달
- 초음파로 태아의 심박동 소리를 들을 수도 있다.
- 심장이 볼록해지고 뇌를 형성하는 반구가 자란다.
- 흑색 점 형태로 눈도 생긴다.

임신부의 신체변화
- 입덧이 시작되거나 계속되지만, 겉으로 보기에는 아무런 표시가 나지 않는다.
- 가슴에 변화가 나타나는데, 유두의 색이 조금씩 진해지면서 유선이 발달한다.

8주

태아의 성장발달
- 후각 기능이 시작되며 눈에 색소가 생기고 팔다리가 더 길어진다.
- 목이 발달하며 다리의 아체가 허벅지, 다리, 발로 나뉘고 팔의 아체가 손, 팔, 어깨로 나뉜다.

임신부의 신체변화
- 자궁이 점점 커지고 체중이 조금씩 늘기 시작하며, 하복부와 옆구리, 다리 등에 통증이 나타나기도 한다.
- 유선이 발달하면서 가슴이 커지고 딱딱해지는 느낌을 갖게 된다.

이번 주에 체크할 일

- 한약제나 영양제를 함부로 먹지 말고, 입덧이 심할 때는 산부인과 전문의와 상담한다.
- 자궁외 임신 여부도 확인한다.

- 첫 검진 시 임신부의 병력이나 유산, 낙태 경험, 복용 중인 약물, 가족병력 등을 의사에게 자세히 이야기 한다.
- 변비를 완화시키려면 수분을 충분히 섭취한다.

- 약물복용 시 반드시 의사의 처방을 받아서 사용한다.
- 임신 초기에는 유산의 위험이 높으므로 부부관계 시 체위 선택에 주의를 기울여야 한다.

- 유제품, 녹황색 채소, 두부 등을 통해 칼슘을 섭취한다.
- 해산물, 육류, 우유 등을 통해 아연을 섭취하도록 한다.

이번 주의 효과적인 태교

음식태교

- 입덧과 빈혈을 예방하는 음식을 먹는다
- 수분 섭취를 충분히 한다.
- 영양부족과 탈수현상에 주의한다.
- 빈혈을 예방하는 비타민 식품을 섭취한다.

＊ 이 시기에 꼭 맞는 요리

죽순채무침

꽁치구이

모시조개샐러드

운동태교

- 완전하게 착상되지 않은 불안전한 시기이므로 무리하지 않도록 한다.
- 앞으로 불러올 배를 생각하며 허리와 등의 근육을 강화시켜주는 운동을 한다.
- 모든 운동은 자연스러운 호흡과 함께 하며, 각 동작은 8~12회 반복한다.
- 똑바로 누워서 하는 동작의 경우 3~5회 반복 후 몸을 옆으로 돌려 눕는다.

＊ 이 시기에 꼭 맞는 운동

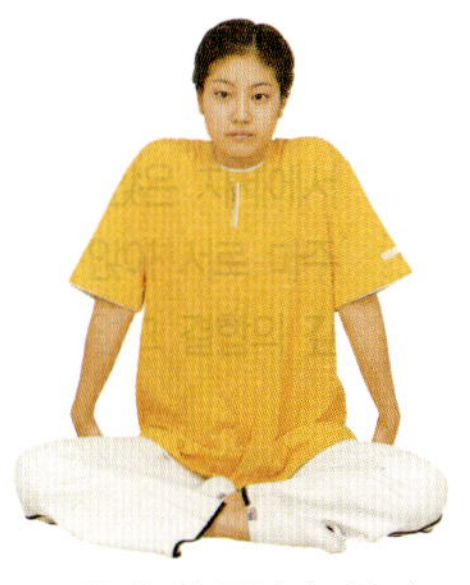

어깨 힘주었다 풀기

엉덩이 밀어올리기

마사지태교

- 이 시기의 태아는 약물 섭취로 인해 기형이 나타날 소지가 있으므로 특히 주의한다.
- 임신 중에는 마사지를 할 때 지압봉을 사용하지 말고 엄지손가락이나 손바닥을 이용해서 부드럽게 마사지한다.

＊ 이 시기에 꼭 맞는 마사지

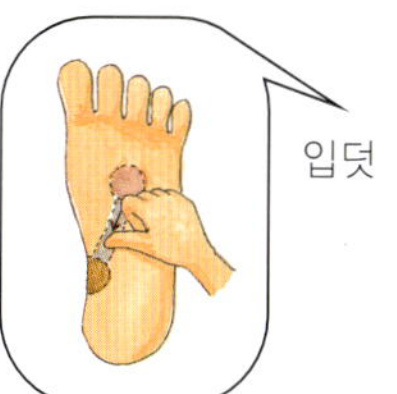

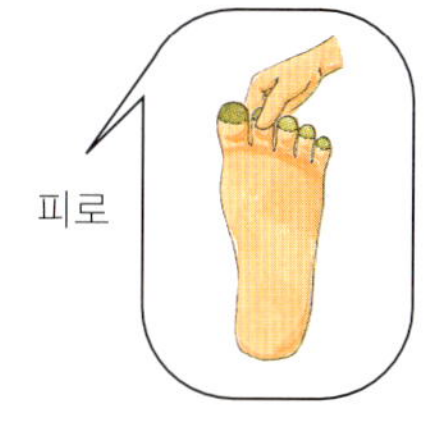

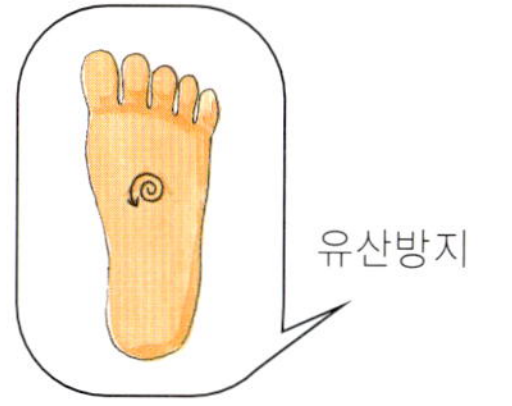

주 단위 임신 캘린더

임신 5주

>> 태아는 얼마만큼 자랐을까?

크기가 1.25mm로 사과 씨만 한 태아가 심박동을 시작한다. 태반과 탯줄이 영양 공급선 역할을 한다. 심장이 될 판이 생기고 두 개의 심장관이 수축을 시작하며 뇌와 척추가 형성된다. 머리와 꼬리도 확실하게 구분되고 뼈와 골격도 형성된다.

>> 임신부의 몸에는 어떤 변화가 나타날까?

메스꺼움과 구토가 나타나며 임신으로 인한 피로감에 시달리기 쉬우므로 과격한 운동이나 다이어트, 여행 등을 자제한다. 입던 옷이 작게 느껴질 정도로 가슴이 커지기도 하며, 소변을 자주 보게 된다.

>> 이번 주에 잊지 말아야 할 일

약물남용 주의 … 한약제나 영양제를 함부로 먹지 말고, 입덧이 심할 때는 전문의와 상담한다. 복강경 검사 등을 통해 자궁외 임신 여부도 확인한다.

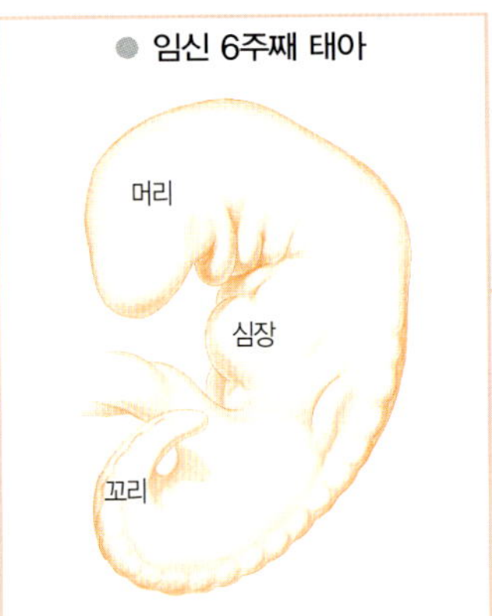

● 임신 6주째 태아

✿ 머리와 꼬리가 확실하게 구분되고 뼈와 골격이 형성되는 등 태아가 급속도로 성장한다.

임신 6주

>> 태아는 얼마만큼 자랐을까?

태아의 머리끝에서 둔부까지의 길이는 2~4mm이다. 태아의 모습은 올챙이를 닮아 있으며 몸이 급속도로 성장하고 있다. 이 시기가 되면 눈의 안포와 수정체가 생기고, 팔다리의 아체가 생기며 머리와 꼬리, 팔을 구별할 수 있다.

또한 간과 췌장, 갑상선, 허파, 심장의 초기 형태가 나타나고 대뇌반구가 커지며 혈액순환이 시작된다. 심장 수축이 시작되며 초음파 검사로 태아의 심박동 소리를 들을 수도 있다.

>> 임신부의 몸에는 어떤 변화가 나타날까?

입덧이 생기고 피로가 밀려오며 빈뇨가 나타나는 가운데 체중이 약간 증가한다. 입덧이 심해 식사를 잘 못했다면 체중이 줄었을 수도 있다. 이제 실제로 임신한 지 한 달이 지났고 신체적 변화를 의식하기에 충분하다. 가끔 유방이 따끔따끔하고 쓰린 느낌과 함께 가슴앓이가 나타날 수 있으며, 불안감을 느낄 수도 있다. 배변습관의 변화로 변비나 치질이 생기기도 한다.

>> 이번 주에 잊지 말아야 할 일

정기 검진 … 첫 검진 시 임신부의 병력이나 유산, 낙태의 경험, 복용 중인 약물, 가족병력 등을 의사에게 자세히 이야기하고, 정기 검진일을 체크한다.

변비 예방 … 변비를 완화시키는 물과 자두주스 등을 자주 섭취하고, 배변 시 너무 힘을 주지 않도록 한다.

임신의 첫 증상인 입덧이 나타난다. 게다가 조금만 움직여도 쉽게 피곤해지고, 수시로 졸리며, 유방과 체중의 변화, 빈뇨 등 다양한 신체변화를 보인다. 특히 이 시기는 태아에게 기형이 나타날 수 있는 중요한 때이므로 약물 복용에 주의하고, 복통이나 질 출혈에도 유의한다.

임신 8주

〉〉 태아는 얼마만큼 자랐을까?

임신 8주가 되면 태아의 머리끝에서 둔부까지의 길이는 14~20mm가 된다. 이 시기의 태아는 후각 기능이 시작되며 눈에 색소가 생기고 팔다리가 더 길어진다. 목도 더 길게 발달하며 다리의 아체가 허벅지, 다리, 발로 나뉘고 팔의 아체가 손, 발, 어깨로 나누어진다. 생식선과 고환 혹은 난소가 생기며 연골조직과 뼈가 생기는 때이기도 하다.

〉〉 임신부의 몸에는 어떤 변화가 나타날까?

자궁이 점점 커지고 체중이 조금씩 늘기 시작하지만 초산부의 경우 겉으로 드러날 만큼 커지지는 않는다. 허리선이 점점 사라지면서 옷이 꽉 죄는 느낌이 들기도 한다. 내진을 통해 자궁이 확대되었다는 것을 알게 된다.

임신 8주가 지나면 유선이 발달하면서 덩어리지기 시작해 가슴이 커지고 딱딱해지는 느낌을 갖게 된다. 또한 하복부와 옆구리, 다리 등에 통증이 나타나기도 한다. 좌골신경통이 있을 때는 반대쪽으로 돌아눕는 것이 도움이 되기도 한다.

〉〉 이번 주에 잊지 말아야 할 일

필수영양소 섭취 … 유제품, 녹황색채소, 간, 달걀노른자, 견과류, 해산물, 육류 등을 통해 칼슘, 철, 아연 등의 섭취에 신경을 쓴다.

건강상태 체크 … 임신성 당뇨병과 임신 중독증, 쌍태아 등의 체크가 필요한 시기다. 더불어 빈혈과 기형아 여부, 태아의 발육 등도 체크해보고 모유 수유 가능 상태도 알아본다.

임신 7주

〉〉 태아는 얼마만큼 자랐을까?

이번 주에 태아는 믿을 수 없을 만큼 많이 성장한다. 이번 주 초 태아의 길이는 4~5mm인데, 이번 주 말이 되면 두 배로 늘어나 11~13mm가 된다.

그리고 심장이 볼록하게 올라오고 좌심실과 우심실로 분리된다. 폐 발달 1단계로 기관지가 생기며 뇌를 형성하는 반구가 자란다. 창자가 발달하고 맹장과 췌장이 생기며, 내장이 길게 늘어나고, 흑색 점 형태로 눈이 생긴다. 혀와 신장이 생기기 시작하고 머리가 커지며 눈꺼풀도 생긴다.

〉〉 임신부의 몸에는 어떤 변화가 나타날까?

배멀미나 구역질 같은 입덧이 시작되거나 계속된다. 그리고 가슴에 변화가 나타나는데, 유두의 색이 조금씩 진해지면서 유선이 발달한다. 입덧이 심하지 않은 임신부라면 서서히 체중이 늘기 시작한다.

〉〉 이번 주에 잊지 말아야 할 일

약물 복용 … 일부 기침약과 수면제는 알코올 함량이 매우 높은 편이므로 반드시 의사의 처방을 받아서 사용하도록 한다.

성생활 … 임신 초기에는 유산의 위험이 높으므로 부부관계 시 체위 선택에 주의를 기울여야 한다.

이 시기에 효과적인 태교

신재용 한의사의
음식태교

수정에서 10주까지를 '배아기'라 하며, 12주까지를 임신 제 1기라고 한다. 이 시기에는 특히 충분한 영양 섭취에 중점을 두어야 한다. 뇌의 기형 발생도 1~6주 사이, 그 다음으로 7~12주 사이에 영양을 잘못 섭취한 데에서 많이 일어난다.

또 영양이 불충분하면 9~12주에 생기는 손발의 뼈가 제대로 발달되지 않아 태아의 수족이 원만하게 만들어지지 않을 수 있다. 때문에 입덧도 심해지고 미숙아가 되는 경우도 많다.

입덧과 빈혈을 예방하는 음식을 먹는다

임신 5~8주째를 〈의학입문〉에서는 이슬 구슬 같은 응어리가 변하여 붉은색 복숭아 꽃봉오리같이 되는 시기라고 했다. 융모 중 자궁 측을 향한 부분만 더욱 번식해 장차 태반을 형성한다.

5주째에는 척추가 생기고, 6주째에는 신체 기관이 형성되기 시작하며, 팔과 다리 모양을 갖추게 될 두 쌍의 싹도 형성된다.

7주째에는 신체 주요 기관이 발달을 계속하여 머리 부분은 급속한 변화를 거치며 골격 발달의 근본이 되는 뼈대의 중심부가 이루어진다.

8주째에는 거의 모든 주요 내부 기관이 형성되며 미숙하나마 기능을 시작한다. 가장 늦게 완성되는 기관은 담낭, 비장이다.

● 신맛을 찾게 되고 입덧이 시작된다

그래서 임신 5~8주째에는 모체의 '족소양경맥(足小陽經脈)'이 태아를 기른다고 한다. 족소양경맥은 담낭 경락이다.

모체의 간장·담낭이 태아에게 혈액과 영양을 공급하느라고 허해지기 때문에 모체는 신맛의 음식을 찾게 되고 입덧으로 고생하게 된다. 따라서 이 시기에는 모체의 간장·담낭의 기능을 강화하면서 태아의 뼈와 신체 기관의 형성에 도움이 되는 음식을 먹어야 하고 입덧을 가라앉힘으로써 태아를 편안하게 해주어야 한다.

● 수분 섭취를 충분히 해야 한다

입덧은 임신 6~8주 사이에 잘 나타나는데 전체 임신부의 약 60% 정도에서 볼 수 있다. 임신부가 좋아하는 음식물을 조금씩 수시로 먹어 속이 비지 않도록 하는데 가급적 냄새가 별로 없는 음식을 선택할 필요가 있다.

밤중에도 가끔 입을 축일 수 있도록 주스, 우유 같은 음료를 준비해 두는 것이 좋은데, 입덧에 의한 구토 후 수분 결핍과 변비를 막기 위해 수분을 충분히 섭취해야 한다.

그러나 고형체와 액체를 함께 먹지 말고 고형의 것이 위 속에 자리잡은 뒤에 음료를 마시도록 한다.

● 영양부족과 탈수현상에 주의한다

밥을 먹고 나서 입덧이 심해질 때는 한 끼 정도를 줄이고 소화가 잘되는 음식과 조리법을 연구해 본다. 구토가 너무 심해서 아무 것도 먹지 못하고 마시지 못하면 영양부족이나 탈수현상이 일어나는데, 이런 현상이 나타나면 태아와 임신부 모두에게 좋지 않다. 먹고 마시지 못하는 상태가 심각해지면 의사와 상담해서 영양 주사 등으로 수분을 보충해야 한다.

● 해삼죽순탕을 자주 먹으면 좋다

식사 횟수에 구애받지 말고 먹을 수 있을 때 몇 번이라도 먹는 것이 좋다. 찬 것, 시큼한 것을 먹되 자극성 식품이나 향신료는 피하도록 한다. 그리고 식후 30분 정도는 안정을 취한다. 특히 비타민 B1은 티아민이라고

뱃속아기의 성장과 엄마의 신체변화에 맞춰 효과적인 태교를 해보자. 뇌가 발달하는 시기에는 어떤 음식을
먹어야 하는지, 손발이 생겨날 때는 어떤 영양분이 필요한지, 입덧이 심할 때는 어떤 마사지를 해주면
좋은지, 손발이 부을 때는 어떤 스트레칭을 하면 좋을지, 주 단위 태교포인트를 알아본다.

불리는데 소화액 분비를 촉진시켜 식욕을 증진시키므로 입덧으로 구미를 잃었을 때 좋다. 배아, 현미, 맥주효모 등에 많이 있으나 열에 약하므로 열 파괴에 주의해야 한다.

또 죽순을 쌀뜨물에 하룻밤 담갔다가 빡빡 씻은 후 냉장고에 보관해두고 1일 20g씩 끓여 차처럼 수시로 복용하는 것도 좋고 '해삼죽순탕' 등으로 요리하여 자주 먹어도 좋다.

● **혈액에 철분이 부족하면 입덧이 심해진다**

한편 임신부의 혈액에 철분이 부족하면 입덧이 더 심해지기 쉬우므로 빈혈을 막기 위한 식사조절이 있어야 한다.

탄닌이 많이 든 도토리묵, 떫은 감, 녹차 등의 식품을 피하고 빈혈을 개선해줄 수 있는 동물의 간과 콩팥, 생굴 및 조개류, 김 등을 많이 먹도록 하며, 어류 중에서도 정어리나 꽁치 등을 많이 먹도록 한다. 특히 꽁치는 단백질 함량이 쇠고기나 돼지고기보다 높고, 비타민 B12가 많다.

● **빈혈을 예방하는 비타민 식품을 섭취한다**

비타민 B12의 정식 명칭은 코발라민으로 악성빈혈에 좋기 때문에 일명 '붉은 비타민'이라고도 부른다. 혈액조성뿐 아니라, 단백질과 핵산합성에 필요한 성분이며, 간 기능을 강화하는 작용도 가지고 있다.

이 외에도 비타민 B6가 결핍되면 빈혈이 악화될 수 있다. 정식 명칭이 피리독신인 이것은 쌀겨, 소간, 효모, 메밀 등에 특히 많이 함유되어 있다.

죽순채무침

죽순 200g,
쇠고기채 · 미나리 100g씩,
숙주 50g
고기양념
간장 1큰술, 설탕 1/2큰술,
다진파 · 깨소금 2작은술씩,
다진마늘 · 참기름
1작은술씩, 후추 조금
무침양념
간장 · 깨소금 · 다진마늘
1큰술씩, 참기름 · 다진파
1/2큰술씩

01 죽순은 빗살 모양으로 썰어 팬에 볶는다.
02 쇠고기는 곱게 채썰어 고기양념으로 양념하여 볶는다.
03 미나리는 4cm 길이로 잘라 끓는 소금물에 넣어 데치고 숙주는 머리와 꼬리를 떼어낸 후 데친다.
04 분량의 재료를 섞어 무침양념을 만든 다음 손질한 죽순, 쇠고기, 미나리, 숙주를 넣어 무쳐낸다.

꽁치구이

꽁치 2마리,
소금 조금,
XO소스 1큰술,
레먼즙 조금

01 꽁치는 씻어 핏물을 빼고 소금을 살짝 뿌려 둔다.
02 절인 꽁치를 물에 씻어 물기를 거둔 다음 잔칼집을 넣어 XO소스에 20~30분 정도 재워 둔다.
03 마늘은 저며 썬다.
04 꽁치의 칼집 사이에 저민 마늘을 끼워 넣고 레먼즙을 뿌려 굽는다.

모시조개샐러드

모시조개 2컵,
양상추 4컵,
당근 · 적채 조금씩,
화이트와인 1/3컵,
방울토마토 8개
드레싱
양파 1/2개, 당근
1/4개,
간장 · 레먼즙
4큰술씩, 식초
2큰술, 설탕 1큰술,
소금 · 후추 조금씩

01 조개는 해감을 토하게 한 후 깨끗이 닦아 끓는물에 넣고 삶다가 와인을 부어 익힌 후 건져 식힌다.
02 당근과 적채는 얇게 채썰어 찬물에 담갔다가 건지고 양상추는 씻어서 먹기 좋은 크기로 썰어 둔다.
03 드레싱의 재료를 모두 믹서기에 넣고 함께 갈아낸다.
04 모시조개와 야채를 접시에 보기 좋게 돌려 담고 드레싱을 끼얹는다.

모든 운동은 자연스러운 호흡과 함께 하며,

각 동작은 8~12회 정도씩 반복해준다.

늘려주는 동작을 할 경우에는 15~20초간 정지하고

있으면서 근육이 충분히 늘어날 수 있도록

해주어야 한다. 모든 동작은 반드시 오른쪽 왼쪽을

번갈아 실시해야 하며 같은 힘과 같은 각도로

운동이 이루어지도록 주의해야 한다. 호흡을 할

때에는 코로 숨을 들이마시고 입으로 숨을

내뱉는다. 4개월 이후에는 아기에게 전달되는

혈관이 눌리지 않도록 하기 위해 똑바로 누워서

하는 동작은 오래 하지 않도록 한다.

똑바로 누워서 하는 동작의 경우 3~5회 반복 후

몸을 옆으로 돌려 눕는다.

이 시기까지는 아기가 완전하게 착상이 되지 않은 불완전한 기간이라고 할 수 있다. 따라서 지나치게 진동을 주거나 움직이는 운동은 피하는 것이 좋다. 그리고 오래 서 있거나 서서 운동을 하는 것도 지나치게 하지 않는 것이 좋다.

이 시기에는 앞으로 불러 올 배를 생각해서 허리와 등의 근육을 강화시켜주는 운동을 해주는 것이 좋다. 또 엎드려서 하는 운동도 아직까지는 가능하므로 엎드려서 등 근육을 강화시켜주는 운동을 하는 것도 좋다.

임신의 징후로 나타나는 메스꺼움과 피로는 일시적인 현상으로 3개월이 지나면 대체로 없어지게 되지만 피로를 느끼는 임신부는 규칙적인 운동의 속도를 늦춰야 하고 목표량 또한 낮추는 것이 좋다. 임신을 했다고 해서 하던 운동을 무조건 멈추어야 하는 것은 아니다. 그러나 일단 임신 사실을 알게 되면 운동 강도를 높여서는 안 된다는 점을 명심하자.

임신이 되었다고 생각되면 금해야 할 운동이 있다. 고공다이빙이나 행글라이딩, 잠수, 축구 등이 그것이다. 또한 평소에 활동적이지 못한 여성은 임신을 했을 때 심한 에어로빅 운동을 시작해서는 안 된다. 걷기와 같은 가벼운 운동으로 시작하도록 한다.

어깨 힘주었다 풀기

편안하게 앉은 자세에서 어깨에 힘을 주어 위로 한껏 끌어올렸다가 갑자기 힘을 풀면서 툭 내려뜨린다.

상 · 하체 동시에 들기

팔을 위로 쭉 펴고 엎드린 자세로 팔과 다리를 동시에 위로 들어올린다. 등의 근육을 강화시켜준다.

윗몸 일으키기

무릎을 세우고 누운 자세에서 양손을 천장을 향해 편다. 손을 천장에 닿게 한다는 느낌으로 상체를 일으켰다가 다시 눕는다. 상체를 일으킬 때 호흡을 내쉬고 다시 누울 때 호흡을 들이마신다. 이 운동은 복부의 근육을 강화시켜준다.

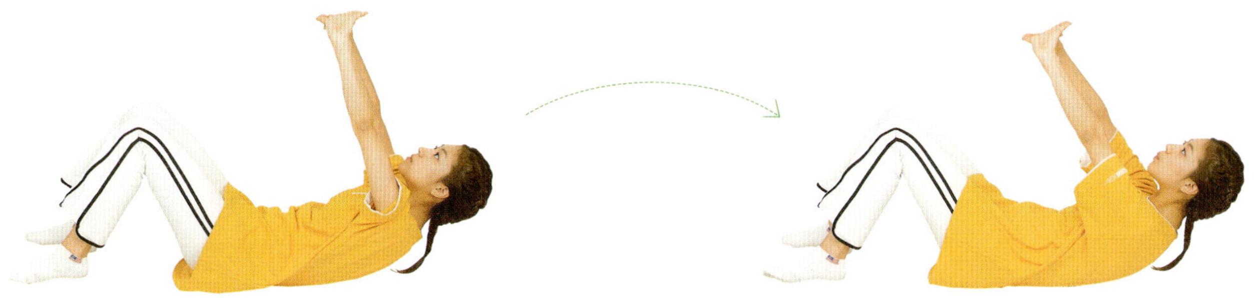

엎드려 상체 들기

엎드려서 두 손을 가슴 옆에 짚고 천천히 상체를 들어올린다. 등 근육을 강화시키고 복부를 늘려준다.

엉덩이 밀어올리기

누운 자세에서 다리를 위로 꼬아 들고 엉덩이를 위로 밀어올린다. 아랫배의 근육을 강화시킨다.

김수자 교수의
마사지 태교

임신을 하게 되면 임신부는 감기에 걸리거나, 배가 아프거나, 머리가 지끈거리거나, 허리가 쑤셔도 함부로 약을 먹거나 바를 수 없어 불편함이 이만저만이 아니다.

임신 트러블은 임신이 진행됨에 따라 주별로 다양하게 나타나고 시간이 흐름에 따라 증상도 심해지는데, 이런 불편한 증상을 마사지로 해결해 보자. 마사지 전문가 김수자 선생의 지도를 하나하나 따라하다 보면 저절로 통증이 사라진다. 입덧이나 부기는 물론 임신중독증과 같은 심각한 질병도 시원하게 해결할 수 있다.

입덧

01 용천을 엄지손가락으로 지그시 4초씩 3회 누른다.

02 수뇨관을 엄지손가락을 이용하여 미끄러지듯 9회 이상 문지른다.

03 방광 반사구를 엄지손가락으로 4초 이상씩 4~5회 누른다.

04 발등을 마사지한다. 임파계통의 반사구인 엄지발가락과 검지발가락 사이, 검지발가락과 셋째발가락 사이, 셋째발가락과 넷째발가락 사이, 넷째발가락과 다섯째발가락 사이를 엄지손가락과 검지손가락을 이용해 미끄러지듯, 뽑듯이 마사지한다. 1~2회 반복한다.

05 위장의 반사구를 엄지손가락으로 4초씩 3회 지압하고, 췌장과 십이지장 반사구를 시계 반대 방향, 소용돌이 모양으로 돌리며 마사지한다. 그런 다음 위장과 췌장, 십이지장 반사구를 위에서 아래로 천천히 미끄러지듯 쓸어내리며 마사지한다.

06 발등 전체를 양손으로 잡고 사과를 쪼개는 듯한 포즈로 미끄러지듯 4~5회 마사지한다.

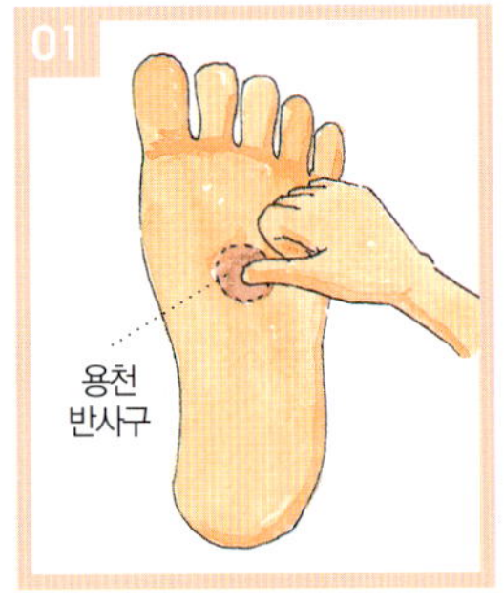

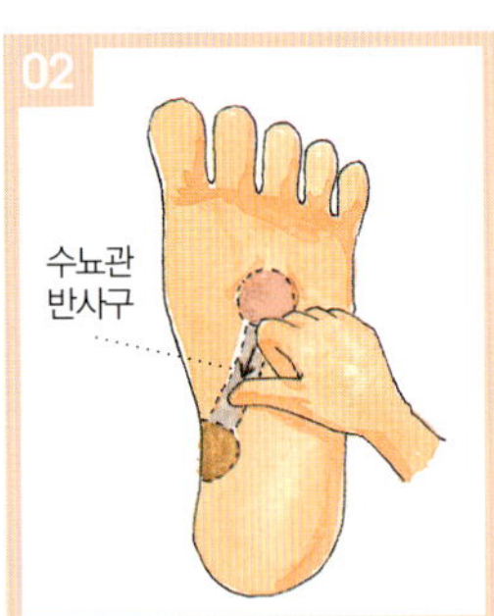

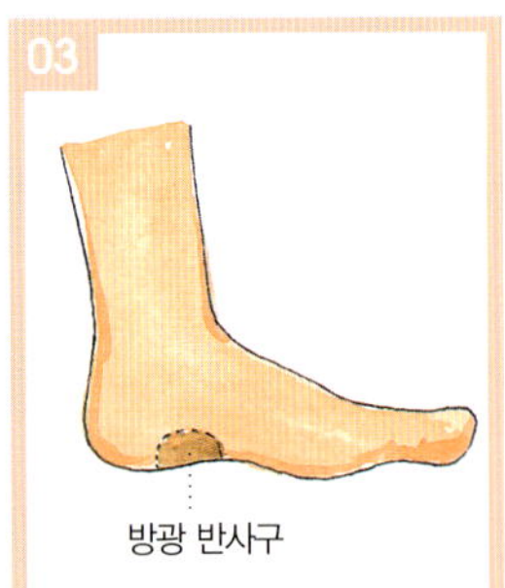

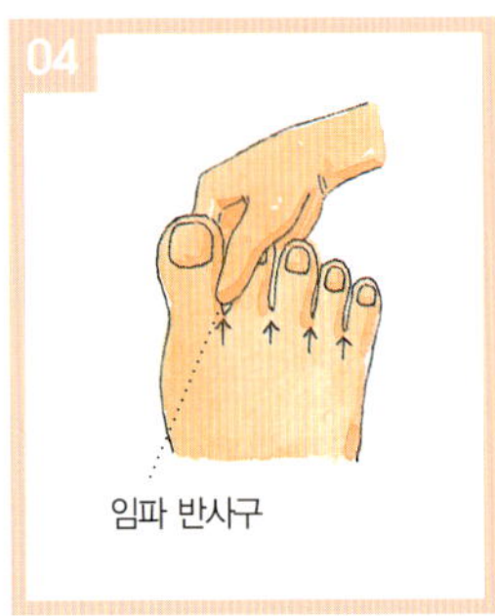

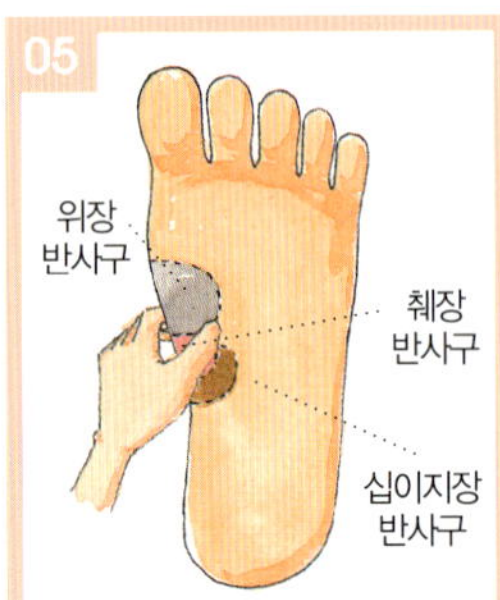

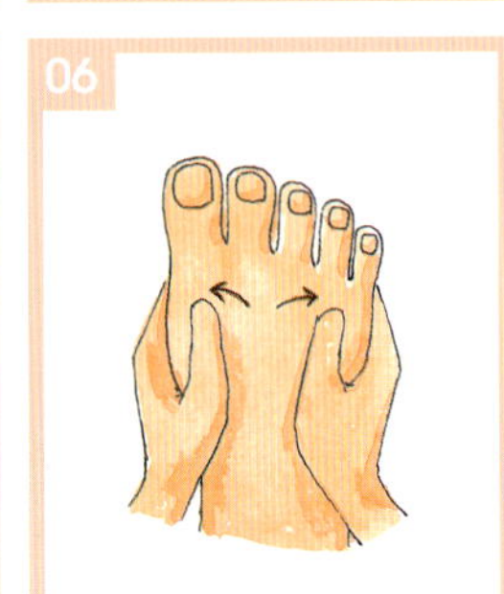

피로

01 따뜻한 물을 준비한 후 발을 담그고 15분 정도 있는다.

02 용천을 엄지손가락으로 지그시 4초씩 3회 누른다.

03 수뇨관을 엄지손가락을 이용하여 미끄러지듯 9회 이상 문지른 다음 방광 반사구를 엄지손가락으로 4초 이상씩 4~5회 누른다.

04 발복에서 무릎 쪽으로 발 쪽에 고인 혈액을 끌어올리듯 한쪽씩 번갈아 가며 마사지한다.

05 각 발가락 끝이자 앞에 위치한 전두동을 엄지손가락으로 4초씩 2~3회 눌러준다.

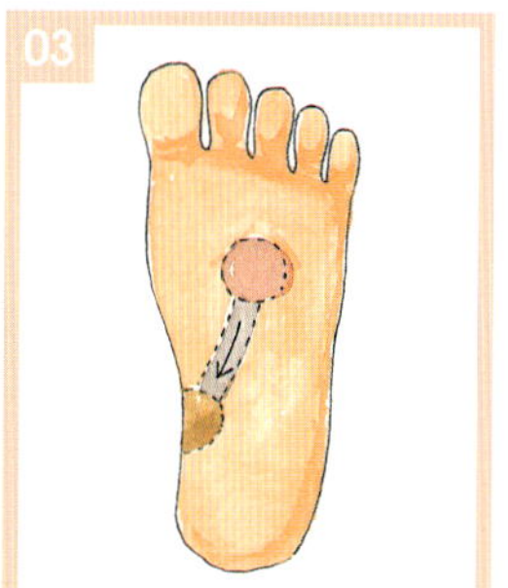
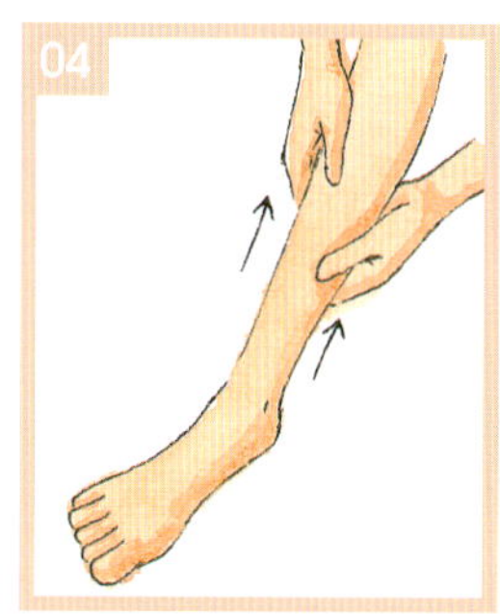
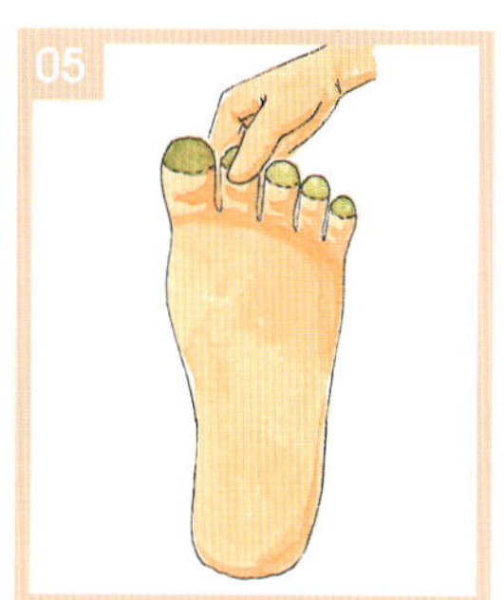

유산방지

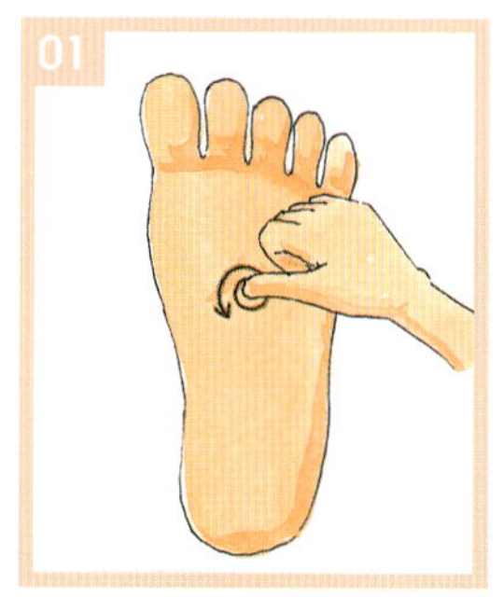
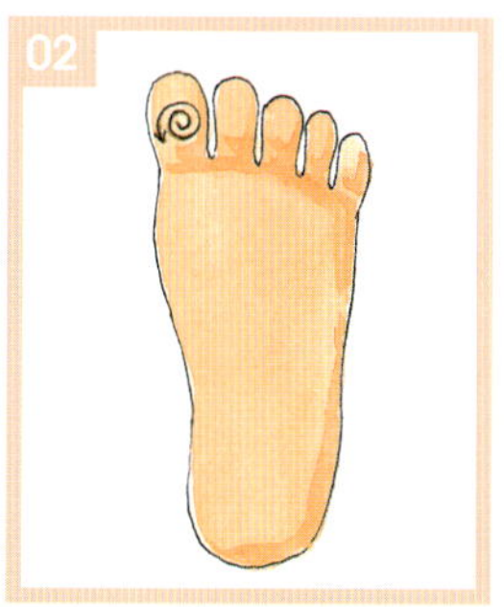

01 용천의 반사구를 엄지손가락으로 안에서 밖으로 원을 그리듯 4초씩 누른다. 마사지는 시계 반대 방향으로 4~5회 반복한다.

02 엄지발가락 중앙에 있는 뇌하수체의 반사구를 엄지손가락으로 원을 그리듯 문지른다. 4~5회 이상 반복한다.

03 발뒤꿈치에 있는 생식선을 엄지손가락으로 원을 그리듯 4~5회 이상 문지른다.

04 양다리 안쪽과 바깥쪽의 복사뼈 부위를 원을 그리듯 엄지손가락으로 시계 반대 방향으로 4~5회 문지른다.

05 복사뼈에서 복사뼈 위 손가락 세 개 얹은 위치에 있는 삼음교까지를 양손을 이용해 쓸어올린다.

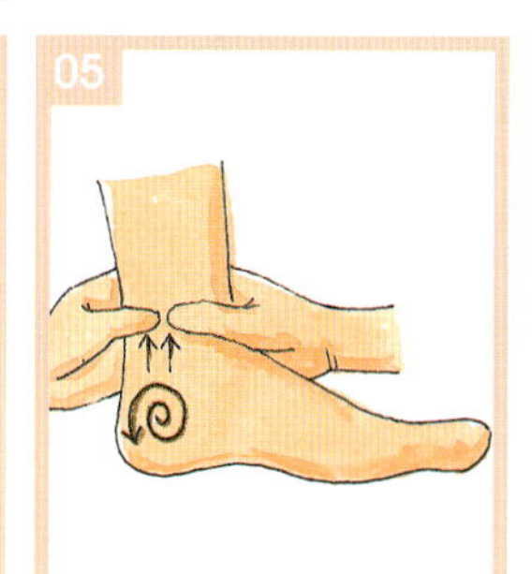

아직은 배아기, 배아에게 산소를 충분히 공급하라!

박문일 교수의
태교 특강
2

● 태아 · 엄마 · 아빠의 3人4脚 태교

태아는 … 세포분열이 빠르게 진행되는 시기로 임신 5주 정도 되면 뇌와 척수가 형성되기 시작하고 7주째가 되면 머리가 몸 전체의 반 정도를 차지하면서 머리와 몸통으로 구분된다. 본격적으로 몸의 각 기관이 나누어지는 시기라고 할 수 있다. 뇌와 신경세포의 80%가 이 시기에 분화되는데 눈과 귀의 시신경, 청각신경이 발달하고 턱과 입이 나타나며 뇌가 급속도로 발달하는 시기이다. 또한 태반의 융모 조직은 점점 발달하여 태반을 만들기 시작하며, 탯줄이 될 조직도 생긴다.

엄마는 … 대부분 이 시기에 엄마들은 임신 사실을 알게 된다. 생리 예정일이 2~3일 가량 넘으면서 미열 등이 있으면 임신을 의심하게 된다. 예민한 사람들은 구토 증세를 보이고, 미열이 계속되며 나른한 느낌이 들므로 조심해야 하는 시기이다. 또한 유방이 당기고, 소변 횟수가 잦아지기도 한다. 더불어 아직 태반이 자리잡지 않아 유산의 위험도 있으므로 엄마는 빨리 임신을 확인하고 안정을 찾아야 한다.

아빠는 … 임신이 확인되면 예비 아빠는 아내와 함께 태교 · 출산에 관한 계획을 세워야 한다. 물론 이전에 아내와 함께 병원을 찾아서 임신을 확인하고 함께 기뻐하는 시간을 갖는다. 이 시기에 초음파로 아내의 자궁 속을 보면 아직 사람 모양을 갖추지 못한 올챙이 모양의 수정란을 볼 수 있다. 이는 남편에게 태아의 존재를 실감할 수 있는 경험이 됨은 물론이고 마음을 다잡을 수 있는 기회가 된다.

● 태아기만큼 중요한 배아기 태교

'태아'는 우리가 흔히 알고 있듯이 수정된 직후의 명칭이 아니다. 의학적으로 정확히 구분하면 정자와 난자가 만나서 수정된 후 약 10주부터 출산 전까지의 뱃속아기를 태아라고 불러야 한다. 그 전 단계인 임신 9주까지의 생명체는 '배아'라고 부르는 것이 맞다.

배아와 태아의 구분은 태교에도 상당한 의미가 있다. 배아 시기는 내부의 모든 기관이 형성되는 시기이고, 그 이후 태아 시기에는 배아 시기에 형성되었던 신체 각 부분들이 발육하고 성장하는 시기이기 때문이다. 다시 말하면 배아 때에는 장차 심장, 간, 폐, 뇌 등이 될 원초적인 세포가 발생하는 상태이고, 태아 시기는 이미 형성된 이러한 기관들의 크기가 커지는 시기인 것이다.

● 신체 기관이 형성되는 배아기 vs 발육하고 성장하는 태아기

임신부가 이러한 배아와 태아의 차이를 잘 알고 있다면 섭생이나 태교에 훨씬 도움을 받을 수 있다. 가령 임신 초기에 약을 복용해 스트레스를 받는 임신부들이 많은데, 대부분의 약이 임신에 영향을 주는 것은 배아기이므로, 태아기에 약물을 복용했다면 큰 영향을 주지 않는다. 따라서 이런 시기별 특징을 잘 알고 있다면 태아기에 약물을 복용한 후 임신 기간 내내 두려움에 떠는 일은 없을 것이다. 태아에게 가장 나쁜 영향을 끼치는 것은 무엇보다 엄마의 스트레스이므로 작은 지식 하나로 아주 좋은 태교 효과를 볼 수 있다.

또한 배아기의 태교는 정서적인 것도 중요하지만 주로 임신부에게 육체적인 부담을 주지 않는 방향으로 진행되어야 한다. 휴식과 안정을 통해 임신부의 육체적인 피로를 덜어주는 태교에 중점을 두어야 하므로 특히 남편의 협조가 절대적으로 요구된다.

● 열탕 목욕과 유산소 운동은 산소 부족을 일으킬 수 있다

사람이 스트레스를 받으면 인체에 산소 결핍 증상을 일으킨다. 임신기간 내내 그렇지만 특히 배아기에는 산소가 대단히 중요하므로, 스트레스를 조심해야 한다.

배아기는 인체의 각 요소가 형성되는 시기인데 이때의 산소 부족은 조직 분화에 치명적인 결함을 가져올 수 있다. 조직이 제대로 분화해야만 신체의 각 부분이 온전하게 형성될 수 있는데 스트레스는 산소 부족으로 이런 신체 형성을 막는다.

우리 옛 어른들은 임신부들에게 뜨거운 물에 오래 들어가 있지 말라고 가르쳤고, 전통태교에도 임신부는 뜨거운 물, 더운 곳과는 가까이 하지 말라고 이르고 있다. 그 이유가 뭘까? 바로 산소 부족 때문이다. 더운 곳에 가면 어른도 산소 부족으로 숨이 가빠오는데, 하물며 뱃속아기는 어떻겠는가? 더구나 뜨거운 열탕에 들어가 있다면 말이다. 그야말로 자궁 속의 배아는 산소 부족의 위급 상황을 맞게 될 것이다.

임신 초기에 사우나 같은 열탕을 자주 가는 임신부의 경우, 기형아 출산율이 평균에 비해 2~3배 높다는 연구 결과가 발표되기도 했다.

이런 이유로 임신 초기의 임신부들은 산소가 희박한 장소에는 가지 않는 것이 좋으며, 산소를 많이 필요로 하는 운동도 피하는 것이 좋다. 최근 유산소 운동이 다이어트에 효과적이라 해서 너도나도 유산소 운동을 하는데 임신부에게는 권할 것이 못 된다. 유산소 운동은 말 그대로 산소를 필요로 하는 운동인데 운동으로 산소를 너무 많이 빼앗기면 태아에게 필요한 산소가 부족해지기 때문이다.

그러므로 임신부들은 유산소 운동을 피하는 것이 좋으며, 특히 고위험 임신부들은 더욱 더 그렇다.

임신 9~12주

임신 · 태교 포인트

임신을 하게 되면 궁금한 것과 걱정되는 일이 많아진다. 특히 첫아기를 가진 엄마와 아빠의 경우에는 더욱 그렇다. 지금쯤 뱃속아기는 얼마나 자랐으며 어떤 모습을 하고 있는지, 엄마의 몸에 나타나는 여러 가지 증상들은 정상인지, 이번 주에는 어떤 태교로 뱃속아기와 이야기를 나눌 것인지, 궁금증은 꼬리에 꼬리를 문다. 주 단위로 태아와 임신부의 변화, 그리고 효과적인 태교방법을 요약하여 정리해 보았다.

태아의 성장발달 / 임신부의 신체변화

9주

태아의 성장발달
- 망막의 신경세포가 생기고 안면근육과 윗입술이 발달한다.
- 손가락과 발가락이 다 생기고 머리와 몸통을 잇는 목이 뚜렷해진다.

임신부의 신체변화
- 허리선이 굵어지기 시작하고, 자궁이 자몽 크기 정도로 커진다.
- 유방 아래쪽에 정맥류가 나타나기도 한다.

10주

태아의 성장발달
- 눈이 얼굴 중앙 쪽으로 옮겨오고, 위장이 최종 위치로 옮겨온다.
- 여아의 경우 클리토리스가 나타나고 난소가 생기기 시작한다.

임신부의 신체변화
- 복부의 변화가 서서히 나타난다.
- 유방의 무게가 다소 늘어나게 된다.

11주

태아의 성장발달
- 턱이 생기고 목이 길어지고 외부 생식기가 뚜렷이 나타난다.
- 치아가 생기기 시작하며 피부 모낭이 생겨난다.

임신부의 신체변화
- 자궁이 골반을 거의 채우게 돼 치골 중앙 위쪽의 하복부에서 느껴진다.
- 혈액 공급량이 늘면서 유방 근처에 푸르스름한 정맥이 보인다.

12주

태아의 성장발달
- 연골조직의 뼈대가 생기고 간이 혈구를 만드는 기능을 시작한다.
- 내부생식기도 발달해 남아와 여아를 구분할 수 있게 된다.

임신부의 신체변화
- 양수가 늘어나 몸무게가 늘면서 옆구리와 엉덩이, 다리에 살이 붙는다.
- 가슴은 더 커지고 한동안 아플 수 있는데, 무거워진 반면 더 부드러워진다.

이번 주에 체크할 일

- 과일과 채소를 충분히 섭취해 철분, 섬유소, 엽산 섭취에 신경을 쓴다.
- 사우나나 온욕, 전자파는 태아에 해로울 수 있으므로 자제한다.

- 저지방 육류나 생선, 달걀, 견과류 등의 섭취로 단백질 양을 늘린다.
- 적당한 운동과 함께 균형 잡힌 식생활을 한다.

- 초음파 검사로 태아의 크기와 성장속도를 알아낸다.
- 초음파는 태반 이상을 감지해 내는 데도 도움이 된다.

- 낙상이나 외상을 당하지 않도록 주의한다.
- 체중이 지나치게 늘지 않게 조절하고, 철분, 칼슘 섭취에 신경을 쓴다.

이번 주의 효과적인 태교

음식 태교

- 심장과 뇌 발달을 돕는 음식을 먹는다.
- 엽산이 풍부한 시금치와 상추를 먹는다.
- 고단백과 철분 섭취가 태아의 두뇌발달을 돕는다.

＊ 이 시기에 꼭 맞는 요리

조개메밀수제비

시금치조갯살죽

굴미나리전

운동 태교

- 척추 압박으로 인해 골반이나 엉치뼈가 아플 수 있다.
- 골반 주위 근육을 자주 움직여주어 통증을 완화시켜 준다.
- 모든 운동은 자연스러운 호흡과 함께 하며, 각 동작은 8~12회 반복한다.
- 똑바로 누워서 하는 동작의 경우 3~5회 반복 후 몸을 옆으로 돌려 눕는다.

＊ 이 시기에 꼭 맞는 운동

옆구리 운동

골반 돌리기

마사지 태교

- 이번 주에도 함부로 약을 먹거나 다이어트를 하는 것은 금물.
- 트러블을 완화시키는 반사구를 찾아 조물조물 마사지해 보자.
- 임신 중에는 마사지를 할 때 지압봉을 사용하지 말고 엄지손가락이나 손바닥을 이용해 부드럽게 마사지한다.

＊ 이 시기에 꼭 맞는 마사지

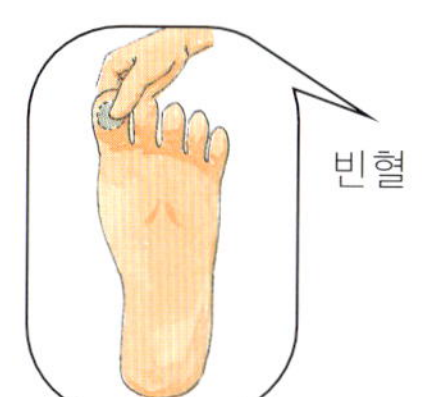

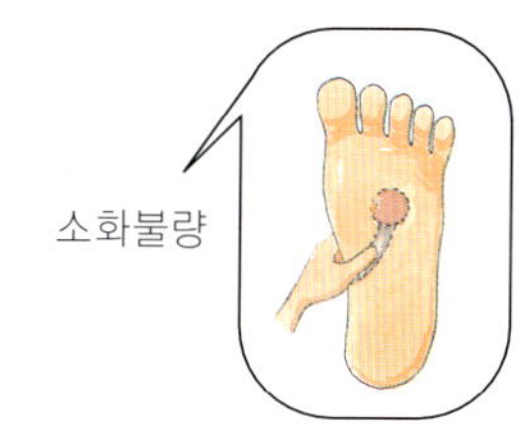

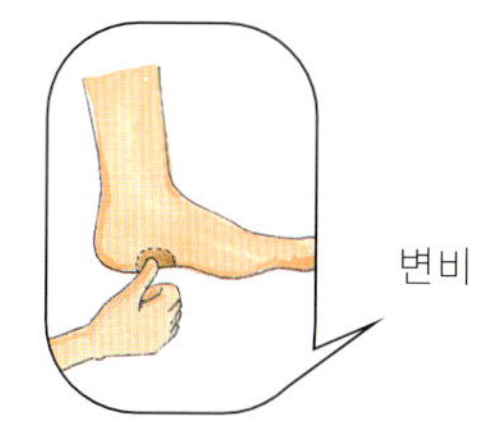

주 단위 임신 캘린더

임신 9주

>> 태아는 얼마만큼 자랐을까?

머리끝에서 둔부까지의 길이가 22~30mm. 이 시기가 되면 망막의 신경세포가 생기고 안면근육과 윗입술이 발달하며 귓속에 반구형 도관이 생긴다. 손가락과 발가락이 다 생기고 머리와 몸통을 잇는 목이 뚜렷해진다. 요도와 직장이 완전히 분리되며 복강과 흉강이 분리되고 초음파 검사를 통해 처음으로 태동이 감지된다.

>> 임신부의 몸에는 어떤 변화가 나타날까?

이때쯤이면 허리선이 굵어지기 시작한다. 내진을 해 보면 자궁이 자몽보다 약간 더 클 정도로 커져 있음을 알 수 있다. 유방의 피부 아래쪽에 정맥류가 나타나는 것을 볼 수 있고, 몸속에서는 혈액량이 다량 증가한다. 혈액량은 임신 중기에 가장 많이 증가하는데, 적혈구와 혈장의 증가가 빈혈의 원인이 되기도 한다. 또한 호르몬의 증가로 변비에 걸리기 쉽고, 요로감염이 되기도 쉽다.

>> 이번 주에 잊지 말아야 할 일

영양 섭취 … 과일과 채소를 충분히 섭취해 철분, 섬유소, 엽산 섭취에 신경을 쓴다.

전자파 차단 … 태아는 전자파에 민감하므로, 가능하면 전기담요나 전자레인지 등 전기제품 사용을 줄여 전자파에 노출되지 않도록 한다. 또한 사우나나 온욕은 태아에 해로울 수 있으므로 자제한다.

정기 검진 … 정기 검진 날짜와 시간을 잊지 않도록 항상 같은 장소에 메모해 둔다.

임신 10주

>> 태아는 얼마만큼 자랐을까?

임신 10주 말이 되면 배아기가 끝나고 태아기가 시작된다. 이 시기 태아의 머리끝에서 둔부까지의 길이는 31~42mm이고 체중은 5g 정도가 된다. 이때부터 장기와 신체발달이 활발하게 이루어지며 태아의 모습이 사람의 형체에 가까워진다.

눈이 머리 측면에서 얼굴 중앙 쪽으로 옮겨오고 목에 근육이 생기며 횡경막이 심장과 폐를 위장과 분리시킨다. 또한 위장이 최종 위치로 옮기고 미각기관인 미뢰가 생기기 시작하며, 여아의 경우 클리토리스가 나타나고 난소가 생기기 시작한다.

>> 임신부의 몸에는 어떤 변화가 나타날까?

복부의 변화가 서서히 나타나며 사람에 따라 벌써 허리가 굵어지는 것을 느끼는 경우도 있다. 또한 유방의 무게가 다소 늘어나게 된다. 임신부는 심박동 소리로 태아를 느낄 수 있다.

>> 이번 주에 잊지 말아야 할 일

기형검사 … 융모막 융모검사로 태아의 선천성 기형을, 초음파검사로 포상기태를, 태아경검사로 자궁 내 태아의 태반을 관찰할 수 있다.

단백질 섭취 … 저지방 육류나 생선, 달걀, 견과류 등으로 단백질 섭취량을 늘리고, 적당한 운동과 함께 균형 잡힌 식생활을 하도록 한다. 콜린과 DHA는 태아의 뇌세포 발달에 도움을 준다. 임신 중에는 일부 감염증과 질환이 태아의 장기나 성장에 영향을 주므로 질병에 감염되지 않도록 주의하고, 예방접종과 다이어트를 피한다.

임신 중에 가장 중요한 것은 정기 검진을 받는 일이다. 시기별로 받아야 할 검사를 체크해두자. 기형이나 유전에 대한 궁금증도 많아질 시기다. 지금 태아는 급속도로 성장하고 있다. 임신부는 호르몬의 증가로 각종 불쾌한 증상이 나타나는데, 남편의 따뜻한 배려가 필요하다.

임신 12주

》 태아는 얼마만큼 자랐을까?

체중은 8~14g, 길이는 61mm쯤 된다. 지난 3주 동안 태아는 거의 2배로 자랐다. 이 시기 태아에게는 연골조직의 뼈대가 생기고 간이 혈구를 만드는 기능을 하며 쓸개즙이 분비된다. 허파가 완전히 형성되며 갑상선과 췌장도 생겨난다. 그리고 태아의 뇌하수체에서 호르몬이 생성되기 시작하며 소화기가 수축작용을 시작한다. 내부생식기도 발달해 남아와 여아를 구분할 수 있게 된다.

》 임신부의 몸에는 어떤 변화가 나타날까?

임신 12주 말경이 되면 자궁이 너무 커져서 치골 위쪽으로 올라오는 것을 느끼게 된다. 임신 중에 자궁은 골반과 복부를 다 채울 정도로 점점 커지다가, 아기를 낳고 몇 주 내로 예전의 크기로 회복된다. 양수가 늘어나 몸무게가 늘면서 옆구리와 엉덩이, 다리에 살이 붙는다. 그런가 하면 호르몬의 증가로 혈액순환이 향상되면서 머리카락이 더 빨리 자라기도 하고 피부에 변화가 생기기도 한다. 가슴은 더 커지고 한동안 아플 수도 있는데, 무거워진 느낌이 드는 반면 더 부드러워졌음을 느낄 수 있다.

》 이번 주에 잊지 말아야 할 일

체중 조절 … 낙상이나 외상을 당하지 않도록 주의하고 체중이 지나치게 늘지 않도록 조절한다. 또한 동물성 단백질이나 필수지방산, 철분, 칼슘 등의 섭취에 신경을 쓴다.

임신 11주

》 태아는 얼마만큼 자랐을까?

태아의 머리끝에서 둔부까지의 길이는 44~60mm, 체중은 약 8g이 된다. 이 시기 태아의 머리는 몸 전체 길이의 절반을 차지하며, 턱이 생기고 목이 길어지고 외부 생식기가 뚜렷이 나타난다. 더불어 치아가 생기고 피부 모낭이 생겨난다.

》 임신부의 몸에는 어떤 변화가 나타날까?

태아는 급성장하고 있지만 임신부의 몸에는 그 변화가 서서히 나타난다. 태아가 자람에 따라 서서히 커진 자궁이 골반을 거의 채울 정도가 되어 치골 중앙 위쪽의 하복부에서 느껴질 정도가 된다. 머리카락과 손톱, 발톱에도 변화가 나타나며, 혈액 공급량이 늘면서 유방 근처에 푸르스름한 정맥이 보이기도 한다. 배가 불러올 시기는 아니지만 허리선이 없어져 청바지가 답답하게 느껴지게 된다.

》 이번 주에 잊지 말아야 할 일

초음파검사 … 빠르면 임신 5~6주에 태아의 심장박동을 초음파검사를 통해 들을 수 있는데, 초음파검사는 태아의 크기와 성장속도를 알아내는 데 큰 도움이 된다.

탄수화물 섭취 … 탄수화물은 태아에게 일차적인 에너지원이 되며, 단백질의 효용성을 높이는 데 도움을 준다. 그러므로 매일 밥이나 면은 하루 1/2그릇 정도, 식빵은 1쪽, 시리얼 30g 정도를 먹도록 한다.

이 시기에 효과적인 태교

신 재 용 한 의 사 의
음식태교

수정에서 10주까지를 '배아기' 라 하며, 12주까지를 임신 제 1기라고 한다. 이 시기에는 특히 충분한 영양 섭취에 중점을 두어야 한다. 뇌의 기형 발생도 1~6주 사이, 그 다음으로 7~12주 사이에 영양을 잘못 섭취한 데에서 많이 일어난다.

또 영양이 불충분하면 9~12주에 생기는 손발의 뼈가 제대로 발달되지 않아 태아의 수족이 원만하게 만들어지지 않을 수 있다. 때문에 입덧도 심해지고 미숙아가 되는 경우도 많다.

심장과 뇌 발달을 돕는 음식을 먹는다

임신 9~12주째는 뱃속아기가 비로소 사람다운 형체를 갖추는 시기다. 그래서 이 시기부터 비로소 '태아(胎兒)' 라고 한다. 그러나 피부는 밀초와 같고 피부의 혈관이나 내장이 비쳐 보인다.

11주부터 15주까지 아기의 대뇌피질이 크게 두꺼워지고 뇌 표면에 기억을 저장하는 주름이 생겨 깊어간다. 12주째에 심장이 완성되어 태아의 신체와 탯줄에 있는 두 개의 동맥에 혈액을 공급한다.

12주가 지나면 심장박동도 더 활발해져서 태아의 움직임을 초음파로 파악할 수 있다. 한 연구 보고에 따르면, 태아는 임신 3개월에 이미 조건반사 활동을 시작한다고 한다.

● 엽산이 풍부한 시금치·상추 등을 먹는다

임신 9~12주째에는 모체의 '수궐음경맥(手厥陰經脈)'이 태아를 기른다. 수궐음경맥은 심포락이며, 심포락은 심장을 싸고 있으면서 심장에 영양 공급을 맡는 경락이다.

따라서 이 시기에는 심포락을 강화하여 뇌와 심장의 발달을 도우면서 한편으로는 안태를 돕는 음식을 자주 먹는 것이 아주 좋다. 이 시기에 유산하기 쉽기 때문이다.

예를 들어 태아의 세포분열을 돕기 위해 엽산이 풍부한 시금치, 상추, 쑥갓, 간, 콩, 팥 등을 많이 먹는다. 또 태아의 내분비계 발달이나 세포 만들기를 돕기 위해 식물성 기름을 이용해서 불포화지방산을 적극적으로 섭취해야 한다.

● 고단백과 철분 섭취가 태아의 두뇌 발달을 돕는다

그리고 태아의 두뇌 발달을 위해 고단백과 철분 섭취에 신경을 써야 한다. 동물의 간, 소라, 말린 가다랭이, 굴, 조개류, 메밀, 쑥갓, 미나리, 시금치, 우유, 호두, 잣, 아몬드 등이 좋다.

한편 이 시기에 일어나기 쉬운 유산을 예방하기 위해서는 비타민 C를 많이 섭취해줄 필요가 있다. 유산의 위험이 있는 33명의 임신부에게 비타민 C와 P, K를 각각 투여했더니 91%가 무사히 출산을 했으며, 46명의 임신부들에게는 이를 투여하지 않았더니 100% 전부 유산되고 말았다는 연구 결과도 있다.

뱃속아기의 성장과 엄마의 신체변화에 맞춰 효과적인 태교를 해보자. 뇌가 발달하는 시기에는 어떤 음식을 먹어야 하는지, 손발이 생겨날 때는 어떤 영양분이 필요한지, 입덧이 심할 때는 어떤 마사지를 해주면 좋은지, 손발이 부을 때는 어떤 스트레칭을 하면 좋을지, 주 단위 태교포인트를 알아본다.

● 임신 초기의 일일 식품구성표

식품군	곡류군			
종류	밥	밀가루	감자류	콩류
수량	630g	30g	300g	20g
대표식품의 어림치	밥 3공기	밀가루 5큰술	감자(大) 2개	검정콩 2큰술
열량(kcal)	900	100	200	75
단백질(g)	18	2	4	8
지방(g)	—	—	—	5
탄수화물(g)	207	23	46	—
대체식품 (밥 1공기와 같은 열량)	식빵 3쪽 옥수수 한 개 반	국수 1/2공기 녹말가루 5큰술	고구마(中) 1개 도토리묵 1모(400g)	두부 1/5모 순두부 1컵

식품군	어육류군			채소군
종류	어패류	육류	달걀류	채소류
수량	50g	80g	50g	350g
대표식품의 어림치	동태 50g	쇠고기 80g	달걀 1개	양송이 (中)15개
열량(kcal)	50	100	75	100
단백질(g)	8	16	8	10
지방(g)	2	4	5	—
탄수화물(g)	—	—	—	15
대체식품 (밥 1공기와 같은 열량)	전갱이 1토막 물오징어 (中)1토막	돼지고기 6~8쪽 닭고기(小) 2토막	갈치 1토막(小)	무·근대 ·미나리 (익힌 것) 1과 2/3컵

식품군	지방군	우유군	과일군	
종류	유지	우유	과일	설탕
수량	25g	200cc	300g	10g
대표식품의 어림치	식물성 기름 5작은술	우유 1컵	사과(中) 한 개 반	2작은술
열량(kcal)	225	125	150	40
단백질(g)	—	6	—	—
지방(g)	25	6	—	—
탄수화물(g)	—	11	36	10
대체식품 (밥 1공기와 같은 열량)	마요네즈 5작은술 베이컨 5조각	두유 1컵	오렌지주스 한 컵 반 토마토 3개	

영양기준량(열량 – 2150kcal, 지방 – 48g, 단백질 – 81g, 탄수화물 – 349g)

조개메밀수제비

조개 1컵, 감자 1개, 멸치다시마국물 5컵, 실파 4뿌리, 애호박 1/2개, 당근 20g, 얼갈이배추 80g, 간장·소금·후추 조금씩
수제비반죽
메밀가루 2컵, 밀가루 1컵, 녹말가루 3큰술, 소금 1작은술, 끓는물 2/3컵

01 분량의 재료로 수제비반죽을 만들어 치댄다.
02 애호박과 감자, 당근은 반달로 썰고 실파는 6cm로 잘라 반 가르고 데친 얼갈이배추는 4cm로 썬다.
03 해감시킨 조개를 멸치다시마국물에 넣고 끓여 입이 벌어지면 건지고 국물은 베보자기에 걸러둔다.
04 ③에 조개와 감자, 당근을 넣고 끓이다가 부르르 끓어오르면 수제비 반죽을 얇게 떼어 넣는다.
05 애호박, 실파, 배추를 넣어 끓이다가 소금, 후추로 간한다.

시금치조갯살죽

시금치 300g, 바지락 조갯살 150g, 불린쌀 1컵, 참기름 1큰술, 대파 30g
된장국물
된장 1과 1/2큰술, 고추장 1/2큰술, 물 5컵, 생강즙 1/2작은술, 다진마늘 2작은술

01 시금치는 잘 다듬어 씻어 끓는 소금물에 살짝 데쳐 냉수에 헹군 후 물기를 꼭 짠다.
02 조갯살은 씻은 후 체에 밭쳐 물기를 거둔다.
03 쌀은 잘 씻어 불리고 대파는 어슷썰기로 썬다.
04 냄비에 참기름을 두르고 조갯살을 볶다가 불린 쌀을 넣고 함께 볶는다.
05 ④에 분량의 된장국물 재료를 합하여 넣고 한소끔 푹 끓으면 시금치를 넣어 다시 한소끔 끓인다.

굴미나리전

굴 1컵, 미나리 100g, 소금·후추·생강즙·밀가루·달걀 푼 물·식용유 조금씩

01 굴은 연한 소금물에 두 번 정도 씻어 건져 물기를 뺀다.
02 미나리는 잎을 따고 다듬어 씻어 연한 부위만 0.5cm 길이로 송송 썬다.
03 물기 뺀 굴에 소금, 후추, 생강즙으로 밑간을 한 다음 밀가루를 골고루 묻힌다.
04 달걀 푼 물에 송송썬 미나리를 넣어 ③에 옷을 입힌다.
05 식용유를 두른 팬에 ④를 하나씩 놓고 부친다.

모든 운동은 자연스러운 호흡과 함께 하며, 각 동작은 8~12회 정도씩 반복해준다. 늘려주는 동작을 할 경우에는 15~20초간 정지하고 있으면서 근육이 충분히 늘어날 수 있도록 해주어야 한다. 모든 동작은 반드시 오른쪽 왼쪽을 번갈아 실시해야 하며 같은 힘과 같은 각도로 운동이 이루어지도록 주의해야 한다. 호흡을 할 때에는 코로 숨을 들이마시고 입으로 숨을 내뱉는다. 4개월 이후에는 아기에게 전달되는 혈관이 눌리지 않도록 하기 위해 똑바로 누워서 하는 동작은 오래 하지 않도록 한다. 똑바로 누워서 하는 동작의 경우 3~5회 반복 후 몸을 옆으로 돌려 눕는다.

12 주 말경이면 안정기로 들어가는 시기이지만 아직도 조심할 필요가 있다. 지나친 진동을 주는 움직임이나 몸을 급하게 움직이는 등의 행동은 하지 않는 것이 좋다. 임신 12주가 지나면 배가 불러오는 것이 눈에 보이기 시작하는데, 아기가 커지는 것에 대비하여 균형을 잡는 능력을 기르고 허리 통증을 없애기 위한 배, 등 근육 운동을 위주로 하는 것이 좋다.

때로는 척추 압박으로 인한 진통을 심하게 느낄 수도 있고 골반이나 엉치 뼈가 아플 수도 있다. 골반 주위 근육을 자주 움직여주어 통증을 완화시켜주는 것이 좋다. 엉덩이 통증은 임신 중에 흔히 있는 일로서 여러 가지 요인이 있을 수 있다. 때로는 태아의 위치가 압박을 주어 엉덩이 통증이 나타나기도 한다.

경우에 따라서는 아기가 좌골신경과 같은 신경에 기대어 착상을 함으로써 등에서부터 다리까지 압박을 해 고통스러울 수도 있다. 또한 엉덩이 통증은 엉덩이를 지탱하고 있는 인대가 변화되어 나타나기도 하는데 너무 오래 앉아 있거나 운동을 너무 많이 하는 것도 그 원인이 될 수 있다. 이런 경우에는 너무 고통스러운 동작이나 자세는 삼가고, 고통이 올 정도의 운동은 피하는 것이 좋다.

어깨 돌리기

편안하게 앉은 자세에서 어깨를 앞에서 뒤로 다시 뒤에서 앞으로 돌려준다. 어깨관절을 부드럽게 해주고 긴장을 막아준다.

옆구리 운동

무릎을 구부려 위로 들고 누운 자세에서 양손을 머리 뒤에서 깍지 낀다. 한쪽 팔꿈치가 반대쪽 무릎에 닿도록 상체를 일으켰다 다시 눕는다. 상체를 일으킬 때 호흡을 내쉬고 다시 누울 때 호흡을 들이마신다. 이 운동은 허리의 근육을 강화시켜준다.

골반 밀기

무릎을 세우고 누운 자세에서 엉덩이를 위로 밀어올린다. 대퇴와 엉덩이에 힘이 들어가도록 밀어올렸다 내린다. 엉덩이와 골반 기저 면에 있는 근육을 강화시켜 준다.

골반 돌리기

양 발을 약간 벌리고 서서 무릎을 약간 구부린다. 천천히 엉덩이를 돌려준다. 허리가 같이 돌아가지 않도록 하고 골반을 밀어준다. 오른쪽에서 왼쪽으로 다시 반대쪽으로 반복한다.

균형 잡기

의자 뒤를 잡거나 양팔을 옆으로 벌려 균형을 잡은 자세로 뒤꿈치를 위로 밀어올렸다 내린다. 무거워지는 몸을 지지하기 위한 하체 운동으로 다리의 힘을 길러주고 몸의 중심을 잡는 데 도움을 준다.

김 수 자 교 수 의
마사지 태교

임신을 하게 되면 임신부는 감기에 걸리거나,
배가 아프거나, 머리가 지끈거리거나, 허리가
쑤셔도 함부로 약을 먹거나 바를 수 없어
불편함이 이만저만이 아니다.
임신 트러블은 임신이 진행됨에 따라 주별로
다양하게 나타나고 시간이 흐름에 따라 증상도
심해지는데, 이런 불편한 증상을 마사지로 해결해
보자. 마사지 전문가 김수자 선생의 지도를
하나하나 따라하다 보면 저절로 통증이 사라진다.
입덧이나 부기는 물론 임신중독증과 같은
심각한 질병도 시원하게 해결할 수 있다.

빈혈

01 발바닥 중앙에 위치한 신장 반사구인 용천을 4초씩 3회 눌러준다.
02 대각선 방향으로 미끄러지듯 내려가며 수뇨관을 지압한다. 9회 반복한다.
03 복사뼈 안쪽에 위치한 방광 반사구를 4초간 3회 지압한다.
04 그런 다음 방광 반사구에서 아킬레스건 쪽으로 요도 반사구를 엄지손가락으로 타원을 그리듯 쓸어올리며 마사지한다.
05 엄지발가락에 있는 대뇌 반사구를 엄지와 검지손가락으로 4초 이상 누른다. 4~5회 반복한다.
06 발바닥에 있는 소장의 반사구를 화살표 방향으로 미끄러지듯 엄지손가락으로 마사지한다. 4~5회 반복한다.

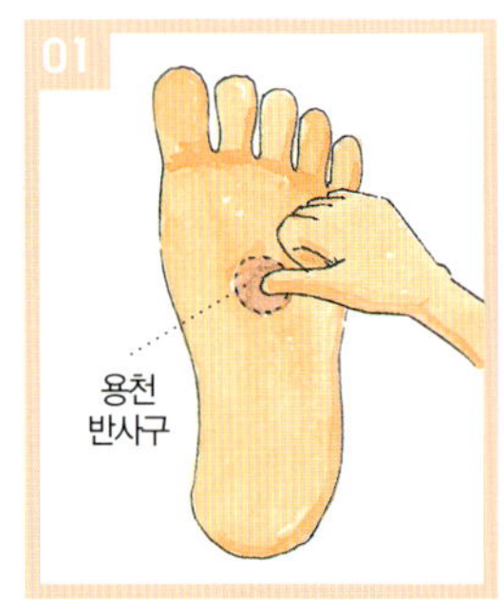

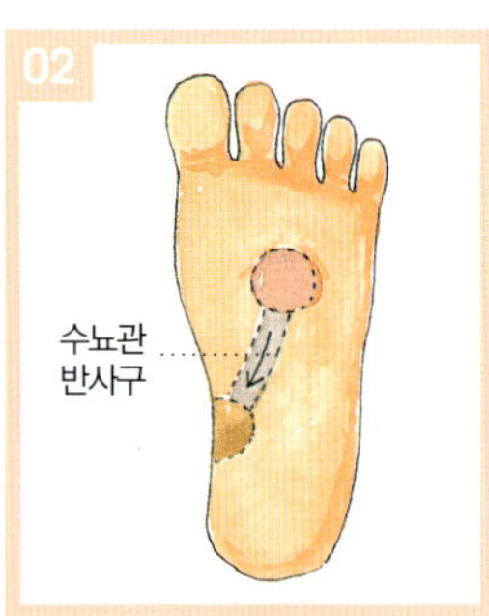

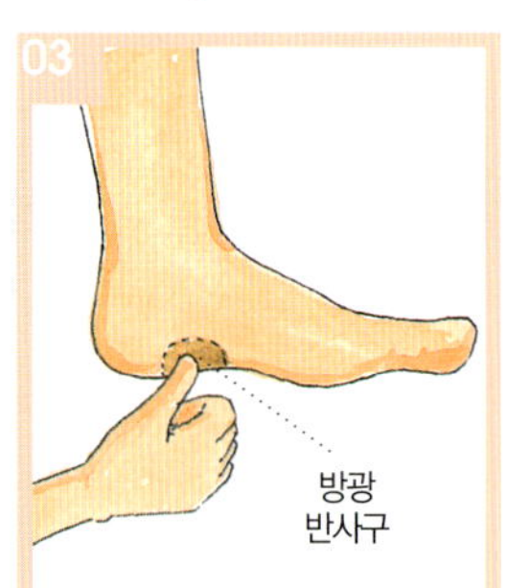

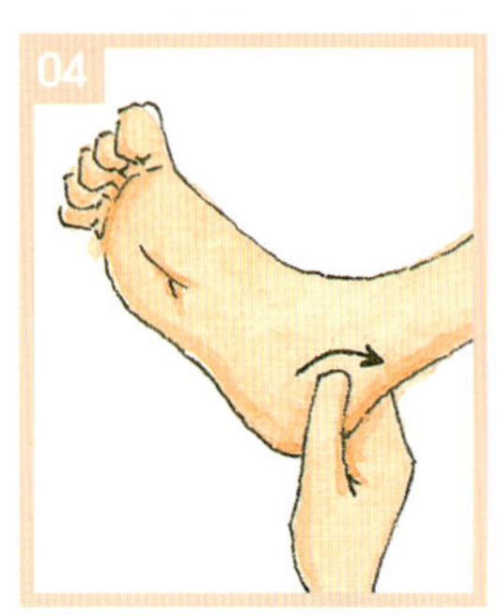

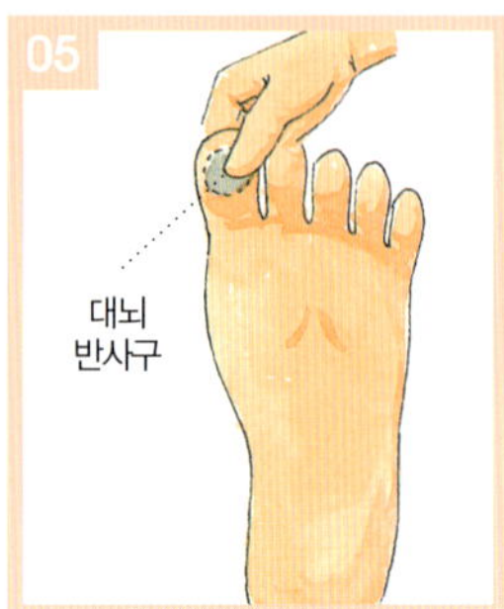

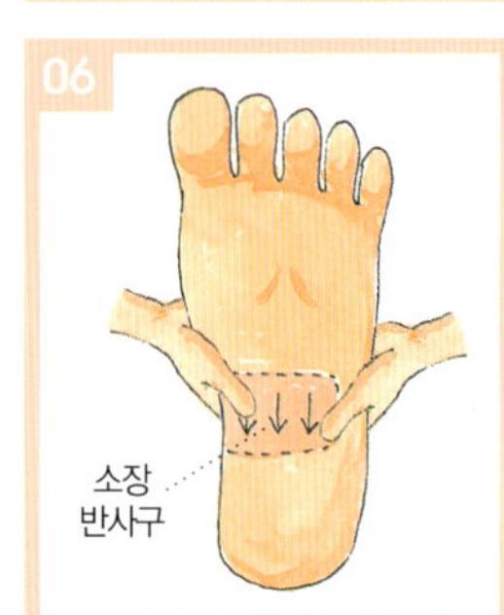

소화불량

01 발바닥에 위치한 용천 반사구를 엄지손가락으로 4초씩 3회 정도 지압한다.

02 수뇨관 반사 부위를 엄지손가락으로 지그시 4초씩 4~5회 누른다.

03 복사뼈 안쪽에 위치한 방광 반사구를 4초간 3회 지압한다.

04 요도 반사 부위를 엄지손가락으로 9회 이상 쓸어올리며 마사지한다.

05 용천에서 소장 반사구까지를 쓸어내리듯 마사지한다.

06 발목에서부터 무릎 위 10cm까지 안쪽, 바깥쪽, 뒤쪽으로 발에 고여 있는 혈액을 끌어올리는 마사지를 한다.

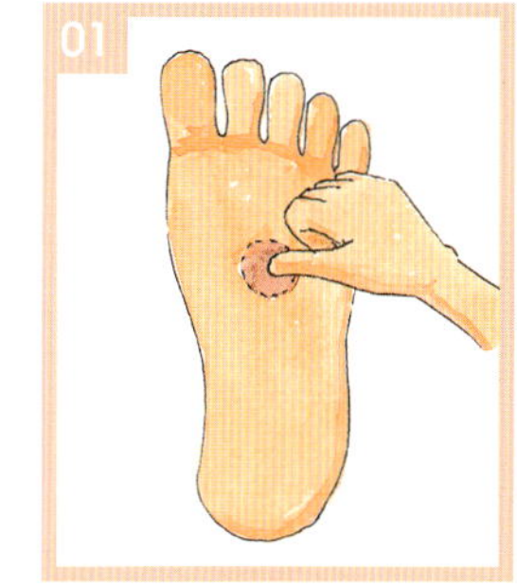

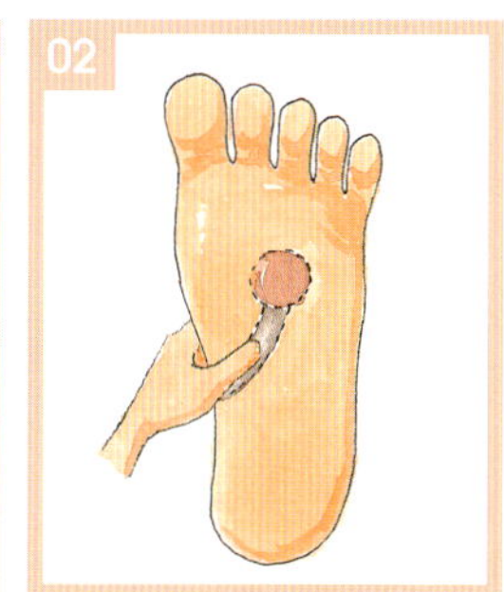

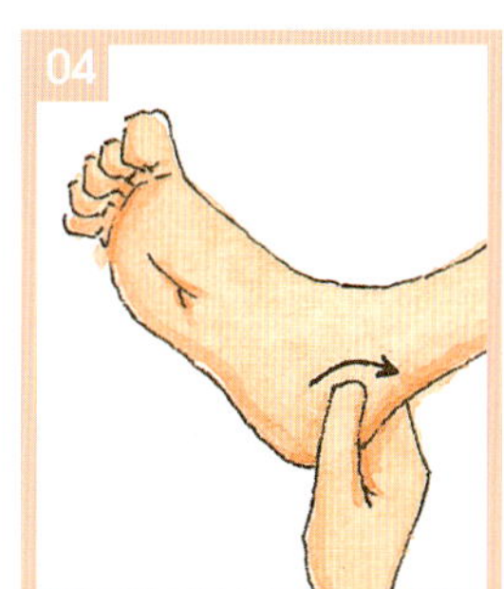

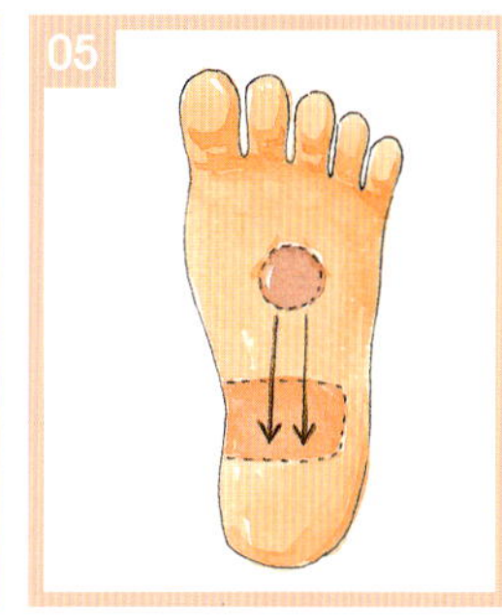

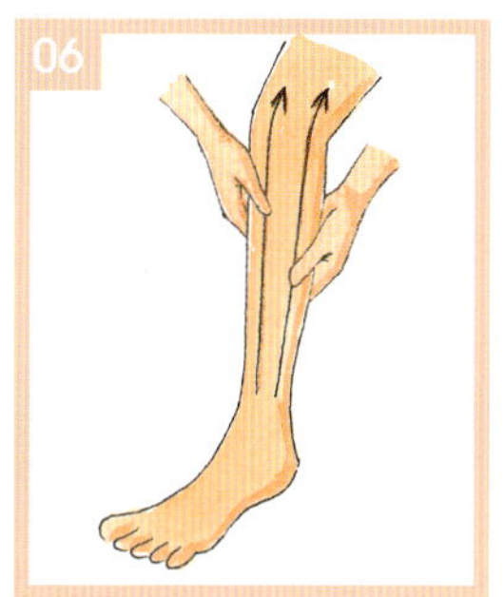

변비

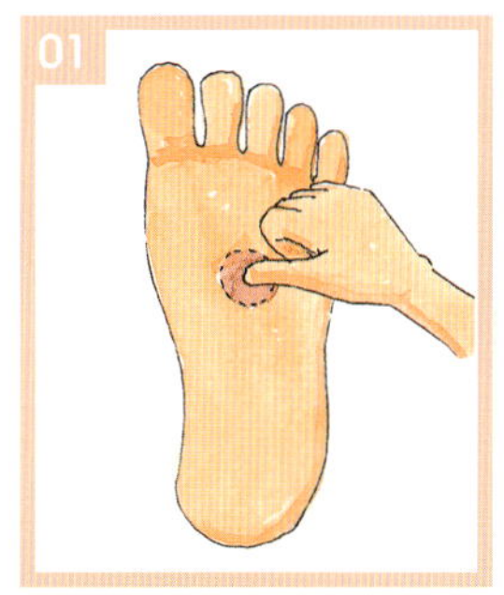

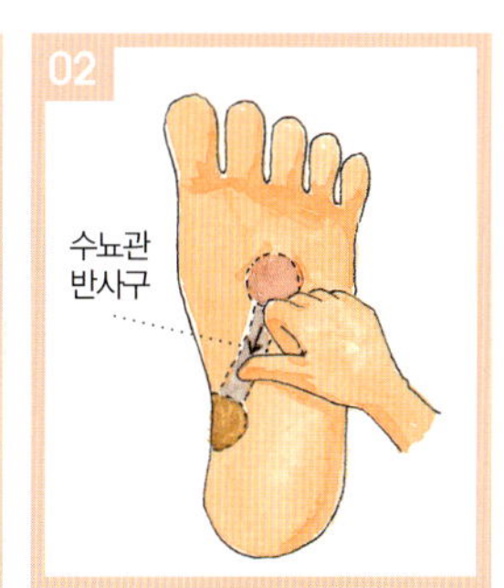

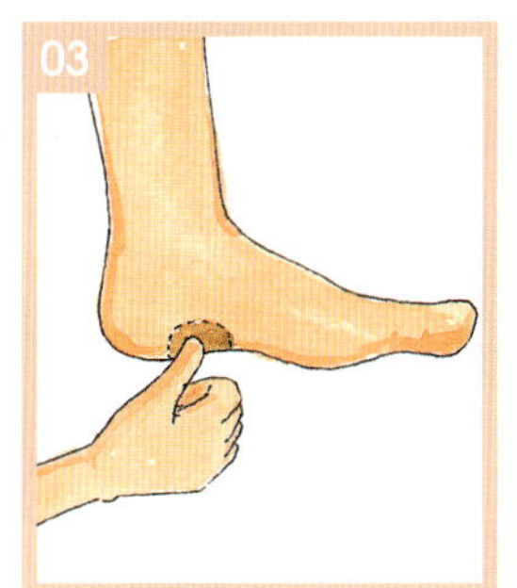

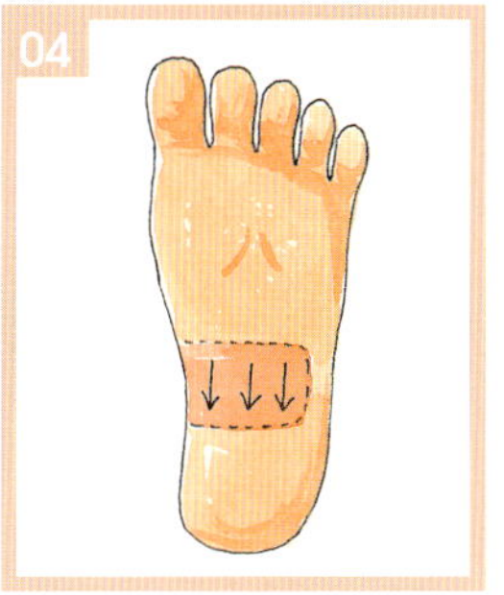

01 발바닥 중앙에 위치한 기본 반사구인 용천을 엄지손가락으로 지그시 3~4회 누른다.

02 용천에서 대각선 방향으로 위치한 수뇨관 반사 부위를 엄지손가락으로 지그시 4초씩 4~5회 지압한다.

03 방광 반사 부위를 엄지손가락으로 지그시 4초간 지압한다.

04 발바닥 중앙에 있는 소장 반사 부위를 화살표 방향으로 미끄러지듯 훑어내리며 마사지한다. 4~5회 반복한다.

태동을 시작한 태아, 스트레스는 금물이다

박문일 교수의
태교 특강
3

● 태아 · 엄마 · 아빠의 3人4脚 태교

태아는 … 사람다운 모습을 갖추게 되는 시기. 모든 체내 기관이 발달하고, 손과 발의 구분은 물론 손가락, 발가락도 생긴다. 성기가 완성되므로 남녀 구별이 가능해지는 때이기도 하다. 눈꺼풀이나 유치의 뿌리도 형성되고, 피부에 솜털도 생긴다. 드디어 배아에서 태아라는 이름으로 불리는 시기. 신장과 심장의 활동도 활발해져 심장박동 소리도 들을 수 있게 된다. 8주까지는 피부를 통해 산소와 영양을 흡수하였으나 이 시기에 이르면 탯줄이 만들어져 탯줄로 영양을 흡수할 수 있게 된다. 또한 아직 엄마는 느낄 수 없지만 태아 스스로 약간의 운동을 시작한다. 한마디로 태아가 급성장하는 시기로 두뇌와 척수 세포들이 급격하게 불어나므로 태교에는 아주 중요한 시기이다.

엄마는 … 임신의 첫 관문이라고 할 수 있는 입덧이 본격적으로 시작되는 시기. 더불어 신체 변화도 뚜렷해진다. 자궁이 점점 커지는 시기로 아랫배가 조금 부른 듯하며 만져보면 단단하면서 조금 부푼 듯한 느낌이 든다. 가슴은 커지고 유두 색깔은 진해진다. 질 분비물이 많아지고 빈혈이나 현기증이 생기기도 한다. 또한 첫 정기검진을 받는 시기. 태교에 대한 마음가짐을 다잡아야 하는 시기이기도 하다.

아빠는 … 드디어 아내의 임신 사실이 현실로 다가오는 시기. 눈에 띄는 아내의 신체적인 변화는 물론이고 입덧으로 괴로워하는 것이 보이므로 남편들도 임신을 실감하게 된다. 입덧으로 힘들어하는 아내를 보며 까탈스럽다고 생각하지 말고 함께 임신 10개월을 보낸다는 마음으로 아내를 배려한다. 입덧으로 자칫 식욕을 잃기 쉬운 시기이므로 아내가 먹고 싶어하는 음식을 먹을 수 있도록 해준다.

● 태반이 건강해야 태아의 뇌도 건강하다!

태반은 임신 유지를 위해 가장 중요한 역할을 한다고 해도 틀린 말이 아닐 만큼 많은 일을 한다. 엄마와 태아 사이의 모든 교류를 담당하고 있는 것이 태반이기 때문이다. 혈액은 물론 산소, 영양분, 면역물질의 이동까지 태반은 태아가 엄마 뱃속에서 생존하는 데 꼭 필요한 것들을 공급해주는 생명원이다.

태반이 하는 다양한 역할 중에서 가장 중요한 것은 바로 태아의 두뇌 역할을 한다는 사실이다. 태아의 두뇌를 발달시키기 위해 태반은 다양한 호르몬 조절 역할을 하는데 이런 역할 때문에 일부 학자들은 '태반은 태아의 제 3의 뇌'라고 부르기도 한다. 여기서 제 1의 뇌는 태아 자신의 뇌, 제 2의 뇌는 엄마의 뇌를 말한다.

그러므로 태교를 잘하려면 태반에 대한 적절한 관리와 보호가 필요한 것은 두말할 필요도 없다. 태반은 임신 6~8주를 지나면서 자신의 일을 시작하기 때문에 임신 3개월째의 태반 태교가 더욱 중요시되는 것이다. 임신 8주 때까지 임신을 지속시켜주는 역할을 황체 호르몬이 하는데 이 시기를 지나면서 이 역할을 태반이 이어받게 된다. 대부분의 임신 기간 동안 각종 호르몬을 만들고, 분비하고, 중간저장작용을 하는 등의 모든 일을 처리하는 것이 바로 태반이다.

● 스트레스 없는 환경을 만드는 것이 가장 중요하다

그렇다면 태반을 위해 어떤 일을 해야 할까? 우선 태반의 기능을 손상시킬 수 있는 저산소증을 막아야 한다. 그러기 위해서는 태반의 혈관수축을 방지해야 하는데 이는 바로 임신부의 스트레스와 연관된다. 임신부의 스트레스는 태반의 혈관을 수축시켜 태반을 통해 태아에게 연결되는 혈액의 양을 줄어들게 한다.

그러므로 임신부들은 스트레스를 받지 않도록 각별한 주의를 기울여야 한다. 속상하거나 언짢은 일, 걱정 등은 빨리빨리 잊는 것이 좋으며 최대한 평온한 마음을 유지하도록 스스로 노력해야 한다. 그래서 전통태교에서는 좋은 음악과 자연의 소리 듣기를 권하고 있는 것이다. 또한 임신부가 스트레스를 받지 않으려면 주변 사람들의 역할도 중요하다. 임신부에게는 자극을 주지 않도록 조심해야 하는데, 특히 남편의 역할이 중요하며 그래서 아빠 태교가 강조되는 것이다.

● 눈에 보이지 않는 태동을 주시하라!

임신 3개월을 시태(始胎)라고 하는데 이는 말 그대로 태아가 엄마와 탯줄로 연결되면서 육체적으로 긴밀한 관계가 되는 시기라는 뜻이다. 그러므로 이 시기부터 진짜로 태교가 시작되어야 하는데 많은 아빠와 엄마들은 태동을 느끼게 되는 임신 5개월 정도를 태교의 시작 시기쯤으로 생각한다. 하지만 태아의 실질적인 태동은 이미 3개월 때 시작된다.

실제로 태아는 임신 3개월 때인 10~11주부터 스스로 움직일 수 있다. 태아 스스로 자기 몸을 움직이게 되는 것이다. 임신 3개월경에 유산된 태아를 태반과 함께 따뜻한 유리식염수에 담갔을 때 태아가 스스로 움직였다는 실험 결과는 이런 사실을 과학적으로 뒷받침한다. 그러므로 태동에 맞춰서 태교를 시작하려 했던 아빠들은 임신 3개월로 그 시기를 앞당겨야 한다. 누누이 말하거니와 태교는 빠를수록 좋고, 어느 일정 시기부터 태교를 시작하겠다는 것은 넌센스다.

입덧의 태교학

임신 5~12주(2~3개월)쯤에 가장 많이 나타나는 증상인 입덧. 임신 중 입덧은 당연한 현상으로 주요 원인은 태반에서 분비되는 임신성 호르몬 때문이라고 알려져 있다.

그런데 임신부들 중에는 입덧을 겪기도 전에 두려워하는 사람들이 많다. 하지만 입덧을 자연스럽게 받아들인 임신부는 그렇지 않은 임신부보다 훨씬 입덧을 수월하게 한다는 연구결과가 있는 만큼 지레 겁을 먹고 부담스러워할 필요는 없다.

입덧과 관련한 재미있는 연구 결과가 있다. 입덧이 심한 임신부들을 조사해본 결과 여자 형제 중 막내가 많았는데 그 이유는 언니들의 임신과 입덧 과정을 지켜보면서 막연히 부정적인 편견을 갖게 되었기 때문.

또한 어머니와 할머니로부터 '너 가졌을 때 입덧으로 얼마나 고생했는지 모른다'는 말을 들은 사람들도 비슷한 이유로 입덧이 심한 것으로 나타났다.

그러니 차라리 마음을 편히 먹는 게 입덧을 피해 가는 하나의 방법일 것이다. '입덧이여, 오너라. 덕분에 남편을 실컷 골려주리' 하고 유쾌하게 마음을 먹는다면 입덧 증상도 가벼워지고, 즐겁게 생활할 수 있으니 이것이야말로 훌륭한 태교인 셈이다.

임신
13~16주

임신 · 태교 포인트

임신을 하게 되면 궁금한 것과 걱정되는 일이 많아진다. 특히 첫아기를 가진 엄마와 아빠의 경우에는 더욱 그렇다. 지금쯤 뱃속아기는 얼마나 자랐으며 어떤 모습을 하고 있는지, 엄마의 몸에 나타나는 여러 가지 증상들은 정상인지, 이번 주에는 어떤 태교로 뱃속아기와 이야기를 나눌 것인지, 궁금증은 꼬리에 꼬리를 문다. 주 단위로 태아와 임신부의 변화, 그리고 효과적인 태교방법을 요약하여 정리해 보았다.

태아의 성장발달 / 임신부의 신체변화

13주

태아의 성장발달
- 내장 기관들이 제자리를 잡아가고, 기능을 발휘할 수 있는 형태로 성장한다.
- 지문과 손톱, 성대, 젖니의 뿌리도 생기기 시작한다.

임신부의 신체변화
- 얼굴이나 목에 다양한 크기의 갈색 반점이 나타나기도 한다.
- 유륜의 색이 변하고 유선이 발달하면서 정맥류가 나타난다.

14주

태아의 성장발달
- 태아의 귀가 목에서 머리 쪽으로 올라가며 목이 점점 길어진다.
- 성대가 완성되고 생식기가 계속 발달하며 소화샘이 완성된다.

임신부의 신체변화
- 입덧이 사라져 임신이 훨씬 편안해진다.
- 소화불량이 생겨 배속에 가스가 차고, 치질이나 임신성 치은염이 나타나기 쉽다.

15주

태아의 성장발달
- 뼈가 단단해지고 얇은 피부를 통해 혈관이 들여다보이며 솜털이 몸 전체를 덮고 있다.
- 다리가 팔보다 길어지고, 귀가 계속 발달해간다.

임신부의 신체변화
- 자궁이 커지면서 복부와 사타구니에 예리한 통증이 느껴지기도 한다.
- 유륜의 색이 짙어져 적갈색에 가까워지고, 유즙이 분비되기도 한다.

16주

태아의 성장발달
- 태아는 주먹을 쥐고 입을 벌리고 입술을 움직이며 삼킬 수 있다.
- 위장이 소화액을 만들어내고, 신장이 소변을 만들어 낸다.

임신부의 신체변화
- 피부의 색소침착이 증가함에 따라 검은 반점이 점차 짙어진다.
- 유두와 주변 피부가 검게 변하며, 복부 중앙 아래에 검은 선이 나타난다.

이번 주에 체크할 일

- 같은 자세로 오래 서 있으면 조산이나 저체중아 출산의 확률이 높아진다.
- 외출 후에는 반드시 샤워를 하여 몸의 청결에 신경을 쓴다.

- 비만은 고혈압이나 당뇨를 유발하므로 주의한다.
- 임신 8~15주 사이에는 방사선 촬영을 금하고, 치과 치료는 임신 12주 이후에 받는다.

- 잠을 잘 때 되도록 옆으로 누워서 자는 것이 좋다.
- 배를 따뜻하게 하고 갑작스런 움직임은 피한다.

- 양수검사를 통해 다운증후군 등 태아의 선천성 기형 여부를 체크한다.
- 하루에 서너 번 간식을 먹는 것이 좋다.

이번 주의 효과적인 태교

음식태교

- 태반 기능을 좋게 해 주는 음식을 먹는다.
- 태반·탯줄·양수에 영양을 공급해야 한다.
- 양질의 단백질을 비롯해 영양소를 고루 섭취한다.
- 유산이 염려될 때는 쑥 요리가 좋다.

＊ 이 시기에 꼭 맞는 요리

수삼닭고기강정

쑥된장국

연근엿장조림

운동태교

- 커 가는 자궁을 지탱하는 복부의 인대에 통증이 느껴진다.
- 잠자리에서 몸을 뒤척이거나 갑자기 체중을 옮길 때 가벼운 통증이 느껴지기 쉽다.
- 운동 시에도 갑자기 방향을 바꾸거나 속도를 내는 것은 피한다.
- 똑바로 누워서 하는 동작의 경우 3~5회 반복 후 몸을 옆으로 돌려 눕는다.

＊ 이 시기에 꼭 맞는 운동

마사지태교

- 시기적으로는 안정기에 접어들지만, 약을 먹거나 바르는 일은 여전히 탐탁치가 않다.
- 임신 트러블은 주별로 다양하게 나타나므로 마사지 방법을 제대로 익혀 트러블을 해결한다.
- 임신 중에는 마사지를 할 때 지압봉을 사용하지 말고 엄지손가락이나 손바닥을 이용해 부드럽게 마사지한다.

＊ 이 시기에 꼭 맞는 마사지

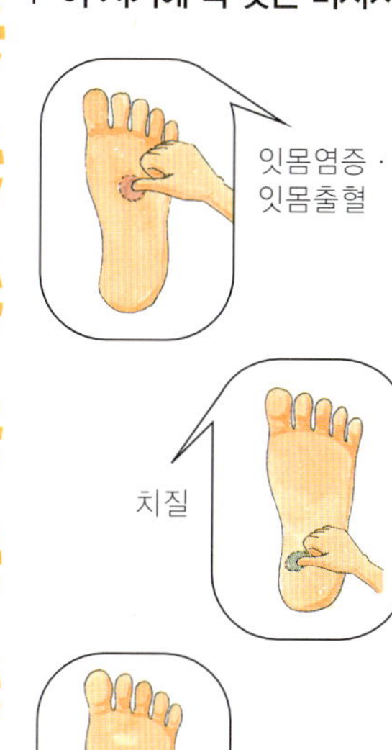

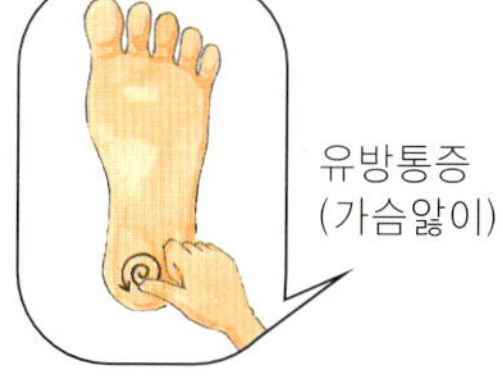

주 단위 임신 캘린더

임신 13주

>> 태아는 얼마만큼 자랐을까?

태아는 급속도로 성장하고 있는데 태아의 머리끝에서 둔부까지의 길이는 65~78mm, 체중은 13~20g이다. 귀가 정상적인 위치에 자리잡고 허파, 위, 간, 췌장 등의 각 신체 기관이 제자리를 잡아가며, 각 내장 기관이 기능을 발휘할 수 있는 형태로 성장한다. 지문과 손톱, 성대, 젖니의 뿌리도 생기기 시작한다.

>> 임신부의 몸에는 어떤 변화가 나타날까?

배꼽에서 10cm 정도 떨어진 하복부에 치골 위쪽으로 자궁을 느낄 수 있게 된다. 임신 12~13주가 되면 자궁이 골반을 꽉 채우고 복부 위로 올라가기 시작한다. 얼굴이나 목에 다양한 크기의 갈색 반점이 나타나기도 하고, 유방이 커지면서 욱신거리는 느낌을 받게 된다. 게다가 유륜의 색이 변하고 유선이 발달해 정맥류가 나타나게 되며, 임신 중기에는 유즙이 분비되기도 한다.

>> 이번 주에 잊지 말아야 할 일

자세 점검 … 같은 자세로 오래 서 있으면 조산이나 저체중아 출산의 확률이 높아지므로 오래 서 있는 자세는 피한다.

청결유지 … 몸의 청결에 신경을 쓰고, 조기 진통이나 출혈 등의 증세가 나타나면 재빨리 전문의에게 보이고, 지시에 따르도록 한다.

임신 14주

>> 태아는 얼마만큼 자랐을까?

태아의 머리끝에서 둔부까지의 길이는 80~99mm이다. 태아는 주먹만 해지고 체중은 25g 정도 된다. 태아의 눈이 머리 양쪽에서 점점 얼굴 앞쪽으로 옮겨오고, 귀가 목에서 머리 쪽으로 올라가며 목이 점점 길어진다. 더불어 성대가 완성되고 생식기가 계속 발달하며 소화샘이 완성된다.

>> 임신부의 몸에는 어떤 변화가 나타날까?

입덧이 사라져 임신이 훨씬 편안하게 느껴지고 여유 있는 헐렁한 옷이 편안해진다. 반면 소화불량이 생겨 배 속에 가스가 차는 경우가 임신 전보다 잦을 수 있다.

치질이나 임신성 치은염도 나타나기 쉬우므로 섬유질과 수분이 풍부한 음식, 비타민 C 등을 충분히 섭취하도록 한다. 이 시기가 되면 커진 가슴에 맞게 브래지어 사이즈도 조절해주어야 한다.

>> 이번 주에 잊지 말아야 할 일

비만 예방 … 입맛이 당긴다고 무조건 먹으면 비만의 우려가 있다. 비만은 고혈압이나 당뇨를 유발하므로 주의한다. 그리고 간이 너무 강한 음식, 예를 들면 너무 짜거나 단 음식, 칼로리가 높은 음식, 조미료가 많이 들어간 음식은 피하고 음식을 먹을 때는 천천히 먹도록 한다. 체조, 산책, 수영 등을 규칙적으로 하는 것도 임신 중 건강에 큰 도움이 된다.

치과 치료 … 임신 8~15주 사이에는 방사선 촬영을 금하고 치과 치료는 임신 12주 이후에 받는 것이 안전하다. 치과 치료 시에는 반드시 임신 사실을 알리고 전신 마취는 절대 피한다.

허리선이 사라지면서 바지가 꽉 조여오는 느낌이 들고, 가슴이 커지며 유륜이 검게 변한다. 잇몸 염증으로 병원을 찾는 일이 생길 수 있고, 면역기능 저하로 쉽게 피로해진다. 태동을 처음 느낄 수 있는 시기이기도 하다. 원한다면 지금부터 양수검사를 받을 수 있다.

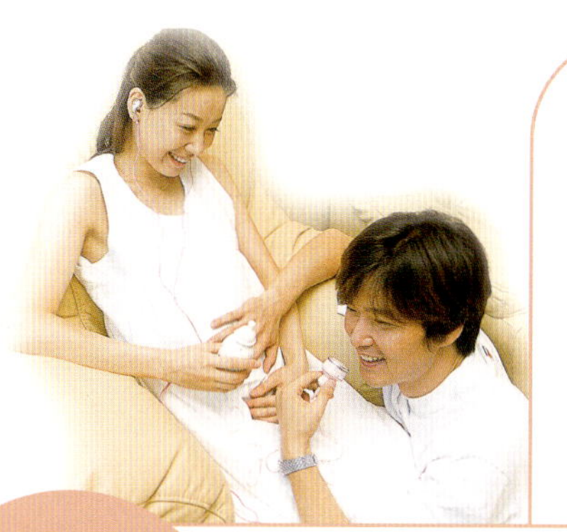

임신 16주

>> 태아는 얼마만큼 자랐을까?

태아의 머리끝에서 둔부까지의 길이는 108~116mm이고 체중은 대략 80g 정도가 된다. 임신 16주의 태아는 주먹을 쥐고 입을 벌리고 입술을 움직이며 삼킬 수 있다. 그리고 엄지손가락을 빨기도 하고, 머리에 잔털이 나며, 위장이 소화액을 만들어내고, 신장이 소변을 만들어 내기도 한다. 손톱도 자란다. 또 복부에 탯줄이 부착되며 팔다리를 움직이며 태동을 시작한다.

>> 임신부의 몸에는 어떤 변화가 나타날까?

태아가 커지면 자궁과 태반도 커진다. 6주 전에 자궁의 무게가 140g이었던 데 비해 지금은 250g 정도 된다. 태아를 둘러싸고 있는 양수의 양도 증가해 250ml 정도 되며, 배꼽 아래 7.6cm 되는 곳에 자궁을 느낄 수 있다.

또한 피부의 색소침착이 증가함에 따라 검은 반점이 점차 짙어진다. 그리고 유두와 그 주변의 피부가 검게 변하며, 복부 중앙에 아래로 검은 선이 나타난다.

>> 이번 주에 잊지 말아야 할 일

양수검사 … 다운증후군이나 태아감염증, 혈액질환, 신경계 질환 등 태아의 선천성 기형 여부를 체크할 수 있다. 단, 양수검사는 유산이나 조산의 위험도 동반하므로 주의해야 한다.

간식 … 이 시기의 임신부는 하루에 서너 번 정도의 간식을 먹는 것이 좋다. 간식은 신선한 야채 샐러드나 삶은 달걀, 팝콘, 저지방 치즈와 같은 영양가가 있는 것으로 조금씩 먹도록 한다.

임신 15주

>> 태아는 얼마만큼 자랐을까?

태아의 머리끝에서 둔부까지의 길이는 93~103mm, 체중은 50g이 된다. 이 시기의 태아는 뼈가 단단해지고 얇은 피부를 통해 혈관이 들여다보이며 솜털이 몸 전체를 덮고 있다. 엄지손가락을 빨고 있는 사랑스런 모습도 볼 수 있으며 다리가 팔보다 길어지고, 귀가 바깥쪽으로 계속 발달해간다.

>> 임신부의 몸에는 어떤 변화가 나타날까?

아랫배가 살짝 불러와서 임신부는 임신 사실을 쉽게 알아챌 수 있다. 배꼽 아래로 7.6~10cm 되는 지점에 자궁을 느낄 수 있다. 자궁이 커지면서 복부와 사타구니에 예리한 통증이 느껴지는 경우도 있다. 또한 모세관 확장증 또는 정맥류라 하여 피부가 빨갛게 달아오르기도 하며, 분홍색이었던 유륜의 색이 짙어져 갈색이나 적갈색에 가까워진다.

>> 이번 주에 잊지 말아야 할 일

운동 … 임신 후기까지 비교적 안전한 운동은 수영과 산책, 조깅, 볼링, 골프 등이고 위험한 운동은 자전거 타기, 승마, 스키 등이다.

수면 습관 … 잠을 잘 때 되도록 옆으로 자고 매일 일정한 시간에 잠드는 습관을 들이는 것이 좋다. 그리고 배를 따뜻하게 하고 갑작스런 움직임은 피하도록 한다. 지금부터는 하루에 300kcal의 열량을 더 섭취하도록 한다. 돼지고기 2점, 당근 1개 요구르트 1개, 중간 크기의 사과 1개 정도가 300kcal이다.

이 시기에 효과적인 태교

신재용 한의사의 음식태교

태아기는 임신 13주부터 출생 때까지를 가리키는데, 이중 13~24주까지를 '조기태아기'라고 한다.

이 시기에는 양질의 단백질을 많이 섭취하도록 한다. 태아의 근육, 혈액, 뼈를 만드는 데 좋기 때문이다. 그리고 육류, 어류, 콩 제품을 많이 먹는 것이 좋다. 특히 철분이 많은 간이나 태아의 뇌 세포 발달에 도움이 되는 등푸른생선을 많이 먹는다. 더불어 비타민 A, C, 미네랄, 섬유질이 풍부한 야채, 과일, 감자 등도 충분히 섭취할 필요가 있다. 이는 변비 해소나 산성과 알칼리성의 밸런스를 유지하는 데 도움이 된다.

태반기능을 좋게 해주는 음식을 먹는다

임신 13~16주째를 〈소씨병원〉에서는 남녀가 구분되며 혈맥이 형성되고 형상이 뚜렷해지는 시기라고 했다. 성별을 확실하게 구분할 수 있을 만큼 외부 생식기가 성장하며 심장박동이 이루어지고 팔·다리도 미약한 동작을 한다.

특히 태반이 완성되어 태아는 탯줄로 태반에 연결된 채 양수 속에서 유영한다. 태반은 엄청난 수효의 융모가 서로 얽혀서 형성된 스펀지 같은 살빛 조직이며, 태아의 흡수와 배설의 통로 역할을 하는 것은 태아의 배꼽과 태반을 잇는 탯줄이다.

양수는 무색 투명하고 걸쭉한 액체인데, 세 겹의 얇은 막으로 형성되어 있는 양막 속에 채워져 있다. 임신 4개월쯤의 양수 양은 150ml에 불과하다.

● 태아는 모체의 혈액을 통해 산소와 영양분을 공급받는다

임신 13~16주째에는 모체의 '수소양경맥(手小陽經脈)'이 태아를 기른다. 수소양경맥은 삼초경락이다. 삼초는 상초·중초·하초를 말하며 이 세 가지가 바로 기체순환, 영양순환, 체액순환을 맡고 있다. 태반에서 이루어지는 태아의 노폐물과 탄산가스 등 태아의 모든 폐기물의 배설 등 기체순환은 삼초 중 상초의 기능에 의해 이루어진다.

또 자궁벽을 순환하는 모체의 혈액으로부터 산소와 영양분 흡수는 물론 면역 항체 등 필요한 모든 것을 흡수하는 영양순환은 삼초 중 중초의 기능에 의해 이루어진다. 이 외에도 이 외에도 태반은 태반 스스로 호르몬을 다량 분비하여 유산이나 조산을 방지하는데, 이러한 체액 순환은 삼초 중 하초의 기능에 의해 이루어진다.

● 태반·탯줄·양수에 영양을 공급해야 한다

따라서 이 시기에는 모체의 삼초 기능을 강화해야 태반·탯줄·양수가 제 역할을 다할 수 있다. 예를 들어 인삼은 상초의 원기를 보한다. 메추리고기나 연뿌리는 주로 하초를 좋아지게 한다.

또 비타민 B15인 판가민산은 모체 내에 산소 이용률이 저하되는 것을 막아줘서 삼초 기능이 원활하게 수행될 수 있도록 도움을 준다. 맥주효모 속에 많다. 그리고 비타민 B17은 정식 명칭을 트렐이라고 하는데, 항병 능력을 키워주어 삼초 기능을 강화해준다. 특히 비파잎에 많다. 비파잎은 끓여서 식힌 다음 물엿을 타서 마시면 좋다. 시원한 청량 음료의 역할도 해준다.

● 양질의 단백질을 비롯한 여러 영양소를 고루 섭취한다

또한 이 시기에는 양질의 단백질, 특히 우유나 유제품, 달걀 혹은 명란젓 같은 알 종류를 많이 먹는 것이 좋다. 태아의 근육, 혈액, 뼈를 만드는 데 좋기 때문이다. 그리고 육류, 어류, 콩 제품도 좋다. 특히 철분이 많은 간이 뱃속아기의 성장과 엄마의 신체변화에 맞춰 효과적인 태교를 해보자. 뇌가 발달하는 시기에는 어떤 음식을 먹어야 하는지, 손발이 생겨날 때는 어떤 영양분이 필요한지, 입덧이 심할 때는 어떤 마사지를 해주면 좋은지, 손발이 부을 때는 어떤 스트레칭을 하면 좋을지, 주 단위 태교포인트를 알아본다.

나 비타민 B_1이 풍부한 돼지고기, DHA가 많이 함유되어 있어 태아의 뇌세포 발달에 도움이 되는 등푸른생선을 많이 먹는다. 또 콩에는 나토키나제라는 성분이 있어 혈액의 흐름을 원활하게 하므로 좋다. 콩을 비롯해서 콩나물, 두유 등이 다 좋다.

이 외에 야채, 과일, 감자 등도 자주 먹어 비타민 A, C, 미네랄, 섬유질 등을 충분히 섭취하도록 한다. 변비 해소나 산성과 알칼리성의 밸런스를 유지하는 데 도움이 된다. 현미, 배아, 당질과 유지류는 에너지를 강화시킨다. 이들의 소화, 흡수를 원활하게 하려면 장어, 부추, 표고버섯, 참깨, 토마토 등을 적절히 곁들인다.

● 유산이 염려될 때는 쑥 요리가 좋다

한편 이 시기에는 '태루'라 하여 소량의 출혈이 비치면서 유산이 염려되는 시기다. 이때는 쑥이 좋다. 쑥차나 쑥떡 등을 만들어 먹는다. 생지황죽도 좋은데, 〈동의보감〉에는 '찹쌀 2홉을 끓여 죽을 쑤되 쌀이 익을 때에 생지황즙 1홉을 타서 빈속에 먹는다'고 했다.

파 역시 좋은데, 〈동의보감〉에는 '찹쌀로 죽을 쑤다가 파의 밑동 3~5대를 썰어 넣고 다시 끓여 먹는다. 파의 밑동을 진하게 달인 물을 먹으면 태아가 편안해진다'고 했다.

잉어도 효과가 있으며 부들꽃도 좋다. 부들을 '향포'라고 하는데 수렴성 지혈 작용이 크다. 꿀로 반죽하여 떡을 만들어 먹어도 좋으며, 부들꽃의 여린 싹으로 김치를 담가 먹어도 좋다. 이 김치를 '포저'라 한다.

수삼닭고기강정

수삼 1뿌리, 닭고기 1/2마리 분량, 감자 2개, 생강즙 1/2큰술, 저며 썬 마늘 3쪽, 대추채 · 찹쌀가루 · 소금 · 후추 조금씩
강정양념
고추장 · 간장 · 설탕 · 청주 1큰술씩, 멸치다시마국물 2큰술

01 감자는 밤알 굵기로 썰어 데친 후 튀겨낸다.

02 닭고기는 감자와 같은 크기로 썰어 소금 · 후추 · 생강즙으로 밑간 하여 찜통에서 쪄낸다.

03 ②를 찹쌀가루에 버무려 170℃ 기름에 튀긴다.

04 수삼은 얇게 저며 얼음물에 헹군다.

05 팬에 저민 마늘을 볶다가 강정양념을 넣고 끓여 걸쭉해지면 ①, ③을 넣고 버무린 다음 그릇에 담고 물기를 뺀 수삼과 대추채를 뿌려 낸다.

쑥된장국

쑥 200g, 날콩가루 1큰술, 된장 2큰술, 다시마물 5컵, 대파 1대, 소금 조금

01 키가 작고 잎이 어린 쑥으로 준비해 깨끗하게 다듬어 씻는다.

02 날콩가루를 쑥에 골고루 버무려준다.

03 냄비에 다시마물과 된장을 풀고 약한불에서 끓인다.

04 ③의 된장국이 끓으면 ②의 쑥과 대파 썬 것을 넣고 한소끔 끓여서 소금으로 간을 맞춰 그릇에 담아낸다.

연근엿장조림

연근 500g, 식용유 2큰술, 진간장 4큰술, 물 3컵, 물엿 · 설탕 2큰술씩, 참기름 1큰술, 소금 1/3작은술, 통깨 1작은술

01 연근은 껍질을 벗기고 0.5cm 두께로 얄팍하게 저민 후 냄비에 담아 자작하게 물을 부어 10분 정도 삶아 건진다.

02 냄비에 식용유와 진간장, 물, 물엿, 설탕을 담고 삶아 건진 연근을 넣어 센불에서 한소끔 끓인다.

03 ②의 국물이 반으로 졸이들면 불을 약하게 줄인 후 은근히 졸이다가 연근에 간장 색이 배어들면 참기름과 소금을 넣어 맛을 낸다.

04 한김 식으면 뚜껑이 있는 그릇에 담고 통깨를 듬뿍 뿌려 맛을 더한다.

태아의 급속한 성장이 이루어지면서 이 시기부터는 배가 조금씩 불러오기 시작한다. 그러나 아직 몸이 무거운 정도는 아니므로 무리하지 않는 한도 내에서 운동을 할 수 있다. 커 가는 자궁을 지탱하는 복부의 인대에 통증이 오는 것은 흔한 일이다. 많은 임신부들이 밤에 잠자리에서 몸을 뒤척이거나 갑자기 체중을 옮길 때 가벼운 통증을 느끼거나 심지어는 송곳으로 찌르는 듯한 통증을 느끼기도 한다.

임신부에 따라서는 골반뼈 사이 연골의 연화 때문에 치골 결합에 문제가 생겨 통증이 느껴지기도 한다. 이런 현상은 운동 중에 갑자기 방향이나 강도를 바꾸거나 무리하게 되면 심해지게 된다. 갑자기 방향을 바꾸거나 속도의 변화를 요구하는 운동은 피하는 것이 좋다.

모든 운동은 자연스러운 호흡과 함께 하며, 각 동작은 8~12회 정도씩 반복해준다. 늘려주는 동작을 할 경우에는 15~20초간 정지하고 있으면서 근육이 충분히 늘어날 수 있도록 해주어야 한다. 모든 동작은 반드시 오른쪽 왼쪽을 번갈아 실시해야 하며 같은 힘과 같은 각도로 운동이 이루어지도록 주의해야 한다. 호흡을 할 때에는 코로 숨을 들이마시고 입으로 숨을 내뱉는다. 4개월 이후에는 아기에게 전달되는 혈관이 눌리지 않도록 하기 위해 똑바로 누워서 하는 동작은 오래 하지 않도록 한다. 똑바로 누워서 하는 동작의 경우 3~5회 반복 후 몸을 옆으로 돌려 눕는다.

등 늘리기

양다리를 쭉 뻗고 발목을 위로 꺾어 발끝을 당기는 자세로 앉아서 무릎이 구부러지지 않도록 하면서 등을 동그랗게 말아 팔을 앞으로 쭉 편다. 등의 근육을 이완시켜주고 긴장을 풀어준다.

벽 잡고 등 펴기

양팔로 벽을 잡고 팔과 몸이 직각이 되도록 하면서 어깨와 등을 눌러준다. 등 근육을 강화시켜주고 어깨를 이완시켜준다.

척추 비틀기

두 다리를 쭉 뻗은 채 다리를 벌리고 발목을 위로 꺾어 올린 자세로 등을 곧게 펴고 앉는다. 뒤를 본다는 느낌으로 몸통을 옆으로 틀어준다. 오른쪽, 왼쪽을 번갈아 해주어 옆구리의 근육을 이완시켜 준다.

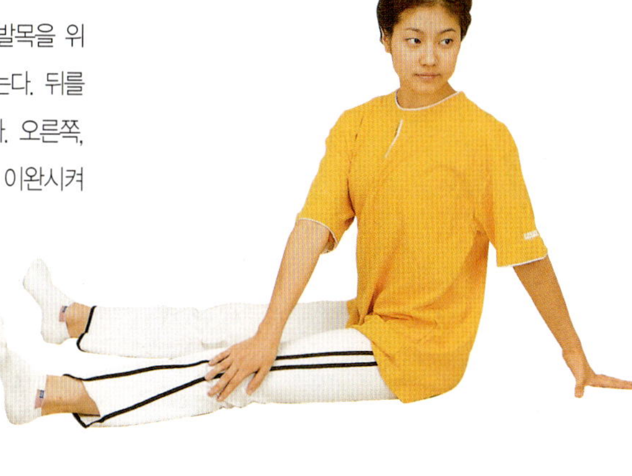

골반 양옆으로 밀기

다리를 어깨 너비로 벌리고 선 자세로 무릎을 살짝 구부리고 골반을 오른쪽으로 힘껏 민다. 다시 왼쪽으로 힘껏 민다. 골반과 대둔근을 강화시켜준다.

골반 앞뒤로 밀기

다리를 어깨 너비로 벌리고 선 자세로 무릎을 살짝 구부리고 상체는 움직이지 말고 골반만 앞으로 힘 있게 민다. 다시 뒤로 골반을 밀어준다. 골반 바닥에 있는 근육을 강화시켜준다.

김수자 교수의
마사지 태교

임신을 하게 되면 임신부는 감기에 걸리거나, 배가 아프거나, 머리가 지끈거리거나, 허리가 쑤셔도 함부로 약을 먹거나 바를 수 없어 불편함이 이만저만이 아니다.

임신 트러블은 임신이 진행됨에 따라 주별로 다양하게 나타나고 시간이 흐름에 따라 증상도 심해지는데, 이런 불편한 증상을 마사지로 해결해 보자. 마사지 전문가 김수자 선생의 지도를 하나하나 따라하다 보면 저절로 통증이 사라진다. 입덧이나 부기는 물론 임신중독증과 같은 심각한 질병도 시원하게 해결할 수 있다.

잇몸염증 · 잇몸출혈

01 신장 반사구인 용천을 엄지손가락으로 지그시 3~4회 누른다.

02 수뇨관 반사 부위를 엄지손가락으로 지그시 4초씩 4~5회 누른다.

03 방광 반사 부위를 엄지손가락으로 지그시 4초간 지압한다.

04 발등이 보이게 한 상태로 엄지발가락에서부터 새끼발가락까지 화살표 방향으로 4~5회 미끄러지듯, 끌어올리듯 마사지한다.

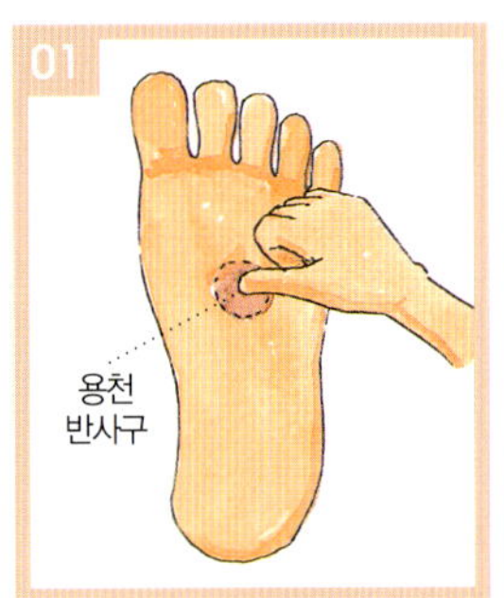

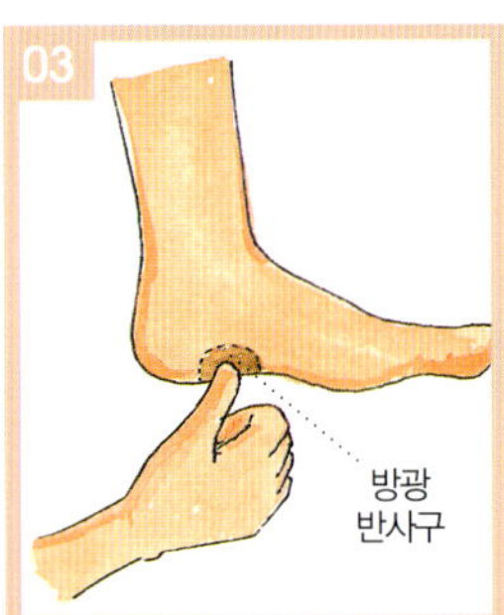

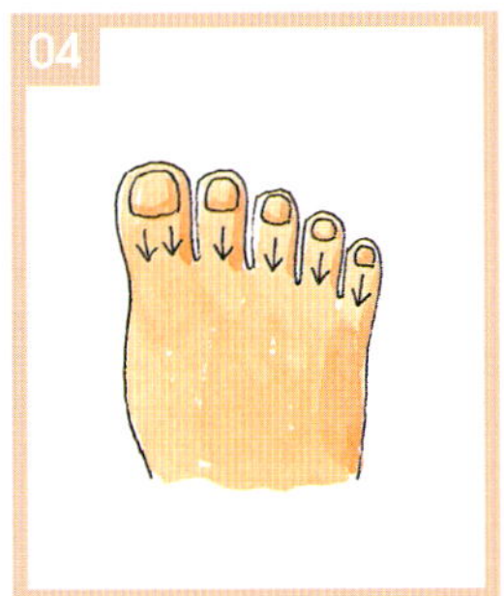

치질

01 발바닥 중앙에 위치한 기본 반사구인 용천을 엄지손가락으로 4초씩 3~4회 누른다.

02 발뒤꿈치와 아치의 경계선 부위인 항문 반사구를 엄지손가락으로 4초씩 4~5회 반복해 지압한다.

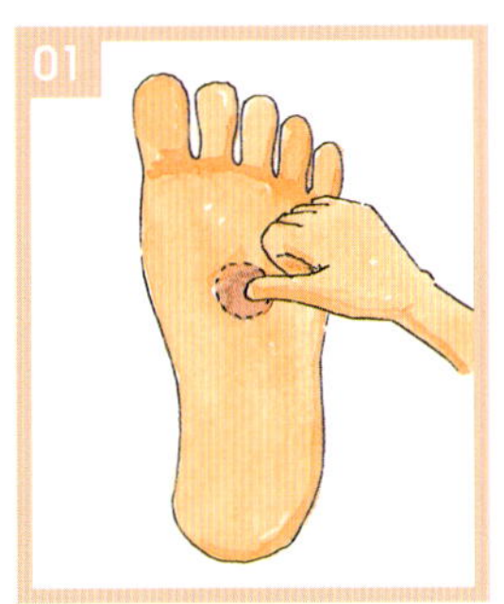

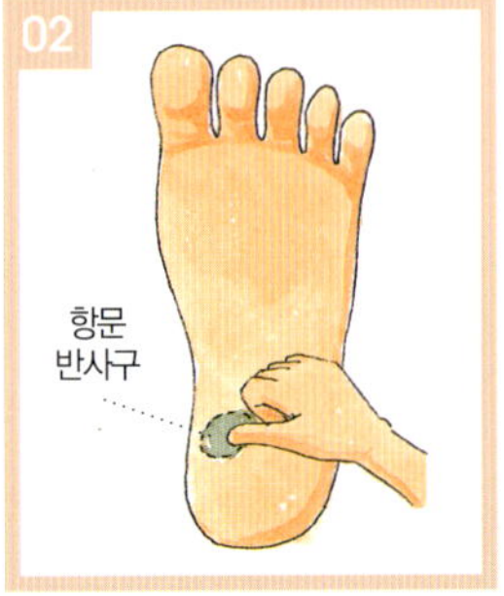

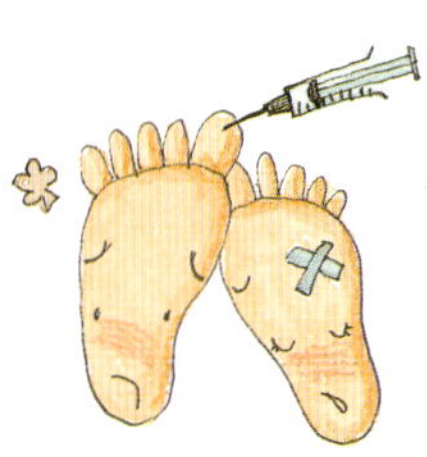

유방통증(가슴앓이)

01 용천의 반사구를 엄지손가락으로 4초씩 3회 누른다.

02 뇌하수체의 반사구를 4초씩 3회 누른다.

03 내분비 계통 반사구를 시계 반대 방향으로 원을 그리듯 안에서 밖을 향해 엄지손가락으로 문지른다. 2~3회 반복한다.

04 발의 내측과 외측 복사뼈 부위를 ③과 같은 방법으로 엄지손가락을 이용해 원을 그리듯 마사지한다. 2~3회 반복한다.

05 흉부 반사구인 발등의 둘째와 셋째발가락 사이를 화살표 방향으로 미끄러지듯 문지른다. 4~5회 반복한다.

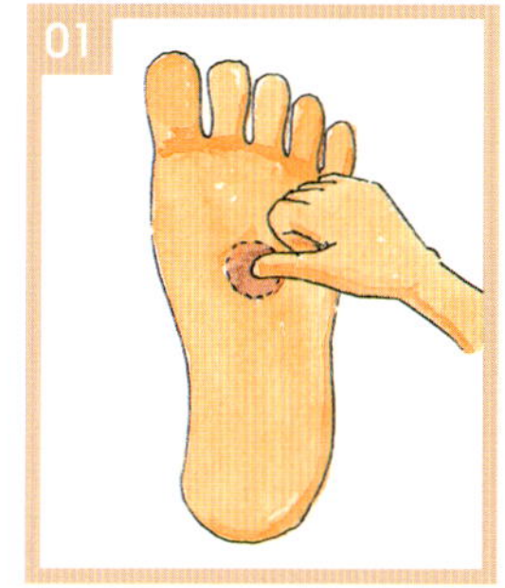

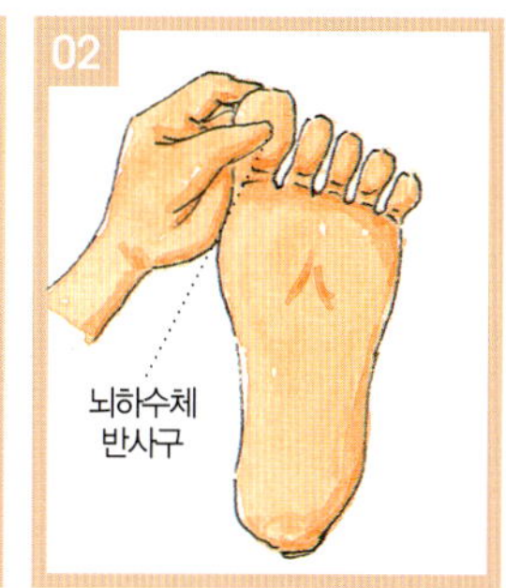

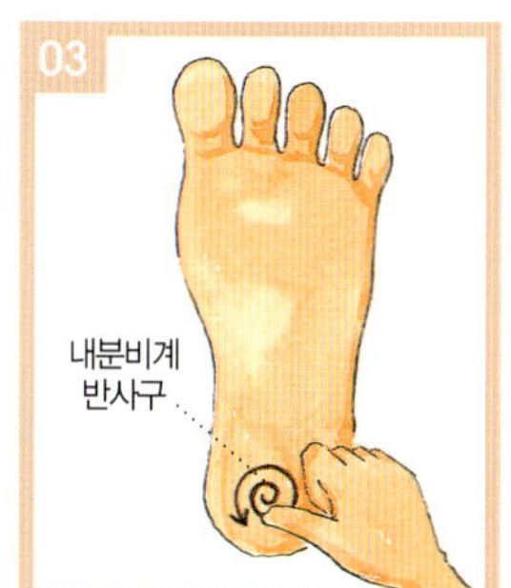

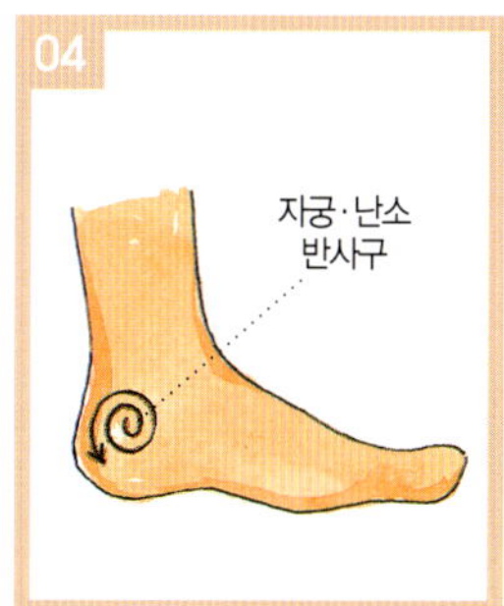

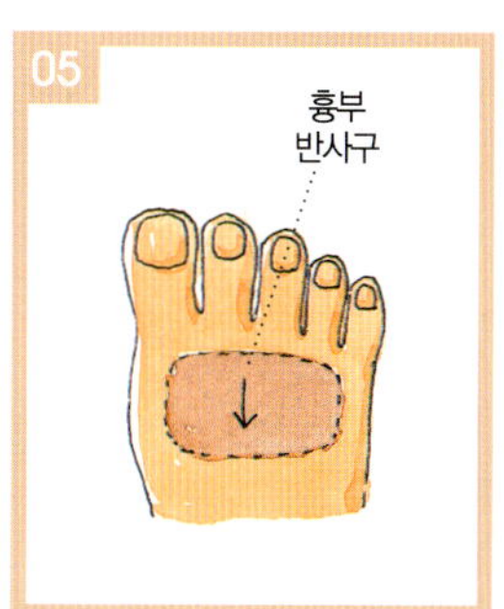

배 당김

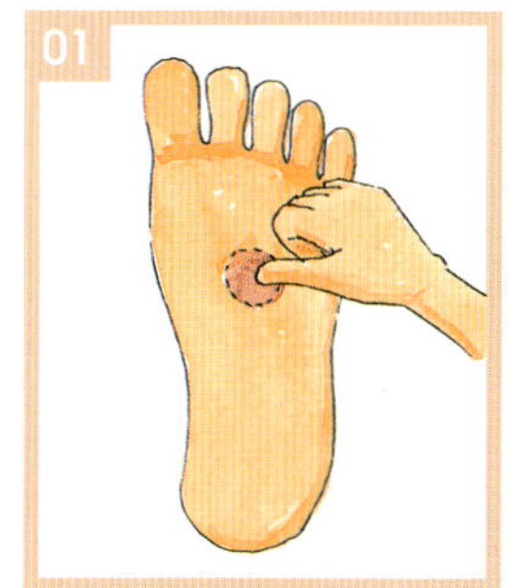

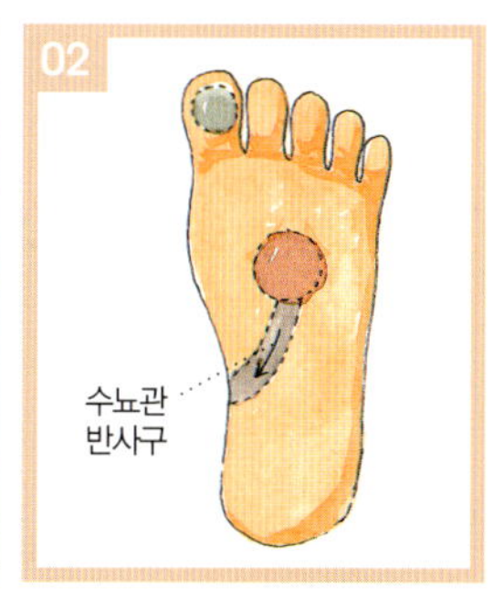

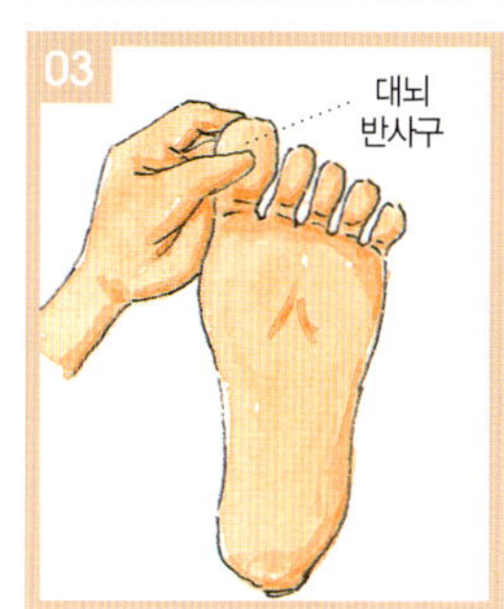

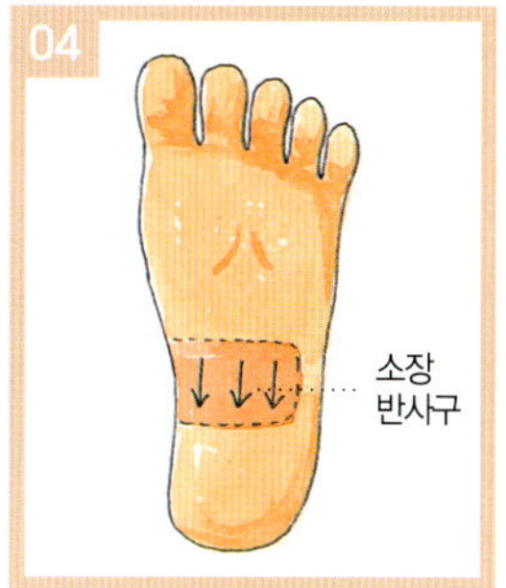

01 발바닥 중앙에 위치한 신장 반사구인 용천을 엄지손가락으로 4초씩 3~4회 누른다.

02 수뇨관 반사 부위를 엄지손가락으로 지그시 4초씩 4~5회 누른다.

03 엄지발가락에 있는 대뇌 반사구를 엄지와 검지손가락으로 4초 이상 누른다. 4~5회 반복한다.

04 발바닥에 있는 소장의 반사구를 화살표 방향으로 미끄러지듯 엄지손가락으로 마사지한다. 4~5회 반복한다.

IQ 높은 아기를 원한다면, 임신부를 편안하게 하라!

● 태아 · 엄마 · 아빠의 3人4脚 태교

태아는 … 엄마 뱃속과 태어나 사는 기간을 통틀어 가장 급격하게 뇌가 발달하는 시기이다. 그래서 16주가 끝날 무렵에는 두개골 안에 뇌가 가득 차고, 머리 크기는 탁구공만 해진다. 신장, 심장 등 내장 기관이 거의 완성되고, 팔과 다리에 관절이 생기며 뼈가 자라기 시작한다. 온몸에 배냇털이 나며 머리카락도 자라는 시기. 외부의 강한 빛이나 큰 소리에도 반응을 나타내고, 기쁨, 불안, 노여움 등의 감정이 생긴다.

엄마는 … 이 시기 엄마의 몸은 안정기에 접어들어 입덧이 사라지고 입맛이 당기기 시작하며, 임신선이 나타난다. 태아는 이 시기에 대부분의 기능을 갖추고 뇌를 형성해 가므로 임신부는 양질의 영양분을 충분히 섭취해야 한다. 또한 태아가 여러 가지 감정을 느끼게 되는 시기이므로 특히 임신부가 즐거운 마음을 갖는 것이 중요하다. 또 이 시기 태아는 온도 변화에 아주 민감하므로 찬 공기를 자주 쐬거나 찬물에 손이나 몸을 담그지 않는 것이 좋다.

아빠는 … 이 시기 태아는 쑥쑥 자라고 활발하게 움직이지만 엄마도 아빠도 아직 그 움직임을 감지하지 못한다. 그러므로 무조건 아내의 마음을 편안하게 해주는 데 초점을 맞춘다. 이 시기 태아는 혈액을 만들기 위해 태반을 통해 엄마의 철분을 흡수하는데, 그 때문에 빈혈을 일으키는 임신부도 있다. 그러므로 이 시기쯤 철분제를 사다주는 것도 훌륭한 아빠태교가 된다. 단, 철분제를 복용하면 변비를 일으킬 수도 있으므로 아침에 눈을 뜰 때마다 아내에게 물 한 잔을 서비스하는 보너스도 잊지 말자. 한편 이 시기는 임신의 안정기에 들어서므로 무리하지 않는 범위 내에서 성생활을 해도 된다.

● IQ 결정은 유전적 요인보다 환경적 요인이 크다

시중에 나와 있는 수많은 육아 책과 잡지 중 많은 수가 지능지수(IQ)를 높이는 법을 다룬 책이다. 최근에는 EQ(감성 지수)니 MQ(도덕 지수)니 하는 분야로까지 관심이 확산되고 있지만 여전히 우리 나라 부모 대다수는 무엇보다 자녀가 똑똑한 아이가 되기를 바란다.

똑똑해야 좋은 학교 가고, 그래야 좋은 직장, 직업을 갖고 대접받으며 잘산다는 생각에서일 것이다. 그렇다면 IQ 높은 똑똑한 아이를 낳는 것과 태교는 어떤 상관관계가 있을까.

● 인간의 지능은 자궁내 환경이 좌우한다

20세기 초에 학자들은 인간의 지능지수는 80%가 유전된다고 주장했다. IQ란 유전적, 선천적으로 정해진 것이니 사람으로선 손써 볼 도리가 없다는 얘기. 그러나 최근 학자들은 각종 연구와 실험을 통해 '인간의 지능을 결정짓는 데는 유전적 요소보다 자궁 내 환경이 더 중요하다' 는 결과를 내놓았다. 이에 따르면 유전자는 아이의 지능을 결정하는 데 48%의 역할밖에 하지 않는다는 것. 인간의 IQ를 결정하는 핵심 요인은 자궁 내 환경이라는 것이다.

그렇다면 좋은 자궁 내 환경을 이루는 조건은 무엇일까? 바로 충분한 영양공급, 편안한 마음, 유해물질의 차단 등이다. 이는 곧 우리 나라 전통태교의 지침과 다를 것이 하나도 없다. 한마디로 임신부가 평상시 편안한 마음을 갖고 나쁜 것을 멀리하라는 내용이다. 우리 선조들은 조기교육, 영재교육 따위보다 엄마 자궁 속의 10개월이 무엇보다 중요하다는 것을 이미 알고 있었다는 얘기이다.

지능지수와 관련한 이런 연구결과는 임신부는 물론이거니와 남편과 시댁 어른들, 직장 동료 등 임신부 주변의 사람들에게 시사하는 바가 크다. 유전적인 요소야 어쩔 수 없더라도 환경적인 요소는 사람이 노력하면 바꿀 수 있는 것이기 때문이다. 똑똑한 아이를 원한다면 무조건 임신부의 마음을 편안하게 해주어야 함은 새삼 다시 말할 필요가 없을 정도다.

● 스트레스 호르몬은 태아의 뇌 크기까지 줄인다

편안한 마음이란 바로 스트레스가 없는 상태를 말한다. 그렇다면 스트레스는 태아에게 어떤 영향을 미칠까? 임신부가 술이나 담배를 하는 것이 태아에게 좋지 않은 영향을 미친다는 것은 이미 잘 알려진 사실. 임신부가 술이나 담배를 하면 혈액의 알코올 농도와 니코틴 농도가 올라가기 때문이다. 그런데 사실 술과 담배보다 더 나쁜 게 바로 스트레스이다.

임신부의 스트레스는 태아의 뇌 크기까지 줄일 수 있다. 스트레스 호르몬이 많이 분비되면 세포의 분화를 방해하는데 그게 바로 왕성하게 발육하고 있는 뇌에 직접적인 영향을 끼치기 때문이다. 즉, 스트레스는 뇌 조직의 발달 장애는 물론 후에 정신장애까지 초래할 수 있다. 일부 학자들은 만성 스트레스에 시달린 임신부에게서 태어난 아기는 뇌의 DNA 함량이 적다는 것도 밝혀냈다.

물론 인간의 신체에서 중요하지 않은 부분이 있을까마는 그 중 두뇌는 특히 더 중요하다. 스트레스가 태아의 뇌 발달을 방해한다면 무엇보다도 임신부에게는 스트레스 없는 환경이 최우선적으로 제공되어야 한다. 그것이 곧 최상의 태교라 할 것이다.

스트레스와 태아곤란증

임신부가 아닌 일반인에게 스트레스는 어떤 신체적 변화를 일으킬까? 쉽게 생각해보면 된다. 충격을 받거나 마음을 상한 일이 있을 때 뒷목이 당기고, 머리가 지끈거리며, 가슴이 벌떡벌떡 뛰는 경험을 해본 적이 있을 것이다.

이는 신체 각 부위의 혈관이 수축하여 혈압이 상승하고, 호흡수가 증가하며, 체온도 높아지기 때문에 일어나는 증상이다.

그런데 이런 스트레스가 장기적으로 지속되면 혈액이 산성으로 변하는 과정을 겪게 된다. 이런 혈액의 산성화는 혈액이 공급되는 모든 조직에 영향을 끼치게 되는데 특히, 임신부가 이런 증상에 시달린다면 태아에게 치명적이다. 왜냐하면 태반을 통해 태아에게도 영향을 주기 때문이다. 이런 현상을 '태아곤란증' 이라고 하는데 이는 신생아에게 여러 가지 장애를 일으킬 수 있다. 특히 태아에게 가장 중요한 뇌에도 치명적인 영향을 끼친다. 또한 태아곤란증을 겪은 태아들은 자연분만보다 제왕절개로 태어날 확률이 높다.

따라서 주변에 임신부가 있다면 무조건 그녀를 배려하고, 양보하고, 기쁘게 해줘야 한다. 당신이 만약 '미운 시누이' 라고 하더라도 말이다.

임신 17~20주

임신·태교 포인트

임신을 하게 되면 궁금한 것과 걱정되는 일이 많아진다. 특히 첫아기를 가진 엄마와 아빠의 경우에는 더욱 그렇다. 지금쯤 뱃속아기는 얼마나 자랐으며 어떤 모습을 하고 있는지, 엄마의 몸에 나타나는 여러 가지 증상들은 정상인지, 이번 주에는 어떤 태교로 뱃속아기와 이야기를 나눌 것인지, 궁금증은 꼬리에 꼬리를 문다. 주 단위로 태아와 임신부의 변화, 그리고 효과적인 태교방법을 요약하여 정리해 보았다.

	태아의 성장발달	임신부의 신체변화
17주	● 갈색 피하지방이 생기고 백색 지방질이 척추의 신경섬유를 둘러싸기 시작한다. ● 청각기관이 발달하기 시작한다	● 이제는 아랫배가 확실히 불룩해져서 임신복을 입어야 편안하다. ● 임신으로 인해 나타난 색소침착은 출산 후에 대부분 사라진다.
18주	● X선 촬영을 하면 태아의 골격이 뚜렷하게 나타난다. ● 태아의 심장이 수축을 시작하고, 순환기 계통이 발달한다.	● 이 시기쯤 되면 피부와 머릿결이 눈에 띄게 좋아지는 임신부가 있다. ● 허리통증이 나타나고 호르몬의 변화로 어깨통증이 나타나기도 한다.
19주	● 발길질을 하고, 손가락·발가락을 움직인다. ● 뇌와 척수가 생기기 시작하며, 다리가 신체의 다른 부위에 비례해서 많이 자란다.	● 엉덩이와 옆구리에 살이 많이 붙게 된다. ● 유방의 무게는 180g 정도. 4~5주 간격으로 유방에 이상이 없는지 체크한다.
20주	● 태아의 손바닥과 발바닥에 지문이 형성되고, 가늘게 눈썹이 형성된다. ● 태아의 피부를 보호해주는 태지가 생긴다.	● 자궁이 배꼽까지 올라올 정도로 자란다. ● 임신 중기에 접어들면서 유방에서 유즙이라는 묽은 액체가 나오기도 한다.

이번 주에 체크할 일

- 체중관리와 영양섭취에 신경을 쓴다.
- 피로감이 있을 때는 충분한 휴식을 취해야 한다.

- 자궁이 커지면 소변의 흐름을 방해하여 방광염을 일으킬 수 있다.
- 방광염은 조산이나 저체중아 출산을 초래한다.

- 알레르기가 심해지면 수분 섭취를 충분히 한다.
- 질 출혈, 부기, 두통, 고열, 한기 등의 증세가 있는지 수시로 관찰한다.

- 부부관계는 충분한 대화 속에 이루어져야 한다.
- 늦은 유산은 대개 태반이나 임신부의 건강 이상이 원인인 경우가 많다.

이번 주의 효과적인 태교

음식태교

- 근육과 뼈의 형성을 돕는 음식을 먹는다.
- 대추와 곶감이 뼈의 성장을 돕는다.
- 태아의 성장을 돕는 식품을 먹는다.
- 섬유질 식품으로 변비를 예방한다.

＊ 이 시기에 꼭 맞는 요리

마른새우청경채볶음

쇠고기등심마늘구이

검은깨우유죽

운동태교

- 태동이 느껴지는 시기. 이제 안정기로 접어들므로 서서 하는 운동도 어느 정도는 괜찮다.
- 똑바로 누워서 하는 동작은 가능한 피한다. 태아에게 전달되는 혈액이 엄마의 등쪽으로 해서 태반으로 전달되는데, 이것을 막기 때문이다.
- 똑바로 누워서 하는 동작의 경우 3~5회 반복 후 몸을 옆으로 돌려 눕는다.

＊ 이 시기에 꼭 맞는 운동

마사지태교

- 배가 점점 나오면서 허리나 등·어깨쪽에 통증이 느껴진다.
- 발바닥 중앙의 용천 반사구와 등·어깨 반사구를 엄지손가락으로 주무르고 누르면 통증이 가신다.
- 임신 중에는 마사지를 할 때 지압봉을 사용하지 말고 엄지손가락으로 부드럽게 마사지한다.

＊ 이 시기에 꼭 맞는 마사지

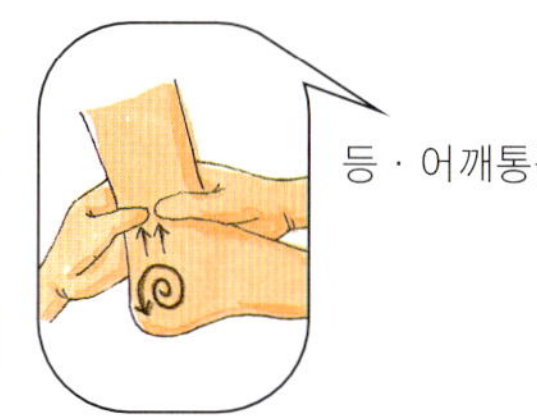

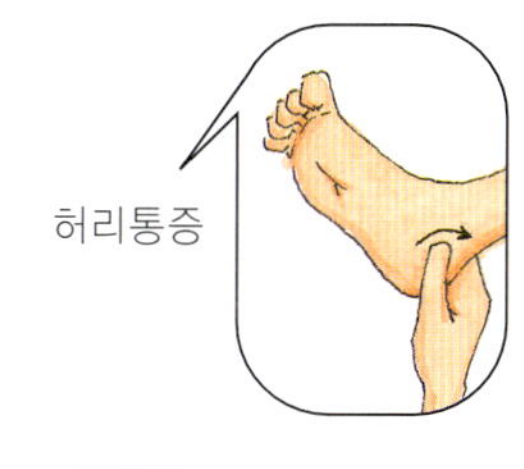

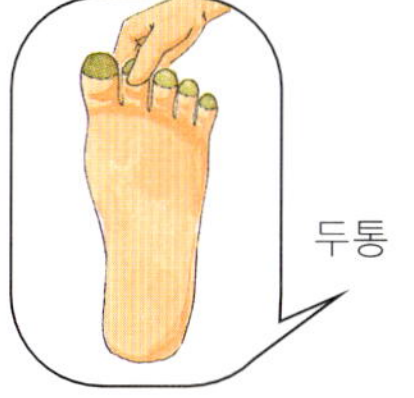

주 단위 임신 캘린더

임신 17주

>> 태아는 얼마만큼 자랐을까?

태아의 머리끝에서 둔부까지의 길이는 11~12cm, 체중은 2주 만에 두 배로 늘어나 100g 정도가 된다. 이때부터 성장속도가 둔화되기 시작하며 갈색 피하지방이 생기고 백색 지방질이 척추의 신경섬유를 둘러싸기 시작한다. 청각기관이 발달하기 시작하는 시기이기도 하다.

>> 임신부의 몸에는 어떤 변화가 나타날까?

아랫배가 확실히 불룩해져서 임신복을 입어야 편안하다. 체중은 2.5~4.5kg 정도 증가하는 것이 정상이다. 임신 중에 색소침착이 나타날 수 있으나 출산 후에 대부분 사라지므로 크게 걱정하지 않아도 된다. 유방에 혹이 있지는 않은지도 세심하게 살핀다.

>> 이번 주에 잊지 말아야 할 일

체중 관리 · 영양 섭취 … 신선한 야채와 과일, 정백하지 않은 곡류, 말린 콩을 충분히 섭취한다. 그리고 피로감이 있을 때는 충분한 휴식을 취해야 한다.

분비물 체크 … 속옷은 반드시 면으로 된 것을 착용해 질 감염증을 예방한다. 만약 분비물의 색이 누렇거나 푸르스름할 때는 의사와 상의하도록 한다.

임신 18주

>> 태아는 얼마만큼 자랐을까?

태아의 머리끝에서 둔부까지의 길이는 12.5~14cm, 체중은 150g 정도가 되며, X선 촬영을 하면 태아의 골격이 뚜렷하게 나타난다. 태아의 심장이 수축을 시작하고, 순환기 계통이 발달하며, 태아의 순환계는 모체와 완전히 분리된다. 때문에 초음파 검사로 태아의 심장 이상을 알 수 있게 된다.

>> 임신부의 몸에는 어떤 변화가 나타날까?

지금까지 체중이 4.5~5.8kg 증가하는 것이 정상. 체중이 너무 많이 증가하지 않도록 주의한다. 이 시기쯤 되면 피부와 머릿결이 눈에 띄게 좋아지는가 하면 허리통증이 나타나고 호르몬의 변화로 어깨통증이 나타나기도 한다. 또한 자궁이 커지면서 골반 부근의 관절에 영향을 주어 온몸의 관절이 느슨해진다.

>> 이번 주에 잊지 말아야 할 일

방광염 예방 … 자궁이 커지면 소변의 흐름을 방해하여 방광염을 일으킬 수 있는데, 임신 중에 방광염에 걸리면 조산이나 저체중아 출산을 초래하므로 평소에 소변을 참는 버릇이 있다면 반드시 고치도록 한다.

철분 섭취 … 하루에 30mg 정도의 철분을 흡수해야 하는데, 오렌지주스나 육류, 달걀, 채소로 철분을 섭취하도록 한다. 닭고기, 쇠고기, 내장류, 시금치, 케일 등에도 철분이 풍부하다. 철분 식품을 섭취할 때, 비타민 C가 함유된 식품과 함께 먹으면 철분 흡수율을 높일 수 있다.

분비물이 늘고 호르몬의 증가와 자궁의 크기 변화로 요통과 견통, 등통이 나타난다. 통증이 나타날 때 남편이 하루 30분씩 아내의 어깨와 다리를 주물러주면 통증 완화에 도움이 된다. 주말에 가벼운 운동을 함께 하는 것도 좋다. 가장 놀라운 변화는 배가 나온다는 사실이다.

임 신 20주

>> 태아는 얼마만큼 자랐을까?

태아의 머리끝에서 둔부까지의 길이는 14~16cm, 체중은 260g 정도가 된다. 태아의 손바닥과 발바닥에 지문이 형성되고, 가늘게 눈썹이 형성되며, 태아의 피부를 보호해주는 태지가 생긴다. 초음파 검사를 통해 쌍둥이 여부도 알아낼 수 있다.

>> 임신부의 몸에는 어떤 변화가 나타날까?

임신 20주가 되면 전체 임신 기간 중 절반을 넘긴 셈이다. 이때쯤이면 자궁이 배꼽까지 올라올 정도로 자란다. 지금까지는 자궁이 불규칙적으로 자랐지만 이제부터는 규칙적으로 자라게 된다. 피부의 색소침착이 더욱 눈에 띄지만 출산 후에는 정상으로 돌아오므로 안심해도 된다.

임신 중기에 접어들면서 유방에서 유즙이라는 묽은 액체가 나오기도 한다.

>> 이번 주에 잊지 말아야 할 일

부부관계 … 부부관계는 충분한 대화 속에 이루어져야 한다. 태아에게 위험할까봐 무조건 부부관계를 회피하는 것은 바람직하지 않다. 단, 부부관계 중이나 후에 자궁수축이나 출혈 등의 증세가 나타나면 곧바로 의사와 상담해야 한다.

유산 … 늦은 유산은 대개 태반이나 임신부의 건강 이상이 원인인 경우가 많으므로 분홍색이나 갈색의 질 분비물이 보일 때는 위험신호로 보고 전문의의 상담을 받도록 한다.

임 신 19주

>> 태아는 얼마만큼 자랐을까?

태아의 머리끝에서 둔부까지의 길이는 12~15cm, 체중은 200g 정도가 된다. 지금부터 출산 때까지 태아의 체중은 1.5배 이상 증가한다. 이제 태아는 발길질을 하고, 팔을 움직이고, 손가락과 발가락을 움직이게 된다. 뇌와 척수가 생기기 시작하며, 다리가 신체의 다른 부위에 비례해서 많이 자라게 된다. 태아의 골격은 대부분 질긴 연골로 이루어져 있다.

>> 임신부의 몸에는 어떤 변화가 나타날까?

배꼽 아래로 1.3cm 되는 지점에서 자궁을 느낄 수 있다. 임신부의 체중은 3.6~6.3kg 정도 증가하는데, 이 중 태아의 체중은 200g에 불과하고, 태반의 무게가 170g, 양수의 무게가 320g, 자궁의 무게가 320g 정도 된다. 이 시기가 되면 엉덩이와 옆구리에 살이 많이 붙게 되고, 유방의 무게는 180g 정도가 된다. 4~5주 간격으로 꾸준히 유방에 특별한 이상이 없는지 자가진단을 하도록 한다.

>> 이번 주에 잊지 말아야 할 일

수분 섭취 … 임신 중에는 알레르기가 심해질 수 있는데, 이럴 때는 수분 섭취를 충분히 하여 알레르기를 완화시키도록 한다.

건강 관리 … 질 출혈이 없는지, 부기가 있는지, 두통이 심한지, 고열이나 한기가 느껴지는지 등을 세심하게 관찰하고 낙상이나 교통사고도 조심한다.

이 시기에 효과적인 태교

태아기는 임신 13주부터 출생 때까지를 가리키는데, 이중 13~24주까지를 '조기태아기'라고 한다.

이 시기에는 양질의 단백질을 많이 섭취하도록 한다. 태아의 근육, 혈액, 뼈를 만드는 데 좋기 때문이다. 그리고 육류, 어류, 콩 제품을 많이 먹는 것이 좋다. 특히 철분이 많은 간이나 태아의 뇌세포 발달에 도움이 되는 등푸른생선을 많이 먹는다. 더불어 비타민 A, C, 미네랄, 섬유질이 풍부한 야채, 과일, 감자 등도 충분히 섭취할 필요가 있다. 이는 변비 해소나 산성과 알칼리성의 밸런스를 유지하는 데 도움이 된다.

근육과 뼈의 형성을 돕는 음식을 먹는다

임신 17~20주를 〈소씨병원〉에서는 근육과 뼈, 사지가 이루어지며 머리카락이 자라는 시기라고 했다. 태아의 사지운동도 활발해 태아의 일부분이 자궁벽에 부딪쳐, 그 진동이 자궁벽에서 복벽에 전달된다. 이 태동을 경산부는 17주경에, 초산부는 19주경에 느낄 수 있으며, 살찐 임신부는 표준보다 1주 늦을 수 있다.

또 태아의 대뇌 중량이 급속히 증가하여 머리 부분이 전체의 33%를 차지하게 되고, 태아의 무게와 양수의 양도 2배로 증가한다. 한편 신장에서는 많은 양의 맑은 소변을 양수 속으로 배출하기도 한다.

● 대추와 곶감이 힘줄과 뼈의 성장을 돕는다

임신 17~20주에는 모체의 '족태음경맥(足太陰經脈)'이 태아를 기른다. 족태음경맥이란 비장 경락이다. 따라서 비장 기능을 강화해서 태아의 힘줄과 뼈와 팔다리 및 머리카락의 성장을 도와주어야 한다.

삽주나물을 양념에 무쳐 먹거나 삽주뿌리를 차로 끓여 마신다. 굴껍질도 좋고 대추도 비장을 보하고 속을 편안하게 해준다. 대추차로 끓여 먹어도 좋지만 대추를 삶아서 살만 발라 알약을 만들어 두고 수시로 먹으면 더 좋다. 곶감도 비장 기능을 튼튼하게 해준다. 우유와 함께 꿀을 타서 달여서 먹는다. 이 외에도 엿, 좁쌀, 찹쌀, 까치콩, 쇠고기, 붕

어, 숭어, 아욱 등이 좋다.

● 태아의 성장을 돕는 여섯 가지 식품군

한편 이 시기에는 태아의 대뇌 중량이 급속히 증가하므로 태아의 뇌 발달에 도움이 되는 음식이 필요하다.

첫째로, 요오드 성분이 풍부한 미역을 비롯한 해조류 및 굴을 비롯한 패류 등이 좋다.

둘째로, 셀레늄 성분도 필요하다. 버터, 청어훈제품, 동물의 간, 마늘, 패류, 소맥배아, 사과산 등에 많이 함유되어 있다. 비타민 E와 함께 섭취하면 셀레늄의 섭취를 강화할 수 있다. 비타민 E는 열매의 기름에 많이 함유되어 있으므로 참깨, 해바라기씨, 아몬드, 소맥배아유 등을 많이 섭취하는 것이 좋다.

셋째로, 비타민 B1도 많이 섭취하도록 한다. 효모를 비롯해서 소맥배아나 해조류, 대두 등에 많이 함유되어 있다.

넷째로, 철분도 필요하다. 해태, 녹미채 등의 해조류를 비롯해서 목이, 녹차, 죽순, 코코아, 참깨 등에 많이 함유되어 있다.

다섯째로, 칼슘도 필요한 성분 중 하나이다. 뼈를 튼튼하게 해주는 역할까지 한다. 게, 말린 새우, 정어리, 치즈 등에 많이 들어 있다.

여섯째로, 칼륨도 빼놓을 수 없다. 칼륨은 말린 미역에 대단히 많이 함유되어 있다. 또 녹미채, 썰어 말린 무, 말린 표고 등에 많다.

참고로 〈태교신기〉에는 '자식이 단정하기를 바라거든 잉어를 먹으며, 자식이 슬기롭고 기운 세기를 바라거든 소의 콩팥과 보리

뱃속아기의 성장과 엄마의 신체변화에 맞춰 효과적인 태교를 해보자. 뇌가 발달하는 시기에는 어떤 음식을 먹어야 하는지, 손발이 생겨날 때는 어떤 영양분이 필요한지, 입덧이 심할 때는 어떤 마사지를 해주면 좋은지, 손발이 부을 때는 어떤 스트레칭을 하면 좋을지, 주 단위 태교포인트를 알아본다.

를 먹으며, 자식이 총명하기를 바라거든 해삼을 먹으며, 해산에 임박해서는 새우나 미역을 먹을지라」고 했다.

● **섬유질 식품으로 변비를 예방한다**

임신 중에는 일반적으로 위장기능이 약해지기 때문에 변비에 걸리기 쉽다. 변비를 예방하려면 우선 섬유질이 많은 채소류를 자주 먹는 것이 효과적이다. 우엉이나 연근, 셀러리, 양상추, 배추 등을 많이 먹을 수 있도록 식단을 짠다.

또 간식류로는 고구마나 감자를 주로 이용하고 과일도 식후에만 먹지 말고 샐러드로 만들어 식사할 때 먹으면 변비를 예방하는 동시에 비타민과 미네랄도 충분히 섭취할 수 있다. 우유나 요구르트 등도 통변을 좋게 해서 변비를 막아주는 효과가 있다.

임신중기에 좋은 식품

마른새우청경채볶음

마른새우 100g,
청경채 3포기,
홍고추 · 청양고추
1개씩, 소금 조금
볶음장
간장 · 참기름 ·
다진마늘 · 청주
1작은술씩,
소금 · 후추 ·
깨소금 조금씩

01 마른새우는 체에 밭쳐 잔가루를 털어낸다.
02 청경채는 한 잎씩 떼어 소금물에 씻어 물기를 털고 3등분한다.
03 청양고추, 홍고추는 송송 썰어 씨를 털어낸다.
04 팬에 기름을 두르고 마른새우를 넣고 볶다가 간장, 참기름, 마늘, 청주를 넣어서 간이 배도록 재빨리 볶는다.
05 ④에 청경채와 홍고추, 청양고추를 넣어 버무린 다음 소금 · 후추로 간을 맞춘다.

쇠고기등심마늘구이

쇠고기 등심 300g,
통마늘 1통,
소금 · 후춧가루
조금씩, 버터 1큰술
구이소스
토마토케첩 · 우스
터소스 · 흑설탕
1큰술씩 잘게 채썬
양파 · 우유 2큰술씩,
올리브유 · 레드와인
1큰술씩

01 통마늘은 반으로 편썰기하고, 쇠고기는 소금, 후춧가루를 뿌려 둔다.
02 올리브유를 두르고 양파를 볶다가 갈색이 돌면 케첩과 우스터소스, 흑설탕, 레드와인을 넣고 끓이다가 우유를 넣고 걸쭉해지면 내린다.
03 팬에 버터를 두르고 ①을 넣어 굽는다.
04 굽는 중간에 쇠고기의 육즙이 흘러나오면서 익으면 구이소스를 넣어서 지글지글 굽는다.
05 쇠고기등심과 마늘을 소스와 함께 담아낸다.

검은깨우유죽

불린쌀 1컵, 검은깨
1/2컵, 우유 4~5컵,
소금 조금

01 쌀은 불려서 분마기에 넣고 1/2 정도 간다.
02 검은깨는 거피하여 분마기에 넣고 간다.
03 냄비에 쌀을 넣고 참기름으로 볶다가 물 2컵을 넣고 천천히 끓인다. 어느 정도 끓으면 검은깨를 넣는다.
04 ③에 우유를 넣고 나무주걱으로 저어 쌀알이 퍼질 때까지 끓인다. 기호에 따라 꿀이나 소금으로 간한다.

모든 운동은 자연스러운 호흡과 함께 하며,
각 동작은 8~12회 정도씩 반복해준다.
늘려주는 동작을 할 경우에는 15~20초간 정지하고
있으면서 근육이 충분히 늘어날 수 있도록
해주어야 한다. 모든 동작은 반드시 오른쪽 왼쪽을
번갈아 실시해야 하며 같은 힘과 같은 각도로
운동이 이루어지도록 주의해야 한다. 호흡을 할
때에는 코로 숨을 들이마시고 입으로 숨을
내뱉는다. 4개월 이후에는 아기에게 전달되는
혈관이 눌리지 않도록 하기 위해 똑바로 누워서
하는 동작은 오래 하지 않도록 한다.
똑바로 누워서 하는 동작의 경우 3~5회 반복 후
몸을 옆으로 돌려 눕는다.

이 시기부터는 임신부가 태아의 움직임을 감지하게 되는데 나비 혹은 조그만 진드기가 움직이는 것 같이 느껴진다. 눈으로도 배가 약간 불러오는 것이 보일 정도이다. 또 이제는 태아가 완전히 자리를 잡은 시기이기 때문에 서서 하는 운동들도 어느 정도는 괜찮다.

이때부터 태아는 무게를 갖기 때문에 똑바로 누워서 하는 운동은 오래 하지 않는 것이 좋다. 태아에게 전달되는 혈액은 엄마의 등 쪽으로 해서 태반으로 전달되기 때문에 똑바로 누워서 하는 운동이나 행동은 태아에게 전달되는 혈관을 눌러 혈액의 흐름을 원활하게 하지 못할 우려가 있다.

태아는 엄마의 태반을 통해서 혈액과 영양분, 산소를 공급받는데, 단 10초만 산소와 혈액 공급이 되지 않아도 태아는 치명타를 입을 수 있다. 또한 똑바로 누워 있는 동작은 하대 정맥에 압력을 가하여 저혈압이 될 수 있으며, 이로 인한 어지럼증과 방뇨량의 증가도 있을 수 있다. 따라서 이때부터는 똑바로 누워 오래 있는 것을 삼가는 것이 좋다.

등 비틀기

엎드려 손으로 바닥을 짚고 상체를 들어올린다. 상체를 비틀어 뒤의 반대쪽 발뒤꿈치를 바라본다. 등의 양 옆 근육을 이완시켜준다.

두 다리 들고 원 그리기

뒤로 손을 짚고 앉은 자세에서 두 다리를 붙여 위로 든다. 두 다리를 동시에 공중에서 원을 그리면서 돌린다. 복부 근육을 강화시켜준다.

뒤꿈치 들기

두 팔을 펴서 앞으로 가슴 높이로 들고 뒤꿈치를 위로 한껏 들어올려 정지하고 있다가 내린다. 다리의 힘을 길러주고 몸의 중심을 잡는 데 도움을 준다.

가슴운동

양팔을 직각으로 구부린 다음 양옆으로 벌려서 올린 상태로 숨을 들이마시고 입으로 내뱉으면서 힘주어 앞으로 모은다. 팔을 벌렸다 모으기를 반복한다. 가슴의 근육과 등 근육을 강화시켜준다.

팔 돌리기

편안한 자세로 서거나 앉은 상태에서 양옆 어깨 높이로 팔을 들고 손목을 위로 꺾어 팔 전체에 힘이 들어가게 한다. 그 상태로 팔 전체를 어깨로 돌리는 느낌으로 어깨를 앞에서 뒤로 돌린다. 다시 뒤에서 앞으로 돌린다. 팔과 어깨의 근육을 강화시켜준다.

앞뒤로 다리 벌려 앉기

한 발을 앞으로 내딛고 의자나 책상을 잡고 선다. 그대로 자세를 유지하면서 두 무릎이 직각이 되도록 앞뒤로 앉는다. 다시 반대 발을 반복한다. 다리 근육의 힘을 길러주는 데 도움을 준다.

김수자 교수의
마사지 태교

임신을 하게 되면 임신부는 감기에 걸리거나, 배가 아프거나, 머리가 지끈거리거나, 허리가 쑤셔도 함부로 약을 먹거나 바를 수 없어 불편함이 이만저만이 아니다.

임신 트러블은 임신이 진행됨에 따라 주별로 다양하게 나타나고 시간이 흐름에 따라 증상도 심해지는데, 이런 불편한 증상을 마사지로 해결해 보자. 마사지 전문가 김수자 선생의 지도를 하나하나 따라하다 보면 저절로 통증이 사라진다. 입덧이나 부기는 물론 임신중독증과 같은 심각한 질병도 시원하게 해결할 수 있다.

등 · 어깨통증

01 발바닥 중앙에 위치한 신장 반사구인 용천을 4초씩 3회 눌러준 다음 대각선 방향으로 미끄러지듯 내려가며 수뇨관을 지압한다. 9회 정도 반복한다.

02 복사뼈 안쪽의 방광 반사구를 4초간 3회 지압한다.

03 방광 반사구에서 아킬레스건 쪽으로 요도 반사구를 엄지손가락으로 타원을 그리듯 쓸어올리며 마사지한다.

04 발목에서부터 무릎 위 10cm까지 안쪽, 바깥쪽, 뒤쪽으로 발에 고여 있는 혈액을 끌어올리는 마사지를 한다.

05 발바닥 안쪽 약간 위로 올라간 부분이 등에 해당하는 중족골이 위치한 곳이다. 이 반사구를 발가락에서 뒤꿈치 쪽으로 미끄러지듯이 9회 이상 지압한다.

06 발에서 어깨에 해당하는 반사구는 새끼발가락 측면이다. 이 부위를 발가락 쪽에서 발끝 쪽을 향해 미끄러지듯 마사지한다. 9회 정도 반복한다.

07 새끼발가락에서 엄지발가락까지 이어지는 발바닥 부위는 등의 승모근에 해당하는 반사구이다. 승모근에 이상이 생기면 등과 어깨 결림이 나타난다. 이 부위를 새끼발가락 쪽에서 엄지발가락 쪽으로 9회 이상 쓸어올리듯 마사지한다.

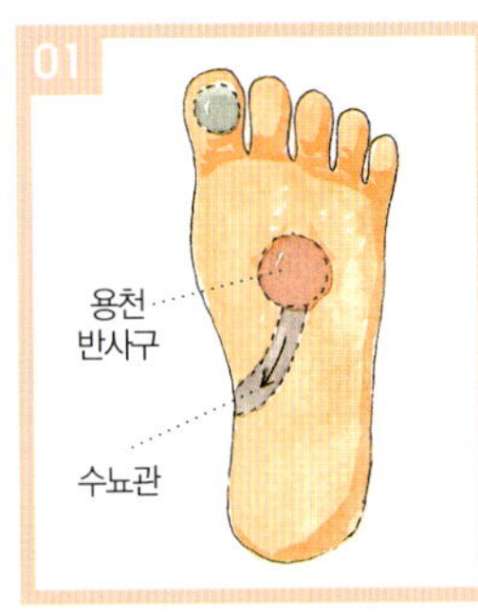

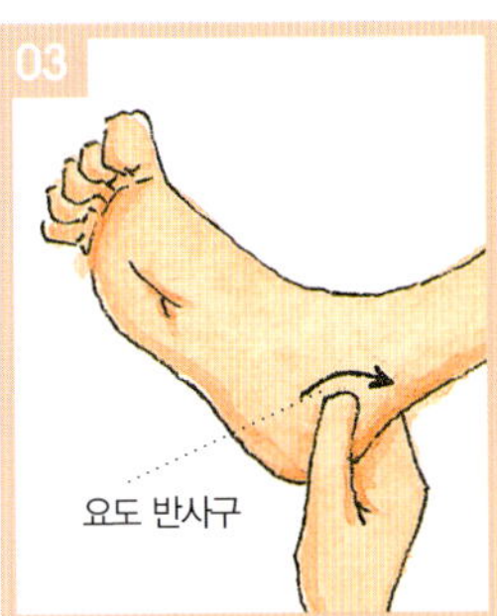

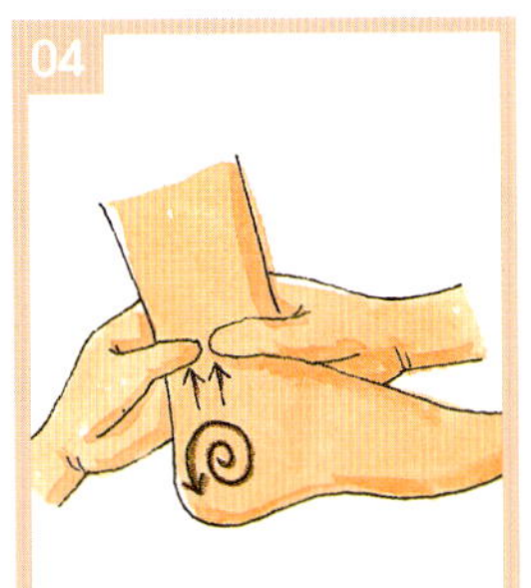

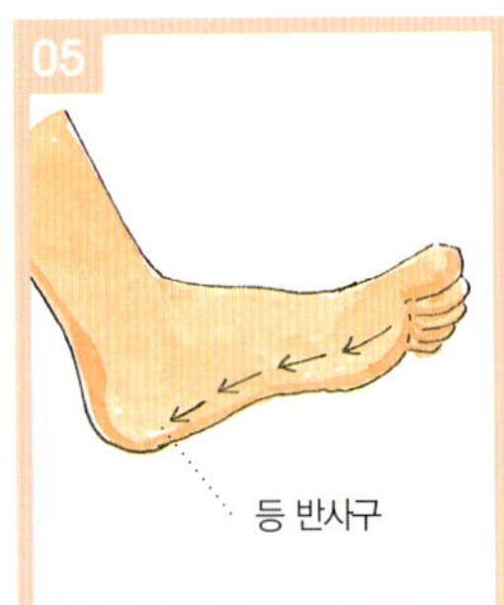

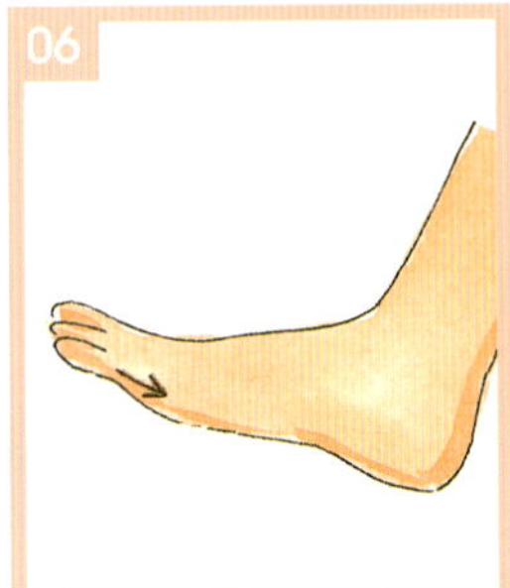

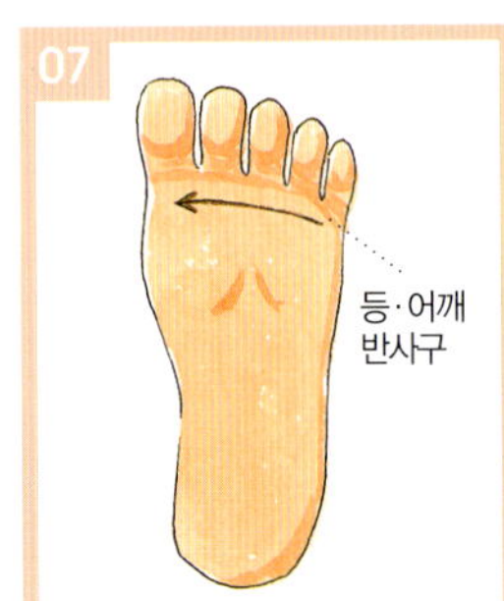

허리통증

01 신장 반사구인 용천을 엄지손가락으로 지그시 3~4회 누른다.

02 수뇨관 반사구를 엄지손가락으로 지그시 4초씩 4~5회 누른다.

03 방광 반사구를 엄지손가락으로 지그시 4초간 지압한다.

04 요도 반사구를 엄지손가락으로 미끄러지듯 9회 이상 문지른다.

05 그림처럼 발 안쪽 측면 엄지발가락 아래 길을 따라 척추 상응 반사구인 경추, 흉추, 요추, 미골이 이어지는데, 이 반사구를 따라 엄지손가락으로 미끄러지듯 4~5회 마사지한다.

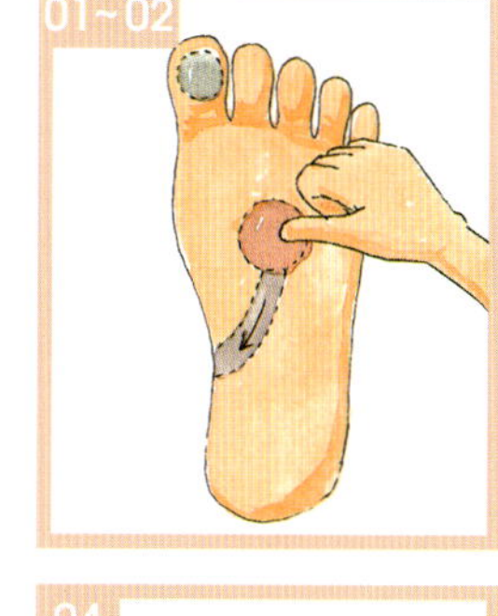
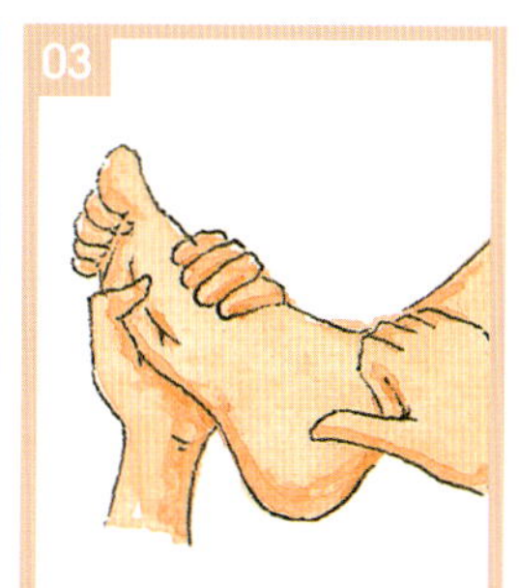
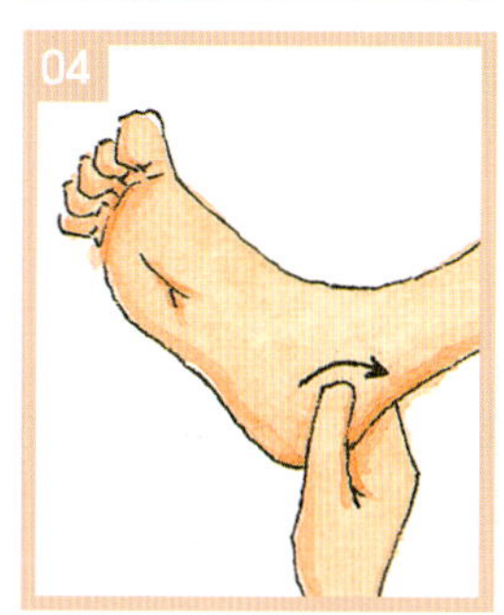
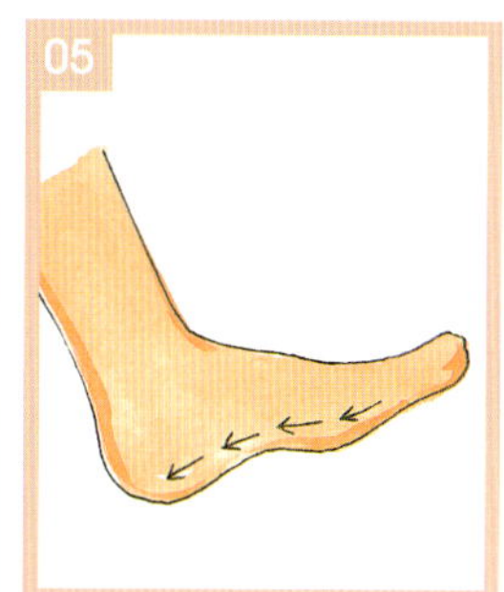

두통

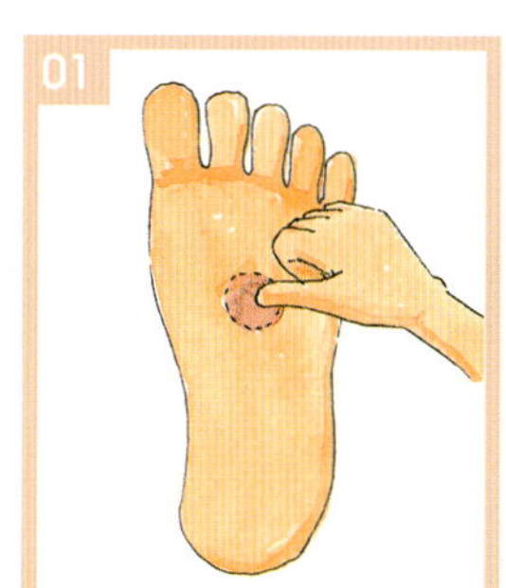

01 발바닥 중앙에 위치한 신장 반사구인 용천을 4초씩 3회 눌러 지압한다.

02 각 발가락 끝이자 앞에 위치한 전두동을 엄지손가락을 이용해 오른쪽, 왼쪽으로 움직이며 4초씩 2~3회 눌러준다.

03 두통이 있으면서 뒷목이 뻣뻣할 때는 엄지발가락과 발바닥이 만나는 쑥 들어간 부분의 중앙을 위에서 아래로 훑어내린다. 9회 정도 반복한다.

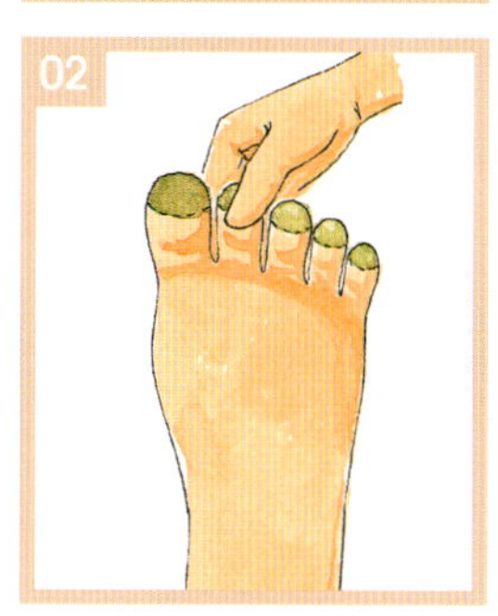
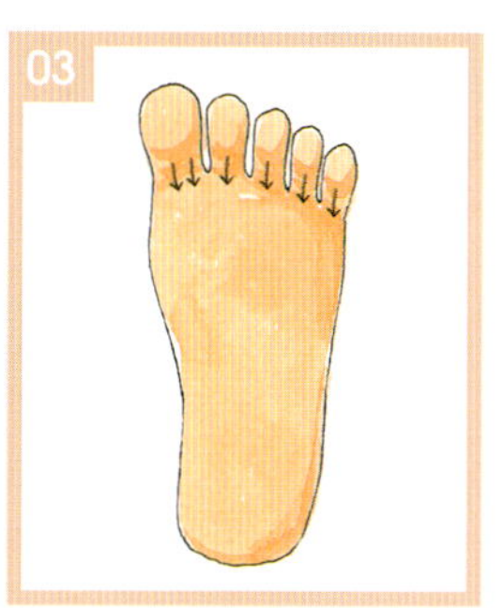

아무리 늦어도 이제는 아빠의 태담을 시작할 때

박문일 교수의
태교 특강
5

● 태아 · 엄마 · 아빠의 3人4脚 태교

태아는 … 5개월 된 태아는 머리가 몸의 1/3 정도가 될 정도로 자란다. 물론 신체의 움직임도 활발해져 대부분의 엄마가 태동을 느낄 정도로 움직임이 커진다. 이런 태동은 아기의 골격이나 근육이 확실히 만들어지고 있기 때문에 가능한 일이다. 감각 기관 중 청각과 시각이 제 기능을 다 하기 시작하므로 특별히 큰 자극을 주는 일은 피하는 것이 좋다. 심장의 기능도 활발해져 청진기를 대면 심장 소리를 들을 수 있다. 또 이 시기 초음파 촬영을 하면 손가락을 빨고 있는 태아의 모습을 종종 보게 되는데 이는 출산 후 엄마 젖을 빨기 위한 연습 과정이라고 볼 수 있다.

엄마는 … 엄마가 태동을 느끼며 어느 때보다 임신 사실을 실감하게 되는 시기. 또한 신체적으로도 변화가 많다. 본격적으로 체중이 늘고, 아랫배가 커지며, 유방이 커지고 유두 색깔이 짙어진다. 한마디로 임신부 체형이 되어 간다는 이야기. 배가 커지기 때문에 5개월이면 주변의 웬만한 사람들도 임신 사실을 알게 된다. 입덧이 완전히 사라지고 식욕이 증가할 때이므로 체중 관리를 한다. 아무리 입맛이 당겨도 한 달에 2kg 이상 체중이 느는 것은 좋지 않다. 어쨌든 임신부의 몸과 마음이 모두 안정기에 접어드는 시기이다.

아빠는 … 태동이 외부적으로 눈에 띄는 시기로 아무리 늦어도 이 시기에는 태교를 시작해야 한다. 아빠태교의 기본은 태담. '태담을 어떻게 하는 거지?' 하고 부담 갖지 말고 집에 들어와 회사에서 있던 일을 아내에게 다정하게 얘기한다든지, "오늘 엄마랑 잘 지냈어?" 하고 태아에게 가볍게 인사하는 것으로 시작하면 된다. 아내와 자주 스킨십을 하는 것도 태아에게 아주 좋은 영향을 준다. 이렇게 함으로써 드디어 태아와 아빠가 정식으로 인사를 나누게 되는 셈이다. 임신 기간 내내 정신없이 보내다 갑자기 출산을 맞는 아빠는 되지 말자.

● 오감을 갖춰 가는 태아에게 오감 자극 태교법이 필요하다

사람에게는 오감이 있다. 보는 것, 듣는 것, 냄새 맡는 것, 맛을 느끼는 것, 피부로 느끼는 것 등이 그것인데, 태아도 오감을 갖고 있다. 오감이 발달하는 시기는 조금씩 다르지만 대체로 임신 17~20주경에 시작해 뇌 세포가 조직화하면서 발달하기 시작하는 임신 6개월 이후에는 완전하게 오감을 느끼게

된다. 단 태아는 감각을 느끼는 방법이 조금 달라서 시각, 청각, 미각, 후각은 직접 느끼지만 촉각은 엄마를 통해 간접적으로 느낀다.

그렇다면 일단 오감 중에서 청각에 대해 이야기해 보자. 태아가 뱃속에서 엄마와 아빠의 목소리를 알아듣는다는 사실은 각종 연구를 통해서 이미 밝혀진 바 있다. 임신 중기 태아를 지배하는 가장 큰 음향은 엄마와 아빠의 목소리이다. 태아는 뱃속에서 엄마나 아빠가 나직이 책 읽어주는 소리, 부모의 부드러운 대화 소리를 귀담아 듣고 있다는 것을 잊지 말아야 한다.

● 시끄러운 소음에 자주 노출되면 태아의 호흡기능 발달이 늦어진다

태아는 외부의 소리가 아니더라도 이미 엄마 배 안에서 나는 온갖 소음 속에 있다. 하루 종일 쿵쾅거리는 엄마의 심장소리, 장에서 음식물이 소화되는 소리와 함께 살고 있는 태아. 배고플 때 자신의 배에서 나는 꼬르륵 소리를 한 번이라도 들어본 사람이라면 태아가 얼마나 큰 소음에 시달리는지 짐작이 갈 것이다. 그러므로 태아에게 엄마나 아빠의 말소리를 제대로 전달하기 위해선 주변이 조용해야 한다.

각종 내부 소음에다 외부 소음까지 가세한다면 아무리 다정스럽고 사랑이 담긴 메시지라 해도 엄마와 아빠의 목소리가 제대로 전달될 수 없기 때문이다. 임신부는 조용한 곳에서 보내야 한다는 전통태교의 가르침이 또 한 번 빛을 발하는 순간이다.

심지어 한 연구 결과에 의하면 태아를 자극하는 시끄러운 환경이 지속되면 태아의 호흡 기능의 발달이 늦어진다고 한다. 얼마나 괴로우면 태아가 숨쉬기도 싫어할까? 태아의 호흡에까지 영향을 끼치는 소음의 크기가 어느 정도인지 정확한 수치는 밝혀지지 않았으나 소음이 태아에게 해롭다는 것에는 모든 학자들이 동의하고 있다.

● 태아는 청각적 스트레스를 받으면 양수를 삼킨다

또한 한 가지 특이한 연구 결과가 있는데 태아에게 음향 자극을 주었을 때 태아가 양수를 삼키는 것이 발견되었다. 태아에게 양수는 아주 귀중한 것이다. 그런데 양수를 삼켜버린다면 자궁 전체의 양수의 양이 줄어들게 되고, 줄어든 양수는 절대로 늘지 않는다. 청각적 스트레스가 양수의 양을 줄여 태아의 발육을 방해한다면 이는 치명적인 결과가 아닐 수 없다. 게다가 양수의 양이 적어지면 태아는 외부의 시끄러운 소리에 보호받을 벽이 더 얇아지므로 악순환을 되풀이하게 된다.

그러므로 임신부는 최대한 조용한 곳에서 소리를 낮춰 대화하는 것이 바람직하다. 이런 내용은 임신부 자신뿐 아니라 남편이나 직장 동료들도 함께 알아두어야 실질적인 도움을 받을 수 있다.

왜 꼭 모짜르트 음악인가?

태아에게 가장 좋은 목소리는 엄마의 목소리이다. 그러므로 임신 기간 내내 부드러운 엄마의 목소리를 자주 들려주는 것이 가장 좋다. 그런데 엄마의 목소리와 같은 역할을 하는 것이 바로 음악이다. 많은 임산부들이 임신 기간 동안 음악을 열심히 듣는 것도 이 같은 사실 때문.

그렇다면 어떤 음악을 들을 것인가? 이 물음에 꽤 많은 사람들이 주저 없이 '모짜르트'라고 대답한다. 왜일까? 근거가 있는 얘기일까?

모짜르트 음악은 인간의 지능지수는 물론 정서에도 좋은 영향을 끼친다는 연구 결과가 있다. 학생들을 대상으로 모짜르트 음악을 들려준 뒤 지능검사를 하였더니 음악을 들려주기 전에 비해서 월등히 높아진 것을 볼 수 있었다. 이런 연구 결과가 발표된 후 엄청난 파급효과가 일었다. 덕분에 우리 나라도 임신부가 있는 집치고 모짜르트 음반 한 장 없는 집은 거의 찾아볼 수가 없다.

그렇다면 이유가 뭘까? 학자들은 모짜르트의 음악이 엄마의 심장박동과 가장 유사하기 때문이라고 주장한다. 모두 4분의 3박자라는 주장이다. 일견 고개가 끄덕여지는 이야기이기도 하지만 딱히 정확한 주장이라고는 할 수 없다. 그러나 모짜르트 음악을 들으면서 이런 긍정적인 효과를 기대하며 즐길 수 있으니 나쁠 것도 없다고 생각한다. 특히 클래식 음악을 그리 즐기는 임신부가 아니어서 태교를 위해 의도적으로 클래식을 들으려 한다면 이왕이면 모짜르트 음악을 듣는 것이 좋지 않을까.

임신
21~24주

임신·태교 포인트

임신을 하게 되면 궁금한 것과 걱정되는 일이 많아진다. 특히 첫아기를 가진 엄마와 아빠의 경우에는 더욱 그렇다. 지금쯤 뱃속아기는 얼마나 자랐으며 어떤 모습을 하고 있는지, 엄마의 몸에 나타나는 여러 가지 증상들은 정상인지, 이번 주에는 어떤 태교로 뱃속아기와 이야기를 나눌 것인지, 궁금증은 꼬리에 꼬리를 문다. 주 단위로 태아와 임신부의 변화, 그리고 효과적인 태교방법을 요약하여 정리해 보았다.

태아의 성장발달 · 임신부의 신체변화

21주

태아의 성장발달
- 소화기 계통이 기능을 발휘하며, 소장이 이완과 수축을 시작한다.
- 태아는 양수를 삼키기 시작한다.

임신부의 신체변화
- 지성인 머리카락은 기름기가 더 많아지고, 건성인 머리카락은 더욱 건조해지게 된다.
- 초유나 유즙이 분비되기도 한다.

22주

태아의 성장발달
- 눈꺼풀과 눈썹이 발달하고 손톱이 생긴다.
- 조산아는 간 기능 미숙으로 황달 증세가 나타날 수 있다.

임신부의 신체변화
- 입덧이 거의 사라지고 입맛이 회복된다.
- 갑자기 사마귀가 생기거나, 유방이 커지면서 임신선이 나타나기도 한다.

23주

태아의 성장발달
- 청각이 발달하고 입술이 더욱 뚜렷해지며 포동포동해진다.
- 피부가 쭈글쭈글하며 온몸을 덮고 있는 솜털의 색이 진해진다.

임신부의 신체변화
- 확실히 복부가 둥그스름해지고, 엉덩이와 얼굴, 팔 등에 살이 붙는다.
- 가슴도 점점 무거워진다.

24주

태아의 성장발달
- 이 시기가 되면 양수가 늘어나고 폐혈관이 발달한다.
- 태아는 양수를 삼킬 수 있게 되고, 몸 전체에 비해 머리가 크다.

임신부의 신체변화
- 얼굴이 부어 보이고, 호르몬의 변화로 인해 코막힘이 나타난다.
- 유두 주위의 검은 부분인 유륜이 더욱 튀어나와 보인다.

이번 주에 체크할 일

- 고연령 임신부나 서 있는 일이 많은 임신부는 정맥류가 심해진다.
- 낮은 신발을 신고, 다리를 올리고 있거나 맛사지를 통해 다리의 피로를 풀어준다.

- 철분 결핍으로 빈혈이 나타날 수 있으므로 철분 섭취에 신경을 쓴다.
- 하루 6~8컵의 물을 마시도록 하고, 유방 맛사지를 시작한다.

- 염분 섭취에 주의해야 한다.
- 지나친 염분 섭취는 몸을 붓게 하므로 하루에 염분을 3g 이상 섭취하지 않도록 한다.

- 규칙적인 운동으로 진통과 분만 시 필요한 힘을 기른다.
- 엽산을 충분히 섭취해 빈혈을 예방한다.

이번 주의 효과적인 태교

음식태교

- 위장 기능을 강화하는 음식을 먹는다.
- 칡뿌리와 인삼, 닭고기가 근육과 골격형성을 돕는다.
- 해조류는 변비해소는 물론 태아의 성장을 촉진시킨다.
- 염분 섭취량을 줄이고 고단백 식품을 섭취한다.

＊ 이 시기에 꼭 맞는 요리

칡차

귤찹쌀말이화채

삼계탕

운동태교

- 가벼운 운동으로 장의 활동을 원활하게 돕도록 한다.
- 체중증가와 함께 골반의 연화가 생기는 시기. 바른 자세를 유지하지 않으면 요통으로 고생하게 된다.
- 등·배 근육강화운동이 필요한 시기다.

＊ 이 시기에 꼭 맞는 운동

손목 돌리기

엎드려 배 흔들기

책상다리 앉기

마사지태교

- 임신기간 동안에는 편안한 신발을 신는 것이 중요하다.
- 혈액순환이 원활하지 않으면 발과 발목이 붓는데, 이럴 때 부기를 내리는 반사구를 알아두었다가 수시로 마사지해 보자.
- 임신 중에는 마사지를 할 때 지압봉을 사용하지 말고 엄지손가락으로 부드럽게 마사지한다.

＊ 이 시기에 꼭 맞는 마사지

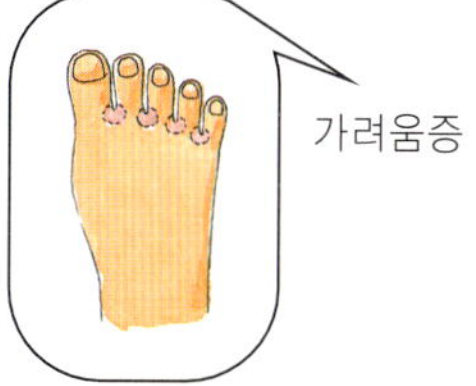

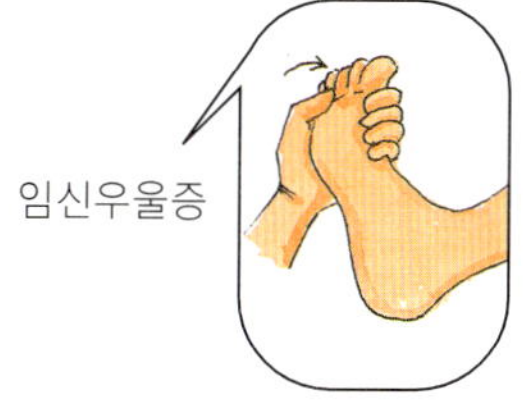

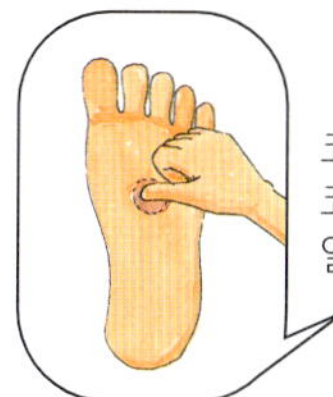

주 단위 임신 캘린더

임신 21주

>> 태아는 얼마만큼 자랐을까?

이번 주는 임신 후반기가 시작되는 첫주로, 급성장하던 태아의 성장 속도가 다소 둔화된다. 태아의 체중은 300g, 머리끝에서 둔부까지의 길이는 18cm 정도가 된다. 소화기 계통이 기능을 발휘하며, 소장이 이완과 수축을 시작한다. 태아는 양수를 삼키기도 하는데, 양수는 필수영양소를 공급하는 역할도 한다.

>> 임신부의 몸에는 어떤 변화가 나타날까?

배꼽 위 1cm 되는 지점에 자궁을 느낄 수 있다. 이 무렵 임신부의 체중은 4.5~6.3kg 증가하게 되고, 허리선이 사라진다. 초유나 유즙이 분비되기도 하는데, 이럴 때는 티슈로 닦아내고 일부러 짜내지 않도록 한다.

임신 6개월 전후가 되면 임신우울증이 생길 수 있다. 여성 호르몬의 증가가 원인인 이 증상은 출산 후에까지 지속되는 경향이 있으므로 초기에 예방하고 치료해야 한다.

>> 이번 주에 잊지 말아야 할 일

정맥류 … 첫 임신이 늦은 임신부나 오랫동안 서 있는 일이 많은 임신부의 경우 정맥류가 심해진다. 낮은 신발을 신고, 다리를 올리고 있거나 맛사지와 지압을 통해 다리의 피로를 풀어주도록 한다.

식욕 … 호르몬이 소화관에 영향을 주어 식품에 대한 선호도가 평소와 달라질 수 있고, 식욕이 증가하거나 감소할 때가 있는데, 이는 모두 정상이므로 걱정하지 않아도 된다.

임신 22주

>> 태아는 얼마만큼 자랐을까?

태아의 체중은 350g 정도, 머리끝에서 둔부까지의 길이는 19cm 정도이다. 태아는 성장을 계속해 매일 몸이 커지며 눈꺼풀과 눈썹이 발달하고 손톱이 생긴다.

>> 임신부의 몸에는 어떤 변화가 나타날까?

이 시기는 임신이 편안하게 느껴질 때이다. 이때쯤 되면 입덧이 거의 사라지고 입맛이 회복된다. 신체적으로는 갑자기 사마귀가 생기거나 원래 크기보다 커지고 색이 짙어지기도 하며, 유방이 커지면서 복부에 나타나는 것과 비슷한 임신선이 나타나기도 한다.

>> 이번 주에 잊지 말아야 할 일

빈혈 … 철분 결핍으로 빈혈이 나타날 수 있으므로 철분 섭취에 신경을 쓰고 하루 6~8컵의 물을 마시도록 한다. 물은 영양분을 처리하고 새 세포를 발달시키며 두통, 자궁경련, 방광염 등의 증세 완화에도 도움이 된다. 우유, 야채주스, 과일주스, 허브차 등도 좋은 수분 공급원이다.

유방 맛사지 … 임신 중기가 되면 유방 맛사지를 시작하는데 중기에는 하루 한 번, 후기에는 매일 한다. 샤워 후 잠들기 전에 하는 것이 가장 효과적이다.

태아의 몸속 각 기관들이 성숙한다. 임신 중기에 접어들면 식욕이 늘고, 체중이 증가하며, 체중증가가 정맥류를 유발시킨다. 이때부터 유방 맛사지를 시작한다. 유방 맛사지는 중기에는 하루 한 번, 후기에는 매일 하는 것이 좋다. 자궁경관무력증으로 인한 조산에도 유의하자.

임신 24주

>> 태아는 얼마만큼 자랐을까?

태아의 체중은 540g, 머리끝에서 둔부까지의 길이는 21cm 정도이다. 이 시기가 되면 양수가 늘어나고 폐혈관이 발달한다. 태아는 양수를 삼킬 수 있게 되고, 몸 전체에 비해 머리가 크다.

>> 임신부의 몸에는 어떤 변화가 나타날까?

자궁이 배꼽 위 3.8~5cm 지점까지 올라간다. 체내에 수분이 많아 얼굴이 부어 보이고, 유두 주위의 검은 부분인 유륜이 더욱 튀어나와 보인다. 호르몬의 변화로 코막힘이 나타나며 코피가 나기도 한다. 이런 증상이 나타날 때는 실내가 건조하지 않도록 가습기를 틀어두도록 하고, 비타민을 복용해 코피가 나는 것을 예방한다.

>> 이번 주에 잊지 말아야 할 일

운동 … 규칙적인 운동으로 진통과 분만 시 필요한 힘을 길러두도록 한다. 외식을 할 때는 집에서 자주 먹던 메뉴를 선택하는 것이 안전하며, 짠 음식을 피하고 저지방식으로 먹는 것이 좋다. 패스트푸드는 가능한 한 피한다.

균형 잡힌 식생활 … 집에서도 엽산을 충분히 섭취해 빈혈을 예방하고 과일, 콩, 녹황색 채소, 정백하지 않은 곡물 등을 충분히 섭취해 균형 잡힌 식생활을 하도록 한다. 임신중절수술 경험이 있는 임신부의 경우 자궁무력증이 나타나기 쉽다. 자궁무력증은 임신 중기 유산의 원인이 되는 경우가 많으므로 주의한다.

임신 23주

>> 태아는 얼마만큼 자랐을까?

태아의 체중은 455g, 머리끝에서 둔부까지의 길이는 20cm 정도이다. 태아는 청각이 발달하고 입술이 더욱 뚜렷해지며 살이 붙어 포동포동해지면서 얼굴이 신생아의 얼굴과 비슷해진다. 피부가 쭈글쭈글하며 온몸을 덮고 있는 솜털의 색이 진해진다.

>> 임신부의 몸에는 어떤 변화가 나타날까?

복부의 변화는 서서히 일어나지만 이제는 확실히 복부가 둥그스름해진다. 이때쯤이면 체중이 5.5~6.8kg 정도 증가하는 것이 정상이다. 엉덩이를 비롯해 얼굴과 팔에도 살이 붙고, 가슴도 점점 무거워지므로 가슴의 무게를 잘 받쳐줄 수 있는 임신부용 브래지어를 착용한다. 태아의 성장은 배의 크기로 알 수 있는데, 임신부마다 배의 크기는 차이가 크다.

>> 이번 주에 잊지 말아야 할 일

염분 섭취 … 지나친 염분 섭취는 몸을 붓게 하므로 하루에 염분을 3g 이상 섭취하지 않도록 한다. 조미땅콩이나 감자칩, 가공식품, 패스트푸드 등에는 염분이 많으므로 가능한 한 피한다. 특히 저체중아로 태어났던 임신부는 임신성 당뇨를 앓을 확률이 높으므로 주의를 기울여야 한다.

과로 주의 … 과로나 장거리 여행, 장시간의 스포츠 등도 몸에 무리가 가므로 주의하고, 넘어지지 않도록 조심한다.

이 시기에 효과적인 태교

신재용 한의사의 음식태교

태아기는 임신 13주부터 출생 때까지를 가리키는데, 이중 13~24주까지를 '조기태아기'라고 한다.

이 시기에는 양질의 단백질을 많이 섭취하도록 한다. 태아의 근육, 혈액, 뼈를 만드는 데 좋기 때문이다. 그리고 육류, 어류, 콩 제품을 많이 먹는 것이 좋다. 특히 철분이 많은 간이나 태아의 뇌세포 발달에 도움이 되는 등푸른생선을 많이 먹는다. 더불어 비타민 A, C, 미네랄, 섬유질이 풍부한 야채, 과일, 감자 등도 충분히 섭취할 필요가 있다. 이는 변비 해소나 산성과 알칼리성의 밸런스를 유지하는 데 도움이 된다.

위장기능을 강화하는 음식을 먹는다

임신 21~24주째를 〈소씨병원〉에서는 입과 눈 등이 이미 생기고 사지의 근육과 전신 골격도 제법 갖추어져서 팔다리를 운동하는 시기라고 했다. 그래서 생존 가능성이 있는 육체 – 실제 태어난다면 생존 가능성은 매우 희박하다 – 를 이루기에, 이때를 '생육체(Liable)'라고 부른다. 뇌세포는 150억 개나 된다.

이 시기가 되면 골수조혈이 시작되며, 비장과 임파계 조직이 출현하고, 신장의 네프론(소변 생산 세포)이 성숙하여 신장의 활동이 활발해지고 배뇨도 제법 한다.

● 칡뿌리·인삼·닭고기가 근육과 골격 형성을 돕는다

임신 21~24주째(6개월)에는 모체의 '족양명경맥(足陽明經脈)'이 태아를 기른다. 족양명경맥은 위장 경락이다. 따라서 위장 기능을 강화하여 태아의 근육과 골격 형성 및 골수조혈을 도와주어야 한다.

위장 기능을 강화하는 데는 칡뿌리, 인삼, 생강, 멥쌀, 차좁쌀, 소 양(소의 위), 양고기, 누런 암탉, 붕어, 숭어, 조기, 굴, 대추, 곶감, 부추 등이 좋다.

양질의 단백질을 공급하기 위해 우유나 유제품을 비롯해서 육류, 어류, 콩 제품을 많이 먹는 것이 좋다. 또 철분과 비타민 B1이나 B12 등이 풍부한 식품이 필요하며 비타민 A, C, 미네랄, 섬유질 등을 충분히 함유한 식품들을 섭취하도록 한다. 그리고 당질과 유지류로 에너지를 강화시키는 것이 좋다.

● 해조류는 변비 해소는 물론 태아의 성장을 촉진시킨다

특히 다시마 등의 해조류는 임신부의 변비 해소에 한몫 하지만 태아의 성장을 촉진하는 성분도 함유하고 있어서 아주 좋다. 다시마를 흰쥐에게 먹이면 헤엄시간이 31.6% 가량 늘어난다. 적혈구는 31.4%, 혈색소는 20.8%가 늘고, 골단부의 칼슘 양도 는다.

따라서 임신부는 운동하면서 다시마를 먹으면 운동능력도 좋아지고, 혈액이나 뼈 등 튼튼한 아기를 위한 여러 조건 형성에 큰 도움이 된다.

다시마를 젖은 행주로 닦아 염분을 제거하고 한 입 크기로 썰어 튀김용 프라이팬에 산초기름을 붓고 180℃ 정도로 뜨겁게 달군 다음 튀긴 부각을 수시로 먹는다.

● 염분 섭취량을 최대한 줄인다

김치나 젓갈 등 소금에 절인 음식을 많이 먹는 우리 나라 사람들은 소금을 과다하게 섭취하는 경향이 있다. 소금을 지나치게 많이 섭취하면 고혈압 등 심장에 부담을 주게 되고 갈증을 느껴 물을 많이 먹게 되어 임신부는 부기가 생기기 쉽다. 짠 음식은 일반인들에게도 좋지 않지만 특히 임신부의 경우 음식을 싱겁게 먹는 습관을 들여야 한다. 임신 중에는 하루에 약 10g 정도의 염분이 필

뱃속아기의 성장과 엄마의 신체변화에 맞춰 효과적인 태교를 해보자. 뇌가 발달하는 시기에는 어떤 음식을 먹어야 하는지, 손발이 생겨날 때는 어떤 영양분이 필요한지, 입덧이 심할 때는 어떤 마사지를 해주면 좋은지, 손발이 부을 때는 어떤 스트레칭을 하면 좋을지, 주 단위 태교포인트를 알아본다.

요할 뿐인데, 이 양은 작은 스푼으로 2개 정도이다.

● **철분 부족에 주의하고 고단백 식품을 섭취한다**

임신 중기의 건뇌식 포인트는 고단백을 유지하면서 철분의 영양이 부족하지 않도록 배려하는 것이다. 성인의 뇌 무게는 몸무게의 2.5%밖에 되지 않지만 뇌에 흐르는 혈액량은 전체 혈액의 15%에 이른다. 그러므로 임신부가 태아의 뇌에 신선한 산소를 충분히 공급해주기 위해 철분이 부족해서는 안 된다.

철분은 간, 소라, 조개류에 많고 미나리나 시금치 등에도 많이 들어 있다. 초콜릿에도 철분이 많은데, 철분이 칼슘과 결합하게 되면 각각의 특성을 발휘하지 못하게 된다. 그러므로 초콜릿과 우유도 동시에 먹지 않는 것이 좋다.

● **철분함유 식품 & 1회 식사 시 섭취량**

식품명	mg/100g	1회의 사용량		
		g	목표량	mg
돼지간	16	50	작은것 한 쪽	8.0
말린 가다랭이	10	50	작은것 한 쪽	5.0
쇠간	10	50	작은것 한 쪽	5.0
소라	9	40	중으로 한 개	4.5
굴·조개	9	50	다섯 개	4.5
마른메밀	5	100	1/3다발	1.0
고래고기(붉은부분)	5	100	큰것 한 토막	5.0
가다랭이	4	100	큰것 한 토막	4.0
쇠고기넙적다리	3.6	100	큰것 한 토막	3.6
쑥갓	3.5	100	1/3다발	3.5
시금치	3.5	100	1/3다발	3.3
미나리	7.5	3	한 줄기	0.2
자소의잎	10.1	3	석 장	0.3

칡차

갈근 20g,
물 3컵,
대추 4개,
꿀 조금

01 칡을 말린 갈근은 작은 굵기로 썬 것을 준비한다.
02 대추는 가위집을 넣어준다.
03 분량의 물에 대추와 갈근을 넣고 약한불에서 30분 정도 서서히 끓인다.
04 뜨거운 칡차를 찻잔에 담고 기호대로 꿀을 넣는다.

귤찹쌀말이화채

귤 3개,
찹쌀가루 1컵,
소금 조금
화채국물
꿀 5큰술,
설탕 2큰술,
레먼즙 조금

01 찹쌀가루에 소금을 조금 넣고 끓는물을 조금씩 넣어가면서 되직하게 반죽해 비닐봉지에 넣어 잠시 그대로 둔다.
02 찹쌀반죽을 조금씩 떼어 젓가락 굵기로 동그랗게 밀어 알이 떼놓은 귤에 돌돌 만다.
03 끓는물에 ②를 넣고 데쳐 찬물에 헹군다.
04 꿀과 설탕에 물 2컵을 부어 끓인 후 레먼즙을 넣어 국물을 만들어 식힌 후 차게 둔다.
05 귤찹쌀말이에 ④를 자작하게 부어 낸다.

삼계탕

닭(영계) 2마리,
밤·대추 4개씩,
찹쌀 1컵, 물 6컵,
수삼 2뿌리, 통마늘
10개, 대파 2대,
황기 2뿌리,
소금·후추 조금씩

01 찹쌀은 씻어 30분 정도 불린다.
02 닭은 깨끗이 손질해 뱃속에 찹쌀을 넣고, 다리를 엇갈려 끼워 실로 묶는다.
03 냄비에 물을 붓고 닭, 마늘, 대파를 넣어 끓인다.
04 수삼과 황기는 솔로 깨끗이 씻어 준비한다.
05 30분 정도 끓이면서 기름을 걷어내고 마늘과 대파를 건져낸 다음 수삼, 황기, 대추, 밤을 넣어 20분 정도 중불로 끓여낸다.
06 그릇에 담고 소금과 후추를 곁들여 낸다.

모든 운동은 자연스러운 호흡과 함께 하며,
각 동작은 8~12회 정도씩 반복해준다.
늘려주는 동작을 할 경우에는 15~20초간 정지하고
있으면서 근육이 충분히 늘어날 수 있도록
해주어야 한다. 모든 동작은 반드시 오른쪽 왼쪽을
번갈아 실시해야 하며 같은 힘과 같은 각도로
운동이 이루어지도록 주의해야 한다. 호흡을 할
때에는 코로 숨을 들이마시고 입으로 숨을
내뱉는다. 4개월 이후에는 아기에게 전달되는
혈관이 눌리지 않도록 하기 위해 똑바로 누워서
하는 동작은 오래 하지 않도록 한다.
똑바로 누워서 하는 동작의 경우 3~5회 반복 후
몸을 옆으로 돌려 눕는다.

배가 눈에 띄게 돌출된다. 팽창한 자궁 때문에 창자와 결장이 꽉 차게 되어 변비가 될 수도 있으므로 가벼운 운동으로 장의 활동이 원활하도록 하는 것이 좋다. 임신 중반기로 들어서기 때문에 이때부터는 신체가 효율적으로 기능하고 임신 초기의 불쾌했던 경험들도 없어지게 된다. 이때부터는 여러 가지 운동을 배워 임신 마지막 기간까지 건강하게 잘 보낼 수 있도록 해야 한다.

또한 임신 중에는 체중 증가와 골반의 연화가 생기기 때문에 좋은 자세를 가져야 한다는 것은 아무리 강조해도 지나침이 없다. 자세는 신체균형, 호흡, 외모, 그리고 동작에 영향을 미치게 된다. 아기가 커지기 시작하면서 많은 임산부들이 요통을 호소하게 된다. 요통은 자세가 잘못되거나 근육에 힘이 없어서 생기기 때문에 바른 자세를 유지하고 등, 배 근육강화 운동을 자주 해주는 것이 중요하다.

임신기간 동안에는 편안한 신발을 신는 것이 중요하다. 직장여성인 경우 특히 발목과 발이 붓는 경우가 많은데, 이는 오래 서 있거나 앉아 있음으로 해서 혈액순환이 잘 안 이루어지기 때문이다. 또한 대사작용이 원활치 못하여 손이 붓고 손목이 아플 수 있다. 수시로 발목과 발 맛사지를 하고 손목 돌리기 등의 운동을 해주는 것이 좋다.

엎드려 배 흔들기

무릎과 손을 짚고 엎드린 자세로 배에 힘을 완전히 풀어준다. 그리고 몸통을 좌우로 흔들어 준다. 배 안에 공간을 만들어 주어 장의 활동이 원활해지도록 돕는다.

양쪽으로 다리 벌려 앉기

양옆으로 다리를 넓게 벌리고 선 자세로 양팔을 어깨 높이로 벌려서 들고 다리가 직각이 되도록 두 번에 나누어 앉았다가 엉덩이에 힘을 주면서 두 번에 일어선다. 균형을 잡기가 어려우면 의자나 책상을 앞으로 잡아도 좋다. 넓적다리 안쪽의 근육과 엉덩이 근육을 강화시키는 데 도움을 준다.

손목 돌리기

편안하게 앉은 자세에서 주먹을 쥐고 손목을 위로 꺾었다 아래로 꺾는다. 안에서 바깥쪽으로 다시 바깥쪽에서 안쪽으로 돌려준다. 이 동작을 반복한다.

발목 돌리기

다리를 쭉 펴고 등을 세우고 앉은 자세에서 양손은 바닥을 가볍게 짚는다. 두 발목을 힘 있게 위로 꺾었다가 앞으로 힘주어 편다. 발을 안에서 바깥으로 다시 바깥에서 안으로 돌려준다. 이 동작을 반복한다.

책상다리 앉기

다리를 어깨 너비로 벌리고 선 자세에서 양팔을 앞으로 어깨 높이로 든다. 천천히 의자에 앉듯이 두 다리를 구부려 앉았다가 일어난다. 가능한 한 엉덩이가 되로 빠지지 않도록 다리에 힘을 주어 앉았다 일어선다. 허벅지 근육을 강화시켜준다.

김수자 교수의
마사지 태교

임신을 하게 되면 임신부는 감기에 걸리거나,
배가 아프거나, 머리가 지끈거리거나, 허리가
쑤셔도 함부로 약을 먹거나 바를 수 없어
불편함이 이만저만이 아니다.
임신 트러블은 임신이 진행됨에 따라 주별로
다양하게 나타나고 시간이 흐름에 따라 증상도
심해지는데, 이런 불편한 증상을 마사지로 해결해
보자. 마사지 전문가 김수자 선생의 지도를
하나하나 따라하다 보면 저절로 통증이 사라진다.
입덧이나 부기는 물론 임신중독증과 같은
심각한 질병도 시원하게 해결할 수 있다.

가려움증

01 발바닥 중앙에 위치한 신장 반사구인 용천을 4초씩 3회 눌러 지압한다.

02 대각선 방향으로 미끄러지듯 내려가며 수뇨관을 지압한다. 9회 정도 반복한다.

03 복사뼈 안쪽에 위치한 방광 반사구를 4초간 3회 지압한다.

04 임파 부위인 엄지발가락과 검지발가락 사이, 검지발가락과 셋째발가락 사이, 셋째발가락과 넷째 발가락 사이, 넷째 발가락과 다섯째 발가락 사이를 엄지손가락과 검지손가락을 이용해 누른다.
4초씩 4~5회 정도 반복한다.

05 발등 부위를 전체적으로 발목 쪽을 향해 화살표 방향으로 미끄러지듯 문지른다.

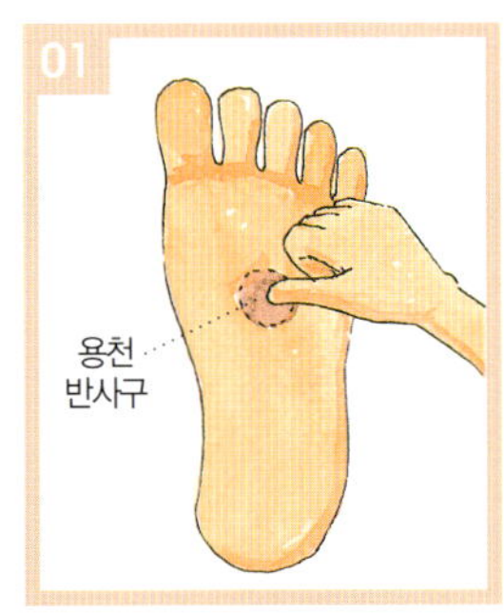

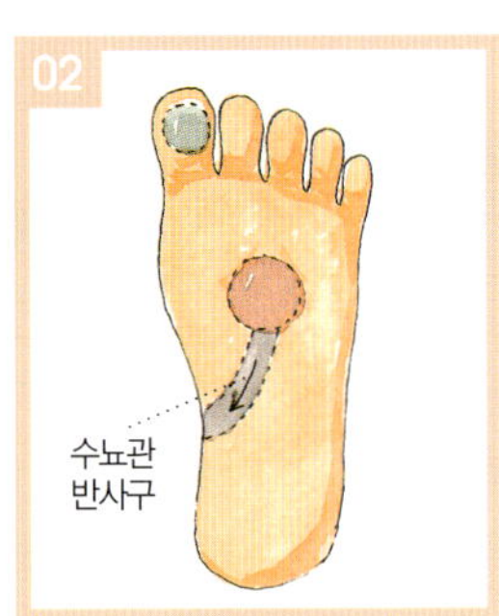

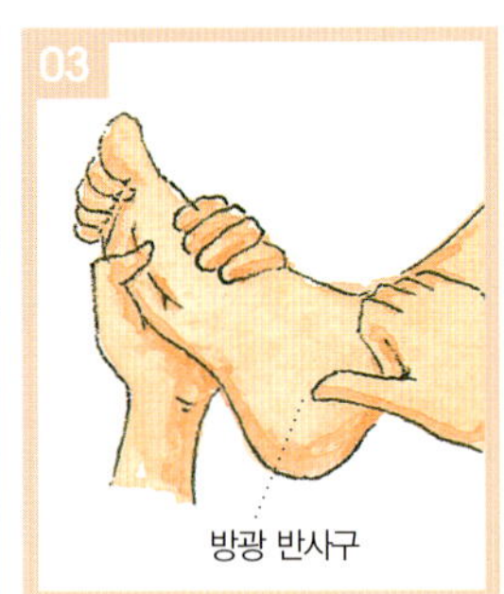

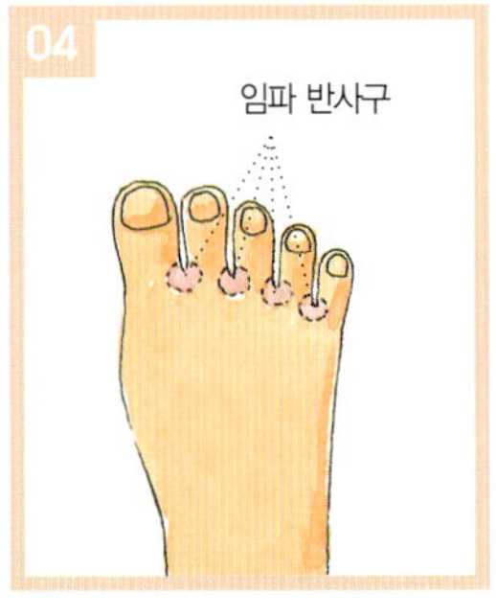

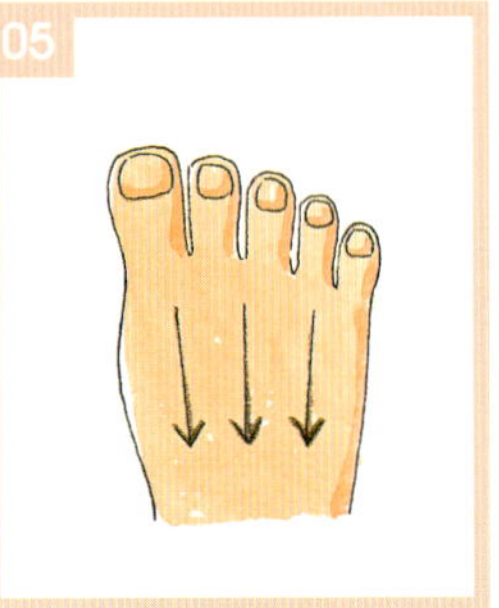

임신우울증

01 발등 전체를 양손으로 잡고 사과를 쪼개는 듯한 포즈로 4~5회 마사지한다.

02 엄지손가락과 검지손가락으로 5개의 발가락을 하나씩 잡아당긴다.

03 발바닥을 잡고 뒤로 젖히는 스트레칭을 4~5회 반복한다.

04 양쪽 발 복사뼈 둘레를 엄지손가락을 이용해 시계 반대 방향으로 원을 그리며 마사지한다.

05 발바닥 중앙에 위치한 신장 반사구인 용천을 엄지손가락으로 4초씩 3회 눌러 지압한다.

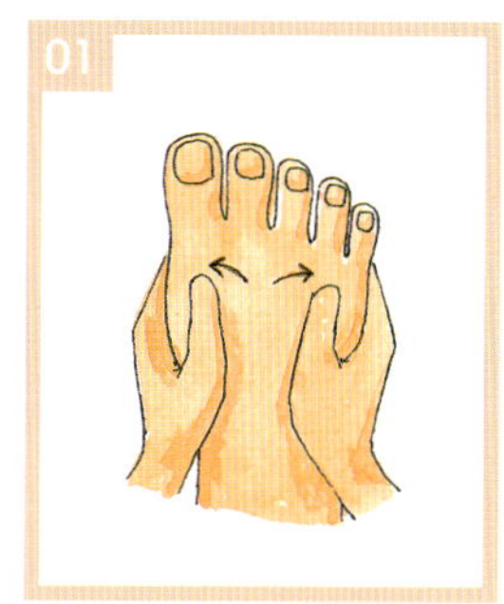
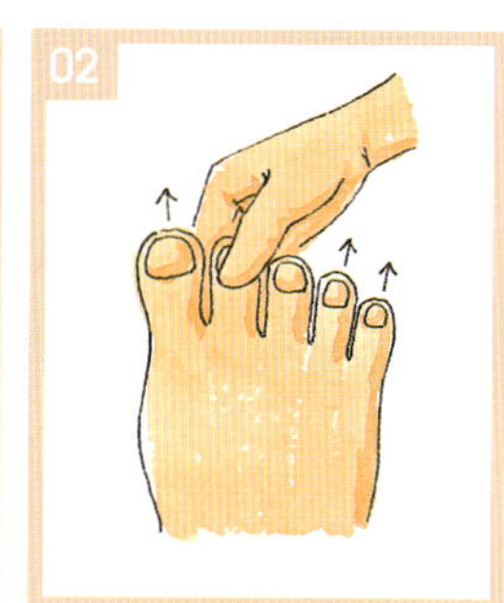
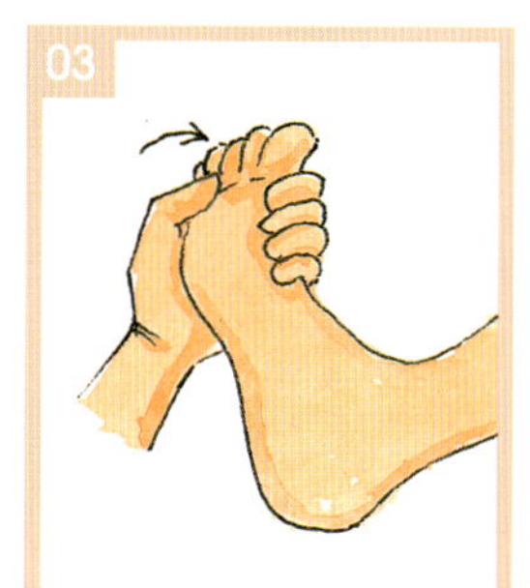
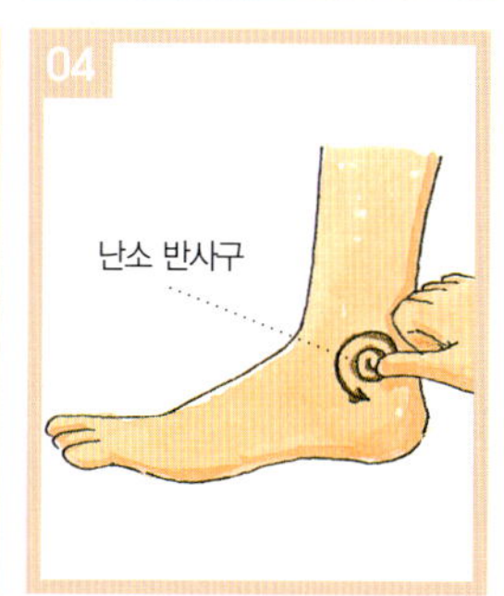

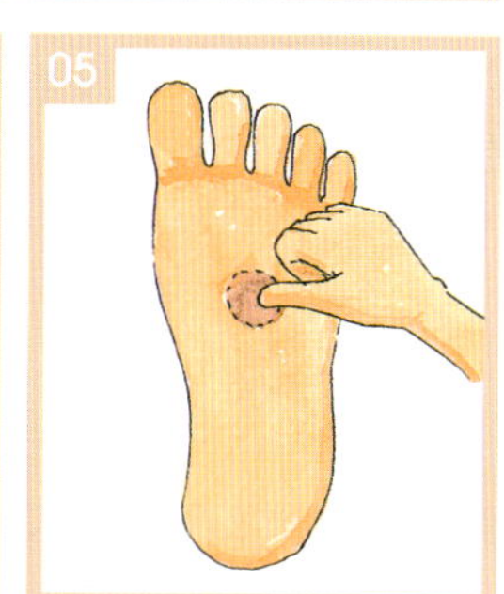

코막힘 · 코피 · 알레르기 비염

01 발바닥 중앙에 위치한 신장 반사구인 용천을 엄지손가락으로 4초씩 3회 눌러 지압한다.

02 엄지발가락에 있는 대뇌 반사구를 엄지와 검지손가락으로 4초 이상 누른다. 4~5회 반복한다.

03 코의 반사구인 그림의 반사구를 엄지손가락 지문 부위로 4초씩, 4~5회 자극한다.

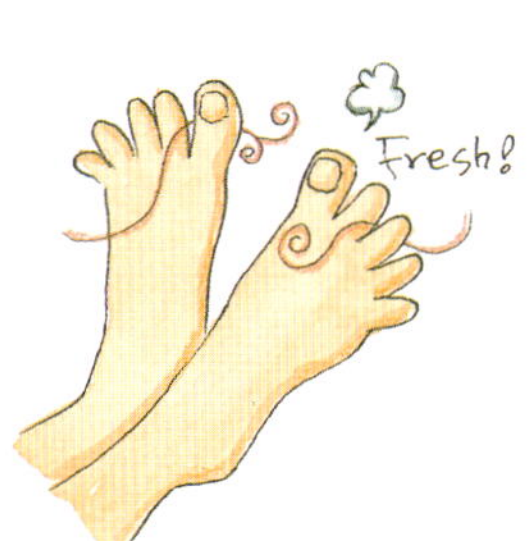

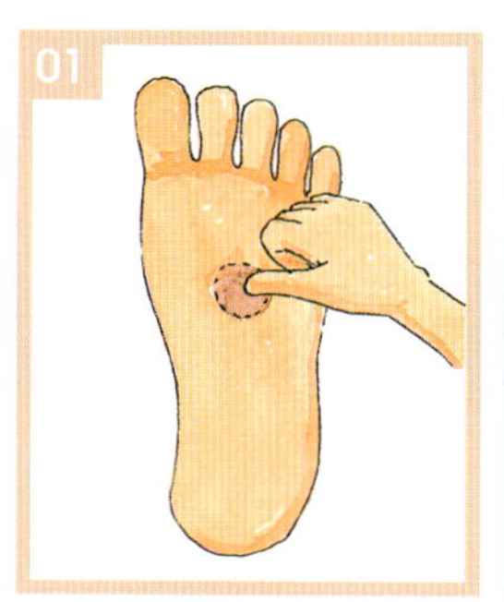
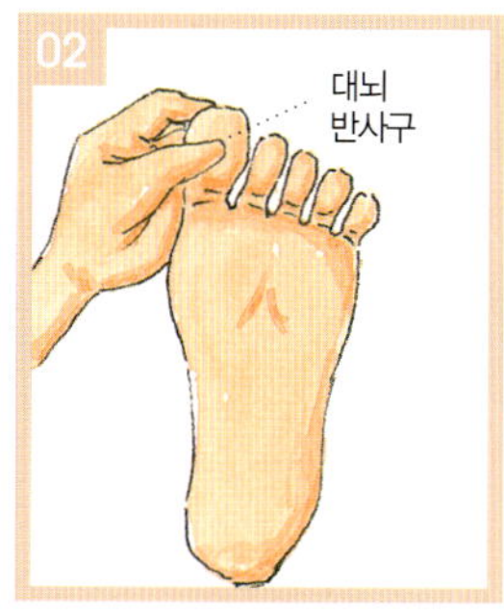

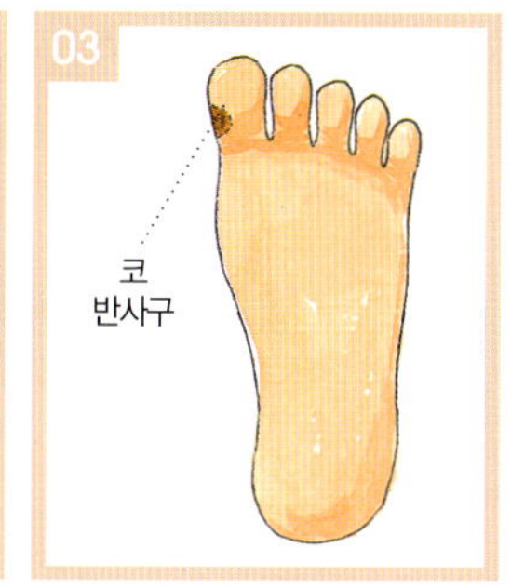

자연적이고 부드러운 것만 보는 시각 태교

박문일 교수의
태교 특강
6

● 태아 · 엄마 · 아빠의 3人4脚 태교

태아는 … 태동도 훨씬 활발해지고 몸의 균형이 점차 잡혀가는 시기. 온몸의 골격이 뚜렷해지고 머리카락도 많아지며 눈썹, 속눈썹도 생길 정도이다. 또한 대뇌피질의 뇌세포가 숫적으로 거의 완성되고, 지난달에 비해 청력이 더욱 발달하여 외부 소리에 더욱 민감해진다. 피부는 주름이 많고 태지로 가득 덮여 있는데 태지는 태아의 피부를 보호하고 분만 시 태아가 산도를 부드럽게 빠져 나오는 것을 돕는다. 또한 망막이 발달해 얼굴을 찡그리거나 울상을 짓는 표정을 보여준다.

엄마는 … 체중 증가로 힘겨워지기 시작하는 시기. 다리에 부담이 생기기 시작하고, 허리나 등이 아플 때도 많다. 잠자기 전 맛사지로 근육 뭉침 등을 풀어주도록 한다. 또한 이제는 태아의 위치까지 구별할 정도로 태동을 느낄 수 있게 된다. 유방이 점점 커지며 분비물이 나오는 사람도 있는데 이는 모유 수유를 위한 준비 단계이다. 체온이 오르면서 음료수를 자주 마시게 되는데 탄산음료는 피하는 것이 좋다. 설탕이나 조미료는 칼슘의 흡수를 방해하기 때문이다. 엄마 몸은 점점 힘들어지고 지켜야할 것도 점점 많아지는 시기이다.

아빠는 … 아내의 급격한 신체변화와 함께 남편도 바빠지는 시기. 아내를 위해 최대한 협조하고 배려해야 하는 시기이다. 아빠태교란 바로 아내와 함께 건강한 아이를 맞을 준비를 하는 것. 밤이면 퉁퉁 부은 아내의 다리를 맛사지해주고, 모유수유를 위해 유방 맛사지도 잊지 않는다. 더불어 많이 튀어나온 아내의 배를 맛사지해주는 것은 아내에게 심리적인 안정감을 주는 한편 아기와의 교감도 생겨 좋은 효과를 거둘 수 있다. 또한 인스턴트 음식을 멀리해야 하는 아내를 위해 남편도 건강한 식습관을 기르도록 한다.

● 엄마의 눈이 어지러우면 태아도 어지럽다!

'태아가 도대체 뭘 본단 말이지?'

'봐 봤자 양수밖에 더 보겠어?'

이렇게 생각한다면 당신은 태교를 할 준비가 안 된 사람이다. 태아는 오감을 갖고 있고, 엄마와 아빠가 들려주는 소리에 얼마나 민감하게 반응하는지 이미 확인한 바 있다. 게다가 청각과 함께 일찍 발달하는 오감 중의 하나가 바로 '시각'이다. 과연 태아는 어떤 것을 보는 것일까?

미국에서 발표된 실험결과에 따르면 임신부의 배에다 강한 빛을 비추자 태아가 꿈틀거리며 반응을 보였다고 한다. 이런 태아의 반응은 임신 6~7개월 이후 대부분의 태아에게서 나타났는데 이는 태아가 엄마 배 밖의 빛을 감지한다는 것을 증명한다.

● 태아는 빛을 감지하는 시신경을 갖게 된다

임신 24주가 지나면서 망막이 발달하는 태아는 복벽과 자궁벽을 통과한 빛을 느끼게 된다. 24주 무렵이 되면서 눈썹과 속눈썹도 생겨 외형적으로는 눈의 생김새를 제대로 갖추는 한편 시각의 기능 또한 갖추게 된 것이다.

물론 태아는 아직 사물의 형태나 컬러를 구별할 수 있는 정도의 능력은 갖추고 있지 못하다. 우리가 눈을 감고 있을 때도 강한 빛을 감지할 수 있는 것처럼 그 정도의 시신경을 갖고 있다고 생각하면 될 것이다. 사물과 컬러를 판단할 정도의 능력은 출생하고도 꽤 많은 시간이 흐른 뒤에 갖추게 된다.

때문에 임신부는 배에 강한 시각적 자극을 줄 수 있는 불빛이 현란한 곳의 출입은 금해야 한다. 임신 기간에는 유흥업소 출입을 자제하는 것이 좋은데 임신부가 느끼는 자극을 태아도 직접적으로 느끼기 때문이다. 우리 전통 태교에 '임신 중에는 현란한 곳에 가지 말라' 는 가르침이 바로 이를 말한 것이다.

● 천천히 걸으며 태양빛을 즐기는 엄마를 태아는 가장 좋아한다

태아의 시각 능력이 확인된 이후 분만 시 태아의 시신경을 보호하려는 노력도 이루어지고 있다. 르봐이에 분만법이 그 대표적인 경우로 우리 나라에서도 몇몇 병원에서 시행하고 있다. 이 분만법에 따르면 분만 시에 분만실의 불을 모두 끄고, 잔잔한 램프 하나만을 켜고 아기를 맞는다. 수술용의 강한 불빛이 태아의 시신경에 너무 극렬한 자극을 주어 고통을 줄 수 있다는 생각에서이다.

병원에 따라서는 인공등 대신 촛불을 켜고 은은한 불빛 아래에서 아기를 받기도 한다. 이는 태아가 볼 수 있다는 것을 전제로 한 것으로 태아의 입장에서 최대한 안락하게 세상을 만나볼 수 있게 하려는 배려이기도 하다.

그렇다면 자궁 속에서도 불빛을 느끼는 태아에게 어떤 빛을 줘야 하는가? 당연히 강렬한 빛보다는 은은한 빛이 좋으며, 인공 불빛보다는 자연광이 좋다.

특히 요즘은 임신 후에도 직장 생활을 하는 여성들이 많은데, 장시간의 컴퓨터 빛을 쪼이는 것도 좋지 않다. 짬짬이 야외로 나가 자연의 빛을 쪼이는 것은 임신부와 태아 모두에게 좋은 일이다. 당당하게 배를 쭉 내밀고 태양 아래를 걸으며 뱃속아기와 이야기를 나눠보자.

태교의 기본, 태담 잘하기

배가 불러오는 임신 중기부터 태교를 시작한 아빠들. 태교의 기본이라는 태담을 시작해야 하는데 도대체 어떻게 하는 것이 잘하는 것인지 난감할 수 있다. 편하고 자연스럽게 태담하는 법을 몇 가지 알아보자.

● **동화를 읽어준다** 아내의 배를 보며 얘기하자니 안 하던 행동이라 그런지 영 쑥스럽다면 가장 편한 방법을 택해보자. 어렸을 적 읽었던 동화도 좋고, 최근 서점에서 인기를 끌고 있는 태교 동화도 좋다. 아무 책이나 붙들고 읽어주자. 하루에 한 편 정도면 적당하다. 요즘 동화 읽는 어른들이 부쩍 늘었다는데 내 감성도 키우고 뱃속 아기와 대화도 한다는 마음으로 가볍게 시작해보자.

● **태아의 애칭을 정해 대화한다** 6개월이니 아직 정식 이름을 짓기는 힘든 일. 태아의 애칭을 하나 만들어보자. '벼리', '싹이', '콩이' 등 귀엽고 성별에 구애받지 않는 애칭을 아내와 함께 정해 불러보도록 하자. 별 다른 말을 하지 않더라도 이름을 불러주는 것만으로도 전에 없던 애정이 솟는 것을 느낄 수 있으며 말을 꺼내기도 훨씬 수월해진다.

● **일상사를 나누는 것은 기본** 하루 종일 회사에서 있었던 일을 아내에게 하듯 얘기해본다. 물론 일상사가 다 즐거운 것은 아니겠지만 아직 세상에도 나오지 않은 아기에게 하는 얘기니 이왕이면 긍정적이고, 밝은 얘기면 더 좋을 듯.

● **아빠의 다짐을 얘기하는 것도 좋다** 어떤 아빠가 되겠다는 다짐을 스스로에게 하듯 아기에게 하는 것도 좋은 태담이 될 수 있다.

임신
25~28주

임신 · 태교 포인트

임신을 하게 되면 궁금한 것과 걱정되는 일이 많아진다. 특히 첫아기를 가진 엄마와 아빠의 경우에는 더욱 그렇다. 지금쯤 뱃속아기는 얼마나 자랐으며 어떤 모습을 하고 있는지, 엄마의 몸에 나타나는 여러 가지 증상들은 정상인지, 이번 주에는 어떤 태교로 뱃속아기와 이야기를 나눌 것인지, 궁금증은 꼬리에 꼬리를 문다. 주 단위로 태아와 임신부의 변화, 그리고 효과적인 태교방법을 요약하여 정리해 보았다.

태아의 성장발달 / 임신부의 신체변화

25주

태아의 성장발달
- 호흡을 위한 여러 가지 연습을 하기 시작한다.
- 미뢰가 생기며, 몸이 통통해지며, 피부는 쭈글쭈글하다.

임신부의 신체변화
- 자궁이 상당히 커져서 축구공만 해진다.
- 복부 피부와 근육이 늘어나면서 가려움증이 나타날 수 있다.

26주

태아의 성장발달
- 태아의 체중이 급속도로 증가하며, 건드리면 반응을 보인다.
- 호흡 동작을 시작한다. 얼굴과 몸이 신생아의 모습과 비슷해진다.

임신부의 신체변화
- 허리통증이나 다리경련, 두통 같은 증상이 나타나기 쉽다.
- 일시적으로 사고력을 저하시켜 건망증을 일으키기도 한다.

27주

태아의 성장발달
- 신체의 거의 모든 부분이 형성되는 시기다.
- 망막이 발달하고, 귀로 가는 신경 연결망이 완성되며, 눈을 깜빡이기도 한다.

임신부의 신체변화
- 팔, 다리, 발 등이 많이 부어오를 수 있다.
- 자궁이 커지면서 간혹 흉통이 나타나기도 한다. 본격적인 태동이 시작된다.

28주

태아의 성장발달
- 눈썹과 속눈썹이 생기고, 뇌 조직 수가 증가한다.
- 머리카락도 길어지고 체중이 10배로 늘어난다.

임신부의 신체변화
- 이제 자궁은 배꼽 훨씬 위로 올라간다.
- 배 위에 붉은 임신선이 선명하게 나타나며, 가슴의 혈관이 더욱 두드러져 보인다.

이번 주에 체크할 일

- 갑작스런 맥박의 변화나 손바닥 홍조가 나타나면 갑상선 이상을 의심한다.
- 영양제를 복용하고자 할 때는 반드시 의사의 처방을 받도록 한다.

- 가슴앓이와 소화불량으로 음식물 섭취가 어려워질 수 있다.
- 녹황색 채소를 충분히 섭취한다. 소화율을 높이려면 야채를 살짝 익혀서 먹는다.

- 인체 생성에 중요한 역할을 비타민 A, 신경 발달과 혈액세포 형성에 영향을 주는 비타민 B, 근육과 적혈구를 증가시키는 비타민 E를 충분히 섭취한다.

- 팔, 다리, 얼굴, 발목 등에 부기가 나타난다.
- 갈비뼈 부위에 통증이 느껴지거나 소화불량·속쓰림도 나타난다.

이번 주의 효과적인 태교

음식태교

- 폐 기능과 뇌 발달을 돕는 음식을 먹는다.
- 인삼과 더덕이 폐 기능 발달을 돕는다.
- 저수분·저염분 음식이 임신부종을 막는다.
- 임신 중 부종은 태아 발육 부진을 초래한다.

* 이 시기에 꼭 맞는 요리

호두장과

아욱된장국

더덕생채

운동태교

- 뇌가 발달하는 시기로 엄청난 양의 뇌세포가 형성되고 주름도 잡힌다.
- 뇌 발달을 돕기 위해서는 풍부한 산소의 공급이 필요하다.
- 운동은 스트레스를 풀어주고 신선한 산소의 공급과 원활한 혈액의 흐름을 도와준다.

* 이 시기에 꼭 맞는 운동

마사지태교

- 임신부가 스트레스를 받게 되면 아드레날린이라는 호르몬이 과다 분비되면서 혈관이 수축되는데, 이것은 태아에게 전달되는 혈액의 공급에 지장을 준다.
- 스트레스는 불면증을 낳고 호흡곤란까지 일으키므로 그때그때 풀어주어야 한다.

* 이 시기에 꼭 맞는 마사지

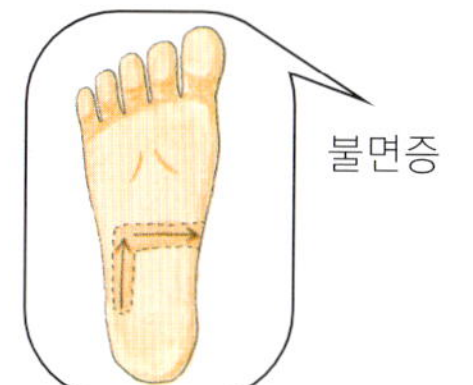

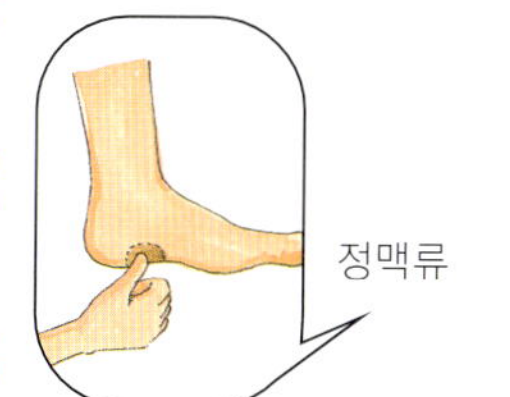

주 단위 임신 캘린더

임신 25주

>> 태아는 얼마만큼 자랐을까?

태아의 체중은 700g, 머리끝에서 둔부까지의 길이는 22cm 정도이다. 호흡을 위한 여러 가지 연습을 하기 시작하고, 미뢰가 생기며, 몸이 통통해지기 시작한다. 피부는 쭈글쭈글하다.

>> 임신부의 몸에는 어떤 변화가 나타날까?

자궁이 상당히 커져서 축구공만 해진다. 자궁 상부가 배꼽과 흉골 아래 부위 중간까지 올라간다. 복부 피부와 근육이 늘어나면서 가려움증이 나타날 수 있는데, 이때 전문의의 처방 없이 연고를 사용하거나 긁으면 가려움증이 악화되므로 주의한다. 생식 호르몬의 증가로 보통 때보다 땀을 많이 흘릴 수도 있다. 모유 수유를 원하는데 유두가 함몰되어 있는 경우, 의사와 상의한다.

>> 이번 주에 잊지 말아야 할 일

갑상선 이상 … 갑작스런 맥박의 변화나 손바닥 홍조가 나타나면 갑상선 이상을 의심할 수 있다. 갑상선 이상은 유산이나 조산의 원인이 되기도 하므로 주의한다. 그리고 추가로 영양제를 복용할 필요가 있을 때는 반드시 의사의 처방을 받도록 한다.

임신 26주

>> 태아는 얼마만큼 자랐을까?

태아의 체중은 910g 정도, 머리끝에서 둔부까지의 길이는 23cm 정도가 된다. 이 시기가 되면 태아의 체중이 급속도로 증가하기 시작하면서 몸에 살이 붙는다. 호흡 동작을 하기 시작하고 얼굴과 몸이 출생 시 신생아의 모습과 비슷해지며, 신기하게도 건드리면 반응을 보인다.

>> 임신부의 몸에는 어떤 변화가 나타날까?

임신 후반기 동안 자궁은 매주 1cm씩 커진다. 의사의 지시대로 영양섭취를 잘하고 균형 잡힌 식생활을 했다면 지금쯤 체중이 7.2~9.9kg 정도 늘어났을 것이다. 가슴, 배, 엉덩이, 허벅지에 임신선이 증가한다.

이 시기에는 허리통증이나 다리경련, 두통 같은 불쾌한 증상이 나타나기 쉽다. 또한 임신은 일시적으로 사고력을 저하시켜 건망증을 일으키기도 하고, 반대로 임신 호르몬이 학습 및 기억력을 담당하는 뇌 부위를 활성화시켜 오히려 기억력이 좋아지게 하기도 한다.

>> 이번 주에 잊지 말아야 할 일

가슴앓이 · 소화불량 … 조산 경험, 감염증, 조기 파수 등의 문제가 있었던 임신부는 조산의 위험이 있으므로 자궁수축 상황을 기록하는 등 각별히 신경을 쓰도록 한다. 가슴앓이와 소화불량으로 음식물 섭취가 어려워질 수 있으므로 지방과 기름, 당분류의 식품보다는 녹황색 채소 등 영양이 풍부한 식품을 섭취한다. 소화율을 높이려면 야채를 살짝 익혀서 먹는 것이 도움이 된다.

태아의 뇌 조직이 눈에 띄게 증가하고 몸도 포동포동해진다. 갈비뼈 부위에 통증이 느껴지는데, 이는 태아가
머리를 아래로 둔 상태로 정상 위치에 있음을 알리는 좋은 징조. 수분 정체로 부종이 나타나기 쉬운데
수분을 충분히 섭취하면 가라앉는다.

임 신 28주

>> 태아는 얼마만큼 자랐을까?

태아의 체중은 1.1kg, 머리끝에서 둔부까지의 길이는 25cm 정도
된다. 머리끝에서 다리까지의 총 길이는 35cm 정도이다. 눈썹과 속눈
썹이 생기고, 뇌 표면에 홈과 톱니 모양이 형성되며, 뇌 조직 수가 증가한
다. 머리카락도 길어지고 체중이 10배로 늘어난다. 이 시기가 되면 태아는 꿈을 꾸기 시작
하는데, 규칙적으로 자다 깨다를 반복한다.

>> 임신부의 몸에는 어떤 변화가 나타날까?

이제 자궁은 배꼽 훨씬 위로 올라간다. 치골에
서 자궁 상부까지 길이를 재 보면 28cm 정도가
된다. 지금쯤 체중은 7.7~10.8kg 늘어나는 것이
정상이다. 배 위에 붉은 임신선이 선명하게 나타
나며, 복부는 물론이고 엉덩이, 허벅지에도 살이
찐다. 가슴의 혈관이 더욱 두드러져 보이게 된다.

>> 이번 주에 잊지 말아야 할 일

부종 … 팔, 다리, 얼굴, 발목 등에 부기가 나타
나는데 이럴 때는 가능한 한 다리를 위로 올려놓
고 앉도록 하며 앉을 때 다리를 꼬지 않고 헐렁한
신발을 신는다. 그리고 물을 많이 마시면 노폐물
을 씻어내 몸의 부기를 빼는 데 도움이 된다.

흉통 … 갈비뼈 부위에 통증이 느껴지기도 하는
데, 이는 태아가 머리를 아래로 두고 발을 위로해
서 갈비뼈를 차기 때문에 생기는 현상으로 긍정
적인 현상이라 볼 수 있다.

소화불량 … 소화불량과 속쓰림을 완화시키려면
식사를 소량씩 하루 5~6회에 나눠 먹도록 한다.

임 신 27주

>> 태아는 얼마만큼 자랐을까?

이번 주부터 임신 후기가 시작된다. 태아의 체중은
1kg, 머리끝에서 둔부까지의 길이는 24cm, 머리끝에서
발끝까지의 길이는 34cm 정도 된다. 신체의 거의 모든 부분
이 형성되는 시기다. 망막이 발달하고, 귀로 가는 신경 연결망이 완
성되며, 눈꺼풀이 벌어져 눈을 깜빡이기도 한다.

>> 임신부의 몸에는 어떤 변화가 나타날까?

자궁이 배꼽 위 7cm 지점으로 올라간다. 치골에서 자궁 상부까지의 길이
는 27cm 정도 된다. 팔, 다리, 발 등이 많이 부을 수 있으므로 맛사지나 지압
으로 부기를 풀어준다. 자궁이 커지면서 간혹 흉통이 나타나기도 한다. 본격
적인 태동이 시작되는데, 많이 움직이는 태아일수록 건강하므로 태동이 적으
면 심박동 체크를 해보도록 한다.

>> 이번 주에 잊지 말아야 할 일

비타민 섭취 … 인체 생성에 중요한 역할을 하는 비타민 A, 신경 발달과 혈
액세포 형성에 영향을 주는 비타민 B, 근육과 적혈구를 증가시키는 비타민 E
등 필요한 영양소가 함유된 음식을 충분히 섭취한다.

스트레칭 … 컴퓨터 작업 시 1시간에 한 번은 쉬도록 하고 책상에 오래 앉아
있는 경우라면 가끔 스트레칭으로 몸을 펴준다. 발목 돌리기, 어깨 돌리기,
등 펴기 등도 긴장완화에 도움이 된다.

이 시기에 효과적인 태교

신재용 한의사의 음식태교

태아기 중 임신 25~36주까지를 '만기태아기'라고 한다. 유산·조산을 예방하고 임신부종·임신중독증 등 임신 중에 나타나기 쉬운 질병까지 예방하는 음식을 적극적으로 섭취하면서 적절한 식이요법을 행해야 한다. 임신 중에 생기는 질병은 임신부에게도 어려움을 주지만 태아의 성장발육과 생사에도 절대적인 영향을 주기 때문이다. 아울러 이 시기에는 태아의 활발한 성장 추세에 걸맞게 음식을 섭취하면서 출산을 순조롭게 하기 위한 임신부의 체력단련에 도움이 되는 음식을 찾아 먹도록 한다.

폐기능과 뇌 발달을 돕는 음식을 먹는다

임신 25~28주째를 〈소씨병원〉에서는 뼈·피부·모발이 이미 형성되고 '혼(魂)'이 작용하는 시기라고 했다.

태아의 피부는 주름 투성이로 엷은 장미빛을 띤다. 소뇌가 크게 발달하고, 대뇌에도 표면에 주름이 끼고 전기적 활성이 나타나고, 간뇌가 기능을 발휘한다. 소리의 전도를 담당하는 내이의 와우각도 완성되고, 대뇌와의 신경회로도 연결되어 태아는 외부의 소리를 또렷이 들을 수 있게 된다.

● 인삼과 더덕이 폐 기능 발달을 돕는다

임신 25~28주째에는 모체의 '수태음경맥(手太陰經脈)'이 태아를 기른다. 수태음경맥은 폐경락이다. 따라서 폐 기능을 강화하여 태아의 '혼'을 키우면서 태아의 피부와 모발의 성장을 돕고 뇌 발달을 돕는 음식을 먹어야 한다. 인삼은 폐의 양기를 보하는 대표적인 음식이다. 인삼을 고아 조청처럼 만들어 먹거나 인삼을 가루 내어 하루에 다섯 번에서 여섯 번씩 1회에 3g 정도씩 따뜻한 물과 함께 먹어도 된다.

오미자도 좋으므로 오미자차를 자주 마신다. 더덕도 폐기를 보하는데, 특히 폐 속의 음기(陰氣)도 보한다. 〈동의보감〉에는 '달여서 먹거나 김치를 만들어 먹으면 좋다'고 했다. 또 귤, 호두, 매실, 우유 등이 좋다. 우유와 불린 쌀로 죽을 쑤어 수시로 먹으면 좋다.

● 저수분·저염분 음식이 임신부종을 막는다

여하간 이 시기에는 매끼마다 알차게 먹되 짜게 먹지 않도록 하며, 수분은 지나치지 않게 하루 1,500cc 정도에서 부종의 여부에 따라 절제하고, 맹물보다는 보리차, 신선한 과일주스 등을 마시도록 한다.

흔히 임신 17~24주부터는 온몸이 붓고 배가 불러 오르며 숨이 차 오르는 경향이 생기는데, 바로 임신 7개월이 되는 25~28주 무렵이 되면 임신부종이 가장 잘 나타난다.

임신부종은 고혈압, 단백뇨와 함께 임신중독증의 3대 증상 중 하나일 때가 많다. 이렇게 되면 태반의 혈액순환 장애로 태아 발육 부진뿐 아니라 태아가 산소 결핍으로 질식상태에 빠질 수도 있다.

따라서 수분 및 염분이 든 음식과 자극성 음식을 피하고 저칼로리 음식을 먹는다.

● 임신 중 부종은 태아 발육부진을 초래한다

치자차를 마시거나 잉어를 고아서 수시로 먹으면 좋다. 잉어의 정수리 부분을 칼로 쳐서 악혈을 풀고 비늘을 긁어내지 않은 채 중탕을 하여 먹으면 된다.

부종이 더 심할 때는 잉어의 뱃속을 비우고, 그 속에 팥 한 줌을 넣고 함께 중탕하여 먹거나, 상백피(뽕나무뿌리껍질)와 팥을 같은 분량으로 배합하여 달여서 마신다.

상백피나 팥은 이뇨작용이 뚜렷할 뿐 아니라, 부종과 함께 나타날 수 있는 고혈압을 예방할 수 있어 더욱 효과적이다. 또 아욱국도 좋고, 옥수수죽이나 옥수수차도 도움이 된다.

뱃속아기의 성장과 엄마의 신체변화에 맞춰 효과적인 태교를 해보자. 뇌가 발달하는 시기에는 어떤 음식을 먹어야 하는지, 손발이 생겨날 때는 어떤 영양분이 필요한지, 입덧이 심할 때는 어떤 마사지를 해주면 좋은지, 손발이 부을 때는 어떤 스트레칭을 하면 좋을지, 주 단위 태교포인트를 알아본다.

● 임신 중기의 일일 식품구성표

식품군	곡류군			채소군
종류	밥	밀가루	감자류	채소류
수량	630g	60g	300g	350g
대표식품의 어림치	밥 3공기	밀가루 10큰술	감자(大) 2개	양송이 (中)15개
열량(kcal)	900	200	200	100
단백질(g)	18	4	4	10
지방(g)	—	—	—	—
탄수화물(g)	207	46	46	15
대체식품 (밥 1공기와 같은 열량)	감자(大) 3개 식빵 3쪽	국수 1공기 인절미 100g	고구마(中) 1개	무·근대 ·미나리 (익힌 것) 1과 2/3컵

식품군	어육류군			
종류	어패류	육류	달걀류	치즈
수량	100g	40g	50g	30g
대표식품의 어림치	동태 100g	쇠고기 40g	달걀 1개	치즈 1.5장
열량(kcal)	100	50	75	100
단백질(g)	16	8	8	8
지방(g)	4	2	5	8
탄수화물(g)	—	—	—	—
대체식품 (밥 1공기와 같은 열량)	굴비 1토막 생굴 2/3컵	닭고기(小) 1토막	햄 1쪽 이면수(小) 1토막	쇠갈비(小) 1토막 프랑크소시지 1개

식품군	지방군	우유군	과일군	
종류	유지	우유	과일	설탕
수량	20g	400cc	300g	10g
대표식품의 어림치	식물성 기름 4작은술	우유 2컵	사과(中) 한개 반	2작은술
열량(kcal)	180	250	150	40
단백질(g)	—	12	—	—
지방(g)	20	12	—	—
탄수화물(g)	—	22	36	10
대체식품 (밥 1공기와 같은 열량)	참깨 4큰술	전지분유 10큰술 두유 2컵	오렌지주스 한컵 반 파인애플 3쪽	

영양기준량(열량 - 2350Kcal, 지방 - 52g, 단백질 - 88g, 탄수화물 - 382g)

호두장과

호두 100g, 다진쇠고기 50g
고기양념
간장 1/2큰술, 설탕·다진마늘· 참기름 1/2작은술씩, 다진파 1작은술, 후추 조금
조림장
간장 2큰술, 설탕·물엿 1/2큰술씩, 꿀 1작은술, 물 1/2컵

01 호두는 끓인물에 1~2분 담가두었다가 꼬치를 이용해 속껍질을 벗겨낸다.

02 다진쇠고기는 고기양념을 하여 기름 두른 팬에 보슬하게 볶아낸다.

03 볶은 쇠고기에 호두를 넣어 함께 볶는다.

04 냄비에 꿀을 제외한 조림장 재료를 분량대로 넣고 끓여 농도가 걸쭉해지면 ③을 넣고 고루 섞어 가며 조린다.

05 검은빛이 나고 윤기가 돌면 꿀을 넣는다.

아욱된장국

아욱 1단, 마른 보리새우 1/3컵, 참기름 1작은술, 다진마늘 1큰술, 대파 1대, 된장 2큰술, 육수 4컵, 매운고추 1개, 소금 조금

01 아욱은 한쪽으로 꺾어 잡아당기면서 겉껍질을 벗기고 푸른 물이 빠지게 주물러 씻어둔다.

02 멸치육수·쇠고기 육수에 된장을 풀고 끓인다.

03 마른 보리새우는 불린 다음 굵직하게 다진다.

04 냄비에 참기름을 조금 두르고 다진새우와 다진마늘을 넣고 살짝 볶다가 ②의 된장 푼 육수를 붓고 끓인다.

05 ①의 아욱을 넣고 끓인 다음 송송썬 매운고추와 어슷썬 파를 넣고 소금으로 간을 맞춘다.

더덕생채

더덕 200g, 쌀뜨물 1컵, 소금 조금
양념장
고춧가루 1큰술, 소금 조금, 고추장·다진마늘 ·물엿·참기름 1작은술씩, 설탕 2큰술, 식초 3큰술, 깨소금 조금

01 더덕은 껍질을 벗겨서 잠시 쌀뜨물에 담가 끈적임을 없앤 뒤 소금물에 다시 헹구어 물기를 빼고 0.5cm 두께로 자른다.

02 자른 더덕을 방망이로 두들겨 숨을 죽인 뒤 결대로 쭉쭉 찢는다.

03 고춧가루에 분량의 재료를 넣고 개어서 양념장을 만든다.

04 그릇에 더덕과 ③의 양념장을 넣고 조물조물 무쳐 상에 낸다.

모든 운동은 자연스러운 호흡과 함께 하며,
각 동작은 8~12회 정도씩 반복해준다.
늘려주는 동작을 할 경우에는 15~20초간 정지하고
있으면서 근육이 충분히 늘어날 수 있도록
해주어야 한다. 모든 동작은 반드시 오른쪽 왼쪽을
번갈아 실시해야 하며 같은 힘과 같은 각도로
운동이 이루어지도록 주의해야 한다. 호흡을 할
때에는 코로 숨을 들이마시고 입으로 숨을
내뱉는다. 4개월 이후에는 아기에게 전달되는
혈관이 눌리지 않도록 하기 위해 똑바로 누워서
하는 동작은 오래 하지 않도록 한다.
똑바로 누워서 하는 동작의 경우 3~5회 반복 후
몸을 옆으로 돌려 눕는다.

이 시기부터는 아기의 뇌가 발달하는 시기로 엄청난 양의 뇌세포가 형성되고 주름도 잡히기 시작한다. 따라서 아기의 뇌 발달을 위해서 풍부한 산소와 충분한 영양이 공급되어야 한다. 호흡을 자주 해주고 운동을 함으로써 신선한 공기가 아기에게 더 많이 전달될 수 있도록 해주어야 한다. 호흡을 한참 참았다 내쉬는 동작이나 무거운 것을 들어올리는 등의 행동은 하지 않도록 한다.

특히 스트레스를 받지 않도록 노력해야 한다. 스트레스를 받게 되면 아드레날린이라는 호르몬이 과다 분비되면서 혈관을 수축시키게 되는데, 이때 태반의 혈관들도 수축되어 아기에게 전달되는 혈액의 공급에 지장을 주게 된다. 스트레스를 줄이려면 편안하고 즐거운 마음을 갖는 것이 중요하다. 또 운동은 스트레스를 풀어주고 신선한 산소의 공급과 원활한 혈액의 흐름을 도와준다.

호흡하기

두 발을 어깨 너비로 벌리고 서서 양팔을 위로 들어올리면서 코로 호흡을 크게 들이마신다. 이때 뒤꿈치도 같이 들어준다. 균형을 잡는 능력을 길러주고 산소를 공급해준다.

어깨 늘리기

다리를 넓게 벌리고 무릎을 구부리고 앉은 자세에서 상체를 앞으로 숙여 바닥에 두 손을 댄다. 가능한 한 손이 멀리 가서 어깨가 쭉 늘어나게 한다. 어깨의 유연성을 증가시켜주고 몸을 이완시켜준다.

몸 펴기

뒤로 손을 짚고 다리를 쭉 편 상태에서 몸을 들어올려 몸이 사선이 되도록 한다. 고개는 너무 젖히지 말고 천장을 보도록 한다. 배를 편안하게 늘려주고 어깨와 팔 운동이 되도록 도와준다.

등 펴기

양팔을 위로 올려 숨을 들이마시고 입으로 천천히 뱉으면서 상체를 앞으로 구부린다. 등이 구부러지지 않고 완전히 펴지도록 하고 고개를 약간 들어 앞으로 본다. 그대로 다리와 직각이 되도록 구부렸다가 다시 숨을 들이마시면서 등을 동그랗게 말아서 위로 일어선다. 등 근육을 강화시키고 호흡을 편안하게 하도록 도와준다.

몸통 돌리기

한 다리는 쭉 펴고 한 다리를 그 위로 구부려 디딘 자세로 상체를 비틀어 뒤를 본다. 구부린 무릎의 반대쪽 손으로 무릎을 잡아당기고 다른 팔은 뒤 바닥을 짚는다. 상체를 곧게 세우고 호흡과 함께 실시한다. 등 근육의 긴장을 풀어준다.

김수자 교수의
마사지 태교

임신을 하게 되면 임신부는 감기에 걸리거나, 배가 아프거나, 머리가 지끈거리거나, 허리가 쑤셔도 함부로 약을 먹거나 바를 수 없어 불편함이 이만저만이 아니다.

임신 트러블은 임신이 진행됨에 따라 주별로 다양하게 나타나고 시간이 흐름에 따라 증상도 심해지는데, 이런 불편한 증상을 마사지로 해결해 보자. 마사지 전문가 김수자 선생의 지도를 하나하나 따라하다 보면 저절로 통증이 사라진다. 입덧이나 부기는 물론 임신중독증과 같은 심각한 질병도 시원하게 해결할 수 있다.

불면증

01 따뜻한 물을 준비한 후 발을 담그고 15분 정도 있는다.

02 발바닥의 용천 반사구를 4초씩 2~3회 지압한다.

03 대뇌 반사구인 엄지발가락 중앙부를 엄지손가락으로 4~5회 꾹 누른다.

04 발바닥 아치 부분의 소장 반사구를 엄지손가락을 이용해 화살표 방향으로 쓸어올리며 마사지한다.

05 왼손으로 오른발을 잡고 오른손 엄지손가락으로 발바닥 부분에 ㄱ자 모양으로 4초씩 점을 찍듯이 누른다.

06 오른손 엄지손가락으로 왼발 바닥을 ㄷ자 모양으로 점을 찍듯 4초씩 누른다. 직장 반사구에서 4초씩 한 번 더 누른다. 밤에 잠자기 전에 반복해서 4회 눌러준다.

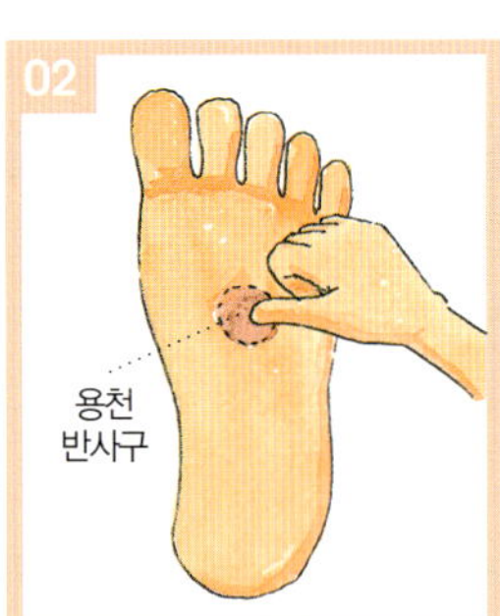

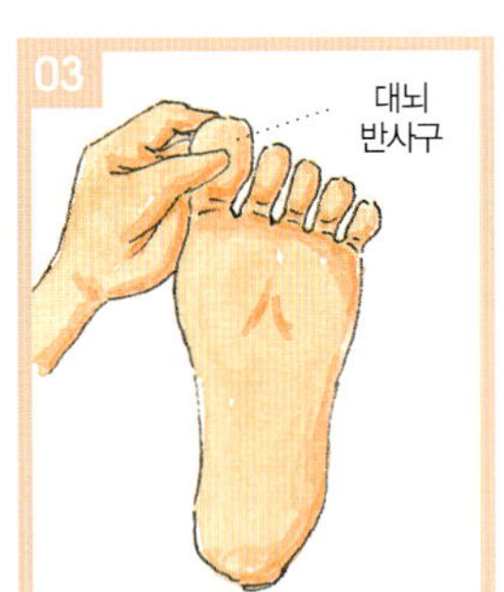

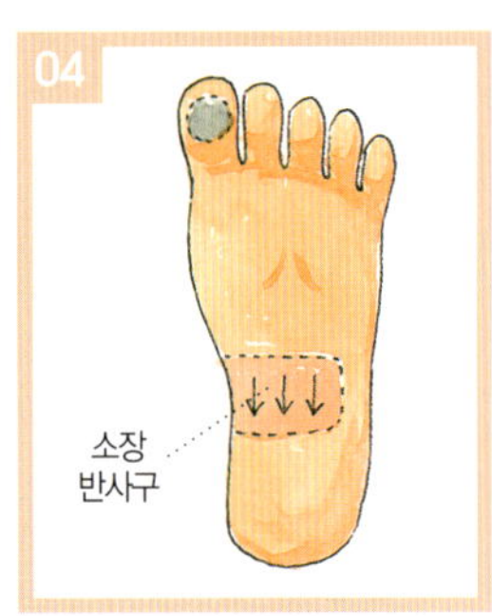

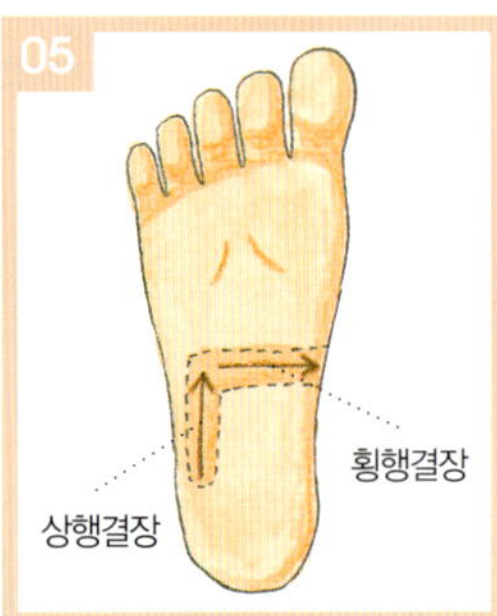

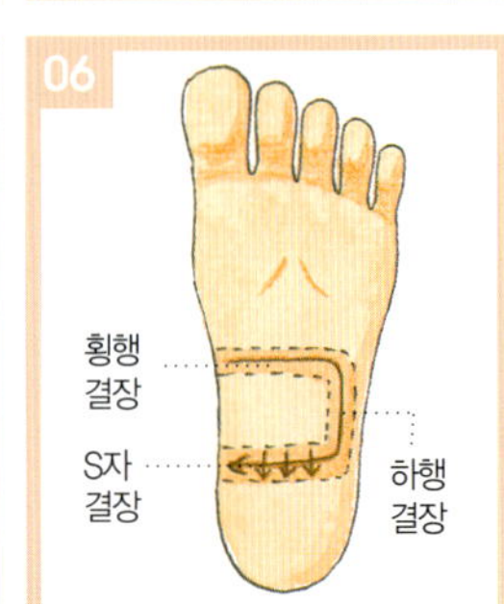

호흡곤란 · 흉통

01 따뜻한 물에 발을 담그고 10분 이상 그대로 있는다.

02 발바닥 중앙에 위치한 신장 반사구인 용천을 4초씩 3회 눌러 지압한다.

03 발등 부위를 전체적으로 발목 쪽을 향해 화살표 방향으로 미끄러지듯 문지른다.

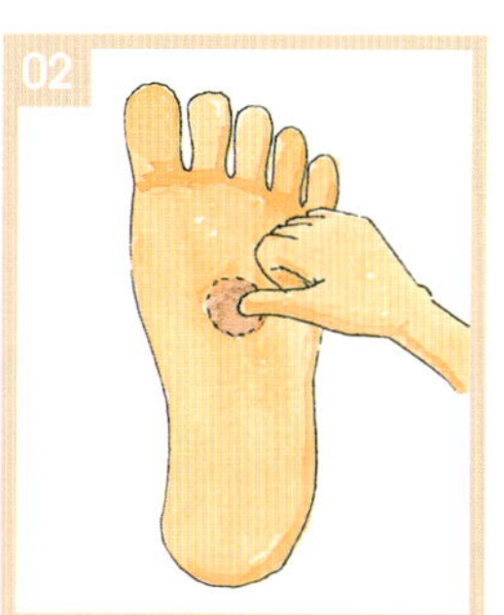
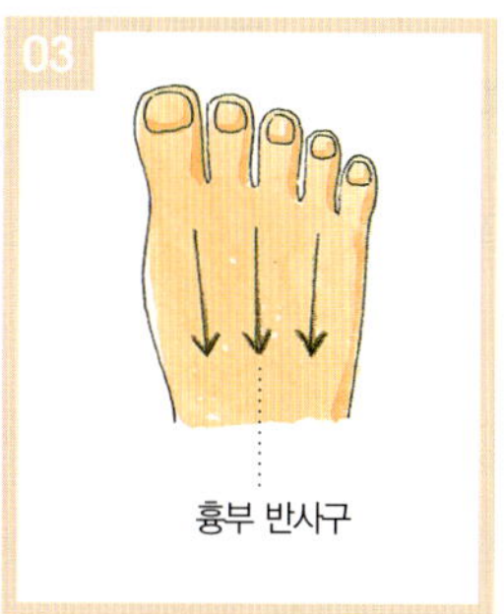

정맥류

01 발바닥 중앙에 위치한 신장 반사구인 용천을 엄지손가락으로 4초씩 3회 눌러 지압한다.

02 대각선 방향으로 미끄러지듯 내려가며 수뇨관을 지압한다. 9회 정도 반복한다.

03 복사뼈 안쪽에 위치한 방광 반사구를 엄지손가락으로 4초간 3회 지압한다.

04 엄지와 검지손가락으로 발목을 돌려잡고 아래에서 무릎 쪽으로 쓸어올린다. 4~5회 반복한다. 안쪽과 바깥쪽, 뒤쪽을 번갈아 가며 마사지한다.

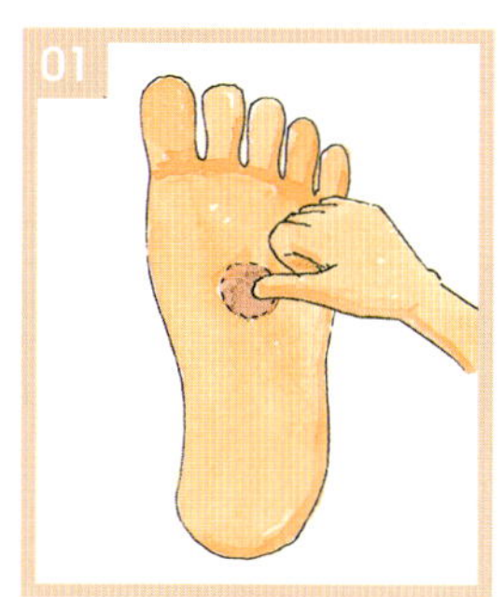
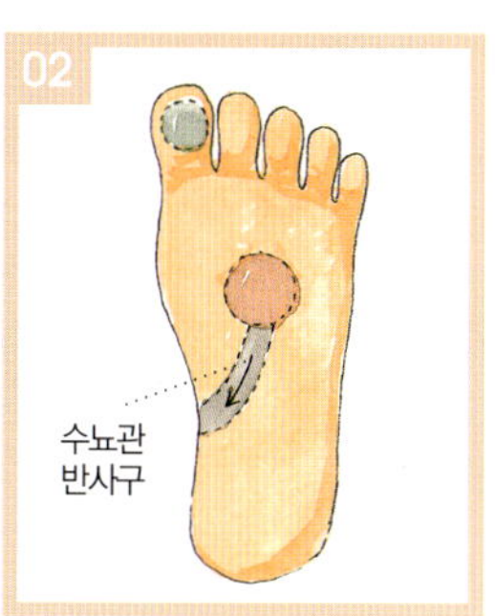

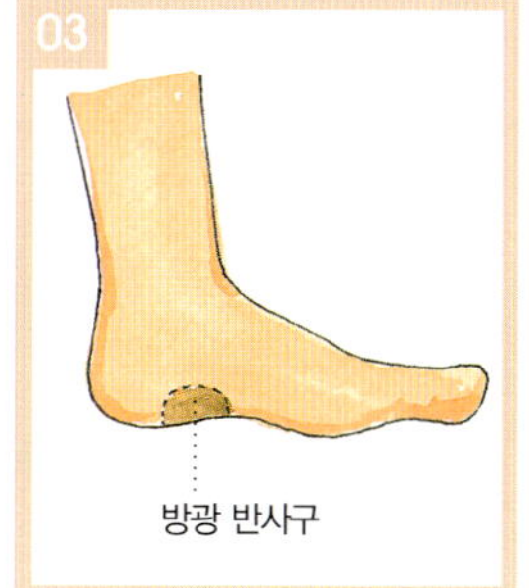

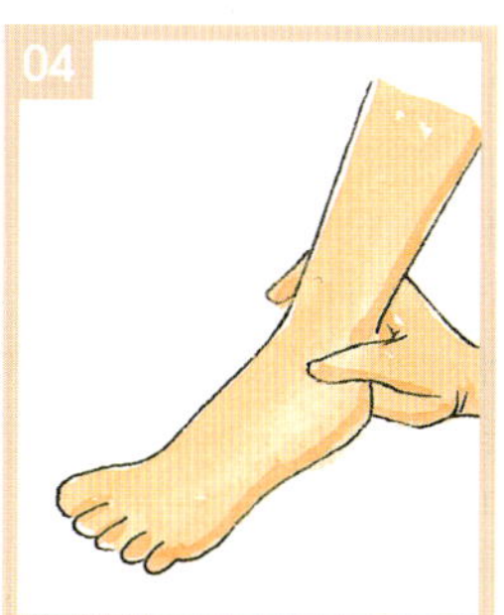

좋은 음식, 좋은 모습만 아기에게 줘야 하는 시기

● 태아 · 엄마 · 아빠의 3人4脚 태교

태아는 ··· 뇌가 발달하여 몸 전체를 스스로 컨트롤할 수 있게 되는데, 이 시기 태아의 뇌파는 신생아의 뇌파와 비슷할 정도로 급격한 발달을 보인다. 예를 들어 양수 속에서 자기 스스로 몸을 돌릴 수 있을 정도가 된다. 게다가 감각이 예민해져서 기분이 좋고 나쁨을 엄마에게 나타내기도 한다. 좋은 소리가 들리면 가만히 듣기도 하고, 시끄러운 소리가 들리면 발로 엄마의 배를 차기도 한다. 빛과 어둠을 구별할 수 있어 나름의 생활 패턴을 갖게 되고, 미각이 발달해 쓴맛과 단맛을 구별하는데 특히 단맛을 좋아한다. 팔다리가 길어지며 사람다운 모습을 갖추게 되고, 폐가 발달하여 호흡 연습을 시작한다.

엄마는 ··· 몸이 점점 무거워지고 배가 커져 중심을 잡기 힘든 체형을 갖게 된다. 체중 증가로 다리가 고생을 하게 되는데 점점 다리 근육의 피로가 심해지며 쥐가 나기도 한다. 또한 자궁이 점점 커져서 아랫배에 가득 차게 된다. 몸은 이렇게 피곤한데 체형이 바뀌어서 자는 것도 힘들다. 그래서 이 시기부터 만성 피로에 시달리는 임신부도 생긴다. 자궁 증가로 위가 압박을 받아 소화불량이 되거나 가슴 통증을 호소하는 사람들도 있다. 태동은 점점 심해져 다른 사람이 손을 대도 느낄 수 있을 정도가 된다.

아빠는 ··· 태동이 훨씬 활발해져 태아의 존재를 확연하게 느낄 수 있는 때다. 이제 아내를 도와 아기용품을 준비하는 등 아기를 맞을 준비를 해야 할 때다. 힘찬 태동으로 엄마, 아빠와 소통하고 싶어하는 태아에게도 더 많은 관심을 보여야 할 때. 아기가 배를 찬 곳을 아빠가 톡톡 두드리면 아기는 다시 그 곳을 차면서 아빠와 대화를 시도한다. 그러므로 태아의 노력에 부응해주는 것이 이 시기 아빠의 몫이다. 또 급격한 신체변화로 힘들어하는 아내에게 부드러운 맛사지 서비스를 하는 것도 잊지 말자. 아내를 위해 요리를 해보거나 멋진 곳에서 외식을 해보자. 아내는 물론 맛을 느끼기 시작한 태아도 즐거워할 테니 이게 바로 1석2조 태교법이다.

● 엄마가 먹는 것을 태아도 함께 먹는다!

'직접 먹지도 못하면서 미각은 무슨 미각?' 하는 의문이 들 수도 있겠지만, 태아는 확실히 미각을 갖고 있고 특히 임신 28주쯤부터는 거의 완전한 미각을 갖게 된다.

한 가지 예로 임신부에게 포도당을 투여하자 태아의 심장 박동수가 증가하는 변화를 보였다고 한다. 이는 엄마가 섭취한 포도당이 자신에게 필요한 영양분이므로 태아가 이 포도당을 섭취하려고 활발히 움직인다는 사실을 보여주는 것으로, 태아의 미각이 작동하고 있다는 증거다.

우리의 전통태교를 보면 임신부는 매화나 난초의 은은한 향을 맡으라는 말이 나온다. 이것이야말로 요즘 관심이 집중되고 있는 아로마테라피의 원조격. 전통태교에서는 또 썩은 과일이나 덜 익은 과일을 먹지 말고, 음식의 빛깔이나 냄새가 나쁘거나 설익은 것은 먹지 말라고 했다. 식사 때가 아니어도 먹지 말고, 고기를 먹되 밥보다 많이 먹지 말라는 구체적인 설명도 적고 있다. 임신부가 먹는 것은 곧 태아도 함께 먹는 것임을 옛 사람들은 알고 있었던 것이다.

● 임신부의 식사 메뉴 선정에 태아도 참여시키자

임신부의 영양은 유산·조산과도 관계가 있으며 기형아의 발생과도 관계가 있다. 그러니 임신부의 음식은 그냥 음식이 아니라 보약이고, 기형아 예방약이라 생각하고 꼼꼼히 따져서 먹어야 한다. 엽산을 충분히 섭취하는 것이 좋고, 태아의 두뇌 발달에 관계가 있으므로 단백질 섭취도 충분하게 해야 한다.

또한 임신부에게 비타민이 부족해도 태아의 지능이 낮을 수 있으므로 신경 써야 한다. 특히 비타민 부족은 기형아를 유발한다고 해서 최근 더욱 관심을 끈다. 입맛이 당기지 않는다고 하더라도 태아를 위해 잘먹어야 하는 것은 기본. 특히 인스턴트 음식이나 패스트푸드로 대충 끼니를 때우는 것은 금물이다. 홀몸이었을 때야 뭘 먹든 내 맘이라고 하지만 임신 중에는 나 혼자 먹는 것이 아니므로 식사시간에는 꼭 태아에게도 의견을 물어 메뉴를 정하도록 하자.

● '태아는 모든 것을 기억한다' 는 말을 잊지 말자

태아에게도 추억이 있을까? 그건 기억력이 있어야 가능한 일일 텐데 출생 후에도 태아 때 들었던 부모의 목소리를 기억한다는 것을 보면 기억력이 있기는 있을 것이다. 그렇다면 태아의 기억력 수준은 어느 정도일까?

태아는 임신 7개월 이후 기억을 관리하는 중추가 자리잡기 때문에 그 이후의 기억은 거의 남는다고 볼 수 있으며, 많은 연구가 이를 뒷받침한다. 그러므로 부모들은 7개월 이후에는 특히 말과 행동을 조심해야 한다. 태아의 기억력 중 특히 음악과 언어 분야에 대한 기억력이 뛰어나다는 연구 결과도 있다. 그만큼 부모의 언어 습관과 태교가 중요하다는 것을 의미하는 결과라 할 것이다.

'태아는 모든 것을 기억한다' 는 말을 기억하는 부모라면 좋은 태교에 한 발 다가선 것이라고 할 수 있다.

영어 조기교육 태교로 가능할까?

태아가 기억력을 갖고 있다면 태교시기에 엄마가 영어 공부를 하면 아기도 조기 영어 교육을 받는 셈인가?

이런 욕심으로 영어 테입을 사서 듣고, 배에 스피커를 대고 직접 아이에게 영어를 들려주는 엄마들이 있다. 과연 효과가 있을까? 실험 결과 이는 타당한 이론이었다.

태아는 자궁 외부에서 들려주는 대화 내용의 억양을 구별해내는 능력이 있음이 밝혀졌는데, 영어를 공부하는 데 억양 또한 중요한 분야이기 때문에 이는 태중 영어 교육의 가능성을 입증하는 결과라고 하겠다.

하지만 이에 대해서는 출생 후의 환경이 더 중요하다는 등 반박 이론도 무수하다.

사실 태중 영어교육을 하는 것이 효과가 있을지도 모르겠지만 그것만 믿고 태아에게 스트레스를 주는 것은 역효과가 더 클 뿐이다. 영어 교육에 대한 미련을 버리지 못하겠다면 차라리 엄마가 즐거운 마음으로 임신 중에 영어 공부를 해보자.

그 편이 임신부와 태아 모두가 스트레스를 받지 않고 교육 효과도 낼 수 있는 가장 좋은 방법일 것이다.

임신
29~32주

임신 · 태교 포인트

임신을 하게 되면 궁금한 것과 걱정되는 일이 많아진다. 특히 첫아기를 가진 엄마와 아빠의 경우에는 더욱 그렇다. 지금쯤 뱃속아기는 얼마나 자랐으며 어떤 모습을 하고 있는지, 엄마의 몸에 나타나는 여러 가지 증상들은 정상인지, 이번 주에는 어떤 태교로 뱃속아기와 이야기를 나눌 것인지, 궁금증은 꼬리에 꼬리를 문다. 주 단위로 태아와 임신부의 변화, 그리고 효과적인 태교방법을 요약하여 정리해 보았다.

태아의 성장발달 / 임신부의 신체변화

29주

태아의 성장발달
- 계속 피하지방이 축적되고 있는 중이며 손톱이 생기기 시작한다.
- 빛을 비추면 빛을 따라 고개를 돌리기도 한다.

임신부의 신체변화
- 기미, 주근깨가 생기기 쉽고, 유 · 수분의 불균형으로 각질이 일어나기 쉽다.
- 충분한 수면과 스트레스 해소로 기미, 주근깨 등 피부 트러블을 예방할 수 있다.

30주

태아의 성장발달
- 남아와 여아의 생식기 구분이 뚜렷하다.
- 여아의 경우 클리토리스가 커지고 음순의 모양이 드러난다.

임신부의 신체변화
- 커진 자궁이 횡경막을 누르면서 숨가쁨이 나타날 수 있다.
- 변비, 소화불량, 종아리 경련 등이 더 자주 생긴다.

31주

태아의 성장발달
- 이 시기 태아는 폐와 소화기관이 거의 완성된다.
- 배 위에 불빛을 비추면 반응을 하고, 눈썹과 속눈썹이 완성된다.

임신부의 신체변화
- 혈액과 체액이 증가해 다리 부종이 나타난다.
- 골반 혈관이 자궁을 눌러 하반신 혈액순환이 원활하지 못할 수도 있다.

32주

태아의 성장발달
- 머리와 팔, 다리가 적절한 비율로 자라고, 방광에서 소변을 내보내게 된다.
- 움직일 공간이 없어져 태동이 줄어든다.

임신부의 신체변화
- 복부 위의 검은 선이 더욱 두드러져 보이며, 배꼽은 평평해지거나 볼록 튀어나온다.
- 척추 · 골반의 관절 변화로 요통이 발생할 수 있다.

이번 주에 체크할 일

- 경미한 수준이더라도 진통이 느껴지면 옆으로 누워서 안정을 취한다.
- 조기 진통 증세가 있으면 병원검진을 자주 받는다.

- 목욕시 물을 뜨겁지 않게 하고, 미끄러지지 않도록 주의한다.
- 늦은 임신인 경우 합병증을 일으킬 수 있으므로 주의한다.

- 커진 유방은 작은 자극에도 통증을 느끼므로 세게 문지르지 않는다.
- 피곤할 때 옆으로 누워서 쉬면 피로가 한결 빨리 풀린다.

- 2주일에 한 번씩 정기 검진을 받고, 매일 유방 맛사지를 해 준다.
- 걷는 운동이 부종을 막아주므로 매일 적당히 운동을 하도록 한다.

이번 주의 효과적인 태교

음식태교

- 대장 기능을 강화하는 음식을 먹는다.
- 매실과 굴이 활발한 대장 기능을 돕는다.
- 신선한 야채와 생선의 섭취량을 늘린다.
- 임신중독증에 미나리생즙이 효과 있다.

＊ 이 시기에 꼭 맞는 요리

현미새우죽

꼬막살야채무침

전복데리야끼

운동태교

- 정맥을 압박하여 혈액순환을 어렵게 만드는 운동은 삼간다.
- 특히 등을 대고 눕거나 옆으로 눕는 자세는 고혈압을 일으켜 구역질이나 현기증 증세를 일으키므로 주의한다.
- 모든 운동은 자연스러운 호흡과 함께 하며, 각 동작은 8~12회 반복한다.

＊ 이 시기에 꼭 맞는 운동

위로 팔 들었다 내리기

어깨 넣기

마사지태교

- 한 달에 한 번 받던 정기 검진이 2주에 한 번으로 늘어난다.
- 조산의 기미가 보이면 의사와 하고, 조산을 예방하는 반사구를 찾아 꾸준히 마사지를 해주도록 한다.
- 임신 중에는 마사지를 할 때 지압봉을 사용하지 말고 엄지손가락으로 부드럽게 마사지한다.

＊ 이 시기에 꼭 맞는 마사지

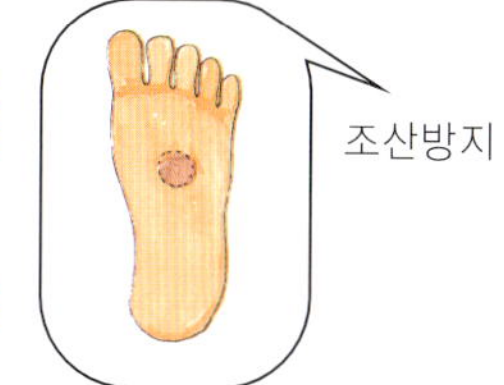

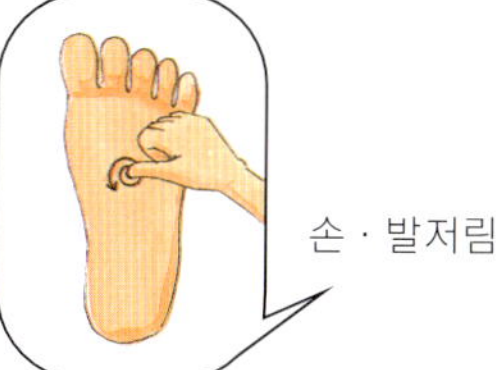

주 단위 임신 캘린더

임신 29주

>> 태아는 얼마만큼 자랐을까?

태아의 체중은 1.25kg, 머리끝에서 둔부까지의 길이는 26cm, 전체 길이는 37cm 정도가 된다. 계속 피하지방이 축적되고 있는 중이며 손톱이 생기기 시작하고, 빛을 비추면 빛을 따라 고개를 돌리기도 한다.

>> 임신부의 몸에는 어떤 변화가 나타날까?

한 달 전인 임신 25주에 25cm 정도 되었던 자궁의 길이는 4주 만에 4cm 정도 더 커진다. 이때쯤이면 체중이 8.5~11.2kg 늘어나는 것이 정상이다. 임신선, 자궁수축 운동, 부기 등은 임신 후기의 정상적인 현상이므로 걱정하지 않아도 된다. 유즙이 분비될 수 있으므로 브래지어 안에 거즈나 작은 사이즈의 패드를 대 두도록 한다.

임신 중에는 기미, 주근깨가 생기기 쉽고, 유·수분의 불균형으로 각질이 일어나기도 한다. 충분한 수면과 스트레스 해소로 기미, 주근깨 등 피부 트러블을 예방할 수 있다.

>> 이번 주에 잊지 말아야 할 일

조기 진통 … 경미한 수준이더라도 진통이 느껴지면 옆으로 누워서 안정을 취한다. 자궁수축과 조기 진통을 막는 데는 절대요양이 효과적이다. 조기 진통이 나타날 때는 자궁수축 억제제로 진통을 완화시킨다. 조기 진통 증세가 있으면 병원검진을 자주 받고, 조산 경험이 있거나 쌍둥이를 임신한 경우엔 특히 주의한다.

식습관 … 음식은 조금씩 자주 먹고, 영양가가 높은 식품이라도 싫으면 억지로 먹지 않는다.

임신 30주

>> 태아는 얼마만큼 자랐을까?

이 시기에 태아의 체중은 1.35kg, 머리끝에서 둔부까지의 길이는 27cm, 전체 길이는 38cm 정도가 된다. 여아의 경우 클리토리스가 커지고 음순의 모양이 드러나며, 남아의 경우 고환이 신장 부근에서 음낭으로 옮겨간다.

>> 임신부의 몸에는 어떤 변화가 나타날까?

자궁이 늑골에 닿을 정도로 커져서 이제 더 이상 커질 공간이 없는 것처럼 보일 것이다. 그러나 태아와 자궁은 양수와 더불어 계속 더 늘어난다.

자궁이 커져 횡경막을 누르면서 숨가쁨이 나타날 수 있고, 변비, 소화불량, 종아리 경련 등이 더 자주 생긴다. 유두에 딱지가 앉았을 때는 미지근한 물로 가볍게 씻어낸다.

>> 이번 주에 잊지 말아야 할 일

낙상 주의 … 목욕물은 뜨겁지 않게 하고 욕실에서 미끄러지지 않도록 주의한다.

정기 검진 … 늦은 임신인 경우 다운증후군이나 합병증을 일으킬 위험이 있으므로 임신 내내 마음을 편안하게 갖고 정기 검진도 철저히 받도록 한다.

조기 진통으로 인한 조산에 유의해야 할 시기다. 최근에는 의학의 발달로 이 시기에 태어난 미숙아도 생존율이 높지만, 가능한 한 태아는 엄마 뱃속에 오랫동안 있는 것이 좋다. 임신 후기에 나타나는 임신부의 가장 큰 적은 임신중독증이다. 부종, 단백뇨, 고혈압 등의 증세를 조심하자.

임신 31주

>> 태아는 얼마만큼 자랐을까?

태아는 계속 성장한다. 체중은 1.6kg, 머리끝에서 둔부까지의 길이는 28cm, 전체 길이는 40cm 정도 된다. 태아의 몸에 피하지방이 많이 생겨 일주일에 500g씩 체중이 늘어난다. 사실 뱃속 아기는 출생 전 7주일 동안 출생 시 체중의 절반 이상을 얻게 된다. 이 시기 태아는 폐와 소화기관이 거의 완성되며, 배 위에 불빛을 비추면 반응을 하고, 눈썹과 속눈썹이 완성된다.

>> 임신부의 몸에는 어떤 변화가 나타날까?

임신 12주가 되면 자궁이 골반을 꽉 채우게 되고, 임신 31주쯤 되면 자궁이 복부의 많은 부분을 채우게 된다. 이때쯤엔 체중이 9.4~12.1kg 늘어나는 것이 정상이다.

1주일간 체중이 0.5kg씩 거의 일정하게 증가하게 된다. 혈액과 체액이 증가해 다리 부종이 나타나거나 자궁이 골반 혈관을 눌러 하반신의 혈액순환이 원활하지 못할 수도 있다.

>> 이번 주에 잊지 말아야 할 일

수면 습관 … 임신 후기에는 다양한 수면 장애가 나타나기도 하는데 옆으로 누워 베개 위에 한쪽 다리를 올리고 자면 숙면에 도움이 된다.

혈압·체중 체크 … 혈압과 체중을 자주 체크하고, 피로할 때는 충분한 휴식을 취해 자간전증을 예방하도록 한다. 음식물 섭취에도 주의해야 하는데, 달걀요리는 충분히 익혀서 먹고, 모든 음식은 반드시 끓여 먹어 식중독에 걸리지 않도록 한다.

임신 32주

>> 태아는 얼마만큼 자랐을까?

태아의 체중은 1.8kg, 머리끝에서 둔부까지의 길이는 29cm, 전체 길이는 42cm 정도 된다. 머리와 팔, 다리가 적절한 비율로 자라고, 방광에서 소변을 내보내게 된다. 움직일 공간이 없어져 태동이 줄어들며, 쌍둥이일 경우 위치에 따라 분만 방법이 달라진다.

>> 임신부의 몸에는 어떤 변화가 나타날까?

배꼽에서 자궁 상부까지의 길이는 12cm, 치골에서 자궁 상부까지의 길이가 32cm 정도 된다. 복부 위의 검은 선이 더욱 두드러져 보이며, 배꼽은 평평해지거나 볼록 튀어나온다. 임신 후기가 되면 매일 유방 맛사지를 해주어야 한다. 척추·골반의 관절 변화로 요통이 발생할 수 있고, 어깨를 뒤로 젖히는 자세는 쉽게 피로를 느끼게 한다.

>> 이번 주에 잊지 말아야 할 일

체중 증가 … 보통 쌍둥이 임신의 경우 20kg 정도 체중이 늘어난다. 쌍둥이를 임신했을 때는 체중 증가에 더욱 신경을 써야 하는데, 바람직한 체중 증가는 고른 영양을 섭취함으로써 가능하다.

정기 검진 … 2주일에 한 번씩 정기 검진을 받는다. 정기 검진 시 진통과 분만에 대한 궁금증을 의사에게 확인한다. 걷는 운동이 부종을 막아주므로 매일 적당히 운동을 하도록 하고, 외출 시 구두의 높이는 2~3cm 정도가 적당하다.

이 시기에 효과적인 태교

신재용 한의사 의 음식태교

태아기 중 임신 25~36주까지를 '만기태아기' 라고
한다. 유산·조산을 예방하면서
임신부종·임신중독증 등 임신 중에 나타나기 쉬운
질병까지 예방하는 음식을 적극적으로 섭취하면서
적절한 식이요법을 행해야 한다. 임신 중에 생기는
질병은 임신부에게도 어려움을 주지만 태아의
성장발육과 생사에도 절대적인 영향을 주기
때문이다. 아울러 이 시기에는 태아의 활발한 성장
추세에 걸맞게 음식을 섭취하면서 출산을 순조롭게
하기 위한 임신부의 체력단련에 도움이 되는
음식을 찾아 먹도록 한다.

대장기능을 강화하는 음식을 먹는다

임신 29~32주째를 〈소씨병원〉에서는 태
아의 형체가 점차 자라고 '백(魄)' 이 작용하
는 시기라고 했다. 태아의 움직임이 커져 자
궁벽에 부딪치는 일이 많아 임신부가 놀라기
도 한다. 기관이나 골격은 완성되며, 전반적
으로 기능이 강화된다. 청각이 거의 완성되
며, 빛에 대해 반응한다. 이 무렵쯤 임신부의
자궁도 커지고 젖꼭지에서 적은 양이지만 젖
이 새어 나오기도 한다.

● 매실과 굴이 활발한 대장 기능을 돕는다

임신 29~32주째는 모체의 '수양명경맥(手
陽明經脈)' 이 태아를 기른다. 수양명경맥은
대장 경락이다.

폐와 대장은 상부상조의 장기인데, 폐의
기가 주관하는 임신 25~28주는 태아의 '혼'
이 작용하고, 대장의 기가 주관하는 임신
29~32주째는 '백' 이 작용하여 비로소 태아
의 '혼백(魂魄)' 이 제대로 다 갖추어진다는
것이다. 따라서 이 시기에는 대장 기능을 강
화하는 좁쌀미숫가루, 매실, 굴, 조개, 미나
리, 동아, 배추, 우유 등을 많이 먹는다.

● 신선한 야채와 생선의 섭취량을 늘린다

특히 태아의 혼백을 키우는 데는 엿이 좋
고 리놀산, 레시틴, 비타민 E 등이 함유되어
있는 땅콩이 좋으며 단백질과 함께 칼슘, 철
분 등이 풍부한 전복 및 쇠고기가 좋다. 용안

육차, 대추차도 좋고 당귀차는 태아 뇌세포
의 핵분열을 촉진하기 때문에 좋다.

또 인삼과 오미자를 비롯해서 특히 깨, 식
초, 버섯, 레먼, 토마토, 시금치, 파슬리, 아스
파라거스 등을 비롯한 신선한 야채와 과일
및 해초류를 많이 먹고 생선의 양을 늘리는
것이 좋다.

특히 18종의 아미노산이 함유된 굴, 비타
민 E가 풍부한 해바라기씨나 아몬드, 철분이
풍부한 갈조류, 모자반과에 속하는 해조류인
녹미채, 칼슘이 풍부한 말린 새우나 정어리
도 좋다. 물론 현미, 리신이 풍부한 대두 및
대두배아에서 뽑아낸 사포닌까지 들어 있는
두유 역시 좋다.

● 임신중독증에 미나리생즙이 효과 있다

또 이 시기에는 임신부의 자궁이 커져 위
와 장이 압박되므로 소화가 잘되게 하고 변
비가 되지 않게 해야 한다. 음식은 적은 양을
수시로 먹도록 하고, 먹은 후에는 오른쪽 배
를 아래로 하고 30분쯤 누워서 쉰다.

한편 '임신중독증' 이 임신 8개월 후에 잘
일어난다. 고혈압, 부종, 단백뇨의 3대 증상
과 더불어 갑자기 전신 경련이 반복되고 혼
수에 빠지는 병이다. 임신중독증에 의한 태
아의 사망률은 약 30~50%에 달하며, 경우
에 따라 임신부도 사망할 수 있다.

따라서 예방 차원에서 염분 함량이 많은
음식이나 자극성 음식을 피해야 하며, 평소
에 혈압이 높은 임신부의 경우에는 임신 중
에 미나리생즙을 자주 마시는 것이 좋다.

뱃속아기의 성장과 엄마의 신체변화에 맞춰 효과적인 태교를 해보자. 뇌가 발달하는 시기에는 어떤 음식을
먹어야 하는지, 손발이 생겨날 때는 어떤 영양분이 필요한지, 입덧이 심할 때는 어떤 마사지를 해주면
좋은지, 손발이 부을 때는 어떤 스트레칭을 하면 좋을지, 주 단위 태교포인트를 알아본다.

● 임신 후기의 일일 식품구성표

식품군	곡류군			
종류	밥	밀가루	감자류	콩류
수량	630g	30g	150g	20g
대표식품의 어림치	밥 3공기	밀가루 5큰술	감자(大) 1개	검정콩 2큰술
열량(kcal)	900	100	100	75
단백질(g)	18	2	2	8
지방(g)	—	—	—	5
탄수화물(g)	207	23	23	—
대체식품 (밥 1공기와 같은 열량)	식빵 3쪽 옥수수 한개 반	국수 1/2공기 녹말가루 5큰술	고구마(中) 1/2개 밤 6개	순두부 1컵

식품군	어육류군			채소군
종류	어패류	육류	달걀류	채소류
수량	100g	40g	50g	350g
대표식품의 어림치	동태 100g	쇠고기 40g	달걀 1개	미나리 익혀서 1과 2/3컵
열량(kcal)	100	50	75	100
단백질(g)	16	8	8	10
지방(g)	4	2	5	—
탄수화물(g)	—	—	—	15
대체식품 (밥 1공기와 같은 열량)	꽃게 1마리 잔멸치 1/2컵	돼지고기 40g 쇠간 40g	메추리알 6개	양송이(中) 15개 피망(中) 10개

식품군	지방군	우유군	과일군	
종류	유지	우유	과일	설탕
수량	25g	200cc	400g	10g
대표식품의 어림치	식물성 기름 5작은술	우유1컵	오렌지주스 2컵	2작은술
열량(kcal)	225	125	200	40
단백질(g)	—	6	—	—
지방(g)	25	6	—	—
탄수화물(g)	—	11	48	10
대체식품 (밥 1공기와 같은 열량)	땅콩 5큰술 호두(大) 5개	전지분유 5큰술	사과(中)2개 딸기(中) 24개	

영양기준량(열량 – 2150kcal, 지방 – 48g, 단백질 – 81g, 탄수화물 – 349g)

현미새우죽

현미 2컵,
분홍새우살 1/2컵,
소금 조금, 참기름
2작은술, 달걀 1개,
쪽파 1뿌리

01 현미는 물에 담가 불리고 분홍새우살은 소금물에 살살 흔들어 헹군다.

02 분홍새우살을 냄비에 담고 물 5컵을 붓고 삶은 후 불린현미를 넣어 15분 정도 팔팔 끓인다.

03 ②가 끓고 있는 동안 달걀은 풀어놓고 쪽파는 뿌리를 자르고 씻어 송송 썬다.

04 현미가 부드럽게 익어 푹 퍼지면 소금을 조금 넣어 간한 다음 풀어놓은 달걀을 넣어 익힌 후 쪽파를 넣는다.

꼬막살야채무침

꼬막 150g, 청주
1/2큰술,
빨강·노랑·파랑
피망 30g씩,
미나리 30g
무침양념
고추장 2큰술,
다진마늘·깨소금·
참기름 1작은술씩,
레먼즙·생강즙
1큰술씩, 설탕
1/2큰술

01 끓는물에 꼬막살을 넣고 데친다.

02 삼색 피망은 씨를 발라낸 다음 사방 1cm 크기로 썰고, 미나리는 잎을 잘라낸 다음 끓는 물에 넣어 부드럽게 데친다.

03 분량의 재료를 섞어 무침양념을 만든다.

04 미나리 데친 것을 3cm로 길이로 잘라 꼬막살, 피망과 함께 그릇에 담고 준비해둔 무침양념으로 가볍게 버무려낸다.

전복데리야끼

전복 4개, 버터
1큰술
데리야끼소스
간장 3큰술, 청주
1큰술, 물엿 1큰술,
물 2큰술

01 전복은 살을 떼어내 뒷면의 내장을 제거하고 옆면의 딱딱한 부분을 잘라낸 다음 검은 부분을 문질러 씻고 앞면에 칼집을 넣는다. 전복 껍질은 깨끗이 씻어둔다.

02 팬에 분량의 데리야끼소스 재료를 넣고 끓여 걸쭉한 데리야끼소스를 만든다.

03 달군 팬에 버터를 두르고 전복을 넣어 앞뒤로 재빨리 굽는다.

04 ③의 전복에 데리야끼소스를 뿌려 간이 배도록 빠른 시간 안에 지져낸다. 전복 껍질에 담아 낸다.

전 선 혜 교 수 의
운동태교

모든 운동은 자연스러운 호흡과 함께 하며,
각 동작은 8~12회 정도씩 반복해준다.
늘려주는 동작을 할 경우에는 15~20초간 정지하고
있으면서 근육이 충분히 늘어날 수 있도록
해주어야 한다. 모든 동작은 반드시 오른쪽 왼쪽을
번갈아 실시해야 하며 같은 힘과 같은 각도로
운동이 이루어지도록 주의해야 한다. 호흡을 할
때에는 코로 숨을 들이마시고 입으로 숨을
내뱉는다. 4개월 이후에는 아기에게 전달되는
혈관이 눌리지 않도록 하기 위해 똑바로 누워서
하는 동작은 오래 하지 않도록 한다.
똑바로 누워서 하는 동작의 경우 3~5회 반복 후
몸을 옆으로 돌려 눕는다.

태아의 몸무게 대부분은 마지막 12주 동안 급격히 늘어나게 된다. 이 마지막 12주 동안은 정맥을 압박하여 혈액순환을 어렵게 만드는 운동은 삼가도록 한다. 등을 대고 눕거나 옆으로 눕는 자세는 고혈압을 일으켜 메스껍거나 현기증 증세를 일으킬 수 있으므로 주의한다.

이 시기부터는 자궁이 위를 압박하게 됨에 따라 많은 음식물을 섭취하는 것이 거북하게 느껴지지만 영양 있고 균형 잡힌 식사를 하도록 해야 한다. 심한 경우 임신부의 체중은 20kg 가량 늘어나기도 하는데 그렇다고 다이어트를 하겠다고 마음을 먹는 것은 금물이다. 아기를 위해서 임신부는 하루에 300~500kcal를 영양이 균형 있게 들어간 음식으로 더 먹어줄 필요가 있다.

음식으로 다이어트를 한다는 생각을 버리고 걷기나 수영, 물에서 걷거나 달리기 등의 유산소 운동으로 칼로리 소비량을 늘리는 것이 좋으며, 근력운동으로 에너지를 소비하는 공장인 근육을 만들도록 하는 것이 체중 조절에 효과적이다.

또한 불러온 배와 커진 가슴 때문에 등과 어깨가 아플 수 있다. 특히 자세가 좋지 못하면 등뼈, 혹은 경추에 피로가 온다. 잘 맞지 않는 브래지어 또한 등뼈에 통증을 가져오거나 피로하게 하고 늑골을 쑤시게 하는 원인이 되기도 한다.

임신으로 가슴이 풍만하게 되면 가슴을 충분히 지탱해줄 수 있는 브래지어를 착용해야 한다. 어깨가 둥그렇게 휘면 목에 통증이 오게 되는데 이것을 예방하기 위하여 상체와 목 훈련을 하는 것이 좋다. 약간 무게가 나가는 손 아령을 이용하여 척추 상부, 목, 그리고 팔의 윗부분을 단련해주는 것도 좋다.

위로 팔 들었다 내리기

편안하게 앉은 자세에서 어깨를 뒤로 젖혀 양손을 올리고 팔꿈을 위로 쭉 폈다 내리기를 반복한다. 위로 팔을 올릴 때 숨을 들이마시고 아래로 내릴 때 숨을 내쉰다. 이 동작을 반복한다.

손바닥 밀기

편안하게 앉은 상태에서 가슴 앞에서 손바닥 끼리 마주 대고 합장을 한 자세로 숨을 들이마 시면서 양손을 힘껏 밀어준다. 숨을 내쉬면서 풀어준다. 이 동작을 반복한다.

옆구리 늘리기

편안하게 바닥에 양반다리로 앉은 자세에서 한쪽 팔굽을 ㄱ자로 바닥에 대면서 반대쪽 팔을 위로 들어 옆구리를 구부려 팔굽이 바닥에 닿은 쪽으로 구부려 옆구리가 늘어나도록 한다. 옆구리 근육을 늘려준다.

어깨 넣기

넓게 두 다리를 벌리고 선 자세로 무릎을 구 부려 직각이 되도록 한다. 양손으로 무릎을 짚고 한 손으로 무릎을 뒤로 밀고 반대쪽 어깨가 안으로 들어가도록 하면서 상체를 비틀어준다. 어깨와 등의 긴장을 풀어주고 허벅지 안쪽의 근육을 이완시켜준다.

손 털기

손을 꽉 쥐었다가 펴고 위에서 아래로 내리면서 손을 털어준다. 혈액순환과 손의 뻣뻣함을 완화시켜준다.

김수자 교수의 마사지 태교

임신을 하게 되면 임신부는 감기에 걸리거나,
배가 아프거나, 머리가 지끈거리거나, 허리가
쑤셔도 함부로 약을 먹거나 바를 수 없어
불편함이 이만저만이 아니다.

임신 트러블은 임신이 진행됨에 따라 주별로
다양하게 나타나고 시간이 흐름에 따라 증상도
심해지는데, 이런 불편한 증상을 마사지로 해결해
보자. 마사지 전문가 김수자 선생의 지도를
하나하나 따라하다 보면 저절로 통증이 사라진다.
입덧이나 부기는 물론 임신중독증과 같은
심각한 질병도 시원하게 해결할 수 있다.

조산 방지

01 남편과 아내가 마주 앉아서 남편의 무릎 위에 아내의 발을 올려놓는다.

02 발바닥 중앙의 용천 반사구를 엄지손가락으로 2회 정도 꾹 눌러 지압한다.

03 대뇌 반사구인 엄지발가락을 엄지손가락과 검지손가락을 이용해 주무르듯이 마사지한다. 2회 정도 반복한다.

04 생식선 반사구인 발뒤꿈치 부분을 원을 그리듯 2회 정도 마사지한다.

05 남편의 엄지손가락과 검지손가락 사이에 아내의 발목을 끼우고 좌우로 부드럽게 돌리며 마사지한다.

06 둘째, 셋째, 넷째손가락을 붙여 쥐고 지문 부위로 아내의 복사뼈 둘레를 원을 그리듯 돌려가며 마사지한다.

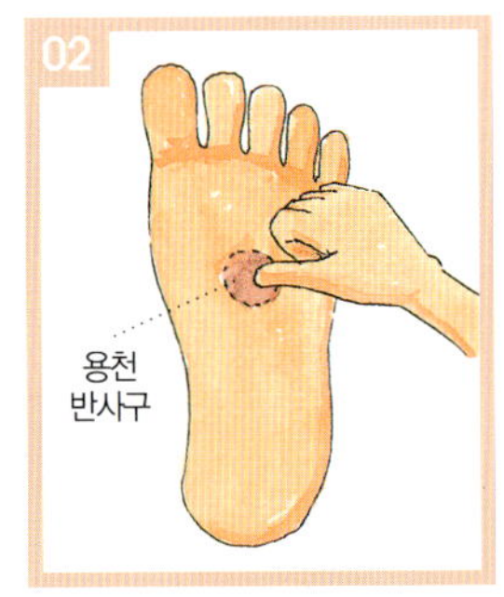

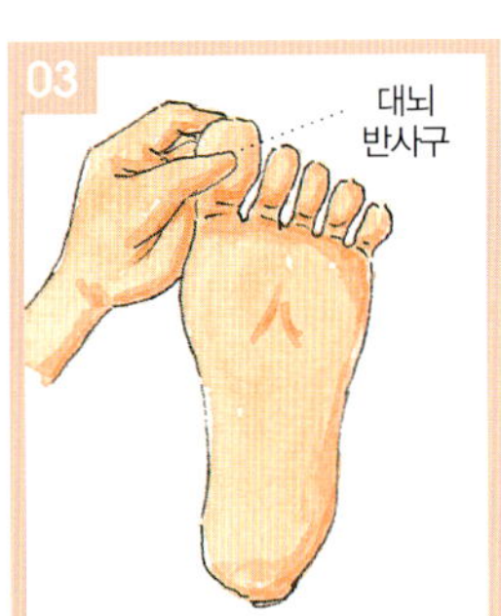

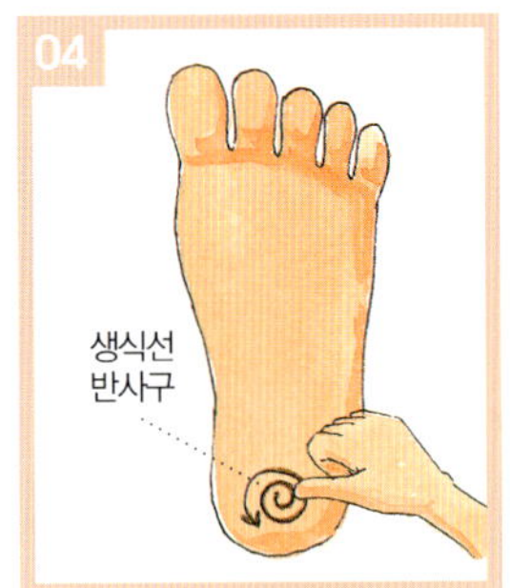

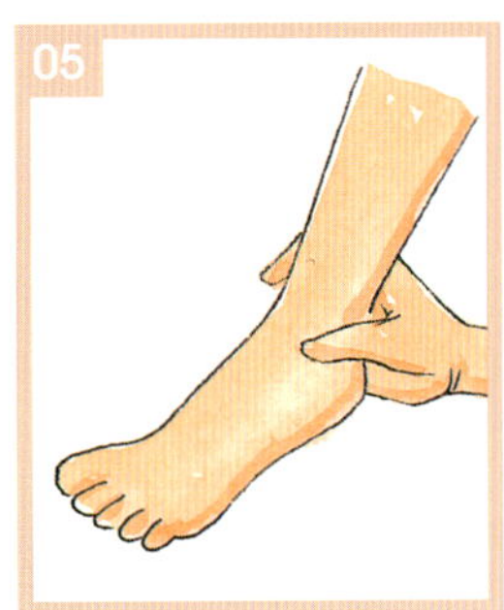

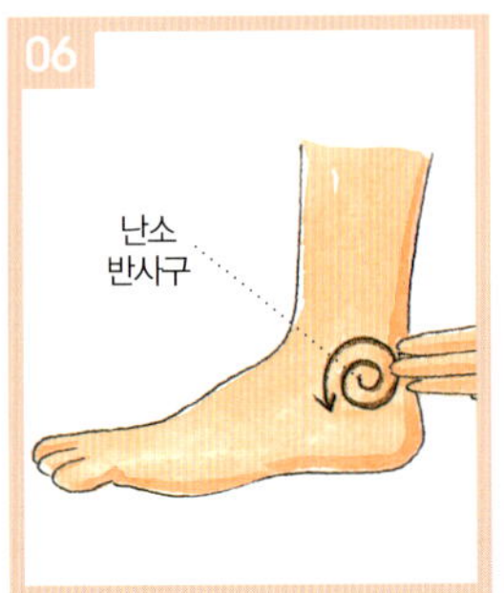

임신성 부종

01 발등 부위에 타월을 덮고 양손으로 발을 잡아 사과를 쪼개듯이 마사지한다. 1~2분 정도 마사지한다.

02 발목에서 무릎 쪽으로 한 손씩 발 쪽에 고인 혈액을 끌어올리듯 마사지한다. 손을 엇갈리며 한쪽씩 번갈아 한다. 1~2분 정도 반복한다.

03 발바닥 중앙에 위치한 용천을 엄지손가락으로 지그시 누른다. 4초씩 3회 반복한다.

조산통

01 발바닥 중앙의 용천 반사구를 엄지손가락으로 천천히 4~5회 꾹 누른다.

02 소장 반사구를 엄지손가락을 이용해 그림의 화살표 방향으로 미끄러뜨리듯 쓸어올린다. 4~5회 반복한다.

03 생식선 반사구인 발뒤꿈치 부분을 원을 그리듯 굴리며 2회 정도 마사지한다. 이때 원은 시계 반대 방향, 소용돌이 모양으로 그림과 같이 마사지한다.

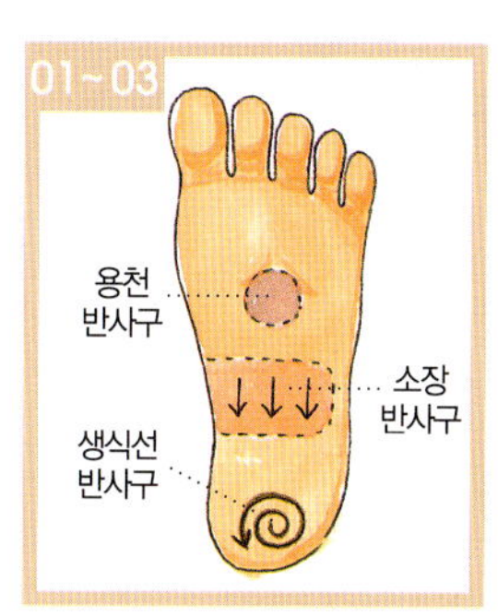

손 · 발저림

01 더운물에 10분 이상 손과 발을 담그고 있는다.

02 남편이 손에 크림을 묻혀 발바닥 용천 반사구를 엄지손가락을 이용해 안에서 밖으로 시계 반대 방향으로 돌려가며 마사지한다.

03 소장의 반사구인 그림 부분을 엄지손가락을 이용해 화살표 방향으로 쓸어올리듯 마사지한다.

04 각 발가락의 끝을 엄지손가락으로 꾹꾹 눌러 지압한다.

05 다시 따뜻한 물에 손과 발을 담그고 손과 발에 열이 나도록 비빈다.

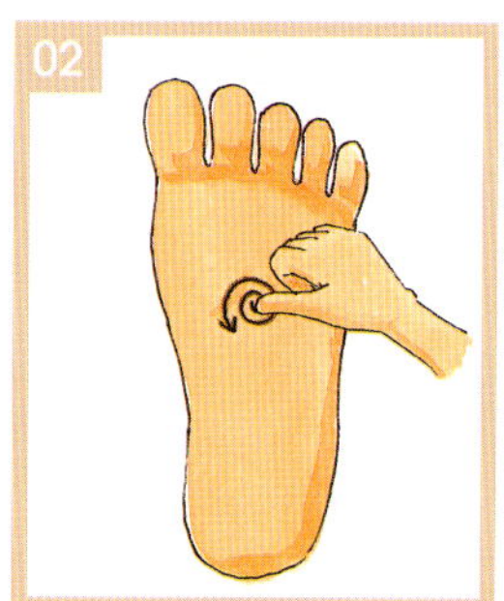

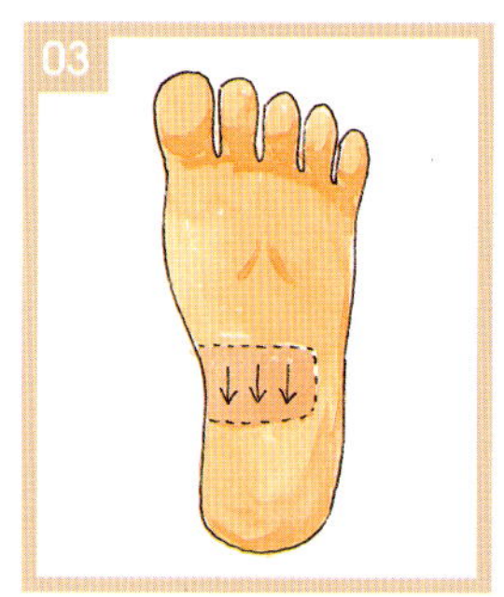

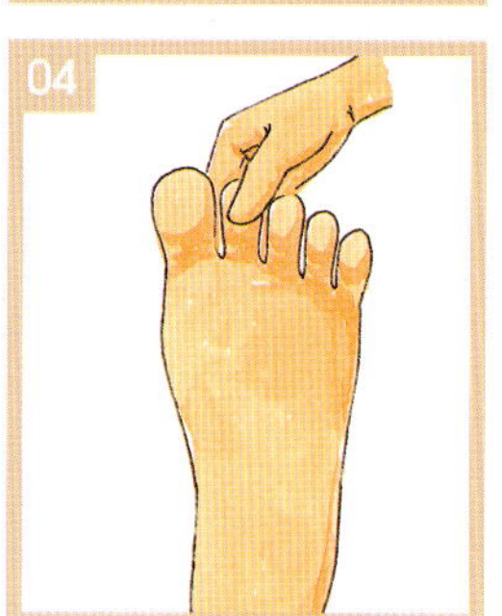

두뇌 발달 돕는 스킨십은 태아부터 신생아까지!

박문일 교수의 태교 특강 8

● 태아 · 엄마 · 아빠의 3人4脚 태교

태아는 … 8개월이면 좀 위험하긴 하지만 조산아로 태어나더라도 스스로 살아갈 수 있을 만큼 밖으로 나갈 채비를 거의 갖춘 셈이다. 피부도 주름이 많이 줄어들어 겉모습으로는 10개월 아기와 비슷하다. 청각과 시각도 거의 갖추어지게 되고, 임신 30주면 대뇌 뇌파가 나타날 정도로 아기의 감정도 명확해지는 시기. 키도 30cm에 가까울 정도로 훤칠해지는데 출산에 대비해 물구나무 자세를 취하는 것이 특징. 몸이 커지면서 움직일 공간이 줄어들어서 예전에 비해 태동은 심하지 않게 된다. 또한 출산 후를 준비해 폐호흡을 연습하는 기특한 모습도 볼 수 있다.

엄마는 … 태아가 커지면서 임신부는 더욱 심한 압박감을 느끼게 된다. 태아가 폐와 심장을 압박해 가슴이 답답해지고, 위가 쓰리기도 하며, 체한 느낌이 들기도 한다. 또한 방광을 압박해서 요실금 증상이 나타나는 임신부도 있다. 또 호르몬의 영향으로 허리통증이 심해지기도 하는 등 한마디로 총체적 난국이라고 할 수 있다. 다리뿐만 아니라 얼굴이나 몸의 부기가 하루 종일 계속된다면 임신중독증이 염려되므로 병원을 찾아야 한다. 또한 자궁이 쉽게 뭉치기도 하므로 틈틈이 안정을 취하는 것이 중요하다.

아빠는 … 아내가 힘들어지는 시기이므로 외조를 잘해야 하는 시기. 부은 다리나 몸은 자주 맛사지해주고, 작은 심부름 등은 남편이 알아서 해주는 것이 좋다. 또한 몸이 힘들어지면서 아내가 자꾸 누우려고만 할 때는 남편이 나서서 함께 산책을 하는 등 운동을 할 수 있도록 도와준다. 임신 말기에 몸을 자꾸 움직여줘야 분만 때 고생을 덜하기 때문이다. 또한 아내의 자궁이 예민한 상태이므로 성생활은 자제하는 것이 좋다. 아내의 몸이 힘든 만큼 남편의 적극적인 외조가 필요한 때다.

● 태아는 양수 냄새를 기억하는 놀라운 후각능력을 갖추고 있다

한 번 맡은 냄새를 기억하고 뭔가를 찾아오는 개나 고양이 같은 동물들을 보면 신기할 때가 많다. 정말 기가 막힌 후각 능력이다. 그런데 사람도 그 못지않은 후각 능력을 가지는 시기가 있다. 바로 태아 시기이다. 태아는 자궁 속에서 느꼈던 냄새도 기억하는 능력을 갖고 있다.

한 연구 발표에 의하면 미리 채취한 임신부의 양수를 엄마의 한쪽 젖꼭지에 바른 후 신생아를 가까이에 두니 거의 대부분의 신생아가 양수가 발라진 젖꼭지를 물었다고 한다. 이는 신생아가 태아적 양수의 냄새를 기억한다는 것을 증명한다. 이처럼 태아가 냄새를 기억한다는 것은 곧 후각 기능이 있다는 것이다.

그렇다면 태아 때 있었던 이 놀라운 후각 능력은 다 어디로 가는 것일까? 어른이 되면 기껏 음식 냄새를 맡는 정도밖에는 역할을 하지 못하는 것이 사람의 후각 능력이니까 말이다. 아쉽게도 태아의 놀랄 만한 후각 능력은 태어난 후 1주일 정도가 지나면 점점 사라져 극히 일부 능력만 남게 된다고 한다.

우리가 여기서 관심을 가져야 할 것은 단지 태아도 후각 능력이 있다는 것을 아는 것이 아니라 엄마의 자궁 냄새까지 기억하는 태아의 놀라우리만큼 예민한 감각과 기억력이다. 엄마의 자궁 내 환경을 모두 기억하는만큼 임신 기간 중에 좋은 것만 먹고, 좋은 것만 들려주고, 좋은 것만 보여주라는 교훈으로 받아들여야 하는 것이다.

● 피부는 제 2의 뇌, 태아 때부터 신체접촉을 시도한다

신생아의 두뇌가 신체 접촉과 밀접한 관련이 있다는 것은 이미 잘 알려진 사실이다. 수많은 베이비 맛사지법과 오감 자극 스킨십 방법들이 나와 있고, 많은 학자들이 신생아가 태어나자마자 부모와 신체 접촉을 많이 할 것을 권하고 있는 것도 그 때문이다.

최근 새로운 분만법에서는 아기가 태어나자마자 다른 처치 과정을 거치지 않고 가장 먼저 산모의 가슴 위에 신생아를 올려놓고 엄마와 아기의 신체 접촉을 유도하기도 한다. '신생아의 피부는 제 2의 뇌'라는 말도 이런 신체 접촉의 중요성을 보여주는 것이다.

태어난 후의 신체 접촉도 중요하지만 태어나기 전에 신체 접촉은 더 중요하다. 아기가 뱃속에 있으니 직접 신체 접촉을 할 수는 없지만 그래도 학자들은 간접적으로라도 아기와의 접촉을 시도하라고 권한다. 그것이 태아의 두뇌 발달이나 정서안정에 도움이 된다는 것이다.

● 아빠나 엄마가 배를 쓰다듬는 행동이 태아의 두뇌 발달을 돕는다

그렇다면 태아와의 간접적인 신체 접촉은 어떻게 해야 할까. 임신부가 자신의 배를 쓰다듬는 것, 남편이 아내의 배를 쓰다듬어주는 것, 그것이 바로 부모와 태아의 간접적인 신체 접촉 방법이다. 태아의 뇌 발육을 위해 권장되고 있는 이 방법은 태아뿐만 아니라 임신부의 심신 안정에도 도움이 된다.

물론 너무 심하게 쓰다듬어서 자궁 수축이 올 정도로 하면 안 되므로 조절을 잘 하도록 한다. 이렇듯 태아 두뇌를 자극해서 뇌 발육을 촉진시키는 것은 이 시기 태교의 중요한 지침 중의 하나이다.

자궁의 신비는 엄마와 태아가 함께 만드는 합작품

여성의 자궁은 신비롭기 그지없다. 의학적이고 생물학적인 신비야 이루 말할 수 없이 많겠지만 단지 외견상으로 보더라도 자궁의 신비는 대단하다. 여성의 자궁은 임신을 한 후 1,000배 이상 커진다고 한다.

임신하지 않은 여성의 자궁 크기는 단지 7~10cc 정도. 그런데 임신 말기가 되면 자궁은 태아, 태반, 양수를 합쳐서 무려 5,000cc가 넘는다. 이는 태아가 한 명일 경우이고 쌍둥이일 경우, 자궁의 크기는 두 배가 된다.

그러니 임신부의 자궁은 일반인들의 1,000배를 넘는다는 얘기다. 이것만 보아도 자궁의 신비에 대해 놀라지 않을 수 없다.

그런데 이렇게 자궁이 커지는 것은 태아 스스로의 노력의 결과이기도 하다. 임신 12주까지는 엄마가 호르몬 작용으로 자궁을 늘려주지만 이 시기가 지나면 자궁을 늘리는 것은 태아의 몫이다. 태아는 13주무렵부터 자신의 몸이 늘어나는 것에 맞춰 자신의 힘으로 자궁을 늘려 나간다. 그야말로 자급자족인 셈.

여성의 자궁을 사람들은 꿈의 궁전이라고 하는데 그렇다면 그 꿈의 완성에 태아도 분명히 일조를 하는 셈이다.

임신 33~36주

임신 · 태교 포인트

임신을 하게 되면 궁금한 것과 걱정되는 일이 많아진다. 특히 첫아기를 가진 엄마와 아빠의 경우에는 더욱 그렇다. 지금쯤 뱃속아기는 얼마나 자랐으며 어떤 모습을 하고 있는지, 엄마의 몸에 나타나는 여러 가지 증상들은 정상인지, 이번 주에는 어떤 태교로 뱃속아기와 이야기를 나눌 것인지, 궁금증은 꼬리에 꼬리를 문다. 주 단위로 태아와 임신부의 변화, 그리고 효과적인 태교방법을 요약하여 정리해 보았다.

태아의 성장발달 / 임신부의 신체변화

	태아의 성장발달	임신부의 신체변화
33주	● 폐 운동을 위해 양수를 들이마시고 호흡 연습을 한다. ● 머리카락이 많이 자라고, 남자아이의 경우 고환이 음낭으로 내려간다.	● 유방 맛사지는 샤워 후 잠들기 전에 하는 것이 가장 효과적이다. ● 태아의 급속한 성장으로 체중이 늘어나며 가슴앓이가 심해진다.
34주	● 머리 골격이 단단해지고, 피부 주름이 줄어들며, 손톱 · 발톱이 자란다. ● 비수축 검사와 수축 자극 검사로 태아의 건강 상태를 알 수 있다.	● 태아의 하강이 느껴지면서 숨쉬기가 다소 편해진다. ● 호르몬 분비가 늘면서 유선이 발달해 유두에서 끈적한 유즙이 나오기도 한다.
35주	● 폐가 충분히 발달한다. ● 이 시기에 태어난 아기의 생존 확률은 99%이다.	● 분만이 가까워올수록 허리 통증이 더욱 심해진다. ● 몸이 더 무거워지면서 잠을 푹 자기 힘들어지고, 감정의 기복이 심해진다.
36주	● 출생 뒤에 체온조절을 할 수 있도록 피하지방이 생긴다. ● 태아는 아직 혼자 힘으로는 호흡할 수 없다.	● 방광이 압력을 받기 때문에 화장실에 가는 횟수가 잦아진다. ● 분만 예정일이 다가오면서 태동이 줄어든다.

이번 주에 체크할 일

- 과일은 반드시 껍질을 벗겨서 먹도록 한다.
- 양수는 언제라도 터질 수 있으므로 조기파수의 신호를 알아둔다.

- 유선이 발달하면서 가슴이 당기거나 아프게 된다.
- 초기 진통이 시작되면 이슬이 비칠 수 있다.

- 진통의 신호와 언제 병원에 가야 할 지에 대해 알아둔다.
- 자궁 수축은 대개 규칙적이며 시간이 지날수록 지속 시간과 강도가 증가한다.

- 유방의 수유를 돕는 맛사지를 게을리 하지 않는다.
- 자연분만은 출산 후 이틀이면 퇴원할 수 있고 분만 후 회복기간도 짧다.

이번 주의 효과적인 태교

음식태교

- 발육을 돕고 뼈를 튼튼하게 하는 음식을 먹는다.
- 산수유와 오미자는 신장기능을 강화시켜준다.
- 분만시 출혈에 대비해 쑥차와 잉어를 먹는다.
- 해삼과 대추가 태아를 안정시킨다.

＊ 이 시기에 꼭 맞는 요리

산수유차

해삼찜

두부명란찜

운동태교

- 임신 후반기에는 태아의 머리와 늘어난 자궁으로 골반 통증이 심하다.
- 회음부 압박과 빈뇨 등이 나타날 때는 케켈운동과 골반 조이기 운동이 도움이 된다.
- 정맥류가 있을 때는 다리를 올리는 운동을 하여 발과 다리의 피로를 풀어주도록 한다.
- 똑바로 누워서 하는 동작의 경우 3~5회 반복 후 몸을 옆으로 돌려 눕는다.

＊ 이 시기에 꼭 맞는 운동

다리 올리기

균형잡기

마사지태교

- 발 마사지는 입덧이나 부기와 같은 일반적인 임신 트러블을 풀어줄 뿐만이 아니라 임신중독증이나 임신성 당뇨 같은 임신성 질병까지도 완화시켜준다.
- 생식선 반사구나 난소 반사구 등을 수시로 마사지하여 질병 트러블을 없애보자.

＊ 이 시기에 꼭 맞는 마사지

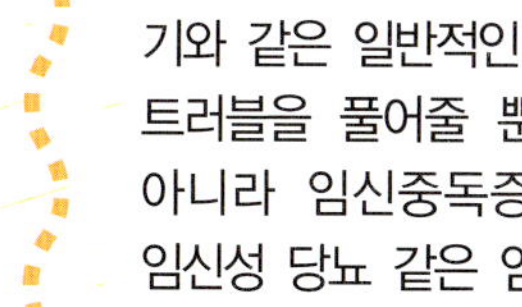

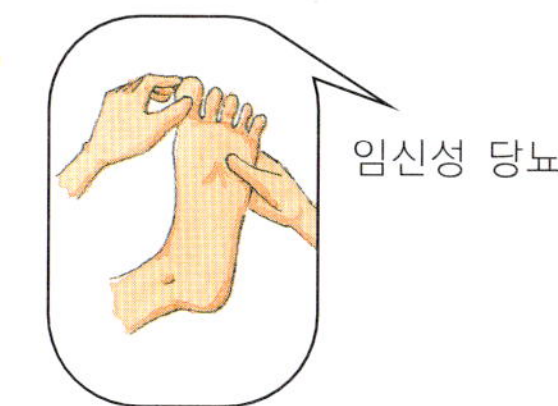

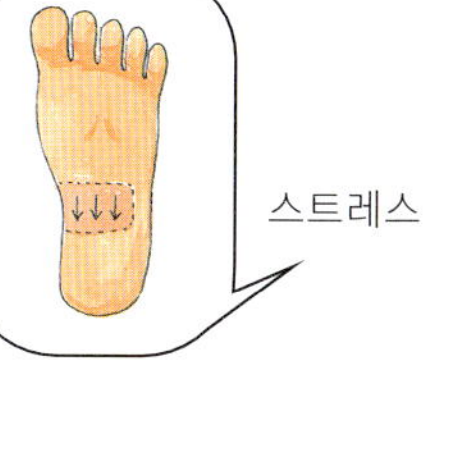

주 단위 임신 캘린더

임신 33주

>> 태아는 얼마만큼 자랐을까?

태아의 체중은 2kg, 머리끝에서 둔부까지의 길이는 30cm, 전체 길이는 43cm 정도 된다. 폐 운동을 위해 양수를 들이마시고 호흡 연습을 하며, 머리카락이 많이 자라고, 남자아이의 경우 고환이 음낭으로 내려간다.

>> 임신부의 몸에는 어떤 변화가 나타날까?

배꼽에서 자궁 상부까지의 길이는 13cm이고, 치골에서 자궁 상부까지의 길이는 33cm 정도 된다. 이때쯤이면 체중이 9.9~12.6kg 증가하는 것이 정상이다. 허리가 아플 때는 뜨거운 물 샤워나 맛사지로 근육 긴장을 풀어준다. 유방 맛사지는 샤워 후 잠들기 전이 가장 효과적이다. 태아의 급속한 성장으로 체중이 늘어나며 뱃속에 여유공간이 거의 없어 가슴앓이가 심해진다.

>> 이번 주에 잊지 말아야 할 일

조기파수 … 언제라도 양수가 터질 수 있으므로 조기파수의 신호를 알아둔다. 물처럼 맑고 투명한 액체가 계속 나오는 것은 양수가 터졌다는 신호이다.

출산 전까지 신선한 과일, 정백하지 않은 곡류, 유제품, 단백질 등을 충분히 섭취한다.

임신 34주

>> 태아는 얼마만큼 자랐을까?

태아의 체중은 2.28kg, 머리끝에서 둔부까지의 크기는 32cm, 전체 길이는 44cm 정도 된다. 머리 골격이 단단해지고, 피부의 주름이 줄어들며, 발톱이 생기고, 손톱이 손가락 끝까지 자란다. 비수축 검사와 수축 자극 검사로 태아의 건강 상태를 알 수 있다.

>> 임신부의 몸에는 어떤 변화가 나타날까?

다른 임신부에 비해 배가 얼마나 큰가 작은가는 그리 중요한 문제가 아니다. 중요한 것은 자궁이 적절한 속도로 커지고 있는가 하는 것이다. 이것은 자궁 속에 있는 태아가 정상적으로 자라고 있다는 신호가 된다.

얼굴에 흰 얼룩이 생길 수도 있지만 출산 후엔 사라진다. 태아의 하강이 느껴지면서 숨쉬기가 다소 편해지는 반면 태아가 골반으로 내려가 압박감을 느낄 수 있다. 압박감이 걱정되면 골반 검사를 받아보도록 한다. 호르몬 분비가 늘어나면서 유선이 발달해 유두에서 끈적거리는 유즙이 나오기도 한다.

>> 이번 주에 잊지 말아야 할 일

가슴 통증 … 유선이 발달하면서 가슴이 당기거나 아프게 된다. 가슴의 통증을 줄이려면 뜨겁지 않은 물로 목욕한 다음 전문의에게 처방 받은 크림을 발라주거나 맛사지로 풀어준다. 호르몬의 변화로 콜레스테롤 수치가 높아질 수 있다. 간식으로 적당한 메뉴는 구운 감자와 브로콜리, 요구르트 등이다.

조기파수를 조심해야 한다. 양수는 언제라도 터질 수 있으므로 임신 말기에는 무리하게 일을 하지 않도록 한다. 이 시기가 되면 태아의 머리가 골반으로 내려가 하강감이 느껴지면서 위를 누르던 압박감이 사라져 다소 편안해진다. 그리고 태동이 현격하게 줄어든다.

임신 35주

〉〉 태아는 얼마만큼 자랐을까?

태아의 체중은 2.5kg, 머리끝에서 둔부까지의 길이는 33cm, 전체 길이는 45cm 정도 된다. 폐가 충분히 발달하며, 이 시기에 태어난 아기의 생존 확률은 99%이다.

〉〉 임신부의 몸에는 어떤 변화가 나타날까?

배꼽에서 자궁 상부까지의 길이는 15cm, 치골에서 자궁 상부까지의 길이는 35cm 정도 된다. 체중은 10.8~13kg 정도 증가한다. 분만이 가까워올수록 허리 통증이 더욱 심해질 수 있다. 유방은 최대한으로 커져 있고 몸이 더 무거워지면서 잠을 푹 자기 힘들어지고, 감정의 기복도 심해진다.

〉〉 이번 주에 잊지 말아야 할 일

영양 섭취 … 태아의 건강과 성장을 위해 비타민과 미네랄을 많이 섭취하고, 모유 수유를 원한다면 영양섭취에 더욱 신경을 쓴다.

자궁 수축 … 이때쯤이면 출산 때문에 신경이 예민해져 있을 것이다. 진통의 신호와 언제 병원에 가야 할지에 대해 잘 알아두도록 한다.

자궁 수축은 대개 규칙적이며 시간이 지날수록 지속 시간과 강도가 증가한다. 진짜 진통은 규칙적인 리듬을 느낄 수 있다. 그러므로 자궁 수축의 빈도와 지속시간을 체크해 두었다가 이것을 근거로 병원에 가야 할 시간을 결정한다. 자궁수축이나 통증 없이 출혈이 있으면 위험신호. 이럴 때는 무조건 서둘러 병원으로 가야 한다.

임신 36주

〉〉 태아는 얼마만큼 자랐을까?

태아의 체중은 2.75kg, 머리끝에서 둔부까지의 길이는 34cm, 전체 길이는 46cm 정도 된다. 출생 뒤에 체온조절을 할 수 있도록 피하지방이 생기며, 아직은 혼자 힘으로 호흡할 수 없어 이 시기에 태어나면 인공호흡기에 의존해야 한다.

〉〉 임신부의 몸에는 어떤 변화가 나타날까?

배꼽에서 자궁 상부까지의 길이는 14cm, 치골에서 자궁 상부까지의 길이는 36cm 정도. 더 이상 뱃속에 공간이 없는 것처럼 느껴진다. 태아의 성장과 함께 자궁이 계속 커져 이제 늑골 아래까지 올라간다.

방광이 압력을 받기 때문에 화장실에 가는 횟수가 잦아진다. 11~13kg 정도의 체중 증가를 보이며 더 이상 체중 증가가 없을 수도 있다. 양수의 일부는 임신부 체내에 흡수되고 분만 예정일이 다가오면서 태동이 줄어든다.

〉〉 이번 주에 잊지 말아야 할 일

자연분만 … 자연분만은 수술 후유증이 적고 출산 후 이틀이면 퇴원할 수 있으며 분만 후 회복기간도 짧다. 하지만 골반이 작고 태아가 크면 자연분만이 어렵고, 쌍둥이 임신, 고혈압, 당뇨 등이 있는 임신부는 제왕절개를 할 가능성이 높다. 건강 상태에 따라 분만 방법을 결정하도록 한다.

유방 맛사지 … 유방의 수유를 돕는 맛사지를 게을리 하지 않는다.

이 시기에 효과적인 태교

태아기 중 임신 25~36주까지를 '만기태아기'라고 한다. 유산·조산을 예방하고 임신부종·임신중독증 등 임신 중에 나타나기 쉬운 질병까지 예방하는 음식을 적극적으로 섭취하면서 적절한 식이요법을 행해야 한다. 임신 중에 생기는 질병은 임신부에게도 어려움을 주지만 태아의 성장발육과 생사에도 절대적인 영향을 주기 때문이다. 아울러 이 시기에는 태아의 활발한 성장 추세에 걸맞게 음식을 섭취하면서 출산을 순조롭게 하기 위한 임신부의 체력단련에 도움이 되는 음식을 찾아 먹도록 한다.

발육을 돕고 뼈를 튼튼하게 하는 음식을 먹는다

임신 33~36주째를 〈소씨병원〉에서는 머리카락이 무성해지고, 피하지방도 알맞게 붙어 몸매를 갖추며, 성기도 거의 완성되어 고환이 음낭 안으로 내려오는 시기라고 했다. 태아가 소리나 빛에 반응을 보이며, 머리와 신체의 비율이 신생아의 그것과 거의 같아진다.

이 시기의 아기는 호흡과 젖을 삼키는 생활력도 갖춰져 있어, 태어난다 해도 95%는 생존할 수 있다 했다.

● 산수유와 오미자는 신장기능을 강화하고 발육을 완성시키는 데 도움을 준다

임신 33~36주째에는 모체의 '족소음경맥(足小陰經脈)'이 태아를 기른다. 족소음경맥은 신장 경락이다. 그래서 신장 기능을 강화하여 성기 발육을 돕고 뼈를 튼튼하게 하며 태아를 전인격체로 완성시키는 데 도움이 되는 음식을 많이 먹도록 해야 한다.

예를 들어 오미자차나 산수유차가 신장 기능을 보하고 태아의 정혈(精血)을 돕는다. 굴, 산딸기, 밤, 검정콩 등이 다 좋다.

그리고 초산부의 경우라면 약 반수 정도는 이 시기에 태아가 골반 내로 진입한다. 따라서 분만 때 출혈을 예방하기 위해 이 시기부터는 비타민 C, K, B, 엽산, 철분 등이 많이 함유된 식품을 섭취하도록 노력한다. 이런 식품으로는 효모, 붉은색 육류, 간, 우유, 치즈, 달걀노른자, 어란, 조개, 멸치, 김, 양배추, 시금치 등을 들 수 있다.

● 분만 시 출혈에 대비해 쑥차나 잉어를 먹으면 좋다

또 이 시기에는 태반의 조기박리가 잘 일어난다. 정상 위치의 태반은 태아 분만 후, 후산 진통에 의해 박리가 되는 것이 '원칙인데, 이 시기에 태반이 조기 박리되면 심한 출혈을 일으켜 모체나 태아가 위험 상태에 빠지는 경우가 있다.

모체에는 심한 단백뇨, 부종, 고혈압 등 3대 증상이 나타나며, 박리된 면이 넓어지게 되면 약 60~80% 태아는 자궁 내에서 사망하게 된다. 모체도 하혈을 계속함에 따라 실신, 혼수, 사망에까지 이르게 된다. 이때 사망률은 약 10~30% 정도다.

전문의와 상담해야 하지만 예방 차원에서 쑥차나 쑥떡을 평소에 자주 먹도록 하고, 생지황즙을 자주 먹거나, 혹은 찹쌀죽에 큰 파 밑동 3~5개를 잘게 썰어 넣고 다시 끓여 먹어도 좋다. 잉어도 좋고 해삼도 좋다.

● 해삼과 대추가 태아를 안정시킨다

해삼은 콘드리아친 성분이 있어 태아를 안정시킨다. 대추를 구워 먹으면 신경이 안정되고 허한 것을 보충할 수 있고 태아를 안정시킨다.

잣도 태가 불안정하여 핏물이 보이거나 하복부나 허리에 둔중한 통증이 올 때 놀랄 정도로 안정시킨다. 호박 꼭지를 볶아 가루 내어 찹쌀미음에 타서 먹거나 호박 줄기가 뻗 뱃속아기의 성장과 엄마의 신체변화에 맞춰 효과적인 태교를 해보자. 뇌가 발달하는 시기에는 어떤 음식을 먹어야 하는지, 손발이 생겨날 때는 어떤 영양분이 필요한지, 입덧이 심할 때는 어떤 마사지를 해주면 좋은지, 손발이 부을 때는 어떤 스트레칭을 하면 좋을지, 주 단위 태교포인트를 알아본다.

어 나갈 때 생기는 호박손을 삶아 마셔도 태가 불안정할 때 효과가 있다. 연뿌리 생즙, 당귀차도 지혈, 보온, 비타민 B, C, E 등을 공급하는 데 도움이 된다.

● 비타민 식품이 임신 중기 유산을 예방한다

물론 이 시기에는 임신 조기중절도 잘 일어난다. 일반적으로 태반 완성 전 임신 16주 이전에 임신 조기중절이 되는 것을 '유산'이라고 하고, 그 이후부터 28주까지의 중절을 '실산' 또는 '미숙산'이라 하고, 그 후 36주 사이로 태아의 체중이 1,000~2,500g 정도에서 중절되는 것을 '조산' 또는 '숙전산'이라고 한다. 조기중절의 예방 차원에서 평소에 칼슘, 비타민 등이 많이 포함된 음식물을 자주 섭취하는 것이 좋다.

● 아보카도는 과일 중 영양가가 가장 높다

또 비타민 E의 함량이 풍부한 음식을 먹도록 한다. 비타민 E의 정식 명칭은 토코페롤이다. '임신'과 '아기'의 두 단어가 합성된 것이 토코페롤이므로, 이름 그대로 이것이 결핍되면 유산 증세가 나타난다. 소맥배아, 해바라기유, 염소 등에 많다.

특히 염소에는 비타민 E가 45mg이나 함유되어 있고, 칼슘이 112mg, 철분이 21mg 그리고 비타민 B_1, B_2 등이 골고루 들어 있어서 임신 조기중절 예방에 그만이다. 그 밖에 세계에서 제일 영양가 높은 과일로 기네스북에 올라 있다는 아보카도에도 비타민 E가 듬뿍 들어 있다.

산수유차

말린 산수유 1/4컵,
물 3컵,
꿀 · 설탕 조금씩

01 산수유는 찬물에 재빨리 헹궈 건진다.
02 물에 산수유를 넣고 약한불에서 서서히 끓인다.
03 차의 빛깔이 우러나게 끓여지면 찻잔에 산수유차를 붓는다.
04 기호에 따라 꿀이나 설탕을 넣어 마신다.

해삼찜

불린 해삼 400g,
마늘 5개, 생강 1톨,
식용유 2큰술
양념장
채썬 대파 1/2컵,
굴소스 1작은술,
XO소스 1큰술,
청주 · 참기름
1작은술씩, 육수
2큰술

01 마늘과 생강은 각각 껍질을 벗기고 편썰기 한다.
02 팬에 식용유를 두르고 마늘과 생강을 볶아 향을 낸 후 먹기 좋게 썬 해삼을 넣고 살짝 볶는다.
03 ②의 해삼을 분량의 재료를 섞어 만든 양념장에 30분 정도 재워둔다.
04 찜통에 ③의 해삼을 넣고 5분 동안 찐다.

두부명란찜

두부 150g,
명란 2쪽,
실파 4대, 달걀 1개,
우유 1/2컵,
다시물 1/2컵,
소금 조금

01 두부는 물기를 빼고 칼끝으로 곱게 으깨어 놓는다.
02 명란은 겉의 막을 벗겨내고 알만 준비한다.
03 달걀은 잘 풀어놓고, 실파는 송송 썰어 놓는다.
04 볼에 풀어놓은 달걀과 우유, 다시물, 으깬 두부를 넣고 고루 섞는다. 여기에 명란을 넣고 섞은 다음 소금으로 간한다.
05 작은 그릇에 담고 위에 송송썬 실파를 얹은 다음 밥솥에 넣어 찐다. 수저로 눌러보아 단단하면 다 된 것이다.

전 선 혜 교 수 의
운동태교

모든 운동은 자연스러운 호흡과 함께 하며,
각 동작은 8~12회 정도씩 반복해준다.
늘려주는 동작을 할 경우에는 15~20초간 정지하고
있으면서 근육이 충분히 늘어날 수 있도록
해주어야 한다. 모든 동작은 반드시 오른쪽 왼쪽을
번갈아 실시해야 하며 같은 힘과 같은 각도로
운동이 이루어지도록 주의해야 한다. 호흡을 할
때에는 코로 숨을 들이마시고 입으로 숨을
내뱉는다. 4개월 이후에는 아기에게 전달되는
혈관이 눌리지 않도록 하기 위해 똑바로 누워서
하는 동작은 오래 하지 않도록 한다.
똑바로 누워서 하는 동작의 경우 3~5회 반복 후
몸을 옆으로 돌려 눕는다.

임신 후반기에는 태아의 머리와 늘어난 자궁으로 인한 압박으로 골반 통증이 심해지고 불편할 수 있다. 회음부 압박과 소변을 자주 보는 일은 흔한 현상이다. 임신부에 따라서는 걷는 것조차 압박을 줄 수 있는데 규칙적으로 케켈 운동이나 골반 조이는 운동을 하는 것은 이러한 요실금 현상을 줄이는 데 도움을 줄 수 있다. 방뇨가 문제가 되면 패드를 착용하는 것도 안전한 방법이 된다.

또한 이 시기에는 아기가 커지면서 위로 치받쳐 횡경막이 약 4cm 정도 위로 올라가면서 때때로 답답하고 호흡의 곤란을 느끼게 된다. 자주 상체를 올려서 호흡을 해주고 신선한 공기를 마실 수 있도록 해주는 것이 중요하다. 임신부에 따라서는 정맥류가 심하게 나타나기도 하는데 이는 임신 중 흔히 있는 일이다. 출산 후에는 대부분 연화된 정맥이 수축되어 증상이 사라지게 되는데 경우에 따라서는 출산 후 더 악화되기도 한다. 운동을 하면 혈액순환을 촉진시키고 혈관에 탄력을 주므로 상태를 개선할 수 있다.

정맥류가 있는 사람은 오랫동안 서 있거나 앉아 있는 것을 삼가는 것이 좋으며, 가능한 한 다리를 높이 올려놓고 있도록 한다. 굽이 높은 구두를 신지 않도록 하며, 조여주는 스타킹을 신는 것도 좋다. 무엇보다 발과 다리의 피로를 자주 풀어주는 것이 좋다.

질 조이기

호흡을 들이마시면서 천천히 항문부터 질이 조여지도록 힘을 준다. 다른 부위에 힘이 들어가지 않도록 유의하면서 조여주고 다시 입으로 호흡을 내쉬면서 천천히 풀어준다. 여섯을 천천히 세면서 조여주고 여덟을 천천히 세면서 풀어준다. 5번 정도 반복하고 옆으로 몸을 돌려 눕는다.

다리 벌려주기

누운 자세에서 무릎을 위로 들어 밖으로 벌린다. 입으로 호흡을 내쉬면서 상체를 들어올림과 동시에 무릎을 눌러준다. 다시 코로 숨을 들이마시면서 상체를 눕힌다. 5회 정도 반복하고 옆으로 몸을 돌려 눕는다.

균형 잡기

　다리를 넓게 벌리고 서서 코로 숨을 크게 들이
마시면서 양팔을 머리 위로 올린다. 다시 호흡을
내쉬면서 어깨 높이까지 양팔을 내린 뒤 한쪽 다리
로 균형을 잡으면서 반대쪽 다리를 옆으로 살짝 든
다. 호흡을 다시 하고 팔을 내렸다가 반대쪽으로
반복한다.

발목 부딪치기

　편안하게 손을 짚고 다리를 펴고 앉은 자세에서
다리 전체에 힘을 빼고 양 발목을 부딪친다. 이 동
작을 반복한다.

다리 올리기

　벽에 두 다리를 올린 상태로 누워서 한 다리를
옆으로 바닥까지 내렸다가 올려준다. 다시 반대 발
을 반복한다. 5회 정도 반복한 후 옆으로 누워서 휴
식을 취한다. 다리와 엉덩이 근육을 강화시키고 허
벅지 안쪽의 유연성도 증가시켜주며, 다리로 혈액
이 모이는 것을 방지하여 다리의 피로를 풀어준다.

김수자 교수의
마사지 태교

임신을 하게 되면 임신부는 감기에 걸리거나, 배가 아프거나, 머리가 지끈거리거나, 허리가 쑤셔도 함부로 약을 먹거나 바를 수 없어 불편함이 이만저만이 아니다.

임신 트러블은 임신이 진행됨에 따라 주별로 다양하게 나타나고 시간이 흐름에 따라 증상도 심해지는데, 이런 불편한 증상을 마사지로 해결해보자. 마사지 전문가 김수자 선생의 지도를 하나하나 따라하다 보면 저절로 통증이 사라진다. 입덧이나 부기는 물론 임신중독증과 같은 심각한 질병도 시원하게 해결할 수 있다.

임신성 당뇨

01 더운물에 20분 이상 발을 담근다.

02 발바닥 중앙의 용천 반사구를 2회 정도 꾹 눌러 지압한다.

03 대뇌 반사구인 엄지발가락을 엄지손가락과 검지손가락을 이용해 주무르듯이 마사지한다. 2회 정도 반복한다.

04 생식선 반사구인 발뒤꿈치 부분을 원을 그리듯 2회 정도 마사지한다.

05 남편의 엄지손가락과 검지손가락 사이에 아내의 발목을 끼우고 좌우로 부드럽게 돌리며 마사지한다.

06 둘째, 셋째, 넷째손가락을 붙여 쥐고 지문 부위로 아내의 복사뼈 둘레를 원을 그리듯 돌려가며 마사지한다.

07 그림의 발 안쪽 엄지발가락 아래에 위치한 췌장 반사구를 엄지손가락으로 4초씩 3회 눌러서 지압한다.

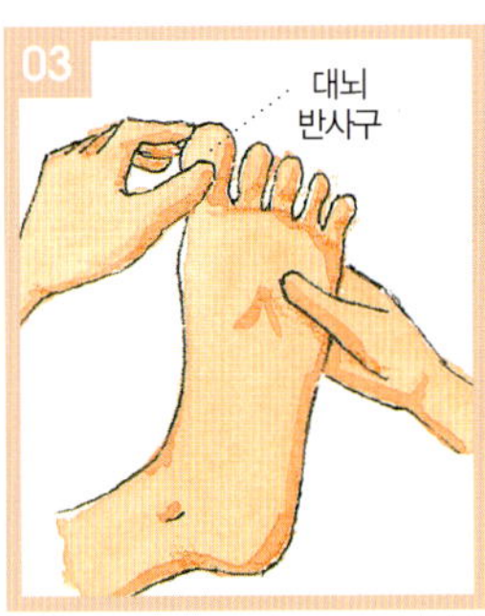

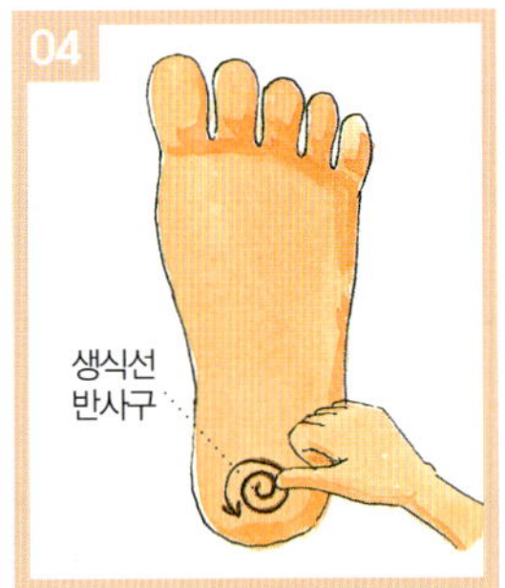

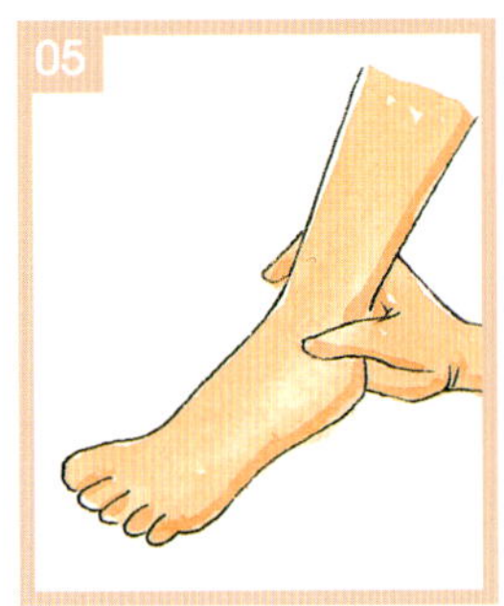

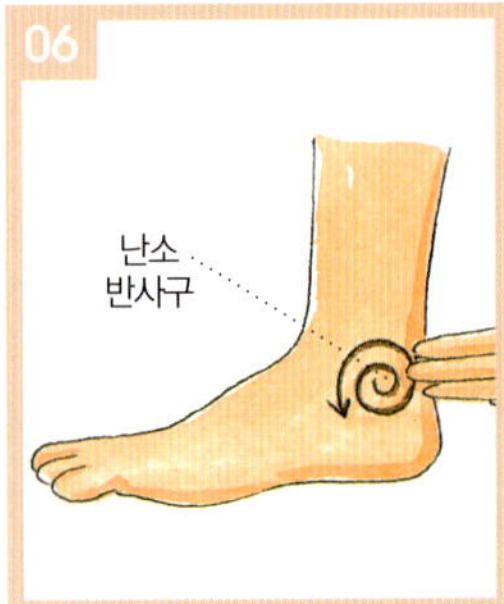

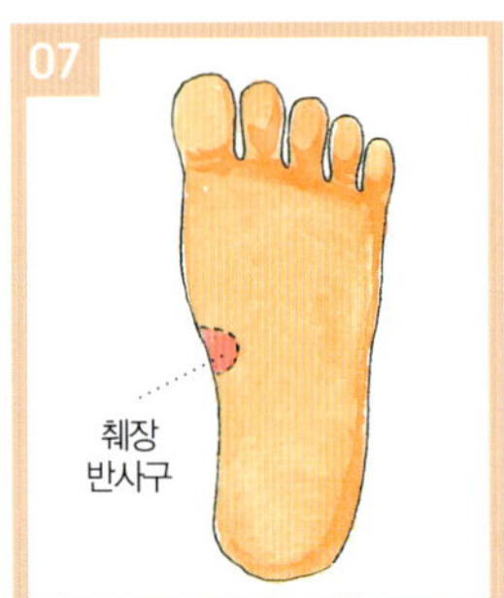

기억력 · 사고력 저하

01 발바닥의 용천 반사구를 엄지손가락으로 4초씩 2~3회 지압한다.

02 발목에서 무릎 쪽으로 한 손씩 발 쪽에 고인 혈액을 끌어올리듯 마사지한다. 손을 엇갈리며 한쪽씩 번갈아 한다. 1~2분 정도 반복한다.

03 대뇌 반사구인 엄지발가락을 엄지손가락과 검지손가락을 이용해 원을 그리듯 마사지한다. 2회 정도 반복한다.

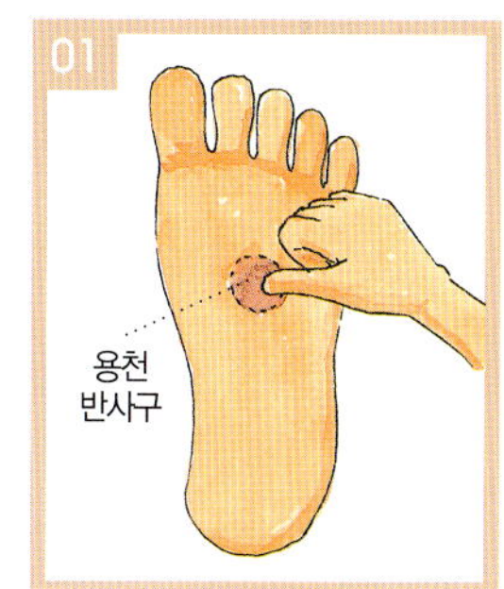

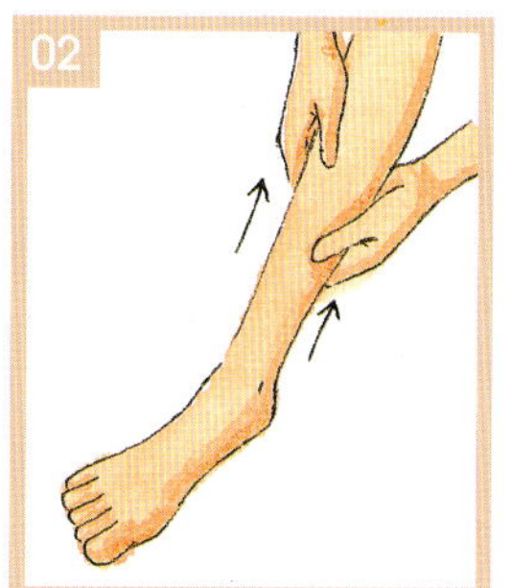

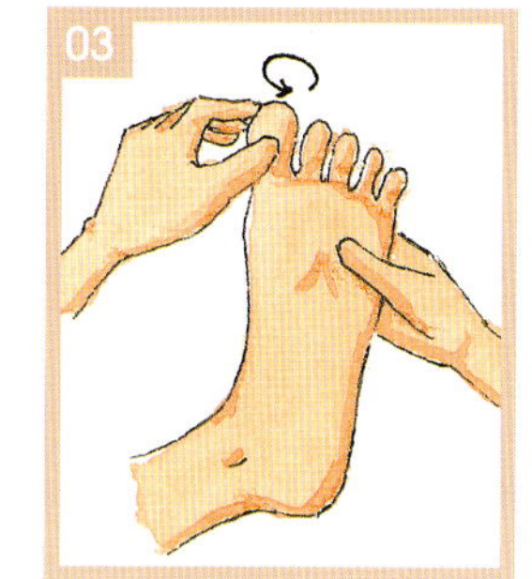

스트레스

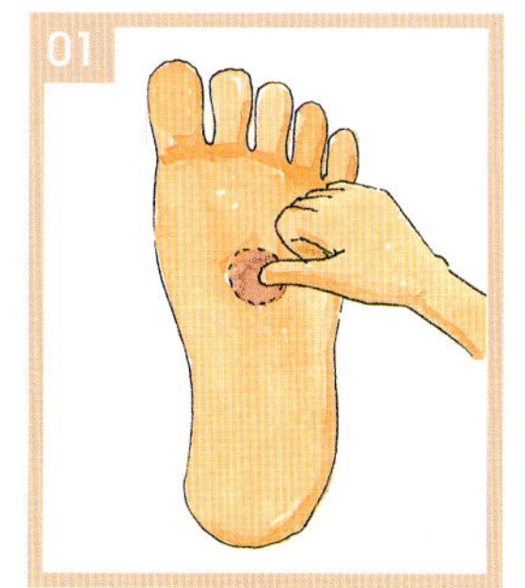

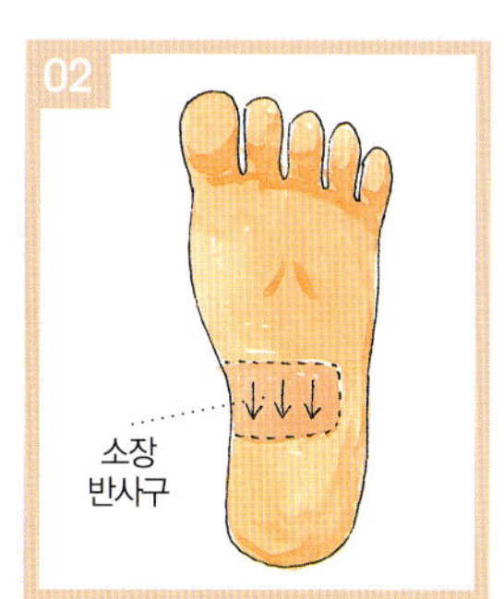

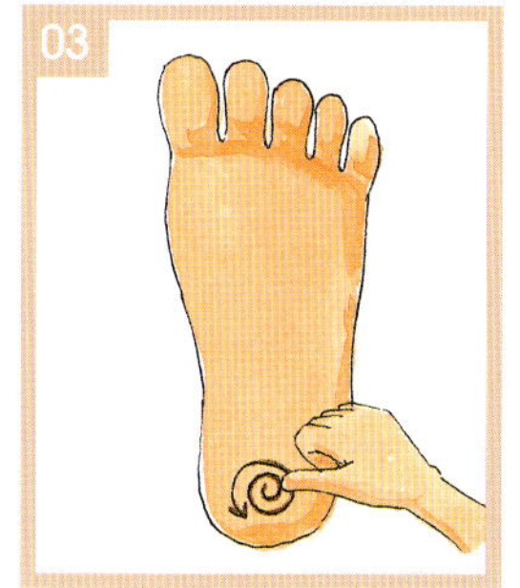

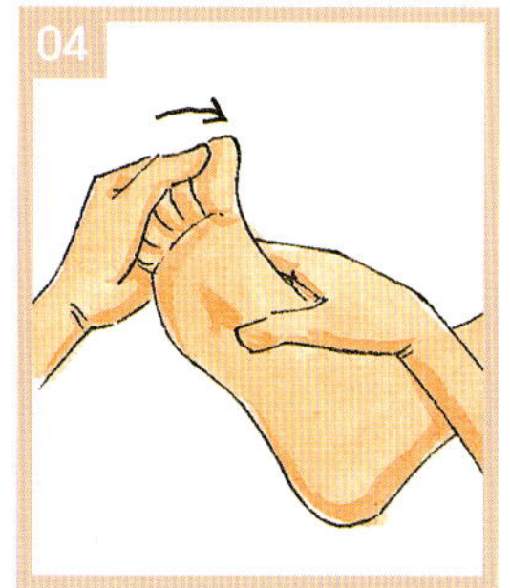

01 발바닥 중앙의 용천 반사구를 엄지손가락으로 천천히 4~5회 꾹 누른다.

02 소장 반사구를 그림의 화살표 방향으로 미끄러뜨리듯 마사지한다. 4~5회 반복한다.

03 생식선 반사구인 발뒤꿈치 부분을 원을 그리듯 굴리며 2회 정도 마사지한다.

04 한 손으로 발을 쥐고 다른 손으로 발가락 전체를 뒤로 젖힌다.

부부·친지·동료가 함께 하는 사회태교가 진짜 태교

**박문일 교수의
태교 특강
9**

● 태아·엄마·아빠의 3人4脚 태교

태아는 … 신체 각 기관이 완성되고 외모도 거의 사람의 모습을 갖추며, 태내의 모든 호르몬 분비선들이 어른과 비슷한 크기로 자란다. 한마디로 이제 세상에 나와도 충분히 스스로 살 수 있을 만큼 자랐다고 할 수 있다. 단, 폐만 아직 미성숙한 상태이다. 얼굴 표정을 찡그리기도 하고 웃기도 하는 등 감정 표현도 풍부해진다. 하지만 몸이 너무 커져 여유 공간이 적어지므로 자궁 내에서의 움직임은 둔해진다. 나갈 준비의 하나로 태아의 자세는 머리가 아래로 향한다. 아기는 이제 언제라도 나갈 준비가 되어 있다.

엄마는 … 자궁이 최고로 커져 숨이 차고, 가슴이 쓰리거나, 심장이 두근거리기도 한다. 커진 자궁은 방광도 압박해 소변을 자주 보게 되고, 요실금 증상이 나타나기도 하는데 일시적인 증상이므로 크게 걱정하지 않아도 된다. 사람에 따라 식욕이 없어지기도 하고, 변비나 치질이 생기는 경우도 많다. 다리도 자주 붓고, 배가 당기거나 뭉치는 일도 잦아진다. 그러므로 오래 서 있거나, 한 자세로 오래 있는 일은 피하고, 의식적으로 스트레스도 피하도록 한다.

아빠는 … 출산이라는 고통의 순간을 겪어야 하는 아내는 신체적으로 힘들 뿐만 아니라 심리적으로도 불안해질 수 있으므로 최대한 아내의 입장과 상태를 이해하고 배려해야 한다. 아내가 움직임도 둔해지고, 성생활도 피해야 하는 시기라 잠자리를 피한다고 투정을 한다면 아빠가 될 자격이 없는 사람이다. 아내와 함께 할 수 있는 시간을 최대한 많이 갖고, 맛사지나 호흡법을 함께 연습해보자. 아기용품 빠진 것도 하나둘 챙기며 아내와 함께 아기 맞을 준비를 하도록 하자.

● 태아도 꿈을 꾼다

'태아도 꿈을 꿀까?' 임신부나 주변 사람들은 아기를 얻을 때 꿈을 꾼다. 이를 사람들은 태몽이라고 한다. 사람마다 태몽이 다르고 그 태몽에 대한 해석과 분석도 제각각이지만, 태몽이란 엄마나 아빠에게 태교를 시작하라는 신호 정도로 생각하면 될 것이다.

그런데 엄마, 아빠가 꾸는 꿈 말고 태아도 꿈을 꾼다고 한다. 임신 9개월이 되었을 때 태아의 뇌파 테스트를 하면 램(REM)수면 상태가 나타난다. 램수면이란 숙면 상태에서 뇌파가 교차하면서 꿈을 꾸는 상태를 말한다. 물론 태아가 어떤 종류의 꿈을 꾸는지는 알 수 없지만 꿈을 꾸는 것만은 확실하다.

그렇다면 이때 엄마와 아빠는 태아에게 어떤 도움을 주어야 할까? 자신이 어떤 꿈을 꾸는지 잘 생각해본다면 거기에 답이 있다. 마음이 편하고, 즐거운 일이 많은 날 우리는 편안한 꿈을 꾸며 잠을 잔다. 하지만 마음이 불편한 날, 화나는 일이 있는 날은 잠도 잘 오지 않고, 꿈도 이것저것 섞여서 복잡한 꿈을 꾸기 일쑤다.

그런데 태아의 경험은 엄마를 통한 경험이 전부다. 그러니 엄마가 편안하고 안정된 마음으로 즐겁게 생활하는 것, 그것이야말로 태아에게 좋은 꿈을 선사해줄 수 있는 최선의 방법이다. 엄마는 곧 태어날 아기의 꿈을 꾸면서 행복해하고, 아기는 곧 만날 엄마와 아빠 생각을 하면서 행복한 꿈을 동시에 꿀 수 있는 방법은 임신부와 그 주변 사람들(특히, 남편과 직장 동료, 친척들)에게 달려 있음을 잊지 말자.

● 임신부가 아프면 태아는 몇 배로 아프다

임신부가 아기를 갖고 있는 10개월 동안 내내 즐거운 일만 있으라는 법은 없다. 때로는 원치 않은 사고를 겪을 수도 있고, 마음의 상처를 입을 수도 있고, 신체적인 고통을 겪을 수도 있고, 복잡한 가족사에 마음 상할 일이 생길 수도 있다.

그렇다면 임신부가 여러 형태의 고통을 겪을 때 태아에게는 어떤 영향을 미치게 될까? 이와 관련된 연구로 인공 유산 시 태아가 겪는 아픔에 대한 것이 있다. 인공 유산은 엄마에게 신체적 아픔을 주는 것은 물론이고 태아는 신체 조직 자체가 분쇄되는 아픔을 겪는다. 그런데 태아가 과연 그 통증을 느낄까? 연구에 의하면 태아가 통증을 느끼며 스스로 진통 효과가 있는 호르몬을 분비하는 것으로 나타났다.

참 끔찍한 연구결과라고 할 수 있다. 엄마 뱃속의 태아가 외부로부터의 통증을 엄마와 함께 느낀다는 것을 말해주기 때문이다.

● 보호받아야 할 임신부, 사회적인 태교가 필요하다

임신부는 열 달 동안 충분히 보호받아야 하는 사람이므로 주변 사람들의 배려가 필요하다. 사회적인 태교가 필요한 것도 이 때문이다. 직장에서도 동료가 임신을 했으면 최대한 배려하고, 시댁 가족들도 최대한 주의를 기울여 임신부에게 스트레스를 주는 일이 없도록 하는 등의 노력이 필요하다.

임신부는 혼자의 몸이 아니라 앞으로 평생을 살아갈 한 생명을 잉태한 사람이니 자신의 행동 하나, 말 한 마디가 두 사람에게 평생 상처를 줄 수 있다는 생각을 한다면 한번 더 조심을 하게 될 것이다. 생명을 올바르고 행복하게 키우는 일에 모두 참여하는 것, 그것이 곧 '사회적 태교'임을 기억하자.

산후건망증과 우울증이 걱정되나요?

이 시기 임신부들은 이런저런 걱정들로 불안해지기 쉽다. 분만의 고통이나 출산 후 육아에 대한 부담도 적지 않다. 임신 말기 임신부들이 염려하는 또 다른 일은 바로 '산후우울증'과 '산후건망증'이다.

하지만 두 현상은 그 원인만 정확하게 안다면 예방이 가능하므로 임신 말기에 괜한 스트레스 하나를 줄일 수 있다.

산후우울증은 임신부가 임신과 출산으로 인한 여러 가지 환경의 변화에 적응하는 과정에서 흔히 발생하는 신경질환이다. 그 원인으로는 임신부에게 부담을 주는 여러 가지 환경 요인들이 꼽혔는데, 최근의 연구에 의해 정확한 원인이 밝혀졌다.

임신부는 임신과 분만 과정에서 뇌 수축을 겪게 되는데, 이로 인하여 산후건망증이 생긴다. 이 증상은 대개 산후 6개월 정도가 지나면 회복되는데, 이를 완벽하게 회복하지 못하는 경우 산후우울증에 시달리게 된다고 한다.

그렇다면 그 원인은 단지 환경적인 것이나 심리적인 것만이 아니라 물리적인 뇌의 손상이라는 이야기이다. 임신부가 아기를 낳기 위해 겪는 몸의 변화와 고충이 어느 정도인지를 입증하는 연구결과다. 그러니 이러한 사실을 주변 사람들, 특히 남편에게 알려 제대로 된 배려를 받도록 하자. 그래야만 건망증도 우울증도 쉽게 이겨낼 수 있다.

임신
37~40주

임신·태교 포인트

임신을 하게 되면 궁금한 것과 걱정되는 일이 많아진다. 특히 첫아기를 가진 엄마와 아빠의 경우에는 더욱 그렇다. 지금쯤 뱃속아기는 얼마나 자랐으며 어떤 모습을 하고 있는지, 엄마의 몸에 나타나는 여러 가지 증상들은 정상인지, 이번 주에는 어떤 태교로 뱃속아기와 이야기를 나눌 것인지, 궁금증은 꼬리에 꼬리를 문다. 주 단위로 태아와 임신부의 변화, 그리고 효과적인 태교방법을 요약하여 정리해 보았다.

태아의 성장발달 / 임신부의 신체변화

	태아의 성장발달	임신부의 신체변화
37주	● 태아는 계속 성장하고, 체중이 늘어난다. ● 피하지방이 많이 생겨난다.	● 태아가 골반 아래로 내려가면서 치질이 생길 수 있다. ● 진통이 시작되면 자궁 경부는 물렁해지고 얇아진다.
38주	● 태아 모니터 장치로 태아의 심박동을, 수축자극검사로 태아의 건강을 관찰한다. ● 혈액 샘플링으로 태아의 스트레스 정도를 알아볼 수 있다.	● 바닥에 등을 대고 눕는 자세는 호흡곤란과 구역질을 일으킬 수 있다. ● 무기력, 정서불안 등이 나타날 때는 적당한 운동이 좋다.
39주	● 폐가 완전히 발달한다. ● 태아는 자궁 밖에서도 기능을 발휘할 수 있을 만큼 신체의 모든 기관이 준비된다.	● 체중이 너무 늘지 않도록 조심한다. 태아의 하강으로 걷기가 힘들 수 있다. ● 가슴에 생긴 튼살은 출산 후 하얀 줄무늬로 남을 수 있다.
40주	● 태아가 자궁을 꽉 채우고 움직일 여지가 거의 없을 정도로 자란다. ● 아기가 세상에 나오기로 예정된 주이다.	● 복부를 가로질러 피부가 팽팽하게 늘어나 가려움을 느낄 수도 있다. ● 진해진 유륜의 색은 모유를 먹는 아기에게 시각적인 신호 역할을 한다.

이번 주에 체크할 일

- 출산 직전까지 식생활에 신경을 쓰도록 한다.
- 몸 상태에 맞게 운동을 한다.

- 조산 경험이 있는 임신부는 임신 말기 부부관계에 특히 주의한다.
- 단것이 먹고 싶을 때는 바나나, 건포도, 망고 등이 좋다.

- 영구불임을 원한다면 출산 직후 나팔관 결찰 수술을 받으면 된다.
- 모유 수유를 원한다면 임신기간 전반에 걸쳐 균형 잡힌 식생활을 한다.

- 진통과 분만의 양상은 사람마다 차이가 많으므로 마음의 준비가 필요하다.
- 진통이 시작되면 금식한다. 메스꺼움과 구토가 나타날 수 있다.

이번 주의 효과적인 태교

음식태교

- 방광기능을 강화시켜주는 음식을 먹는다.
- 다시마와 익모초가 방광 강화에 도움을 준다.
- 모유 분비를 촉진하는 음식을 섭취한다.
- 출산 후 약해진 뼈에 영양을 공급한다.

＊ 이 시기에 꼭 맞는 요리

양송이피망볶음

파슬리볶음밥

상추오이겉절이

운동태교

- 대퇴 안쪽 근육의 스트레칭은 분만을 수월하게 도와준다.
- 복부에 통증이 느껴질 때는 바로 휴식을 취한다.
- 똑바로 누워서 하는 동작의 경우 3~5회 반복 후 몸을 옆으로 돌려 눕는다.

＊ 이 시기에 꼭 맞는 운동

쪼그려 앉기

앉아서 골반 밀기

누워서 양다리 옆으로 벌리기

마사지태교

- 항상 출산에 대한 마음의 준비를 하고 있어야 한다.
- 출산 후 부기나 우울증으로 고민하는 임신부들이 많은데, 이런 트러블도 마사지로 충분히 해결할 수 있다.
- 임신 중에는 마사지를 할 때 지압봉을 사용하지 말고 엄지손가락이나 손바닥을 이용해 부드럽게 마사지한다.

＊ 이 시기에 꼭 맞는 마사지

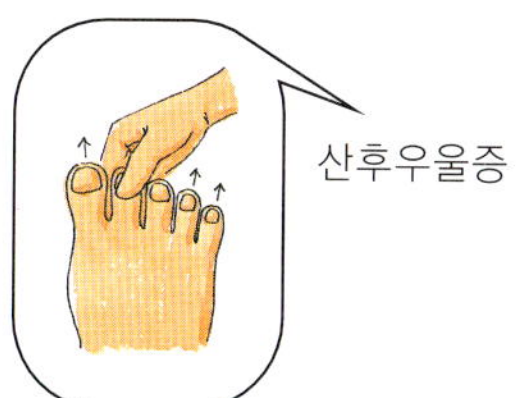

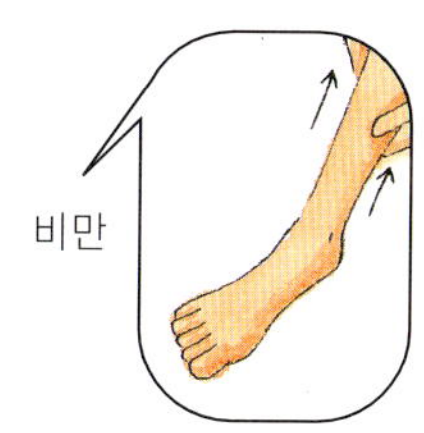

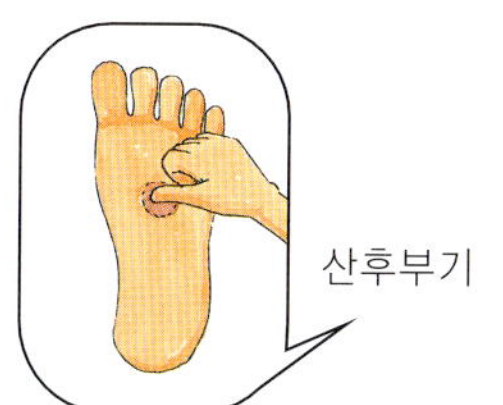

주 단위 임신 캘린더

임신 37주

>> 태아는 얼마만큼 자랐을까?

태아의 체중은 2.95kg, 머리끝에서 둔부까지의 길이는 35cm, 전체 길이는 47cm 정도 된다. 태아는 계속 성장하고 체중이 늘어나며 피하지방이 많이 생겨난다.

>> 임신부의 몸에는 어떤 변화가 나타날까?

자궁은 지난주와 크기가 비슷하다. 이때쯤 체중은 절정에 이르러 11~15kg 정도 증가하게 된다. 아기가 골반 아래로 내려가면서 치질이 생길 수 있고, 유방 한쪽의 무게가 400~800g 가량 된다. 진통이 시작되면 자궁경부는 물렁해지고 얇아진다. 분만 시 태아가 산도를 지나가면 허리와 등이 아플 수 있는데, 이 통증은 출산 후에도 오래 지속될 수 있다.

>> 이번 주에 잊지 말아야 할 일

식생활 … 출산 직전까지 식생활에 신경을 쓰도록 한다. 고지방·고칼로리 음식을 피하며 생선회나 육회는 리스테리아균이 의심되므로 피한다.

운동 … 질 근육을 강화하는 케켈운동, 복부 근육을 긴장·이완시키는 복부운동, 혈액순환을 돕고 부기와 경련을 막아주는 다리운동 등을 한다. 또한 가벼운 스트레칭은 인대와 관절 주위 근육을 강화시켜주는 효과가 있다.

임신 38주

>> 태아는 얼마만큼 자랐을까?

지금쯤 태아의 체중은 3.1kg, 머리끝에서 둔부까지의 길이는 35cm, 몸 전체의 길이는 47cm 정도 된다. 이제 태아는 완전히 성숙했다. 38주 이전에 태어난 아기를 미숙아라 부른다. 태아 모니터 장치로 태아의 심박동을 체크하며, 수축자극검사로 태아 건강을 관찰하고, 혈액 샘플링으로 태아의 스트레스 정도를 알아볼 수 있다.

>> 임신부의 몸에는 어떤 변화가 나타날까?

임신 마지막 몇 주 동안에는 배는 더 이상 커지지 않지만 매우 불편할 것이다. 배꼽에서 자궁 상부까지의 길이는 16~18cm, 치골에서 자궁 상부까지의 길이는 36~38cm 정도 된다.

이 시기에는 바닥에 등을 대고 눕지 않는 것이 좋다. 이 자세로 누우면 호흡곤란과 구역질을 느낄 수 있기 때문이다. 무기력, 정서불안 등이 나타날 수 있는데, 적당한 운동은 이런 증상을 완화하는 데 도움이 된다.

>> 이번 주에 잊지 말아야 할 일

성생활 … 조산 경험이 있는 임신부는 임신 말기 부부관계에 특히 주의하도록 한다. 모유를 먹일 생각이면 수유용 브래지어를 준비해 둔다. 앞부분이 열리는 타입이 편하다.

가슴앓이 … 한꺼번에 많이 먹지 말고 조금씩 자주 먹어야 가슴앓이가 없다. 균형 잡힌 식생활을 하도록 해야 하며, 단것이 먹고 싶을 때는 바나나, 건포도, 망고 등이 좋으며, 토마토나 치킨 샐러드도 좋은 간식거리다.

진통이 시작되면 태아 모니터 장치로 태아의 심박동을 관찰한다. 진통은 1시간이 될 수도, 10시간이 될 수도 있으므로 마음의 준비를 해두어야 한다. 뱃속 아기도 겪는 고통을 엄마가 이겨내지 못할 이유가 없다. 사랑스런 아기를 품에 안는 상상을 해보자.

임신 40주

>> 태아는 얼마만큼 자랐을까?

태아의 체중은 3.4kg, 머리끝에서 둔부까지의 길이는 37~38cm, 전체 길이는 48cm 정도 된다. 태아가 자궁을 꽉 채우고 움직일 여지가 거의 없을 정도로 자란다. 아기가 세상에 나오기로 예정된 주이지만 분만예정일은 어디까지나 예정일일 뿐이므로 이미 지난주에 출산을 했을 수도 있고 다음 주에 출산을 하게 될 수도 있다. 과숙아는 영양실조에 걸릴 확률이 높고 황달에 걸릴 확률도 높다

>> 임신부의 몸에는 어떤 변화가 나타날까?

배꼽에서 자궁 상부까지의 길이는 16~20cm, 치골에서 자궁 상부까지의 길이는 36~40cm 정도 된다. 이때쯤 되면 배가 더 이상 커질 수 없을 만큼 커지고, 아기를 출산할 준비가 되었다는 느낌이 들 것이다.

복부를 가로질러 피부가 팽팽하게 늘어나 가려움을 느낄 수도 있다. 또한 진해진 유륜의 색은 모유를 먹는 아기에게 시각적인 신호 역할을 한다.

>> 이번 주에 잊지 말아야 할 일

진통과 분만 … 진통과 분만의 양상은 사람마다 차이가 많으므로 마음의 준비가 필요하다. 마취 여부, 제왕절개 등 구체적인 분만 계획을 세운다. 진통이 어느 정도 계속될지 알 수 없으므로 어떤 조치를 받는지 미리 체크하고, 진통과 분만 시 발생할 수 있는 응급사태와 조치에 대해 알아둔다. 진통이 시작되면 금식한다. 메스꺼움과 구토를 하기도 하므로 주의하고, 갈증이 나면 물을 마시기보다 얼음을 빨아먹는 편이 좋다.

임신 39주

>> 태아는 얼마만큼 자랐을까?

태아의 체중은 3.25kg, 머리끝에서 둔부까지의 길이는 36cm, 전체 길이는 48cm 정도 된다. 솜털과 머리의 잔털이 빠지는데, 태아는 이것을 삼켰다가 나중에 태변으로 배출한다. 이때쯤이면 폐도 완전히 발달한다. 이제 태아는 자궁 밖에서도 기능을 발휘할 수 있을만큼 신체의 모든 기관이 준비된다.

>> 임신부의 몸에는 어떤 변화가 나타날까?

배꼽에서 자궁 상부까지는 16~20cm, 치골에서 자궁 상부까지는 36~40cm 정도 된다. 지금부터는 체중이 너무 증가하지 않도록 조심해야 한다. 12~16kg 정도 체중이 증가하는 것이 가장 바람직하다. 태아의 하강으로 인해 걷기가 좀더 불편해질 수 있고, 가슴에 생긴 튼살은 출산 후 하얀 줄무늬로 남을 수 있으므로 맛사지로 열심히 풀어주도록 한다.

>> 이번 주에 잊지 말아야 할 일

불임수술 … 불임을 원한다면 출산 직후 나팔관 결찰 수술을 받으면 되는데, 이는 영구불임수술이며, 수술 후 하복부 통증이나 허리 통증이 생길 수 있다.

모유 수유 … 모유 수유를 원한다면 임신기간 전반에 걸쳐 균형 잡힌 식생활을 하도록 한다. 젖 먹이는 엄마는 하루에 425~700kcal를 모유로 소모한다. 특히 위장장애를 일으키는 식품을 멀리하고 자극성이 강한 음식을 피한다. 또한 하루 2ℓ 이상의 수분 섭취와 칼슘 섭취에도 신경을 써야 한다.

이 시기에 효과적인 태교

신재용 한의사의
음식태교

분만일을 앞둔 임신 마지막 달에는 다른 때보다 건강에 더 유의해야 한다.

가능한 한 외출을 피하고 혹시 이슬이 비치지는 않는지, 양수가 터지지는 않는지 살펴보면서 출산의 순간을 준비해야 한다. 분만을 돕는 익모초차를 마시는 것도 도움이 되며 모유 분비를 촉진하는 상추와 파슬리 같은 야채를 즐겨 먹는 것도 좋다. 분만 후에는 태아의 발육과 분만 시 빼앗긴 철분, 단백질을 보충하는 식사를 하는 것도 잊지 말자.

방광기능을 강화시켜주는 음식을 먹는다

평균 임신 기간은 280일 또는 40주이지만 보통 38~42주로 본다. 태반은 태아 발육과 함께 증대하여 임신 말기의 무게는 500g 정도가 되며, 태아의 평균 무게는 약 3.4kg이지만 2.8~4kg을 정상체중으로 본다. 태아의 몸에 나 있는 솜털이 대부분 없어지고, 태지가 덮여 있는 피부 외층도 대부분 떨어진다.

● 다시마와 익모초가 방광 강화에 도움을 준다

임신 10개월에는 모체의 '족태양경맥(足太陽經脈)'이 태아를 기른다. 족태양경맥은 방광 경락이다.

이렇게 모체의 방광 기능에 힘입어 뼈마디와 신기가 다 갖추어진 다음 태아는 태어나게 된다. 따라서 방광 기능을 강화하는 음식을 먹어야 한다. 예를 들어 다시마를 비롯한 해조류가 좋다. 또 익모초차도 좋은데, 〈동의보감〉에 의하면 '아기를 빨리 낳게 하는 데 효과가 있다'고 했다.

● 모유 분비를 촉진하는 음식을 섭취한다

한편, 출산 후 모유를 먹일 준비도 해야 한다. 비타민 L은 젖 분비를 촉진하는 작용을 하므로 많이 섭취하는 것이 좋은데 동물의 간과 효모에 많다.

또 모유를 먹이게 되면 엄청난 비타민 C를 신생아에게 빼앗기게 되므로 출산 후 모유를 먹이려면 이 시기부터 비타민 C를 평소보다 40mg 정도를 더 늘려 섭취해야 한다.

한 연구 논문에 의하면 임신 10개월째 임신부의 혈중 비타민 C를 측정했더니 평상시의 1/3 정도에 불과했다고 한다. 이는 모체에 있는 비타민 C가 태아에게로 많이 이동하고 있다는 증거이므로, 임신 중에는 비타민 C의 섭취를 늘려야 한다. 특히 출산을 앞둔 임신 10개월째는 더 염두에 두어야 한다.

● 출산 후 약해진 뼈에 영양을 공급한다

참고로 비타민 C는 상처나 수술 후 조직이 빨리 원래대로 회복하게 해주며, 뼛속의 단백질을 충족시켜 각종 골 질환을 예방·치료하는 데 큰 도움이 된다.

따라서 출산 후 후유증을 빨리 회복하고 임신 중 약해진 뼈를 빨리 회복하려면 임신 중에 비타민 C를 많이 섭취해야 하는데 특히 임신 10개월째인 37~40주에는 섭취량을 늘릴 필요가 있다. 비타민 C는 야채와 과일에서 섭취하는 것이 가장 좋다. 그중에서도 가장 좋은 것이 파슬리며, 양배추, 피망, 시금치, 귤, 녹차, 상추 등이다. 특히 상추는 유즙 분비 촉진 작용이 대단하다.

또 한 가지 알아두어야 할 것은 모유를 먹이는 산모의 경우 지방이 많은 음식을 피해야 한다. 고지방 음식을 섭취하게 되면 젖이 끈끈해져서 수유에도 문제가 생기며 아기에게도 좋지 않다. 그러므로 육류를 먹을 때는 살코기만 골라서 먹도록 한다. 그리고 차가운 성질의 음식이나 짠 음식도 가능한 한 피하는 것이 좋다.

뱃속아기의 성장과 엄마의 신체변화에 맞춰 효과적인 태교를 해보자. 뇌가 발달하는 시기에는 어떤 음식을 먹어야 하는지, 손발이 생겨날 때는 어떤 영양분이 필요한지, 입덧이 심할 때는 어떤 마사지를 해주면 좋은지, 손발이 부을 때는 어떤 스트레칭을 하면 좋을지, 주 단위 태교포인트를 알아본다.

● 산욕기의 일일 식품구성표

식품군	곡류군			
종류	밥	밀가루	감자류	콩류
수량	630g	90g	450g	20g
대표식품의 어림치	밥 3공기	밀가루 15큰술	감자(大) 3개	검정콩 2큰술
열량(kcal)	900	300	100	75
단백질(g)	18	6	2	8
지방(g)	—	—	—	6
탄수화물(g)	207	69	23	—
대체식품 (밥 1공기와 같은 열량)	식빵 3쪽 밤 18개	국수 1/2공기	고구마(中) 1/2개 밤 6개	두부 1/5모 순두부 1컵

식품군	어육류군			채소군
종류	어패류	육류	달걀류	채소류
수량	100g	40g	50g	420g
대표식품의 어림치	동태 100g	쇠고기 40g	달걀 1개	미나리 익혀서 2컵
열량(kcal)	100	50	75	120
단백질(g)	16	8	8	12
지방(g)	4	2	6	—
탄수화물(g)	—	—	—	18
대체식품 (밥 1공기와 같은 열량)	굴비 1토막 생굴 2/3컵	닭고기(小) 1토막	햄 1쪽 이면수(小) 1토막	무, 근대 (익힌 것) 2컵

식품군	지방군	우유군	과일군	
종류	유지	우유	과일	설탕
수량	30g	300cc	300g	10g
대표식품의 어림치	식물성 기름 6작은술	우유1컵 반	사과(中) 1컵 반	2작은술
열량(kcal)	270	313	150	40
단백질(g)	—	15	—	—
지방(g)	30	15	—	—
탄수화물(g)	—	28	36	10
대체식품 (밥 1공기와 같은 열량)	마요네즈 6작은술 베이컨 6조각	두유 2컵 반	바나나 1개 반	

영양기준량(열량 – 2150kcal, 지방 – 48g, 단백질 – 81g, 탄수화물 – 349g)

양송이피망볶음

양송이 12개, 피망 2개, 양파 1/4개, 소금·다진마늘 1큰술씩, 맛술·고추기름 1작은술씩, 통깨·송송썬 실파 2큰술씩, 실고추 조금

01 양송이는 밑동을 잘라내고 껍질을 벗긴 뒤 4등분한다.

02 피망은 씨를 말끔히 도려내고 4등분한 다음 2cm 길이로 넓적하게 썬다.

03 양파는 피망 크기로 썰고 실파는 송송 썬다.

04 팬에 기름을 두르고 다진마늘과 양파를 넣고 볶다가 양송이, 피망을 차례로 넣어 볶는다.

05 ④에 맛술과 고추기름, 소금으로 간을 하고 실고추, 통깨, 실파를 넣고 버무려 완성한다.

파슬리볶음밥

밥 4공기, 파슬리 조금, 버터 3큰술, 소금 조금

01 파슬리는 흐르는 물에 살짝 흔들어 씻어 물기를 충분히 닦는다.

02 손질한 파슬리는 줄기를 떼어내고 잎만 뜯어 칼끝으로 송송 다진다.

03 달군 팬에 버터를 두르고 버터가 녹기 시작하면 밥을 넣어 고루 뒤적여가며 고슬하게 볶는다.

04 ③에 다진 파슬리와 소금을 넣어 향을 돋우고 간을 맞춘다.

상추오이겉절이

상추 600g, 오이 1개, 쑥갓 60g, 깻잎 2묶음, 치커리 60g, 참나물 60g, 풋마늘대 20g
겉절이양념
청·홍고추 2개씩, 참치액젓·설탕 3큰술씩, 식초 4큰술, 다진마늘 1큰술, 깨소금· 굵은고춧가루· 참기름 2큰술씩

01 쑥갓과 치커리는 잘 씻어 5cm 길이로 자르고, 깻잎은 꼭지를 떼고 반으로 자른다.

02 참나물은 연한 것으로 골라 줄기 부분만 준비하고, 상추는 가운데 심을 잘라내고 씻는다.

03 오이는 소금으로 문질러 씻어 반 갈라 얄팍하게 반달 썰고, 풋마늘은 5cm 길이로 잘라 채썬다.

04 송송썬 청·홍고추에 분량의 재료를 섞어 겉절이양념을 만든다.

05 준비한 야채들을 접시에 담고 먹기 직전에 겉절이양념을 뿌려 골고루 버무려 낸다.

모든 운동은 자연스러운 호흡과 함께 하며,
각 동작은 8~12회 정도씩 반복해준다.
늘려주는 동작을 할 경우에는 15~20초간 정지하고
있으면서 근육이 충분히 늘어날 수 있도록
해주어야 한다. 모든 동작은 반드시 오른쪽 왼쪽을
번갈아 실시해야 하며 같은 힘과 같은 각도로
운동이 이루어지도록 주의해야 한다. 호흡을 할
때에는 코로 숨을 들이마시고 입으로 숨을
내뱉는다. 4개월 이후에는 아기에게 전달되는
혈관이 눌리지 않도록 하기 위해 똑바로 누워서
하는 동작은 오래 하지 않도록 한다.
똑바로 누워서 하는 동작의 경우 3~5회 반복 후
몸을 옆으로 돌려 눕는다.

대체적으로 임신 후반기가 되면 질 점액이 증가하게 되는데 평상시와는 달리 피가 약간 섞여 있는 것이 보이면 산달이 다가왔다는 것을 암시한다. 점액질이나 피가 보이면, 운동을 멈추고 의사와 상의하는 것이 좋다.

마지막 주가 되면 분만을 위한 호흡법을 익혀 두는 것이 좋다. 느린 진통과 빠른 진통에 대비한 라마즈 호흡법으로 분만 준비를 하고 대퇴 안쪽 근육의 스트레칭 운동을 통하여 분만을 수월하게 할 수 있도록 한다.

임신 후반기에 골반 주위나 그 아래의 치골 결합 부위에 통증이 느껴지면 산고의 징후라는 것을 명심해야 한다. 복부에 통증을 느끼는 임신부는 휴식을 취하면서 산고로 근육이 죄어오는 통증인지 아닌지를 잘 느껴 보아야 한다.

무릎 구부려 천장 보기

다리를 넓게 벌리고 양팔을 어깨 높이로 양 옆으로 벌려 들고 선 자세로 한 다리를 구부리면서 상체를 구부린 다리 쪽으로 보낸 다음 한 손은 바닥 쪽으로 한 손은 천장을 향하여 들고 천장을 쳐다본다. 이때 엉덩이가 빠지지 않도록 한다. 균형감을 증가시키고 대퇴 안쪽 근육을 유연하게 한다.

옆으로 누워 다리 들기

옆으로 누운 자세에서 아래쪽 다리는 가볍게 구부리거나 펴고, 반대쪽 다리는 편 상태에서 손으로 발을 잡고 위로 잡아당긴다. 엉덩이 근육과 허벅지 안쪽 근육의 이완을 돕는다.

쪼그려 앉기

양 발을 넓게 벌리고 서서 천천히 쪼그려 앉아 양손으로 몸 앞에서 바닥을 짚는다. 상체를 숙이고 무릎을 펴서 엉덩이부터 들어올려 일어선다. 대퇴 내전근의 이완을 돕는다.

앉아서 골반 밀기

양 발을 넓게 벌리고 무릎을 세우고 앉은 자세에서 양손으로 무릎을 잡고 숨을 크게 코로 들이마시면서 상체를 세워 골반을 앞으로 민다. 숨을 입으로 내쉬면서 등을 뒤로 동그랗게 민다. 골반의 이완을 돕고 등 근육의 피로를 풀어준다.

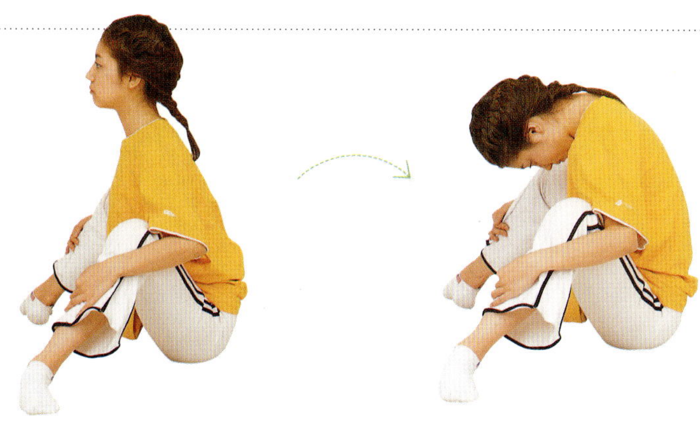

누워서 양다리 옆으로 벌리기

다리를 양옆으로 벌리고 무릎을 구부려 들어 올린 상태로 크게 숨을 들이마셨다가 내쉬면서 상체를 들어올리고 무릎을 펴 양손으로 종아리를 누른다. 천천히 다섯을 세고 정지하고 있다가 다시 숨을 들이마시면서 뒤로 눕는다. 2~3회 반복한 다음 옆으로 몸을 돌려 눕는다. 분만을 도와주는 호흡과 함께 허벅지 안쪽 근육의 유연성을 증가시킨다.

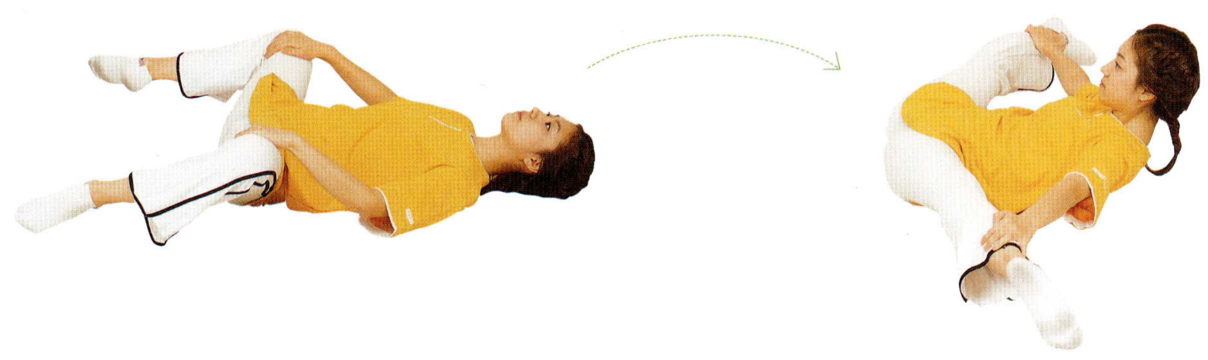

김수자 교수의 마사지 태교

임신을 하게 되면 임신부는 감기에 걸리거나, 배가 아프거나, 머리가 지끈거리거나, 허리가 쑤셔도 함부로 약을 먹거나 바를 수 없어 불편함이 이만저만이 아니다.

임신 트러블은 임신이 진행됨에 따라 주별로 다양하게 나타나고 시간이 흐름에 따라 증상도 심해지는데, 이런 불편한 증상을 마사지로 해결해 보자. 마사지 전문가 김수자 선생의 지도를 하나하나 따라하다 보면 저절로 통증이 사라진다. 입덧이나 부기는 물론 임신중독증과 같은 심각한 질병도 시원하게 해결할 수 있다.

산후우울증

01 발등 전체를 양손으로 잡고 사과를 쪼개는 듯한 포즈로 마사지한다. 4~5회 반복한다.

02 엄지손가락과 검지손가락으로 5개의 발가락을 하나씩 잡아당긴다.

03 발바닥을 잡고 뒤로 젖히는 스트레칭을 4~5회 반복한다.

04 자궁 반사구인 양쪽 복사뼈 둘레를 엄지손가락을 이용해 시계 반대 방향으로 원을 그리며 마사지한다.

05 양손의 엄지손가락을 마주대거나 한쪽 엄지손가락을 이용해 발바닥 중앙에 위치한 신장 반사구인 용천을 4초씩 3회 눌러 지압한다.

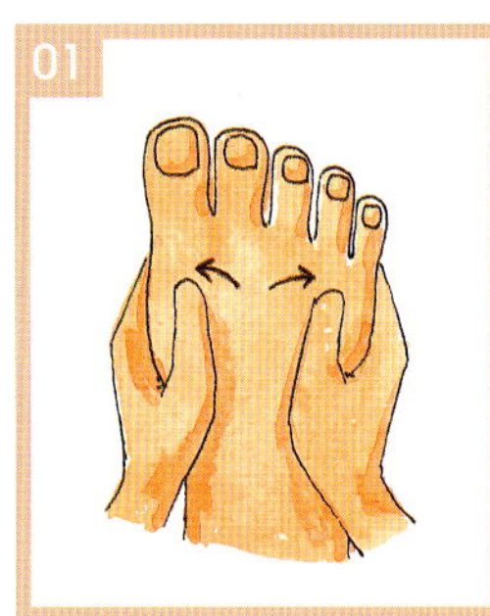

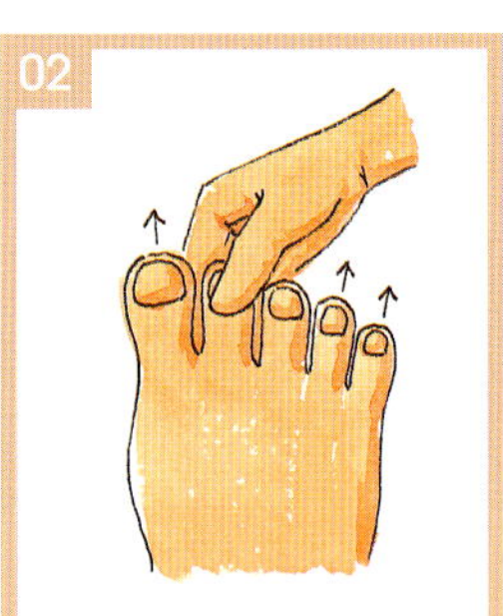

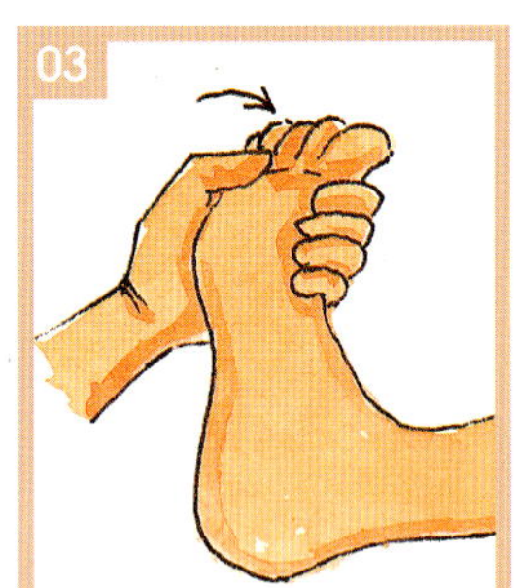

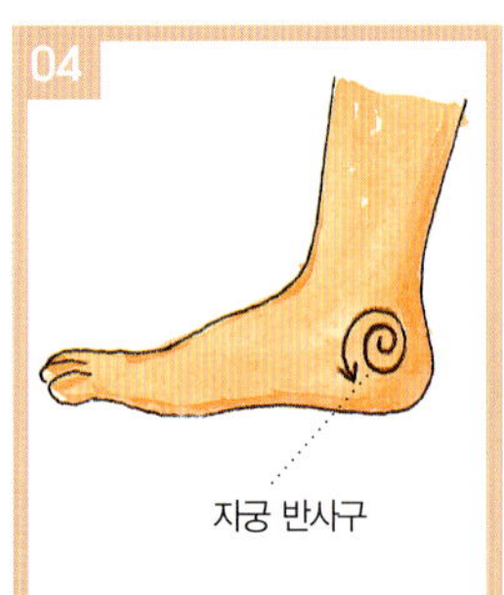

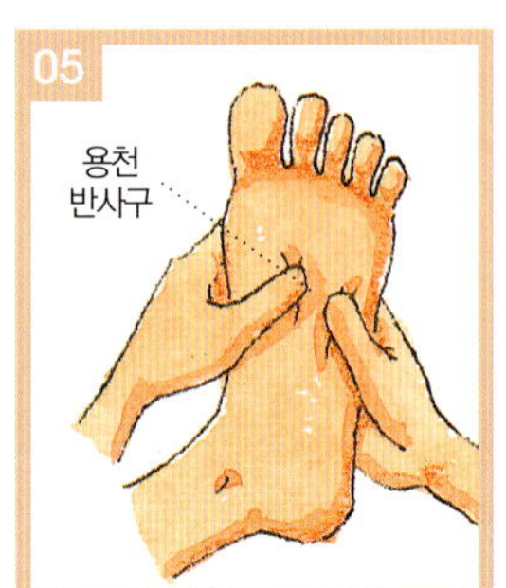

비만

01 발등 부위에 타월을 덮고 양손으로 발을 잡아 사과를 쪼개듯이 마사지한다. 1~2분 정도 마사지한다.

02 발목에서 무릎 쪽으로 발 쪽에 고인 혈액을 끌어올리 듯 한쪽씩 번갈아 가며 마사지한다. 1~2분 정도 반복한다.

03 발바닥 중앙에 위치한 용천을 엄지손가락으로 지그시 누른다. 4초씩 3회 반복한다.

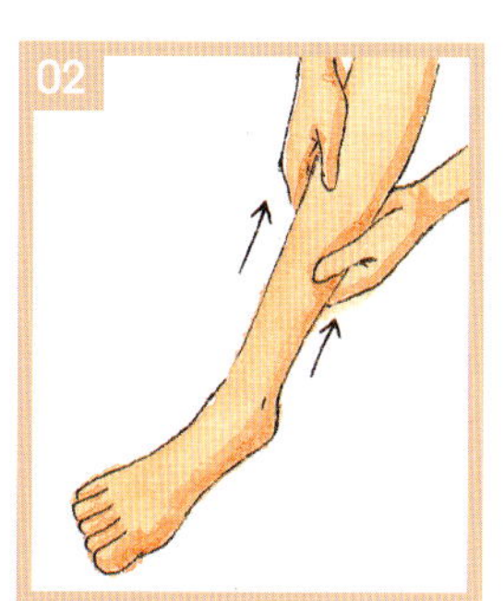

임신중독증

01 발등 부위에 타월을 덮고 양손으로 발을 잡아 사과를 쪼개듯이 마사지한다. 1~2분 정도 마사지한다.

02 발목에서 무릎 쪽으로 발 쪽에 고인 혈액을 끌어올리듯 한쪽씩 번갈아 가며 마사지한다. 1~2분 정도 반복한다.

03 발바닥 중앙에 위치한 용천을 엄지손가락으로 지그시 누른다. 4초씩 3회 반복한다.

젖이 잘 나오게

01 발바닥 중앙에 위치한 신장 반사구인 용천을 4초씩 3회 눌러준다.

02 대각선 방향으로 미끄러지듯 내려가며 수뇨관을 지압한다. 9회 정도 반복한다.

03 복사뼈 안쪽에 위치한 방광 반사구를 4초간 3회 정도 지압한다.

04 흉부 반사구인 발등 부위를 화살표 방향으로 미끄러지듯 4~5회 문지른다.

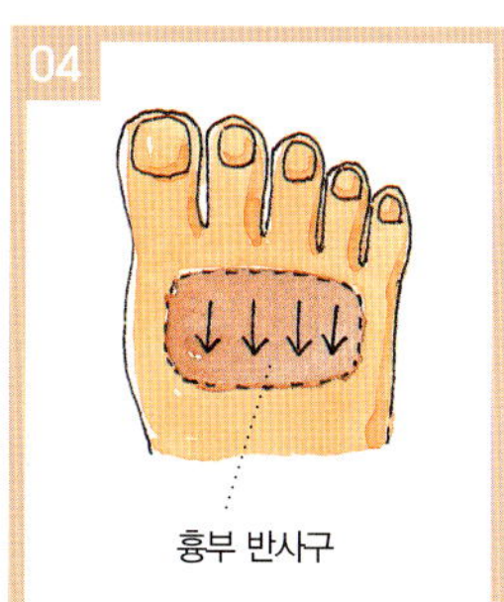

산후 부기

01 발등 부위에 타월을 덮고 양손으로 발을 잡아 사과를 쪼개듯이 마사지한다. 1~2분 정도 마사지한다.

02 발목에서 무릎 쪽으로 발 쪽에 고인 혈액을 끌어올리듯 한쪽씩 번갈아가며 마사지한다. 1~2분 정도 반복한다.

03 발바닥 중앙에 위치한 용천을 엄지손가락으로 지그시 누른다. 4초씩 3회 반복한다.

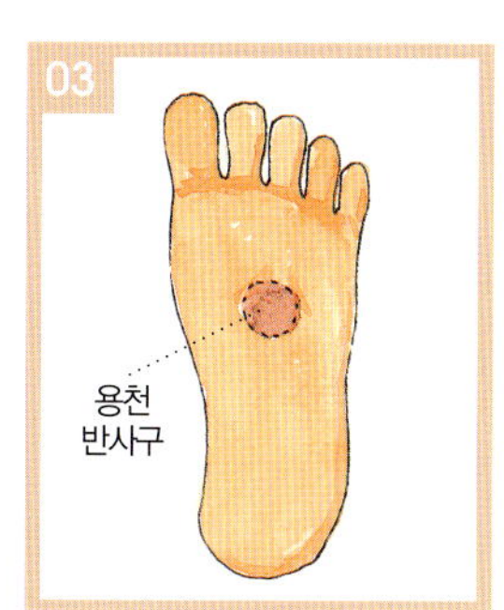

분만의 순간까지 태교는 계속된다! 쭈욱~

박문일 교수의
태교 특강
10

● 태아 · 엄마 · 아빠의 3人4脚 태교

태아는 … 이제 태아는 태어날 준비를 모두 마치고 태어날 순간만을 기다리고 있다. 외형적으로는 피부도 부드러워지고, 배내털은 다 빠지고, 손톱도 길게 자라고, 머리카락도 자라며, 성기도 커진다. 내부 장기는 심장이나 간, 소화기관, 비뇨기관 등이 모두 완성되어 있는 상태. 또한 출산 1주일 전부터는 호르몬을 분비하며 스스로 호흡할 준비를 서두른다. 또한 출산 준비 중의 하나로 모체로부터 여러 가지 항체를 받아들여 감염에 대한 면역력을 키운다. 이 시기 태아의 장 속에는 태변이 가득 차 있는 상태로 이 변은 출산 후 며칠 동안 변으로 배설된다.

엄마는 … 태아가 출산을 준비하듯 엄마의 몸도 출산 준비에 들어간다. 배의 크기나 무게가 늘어 중심 잡기가 힘들 정도가 되는데 자궁이 점점 아래로 내려가는 것을 느끼게 되면서 심장이나 가슴의 압박은 줄어든다. 하지만 자궁이 밑으로 내려가면서 방광을 압박해 소변은 더 자주 보게 되고, 아랫배와 넓적다리 부분에 통증을 느끼기도 한다. 태아의 머리가 골반 속으로 들어가 자리를 잡은 상태이므로 태동은 예전에 비해서 현저히 줄어든다. 출산을 위해 자궁구가 축축해지고 유연해지면서 분비물이 많아져 목욕을 자주 하게 된다. 아랫배가 당기거나 통증이 느껴지면서 횟수가 잦아지면 바로 병원으로 간다.

아빠는 … 드디어 아기가 아내의 뱃속에서 밖으로 나온다. 아빠는 어떻게 해야 할까? 불안해하는 아내와 함께 있어주는 것만큼 좋은 것이 또 있을까? 이 시기 임신부는 언제라도 병원에 갈 준비를 하고 있어야 한다. 언제 아기가 나올지 모르기 때문이다. 집에 혼자 있는 임신부의 경우, 혹시 혼자 있을 때 진통이 오는 게 아닌가 하고 불안에 떨 수 있으므로 최대한 아내 곁에서 불안을 덜어주고, 수시로 전화를 해서 아내의 상태를 체크하도록 한다. 그리고 출산 순간에는 가능한 한 아내와 함께 출산의 고통과 아기 탄생의 감격을 나누도록 하자.

● 자연분만은 아기의 지능 지수를 2점 높여준다

좋은 분만 환경은 아기의 지능뿐만 아니라 인성이나 부모와의 관계 등 많은 것에 좋은 영향을 미친다. 우리 나라의 제왕절개 비율은 세계 최고라고 하는데, 이렇듯 자연분만의 비율이 낮은 것은 임신부들이 자연분만을 두려워하는 정서도 한몫을 하며, 의사나 병원에서 제왕절개를 권유하는 사회적인 분위기가 원인이기도 하다. 다행스러운 것은 최근 들어 자연분만 비율이 조금씩 높아지고 있다고 하는데, 자연분만이 좋은 이유는 여러 가지가 있다.

이스라엘에서 나온 한 연구 결과를 살펴보면 자연분만으로 태어난 아기는 제왕절개로 태어난 아기에 비해 지능지수가 평균 2점 높은 것으로 나타났다. 이는 태아가 산도를 거쳐 나오는 동안 많은 신체 조직이 자극을 받기 때문으로, 제왕절개 시에는 그런 자극을 기대할 수 없다. 신체 자극과 뇌 발달은 떼려야 뗄 수 없는 밀접한 관계에 있다. 모유 먹는 아기의 지능이 좋은 것은 모유의 영향도 있지만 모유를 먹일 때 아기와 엄마간의 신체 접촉 때문이라는 것 역시 같은 예로 이미 잘 알려진 사실이다.

그러므로 아기의 엄마와 아빠는 가능한 한 자연분만이라는 출산 방법을 택하는 것이 바람직하다. 그리고 그것이야말로 태교의 끝을 아주 잘 마무리하는 것이 된다.

● 분만실에 남편의 출입을 허락하라!

출산은 태아와 엄마, 아빠 그리고 가족 모두의 축제가 되어야 한다. 그런데 아직 우리의 현실은 그렇지 못하다. 분만실에 혼자 들어가 있는 임신부, 혼자 진통하는 아내를 안쓰러워하며 밖에서 초조하게 기다리는 남편과 가족들, 그리고 낳자마자 엄마와 떨어져 신생아실로 가버리는 아기….

이것이 일반적인 우리네 분만실의 현 주소이다. 최근엔 많은 변화의 움직임이 보이고 있긴 하지만 그래도 아직 우리의 분만 환경은 위의 얘기와 크게 다르지 않다. 삭막한 분만 환경은 온 가족의 기쁨의 축제가 될 상황을 무미건조하고, 인정 없는 상황으로 전락시키고 만다. 하다못해 우리 옛 풍습만 보더라도 아내가 아기를 낳을 때 남편이 방 밖에서 창호지에 구멍을 뚫고 상투를 들이밀면 임신부는 그걸 잡고 힘을 썼다고 한다. 어쨌든 함께 출산의 고통(?)을 겪었다는 얘기다.

● 힘든 분만의 고통을 나눌 사람들이 필요하다

이렇게 임신부의 고통을 나누려는 마음이 임신부의 통증도 줄여줄 수 있다. 그네에 앉고, 노래를 부르고, 공 위에 올라가는 등 여러 가지 새로운 분만 방법들이 소개되고 있지만 중요한 것은 그러한 '방법'이 아니라 많은 사람들이 함께 임신부와 통증을 나누고 출산의 순간을 기뻐할 수 있는 그런 환경과 분위기의 변화라 할 것이다.

분만을 앞둔 남편이라면 다음의 것을 챙겨보자. 분만실에 남편이 들어갈 수 있는지, 가능하다면 분만실 조명의 밝기를 낮춰줄 수 있는지, 최대한 자연분만을 유도할 것인지 등을 꼼꼼하게 알아보는 것이다. 병원에서야 '귀찮고 쫀쫀한 이상한 남편'이라는 말을 들을 수도 있겠지만 뭐 어떤가. 아기와 아내에게만 최고의 남편이고 아빠면 되는 것이지. 아빠가 기쁘게 분만에 참가하는 순간까지가 아빠태교의 끝이다!

태아와 임신부에게 스트레스를 적게 주는 분만 방법에 대한 연구가 활발하게 진행되고 있는 가운데, 실제로 우리 나라에서 시도되고 있는 분만법도 과거에 비해 한층 다양해졌다.

그동안 우리 나라의 가장 일반적인 분만 방법은 누워서 아기를 낳는 것인데, 이는 미국식 분만 방법이다.

임신부가 누워서 아기를 낳는 미국식 분만 방법은 앉는 자세, 선 자세 등 임신부가 편한 방법으로 아기를 낳는 유럽식에 비해 제왕절개 비율이 훨씬 높다. 그만큼 태아가 편하게 나올 수 없는 자세라는 것이다.

임신부가 아기를 쉽게 낳을 수 있는 자세 중의 하나는 쪼그리고 앉는 자세인데 이는 여러 나라에서 예로부터 내려온 전통적인 분만 방법으로, 우리 나라의 전통 분만법이기도 하다.

최근 인기를 끌고 있는 르봐이에 분만과 수중분만도 스트레스를 줄이는 분만법의 하나다.

르봐이에 분만은 분만 시, 분만실 분위기를 조용하게, 불빛도 최대한 낮춰, 태어나는 아기에게 자극을 덜 주는 분만법이며, 수중분만은 말 그대로 물 속에서 분만을 하는 방법으로, 출산 시 임신부는 통증을 다소 덜 수 있고, 아기 또한 양수와 비슷한 환경으로 나오기 때문에 스트레스를 줄여주는 효과가 있다.

The Happy
Hocky Family
moves to the
Country!
Atlas
LOFTS

04

주제별
행복태교

태교의 궁극적인 목표는 몸과 마음이
건강한 아기를 낳는 데 있다.
태어나 10년 교육보다 뱃속 10개월 교육이
더 중요하다는 선조들의 가르침에 따라
청각이 발달하는 시기에 음악을 들려주고
시각이 발달하는 시기에 아름다운 그림을
보여주자. 뇌가 발달하는 시기에 견과류를
먹고 산소운동을 하는 것도 잊지 말자.

태담태교

태교 방법 중 가장 많이 알려진 것이 바로 태담. 태담은 모든 태교의 기본이 된다. 어떤 태교든 태담 없이 이뤄지는 것은 없기 때문. 태담은 뱃속 아기와의 대화이다. 엄마나 아빠가 사랑을 듬뿍 실어 말을 걸어주면 뱃속 아기의 정서를 안정시키고 태어난 후의 성격에도 영향을 미치게 된다. 다정한 목소리로 태아에게 자주 말을 건네 보자.

대화로 사랑을 나누는 태담태교

태담은 아기와 대화를 나누는 것

태교 방법 중 가장 많이 알려져 있을 뿐 아니라 특별한 준비나 기술이 필요치 않아 누구나 손쉽게 할 수 있는 것이 바로 태담태교이다.

태담(胎談)이란 뱃속의 아기와 이야기를 나누는 것이다. 대화를 통해 사랑을 전하는 것. 엄마 아빠가 일상에서 겪은 작은 사건, 작은 느낌을 태아와 함께 나누면 된다. 엄마나 아빠가 뱃속아기에게 말을 걸면 태아는 확실하게 반응을 나타낸다.

태아가 있는 배에 손을 얹고 부드럽게 쓰다듬으며 다정한 목소리로 이야기를 해주면 아기가 정서적으로 안정감을 느낄 뿐만 아니라 엄마와 태아 사이에 유대감도 깊어진다. 태아의 성장 과정을 미리 책이나 자료를 통해 공부한 후 그 과정에 맞춰 태담을 하면 더욱 효과적이다.

태담의 시작은 빠를수록 좋다

태담은 언제부터 시작해야 할까. 태담을 시작하는 시기에 대해서는 전문가마다 견해가 다르다. 청각기관이 만들어지는 3개월부터 해야 한다는 의견이 있는가 하면 외부의 소리를 들을 수 있고 태동이 시작되는 5개월 후부터 해야 효과가 있다는 말도 있다.

그러나 언제 시작해야 하는가는 부모 마음이 가는 대로 정하면 되고, 되도록 빨리 시작하는 것이 좋다. 태담이 꼭 태아에게만 좋은 것은 아니기 때문이다. 비록 청각기능을 못 갖추고 있어도 태담이 엄마에게 주는 효과를 생각한다면 임신 사실을 알게 되는 그 순간부터 시작하는 것이 좋다.

태담은 엄마와 아빠의 마음을 차분하게 가라앉혀 주고 부부간의 애정도 깊게 해주기 때문이다. 임신을 하면 엄마는 자신의 언행이나 마음가짐을 바르게 하고 적극적으로 태담을 시작하도록 한다.

태담태교를 꼭 해야 하는 이유

뇌 발달을 돕는다

태아의 뇌세포는 엄마 뱃속에 있을 때 가장 많이 발달하며 끊임없이 자극을 받아야만 성장이 가능하다. 태아의 뇌는 2개월부터 두뇌 형태가 만들어지면서 5개월 무렵이 되면 80% 정도가 완성되어 어른과 다름없는 뇌 기능을 갖게 된다.

인간의 뇌세포는 약 140억 개인데, 그 중 100억 개 정도가 태아시절에 만들어진다. 이렇듯 뇌세포 대부분이 엄마의 뱃속에서 형성되기 때문에 태내에서의 발육이 강조되는 것이다.

태아의 뇌세포를 자극하는 방법으로 가장 효과적인 것이 태담이다. 태담은 아기의 뇌를 자극하고 뇌세포를 서로 연결하는 회로를 증가시켜 주기 때문이다. 엄마와의 따뜻하고 정겨운 대화를 통해 아기의 뇌는 자극을 받고 성장을 계속하게 된다.

정서가 안정되고 사회성이 발달한다

뱃속에 있을 때부터 엄마, 아빠와 충분한 이야기를 나누고 태어난 아기와 그렇지 못한 아기는 출산 후 발육 상황이나 행동에서 차이를 보인다. 태담을 한 아기의 경우 자신의 의사를 울음으로 확실하게 표현할 줄 안다. 원인 없이 울거나 떼를 쓰거나 밤에 우는 경우가 거의 없어 아기 키우기가 훨씬 수월해진다.

이렇듯 태담을 통해 아기는 정서가 안정될 뿐만 아니라 따뜻하고 바른 성품을 가진 아이로 자라나게 된다.

특히 사회성 발달도 두드러지는데, 엄마가 들려주는 다양한 이야기를 통해 세상의 많은 일들을 간접적으로 경험했기 때문이다. 나 아닌 다른 사람과의 관계를 일찍 시작했기 때문에 남에 대한 이해심도 커지고 친화력도 좋아져 사회에 쉽게 적응할 수 있게 된다는 것이다.

엄마와 아기와의 유대감이 깊어진다

태아는 엄마로부터 신체적인 면뿐만 아니라 정서적인 면에서도 직접적인 영향을 받게 된다. 엄마가 태아에게 꾸준히 이야기를 들려주면 엄마의 부드러운 목소리를 기억하고 그 목소리에 반응을 보인다. 이런 과정을 통해서 엄마와 태아 사이에는 더욱 끈끈한 유대감이 형성된다.

엄마와 아기의 유대감은 태어난 후에도 아기의 정서에 영향을 미치게 된다. 그러므로 정서적으로 안정된 아기를 바란다면 태아 때부터 엄마와의 친밀감을 쌓아두는 것이 필요하다.

엄마의 마음도 차분히 가라앉는다

임신했을 때 가장 조심해야 할 것이 스트레스를 받지 않는 것이다. 임신부가 심한 스트레스에 시달리게 되면 아드레날린이 분비되고 그 아드레날린이 혈액을 통해 태아에게도 전달되기 때문에 태아 역시 스트레스를 받게 된다.

한 조사에 따르면 전쟁 중에 태어난 아이들 중에는 저체중아가 많고 초조하고 신경질적인 아이가 많았다고 한다.

그러나 생활을 하면서 스트레스를 전혀 받지 않기란 힘든 일이다. 엄마가 스트레스를 덜 받고 받은 스트레스를 빨리 풀기 위해서도 태담은 필요하다. 태아에게 이야기를 하면서 엄마 마음 또한 편안하게 가라앉힐 수 있기 때문이다.

태담을 하면서 엄마 자신이 밝은 얼굴을 가지려는 노력을 하게 되고 사랑으로 태아를 대하게 된다. 태아를 향한 이러한 노력을 통해 모성을 키워가며 엄마로서의 자긍심도 갖게 한다.

편안하게 태담하는 요령

사랑스런 애칭을 만들면 좋다

아직 뱃속에 있는 아기에게 말을 건다는 것은 좀 어색하고 혼잣말을 하는 것만 같아 쑥스럽기까지 하다. 막연히 '아기야' 라고 부르기보다 애칭을 지어 부르면 대화하기가 훨씬 수월해진다. 어색함도 덜하고 태아와의 유대감도 더 커져 더욱 친밀한 대화를 나눌 수 있다.

'똘똘이, 귀염둥이, 깜찍이, 사랑이, 보람이' 등 부모가 친숙하게 부를 수 있는 이름으로 짓는다. 단, 아기의 성별을 구별하는 이름은 좋지 않다. 아기는 성별을 떠나 그 자체로 소중하기 때문이다.

친구에게 말을 하듯 또박또박~

말을 건네도 대꾸가 없기 때문에 혼자서 떠드는 것만 같아 속으로만 중얼거리는 이도

있다. 하지만 태담태교를 할 때는 속으로 혼자 하지 말고 옆에 있는 친구에게 이야기하듯 나지막한 목소리로 또박또박 이야기하는 것이 좋다.

억양의 높낮이를 살리고 정확한 발음으로 말을 한다. 또한 차분하고 사근사근한 목소리로 해야 태아에게 거부감을 주지 않는다. 배를 사랑스럽게 어루만지면서 상냥하게 이야기하면 엄마의 정서가 아기에게 그대로 전달된다.

아침에 일어나서 인사한다

상쾌한 아침을 맞이하는 순간 아기와 즐거운 인사로 하루를 열면 어떨까. 하루를 시작하는 아침, 엄마가 활동을 시작하면 뱃속아기도 잠에서 깨어난다. 아기에게 '아가야, 안녕! 잘 잤니? 오늘 하루도 즐겁게 보내자.' 이렇게 말을 걸면 말을 하는 엄마의 기분도 좋아지고 아기도 행복한 하루를 맞이할 수 있게 된다.

다양한 경험을 통해 많은 이야기를 들려준다

여러 가지 이야기를 자주 들려주는 것은 태아의 뇌에 좋은 자극이 된다. 정서적으로 안정된 아기를 가지려면 임신부가 태아의 뇌에 좋은 자극을 많이 주어야 하는데, 임신부 자신이 여러 경험을 통해 다양한 이야기를 들려주면 태아에게 좋은 정서가 형성된다.

또한 태아는 뱃속에 있을 때부터 말을 배우기 시작하는데, 여러 가지 활동을 통해 말을 걸고 애정을 전하면 도움이 된다. 산책을 한다든지, 전시회를 둘러보거나 가까운 곳으로 여행을 떠나는 등 다양한 경험을 아기에게 들려주면 좋은 자극이 된다.

음악을 들으며 이야기한다

태담을 하면서 동시에 손쉽게 할 수 있는 것이 음악을 듣는 것이다. 좋아하는 음악을 틀어놓고 음악과 관련된 이야기로 대화를 풀어나가면 어색하지 않게 태담을 할 수 있다. 음악을 들으면서 엄마가 느끼는 감정이나 그 음악이 담고 있는 내용, 사용된 악기는 어떤 것인지 등을 이야기 해준다.

노래를 부르면 아기도 즐거워한다

이야기뿐만 아니라 태아의 애칭을 넣어 노래를 직접 지어서 불러주거나 동요를 불러주는 것도 좋다. 태교로 동요를 자주 들려준 경우 태어나서 그 노래를 들려주니 아기가 반응을 보였다고 말하는 엄마도 있다.

전문가들도 엄마 뱃속에서부터 노래를 들은 아이가 정서적으로 다른 아이들보다 더 안정되어 있다고 말한다. 엄마 아빠가 노래 가

사를 만들고 음을 붙여 직접 불러주면 재미도 있고 자연스럽게 태교도 되어 일석이조다.

이야기하듯 동화책을 읽어준다

태아와 대화를 나누듯 좋은 동화책을 골라 꾸준히 읽어준다. 아기가 바로 옆에 있다고 생각하면서 읽는 것이 중요하다. 동화책을 읽어주는 것은 기억력과 지능발달에도 도움이 된다. 동화책을 읽을 때 그냥 밋밋하게 읽는 것이 아니라 목소리에 감정을 넣어 소리 내어 읽는다.

태아는 임신 6주부터 청각이 두드러지게 발달하여 오감 중 가장 민감하게 반응을 보이기 때문에 동화책을 읽어주는 것은 좋은 자극이 된다. 꼭 동화책이 아니더라도 임신부가 좋아하는 소설이나 에세이 등을 읽어주는 것도 괜찮다. 편안하게 엄마, 아빠의 마음을 전하면서 이야기하듯 읽어준다.

아기 얼굴을 그려놓고 이야기한다

혼자 말하기가 쑥스럽고 멋쩍다면 상상 속의 아기 얼굴을 그림으로 그려놓고 태담을 나눠보자. 아기가 바로 옆에 있는 듯 실재감이 높아져 더욱 효과적인 태교가 될 수 있다. 편안한 자세로 그림을 들여다보며 말을 건넨다. 엄마의 평온하고 안정된 상태가 그대로 태아에게 전해진다.

또는 예쁜 아기 얼굴 사진을 오려 붙인 후 벽에 붙여 놓는 것도 한 방법. 예쁜 얼굴을 자주 들여다보면 예쁜 아기가 태어난다는 이미지태교를 덩달아 하는 셈이 된다.

아빠의 목소리를 자주 들려준다

요즘 아빠들은 태교에도 많은 관심을 보이고 있다. 아빠가 태교에 적극적일수록 정서적으로 안정되고 똑똑한 아기를 낳는다는 사실을 잘 알기 때문이다. 그러나 여전히 많은 아빠들은 태교에 무신경한 것 또한 사실이다. 한 설문 조사에서 태교와 관련해 남편에 대한 만족도를 물었더니, 평균 만족도가 100점 만점에 30점 정도가 나왔다.

태담의 경우 더 어색하고 쑥스러워 감히 엄두를 못 내는 경우가 많은데 아내의 도움을 받거나 병원에 함께 가서 초음파를 보며 뱃속아기에 대한 실재감을 느껴보는 것이 도움이 된다.

태아는 엄마의 목소리는 항상 접하기 때문에 기억하고 있지만 아빠의 목소리는 그렇지가 못하다. 아기와 한 몸으로 연결된 엄마와는 자연스럽게 유대감이 형성되지만 임신 출산에 있어 보조적인 역할을 하는 아빠는 유대감을 덜 느낄 수밖에 없는 것이다. 그러므로 틈나는 대로 아빠의 목소리를 들려주어 아기와 친숙해지려고 노력해야 한다. 태아는 여자보다 남자의 목소리에 더 민감하게 반응한다는 점에서도 아빠의 태담이 얼마나 중요한지 알 수 있다.

임신 기간 동안 끊임없이 이야기를 들려주면 태아는 태어난 후 아빠의 목소리를 알아들을 것이다. 출근할 때,

"임신할 때마다 수다쟁이가 되었어요"

신경숙 씨 (36세, 경기도 안양시)

아기는 뱃속에 있을 때부터 '마음'을 가지고 있다고 해요. 첫째 경림이를 가졌을 때 태담을 열심히 들려줬던 기억은 아직도 생생합니다. 임신 초기에는 막연히 음악을 들으면 태교가 저절로 되는 거 아닌가 생각했었어요. 회사를 다니기 때문에 따로 뭔가를 하는 것이 어려워 음악을 듣는 것으로 태교를 하고 있다 생각했지요. 그런데 책을 통해 태아에 대해 점점 알게 되면서 태담을 해야겠다는 생각을 하게 됐어요. 많은 전문가들이 태담의 중요성을 강조하고 있었고 직장을 다니는 임신부들이 하기에 부담 없는 태교 방법이기도 했으니까요.

중기에 접어들면서 배가 점점 불러오고 태동도 느껴지기 시작했어요. '정말 우리 아기가 뱃속에서 무럭무럭 자라고 있구나' 실감하게 되는 때였죠. 회사에서 있었던 일, 친구를 만나 나눈 이야기, 영화나 이벤트를 다녀와서 느낀 것들 등 사소한 일들까지 소소하게 들려주었죠. 밤이면 동화책을 읽었어요. 원래 다정다감한 성격인 남편도 일찍 퇴근하는 날이면 배 위에 손을 올려 놓고 동화책을 읽어줬어요. '옛날 옛날에~'. 남편의 목소리를 듣고 있으면 제 마음까지 편안해지고 평화로워졌어요.

둘째 채연이를 가졌을 때도 열심히 이야기를 나누고 들려줬어요. 경림이를 통해 태담이 얼마나 좋은지 느꼈으니까요. 여행을 할 때나 일할 때나 틈나는 대로 배를 쓰다듬으며 말을 걸었지요. 밝고 건강하게 잘 자라는 두 딸을 볼 때마다 태담을 하기를 잘 했다는 생각이 들어요.

태담, 이렇게 말해 보세요

＊ 아침에 일어나서
"아가야, 잘 잤니? 엄마는 어젯밤 네 꿈을 꿨단다. 아가는 무슨 꿈을 꿨을까? 밝은 아침해가 솟았으니 오늘 하루도 멋지게 보내자."

＊ 식사할 때
"오늘 반찬은 된장찌개와 멸치볶음이네. 된장은 우리 몸에 아주 좋단다. 구수한 맛과 향이 좋더라. 아가도 맛있게 먹으렴."

＊ 병원에 갈 때
"오늘은 정기 검진을 받으러 가는 날이야. 네 얼굴, 손과 발이 얼마나 많이 자랐는지 볼 수 있겠구나."
"초음파를 봤는데, 아가야 정말 귀엽구나. 엄마 뱃속에서 부디 편안하게, 즐겁게 보냈으면 좋겠다."

＊ 음악을 들을 때
"클라리넷 소리란다. 기분이 편안해지는 게 몸까지 가뿐해지는 느낌이야. 아가야 너도 기분 좋지?"

＊ 태동이 있을 때
"어, 우리 아기가 열심히 놀고 있네. 우리 함께 놀아볼까?"
"엄마가 한 번 쳐볼게. 너도 따라서 '통' 하고 쳐볼까. 그래, 정말 잘했어."
"우리 아기가 기분이 좋은가 보구나. 엄마도 너무 좋아."

퇴근해서 등 수시로 '잘 잤니?', '오늘은 뭘 하며 놀았을까?', '아빠 회사 다녀왔단다.' 하는 식으로 말을 건네며 태아와 대화하는 시간을 자주 갖는다.

말을 걸때는 아내의 배 옆에서 혹은 배를 어루만지며 사랑을 속삭이듯 나긋나긋한 말투로 이야기한다. 배를 쓰다듬으면 태아의 몸을 간접적으로 만지는 것이 되어 태아의 기분까지 편안하고 좋아진다.

사랑을 듬뿍 받고 있음을 알게 한다

태담할 때 잊지 말아야 할 것이 사랑의 메시지. 태아로 하여금 자신이 얼마나 사랑 받고 있는지를 알게 하는 것이 태담의 기본이다. '사랑해', '환영해' 라는 긍정적인 말을 자주 들려주어 사랑받고 있다는 확신을 심어 준다.

반면 부정적인 말이나 언행은 삼간다. 태아는 엄마의 정서적 변화를 누구보다 빨리 감지할 수 있기 때문이다. 되도록 부정적인 것은 보지도 말고 듣지도 말아야 한다. '~은 나빠', '~은 해서는 안 돼' 등 부정적인 말은 가능한 멀리 하도록 한다.

대신 칭찬과 격려를 자주 한다. 병원에 갔다 온 날이나 태동이 많은 날, 엄마 컨디션이 좋은 날 등은 특히 뱃속아기에게 칭찬을 아끼지 않는다.

긍정적인 말을 자주 하고 밝은 생각을 해야 태어나는 아기도 밝고 긍정적인 성격이 된다.

임신 기간에 따라 대화의 내용을 달리 한다

태담은 빨리 시작할수록 좋다. 임신 사실을 안 순간부터 태담을 시작한다. 임신 사실을 알았을 때의 설렘과 기쁨, 행복을 태아에게 자주 들려주도록 하자. 중기가 되면 아기의 성장에 대해서 말해주고 건강하게 자라기를 바라는 내용의 대화를 나눈다.

임신 8개월이 되면 소리의 강약과 높이를 구별할 수 있어 어느 때보다 태담태교의 효과를 극대화할 수 있다. 이때 더 적극적으로 책을 읽어주거나 음악을 듣고, 노래를 불러주고, 이야기를 하며 자극을 준다. 출산이 다가오기 때문에 불안한 마음이 생길 수 있으나 아기와 대화를 나누며 마음을 가라앉힌다.

음식을 먹을 때도 태담을 잊지 않는다

건강한 태아를 위해서는 엄마의 섭생이 중요하다. 필요한 영양을 적극적으로 섭취하고 균형 있는 자연식을 해야 한다. 밥이나 간식을 먹을 때도 태담을 잊지 않는다.

엄마가 먹는 음식이 태아를 건강하게 해주기를 바라는 바람을 담은 말을 건네도록 한다. '멸치에는 칼슘이 듬뿍 들어 있어 너의 뼈를 튼튼하게 해준단다', '사과가 맛있지. 향과 맛이 참 좋네. 사과에는 비타민도 많이 들어 있단다' 하는 식으로 음식물에 들어 있는 영양소와 맛과 향 등에 대한 이야기를 들려준다.

임신 시기별 태담법

임신 초기
● **수다쟁이가 되세요**

엄마가 수다쟁이가 되어야 한다. 하루 종일 겪는 일상에 대해 종알종알 아기에게 속속들이 들려준다. 아침에 일어나서부터 저녁에 잠들기까지 간단한 인사말부터 서서히 시작한다.

일상의 인사말에 익숙해지면 점차 일상에서 겪는 모든 체험들을 비교적 자세히 들려준다. 주변의 동물이나 꽃 등에 대해서, 엄마

가 읽은 책에 대해서, 친구를 만난 것에 대해서, 병원을 다녀온 것에 대해서 등 즐거운 엄마의 감정을 그대로 표현한다.

또한 태아가 엄마의 뱃속에서 안전하게 자리 잡아 유산되지 않기를 바라는 마음도 전해준다.

임신 중기

● 태동게임을 하세요

임신 중기인 4개월 이후가 되면 태동을 느끼게 된다. 태동이 느껴질 때 칭찬과 격려를 해주는 방법으로 태동게임이 있다.

태아가 양수 속에서 헤엄치기 시작해 배 아래쪽에 꼼지락꼼지락 꿈틀거리는 느낌을 받게 되는데, 이때 엄마가 배를 쓰다듬어주고 두드려주어 화답해주는 게임이다.

태아는 초기부터 피부 감각이 갖추어져 피부를 통해 많은 것을 감지할 수 있다. 엄마가 배를 두드리는 등의 자극을 주면 태아 역시

갖가지 소리와 움직임을 느낄 수 있게 된다.

우선 1단계로, 편안한 자세를 취한 후 아기가 배를 통통 차면 엄마는 '우리 아기가 배를 차네.' 라고 말을 하며 그 부분을 살짝 두드린다. 이것을 몇 번 반복하면 태아가 다시 차게 된다.

1단계에서 태아가 반응을 보이면 2단계로 넘어가 태아가 찬 곳의 반대쪽 배를 살짝 두드린다. 그러면 뱃속의 아기는 그 부분을 힘차게 찬다. 이때 태아에게 칭찬하는 말을 한다. 쉽게 되는 것이 아니므로 태아가 반응을 보이지 않더라도 실망하지 말고 꾸준히 해본다.

2단계가 성공하면 3단계로 넘어온다. 배를 두드리면서 숫자를 센다. '톡톡' 하면서 두 번 두드리면 태아는 두 번 응답을 해온다.

태동게임은 하루에 두세 번 하는 것이 좋고 여유로운 기분으로 휴식할 때 한다. 처음에는 반응이 없을지 모르지만 차츰 뱃속아기

와 태동으로 대화를 나눌 수 있게 된다.

임신 후기

● 사물의 이름을 알려주세요

엄마, 아빠의 목소리를 자주 들려주면 목소리를 구분할 수도 있게 된다. 태아의 기억 능력은 임신 6~8개월이면 완성되므로 이 시기에 글자카드나 주위의 애완동물 이름 등을 가르쳐 주는 것도 효과적인 태담이 될 수 있다.

뭔가를 가르친 후에는 반드시 '우리 아기, 참 잘했어요' 하고 칭찬을 아끼지 않는다.

출산이 가까워지면서 불안한 마음을 갖게 된다. 그러므로 건강하게 태어나기를 바라는 내용의 대화를 많이 나누고 '우리 아기 어떻게 생겼나?' 하면서 태어날 아기를 얼마나 기다리고 있는지 간절한 마음을 표현한다.

전통태교

미신이고 비과학적이라고 치부됐던 전통태교에 대해 새로운 해석이 이뤄지면서 많은 임신부들의 관심을 끌고 있다.
전통태교가 과학적인 타당성을 바탕으로 하고 있다는 사실도 점차 밝혀지고 있다. 예나 지금이나 변하지 않는 것은
총명하고 튼튼한 아기를 낳고자 하는 바람. 선현들의 지혜가 담긴 전통태교로 똑똑한 아기를 낳아보자.

선조들의 지혜를 엿볼 수 있는 전통태교

전통태교가 과학적으로 입증되고 있다

〈태중훈문〉, 〈동의보감〉, 〈계녀서〉, 〈내훈〉, 〈태교신기〉 등 지금까지 전해지는 태교 문헌들만 해도 한두 권이 아니다. 이 책들은 태교의 실제적인 지식과 실천 방법들을 제시하고 있는데, 이것을 보아도 오래 전부터 태교의 중요성이 강조되어 왔음을 알 수 있다.

18세기에 나온 〈태교신기〉는 세계 최초의 태교 단행본으로, 우리의 태교 문화가 얼마나 발달했었는지를 엿볼 수 있다. 한때는 전통태교가 단순히 미신이나 비과학적이라는 이유로 관심 밖에 있었지만 최근 상당히 과학적이라는 것이 밝혀지고 있다.

전통태교는 임신 전의 마음가짐과 음식, 조심해야 할 행동, 부성태교의 중요성 등을 두루 담고 있는 종합태교다. 특히 주목할 것이 임신 전 태교와 부성태교가 강조되었다는 점이다.

장차 뱃속에 잉태될 생명을 위하여 몸과 마음의 준비를 철저히 할 것을 당부하고 있는 것. 현재 의사들은 건강한 자궁 환경을 위해 계획임신을 강조하고 있다. 계획임신을 하고 태교를 잘 하면 건강하고 똑똑한 아기를 낳을 수 있다는 사실을 일찍부터 깨닫고

있었던 것을 보여준다.

오늘날 관심이 많아지고 있는 부성태교도 이미 오래 전부터 중요성과 필요성이 강조되어 왔던 것이다.

또한 균형 있는 영양 섭취와 삼가야 할 행동 등 상당한 부분들이 현대 의학적 측면에서도 그 타당성을 인정받고 있다. 할머니, 어머니들이 지켜온 옛 태교 방법들을 무조건 무시할 것이 아니라 전통태교에서 선현들의 지혜를 익힐 필요가 있다.

태교를 처음 한 사람은 주나라 문왕의 어머니 태임

지금까지 전해 내려오는 기록으로 볼 때 동양에서 최초로 태교를 시행한 사람은 주나라 문왕의 어머니 태임이다. 문왕의 어머니 태임은 사악한 빛을 보지 않고 음란한 소리를 듣지 않았으며 오만한 말을 하지 않는 등 몸가짐과 마음가짐을 조심했다는 기록이 남아 있다. 이런 태교를 통해 지혜로운 문왕을 낳을 수 있었다고 한다.

성종의 어머니인 인수대비가 펴낸 〈내훈〉에서도 태임의 태교에 대한 이야기가 바탕에 깔려 있다. 태임의 기록 이후 〈대대예기〉, 〈고의신서〉, 〈열녀전〉, 〈안씨가훈〉, 〈소학〉 등의 중국 문헌에도 태교를 중시하는 내용이 실려 있다. 상고시대부터 태교에 대한 지속

적인 관심과 실천을 해왔음을 알 수 있다.

마음가짐과 언행을 중요시한다

〈태교신기〉에 '스승의 10년 가르침보다 어머니 뱃속의 10개월이 낫다'는 말이 기록되어 있다. 태교가 얼마나 중요한가를 단적으로 보여주는 말이다. 성품이 바르고 총명한 아이를 낳기 위해선, 태어나 선생님으로부터 10년을 배우는 것보다 엄마 뱃속에 있을 때가 더 중요하다는 것이다. 전통태교의 큰 줄기가 바로 이것이다.

그래서 전통태교에서는 부모가 애써야 할 여러 가지 실천 사항과 마음가짐에 대해 강조하고 있다. 먹거리부터 행동거지, 마음가짐 등 고루 의미를 두고 있다. 불결한 식품이나 성질이 찬 음식을 삼가고, 높고 험한 곳에 오르지 말고, 밤에 외출하지 말며, 몸을 조금씩 움직이며 가사를 돕고 조용히 걸어 다니면서 몸을 움직이도록 하는 등의 내용이 많이 실려 있다.

이런 내용들은 현대 의학의 관점에서 살펴봤을 때도 상당한 의미가 있는 것으로 전통태교는 많은 부분에서 예방 의학적 지혜를 담고 있다.

아빠의 적극적인 태교를 강조한다

여러 문헌에서 부성태교를 기록해 놓고 있

다. 요즘 아빠들은 아내가 임신했다고 해서 당연히 아빠가 되는 것이 아니라는 사실을 조금씩 깨달으면서 태교에 관심을 갖고 있지만 오랜 옛날부터 그 중요성은 강조되어 왔었다.

부성태교는 사람답게 가르쳐야 한다는 전통적인 교육 관점이 태교에까지 이어지고 있는 것. 아내가 정서적, 심리적으로 건강한 상태에서 임신할 수 있도록 힘써야 하며, 금기 사항을 잘 지키고 법도를 따르면 덕과 복, 지혜가 있는 자식을 얻게 된다고 기술되어 있다. 후손을 중요시 여긴 선조들은 이런 부성태교가 가문의 흥망으로도 연결된다고 생각했다.

현대과학도 놀란 전통태교

자궁 내 환경이 중요하다

아기의 최초 학교가 되는 셈인 엄마의 자궁. 임신 10주가 지나면 태아는 자기조절, 불안정한 자극에 대한 자기 방어, 관심의 표현 등을 포함한 자기 표현을 하려고 한다.

실제 15주가 된 태아는 엄마의 기침이나 웃음에 따라서 움직인다는 사실이 초음파를 통해 관찰되었다. 오감을 갖게 되면서 외부 환경의 직접적인 영향을 받는다는 말이다. 태아의 성격은 유전자보다 자궁 내 환경에서 얻는 경험에 좌우되기 때문에 태아의 오감을 충족시키고 스트레스를 주는 일이 없도록 신경 쓰는 것이 중요하다.

세계적인 과학전문잡지인 〈네이처〉에 발표된 논문에 따르면 '인간의 지능은 유전적인 요소보다 자궁 내 환경이 더 중요하다'고 한다. 배를 쓰다듬어주거나 말을 건네고 부드러운 음악을 들려주는 등의 일은 태아의 정서에 좋은 도움이 되지만 지나치게 빛이 현란하거나 시끄러운 곳은 피하는 등 자궁 내 환경을 조용하게 하는 것이 필요하다. 큰 소음에는 태아가 잠시 호흡을 멈춘다는 연구 결과도 있다.

스트레스가 없도록 가족 모두 협조한다

태아에게 쾌감을 주기 위해서는 기본적으로 엄마의 정서 즉 마음 쓰임새가 중요하다. 임신부가 스트레스를 받게 되면 뱃속아기도 자연히 스트레스 상태가 된다. 남편이나 가족들이 엄마에게 스트레스를 주지 않도록 협조해야 한다.

사주당 이씨가 지적한 바와 같이 온 가족이 함께 마음을 다한 태교야말로 참된 인간성을 갖춘 2세의 출산을 가능하게 할 수 있다. 화기애애하고 쾌적한 가정 분위기가 엄마를 편안하게 하고 태아도 안심시킨다. 임신부가 스트레스를 받게 되면 태아의 뇌 발달도 방해할 수 있다. 행복한 엄마가 행복한 아기를 낳는다는 사실을 늘 명심해야 한다.

알 짜 태 교 !

전통태교에서 임신부가 해야 할 일 v.s 해서는 안 될 일

do .... 이렇게 하세요

마음에서 허욕이 생기지 않게 마음가짐을 반듯하게 하기 | 예가 아니면 보지 말며, 아름다운 것 보기
정갈한 음식만 먹기 | 용모를 단정히 하기

don't .... 이렇게 하면 안돼요

몸을 덥게 하는 것 | 너무 배부르게 먹고 음식에 욕심을 부리는 것 | 차거나 더러운 데 등 자리를 가리지
않고 아무 데나 앉는 것 | 남을 꾸짖거나 헐뜯는 일 | 약을 함부로 먹거나 침·뜸을 함부로 맞는 것 등

전통태교에서 임신부가 먹으면 좋은 것 v.s 먹어선 안 되는 것

전통태교에서 몸과 마음을 반듯하게 가지는 것 외에 음식물을 통한 섭생 또한 강조하고 있다. 붕어나
잉어, 가물치, 호도, 잣 등을 권하고 약이나 뜸을 함부로 먹거나 맞는 것을 금하고 있다. 이것은 현대 태
교에서 말하는 것과 일맥상통한다.

do eat .... 이런 음식은 꼭 먹어요

잉어 … 소화 흡수가 잘되고 단백질, 불포화 지방산, 칼슘 등의 함량이 높다.
가물치 … 질 좋은 단백질이 많고, 소화되기 쉬운 형태로 지방이 포함되어 있고 칼슘도 듬뿍 들어 있는
　　　알칼리성 식품이다.
흑염소 … 지방질 함량이 적고, 단백질과 칼슘, 철분이 많이 들어 있다.
해삼 … 바다의 인삼이라고 불리는 해삼은 모체와 태아를 편안하게 해준다. 유산이 염려될 때도 좋다.
미역 … 무기질, 비타민, 섬유소가 많이 들어 있다.
생강 … 차로 달여 마시면 입덧이 가라앉는다. 생강에는 지구작용, 즉 구역감을 진정시키는 작용이 있다.
잣 … 유산기가 있을 때 잣을 먹으면 안태에 효과가 있다.
소의 콩팥 … 단백질, 철분 함량이 높아 임신 중 빈혈을 막아 준고, 태아의 뇌 발달·신체 발달을 돕는다.
쑥 … 몸을 덥히는 역할도 하고 자궁의 혈류를 원활하게 만들며 안태시키는 데도 도움이 된다. 생쑥을
　　　생즙 내어 마셔도 좋고 봄에 채취한 쑥을 말려 오래 보관해 뒀다가 쑥차를 만들어 마셔도 좋다.
보리 … 탄수화물, 철분, 섬유소가 많이 들어 있어 임신부의 변비 해소에도 도움이 되고 스트레스로 인
　　　한 신경을 느슨하게 해주는 작용도 한다.

don't eat .... 이런 음식은 안 돼요!

비늘 없는 생선, 율무, 반하, 알로에, 엿기름 등의 식품과 약물 및 냉·생물을 비롯한 자극성 향신료와 이
와 유사한 식품이나 약물들은 다 금해야 한다. 비뚤어지고 벌레 먹은 것, 떨어진 것, 설익은 과일 등도
삼가라고 말한다. 금하는 음식들 중에는 꼭 몸에 해롭다기보다는 상징적인 의미에서 좋지 못한 것도 들
어 있다.

영양상태가 태아의 뇌 발달에 영향을 미친다

임신 초기에는 태아의 뇌가 왕성하게 발달
하기 때문에 이때 영양 상태가 불량하면 신
경세포가 분열하는 횟수가 늘어나지 않는다.
뇌세포 발달을 위해서는 단백질 섭취가 필요
하다. 임신부가 단백질 섭취를 게을리 하면
태아의 뇌 신경세포가 두 개로 분열될 때까
지 걸리는 시간이 매우 길어진다는 사실도
발견했다.

음악을 들려준다

사주당 이씨의 〈태교신기〉를 보면 시를 곁
들인 음악을 뱃속에 있는 아기에게 들려주었
다는 기록이 있다. 현대과학에서도 음악이
태아의 뇌 기능 향상과 기억의 형성에 기여
한다는 증거를 속속 밝혀내고 있다.

똑똑한 아기를 낳으려면 뇌가 왕성하게 발
달하고 청각 기능이 발달된 임신 5개월 이후
부터 음악을 들려주면 좋다. 태아 때부터 엄
마가 좋아하는 음악을 접했던 태아가 태어난
후에도 정서가 안정되고 집중력이 있다.

옛 문헌들을 통해 본 태교법

임신한 여성이 지켜야 했던 칠태도

제 1도 … 아기를 낳을 달이 되면 머리를
감지 말고, 높은 마루나 바위 등에 오르지 않
는다. 또 술을 마시지 말고, 무거운 짐을 지지
말며, 험한 산길과 위험한 냇물을 건너지 않
는다.

제 2도 … 임부는 지나치게 말을 많이 하
거나 지나치게 웃지 않는다. 또 놀라거나 겁
을 먹거나 울지 않는다.

제 3도 … 임신 첫달은 마루, 둘째 달은 창
과 문, 셋째 달은 문턱, 넷째 달은 부뚜막, 다

셋째 달은 평상, 여섯째 달은 곳간, 일곱째 달은 확돌(절구와 비슷한 큰 돌), 여덟째 달은 측간(화장실), 아홉째 달은 문방(서재)에 가지 않는다. 이런 곳에는 태아를 해치는 기운이 있다.

제 4도 … 임신부는 조용히 앉아 아름다운 말을 듣고, 성현의 문구를 외고, 시를 읽거나 붓글씨를 쓰고, 노래를 들어야 한다. 또 나쁜 말을 듣지 말고 나쁜 일은 보지 말며 나쁜 생각은 품지 않는다.

제 5도 … 임신부는 가로눕지 말고, 기대어 앉지 말며, 한쪽 발로만 서 있어도 안 된다.

제 6도 … 임신 3개월부터 태아의 기품이 형성되므로 주옥, 명향 등 기품이 있는 물건을 가까이 두고 감상한다. 또 풍입송이라 하여 소나무에 드는 바람소리를 듣고자 노력하고, 암향이라 하여 매화와 난초의 은근한 향을 맡도록 한다.

제 7도 … 임신 중에는 금욕한다. 산달에 부부관계를 하면 아기가 병들거나 일찍 죽는다.

태교신기

〈태교신기〉는 조선시대 영조 때 사주당 이씨가 직접 겪은 것과 중국의 관계 문헌을 참고하여 '태교'에 관한 내용을 집대성한 것이다. 1796년에 책으로 만들어졌으니 동양에서는 물론 세계 최초로 태교에 관한 사항만을 집대성한 태교 전문서라 할 수 있다.

안타깝게도 국내에서는 1966년에 이르러서야 한글로 해석되어 읽혀지고 있으나 가까운 일본에서는 우리보다 훨씬 앞선 1932년에 일본어로 번역하여 임신부들이 애독하고 있다.

최근 대한태교연구회가 〈태교신기〉를 바탕으로 전통태교 이론의 과학화에 힘쓰고 있다. 내용을 살펴보면 태내 가르침의 뜻, 태교의 효과, 음식물을 먹는 방법, 엄마의 마음가짐, 태교의 방법, 임신부의 걸음걸이, 잠을 자는 자세 등으로 나뉘어져 있다.

기질이 한쪽으로 기울면 선한 성품을 가린다 아기의 기질과 병은 부모로부터 비롯된다는 것. 사람의 성품은 하늘에 근본하고 기질은 부모에게서 이루어지니 기질이 한쪽으로 기울어져 있으면 점점 본연의 선한 성품을 가리게 되므로 부모는 낳고 기르는 것을 조심해야 한다는 말이다.

가르치기를 잘하는 사람은 뱃속에서부터 가르친다 뱃속에서 배우는 것은 기본이고 스승의 가르침은 마무리라고 말한다. 아버지가 수태를 시키는 것과 어머니의 뱃속 가르침, 스승의 가르침을 한 가지로 본 것이다. 스승의 10년 가르침이 어머니의 열 달 양육보다 못하고 어머니의 열 달 양육이 아버지의 하루 잉태의 가르침만 못하다고 밝히고 있다.

태교의 도는 아버지에게, 태교는 어머니에게

태교의 도는 남녀가 함께 살고 있는 집안에서 시작하는데 그 책임은 오로지 아버지에게 있고, 태교의 책임은 오로지 어머니에게 있다는 것이다. 아기는 남편의 성을 받아 남편에게 돌려보내는 것이므로 열 달 동안 감히 그 몸을 함부로 하지 말고, 예가 아니거든 보지도, 듣지도, 말하지도, 움직이지도, 생각하지도 말고, 마음과 온몸을 순하고 바르게 하여 뱃속의 아기를 기르는 것이 어머니가 해야 할 도리라는 것이다.

몸가짐과 마음가짐이 반듯하면 재주가 뛰어난 아기를 낳는다 잠잘 때 기울게 하지 말며, 기울어진 곳에 앉지 말며, 삐딱하게 서지 말며, 간사한 맛을 먹지 않으며 방석이 바르지 않으면 앉지 말며, 눈에 간사스러운 빛을 보지 말며, 귀에 음란한 소리를 듣지 말며, 밤이면 소경으로 하여금 시를 외우게 하며, 바른 일을 말하게 하니 이같이 하면 자식을 낳음에 용모가 단정하고 재주가 남보다 뛰어나다고 했다.

옛 성왕은 태교의 법을 철저하게 지켰다 성왕은 잉태한 지 석 달 동안 별궁에 나가 거처하여 간사한 것을 보지 않았으며 망령된 말을 듣지 않았으며, 맛있는 음식을 절제했다.

태교를 하지 않으면 못난 자식을 낳는다 임신한 사람이 괴이한 맛을 먹어 입을 기쁘게 하거나, 서늘한 방에 거처하여 몸을 편안케 하거나, 한가하게 희롱하는 이야기를 주고받으며 웃고 즐기거나, 사람을 속이거나 누워만 있다거나, 항상 잠만 잔다면 그것은 태교와는 먼 생활을 하는 것이다.

그렇게 되면 사람의 몸에 도는 혈기가 멈춰 영양섭취가 잘 되지 않고 병을 얻게 되며 심지어 출산을 어렵게 한다. 결국 못난 자식을 낳게 된다는 것이다.

태교는 온 가족이 함께 해야 한다 태교는 임신부뿐만 아니라 온 집안 사람이 항상 조심조심하여 감히 분한 일을 듣지 않게 해야 하는데, 이는 임신부가 성을 낼까봐 두려워서이다.

태중훈문

태교에 관한 가르침이 최초로 기록된 책이 바로 〈태중훈문〉이다. 고려 말기 정몽주의 어머니 이씨 부인이 쓴 것으로, 여기에 나타난 태교법의 핵심은 다음과 같다.

'여자가 아기를 가지면 옛 성인들의 가르침과 지나간 행적을 더듬고, 그에 관한 책을 읽으며, 이를 선망하고 항상 사모하여, 자신도 그와 같은 성인군자를 낳기를 소원하며 마음으로부터 일반 사람이 하기 힘든 일을 해야 한다.'

내훈

〈내훈〉은 성종 어머니인 소혜왕후가 1475년 부녀자의 교육을 위해 펴낸 책이다. 전책 3권으로 한글로 된 여성교훈서로, 태교의 효

시라고 할 수 있는 중국 문왕의 어머니 태임과 무왕의 어머니 태사의 이야기를 바탕으로 태교에 대해서도 기록해 놓았다.

태임이 태교에 힘썼기 때문에 문왕 같이 어진 임금을 낳았다고 적고 있다. 임신 기간 중에는 마음을 깨끗이 하는 것이 중요하다고 강조한다. '마음속에 느낀 생각이 선하면 선한 자식을 낳고, 마음속에 받아들인 느낌이 나쁘면 나쁜 자식을 낳게 된다.'

동의보감

허준이 쓴 〈동의보감〉에는 한의학적인 측면에서 임신부들이 금기해야 할 약물이나 음식 또는 태아의 태중 성장 발육 과정 등이 자상하게 나와 있다.

〈동의보감〉은 병을 고치는 방법을 기술한 의학서적으로 알려져 있지만 특이하게도 태교에 대해서도 상세히 적혀 있다. '언제나 밝은 마음을 가지고 정신의 안정을 꾀해야 하며 음식을 함부로 먹지 말아야 한다'고 강조한다.

또 임신 초기와 후기에는 부부의 교합을 피하고 함부로 약을 먹어서는 안 된다는 주의사항도 빼놓지 않고 있다.

또한 눈에 띄는 것이 부성태교의 중요성에 대한 부분이다. '어머니가 열 달을 가르쳐도 아버지가 하루에 사람을 만드는 것보다는 못하다'고 적고 있다. 어머니가 열 달 동안 모태 내에 있는 태아에게 좋은 음악을 들려주거나 좋은 얘기를 들려주거나 태교를 한다 해도 아버지가 어느 날, 어떻게 아기를 만들었느냐에 따라서 굉장한 차이가 있다는 말이다. 결국 아기를 갖기 전부터 조심해야 한다는 것.

〈동의보감〉에는 임신 석 달째가 되면 태아에게 기(氣)가 생긴다고 말한다. 그래서 항상 살얼음을 걷는 마음으로 모든 행동에 주의해야 하고 부부의 교합이나 약을 먹는 것도 삼가야 한다는 것이다.

임신 다섯 달째에는 태아에게 지(知)가 생긴다고 한다. 규칙적인 생활리듬을 갖지 않으면 성장을 방해하거나 정서에 문제가 생길 수 있으므로 주의하고 항상 바른 자세로 걷고 앉아야 한다.

임신 일곱 달째가 되면 정(情)이 생긴다고 적혀 있다. 엄마의 마음이 태아에게 그대로 전해지기 때문에 바른 말을 사용하고 항상 즐거운 마음을 가져야 한다고 당부한다.

섭생 부분에서는 비타민 E를 많이 먹으면 유산을 막을 수 있다고 한다. 태아를 튼튼하게 키우기 위해서는 임신 기간 동안 비타민 E 종류를 많이 섭취하라고 말한다. 비타민 E가 많이 든 음식으로는 해바라기씨로 기름을 짠 것, 음양곽 등이 있다.

음양곽은 삼지구엽초라고도 하는데, 하루에 20g씩 차로 끓여 먹으면 피로하거나 머리가 무거울 때, 기력이 없을 때 등에도 효과적이다.

"조미료 안 쓰며 몸에 좋은 음식을 가려먹었어요"

김혜령 씨 (28세, 경상남도 울산시)

'태어난 후 스승에게 10년을 배우는 것보다 태중교육 10개월이 더 중요하다'는 말이 있잖아요. 오랜 옛날부터 태교의 중요성을 알고 실천해왔다는 것이 대단해 보였어요. 어른들이 말씀하시는 것들, 책에 적혀 있는 전통 태교의 방법들을 괜히 따르고 싶더군요. 미신적인 것들도 많지만 합리적이라고 생각되는 것들을 선별해 몸가짐과 마음가짐을 바르게 하면 건강한 아기를 낳을 수 있을 거라는 확신이 들었어요. 그래서 앉을 때나 설 때, 누울 때 몸가짐을 흐트러뜨리지 않으려고 애썼어요. 바른 자세를 유지해야 태아도 반듯하게 자란다고 해서요.

무엇보다 먹는 것에 신경을 많이 썼어요. 조미료를 일절 사용하지 않았고 좋다는 음식을 주로 먹었어요. 검은콩과 검은깨로 만든 강정을 간식으로 먹고, 태아에게 기를 불어넣어 준다는 잉어나 붕어를 별식으로 가끔 먹기도 했어요. 부성태교를 강조한 옛 어른들의 이야기를 들려주었더니 남편도 기꺼이 동참해, 술, 담배를 하지 않고 집안일도 많이 거들어 주었어요. 흥분하면 안 되기 때문에 나쁜 말은 듣지 않고, 나쁜 일은 보지 않으며, 나쁜 생각을 품지 않으려고 애쓰며 10개월을 보냈어요.

이렇게 전통태교를 하고 예쁜 딸이 태어났어요. 4개월이 된 정현이는 하루가 다르게 크고 있어요. 엄마랑 눈을 맞추고 옹알이를 하고 뒤집기를 하려고 끙끙대고 있어요. 전 지금도 전통태교에 따라 몸과 마음을 바르게 가졌기 때문에 건강한 정현이를 낳았다고 믿고 있어요.

음악태교

도움말 최윤정 교육실장 ((주)상지원 러브노트 부부 태교음악 프로그램 전문 강사)

태아 두뇌에 최고의 영양분으로 꼽히는 것이 바로 음악이다. 음악태교는 많은 임신부들이 태담 다음으로 많이 하는 태교이기도 하다. 엄마가 좋아하는 음악을 들으면 태아도 자연히 듣게 되고 기분이 좋아지게 된다. 음악은 때로 말보다 더 직접적으로 감정을 보듬어주고 마음을 안정시키는 효과가 있다. 어떤 음악을, 어떻게 들어야 하는지 알아보자.

집중력을 길러주는 음악태교

태아도 음악을 듣는다

살아가면서 음악은 우리에게 많은 역할을 한다. 때로는 흥을 돋우고 기분을 좋게 하며 때로는 우울한 기분을 풀어주기도 한다. 삶의 청량제와 같은 음악은 임신부나 태아에게도 마찬가지 역할을 한다. 그런데 임신부가 음악을 듣는다고 해서 뱃속의 태아도 과연 들을 수 있을까?

결론부터 말하자면 그렇다. 임신부가 음악을 듣게 되면 태아까지 듣게 된다. 옥스퍼드대 출판부에서 출간된 〈음악의 시작 : 음악적 능력의 기원과 발달〉이라는 책에 소개된 최신 연구결과를 보면 태아는 임신 28주가 지나서야 귀가 제 모습을 갖추지만 3개월부터 소리를 들을 수 있다고 한다. 자궁 속에서 태아가 듣는 소리는 임신부의 소화, 순환계의 흐름에서 오는 소리나 엄마의 목소리, 바깥의 소리 등이다.

20주에서 24주가 지난 태아는 청각 기능이 완전히 발달해 외부 소리를 들으면 심장 박동이 빨라지거나 느려지는 등 반응을 보인다고 한다. 이처럼 소리를 들을 수 있기 때문에 음악을 들려주는 음악태교는 태아에게 많은 영향을 미치게 된다. 음악태교를 한 아이와 그렇지 못한 아이를 비교하면 감수성과 집중력에서 차이가 난다는 연구 결과도 있다.

태아는 소리에 민감하다

태아심리학에서는 뱃속아기들이 대체로 임신 6주에서 12주 사이에 소리와 진동에 반응을 보인다고 말한다. 임신 6주에 조금씩 태아의 귀가 만들어져 임신 20주가 지나면 소리를 전달하는 내이가 완성되면서 어른과 같은 청각 기능을 갖게 된다. 초기의 태아는 엄마의 큰 목소리나 폭발음, 큰 소리의 음악 등을 들을 수 있다. 그러나 귀가 완전히 만들어지게 되면 외부의 소리에 민감하게 반응을 보인다. 특히 이 시기에 좋은 소리를 많이 들려주어 기분 좋은 자극을 주게 되면 정서가 안정된 아기가 태어난다.

음악태교의 효과

정서가 안정되고 집중력이 높아진다

음악태교는 태아에게 어떤 영향을 미칠까. 기본적으로 음악은 신경에 영향을 미친다. 98년 타임지에서 음악이 신경에 미치는 영향에 대해 그 중요성을 강조한 바 있고, 음악이 21세기 의학 분야에 큰 영향을 미칠 것이라고 진단한 적이 있다.

21세기에 접어든 지금 의학계에서 음악요법이 새로운 관심을 받고 있고, 음악치료사라는 신종 직업도 생겨났다. 음악을 들을 때는 감각이 적당히 자극되고 근육은 부드럽게 이완되어 뇌의 활성 호르몬 분비를 촉진하게 된다. 그래서 음악은 듣는 사람의 심리를 안정시키는 효과가 있다.

임신부가 부드러운 선율과 리듬을 가진 아름다운 음악을 듣게 되면 마음이 안정될 것이고 자연히 아기에게도 그 영향이 미치게 된다. 기분 좋은 소리를 듣게 되면 뇌에서 알파파가 많이 나오게 되는데 알파파는 뇌가 활성화할 때 증가하는 뇌파이다. 음악을 들으면 뇌는 알파파가 주도하는 환경으로 바뀐다.

또한 알파파는 뇌 안에서 천연적으로 만들어지는 엔돌핀 분비를 촉진시킨다는 연구 결과도 있는데, 그 효과로 행복감을 느끼게 되고 마음이 편안해진다는 것이다. 반면 좋지 않은 청각적 환경에서는 베타파가 나와 뱃속의 아기를 불안케 하고 교감신경을 긴장시키는 작용을 한다.

두뇌발달을 돕는다

사람의 뇌세포 수나 형태는 모두 같지만 세포를 연결하는 회로가 많으면 많을수록 머리가 좋아진다. 임신 5개월째가 되면 태아의 두뇌가 발달하여 성인의 뇌세포 수와 같은 140억 개로 성장하게 되는데 이때 자극을 많이 주게 되면 세포를 연결하는 회로가 많아져 두뇌발달을 도울 수 있게 된다.

태아의 뇌 발달을 돕는 데 청각이 차지하는 부분이 무려 90%나 된다고 한다. 청각을 자극하는 음악태교가 중요한 또 하나의 이유가 바로 여기에 있다. 음악은 감각 영역을 담당하는 우뇌를 자극하게 되는데, 계속 음악을 듣게 되면 상상력, 창의력 등이 좋아진다. 뱃속에서 음악을 즐겨 들었던 아기들은 태어난 후에 말을 빨리 배우고 집중을 잘하고 감수성이 뛰어나다.

엄마·아빠와 유대감이 커진다

음악을 듣거나 노래를 부르고 악기를 치는 등의 음악태교 활동을 통해 태아가 정서적, 심리적, 정신적, 신체적으로 건강하고 원만하게 성장, 발달하는 것은 물론이고 무엇보다 엄마·아빠와 태아간에 유대감을 형성하는 데 큰 도움을 준다.

엄마와 아빠 그리고 형제 등 가족들과 맺는 이러한 유대감은 태아로 하여금 자신에 대한 존재감을 형성하게 하고 편안하게 성장하도록 돕는다. 특히 엄마는 물론 아빠가 음악태교에 함께 하는 것이 중요한데, 부부간에 만들어지는 유대감을 태아도 느낄 수 있기 때문이다. 〈아빠도 임신한다〉는 책을 쓴 토마스 파리와 아일린 부부는 이런 이유로 아빠들도 태아를 위해 음악활동에 참여해야 한다고 역설한다.

태아를 위한 음악태교 방법

노래를 부른다

음악태교의 주된 방법들로 노래하기, 움직이기, 듣기 등이 있다. 노래 부르기는 부모가 손쉽게 할 수 있는 음악태교 방법이다. 엄마의 목소리는 태아에게 소리의 원천으로서 다가가며 노래 부르기는 엄마의 가장 자연스런

활동 중 하나로서 노래 부를 때의 소리와 감정이 태아에게 전달된다. 아빠도 노래하면서 엄마와 아기와 함께 정서적 유대감을 형성하는 데 동참한다.

예로부터 전해 내려오는 구전가요 등은 일상 언어와 문화의 특징을 담고 있고, 일반인들이 비교적 쉽게 부르며 접근할 수 있기 때문에 기본적인 노래 자료로 이용된다.

친근한 민요 또는 동요를 골라서 엄마, 아빠가 가사를 바꾸어 부르는 것도 유대감을 강화하는 데 효과적이다.

창작한 노래는 태아와 교감하는 데 더없이 좋다. 예비 엄마 아빠가 태아의 애칭을 넣어 간단한 노래를 만들어 노래를 불러준다. 태아와 의사소통을 하도록 돕는 효과적인 수단이 된다.

음악을 들으며 춤을 춘다

움직이는 활동은 엄마와 아빠 또 가족과

태아에게 유쾌한 기분을 느끼게 하고 건강하게 만든다. 스카프, 리듬 리본 등을 이용하여 춤을 추거나 음악을 잔잔하게 틀어 놓고 박자에 맞추어 춤을 춘다. 예비 엄마 아빠 둘이서 분위기 있게 춤을 추는 것도 좋다.

음악 감상을 한다

음악 감상은 태아를 가장 풍요로운 느낌으로 감싸는 음악태교 방법이다. 감상을 위주로 하는 방법으로 태아의 흥미를 끌 수 있는 음악으로 형식이 분명하고 담백한 고전음악이 좋다. 바하의 G선상의 아리아, 헨델의 수상음악, 모짜르트의 사단조 심포니 제 1악장, 파헬벨의 캐논 등이 태교음악으로 많이 추천되는 클래식 작품이다.

이 밖에도 조지 윈스턴과 뮤지컬 음악 같은 가볍게 들을 수 있는 경음악도 좋다. 산부인과 전문의 슈왈츠(Schwartz) 박사는 '분만 시 음악은 긴장감을 감소시키고 고통에 처해 있는 태아에게 치료의 효과가 있다는 것을 보여주었다.' 고 말했다.

태교에 좋은 음악

태교음악은 임신부의 취향에 따른다

사람들이 어떤 소리를 들었을 때 쾌적하고 편안함을 느끼게 되는데 이런 소리들에는 생명의 리듬이 있기 때문이다. 전문적인 용어로 말해 'F분의 1(1/F)의 흔들림' 이라고 하는데, 이 흔들림은 불안한 마음을 가라앉혀 주는 효과가 있다.

클래식 음악에는 이 흔들림이 많이 포함되어 있기 때문에 태교음악으로 확고부동한 자리를 차지하고 있다. 태교음악 하면 클래식 음악을 우선 떠올리게 되는 것도 이 같은 이유 때문이다. 그러나 태교음악이 꼭 클래식이어야만 하는 것은 아니다.

평소 클래식을 좋아하지 않던 임신부가 태교를 위해 억지로 듣는다면 오히려 안 듣는 것만 못할 수도 있다. 좋아하지 않는 클래식 음악을 듣는 동안 임신부는 편안한 마음이 되기보다는 상당한 스트레스를 받게 될 것이기 때문이다. 그렇게 되면 오히려 태아에게 좋지 않다. 태교음악은 임신부의 취향에 따라 고르면 된다. 정서에 맞고 들어서 편안하고 행복한 음악이면 어떤 음악이든 상관이 없다.

국악도 훌륭한 태교음악이다

대구 효성병원, 한국과학기술원(KAIST) 김수용 박사, 전주우석대 정동규 박사가 국악이 태교음악으로서 효과가 있다는 것을 입증하기 위해 실험을 하였다.

7개월 된 임신부들을 모아 한 그룹은 모짜르트 음악을, 또 한 그룹은 국악을, 또 한 그룹은 아무 것도 듣지 않게 하였다. 이후 태어난 신생아를 살펴본 결과 국악을 듣고 태어

난 신생아의 경우 가장 정서가 안정되고 자율신경계가 조화로웠다고 한다.

태교음악으로 흔히 클래식을 권하고 있지만 서구의 클래식뿐만 아니라 전통국악도 훌륭한 태교음악이 될 수 있음을 보여준 연구였다. 정악(正樂)같은 우리 나라 전통 궁중음악과 창작국악동요들도 클래식과 마찬가지로 이상적인 파형인 1/F의 흔들림을 나타내고 있는 것이다.

엄마가 좋아해야 아기도 좋아한다

모든 태교의 기본이 엄마의 스트레스를 줄이고 마음을 편안하게 하는 것이듯 음악태교도 마찬가지다. 음악태교를 한다고 좋아하지도 않는 음악을 틀어놓고 듣는다면 오히려 마음을 불편하게 하고 의무감에서 하다보니 스트레스까지 쌓이게 된다. 그런 엄마의 마음 상태는 고스란히 태아에게도 전해지기 때문에 차라리 아무것도 듣지 않는 것이 나을지도 모른다.

음악태교는 임신부가 음악을 들음으로써 정서적 안정을 얻고, 그와 동시에 태아에게도 그 정서적 안정감이 전달되게 하는 것이기 때문이다. 즉 음악 자체가 태아에게 직접 영향을 미친다기보다는 음악을 감상하는 임신부의 정서적 반응이 태아에게 더 큰 영향을 미치게 되므로 태교음악을 고를 때는 엄마의 취향이 중요한 기준이 된다.

음악태교를 위해서는 평소 음악을 즐겨 들으면서 감각을 키워두면 좋다. 임신부가 좋아하는 음악에 태아가 가장 민감하게 반응하므로 엄마의 취향에 맞게 음악을 골라서 듣고 편안하고 즐거운 마음으로 듣는다.

"실로폰을 두드렸더니 '꼼지락' 태동이 느껴졌어요"

신동예 씨 (31세, 서울시 마포구)

임신 초기에 유산기가 있다고 하여 각별히 조심해야 했어요. 하지만 집에만 있으려니 자꾸만 기분도 가라앉고 몸도 덜 움직이게 되어 고민하던 중 임신한 친구가 음악태교를 함께 배우자고 했어요. 처음엔 무슨 소린가 했어요. 집에서 음악 틀어놓고 듣는 게 음악태교인데 도대체 뭘 배운다는 건지 의아했지요.

음악태교를 가르치는 곳에 등록을 하고 다니기 시작했죠. 대개 음악태교는 단순히 음악을 듣는 것이 전부가 아니라 율동과 악기연주 등 다양한 방법들이 있었어요. 잔잔한 음악을 들으며 가볍게 율동을 해주기 때문에 자연스럽게 운동도 되어 몸도 마음도 가벼워지고 즐겁고 편안해지더군요. 가만히 누워 배 위에 실로폰을 올려놓고 연주를 하면 아기도 기분이 좋은지 신기하게도 태동으로 반응을 보였어요. 집에서는 남편이 악기를 치거나 불어줬는데 아기의 움직임이 활발했어요. 음악태교 하면 클래식을 듣는 것으로 알려져 있는데 좋아하는 노래를 골라 들어야 즐거울 수 있다고 봐요. 저는 성당에 다니기 때문에 성가를 주로 듣고 동요도 곧잘 들었어요.

지금은 예쁜 딸 유림이와 음악을 함께 듣고 있어요. 태교할 때 들었던 음악을 틀어주면 마치 기억이라도 하는 듯이 빙긋 웃음을 지어요. 유림이는 사물에 대한 관심도 많고 활발하게 움직이며 무럭무럭 크고 있어요. 음악과 함께 제 사랑의 마음까지 고스란히 딸에게 전해진 것 같아 뿌듯해요.

엄마의 자장가는 최고의 음악태교

태아가 특히 좋아하는 소리는 엄마의 목소리다. 임신부의 목소리는 공기 진동뿐만 아니라 골격이나 신체조직의 진동을 통해 자궁에 전달되어 그 어떤 외부 소리보다 강하게 들린다.

평소에 엄마가 배를 두드려가면서 자장가나 동요를 불러준다면 태아는 다정한 엄마의 목소리에 리듬감을 익히게 되고 엄마와의 유대감도 더 강해진다. 엄마가 들려준 노래나 시, 이야기들이 좋은 태교음악이 되는 것이다. 산책을 하면서 나지막한 콧노래를 부르거나 엄마 아빠가 직접 부르기 쉬운 곡으로 작곡하여 부르는 것도 좋다. 박자와 멜로디가 단순하고 경쾌한 것이 좋다.

밝고 차분한 음악이 좋다

태아에게 가장 익숙한 소리는 엄마의 심박동 소리다. 때문에 심박동 소리와 유사한 1분에 60~70박 정도의 빠르기인 음악들이 태교용으로 적당하다.

슬픈 곡보다는 밝고 차분한 음악이 정서에 좋다. 규칙적인 음향, 안정된 멜로디, 포근하고 감미로운 분위기 등의 음악을 골라서 들는다. 그게 꼭 클래식이어야 할 필요는 없고 팝송, 가요, 동요, 국악 등 다양하게 접근하는 것도 괜찮다.

효과적인 태교음악 감상법

편안한 상태에서 듣는다

어떤 음악을 들어야 할지 골랐다면 올바른 감상법이 뒤따라야 한다. 음악을 듣기 위해 특별한 준비가 필요한 것은 아니지만 가능하면 좋은 곡을 편안한 자세로 듣는 것이 중요

음악태교 배울 수 있는 곳

＊ 러브노트 부부 태교음악 프로그램

음악 전문 출판사인 (주)상지원에서 임신한 예비 엄마들을 위해 산전 음악태교 교육 프로그램인 러브노트 부부 태교음악 과정을 운영하고 있으며, 전문 강사 육성을 위해 세미나를 개최하고 있다.

현재 러브노트 부부 태교음악 프로그램은 산부인과 병원이나 산모들의 요청 시 개설되며 일주일에 한 번 총 6주(또는 12주) 과정으로 이루어진다. 40분 수업이며 1회 특강도 가능하다.

수업을 받은 후에는 출산 전까지 집에서 수업받은 내용을 복습하면 된다. 몸을 이완시키는 활동, 촉각을 느끼게 하는 활동, 노래 활동, 악기 활동, 신체 움직임 활동, 명상의 시간 등으로 세분화시켜 다양한 태교음악 프로그램이 준비되어 있다.

www.sangjiwon.co.kr

(주) 상지원 02-3663-4544

하다. 온몸의 긴장을 풀고 소파에 편안하게 앉거나 침대에 누워서 음악을 듣는다. 소리는 너무 크거나 작지 않게 잔잔한 느낌을 주는 정도가 적당하다.

듣기 싫을 때는 과감히 중단한다

음악태교를 해야 한다는 의무감에 하루 종일 음악을 틀어놓는다든지, 듣고 싶지 않은데도 억지로 듣는 것은 곤란하다. 음악을 듣는 것은 엄마와 태아를 정서적으로 편안하게 안정시키는 데 목적이 있기 때문이다. 듣기 싫을 때는 과감하게 음악을 끈다.

태아의 생활리듬을 고려해 듣는다

태아는 보통 2~3시간씩 잠을 자고 30분 정도 깨어 있는 생활을 반복하고 있다. 자고 있는 태아를 시끄러운 음악 소리로 깨울 필요가 없기 때문에 태동이 느껴질 때는 명랑한 음악을, 자고 있을 때는 조용하고 감미로운 음악을 들려준다. 음악이 아니더라도 자장가나 동화책 등을 소리내어 읽어주면 태아가 안정감을 느끼므로 음악태교를 하는 효과를 볼 수 있다.

잔잔한 크기로 듣는다

미국 플로리다 의대 연구팀의 연구를 보면 자궁 밖에서 72데시벨로 들리던 임신부의 목소리가 자궁 내에서는 77.2데시벨(db)로 크게 들리는 것으로 측정됐다. 태아는 시끄러운 소리나 갑자기 큰 소리가 나는 것에 스트레스를 받는다. 이 경우 태아의 호흡이 불규칙해지고 양수를 삼키는 것이 관찰되기도 했다. 태아는 엄마의 심장박동 소리와 장기 소리에 가장 편안해하므로 되도록 잔잔한 정도의 크기로 음악을 듣는다.

음미하면서 적극적으로 듣는다

흔히 음악태교를 한다고 하루 종일 음악을 틀어놓고서 다른 일을 하는 경우가 있다. 설거지를 하거나 독서를 하거나 청소를 하는 등 다른 일을 하면서 음악을 듣는 것보다는 적극적으로 음악태교를 하는 것이 좋다. 편안한 자세로 음악을 음미하면서 태아에게 음악에 대한 이야기를 들려주는 것도 좋은 방법이다. 그리고 하루 종일 음악을 틀어놓기보다는 하루 한두 시간 정도 듣는 것이 적당하다.

자연의 소리를 들려준다

태아는 자연음을 좋아한다. 새가 지저귀는 소리나 시냇물이 졸졸졸 흐르는 소리, 바람에 나뭇잎이 서걱거리는 소리 등이 자연음인데, 이런 자연음을 들으면 임신부 역시 마음이 상쾌해지는 것을 느끼게 돼 태아와 엄마 모두의 정서가 편안해지고 태아의 감수성도 풍부해진다.

반면 문을 쾅 닫는 소리나 그릇 깨지는 소리, 부부가 싸우는 소리, 텔레비전의 시끄러운 소음 등에는 태아가 깜짝깜짝 놀라면서 민감하게 반응한다. 이런 소리가 반복될 경우에는 태아의 정서가 불안정해지기 쉬우므로 부정적인 소리는 삼간다.

시기별 맞춤 태교음악

임신 초기(1~12주)

● 엄마의 마음 상태를 그대로 느낀다

소리를 들을 수 없지만 엄마의 좋은 기분은 느낄 수 있다. 태아의 귀는 초기부터 생기기 시작하지만 소리를 듣지는 못한다. 태교음악은 어차피 엄마가 음악을 듣고 정서적으로 편안해지면 아기도 자연히 기분이 좋아지

는 데 의의가 있는 것이므로 초기부터 음악을 들어 마음의 평온을 가지려고 애쓴다.

입덧이나 임신 스트레스로 자칫 우울해지기 쉬운 시기이므로 특히 음악을 통해 편안한 마음을 갖는 것이 중요하다. 엄마가 얻는 안정, 휴식에 비중을 두어 음악을 듣는다.

이런 음악이 좋아요

- 모짜르트의 '피아노 소나타 14번'
- 하이든의 '사계 심포니'
- 요한 스트라우스의 '왈츠곡'
- 마이어즈의 '카바티나' 등

임신 중기(13~28주)

● 청각이 발달해 모든 소리를 들을 수 있다

임신 6개월이면 청각 기능이 발달해 모든 소리를 들을 수 있게 된다. 편안한 음악을 틀어놓고 아기와 함께 듣는다는 기분으로 귀를 기울인다.

7개월이 되면 태아의 청각 발달이 끝난다. 뇌신경세포도 왕성하게 발육해 사람들의 목소리를 기억한다. 태아의 뇌 발달을 위해 적극적으로 음악태교를 한다. 안정된 음과 리듬은 아기를 안정시켜 준다. 경쾌한 동요를 엄마의 목소리로 들려주거나 클래식 음악을 듣는다. 음악 감상 외에도 새소리, 물소리, 바람소리 등 자연의 소리를 자주 들려준다.

이런 음악이 좋아요

- 생상스의 '동물의 사육제 중 제 7곡 수족관'
- 브람스의 '비의 노래'
- 드뷔시의 '교향시 바다 제 2곡 파도의 유희' 등

임신 후기(29~40주)

● 소리의 차이를 구별한다

태아의 뇌세포가 놀라울 정도로 증가하는 때이므로 뇌에 좋은 자극을 주는 소리를 자주 들려준다.

이 시기의 태아는 소리의 고저나 강하고 약한 것을 구별하고 기억기능이 발달해 소리를 구별하기 시작한다. 바깥에서 들리는 소리에도 민감하게 반응을 하여 소리에 따라 태아의 심장 박동수가 달라진다. 조용한 것보다는 진동이 강한 음악을 들려준다. 즉 새가 지저귀는 정도의 평온하고 자연스러운 리듬의 음악이나 현악기 연주곡, 국악 등이 적당하다.

이런 음악이 좋아요

- 차이코프스키의 '호두까기인형'
- 생상스의 '백조' / 가야금산조 / 대금산조

실전! '러브노트'에서 배우는 음악태교

러브노트 부부 태교음악 프로그램은 미국 실버레이크 대학의 태교 및 유아음악 학과장으로 있는 로나 젬키 박사(Dr. Lorna zemke)가 임신 4개월에서 6개월 사이에 태아가 외부의 소리에 반응을 보이기 시작한다는 과학적 연구 결과에 착안하여 1986년에 창안한 체계적인 태교음악 프로그램이다.

젬키 박사는 러브노트 프로그램이 태어날 아기에게 안정감을 주고, 부모가 자신을 원하고 사랑하고 있다는 느낌을 갖게 함으로써 심리적, 정서적, 신체적, 정신적으로 건강한 출산을 도모함은 물론 가족과의 정서적 유대감을 형성케 하여 화목한 가족을 이루도록 하는 데 궁극적 목표가 있다고 말한다.

몸을 이완시키기 위한 활동

클래식 음악을 들으면서 몸에 무리가 가지 않는 여러 동작을 통해 엄마와 아기에게 안정감과 편안한 느낌을 주는 활동이다. 이 활동을 하고 난 뒤, 배를 쓰다듬으며 휴식을 취하도록 한다.

● 이렇게 하세요

① 클래식 음악이나 좋아하는 음악을 틀어 놓고 프레이즈(악절)에 따라 몸을 움직인다.

② 팔을 올리거나 몸을 움직이면서 프레이즈(악절)에 따라 숨을 들이쉬거나 내뱉는다.

③ 몸을 좌우로 움직이면서 무게 중심을 이동시킨다.

④ 양팔을 머리 위로 높이 든 후, 큰 원을 만들며 시계 방향이나 시계 반대 방향으로 돌린다.

⑤ 한 팔을 수평으로 어깨 높이까지 들어 올린 후 허리를 중심 축으로 하여 팔을 좌우로 이동시킨다.

⑥ 양팔을 앞으로 하여 커다란 원을 만들고 몸과 팔을 좌우로 움직이면서 몸의 중심을 좌우로 이동시킨다. 위의 방법 외에도 몸에 무리가 가지 않는 한 어떤 동작을 병행해서 해도 좋다.

> #### 이런 음악이 좋아요
> - 마스넷의 '타이슨 명상곡'
> - 바하의 'G선상의 아리아'
> - 모짜르트의 '작은 소야곡 중 로만제'
> - 윌리엄스의 '푸른 옷소매 환타지아'
> - 차이코프스키의 '잠자는 숲속의 미녀 중 왈츠'
> - 바하의 '예수 모든 이들의 희망'

촉각을 느끼게 하는 활동

단어를 말하면서 동시에 그 단어에 해당하는 동작을 함께 해준다. 태아에게 듣는 것과 느끼는 것을 같이 할 수 있게 해주는 활동이다.

예를 들면 임신부가 배를 가볍게 두드리면서 '두드린다'는 말을 같이 함으로써 태아가 엄마의 목소리로 전달되는 단어를 듣고 촉각으로 느끼게 하는 것이다. 촉각을 느끼게 하는 활동은 보통 친숙한 동요나 민요 가락에 맞춰 부르면서 시작한다.

● 이렇게 하세요

① 비비자.(손바닥으로 복부 전체를 원을 그리며 만져준다)

② 두드리자.(손끝을 세우고 복부 전체를 두드려 준다)

③ 문지르자.(손바닥을 펴고 위에서 아래로 쓸어 내린다)

④ 짜보자.(손가락을 사용해 복부 전체를 자연스럽게 짜준다)

⑤ 누르자.(손바닥으로 복부 전체를 골고루 누른다)

노래 활동

양수 속에 있는 태아는 엄마의 몸과 양수를 통하여 울리는 소리로 엄마의 목소리를 듣게 된다. 태아에게 엄마의 목소리는 소리의 원천이다. 태아를 얼마나 기다리고 사랑하는지 그러한 내용을 담아 우리에게 익숙한 동요나 민요의 선율로 노래한다.

이때는 엄마뿐만 아니라 아빠도 아내의 배 가까이에 입을 대고 부드럽게 노래를 불러주거나 얘기해 주는 것이 좋다. 세계 동요나 전래동요 등을 통해 아기와 교감할 수 있고 유대감을 쌓는 것이 중요하다.

> #### 이런 음악이 좋아요
> '엄만 너를 사랑해', '군밤타령', '새야새야', '자전거', '사랑해', '새 신', '꽃밭에서', '고향의 봄', '구슬비', '기찻길 옆', '나비야', '도라지', '산새가 아침을', '아리랑', '어린이 음악대', '어린이 왈츠'

감상 및 명상 활동

음악 감상은 음악태교에서 가장 기본적인 활동이다. 아무리 태교에 관심 없는 임신부라 할지라도 가끔은 클래식을 들을 것이다.

러브노트 부부 태교음악은 태아에게 좋은 명곡을 들으며 태아에 대한 사랑을 확인하는 명상의 시간을 갖는데, 이때 편안한 마음 상태로 아기에게 사랑의 느낌을 전한다.

그리고 엄마 아빠는 음악을 들으며 박자에

맞추어 움직이면서 태아와 가족간의 사랑을 확인하는 시간을 갖기도 한다.

악기 활동

러브노트 부부 태교음악은 태아에 주는 음악적 자극으로 엄마의 목소리를 이용한 노래 활동이 제일 주가 되지만 실로폰, 크로마하프, 카쥬, 털실딸랑이 등의 각종 악기를 이용하여 태아에게 음악적 자극을 전달하는 활동도 중요하다.

이런 음악 자극은 태아의 뇌에 자극을 주어 지능발달을 돕고 음정, 리듬 등 음악의 기초개념에 대해 경험하게 하고, 정서적으로 안정된 아기로 성장하도록 돕는다.

● 이렇게 하세요

》》 **실로폰** 실로폰을 임신부의 복부 위에 올려놓고 노래 부르면서 조용히 연주한다. 이때 연주는 주로 아빠가 하며, 칼라악보를 사용해 손쉽게 연주할 수 있다. 실로폰은 맑은 소리를 내는 악기로 연주 시 임신부의 옷에 묻혀 소리가 둔탁하게 나지 않도록 주의해야 한다. '사랑해', '자전거', '나비야' 등 쉬운 노래로 선곡해 악기 소리가 너무 크지 않게 연주한다.

》》 **크로마하프** 크로마하프는 임신부의 배 옆에 놓고 연주하며, 곡에 맞는 코드를 누른 후 현을 긁어 연주한다. 크로마하프의 반주에 맞춰 엄마와 아빠가 노래하면 더 좋다.

》》 **카쥬** 플라스틱으로 된 카쥬를 임신부가 직접 불어 소리를 낸다. '두두두' 말하듯이 음정을 넣어 부르면 공명된 소리가 난다. 연주 시 임신부는 카쥬의 진동을 느낄 수 있는데 카쥬를 잘못 불면 진동을 느끼지 못한다.

상황에 따라 골라 들으세요

● 아침에 일어나서
– 차이코프스키의 '잠자는 숲속의 미녀' 중 '폴라카', '안단테 칸타빌레', '행진곡'
– 모짜르트의 성악곡 '봄의 서곡' / 슈베르트의 '악흥의 순간' 중 3번
– 베토벤의 교향곡 6번 '전원' / 요한스트라우스 2세의 '아름답고 푸른 도나우'
– 그리그의 '페르귄트' 중 아침, '솔베이지의 노래', '아라비아의 춤', '아니트라의 춤'

● 휴식할 때
– 차이코프스키의 발레음악 '백조의 호수' / 비발디의 협주곡 3번 '붉은 방울새'
– 크라이슬러의 '아! 목동아', '알로하오에', '세레나데', '로망스', '사랑의 슬픔', '상소네트', '환상곡'
– 모짜르트의 '세레나데' / 토스티의 '세레나데' / 구노의 '세레나데'
– 베르디의 '리골레토' 중 '여자의 마음', '이것이냐 저것이냐'
– 하이든의 '세레나데' / 스트라빈스키의 '풀치넬라' 중 '세레나데'
– 헨리 멘시니의 영화 '티파니에서 아침을' 중 '달빛이 흐르는 강'
– 베토벤의 '비창' 소나타 제 2악장 '아다지오 칸타빌레'

● 태아가 태동을 활발하게 할 때
– 드보르작의 '유모레스크' / 브람스의 헝가리 무곡 제 5번 '알레그로', '왈츠 작품 39의 15'
– 쇼팽의 '왈츠 제 7번' / 요한 스트라우스의 '봄의 소리 왈츠'
– 베토벤의 교향곡 제 1번 다장조 중 '미뉴엣' / 모짜르트의 '미뉴엣 알레그레토'
– 알베니스의 '탱고'

● 식사할 때
– 차이코프스키의 '호두까기 인형' 중 '꽃의 왈츠' / 헨델의 '메시아' 중 '할렐루야'
– 바하의 '토카타와 푸카 라단조', '프랑스 조곡 제 6번 중 폴로네즈', '관현악조곡'
– 드보르작의 '슬라브 무곡 마단조 작품 46의 1과 2'
– 쇼팽의 '군대 폴로네즈', '이별의 노래', '빗방울 전주곡', '즉흥환상곡'
– 모짜르트의 '아이네 클라이네 나하트 뮤직'의 세레나데 중 '론도 알레그로'

● 잠잘 때
– 슈베르트의 '자장가', '아베마리아', '들장미' / 모짜르트의 '자장가'
– 브람스의 '자장가' / 베토벤의 '엘리제를 위하여', '월광소나타'
– 고다르의 '조슬랭의 자장가' / 크라이슬러의 '자장가' / 드뷔시의 '월광'
– 샤논의 '아일랜드 자장가' / 거신의 '섬머타임'

진동은 임신부의 입술과 턱 밑으로 해서 목으로 전달되고 양수를 진동시켜 태아가 진동 자극을 받게 된다. 진동자극은 태아의 청력을 맑게 하는 효과가 있다.

》 **털실딸랑이** 털실로 만들어졌으며 딸랑이 안에 작은 방울이 들어 있어 은은한 소리를 낸다. 털실딸랑이를 이용해 박자에 맞춰 복부 전체에 자극을 주면서 노래하면 된다. '그대로 멈춰라', '아리랑', '어린이 왈츠', '고향의 봄', '꽃밭에서', '자장자장 우리 아기' 등을 부른다.

신체 움직임 활동

임신을 하게 되면 몸이 무거워져 자칫 잘못하면 운동이 소홀해질 수 있다.

임신 초기에는 아기가 잘못될까 두려워 못하다가 몸무게가 늘게 되면 움직이기 귀찮아 운동을 하지 않게 되기가 쉽다. 그러나 충분한 산소 섭취는 태아와 임신부에게 중요하기 때문에 적당히 근육을 움직여줘야 한다.

음악을 틀어 놓고 박자에 맞춰 걷는다. 엄마가 운동을 하면 뱃속아기도 그 리듬과 함께 움직임을 같이 느낄 수 있도록 한다. 또한 리듬리본, 스카프, 털실공 등을 이용하여 몸을 움직이면서 임신부와 태아의 산소 섭취를 돕고 정서적 유대감도 돈독하게 쌓는다.

● **이렇게 하세요**

① 음악에 맞춰 긴 리본을 흔들며 활동한다. 원을 그리거나 옆으로 흔들기, 위로 돌리면서 돌기 등의 방법이 있다.

② 음악에 맞춰 스카프를 서로에게 던지며 주고받을 수 있고, 스카프를 사용해 큰 단위 박과 작은 단위 박을 표현하며 움직인다.

③ 음악을 들으면서 부부가 박자에 맞춰 털실로 만든 공을 서로에게 던진다. 이때 부부는 정서적 교감을 느낄 수 있고 그런 감정이 그대로 태아에게 전달되어 태아에게 좋은 영향을 미친다.

이런 음악이 좋아요
- 비발디의 '사계 중 봄'
- 요한스트라우스의 '아름답고 푸른 도나우'
- 비제의 '아를르의 여인 제 1번 중 미뉴엣'
- 바하의 '사단조 푸가'
- 코렐리의 '현을 위한 모음곡 중 사라방드'
- 브람스의 '하이든 주제에 의한 변주곡' 등

미술태교

음악태교나 동화태교처럼 널리 알려지진 않았지만 태교에 대한 관심이 높아지면서 미술태교가 새롭게 관심을 받고 있다. 미술태교는 명화를 감상하거나 직접 수를 놓거나 색칠을 하거나 색깔을 통해서 태아의 감성을 훈련시키는 등 다양한 방법들이 있다. 엄마가 보고 느끼는 만큼 태아의 미적 감각이나 감성이 길러지기 때문에 많은 것을 보고 느끼고 만들어 보자.

감성과 미적감각을 키워주는 미술태교

청각 자극만큼 시각 자극도 중요하다

청각 자극 못지 않게 중요한 시각 자극. 청각은 임신 초기부터 꾸준히 발달해 임신 20~24주가 되면 어른과 같은 청각 기능을 갖게 되지만 시각은 비교적 늦게 발달하는 편이다. 그렇다고 시각 자극을 소홀히 생각해서는 안 된다.

시각을 통한 자극도 태아의 정서에 큰 영향을 미치기 때문이다. 시각은 비교적 복잡한 기능을 필요로 하기 때문에 태어날 때까지도 완성되지 못한다. 게다가 성인과 같은 완전한 시각을 가지려면 8세는 되어야 한다. 이렇게 긴 시간을 요하기 때문에 태아의 시각은 기껏해야 빛의 명암을 느낄 수 있을 뿐이다.

엄마의 눈을 통해 들어온 빛이 멜라토닌이라는 호르몬을 조절하여 태아가 명암을 느끼게 된다. 멜라토닌 호르몬은 밝은 것을 보면 줄어들고, 어두운 것을 보면 늘어나는데 이것을 통해 명암을 구분할 수 있는 것이다. 임신 7개월 정도가 되면 외부의 빛에 반응을 하기 시작한다.

오감을 자극해 뇌 발달을 돕는다

렘브란트의 사랑이 넘치는 부부의 초상화나 모네의 아름다운 푸른 숲을 그린 수련 연못과 같은 그림들을 보게 되면 자연히 마음이 편안해지고 즐거워진다. 그림 속에는 화가의 정신이 담겨 있고 그 정신은 에너지가 되어 감상하는 사람에게 감동을 주는 것이다.

또한 그림을 보면서 이야기를 하게 되면 청각 자극까지 하는 셈이 된다. 임신 6~7개월이 지나면 태아는 오감을 느끼게 되는데 미술태교는 그야말로 오감을 자극하는 태교가 된다. 태아의 뇌는 감각을 느끼면서 발달하므로 오감을 두루 자극하면 뇌 발달을 도울 수 있다.

미술태교에는 다양한 방법이 있다

미술태교 하면 제일 먼저 떠오르는 것이 명화 감상이다. 그림을 보는 것이 미술태교의 전부라고 많이 알려져 있지만 매듭, 십자수, 종이접기, 도예 등도 미술태교의 한 부분이 될 수 있다. 손끝을 이용해 할 수 있는 십자수나 매듭, 종이접기 등은 집중력을 키울 수 있을 뿐만 아니라 마음의 안정을 얻을 수 있어 임신부들의 취미생활로 인기가 높다.

그러나 작품을 완성하기까지는 많은 시간이 걸리기 때문에 인내와 끈기가 필요하다. 바로 이런 점이 태교로서 그 역할을 톡톡히 해내고 있는 셈이다. 태아에게 자연스럽게 은근과 끈기를 길러줄 수 있기 때문이다. 자연스럽게 색감도 키울 수 있고 미적 감각도 높일 수 있다. 임신을 계기로 가까운 문화센터나 사회복지관을 찾아 각자에게 맞는 미술태교 방법들을 찾아보자.

좋은 사진, 풍경도 미술태교가 된다

평소 미술을 싫어하는 사람이 임신을 했다고해서 미술관이나 전람회를 찾는다면 행복해질 수 있을까. 평소 미술관을 찾은 적이 없었는데 모처럼 찾은 미술관에서 밀레의 그림을 본다고 무슨 감흥을 느끼기란 어렵다.

차라리 남편과 함께 영화를 본다든지, 아름다운 야생화가 있는 식물도감, 추억이 담긴 사진들을 보는 것이 낫다. 이런 것 또한 시각태교, 즉 미술태교가 된다. 뭔가 좋아하는 풍경이나 사진을 보고서 임신부가 평화로울 수 있고 정서적으로 감흥을 느낄 수 있으면 충분하다.

부담 갖지 말고 즐겁게 시작한다

음악태교나 태담태교, 동화태교에 비해서 막연하고 어렵게 다가오는 것이 미술태교. 그러나 미술태교 또한 누구나 쉽게 할 수 있

인터넷 속 미술관

주말에 남편과 손잡고 가까운 미술관을 가보자. 그림도 감상하고 운동도 되어 일석이조의 기쁨을 맛볼 수 있다. 멀리 나가기 힘들 때는 인터넷 속의 사이버갤러리를 방문해도 좋을 듯. 다양한 작품들을 앉은 자리에서 감상할 수 있다.

● 정부 소장 작품을 총망라 / 조달청 사이버갤러리 www.pps.go.kr

조달청에서 제공하는 〈정부소장미술품 사이버갤러리〉를 통해 한국화, 서양화, 서예, 조각, 판화, 도자기, 공예품 등을 감상할 수 있다. 그동안 이러한 작품들이 각 기관에 분산·관리되어 왔기 때문에 특정장소를 방문하지 않는 이상 일반 사람들이 감상하기에는 상당한 제약을 받아왔던 터. 정부 소장 작품을 총망라, 우리나라 대표급 작가의 다양한 미술 작품들을 볼 수 있다. 작품은 '크게 보기', '작가 보기' 등이 가능하며 작품 설명도 자세히 나와 있다.

● 클릭 한 번으로 원하는 미술품 감상 / 구글 아트프로젝트 www.googleartproject.com

전 세계 유명 미술관의 작품을 인터넷에서 무료로 감상할 수 있다. 미술 작품을 구경하기 위해 세계 곳곳의 미술관과 박물관을 다니기란 쉽지 않은 일. 구글은 뉴욕, 런던, 북경 등 세계 각국의 유명 미술관과 협력, 40개국 이상의 180여 점이 넘는 미술 작품들을 담아 수백 명이 넘는 화가의 수천 개 작품들을 앉은 자리에서 볼 수 있다. 고해상도로 제공되는 작품만 3만 점이 넘는다. 미술관, 작가, 작품의 이름으로 검색이 가능하다.

● 국내외 유명작가의 작품이 15만 점 이상 / 네이버 미술 검색 arts.search.naver.com

네이버 미술 검색에서 유명 작가의 작품과 다양한 테마의 온라인 전시회를 감상할 수 있다. 국내외 유명작가의 작품들이 15만 점 이상이며, 외국작품만 12만 점 정도 된다. 여기에 국립현대미술관, 국내 갤러리 등을 통해 받은 국내 미술 작품만 7천여 점 있으며 3천여 점의 주요작품에는 해설도 자세히 나와 있어 작품의 이해를 돕는다. 작가·작품·미술관·사조·테마 별로 검색해 감상할 수 있으며 작품을 확대해서 볼 수도 있다.

● 고미술과 근현대 미술작품을 만나다 / 삼성미술관 리움 leeum.samsungfoundation.org

삼성미술관 리움 홈페이지에서도 작품을 감상할 수 있다. 상설전시와 기획전시로 나뉘어져 있으며 상설전시의 경우 현대미술과 고미술을 볼 수 있다. 고미술 작품으로는 불교미술과 금속공예, 고서화, 분청사기와 백자, 청자가 있으며 현대미술은 국내외 근현대 미술 작품들을 만날 수 있다. 작품에 대한 상세정보가 이해를 돕고 듣기도 가능하다.

● 흙을 사랑하는 도예화랑 / 토아트 www.thoart.com

흙에서 태어나 흙으로 돌아가는 인간들에게 가장 친숙한 흙의 예술을 보여주는 토아트. 한국적인 미를 여실히 보여주는 도예전문 화랑이다. 이강효, 민영기, 이광 등 여러 도예가들의 다양한 작품을 두루 감상할 수 있다.

다. 미술에 대해 아는 거라곤 밀레의 '이삭 줍는 사람들', 레오나르도 다빈치의 '모나리자' 정도에 불과하다 해도 상관없다. 사람은 누구나 기본적인 색감을 가지고 있기 때문이다. 그림에 대해 거부감만 없다면 누구나 그림 감상을 시작할 수 있다.

명화 감상에서 가장 중요한 것도 미술에 대한 지식이 아니라 거부감이나 부담감을 갖지 말아야 한다는 것이다. 아무리 훌륭한 태교라 해도 엄마가 스트레스를 받아가며 하는 것은 도움이 되지 않기 때문이다.

전람회나 미술관을 다니며 명화를 감상한다

좋은 그림을 보는 것은 아름다운 선율을 듣거나 감동적인 글을 읽을 때처럼 즐거워지거나 편안해지며 때로는 마음이 깨끗이 정화되는 느낌마저 들게 한다. 사진이나 그림, 조각, 도예, 판화 등 갖가지 전람회를 찾아다니며 감상하는 것은 태교에 많은 도움이 된다.

전자 바이올리니스트 유진 박의 어머니가 아들을 임신했을 때 부지런히 미술관과 음악회를 다니며 태교를 했는데, 그것이 유진 박의 감수성을 키우는 데 많은 도움이 된 것 같다고 말한다.

일주일에 한 번씩이라도 남편과 함께 가까운 미술관이나 전람회를 찾아 다양한 그림을 접한다면 뱃속아기도 무척 즐거워할 것이다. 미술관과 전람회를 다니는 것은 운동 효과까지 덤으로 얻을 수 있어 좋다. 집에만 있다가 모처럼 바깥 외출을 하게 되면 태아와 나눌 이야깃거리도 풍성해진다.

직장여성은 화집을 이용한다

문화적 여건이 다소 열악한 지방에 살거나 집 가까이에 미술관이 없을 때는 화집을 이용하는 것도 좋다. 많은 명화집들이 나와 있어 선택의 폭 또한 넓다.

화집을 고를 때는 무엇보다 엄마의 취향이 중요한 선택 기준이 된다. 남들이 좋다고, 훌륭하다고 하는 작가의 작품을 고르기보다는 엄마가 좋아하는 화가의 작품이나 명화를 고른다. 또는 학교 다닐 때 미술시간이나 미디어를 통해 자주 접했던 작품들로 시작하는 것도 좋다. 익숙하기 때문에 친숙한 느낌을 받을 수 있기 때문이다.

미술지식을 전달하려 하지 않는다

음악태교를 한다고 훌륭한 음악가가 태어나는 것이 아니듯 미술태교를 한다고 해서 아기가 미술 감각이 탁월하고 그림을 잘 그리는 화가가 될 것이라는 기대는 버린다.

자칫 미술태교가 학습이 되어 색을 가르치고 그림에 대한 많은 지식을 주입시키려고 애쓰게 되기 때문이다. 그림에 대한 지식을 심어주려고 하다보면 재미가 없어지고 스트레스까지 받을 수 있게 된다. 그림 감상으로 엄마의 정서가 풍부해지고 그 감동이 태아의 뇌에 전달되어 좋은 자극이 되는 것으로 만족하는 것이 옳은 태교방법이다.

사이버 갤러리도 좋은 미술태교의 장이다

그림을 보기 위해 꼭 미술관이나 전람회를 찾아야 하는 것은 아니다. 수고스러움 없이 편하게 앉아서 작품을 감상할 수 있는 곳이 있다. 바로 사이버 갤러리. 인터넷을 자주 활용하는 임신부라면 가끔은 인터넷 속의 미술관을 찾아 그림 감상을 해보자.

수만 여 개의 작품을 올려놓은 곳도 있고 작품마다 자세한 설명과 작가에 대한 이야기를 싣고 있는 곳도 있다. 단, 전자파가 나오기 때문에 컴퓨터를 사용하는 시간은 6시간을 넘지 않도록 하고 1시간에 한 번씩은 휴식을 취하도록 한다.

부드러운 그림을 주로 본다

미술태교를 하려고 하면 막상 무슨 그림을 봐야 할지 막막해진다. 태교에 좋은 그림은 먼저 아름다움을 느끼기에 충분하고 선과 색이 선명하며 부드러운 이미지의 그림이다. 이런 면에서는 밝은 색깔과 빠른 붓 놀림으로 빛에 따른 색감의 변화를 잘 살려낸 인상주의 화풍의 그림이 좋다.

명화 감상 포인트

① 처음부터 어려운 추상화를 보는 것보다는 한눈에 작가가 무엇을 그리려 했는지 이해할 수 있는 풍경화를 선택하는 것이 좋다. 아름다운 자연을 감상하는 것은 자연의 소리를 듣는 것만큼이나 정서적 안정을 준다.

② 미술관에 가기 전, 그곳에서 무슨 전시가 열리고 있는지 미리 알아본다. 작가와 작품에 대한 기본적인 정보를 가지고 그림을 접하면 아는 만큼 보인다고 했듯이 그림을 보는 눈과 느끼는 감흥

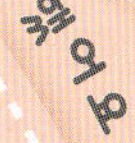

"한 땀 한 땀 놓으며 아기에 대한 사랑을 전했어요"

김은주 씨 (32세, 서울시 관악구)

첫 아이 찬우(7세)를 가졌을 때는 사실 태교에 별다른 관심이 없었어요. 그런데 친척 언니가 임신 후 요가태교를 하고 낳았는데 애가 차분하고 온순한데다 인지능력도 빠르게 발달하는 것 같더라구요. 그걸 보면서 태교에 대한 생각이 바뀌었어요.

둘째 현우를 가졌다는 사실을 알고는 바로 무슨 태교를 할까부터 고민했어요. 그러던 중 우연히 십자수 가게가 눈에 들어왔어요. 직장을 다니고 있긴 하지만 일을 하는 도중 짬짬이 시간이 나기 때문에 충분히 십자수를 놓을 수가 있었어요. 그리고 십자수를 하면 손을 많이 움직이게 되어 태아의 두뇌 발달에도 좋고 색감과 미적 감각을 키울 수 있다고 하여 더 관심이 갔어요. 처음엔 쉬운 핸드폰 고리부터 만들기 시작해 아기 턱받이, 내의까지 만들 정도로 실력이 늘었어요. 잔잔한 음악을 틀어놓고 한 땀 한 땀 수를 놓아 작품이 완성되었을 때는 성취감 또한 대단했어요. 액자로 만들어 고마운 이에게 선물로 주기도 했는데 정말 기분 좋더군요. 서로 나누는 기쁨까지 아기에게 전할 수 있었어요.

31개월 된 현우는 엄마가 십자수를 한 때문인지 아기 때부터 뭘 만들고 부수고 오리고 하는 것에 관심을 보였어요. 좀 커서는 블록을 가지고 노는 것을 좋아하더군요. 아이들에게 손을 많이 쓰게 해야 두뇌 발달에 좋다고 하는데 억지로 가르치지 않아도 손으로 하는 놀이를 너무 좋아해요. 어린이집을 보내고 있는데 그곳에서도 미술 활동에 흥미를 보인다는 말을 종종 듣는답니다.

알 짜 태 교 !

그림태교, 책으로 하세요

＊ 임산부를 위한 첫 그림태교 1

좋은 글과 그림이 어우러져 엄마와 아기 모두에게 좋은 태교책이다. 아기가 태어난 다음에는 그림을 보여 주며 시를 읽어줄 수 있어 좋다. 정현웅, 이중섭, 김기창, 박수근, 장욱진 등의 명화와 김용택, 강소천, 이문구 등의 동시가 실려 있다. (파랑새 어린이)

＊ 동화태교에서 명화태교까지

다양한 태교 방법들을 소개하고 있다. 풍부한 감성을 키워주는 명화태교 부분은 엄마의 사랑을 전해주는 그림, 가족의 의미를 느끼게 하는 그림, 엄마와 태아가 함께 떠나는 여행 그림 등으로 아이템을 나눠서 그림을 소개한다. 그림을 보며 태담을 나눌 수 있게 아기와 대화하는 방식으로 글이 적혀 있어 태담에도 도움이 된다. (세상의 모든 책)

＊ 명화태담(뱃속 아기와 나누는 사랑의 대화)

이야기태담, 음악태담에 이어 명화태담이 나왔다. 서울시립미술관 큐레이터인 황성옥씨가 우리네 정취가 물씬 풍기는 명화 24점을 소개한다. 그림을 잘 모르는 엄마라도 그림을 보며 뱃속 아기와 충분히 이야기를 나눌 수 있다. 김기창을 비롯해 김환기, 이중섭, 장욱진 등 우리 나라 대표적인 화가들의 작품을 한 페이지로 크게 실은 것도 보기에 좋다. (한울림)

＊ 세상에 단 하나뿐인 명화집

레오나르도 다빈치, 뒤샹, 고흐 등 유명한 명화를 직접 보면서 동시에 신나게 미술놀이를 할 수 있도록 만들었다. 명화 속의 기법을 이용하여 자신만의 작품을 만들고 즐길 수 있게 만든 것. 어린이용이지만 미술태교에도 많은 도움이 된다. (토토북)

이 달라진다. 작가가 이 그림을 언제 그렸는지, 작품의 제목은 무엇인지 정도는 알고 간다. 기본 정보를 알고 가면 그림에 대한 궁금증도 많아지고 그만큼 많은 감동을 받고 돌아오게 된다. 임신부가 느끼는 점이 많아야 뱃속아기한테도 좋은 영향을 미칠 수 있음은 당연한 이야기.

③ 한 전시회를 반복해서 보는 것도 좋다. 좋은 책의 경우도 읽을 때마다 느낌이 달라지듯이 그림도 마찬가지다. 똑같은 그림이라 해도 볼 때마다 느낌을 달리 받는다. 지난 번에 미처 깨닫지 못했던 부분을 발견해내는 기쁨도 맛볼 수 있다.

그림 속에 등장한 인물의 눈동자가 무엇을 바라보고 있는지, 같은 나무라도 왜 색의 농도를 달리했는지 등을 꼼꼼히 살펴보면 시나브로 그림에 대한 식견이 생기게 된다.

④ 미술태교도 다른 태교와 마찬가지로 꾸준히 오래 해야 효과나 만족을 얻을 수 있다. 몇 번 전람회를 갔다 오고 그림책을 한두 번 봤다고 해서 미술태교가 끝나는 것이 아니다. 꾸준히 그림을 접해야 태교로서 효과가 있는 것이다. 그러려면 무엇보다 '재미' 를 느껴야 한다.

{ **미술태교 2**
그림태교 }

직접 그림을 그려본다

하얀 도화지 위에 자신의 감정을 솔직하게 표현하는 것은 쉬운 일이 아니다. 더구나 평소 미술에 소질이 없다고 생각해온 사람이라면 하얀 도화지가 두려움의 대상이 되기도 한다.

그러나 미술로 심리 치료를 하듯이 그림을

그린다는 것은 억눌려 있던 마음의 스트레스를 시원하게 날릴 수 있는 취미활동일 뿐만 아니라 태교의 효과도 그림 감상에 비할 때 몇 배나 더 높다. 그렇다고 그림을 억지로 그린다면 아무 소용이 없으므로 즐거운 마음으로 여러 가지를 표현해보자.

누구에게 보여줘야 하는 것이 아니므로 꼭 잘 그려야 할 필요는 없다. 그림을 잘 그리느냐 못 그리느냐하는 것보다는 그림을 그리는 동안 편안하고 뱃속아기와 함께 한다는 마음가짐을 갖는 것이 더 중요하다.

평소 생활하면서 예술적 감성을 기르면 도움이 된다. 주변의 사물을 볼 때도 가벼이 지나치지 말고 아름답게 보려 하고 그림으로 표현했을 때 어떻게 되는지 상상해 본다.

다양한 색깔과 소재로 그림을 그린다

그림을 그릴 때는 다양한 색깔과 소재를 이용한다. 크레파스, 물감, 색연필 등 다양한 그림 도구를 써서 아름다움을 표현해 본다. 소재 또한 하늘, 구름, 예쁜 아기 모습 등 다양하게 표현해 보자. 병원에서 받아온 태아의 초음파 사진을 보며 현재 뱃속아기의 모습을 그려보아도 좋다. 꼭 그림이 아니더라도 찰흙이나 지점토, 모자이크 등으로도 표현해 보면 재미있다.

{ **미술태교 3**
십자수태교 }

손끝을 자극하면 두뇌가 발달한다

손가락을 많이 쓰면 쓸수록 뇌가 발달한다는 것은 익히 들어 알고 있을 것이다. 손이 움직일 때마다 신경들이 뇌를 자극하게 된다. 아이들에게 손을 많이 사용하는 놀이를

권하는 것도 이런 이유다.

손을 쓰는 것 중에는 종이접기, 도예, 퀼트, 뜨개질 등 다양한 방법들이 있지만 비교적 기법이 간단해 쉽게 배울 수 있고 재료비도 많이 들지 않는 십자수가 매력적이다. 작은 바늘을 교차해가며 꽂아 넣을 때 마음이 차분히 가라앉고 집중력이 길러진다.

색감이 길러진다

십자수는 수십 가지에 이르는 색실을 가지고 작품을 만들기 때문에 한 땀 한 땀 놓다 보면 자연스럽게 색감과 색의 조화 능력이 길러진다. 임신했을 때 아름다운 색과 형태를 많이 보면 태어난 아기도 미적 감각을 갖게 된다.

어느 임신부의 경우 임신 후 빨간색 립스틱이 갑자기 좋아져 빨간 립스틱을 자주 발랐다는데 신기하게도 태어난 아기가 미술 방면에 뛰어난 재능을 보였다고 한다. 또 임신했을 때 옷을 많이 만든 엄마의 아이도 색감과 디자인 감각이 다른 아이보다 뛰어나다고 한다.

피곤하지 않게 1시간 이내로 한다

자수를 놓는 것은 눈과 신경을 온통 바늘 끝에 집중해야 하기 때문에 쉽게 피곤해진다. 수를 놓는 자세 또한 임신부에게는 그리 좋은 자세가 아니기 때문에 수를 놓는 시간은 1시간 이내로 한다.

그리고 빨리 끝내야 한다는 강박관념을 갖지 말고 허리에 쿠션을 받친 다음 편안한 마음자세로 수를 놓는다.

수를 놓으면서 아기와 대화를 나눈다면 더 좋다. 베개, 턱받이, 아기 이불 등을 만들면서 아기에게 무엇을 만들고 있는지 색깔은 어떤 것인지 도란도란 말을 건네면 자연스럽게 태담까지 이루어진다.

{ 인테리어태교 }

실내 인테리어를 태아 중심으로 새롭게 바꿔보자. 인테리어 태교를 하기에 적당한 시기는 임신 5~8개월경. 먼저 실내에 녹색 식물을 들여놓아 집안에서 자연을 느낄 수 있게 해 보자. 녹색식물은 바라보는 것만으로도 심리적인 안정을 얻을 수 있으며 녹색식물이 뿜어내는 좋은 기운은 머리를 맑게 해 준다고 한다. 그리고 커튼이나 쿠션의 색깔을 바꿔 분위기를 바꿔보는 것도 도움이 된다.

집안 곳곳에 명화나 아름다운 풍경이 담긴 엽서나 사진을 붙여놓고 감상하는 것도 좋은 방법. 예쁜 아기 사진을 걸어두는 것도 좋다. 특별한 사연이 있는 작품이면 더욱 좋고 태아에게 감동과 교훈을 줄 수 있는 작품이면 더더욱 좋다.

동화태교

도움말 임신부 문화교육원 '토끼와 여우' 성진숙 팀장(www.ohmybaby.co.kr)

아빠와 함께 뱃속 아기에게 동화책을 읽어 주자. 아름다운 이야기를 통해 아기의 잠재력을 쑥쑥 키우고 감성을 깨운다.
엄마 아빠와의 유대감도 깊어질 뿐만 아니라 함께 읽는 엄마 아빠의 애정도 더해진다. 하루 30분 정도 시간을 내어
꾸준히 동화책을 읽는다. 아름다운 동화를 통해 온 가족이 행복해지는 태교시간을 가져보자.

잠재력을 쑥쑥 길러주는 동화태교

동화책 읽기는 태아에게 좋은 자극이 된다

이미지란 그림, 사고, 경험, 지식, 습관 등이 바탕이 되어 만들어진 머릿속에 있는 사물의 영상을 말한다. 외부의 정보들이 지속적으로 입력되고 뇌가 그 데이터를 이해하고 저장함으로써 이미지는 만들어진다.

이미지 형성은 이런 유기적인 과정과 함께 뇌세포와 뇌세포가 연결되기 때문에 가능하다. 그리고 이런 연결망을 시냅스라고 한다.

태아에게도 시냅스 형성이 가능하도록 해주는 것이 중요하다. 적절한 자극이 주어지지 않으면, 태아의 뇌세포는 많이 파괴된 채로 태어나게 된다. 그래서 영재는 타고난다고 하는 것이다.

시냅스를 많이 만들고 뇌세포의 활성화를 위해서는 자극이 중요한데, 그 발달을 돕는 적절한 자극 중 하나가 동화책 읽기다. 엄마의 목소리로 여러 가지 아름다운 이야기를 들려주는 것은 태아가 좋아하는 자극이 된다.

동화태교의 좋은 점

태아와 쉽게 이야기를 나눌 수 있다

실재감이 없는 뱃속의 아기와 이야기를 나눈다는 것은 쉽지 않다. 태담이 좋다는 것은 다 알지만 실천은 어려운 법. 이때 동화태교를 하는 것이 도움이 된다. 동화태교는 태담에 기초를 두고 있다.

뱃속아기와의 대화를 이끌어내는 도구로 동화책을 읽는 것은 좋은 방법이다. 특히 엄마보다 아빠가 태아와 이야기하는 것을 쑥스러워하는데, 잠들기 전에 동화책을 읽어주는 것으로 아기와의 대화를 시도해 보자.

아빠와 함께 할 수 있어 좋다

5060세대의 아빠들이 태교에 있어 짐짓 모른 척 뒷짐 지고 있었던 데 반해 2030세대의 아빠들은 태교에서 출산까지 아주 적극적인 편이다. 그러나 무관심한 남편들이 없는 것도 아니다. 아내가 임신해도 한 번도 병원에 함께 가지 않는 것은 물론 태교에도 심드렁한 반응을 보이는 사람도 있게 마련이다.

그런 남편을 태교에 적극적으로 참여시키는 방법 중 가장 손쉬운 것이 동화태교라 할 수 있다.

태교에서 아빠의 역할이 가장 중요한 분야가 태담이라 할 수 있는데 동화태교를 통해 태담을 할 수 있어 좋다. 아빠의 목소리는 대체로 저음이어서 엄마의 고음에 비해 양수로 잘 전달되는 장점도 있다. 엄마 아빠가 동시에 목소리를 냈을 때 태아가 아빠의 목소리에 더 잘 반응하는 것을 초음파를 통해 확인할 수 있다.

태아와 유대감이 깊어진다

엄마의 사랑을 듬뿍 담아 뱃속의 아기에게 아름다운 이야기를 읽어주게 되면 태아와 엄마의 공감대가 형성되어 유대관계가 깊어진다. 언어발달이나 상상력이 풍부해지고 표현력이 좋아지는 등의 효과들은 부수적인 것에 불과하다. 동화태교를 하는 중요한 이유는 바로 태아와 엄마 사이의 애착 형성에 있다고 해도 과언이 아니다.

뱃속에서 쌓은 엄마와의 돈독한 유대감은 태어난 후에 아이의 성품이나 성격 형성에도 큰 영향을 미치게 된다. 태어난 후 모유수유를 하고 신체적 접촉을 많이 하라고 하는 것도 아기와 유대감을 쌓게 하려는 데 이유가 있다.

태아의 잠재력을 키운다

임신 중기의 태아는 청각 기능이 발달되어 외부의 자극에 반응을 보이게 된다. 이때 부모가 따뜻한 목소리로 동화책을 읽어주게 되면 태아의 뇌가 자극되므로 잠재력을 이끌어 내는 효과도 있다.

잠자리에 들기 전 하루 30분만이라도 시간을 내어 태아에게 동화를 들려주면 뱃속아기의 잠재력은 쑥쑥 자라게 된다.

상상력과 호기심을 기른다

다양한 이야기를 통해 뱃속아기에게 용기와 우정 등에 대해 말해준다. 이런 과정을 통해 상상력과 호기심을 키울 수 있다. 동화책 속에 담긴 꿈의 세계를 엄마의 풍부한 상상력에 담아 전달해 주면 태아는 건전하고 안정된 정서를 갖게 된다.

감성을 자극한다

태아는 엄마의 목소리를 단순히 귀로만 듣는 것이 아니라 온몸을 통해 받아들인다. 그러므로 책을 읽을 때 감정을 실어 읽게 되면 감성발달에 도움이 된다.

태어난 후에도 동화책은 유용하다

태교를 위해 특별히 동화책을 샀을 경우 그 책은 아기가 태어난 후에도 유용하게 쓰인다. 아기는 뱃속에서부터 듣던 내용이라 친숙해서 좋고 엄마, 아빠는 책을 다시 활용할 수 있게 되어 좋다.

동화책으로 태교하기

① 먼저 동화책의 제목과 누가 쓴 글인지, 누가 그린 그림인지 살펴본다.
② 책장을 아직 펼치지 말고 제목과 그림의 분위기를 봐서 어떻게 진행될지 먼저 상상한다.
③ 그림만 차례로 넘기며 상상을 구체화한다.
④ 구체화한 상상을 태아에게 이야기해준다.
⑤ 태아에게 그림을 묘사해준다. 설명하는 것이 아니라 묘사를 해야 한다. 눈으로 보거나 마음으로 느낀 것 등을 그림을 그리듯이 객관적으로 표현하는 것이다.
⑥ 다정한 목소리로 감정을 실어 동화책을 읽어준다.
⑦ 백지에 동화책 그림을 생각나는 대로 그려본다.
⑧ 동화책 그림을 뚫어지게 자세히 보고 외우려 노력한다.
⑨ 외운 것을 바탕으로 백지에 다시 세세하게 그림을 그려본다.
⑩ 남편과 게임을 한다. 10초 동안 같은 그림을 보고 누가 더 많이 맞추나 하는 게임이다.

재미있게 동화책 읽는 요령

정확한 발음으로 들려준다

누구에게 책을 읽어주든 정확한 발음으로 읽어줘야 의미전달이 되는 법이다. 태아에게 읽어줄 때도 예외가 아니다. 발음이 정확하지 않으면 태아에게 전달되는 효과가 떨어질 수밖에 없다. 혀와 입술, 입 모양 등을 자유자재로 움직이는 훈련을 먼저 한 후 책을 읽으면 도움이 된다.

애칭을 정하고 대화체로 바꾸어 읽는다

뱃속아기의 애칭을 정하고 동화책의 주인

공 이름을 애칭으로 바꾸어 대화체로 읽어준다. 태아와 동화책의 주인공이 동일 인물처럼 느껴져 태아와 더 친숙해진 기분이다. 태아들도 재미있게 읽어주어야 엄마의 이야기에 집중하는 법. 그냥 무작정 읽어 내려가면 아무런 도움이 되지 않는다.

태담을 할 때처럼 대화하듯이 읽으면 엄마도 태아도 재미있다.

따뜻하고 다정한 목소리로 읽는다

엄마가 태담을 할 때 가장 중요한 것이 목소리다. 편안하고 부드러운 목소리를 들려줘야 태아도 정신적 안정을 갖게 된다.

태아는 언제나 엄마의 부드러운 목소리를 기대하고 있으므로 밝은 목소리로 신나게 읽어준다. 엄마가 이야기를 직접 지은 듯 감정을 실어 상냥하고 따뜻한 어조로 말한다.

배를 만져주면서 읽는다

태담을 할 때와 같이 동화책을 읽을 때도 배를 어루만지면서 읽는다. 태아에게 온기가 전달되어 동화책을 읽는 효과가 더 커진다.

매일매일 꾸준히 한다

동화태교 또한 꾸준히 해야 효과가 있다. 짧은 시간이라도 매일 가장 편안한 시간을 정해 읽어 준다. 아빠와 함께 하고자 한다면 퇴근 후 8시 정도가 알맞다. 태아는 잠자는 시간이 많은데, 청각 신경이 가장 민감한 때가 저녁 8시 무렵이므로 이때 아빠가 책을 읽어주면 효과가 크다.

책 속에 나온 사물에 대해 설명한다

태아는 세상의 모든 것에 대해 백지 상태다. 책 속에 등장하는 사물에 대해서도 호기심이 생기는 것은 당연하다. 동화 속에 나오는 사물에 대해서도 친절하게 설명을 곁들인다.

걸으면서 읽는다

책을 읽는 자세가 불편해서는 뱃속의 아기도 불편할 수밖에 없다. 가장 편안한 상태에서 천천히 읽어주는데, 때로는 가볍게 걸으면서 책을 읽는 것도 한 방법이다. 임신부에게는 운동을 하는 효과가 있고 태아에게는 진동의 효과가 있어 자극이 된다.

가끔은 그림을 보면서 이야기를 꾸민다

매번 같은 이야기를 하다보면 엄마도 질리게 된다. 때로는 읽는 대신 그림을 먼저 보면서 이야기를 직접 꾸며보는 것도 재미있는 글 읽기가 된다.

그림부터 보게 되면 이제까지 보지 못했던 작은 그림들이 눈에 들어오기 시작한다. 그것을 상상하는 동안 엄마의 집중력과 상상력은 날로 커져가고 그 순간 태아의 상상력도 함께 자란다.

읽고 난 후 느낌을 이야기 한다

엄마도 흥미를 가지고 책을 읽은 후라면 그 이야기에 대한 느낌이 생기게 마련이다. 책을 읽고 난 느낌을 태아에게 친절하게 들려준다.

임신 시기별 책 고르기

임신 초기 (1~12주)

태교용 책읽기 하면 동화책을 떠올리기 쉽다. 그러나 임신을 하게 되면 먼저 엄마와 아기에 대해 공부하는 것이 우선되어야 한다. 임신이라는 새로운 경험을 하기 때문에 두려움과 막연함이 있기 때문이다.

특히 엄마는 앞으로 자신에게 어떤 변화가 일어날지, 아기는 어떻게 성장하고, 아기를 위해 엄마가 할 수 있는 일은 무엇인지에 대해 미리 알고 대처해 나가야 하므로 아기에 대한 책과 임신 전반의 변화에 대한 설명을 해놓은 책을 읽는 것이 좋다. 서점에 자주 들러 좋은 책을 골라보는 것도 좋다. 서점의 분위기 자체가 태교에 도움이 된다.

● 이런 책을 읽어요
- 성공하는 가족의 7가지 습관
- 행복한 아기 혁명
- 세상에서 가장 편안하고 자연스러운 출산
- 부드러운 출산
- 우리아이에게 주는 가장 귀한 선물 10가지
- 좋은 아버지가 되는 15가지 방법
- 성이야기
- 태아는 천재다
- 태아는 알고 있다
- 태아의 편지
- 0세 교육의 비밀

임신 중기 (13~28주)

태교에 있어서 중요한 시기다. 오감이 어느 정도 발달해 적절한 자극을 줘야 한다. 엄마도 임신에 대한 두려움이나 막연함이 사라지고 입덧도 끝나 몸도 편안해진다. 중기에는 많은 호기심과 지적 자극이 필요하므로 아름다우면서 다소 동적인 동화, 자유로운 상상을 할 수 있는 창작동화 등을 읽어준다. 동화를 읽어주는 시간은 5분 정도가 적당하다.

● 이런 책을 읽어요
- 사과가 쿵
- 두드려 보아요 시리즈
- 엄마 잃은 아기 참새
- 언제까지나 너를 사랑해
- 달님 안녕

임신 후기 (29~40주)

출산을 앞두고 있고 태교를 마무리하는 시점이다. 이 시기에는 출산과 관련한 동화를 읽으며 출산에 대한 두려움을 없애고 마음의 안정을 찾는다.

● 이런 책을 읽어요
- 125가지 두뇌발달 놀이
- 자녀성공클리닉
- 스팟에게 동생이 생겼어요
- 나는 사랑의 씨앗이에요
- 안녕, 아가야!

"동화책을 읽으면 행복해져요"

남은영 씨 (31세, 서울시 관악구)

26살에 첫아기를 가졌어요. 뭘 모르는 때여서 임신 사실이 무척 당황스러웠어요. 차츰 시간이 지나면서 평정을 찾긴 했지만 기쁨보다는 걱정이 앞섰어요. 어떻게 해야 하는지 막막하기만 했거든요. 먼저 서점에 들러 임신 책들부터 섭렵했어요. 그러면서 태아에게 태내 환경이 얼마나 중요한지를 알게 됐어요. 태내 환경이 좋아야 태아의 지능이나 성격에 좋은 영향을 준다는 거예요. 평소 책을 읽을 때 마음이 편안해지곤 했는데 그래서 자연스럽게 책읽기가 태교 방법이 되었어요. 퇴근해서 돌아온 남편에게 책을 읽어달라고 하기도 하고, 잠자리에 들기 전이나 아기가 움직이는 시간에 맞추어 나지막한 목소리로 책을 읽어 주었어요. 상상력이 뛰어난 책에 유달리 흥미가 있었는데, 그때 많이 읽어줬던 것이 '울지 않는 귀뚜라미', '배고픈 애벌레', '사과가 쿵', '강아지똥' 이었어요. 이야기 내용도 좋고 그림도 예뻐서 읽으면서 저도 덩달아 행복해지는 책이었어요.

지금 둘째를 임신 중인데 열심히 책을 읽고 있어요. 첫째에게 책을 읽어주다 보면 자연히 동화태교가 되기도 하지요. 임신 7개월째인데, 이야기를 들려주면 움직임이 더 활발해지곤 해요. 많이 봤던 책들은 그림만 보면서 이야기를 새로 꾸미기도 하고 남편과 역할을 나눠 읽으면서 연극을 하기도 해요. 동화태교를 하고 태어난 석환이는 성격이 차분하고 의젓한 편이며 책을 좋아해요. 혼자서 책장을 넘기며 내용에 몰두해 있는 걸 볼 때면 동화태교가 한몫을 했구나 싶어요.

전문가가 추천! 태교에 좋은 동화책

★ 아가야, 안녕

호주에서 교사이자 작가로 활동하고 있는 제니 오버랜드가 그린 책으로 아이들과 부모가 함께 볼 수 있는 생명 탄생의 이야기를 훌륭히 그려내고 있어요. 동생을 기다리는 형의 목소리로 서술되는 '엄마의 아기 낳기'는 집에서 아기를 낳는 엄마를 온 가족이 도와 순산하는 과정을 그려내고 있어요. 특히 둘째를 낳을 때 첫째 아이에게 엄마의 출산에 대해 설명하고자 할 때 아주 좋은 책이에요. / 사계절

★ 강아지똥

의인화된 강아지똥과 살아 움직이는 듯한 흙덩이 등 가장 낮고 하찮아 보이는 존재가 지니는 생명력과 아름다움을 감격스럽게 그린 그림책이죠. 아무도 거들떠보지 않고 쓸모없는 것으로 치부해 버리는 강아지똥, 그 똥이 민들레꽃으로 다시 태어나는 과정을 통해 어린이들에게 세상에 소중하지 않은 것은 없다는 교훈과 자연의 이치를 보여준답니다. / 길벗 어린이

★ 누가 내머리에 똥쌌어?

아이들은 똥을 참 좋아합니다. 더럽다는 선입견을 가지기 전에 자신의 몸에서 나온 것이기에 오히려 사랑하기도 합니다. 이 책은 동물들마다 똥의 생김새와 똥 눌 때의 소리도 다르다는 것을 흥미롭게 알려줍니다. 표정이 살아 있는 그림도 책 읽는 재미를 더해줍니다. / 사계절

★ 우리 순이 어디 가니

파스텔로 정교하게 그린 그림들이 너무 아름다운 그림책이에요. 봄의 정경과 새참을 갖다 주러 가는 엄마를 따라 나선 순이의 모습이 참으로 정겹게 표현되어 있어요. 그림이 너무 아름다워 책장마다 펼쳐지는 봄의 풍경을 몇 번이고 다시 보게 된답니다. 다람쥐, 들쥐, 개구리, 장승, 송아지, 보리피리 등이 보여주는 봄의 모습들을 지켜보는 것도 즐거워요. / 보리

★ 바빠요, 바빠

운율의 맛을 제대로 느낄 수 있는 책이에요. 모든 글이 '~바빠요. 바빠'라고 끝나고, 문장마다 '~하면, ~하느라고'가 반복되고 있지요. 풍성한 수확의 계절인 가을 풍경을 구경하는 것도 재밌어요. 주렁주렁 열려 있는 빨갛게 익은 감, 길가에 널어놓은 빨간 고추, 노란 옥수수 등 모두모두 정겨운 풍경이지요. / 보리

★ 우리끼리 가자

곰, 다람쥐, 멧돼지, 너구리, 족제비, 노루, 토끼가 함께 산양 할아버지를 만나러 가고 있어요. 토끼는 '깡충깡충', 곰은 '쿵쾅쿵쾅', 다람쥐는 '쪼르르르', 멧돼지는 '씰룩씰룩' …. 모두들 걷는 모습도 발자국 모양도 제 각각이죠. 하얗게 눈 덮인 산의 풍경을 마치 사진을 보는 듯 연필로 꼼꼼하고 부드럽게 그리고 있어요. / 보리

★ 파란풍선

엄마의 상상력을 키워주는 그림책. 풍선은 터지는 줄만 알았는데 터지지 않는 풍선도 있다는 걸 알려줘요. 힘껏 안아도, 자동차가 위로 지나가도 터지지 않아요. 마지막 장에서 길게 퍼진 종이 위에 그려진 무지개 빛 풍선의 맑고 투명한 모습은 너무 아름다워요. / 사랑이

★ 심심해서 그랬어

의성어와 의태어를 많이 사용해 읽는 재미와 더불어 듣는 재미도 쏠쏠하지요. 한여름 어느 날 오후에 일어났던 짧은 사건을 정겹게 그려내고 있어요. 세밀화로 널리 알려진 이태수 씨는 여름의 시골 풍경을 너무나 잘 잡아내고 있어요. 호박밭, 고추밭, 감자밭, 무밭, 배추밭, 오이밭과 같은 풍경이나 장화 위에 고개를 얹고 잠든 강아지 복실이의 모습까지 모두 정겹고 소박한 느낌이에요. / 보리

★ 조각이불

퀼트로 만들어진 조각 이불, 아기였을 때 처음 썼던 침대보나 잠옷, 또는 커튼 등의 조각들로 엄마가 정성스레 만들어 준 이불을 덮고 자면서 소녀는 꿈속에서 오래된 기억들을 다시 만나요. 사실적인 그림들이 선명한 조각이불의 색상과 환상적으로 어우러져요. / 비룡소

동화책을 고를 때는요…

① 색깔이 아름답고 아름다운 이야기가 실린 동화책을 고른다.
② 따뜻하고 다정한 분위기여야 한다.
③ 배경이 단조롭지 않고 한 그림에도 많은 이야기가 담긴 동화책이 좋다.
④ 글과 그림이 적절히 조화된 책이어야 한다.
⑤ 내용이 쉽고 엄마 스스로 흥미를 느낄 수 있는 책이면 더 좋다.

자료제공 / 성진숙(임신부 문화교육원 '토끼와 여우' 팀장)

스세딕태교

미국의 평범한 부부가 IQ 160이 넘는 천재들을 낳아서 화제가 된 태교법이다. 부부의 이름을 따서 스세딕태교법이라고 불리는데, 뱃속 아기에게 말을 걸어주고 카드로 글자와 숫자를 익히게 한다. 엄마 아빠의 충만한 사랑을 바탕으로 철저하게 계획을 세우고 적극적으로 실천하면 누구나 똑똑한 아기를 가질 수 있다는 걸 보여주는 스세딕태교.

네 자녀를 천재로 만든 스세딕태교

아기는 태어나기 전부터 배운다

기계공인 아버지와 평범한 어머니 사이에서 태어난 네 명의 딸들이 모두 IQ 160 이상이어서 한때 미국인들을 놀라게 했다. 이것은 유전을 뛰어넘어 다른 뭔가가 있음을 시사하는 일대 사건이었다.

이 평범한 부부가 실천한 것은 태내교육이었다. '아기는 태어나기 전부터 배우기 시작한다' 는 건 누구나 아는 사실이지만 태아에게 무엇을 가르쳐야 할지는 막막한 문제다. 그러나 스세딕 부인은 태아에게 무엇을 가르쳐야 할지 알고 있었다. 뱃속아기에게 끊임없이 말을 거는 자궁대화법과 카드를 이용해 숫자와 글자를 가르치는 카드학습법을 꾸준히 실천했다. 이것은 스세딕태교의 핵심이다.

그리고 임신 5개월을 기준으로 임신 기간을 전기, 후기로 나눠서 태내교육을 하라고 한다. 그 실천방법들이 특별한 것은 아니다. 누구나 아는 방법들이지만 태아에 대해 얼마나 신념을 가지고 얼마만큼 노력하며 실천하는지에 따라 결과가 달라질 뿐이다.

태아는 천재다

스세딕 부부는 '태아는 천재다' 라는 믿음 아래 임신 때부터 태아에게 꾸준히 말을 걸고 카드로 글자와 숫자도 가르쳤다. 음악과 이야기, 그림책도 읽어주는 등 엄마 아빠의 생활을 자연스럽게 이야기해주었다.

그러나 이 부부도 처음부터 태내교육에 대한 신념을 가지고 있었던 것은 아니다. 남편의 권유로 태내교육을 시작하긴 했지만 스세딕 부인은 남편과 같은 굳은 신념을 가지고 출발하지는 못했다. 하지만 시간이 지날수록 태내교육의 필요성을 확신하게 되면서 교육의 효과도 자연히 커졌다.

그러나 스세딕 부인은 천재아를 만들기 위해 부자연스러운 노력은 헛된 일이라고 분명하게 주의를 주고 있다. 아기는 부모의 목소리와 감정을 느낄 수 있기 때문에 의도된 대화를 구별할 수 있다고 한다. 천재아를 낳기 위해서가 아니라 태어날 아기를 만날 기쁨을 자연스럽게 표현하는 것이어야 한다고 역설한다.

스세딕 부인의 태교 포인트

자궁대화를 나누었다

스세딕 부인은 어떻게 네 딸 모두를 똑똑하게 낳았을까. 그녀의 태교에서 빼놓을 수 없는 한 가지가 바로 '자궁대화' 이다. 자궁대화란 특별한 기술을 요하는 어려운 태교법이 아니라 동서고금을 막론하고 어머니들이 해오던 태교법이었다.

다른 것이 있다면 보다 적극적으로 뱃속에 있는 태아와 끊임없이 대화를 나누었다는 것. 아이를 키울 때 엄마는 수다쟁이가 되어야 한다고 하지만 실은 태아 때부터 엄마는 수다쟁이가 되어 일상에서 벌어지는 일들부터 시작해 엄마가 오감으로 느끼는 것들을 아기에게 전해주는 것이 좋다.

스세딕 부인은 아기를 가질 때마다 뱃속아기와 끊이지 않고 대화를 나누었다. 대화를 통해 뭔가를 학습시키려는 것이 아니라 가슴에서 우러나는 아기에 대한 애정을 바탕으로 자연스럽게 대화를 한 것이다.

태어난 후에도 그녀는 아기에게 사랑을 듬뿍 담아 이름을 불러주며 얼러주고 노래를 불러주는 등 많은 이야기를 들려주었다고 한다. 하루 종일 잠만 자는 아기라 할지라도 아무런 말없이 대하는 것이 아기에게 안 좋다는 것은 누구나 아는 사실이다.

그림책을 많이 읽어주었다

동화태교가 좋다는 것은 익히 아는 사실. 스세딕 부인도 소박하면서도 아름다운 그림이 그려진 책을 통해 많은 이야기를 들려주었다. 선과 색이 선명하면서 아름다운 내용을 담고 있는 이야기를 통해 꿈과 희망, 우정 등을 알게 하고 자궁대화의 내용을 폭넓게 했다.

카드를 활용했다

숫자, 글자, 도형 등 다양한 인지학습을 시키는 데 있어 카드를 활용했다. 흰 도화지에 선명한 색으로 글자나 숫자 등을 써서 카드를 만드는데, 손쉽게 만들어 다양하게 활용이 가능하다. 생긴 모양을 설명해주기도 하고 연상되는 이미지를 이야기하기도 하며 실생활에서 보이는 물건들을 직접 예로 들어 말해준다.

모든 것의 바탕엔 크나큰 사랑이 있었다

스세딕 부인이 뱃속에서 태교를 하고 조기교육을 시켜 네 자매가 모두 똑똑하고 감성이 풍부하고 정서적으로 안정된 아이들로 자랐다.

이런 결과는 태교도 태교지만 무엇보다 흘러 넘치는 사랑이 없었다면 나올 수 없었다. 스세딕식 태교의 내용에 유달리 특별한 것이 없는 것만 봐도 알 수 있다. 다만 이들 부부처럼 신념을 가지고 적극적으로 실천하는 것이 어려울 뿐이다. 뭔가를 바라면서 목적을 가지고 하는 것이 아니라 아기에 대한 넘치는 애정이 그 바탕이 되었을 때 좋은 결실을 맺을 수 있다는 걸 보여준다.

임신 기간별 태교법

임신 전

임신 계획을 세운다

흔히 태교라고 하면 임신하고 난 후부터 시작하는 것이라고 생각하기 쉬운데 진정한 태교는 초경의 시작부터 난자와 정자가 만나는 수태기, 임신 후까지 부모가 미래의 아기를 위해 만들어 가는 환경과 교육 전부를 말한다.

스세딕 부인도 임신 전부터 엄마 아빠가 될 마음의 준비를 특히 강조한다. 엄마 아빠가 깊이 사랑하고 미리 계획을 세운 다음 건강한 정자와 난자가 만나야 한다는 것.

건강한 정자와 난자가 만나기 위해서는 엄마 아빠가 육체적으로나 정신적으로 건강해야 하는 것은 당연지사다. 마음이 불안정하면 혈액이나 체액이 산성으로 기울어 결과적으로 태아에게 안 좋은 영향을 미치기 때문이다.

임신은 미리 계획하는 것도 중요하다. 계획 하에 임신을 준비하게 되면, 임신 사실을 확인하지 못했을 때라 할지라도 임신이 되는 기간 동안 태아에게 위험한 행동이나 나쁜 말을 하지 않을 것이기 때문이다. 실제 계획 임신의 경우 기형아 출산율도 낮다는 보고가 있다. 임신부도 덜 불안하기 때문에 태아가 태내에서 편안하게 보낼 수 있다.

임신 계획을 세우는 건 엄마, 아빠에게는 마음의 준비를 하는 과정이며 태아에게는 안정된 자궁 내 환경을 만들어 주는 것이기도 하다.

"태아에 대한 사랑이 최고의 태교죠"

송승희 씨 (31세, 부산시)

<u>임신 사실을 접하고 가장 먼저 한 일이 서점을 찾는 거였어요.</u> 태교에 관한 책들을 사기 위해서요. 태교 관련 서적들이 많이 있었지만 〈태아는 천재다〉라는 제목의 책이 유독 눈길을 끌었어요. 지쓰코 스세딕 여사가 쓴 책인데 단숨에 읽어 내려갔어요. 체험에서 우러나온 글이라 더 신빙성이 있어 보였어요. 네 명의 딸을 어떻게 천재로 낳았는지 자세하게 적혀 있더군요. 가장 중요한 것은 사랑이라는 생각이 들었어요. 태아에 대한 사랑이 밑거름이 되어 여러 가지 인지학습을 한 게 도움이 되었던 게 아닐까 해요.

<u>남편도 책을 읽고는 태교에 관심을 보이더군요.</u> '아기는 태어나기 전부터 배우기 시작한다'고 하는데, 그 말을 믿어요. 남편과 나는 카드를 만들어 함께 놀고 아름다운 동화책도 많이 읽어줬어요. 남편은 퇴근 후 피곤할 텐데 아빠 목소리를 들려줘야 한다며 꾸준히 책을 읽거나 노래를 불러줬어요. 글자카드와 숫자카드를 만들어 인지학습을 하기도 했는데 처음엔 좀 쑥스럽기도 하고 의구심이 들기도 했지만 시간이 흐를수록 신념이 생기더군요. 꼭 천재를 낳고 싶어서가 아니라 엄마 아빠의 사랑을 태아 때부터 충분히 느낄 수 있게 해주고 싶었어요.

<u>예쁜 딸 현지가 태어나는 날 기쁨은 이루 말할 수 없었죠.</u> 현지는 태어난 후 아빠 목소리를 기억하는지 아빠가 책을 읽어주면 좋아하는 기색을 보이기도 했어요. 아직 어리긴 하지만 스세딕태교로 정서가 안정되어 있다는 느낌을 받아요.

태교를 위한 준비를 한다

임신 계획이 세워졌다면 임신 동안 쓸 태교 준비물도 미리 마련한다. 우선 꿈과 희망이 있고 색채가 풍부한 그림책들을 준비한다. 글자카드와 숫자카드도 필요한데, 이것은 임신 후기에 사용하게 되지만 임신 전에 미리 만들어 둔다. 1부터 10까지 씌어진 숫자카드 두 벌과 '+, −, =' 등의 수식을 쓴 카드를 만든다. 카드는 하얀 바탕에 여러 가지 색을 잘 조화시켜 한눈에 들어올 수 있도록 만들어야 한다. 글자카드도 준비한다.

모음과 자음을 따로 준비하고 또 그것들이 합쳐진 문자카드도 준비한다. 각각의 낱말을 사용한 단어카드도 만든다.

임신 초기(수태~임신 16주)

태아에게 많은 말을 걸어준다

한마디로 엄마가 수다쟁이가 되어 아침에 잠에서 깰 때부터 잠들 때까지 무슨 생각을 하고 있으며 어떤 행동을 하고 무엇을 느꼈는지 태아에게 들려준다. '상쾌한 아침이네. 잠은 잘 잤니?' 하며 아침 인사를 건네고 옷을 입을 때도 '오늘은 어떤 옷을 입을까' 하며 일상생활 속에서 일어나는 일에 대해 세세하게 설명을 해준다.

이렇게 태담을 하다보면 엄마 아빠에게 아기의 존재감이 생기게 되고 부모의 사랑을 빨리 전해줄 수 있게 된다. 임신한 그 순간부터 태아를 실제 아기로 인식해야 진정한 태아와의 대화가 이뤄진다.

그림책을 많이 읽는다

색채가 풍부하고 아름다운 내용의 동화책을 많이 읽어주는 것은 태아의 상상력과 독창력을 길러주는 데 도움이 된다.

스세딕 부인은 임신 2개월이 지나면서 동물그림이 많이 그려져 있는 소박하고 아름다운 동화책을 읽어주었다고 한다.

물론 태아가 이 그림책을 이해하는지 엄마 목소리를 듣고는 있는지 하는 것은 별로 중요한 문제가 아니다. 언젠가는 아기도 이 그림책을 이해할 수 있을 것이기 때문이다. 이때 엄마가 재미를 느끼면서 흥미 있게 글을 읽어야 한다는 것이 중요하다. 싫증이 나거나 읽기 싫은 상태인데 계속하는 것은 소용이 없다.

이야기의 전개에 따라 희로애락의 감정을 담아 억양 있는 목소리로 읽어준다. 책에 싫증을 느끼지 않게 여러 권을 준비해 돌려가면서 읽는다.

스세딕 부인은 아기가 좋아하는 그림책이 따로 있다고 한다. 빨강, 파랑, 초록 등의 원색적인 색감에 선이나 색이 분명하고 가능한 그림이 단순한 책을 좋아한다고 한다. 글도 너무 많은 것은 피하는 게 좋은데, 페이지의 반을 넘기지 않는 것을 고른다.

음악을 듣거나 노래를 부른다

엄마가 좋아하는 음악을 위주로 다양한 장르의 음악을 듣거나 노래를 직접 부른다. 태아에게 음악을 들려주면 감수성이 풍부해지고 정서가 발달된다. 늘 조용하고 아름다운 선율의 음악을 가까이 한다.

엄마 아빠가 태아의 애칭을 넣어 직접 작사 작곡한 노래를 부르는 것도 좋다. 평소에 좋아하는 음악 중에 밝고 평온한 곡으로 골라 몇 곡을 녹음해 되풀이해서 듣는 것도 도움이 된다.

아빠의 목소리를 자주 들려준다

아빠의 목소리는 저음이어서 엄마 목소리보다 태아가 더 잘 듣는다고 한다. 그러나 엄마와 지내는 시간이 많다보니 태아는 아빠의 목소리에 익숙하지 않다.

그러므로 태아가 아빠의 목소리에 익숙해질 수 있게 시간을 정해 놓고 매일 아빠의 목소리를 들려준다.

태아와 이야기하는 데 특별한 준비가 필요한 것은 아니다. 상냥한 목소리로 그 날 있었던 일상적인 일들에 대해 이야기하면 된다. 이때 아빠는 엄마의 배에서 50cm 정도 떨어진 곳에서 이야기하는 것이 좋다.

주변에서 보고들은 것을 말해준다

산책을 하거나 혹은 거리를 걸을 때는 주변의 풍경에 대해서 이야기한다. 하늘의 구름, 놀이터의 아이들, 진열대에 걸린 예쁜 색깔의 옷, 지나가는 자동차 등 거리에서 보이는 모든 사물들에 대해 태아에게 이야기해준다.

엄마가 흥미와 관심을 가지고 보게 되면 이것이 태아의 감각과 사고를 자극시켜 풍부한 간접 경험을 할 수 있게 한다.

임신 후기(임신 17주~출산)

숫자카드로 숫자와 수학을 가르친다

5개월부터의 태아는 본격적인 학습이 가능해진다. 태아가 받아들일 수 있는 이야기의 범위도 넓어진다.

임신 전에 미리 준비한 숫자카드로 숫자를 가르친다. 숫자가 씌어진 카드를 준비하고 그 모양이나 빛깔을 뚫어지게 쳐다보면서 머릿속에 그 숫자의 이미지를 선명하게 새긴다. 또한 숫자의 생긴 모양이나 숫자가 뜻하는 것을 말해주는 등 다양한 방법으로 숫자를 인지시킨다.

예를 들면 '1'이라는 숫자를 볼 때 '연필을 세워 놓은 모양', '오이를 닮았다' 라거나 가까이에 보이는 물건을 들어 '한 권의 책' 등으로 표현한다. 물건을 직접 보여주며 '하나', '일' 하고 또렷한 목소리로 되풀이해 소리내어 말을 해야 한다.

그리고 '여기 있는 사과 한 개와 저기 있는 사과 한 개를 합치면 모두 몇 개일까요?' 라고 한 다음 앞에 놓인 사과를 뚫어지게 쳐다보며 태아와 함께 생각한다. 그리고 '두 개'라고 말한다. 다 끝난 후에는 '참 잘했어요' 등으로 격려나 칭찬의 말을 꼭 한다.

스세딕 부인은 엄마가 태아와 함께 생각하는 과정에서 태아는 뇌를 자극받아 학습하게 된다고 주장한다. 그러나 이 또한 엄마 자신이 즐겁게 하지 않는다면 그 감정이 태아에게 전달되어 아무리 가르쳐도 전혀 성과를 거두지 못할 수도 있다고 당부한다.

글자카드로 단어·말·글자를 가르친다

태아의 기억력은 임신 6개월에서 시작되어 8개월이면 완성된다. 이 무렵 글자카드로 글자를 가르치면 효과를 볼 수 있다. '가' 부터 '하' 까지 받침이 없는 글자를 하루에 다섯 자씩 가르친다.

그리고 그 글자로 시작되는 몇 개의 단어를 가르치는데, 글자를 가르칠 때는 여러 번 정확하게 발음하면서 글자 모양을 손가락으로 그려 나간다. 단어는 한 글자당 3개 정도를 가르치며 단어에 대한 이미지도 곁들여 설명한다.

산책으로 세상을 보여준다

산책은 맑은 공기를 쐴 수 있고 운동도 되고 태아에게 다양한 경험을 줄 수 있어 많은 도움이 된다.

산책을 하면서 눈에 보이는 모든 것들을 태아에게 전달한다. 자연과 사람의 모습, 여러 색깔의 물건들, 계절의 변화, 바람 등을 실제로 느끼며 설명을 해준다.

산책을 할 때는 처음부터 빠른 속도로 오랫동안 걸으면 피로하기 쉬우므로 서두르지 말고 느긋하게 걷는다. 산책 시간은 오전 10시부터 오후 2시 정도가 좋은데, 이 시간대는 하루 중 자궁 수축이 가장 적고 배도 안정되어 있다.

동화책을 통해 용기·정의·우정 등에 대해 알려준다

용기나 정의, 우정 등 추상적인 개념들을 동화책을 통해 알게 해준다. 사진이나 그림에 나오는 갖가지 동식물과 세계의 풍경, 육지와 하늘의 탈것 등을 엄마의 목소리로 설명해준다.

피터팬이 펼치는 꿈의 세계나 돈키호테의 용기를 엄마의 머릿속에서 충분히 이미지화하여 태아에게 전달시켜준다. 생활 주변에서 보기 힘든 사물들은 사진이나 그림을 통해 설명해 준다.

일상생활의 모든 것을 이야기한다

일상생활에서 접하는 모든 느낌과 감정을 태아에게 이야기해주면 태아의 지능을 높일 수 있다. '딱딱하다', '부드럽다', '달콤하다' 등 오감을 통해 느끼는 것을 말로 표현해주면 태아의 인식을 훨씬 빠르게 하고 감각 발달을 좋게 한다.

아빠의 목소리로 뇌를 자극한다

임신 후기에는 청각이 어른처럼 발달해 외부의 모든 소리에 민감하게 반응한다. 아빠의 목소리 또한 아기를 기분 좋게 하는 소리로, 뇌를 자극시킨다.

아빠는 태아가 신뢰감을 가질 수 있도록 또렷하면서도 상냥한 목소리로 하는 일이나 희망, 취미 등 다양한 주제에 대해 이야기해주는 것이 좋다.

태아의 탐구욕과 지적 호기심이 왕성해져

카드는 이렇게 만들어요

* 글자카드
① 가로 15cm, 세로 14cm 정도 크기의 흰색 도화지를 준비한다.
② 도화지 중앙에 크게 글자를 쓰고 가능한 한 선명한 색깔로 색을 칠한다.
③ 한글의 경우 받침이 없는 문자와 받침이 있는 글자를 따로 구분한다.

* 숫자카드
① 글자카드와 같은 크기의 도화지를 준비한다.
② 1~10까지 아라비아 숫자를 두 벌씩 준비하고 각 숫자의 색상은 다르게, 같은 숫자는 같은 색깔로 정한다.
③ 같은 크기의 도화지에 'ㅏ', 'ㅡ', 'ㅢ' 등의 부호를 그리고 다양한 색으로 칠한다.

* 낱말카드
① 글자카드와 같은 크기의 도화지를 준비한다.
② 'ㅏ'가 붙은 낱말을 골라 도화지에 쓴다. 이때 글자의 위치는 카드 크기의 절반 정도로 한다.
③ 낱말 아래에 그림을 그린다. 그림 그리기가 서툴다면 컬러로 된 인쇄물의 사진을 오려 붙여도 상관없다.

정서가 풍부하고 머리 좋은 아이로 자랄 수 있게 된다. 아빠가 시간이 없다는 이유로 게을리 하는 경우가 있는데, 태아와 이야기를 하는 것은 얼마나 오랜 시간 했느냐 하는 것보다 얼마나 애정을 가지고 하느냐가 더 중요하다.

여행태교

잠시 일상을 벗어나 낯선 곳으로 여행을 떠나는 것은 삶의 활력소가 된다. 임신부에게도 여행은 태교와 별개로 생각할 수 없을 만큼 중요하다. 여행은 임신 초기와 말기 때는 삼가고 중기에 주로 하도록 한다. 어떤 곳을 여행해야 태아와 임신부 모두가 맘껏 즐길 수 있을까? 태교에 좋은 여행지와 여행 준비물 등에 대해 살펴보자.

삶의 활력소, 휴식 같은 여행태교

임신 중기가 여행하기 좋다

여행을 떠나면 낯선 환경 속에서 다른 사람들의 삶, 문화, 자연, 음식 등 평소 접하지 못했던 다양하고 새로운 경험을 하게 된다. 엄마가 많은 경험을 함으로써 태아도 간접 경험을 하게 된다. 그래서 임신부에게 여행은 태교와 분리해 생각할 수 없는 것.

몸과 마음이 자유롭지 못한 때이지만 조금만 조심하고 철저히 준비하면 특별히 여행을 기피할 이유가 없다. 무조건 몸을 사리면서 열 달을 보내는 것은 오히려 좋지 않다.

임신 16주부터 27주까지는 임신부나 태아 모두 안정된 상태이기 때문에 여행하는 데 무리가 없다. 그러나 임신 초기와 말기에는 장거리 여행을 되도록 삼간다.

맑은 공기가 기분을 상쾌하게 한다

엄마 뱃속은 고산지대보다 더 산소가 부족한 곳이라고 한다. 그래서 임신부는 호흡도 복식호흡을 하라고 권하는 것.

태아는 모체의 혈액을 통해 산소를 받아들이는데, 태아에게 산소를 듬뿍 주기 위해서 공기 좋은 곳으로 여행을 떠나는 것도 한 방법이다. 녹색의 자연은 임신부의 눈을 편안하게 하고 맑은 공기는 답답했던 가슴을 탁 트이게 해준다.

자연의 소리 · 풍경 등 많은 이야기를 들려준다

박물관이나 이벤트가 펼쳐지고 있는 여행지 등을 찾아서 떠나보자. 엄마가 느끼고 흥미 있는 것에 대해 상세하게 태아에게 들려준다. 그러면 태아와 나눌 대화 내용이 풍성해진다. 평소 도심에서 들을 수 없었던 새소리, 바람소리, 물소리, 진기한 유물까지 보고 듣는 모든 것에 대해 말해준다.

여행은 태교에 있어 특별 야외학습이 되는 셈이다. 사람은 자연과 가까이 있으면 몸과 마음이 가장 평안한 상태가 된다고 한다. 그래서 자연과 함께 하는 여행은 좋은 태교가 된다.

임신 중 여행 잘하는 요령

의사와 상담한 후 떠난다

임신 중에는 의사를 귀찮게 해야 임신부의 불안감을 해소할 수 있다. 의사를 귀찮게 한다는 것은 궁금한 것에 대해서는 망설이지 말고 질문을 하라는 것. 여행을 떠날 때도 미리 의사와 상담하는 것이 좋다. 일반적으로 임신부의 몸 상태가 정상이라면 해외여행을 가도 무방하다. 임신부에게 무리가 가지 않는다면 여행 횟수를 제한할 필요도 없다.

여행의 준비와 끝 모두는 남편에게 맡긴다

여행을 하려는 것은 스트레스를 풀고 태아의 정서교육도 시키려는 데 있다. 그러나 여행을 준비한다는 것은 그리 쉬운 일이 아니어서 자칫 여행을 떠나기도 전에 지칠 수 있으므로 주의한다.

여행을 하려면 신경 써야 할 것들이 한두 가지가 아니다. 기차나 버스를 이용할 때는 표를 미리 끊어두어야 하고, 여행 준비물도 챙겨야 하며, 어디어디를 돌아다닐 것인지 일정짜기까지 미리 계획과 준비를 잘해야 한다.

임신부가 여행을 떠날 때는 평상시보다 더 철저한 준비가 필요한 법이다. 이런 모든 여행 준비는 남편이 나서서 하도록 한다. 임신한 아내를 위해 남편이 적극적으로 준비하는 모습을 보인다면 아내는 더없이 고마움을 느낄 것이고, 여행에 따른 피로도 덜할 것이다.

위험한 활동은 하지 않는다

답답한 일상을 떠나 낯선 곳으로 여행을 떠나게 되면 누구나 마음이 들뜨게 마련이다. 들뜬 기분에 위험이 따르는 활동을 하게 될지도 모른다.

스노보드, 스키, 수상스키, 놀이기구 등 위

험이 따르는 스포츠나 행동은 삼간다.

화장실은 보일 때마다 간다

임신을 하게 되면 평소보다 훨씬 자주 화장실을 찾게 된다. 빈뇨 현상은 임신 기간 내내 계속될 수 있는데 분만일이 가까워지면 더 심해진다. 자궁이 커져 방광을 압박하기 때문이다. 여행을 다닐 때 다소 불편한 것이 화장실 문제다.

어느 정도 편안하다고 생각되는 화장실이 보일 때마다 그리 급하지 않더라도 꼭 들른다. 화장실을 자주 드나드는 것이 귀찮아 수분 섭취를 줄여서는 안 된다. 임신부의 몸은 태아를 위해 많은 수분을 필요로 하기 때문이다. 빈뇨를 줄이고 싶다면 소변을 볼 때 몸을 앞으로 숙여 방광을 완전히 비우도록 한다.

여행지의 맛있는 먹거리를 즐긴다

'금강산도 식후경'이라고 여행의 즐거움 중 하나가 색다른 음식을 맛보는 것이다. 지방 향토음식이나 그 지역 특산품으로 만든 별미를 맛보는 것은 놓치기 아까운 즐거움이다. 산지에서 신선하고 맛있는 음식을 먹으며 영양섭취도 하고 기분전환도 한다면 임신부는 물론 태아도 행복해질 것이다.

태교에 좋은 여행지 ①
볼거리가 풍성한 이벤트여행

진주 남강 유등 축제

전국 유일의 유등 축제로 진주 남강 변에서 펼쳐진다. 유등 축제의 유래는 임진왜란 때인 1592년 10월 김시민 장군이 3,800여 명의 적은 병력으로 당시 진주성을 침공한 왜군 2만 명을 물리친 진주대첩 때로 거슬러 올라간다. 당시 군사 신호로 풍등을 올리고 횃불과 함께 남강에 등불을 띄운 데서 비롯되었다.

유등 축제 기간 중에는 진주성과 남강이 각양각색의 화려한 등으로 수놓아져 잊지 못할 광경을 선사한다. 관광객들이 직접 참여할 수 있는 소망등 달기, 소망등 띄우기 등의 다채로운 행사가 펼쳐진다. 행사는 10월 초부터 중순까지 개최된다.

문의 : 055-755-9111 www.yudeung.com

안동 탈춤 축제

전통 문화의 고향인 안동이 탈춤 축제장으로 대변신을 하는 날. 온갖 탈춤이 다 모여 한바탕 신명나는 놀이판이 펼쳐진다. 하회탈춤은 물론 봉산·은율·강령탈춤 등 유명한 탈춤과 광대놀이, 마당극들이 행사 기간 동안 끊임없이 무대에 올려진다.

지난 97년 제 1회 안동국제탈춤페스티벌이 개최된 이래 3년 연속 전국문화관광축제 종합평가에서 1위를 차지했을 정도로 자타가 공인하는 최우수 문화관광축제로 자리 잡았

여행할 때 꼭 챙기세요

즐거운 여행의 기본은 준비물을 잘 챙기는 데 있다. 꼼꼼하게 준비물을 체크하자.

* 의료보험증 & 임신부수첩

낯선 곳에서 무슨 일이 있을지 모르기 때문에 의료보험증과 임신 경과가 적힌 임신부 수첩을 반드시 챙긴다. 두 카드를 고무줄로 묶어 가방 깊숙이 넣어 두면 찾는 번거로움이 없다.

* 입덧 줄이는 간식

갑자기 구역질이 나거나 하는 비상시를 대비해 평소 입덧을 줄이는 음식으로 먹던 것을 준비해 간다. 땅콩이나 호두 같은 견과류나 말린 과일, 볶은 콩 등이 좋다.

* 자외선 차단 크림

얼굴에 생기는 기미나 주근깨 등의 잡티는 자외선과 밀접한 관계가 있으므로 외출할 때는 반드시 자외선 차단 크림을 바른다. 얼굴은 물론 팔, 목 등 밖으로 드러나는 부분에 자외선 차단 크림을 발라서 피부를 보호한다.

* 모자나 양산

햇볕이 따가운 날은 모자나 양산도 필수다. 꽉 끼지 않는 넉넉한 크기의 모자를 써서 강한 햇볕을 피하도록 한다.

* 얇은 담요

여름이든 겨울이든 얇은 무릎덮개가 필요하다. 여름이라 해도 요즘은 차 안에 냉방이 잘 되어 있기 때문에 무릎덮개 하나 정도는 가지고 가는 게 좋다. 좀 서늘한 날에는 배를 덮어 한기가 들지 않게 한다.

다. 국내외 탈춤 공연 외에도 백정·귀향·도깨비 난장 등 마당극 공연도 펼쳐지는 등 다양한 문화행사가 진행된다.

9월 말부터 10월 초까지 펼쳐지는데, 축제 기간 동안 안동민속축제도 함께 개최되어 볼거리가 더욱 풍성하다. 탈춤 따라 배우기, 탈 만들기, 장승 만들기, 솟대 만들기 등 관람객이 직접 참여할 수 있는 체험프로그램도 다채롭다.

이 밖에 '안동' 하면 떠오르는 간고등어, 안동소주, 한우 등이 나오는 특산품교역전과 헛제삿밥, 건진국시, 간고등어정식 등 맛있는 음식도 맛볼 수 있는 음식마당도 있다.

문의 : 054-841-6398

www.maskdance.com

이천 도자기 축제

서울에서 그리 멀지 않은 이천에서 흙과 불의 예술인 도자기의 축제가 벌어진다. 9월부터 10월 사이에 열리는 행사로 도자기의 매력에 흠뻑 빠질 수 있는 기회가 된다. 전시행사부터 도예교실, 물레경연대회 등 관람객이 직접 참여할 수 있는 각종 행사도 다양하게 펼쳐진다.

토야랜드, 옹기공원, 조각공원, 문학공원 등 테마공원도 있어 천천히 돌아다니며 구경할 수 있다. 도자기 축제 구경을 끝낸 후엔 이천의 또 하나의 명물인 온천에 들러 피곤한 몸을 풀어도 좋을 듯하다.

문의 : 031-644-2944 www.ceramic.or.kr

단원 미술제

경기도 안산에서는 10월 중 조선시대 풍속화가 김홍도의 예술혼을 기리는 단원 축제가 펼쳐진다. 행사장 입구에 단원홍보관이 있어 김홍도의 극적인 생과 그림을 한눈에 볼 수 있다. 또한 조선시대 생활사에 대해서도 안내원의 자세한 설명을 곁들여 가며 살펴볼 수 있다.

길쌈이나 고누놀이, 한지 만들기 등 체험 행사도 마련돼 있다. 모두가 단원의 풍속화에서 보던 장면 그대로다.

다채로운 행사장을 돌다가 목마르고 배고프면 전시 1~2관 사이 '단원 주막' 으로 가보자. 보리밥과 식혜, 빈대떡과 동동주 등 전통음식이 준비돼 있다. 축제장 외에도 안산 시내 곳곳에는 57개에 달하는 테마공원과 각종 문화재, 유적지, 생태관광지 등 볼거리가 풍성하다.

문의 : 031-413-5566 www.danwon.org

전주 세계소리 축제

응어리진 한과 풍류의 흥겨움을 풀어내는 우리의 소리. 예향 전주에서 세계소리 축제가 9월부터 10월 사이에 펼쳐진다.

한국의 전통적인 소리의 멋과 맛을 제대로 느낄 수 있을 뿐 아니라 전 세계의 민족 음악들도 함께 경험할 수 있는 축제다. 2001년 시작되어 해를 거듭할수록 내실을 더해가고 있다.

한국소리문화의 전당과 전주 전통문화센터를 중심으로 펼쳐지는 축제에서 인간의 모든 감정, 오욕칠정이 담긴 소리를 감상한 후에는 '전주' 하면 떠오르는 비빔밥, 콩나물국밥, 모주, 한정식 등 남도의 음식 맛을 보는 것도 놓치지 말자.

문의 : 063-232-8398

www.sorifestival.com

무안 연꽃 축제

네 개의 섬을 거느리고 있는 무안은 꽃의 고장으로 유명하다. 해마다 8월이면 일로읍

회산 연꽃 방죽에서 화려한 꽃의 향연이 펼쳐진다.

약 10만 평에 이르는 드넓은 저수지에 피어난 백련과 영산호반의 평온한 경관이 잊을 수 없는 추억을 만들어 준다. 꽃구경과 더불어 열린음악회, 품바경연대회, 레크레이션 등 다양한 프로그램도 진행되어 흥미를 더한다.

자연과 한데 어우러진 쉼터에서 음악을 듣고 꽃을 보고 영화도 보는 등 다양한 오감 체험이 가능하다.

문의 : 061-450-5473

www.tour.muan.go.kr

함평 나비 대축제

4월에서 5월 사이에 전남 함평에서 나비축제가 열린다. 친환경농업으로 나비, 벌, 장수풍뎅이 같은 곤충이 되살아난 함평의 자연 생태환경이 파괴되지 않은 자연의 아름다움을 확인하게 해준다.

넓은 대지를 노랗게 물들인 유채꽃과 자운영꽃 또한 나비와 어우러져 장관을 이룬다. 맑은 공기와 깨끗한 자연을 호흡하며 휴식 같은 여행을 다녀올 수 있다. 65개의 풍성한 체험 프로그램도 진행된다.

문의 : 061-322-0011

www.hampyeong.go.kr

태교에 좋은 여행지 ②
자연과 함께 하는 테마여행

보성 차밭

광고 CF나 영화, 드라마 촬영지로 곧잘 나오곤 하는 보성 차밭. 가지런하게 골을 지어 펼쳐진 차밭의 풍경이 싱그럽고 청량한 곳. 녹차 향기가 그윽하게 퍼져 마음까지 정갈하게 해주는 느낌이다. 황톳길을 걸으며 사색에 잠기다 보면 머릿속까지 맑아진다.

보성 차밭은 보성읍에서 율포로 가는 길인 활성산 기슭 봇재를 중심으로 자리잡고 있다. 수십 만 평에 달하는 차밭이 장관을 이룬다. 경관을 두루 즐긴 후 맛보는 따뜻한 녹차 한 잔이 주는 여유로움은 무엇과 비교할 수 없다. 녹차에도 카페인이 있지만 커피와 달리 녹차에 들어 있는 카페인은 몸 밖으로 배출되기 때문에 임신부가 마셔도 괜찮다.

'대한다원'의 차밭을 지나 봇재에 올라서면 차밭을 감상하는 다향각이 있다. 다향각에서 율포까지 10분이 채 안 걸리는데, 율포에는 해수녹차사우나가 있어 온천욕도 즐길 수 있다. 봄날 향긋한 녹차 향을 맡으러 떠나보자.

》 찾아가는 길

호남고속도로 송광사IC 27번 국도와 18번 국도를 이용하여 보성읍. 다시 18번 국도를 타고 율포 방향으로 8km.

하동 쌍계사 십 리 벚꽃

봄꽃의 대명사인 벚꽃을 제대로 감상하려면 하동 쌍계사를 찾아보자. 경남 하동군 화개면 화개장터에서부터 쌍계사 입구까지 1023번 지방도로 4km 구간이 흔히 '10리 벚꽃길'로 불리는 벚꽃 명소다. 만개한 벚꽃도 흩날리는 꽃눈도 두루 아름다워 천국이 있다면 이런 풍경이 아닐까 싶은 곳이다.

이 구간에서 4월경에 벚꽃축제가 벌어진다. 50년 이상 된 벚나무가 아치를 이루며 끝없이 펼쳐진다.

≫ 찾아가는 길

호남고속도로 전주IC에서 남원 가는 17번 국도 임실 거쳐, 19번 국도 밤재 터널 19번 지나 국도 화개 삼거리에서 좌회전.

봉평 이효석 마을 & 허브나라

달빛에 숨이 막힐 듯하다는 이효석의 표현대로 하얀 메밀꽃의 아름다움을 만끽할 수 있는 봉평. '메밀꽃 필 무렵'의 무대가 된 강원도 평창군 봉평면에 가면 소설 속 이야기들이 살아 숨쉬는 듯하다.

메밀꽃은 봄, 가을에 두 번 피지만 봉평은 가을에 가야 흐드러진 메밀꽃 천지를 만날 수 있다. 가까이에 이효석의 문학적 체취를 느낄 수 있는 가산공원과 이효석 문학관이 자리하고 있다.

문학적 상상력을 한껏 키우고 메밀꽃을 감상하고 난 후에는 가까이에 위치한 허브나라로 발길을 옮겨보자.

동화 속에 온 듯 아기자기하게 꾸며놓은 허브나라에서는 150여 종에 달하는 허브를 구경할 수 있다. 허브 향이 몸과 마음의 피로를 싹 가시게 해준다.

부드러운 산세와 맑은 공기, 다양한 허브 향, 메밀꽃 등 봉평은 이렇듯 많은 볼거리로 찾는 이를 즐겁게 한다.

≫ 찾아가는 길

중부고속도로에서 광주 곤지암 경유 호법IC에서 영동고속도로 여주, 원주를 지나 새말 장평IC로 나가 봉평 표지판이 보이면 톨게이트에서 우회전 해 8km.

담양 대나무골 테마공원

국내 유일의 대나무로 가득한 테마공원. 사진작가 출신의 신복진 씨가 30년간에 걸쳐 조성한 곳으로 담양군 금성면 봉서리에 위치하고 있다.

1만여 평의 야산에 굵은 대나무가 빼곡하게 들어서 있다. 사람 키의 10배가 넘는 대나무들이 위용을 자랑하는데, 쭉쭉 뻗은 대나무 숲으로 들어서면 심신의 묵은 때가 말끔히 씻길 것만 같다.

싱그러운 공기들이 온몸을 감싸고 발 아래에는 낙엽들이 서걱거리는 소리를 낸다. 대나무 숲을 거닐다 보면, 어느새 자연의 일부

가 된 듯하다. 멋진 풍경 덕에 여러 영화와 CF의 촬영 무대가 되기도 했다.

죽림욕을 하며 산책을 끝낸 후 담양읍에 있는 죽물박물관도 함께 구경하면 좋다. 죽순과 대통밥, 대통술 등을 맛보며 싼값에 대나무 관련 제품을 구입하는 재미도 쏠쏠하다.

≫ 찾아가는 길

담양 톨게이트를 지나 24번 국도 순창 방향으로 약 5km 간 다음 석현교 건너 우회전해 2km 가면 대나무골 테마공원.

아침고요수목원

경기도 가평 잣나무숲이 울창한 축령산 자락에 위치한 수목원으로 영화 '편지'가 촬영되어 화제가 되기도 한 곳이다.

한국 정원, 분재 정원, 시(詩)가 있는 산책로, 아이리스 정원, 하경 정원, 성서 정원, 침엽수 정원 등 8개의 테마가 있는 정원들이 눈길을 끈다.

또 아침 광장, 야생화 정원, 단풍 정원, 민속 놀이터, 전망대 등이 4만여 평의 넓은 공간에 펼쳐져 있다. 조용한 가운데 삼림욕도 가능하다. 산책로를 따라 걸으면서 명상하기에 더없이 좋은 곳이다.

www.morningcalm.co.kr

≫ 찾아가는 길

서울 구리 경춘국도 46번 청평, 청평 검문소에서 현리 방향으로 좌회전해 37번 국도 7km, 임초리 상면초등학교 앞에 이정표 있음.

자동차나 비행기로 여행할 때 꼭 체크하세요

* 자동차로 여행할 때는요…

check 1 자동차 안을 깨끗이 한다
좁은 차 안에서 오랜 시간을 보내야 하기 때문에 자동차의 실내 환경을 깨끗이 한 후 떠난다. 특히 에어컨 청소나 구석구석의 먼지 제거에 신경 쓴다. 여행 중에는 차 안에서 금연하는 것은 당연한 일. 틈틈이 창문을 열어 환기를 시킨다.

check 2 임신부는 뒷자리에 앉는다
임신을 한 상태로 조수석에 앉는 것은 매우 위험한 일이다. 가벼운 접촉사고에도 배가 불러 있는 상태에서는 그 충격이 온전히 배로 오기 때문이다. 뒷자리에 편안하게 앉아서 간다.

check 3 햇빛은 NO!
한낮의 강렬한 햇빛은 견디기 힘들므로 창문에 햇빛 차단용 제품을 설치한다.

check 4 멀미는 미리 예방한다
여행을 힘들게 하는 것 중 하나가 멀미. 평소 멀미를 하지 않던 사람도 임신을 하게 되면 몸 상태가 변해 멀미를 할 수도 있다. 멀미를 예방하려면 차 안에서 책이나 신문을 읽어서는 안 된다. 멀미 기운이 느껴질 때는 잠시 차를 세우고 바깥바람을 쐰다. 속이 거북할 때 얄팍하게 저민 생강을 입에 물고 있는 것도 멀미를 막는 한 방법이다.

check 5 다리를 올려놓을 수 있게 한다
임신을 하면 몸이 잘 붓는데 좁은 차 안에 오래 있다 보면 다리가 금세 붓게 된다. 바닥에 쿠션이나 가방 등을 놓아 피곤할 때마다 다리를 올려놓고 가는 것이 좋다.

* 비행기로 여행할 때는요…

check 1 임신 후기에는 삼간다
임신했다고 비행기 타는 것에 망설일 필요는 없다. 다만 임신 후기나 임신중독증, 출혈, 자궁경부 부전증 등일 때는 탑승을 피하는 것이 좋다. 모든 비행기는 기내압 표준치를 유지하게 되어 있어 별 무리가 없다. 흔히 문제가 되는 것은 다리가 붓는 정도다. 비행기 탑승 시간이 긴 경우 다리와 발목이 붓게 되고 다리에 쥐가 나기도 하는데 가급적 복도 쪽으로 배정 받아서 1시간마다 복도를 걸어 다니거나 스트레칭을 하면 도움이 된다. 탄력 스타킹을 신는 것도 효과적이다.

check 2 수분 섭취를 충분히 한다
고도가 높아지거나 기온이 올라가면 탈수나 구역질이 나타날 수 있다. 수분을 충분히 섭취해야 한다.

check 3 신고 벗기 편한 신발 준비한다
운항 중에는 신발을 벗고 있는 것이 편한데, 내릴 때 발이 부어 신발을 신기 어려울 수도 있다. 더구나 불룩한 배 때문에 신발을 벗고 신기가 힘들면 곤란하므로 가볍고 편한 신발을 신는다.

태교에 좋은 여행지 ③

전문 박물관여행

한국민속촌 민속관

민속촌의 대명사로 알려진 이곳은 30만 평에 이르는 놀라운 규모를 자랑하는데, 들어서 있는 건물만도 250여 채에 달한다. 과거의 풍습과 생활상을 원형 그대로 재현해 놓아 볼거리가 많다. 야외전시장에서 전시하기 어려운 민속자료를 수집하여 모아놓은 민속관이 96년 따로 개관되었다. 민속촌 내에 있으므로 야외전시장을 두루 구경한 후 민속관을 둘러보면 된다.

조선후기의 세시풍속과 관혼상제의 예를 치르는 모습 외에도 일상적인 생활상을 움직이는 인형과 모형, 만화, 옛 사진, 실물 등으로 재미있게 보고 들을 수 있도록 전시되어 있다.

문의 : 031-288-0000

www.koreanfolk.co.kr

해강 도자미술관

도예촌으로 유명한 이촌에 위치한 해강 도자미술관은 고 해강 유근형 옹이 '흙에서 번 돈, 흙에 돌려주는 것'이라는 신념으로 지은 사립 미술관 겸 박물관이다.

3개의 전시실로 나뉘어 고려청자와 조선백자, 해강의 작품 등 2,500여 점이 전시되어 있다. 은은하고 멋진 품격을 갖춘 도자기를 보다보면 어느새 마음이 편안해짐을 느끼게 된다.

문의 : 031-634-2266

www.haegang.org

국립고궁박물관

조선왕조 5백년의 궁중 유물을 한눈에 살펴볼 수 있는 곳이다. 회화, 복식, 무기류 등 20여 종의 2만여 점이 있으며 수라상과 장신구 등을 통해 궁중법도와 생활상도 재현해 놓아 재미를 더한다. 전시실 정규해설을 실시하고 있어 상설전시 중인 조선의 국왕, 조선의 궁궐, 왕실의 생활 등 품격 있는 왕실 문화 유물의 설명을 들을 수 있다.

문의 : 02-3701-7500

www.gogung.go.kr

한국대나무박물관

대나무의 고장으로 유명한 담양. 세계 최고 수준을 자랑하는 담양 죽제품을 구경할 수 있다. 한국대나무박물관에는 대나무의 생태와 재배 과정, 죽세공예 제작 과정, 조선시대부터 현대에 사용한 죽제품들, 60~80년대를 배경으로 죽물시장의 모습을 재현한 미니어처 등을 볼 수 있는 전시실만 5곳. 이외에도 무형문화재 작품과 세계 각국에서 생산되는 대나무 공예품을 볼 수 있는 명인관 및 외국관이 있다. 체험 및 교육관에서는 대나무의 성장과 쓰임새, 활용 등을 소개하고 대나무 악기, 대나무 퍼즐 등을 전시, 관람객이 직접 연주하거나 체험해 볼 수 있다.

문의 : 061-380-2902, www.damyang.go.kr

"남편과 주말이면 여행을 떠났어요"

심명숙 씨(38세, 서울시 용산구)

결혼하면 아이는 자연스럽게 생기는 거라고 생각했어요. 그러나 아이는 쉽게 생기지 않았어요. 결혼한 지 7년 만에 임신을 하게 된 우리 부부는 뛸듯이 기뻤어요.

힘들게 임신한 아기인 만큼 태교에도 남다른 애정을 쏟았어요. 태교의 기본은 엄마가 편안하고 즐거운 마음을 가지는 거라고 생각해요. 워낙 여행하는 것을 좋아해 평소에도 남편과 여행을 자주 다녔기 때문에 가까운 곳으로 여행을 하며 태교를 하기로 했어요. 때마침 작은 봉고차를 구입하게 되어 뒷좌석에 앉기도 하고 눕기도 하며 편하게 여행을 다닐 수 있었어요. 임신 초기에는 위험하다고 하여 집에서 책을 주로 읽으며 보내고 중기부터 8개월까지 열심히 자연을 찾아 떠났어요. 멀미가 심한 편이긴 했지만 여행이 주는 행복을 포기할 수는 없었어요. 여행을 하면서 그 지역의 특성이나 새로운 사람들과의 만남 등을 통해 많은 것을 느꼈죠. 여행을 다니며 오감으로 느낀 것들이 아기에게도 그대로 전해졌을 거예요. 멀미를 미리 예방하기 위해 수시로 차를 세워 바깥바람을 쐬고 주변 경치를 구경했고, 몸이 피곤해지지 않기 위해 쿠션을 가지고 다니며 다리를 받쳤어요. 오렌지나 레몬을 가지고 다니며 냄새를 맡기도 했어요. 벌써 많이 커버린 민주(6세), 노홍(5세), 두 아이들 모두 임신했을 때 여행을 많이 다녀서인지 밝고 활달하며 감수성이 예민한 편이에요. 어린이집 선생님도 표현력이 풍부하다며 칭찬을 하는데, 이 모두가 여행을 다니며 많은 것을 느끼고 감상했던 덕분인 것 같아요.

산소태교

산소가 상품으로 팔릴 정도로 오염된 공기 속에서 살고 있는 현대인들. 임신부들에게 산소는 더욱 필요하다. 맑은
공기를 마시게 되면 태아의 뇌 세포가 활성화돼 머리가 좋아지고 감성이 풍부해진다. 맑은 공기를 쐬기 위해
삼림욕과 산책을 즐기자. 크게 힘들지도 않으면서 심신을 편안하게 해주어 태아와 임신부에게 다 좋다.

뇌세포를 활성화시키는 산소태교

산소는 태아의 뇌 발달을 돕는다

산소는 인간의 두뇌 활동에 매우 중요한 역할을 한다. 만약 뇌에 산소 공급이 단 10초라도 중단되면 뇌 기능에 치명적인 영향을 미치게 된다. 임신을 했을 때는 뱃속아기 때문에 더 신경 써야 한다.

태아의 두뇌는 임신 4~6개월 사이에 가장 활발하게 발달하는데, 이때 충분한 산소와 영양분이 공급돼야 머리 좋은 아기가 태어날 가능성이 높다.

미국의 피츠버그대학 연구팀에 따르면 조용하고 영양과 산소가 풍부한 자궁 내 환경에서 자란 아기가 지능지수가 훨씬 높았다고 한다. 자궁 내 환경이 지능지수의 52%를 결정한다고 하니 건강하고 똑똑한 아기를 원한다면 특히 산소태교에 관심을 가져야 할 것이다.

산소태교를 할 수 있는 방법 가운데 가장 손쉽고 일반적인 것이 산책과 삼림욕이다. 적당한 산책과 삼림욕으로 신선한 산소를 충분히 마시게 되면 태아의 뇌 발달도 돕고 우울해지기 쉬운 임신부의 기분전환에도 도움이 된다.

추운 겨울이나 바깥 외출이 어려울 때는 집에서 틈틈이 창문을 열어 환기를 하고 간단한 체조로 산소 흡입량을 늘린다.

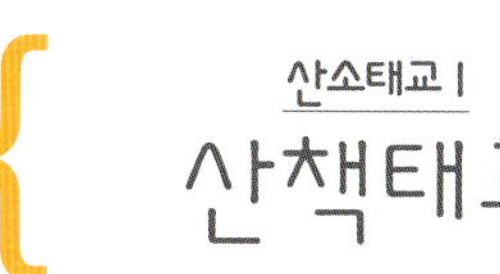

산소를 듬뿍 마실 수 있다

산책의 가장 큰 효과는 뭐니뭐니해도 산소 공급량이 늘어난다는 것이다. 산책을 하면 가만히 앉아 있을 때보다 산소를 2~3배나 더 들이마실 수 있다. 답답하거나 우울했던 기분마저 상쾌해진다. 엄마가 들이마신 산소는 탯줄을 타고 아기에게 전달된다. 이렇게 들어간 산소는 뇌세포를 활성화하는 데 사용된다.

부종·요통이 사라진다

흙길을 걷고 맑은 공기를 쐬는 일이 건강에 좋지 않을 수가 없다. 장수하는 사람들에게 무슨 운동을 하느냐고 물어보면 특별한 운동을 따로 하는 게 아니라 꾸준히 가벼운 산책을 했을 뿐이라는 대답을 흔히 들을 수 있다.

산책은 특히 혈액순환을 좋게 한다. 임신한 여성들이 겪게 되는 허리통증과 다리의 통증도 혈액순환이 잘 되지 않는 데 원인이 있다. 따라서 가벼운 산책을 하면 부종이나 요통의 괴로움을 덜 수 있다. 이 밖에 심폐기능도 좋아지고 자연스럽게 복식호흡을 익히게 되어 출산 때 진통도 덜 겪게 된다.

태아의 피부를 자극한다

산책은 자궁이 규칙적인 수축을 할 수 있게 해주어 태아에게 가장 기분 좋은 피부 자극을 준다. 피부는 제 2의 뇌라 불릴 정도로 뇌와 비슷한 성질을 가지고 있다. 피부가 자극을 받으면 뇌도 자극을 받게 되고 이것은 뇌신경 발달에 큰 도움이 된다.

그럼 뱃속아기에게 어떻게 피부 자극을 줄 수 있을까? 뱃속아기가 느끼는 피부 자극은 자궁의 자동적인 수축에 의한 자극이 주가 된다. 자궁이 리듬을 갖고 수축을 반복하면 아기의 피부도 규칙적으로 눌렀다가 풀리게 된다. 엄마의 마음이 안정된 상태에서 산책을 하게 되면 자궁 수축이 이뤄져 아기에게도 기분 좋은 자극을 줄 수 있게 된다. 반면 진동이 심하거나 불규칙적인 자극은 오히려 아기에게 스트레스를 주게 된다.

스트레스가 싹 사라진다

태교의 기본은 임신부와 태아에게 스트레스가 없는 상태를 만드는 데 있다. 의학적으로 스트레스가 전적으로 나쁜 것만은 아니

다. 적당한 스트레스는 오히려 세포생존에 필요한 산소 등의 에너지를 얻게 되는 것이지만 문제는 과도한 스트레스에 있다.

임신부가 과도한 스트레스를 받게 되면 부신에서 스트레스 호르몬을 분비하게 되고 이렇게 분비된 스트레스 호르몬은 임신부의 신체에서 혈관이 연결되는 모든 부위에 전달되므로 거의 모두가 태반을 통하여 태아에게도 전달되게 된다.

산책은 스트레스를 푸는 데 한몫을 단단히 한다. 맑은 공기를 쐬면서 숲길을 걸으면 자연스럽게 잔병이나 스트레스까지 날릴 수 있다.

산책은 16주부터 시작한다

유산의 위험이 있는 임신 초기는 피하는 것이 좋으므로 산책은 16주부터 시작하는 것이 좋다. 처음부터 빠른 속도로 걸으면 쉽게 피로해지기 쉬우므로 편안한 마음으로 느긋하게 걷는다. 산책은 오전 10시부터 오후 2시 사이에 하는 것이 좋다. 이 시간이 하루 중 배의 상태가 가장 안정되어 있는 때이기 때문이다.

그렇다고 꼭 그 시간을 고집할 필요는 없다. 다만 자외선이 너무 강한 날이나 식사 직후는 피해야 한다. 하루 30분 정도 걸으면 임신부나 태아 모두에게 적당한 운동이 될 수 있다. 1주일에 3~5일 산책하는 것이 적당하지만 자신의 몸 상태를 봐가며 조절한다.

배가 땅길 때는 즉시 중단한다

피곤해지면 배가 땅기기 쉬운데 산책을 하는 도중 배가 땅기거나 심한 피로감이 느껴질 때는 즉시 중단한다. 걷는 도중 조금 피로해질 때는 잠깐씩이라도 쉬어가면서 산책한

다. 식은땀이 나거나 어지러울 때는 중단하고 병원에 가서 진단을 받는다.

산책할 때 몸 상태를 꼭 체크한다

● **몸 상태 점검하기** 걷기를 시작하기 전에 자신의 몸에 문제는 없는지 확인한다. 임신부이기 때문에 각별한 주의를 해야 한다.

● **편안한 신발 신기** 맨발 산행이나 산책이 유행이어서 공원에 가면 맨발로 걸을 수 있는 코스를 따로 만들어 놓기도 했다. 그러나 발 전문가들은 맨발 산책은 좋은 운동이긴 하나 무엇보다 안전을 먼저 생각해야 한다고 충고한다. 파상풍이나 유행성 출혈열 등 주

의를 요하기 때문이다. 임신부에게 맨발 산책은 무리가 따르기 때문에 맨발 대신 편안한 신발을 신는다. 발 폭이 넓고 밑창이 탄력 있는 신발이 좋다. 또 양말을 신어 발에 충격을 주지 않도록 한다.

● **수분 섭취하기** 보리차나 이온음료 등을 미리 준비해 산책 도중에 마신다. 수분 공급을 충분히 해야 탈수증을 예방할 수 있다. 빈속에 산책을 하면 피로감이 더 빨리 찾아오므로 산책하기 1시간 전에 뭔가를 먹는다.

● **휴식 취하기** 몸이 지치고 피곤한데도 무리하게 걷는 것은 오히려 좋지 않다. 즐겁게 몸 상태에 맞게 속도를 조

"맑은 공기와 아름다운 자연을 맘껏 즐겼어요"

오정금 씨 (30세, 경기도 고양시)

태교가 중요하다는 말은 많이 들었지만 굳이 인위적으로 '이런 방법을 써야지' 하고 다짐을 하거나 실행에 옮긴 적은 없어요. 다만 나름대로 한 가지 원칙을 세웠는데, 매사에 즐겁게 지내자는 거였어요. 임신부가 육체적으로나 정신적으로 받는 스트레스는 그대로 태아에게 전달된다고 믿거든요.

그래서 평상시에 좋아하던 일들을 하며 보냈어요. 한가로울 때 음악을 듣거나, 맛있는 음식을 만들어 먹고, 가까운 공원이나 산을 찾아 산책을 즐겼지요. 남편도 산책을 좋아해서 임신했다는 사실을 알고는 더 열심히 공원이나 산으로 산책을 다녔어요. 평일에도 저녁식사 후 동네를 한 바퀴 돌며 도란도란 이야기꽃을 피우곤 했죠. 살고 있는 곳이 도심지가 아니어서 집 뒤에 야산이 있거든요. 언제든 맘만 먹으면 삼림욕을 즐길 수 있어 많은 도움이 되었어요.

산책을 할 때도 단순히 걷기만 하는 것이 아니라 주변의 꽃, 나무, 나비, 벌 등 자연을 가리키면서 태아에게 말을 걸곤 했어요. '나무는 우리에게 신선한 공기도 주고 그늘도 만들어 주고, 때로는 맛있는 과일도 주는 고마운 존재란다' 라는 식으로 대화를 했어요.

그래서인지 생후 1년이 지난 딸 수인이는 유난히 사물에 대한 호기심이 많아요. 음식도 가리지 않고 이것저것 잘 먹으며 잘 자라는 것이 다 맑은 공기를 쐬며 산책을 꾸준히 다닌 덕분이 아닌가 싶어요.

절하며 해야 산책의 효과를 얻을 수 있다. 피곤할 때나 기분이 나쁠 때는 앉아서 쉬도록 한다.

● **걷기** 임신을 하면 관절이 느슨해져 발을 삐는 등 쉽게 다칠 수 있으므로 평평한 곳을 골라서 걷는다. 또 오르막길은 배에 무리를 주기 때문에 좋지 않다. 평평한 흙길이나 잔디가 걷기에 가장 좋다.

● **숨쉬기** 맑은 공기를 많이 받아들이기 위해 호흡법이 중요하다. 코로 길게 숨을 들이쉰 후 입으로 '후' 하고 내쉰다. 진통이 올 때도 '히히' 하고 들이쉬었다가 '후' 하고 내쉬는 호흡을 하므로 호흡법을 미리 연습하는 효과도 있다.

● **바른 자세** 걷는 자세 또한 중요하다. 머리를 숙이고 걷게 되면 목과 어깨에 무리를 주게 된다. 가슴을 쫙 편 상태로 앞을 바라보며 걷는다. 보폭은 크게 하는 것보다 적당하게 해서 발을 자주 놀리는 것이 좋다.

산소태교 2

삼림욕태교

삼림욕은 몸과 마음을 상쾌하게 한다

건강에 대한 관심이 높아지면서 삼림욕에 대한 관심도 덩달아 높아졌다. 삼림욕이란 '신선하고 상쾌한 공기를 들이마시며 숲속을 걷거나 머물러 있는 일'을 말한다.

스트레스와 공해 등에 100% 노출되어 있는 현대인에게는 물론이거니와 임신부에게도 삼림욕은 몸과 마음을 상쾌하게 해주는 자연 건강 보존법이다.

숲 속에 들어가서 나무의 은은한 향내와 맑고 상쾌한 공기를 폐 깊숙이 마시면 몸과 마음의 피로가 싹 사라진다. 생활에 다시 활력을 불어넣기에 충분하다. 숲의 공기가 건강에 좋다는 것은 과학적 연구 결과로도 입증되고 있다.

피톤치드를 뿜어내는 숲 주위 1m 내에는 세균이 거의 없고, 신선한 떡갈나무나 자작나무의 잎을 잘라 그곳에 결핵균이나 대장균을 투입하면 몇 분 안에 죽고 만다는 것 등이 그 예다.

삼림욕은 오래 전부터 애용된 치료법이다

삼림욕은 오래 전부터 중국과 일본에서 애용되어 왔던 치료법이다. 서양에서는 독일에서 꽤 오래 전부터 애용했던 것으로 전해진다.

우리 나라에는 1983년경에 광릉수목원에 삼림욕장이 개장됐는데, 이후 삼림욕의 효과가 알려지면서 삼림욕장이 많이 생겨났다. 전국에 26개 자연휴양림 내에 삼림욕장이 들어섰으며, 또 지방자치단체가 운영하는 46개의 자연휴양림과 14개 민간휴양림에서도 거의 삼림욕장을 만들었다.

그러나 꼭 휴양림이 아니더라도 산이나 수목원 등에서도 얼마든지 삼림욕이 가능하다.

피톤치드와 음이온이 태교에 좋다

수목이 울창한 숲 속을 거닐면 누구나 상쾌한 기분이 되는데, 이것은 '피톤치드' 때문이다. 피톤치드는 나무들이 각종 박테리아로부터 자신들을 보호하기 위해 끊임없이 발산하는 '방향성 물질'인데, 이는 숲 속의 식물들이 만들어내는 살균성을 가진 모든 물질을 일컫는다. 삼림욕의 효능이 바로 이 피톤치드 때문이다.

숲 속에 들어갔을 때 특유의 향긋한 냄새를 맡은 적이 있을 것이다. 이것은 피톤치드의 주성분인 테르펜이다. 테르펜은 피톤치드처럼 항균작용을 하면서 신체의 활성화를 돕는다. 테르펜이 몸에 흡수되면 피부를 자극해서 신체의 활성을 높이고 피를 잘 돌게 하며, 심리가 안정되는 것으로 알려져 있다.

특히 우울증 등 정신적인 문제를 향기로 치료하는 향기요법에서도 테르펜계 물질이 쓰이고 있다.

삼림욕의 또 하나의 효능은 음이온을 얻을 수 있다는 것. 인공적인 음이온 공기청정기가 나오고 있지만 자연에서 얻는 것이 좋다. 음이온은 자율신경을 진정시키고 신진대사와 세포, 장기의 기능을 강화시키는 역할을 한다.

심신의 안정과 태교에 도움이 된다

삼림욕은 임신에서 오는 스트레스가 많은 임신부에게 큰 도움이 된다. 숲 속의 맑은 공기를 맡으며 천천히 걷다보면 노폐물이 배출되어 신진대사 및 심폐기능이 강화되며, 스트레스와 피로로 뭉쳐진 근육과 신경들이 부드럽게 풀어진다.

산소 공급도 원활하게 이루어져 반사신경 등 운동신경을 단련시켜준다. 또한 피톤치드가 피부에 자극을 주고 몸에 자연스럽게 흡수된다.

여러 자연의 소리를 들을 수 있는 것도 태교에 도움이 된다. 시냇물 소리, 새소리, 풀벌레 우는 소리 등 다양한 자연의 소리는 어떤 클래식보다 확실한 음악태교가 된다.

삼림욕 100배 즐기는 요령

최적기는 초여름에서 초가을 사이

삼림욕을 한다고 무턱대고 산을 찾는 것보다 알고 가면 보다 효과적으로 할 수 있다. 삼림욕의 최적기는 가지와 잎사귀가 풍성한 초여름에서 초가을 사이다.

일사량이 많고 온도와 습도가 높은 날에 피톤치드가 많이 나오기 때문이다. 또한 하루 중 오전 10시에서 12시 사이에 많이 나오므로 가급적 이 시간을 이용해 삼림욕을 한다.

활엽수보다 침엽수가 좋다

나무가 우거진 곳이면 어디나 삼림욕이 가능하지만 활엽수보다는 소나무, 전나무, 잣나무 등 침엽수가 많은 곳이 좋다. 특히 편백나무, 눈측백나무, 구상나무, 삼나무 등이 피

톤치드를 많이 함유하고 있다. 편백나무 숲이 삼림욕에 가장 좋다는 실험 결과가 나온 바 있다. 편백나무의 향기는 우리 건강에 좋은 60여 가지의 신비한 물질로 이뤄져 있다.

그리고 어린 나무보다는 수명이 오래된 나무가 좋으며 산 위나 아래보다 중턱이 좋다. 산 중턱의 숲 가장자리에서 100m 이상 들어간 깊은 숲일수록 방출되는 피톤치드 양이 많다고 한다.

복식호흡을 한다

산책과 마찬가지로 삼림욕을 할 때도 뱃속 가득히 공기를 채우는 기분으로 숨을 깊이 들이마신다. 산소와 피톤치드를 많이 흡수하기 위해서는 이런 복식호흡이 바람직하다. 나무 사이를 가볍게 뛰거나 체조, 스트레칭 등을 하면 효과가 더 좋다.

헐렁한 옷을 입는다

꼭 끼는 옷보다 헐렁하고 간편한 옷차림이 적당하다. 공기 중의 피톤치드가 피부에 직접 닿을 수 있기 때문이다. 숲의 공기를 마시며 산길을 걷는 것이기 때문에 신발 선택도 중요하다. 신발은 가급적 운동화를 신고 평평한 길만 있는 게 아니므로 밑창이 두꺼운 것이 좋다.

마음을 편안히 한다

삼림욕을 할 때는 마음을 편안히 하고 숲 속에서 고요히 명상에 잠길 수 있으면 좋다. 번잡스러웠던 머릿속을 말끔히 지우고 자연을 즐기면 상쾌함이 온몸으로 느껴진다. 가벼운 시나 수필집, 명상록 등을 가져가 나무에 기대어 앉아서 읽으면 정신적인 평화를 얻을 수 있다. 피로감이 들 때는 멈춰 서서 큰 나무를 향해 심호흡을 길게 하여 나쁜 기를 토해내고 테르펜과 음이온을 마음껏 들이마신다.

산책이나 삼림욕 후 발 & 종아리 마사지

인체의 축소판이라고 불리는 발. 산책이나 삼림욕 후 피로해진 발을 마사지해보자. 단, 임신 중에는 봉을 사용하지 말고 손으로 가볍게 마사지한다. 또한 임신 4주 전에는 발 마사지를 피하고 착상이 되고 안정기에 접었을 때부터 하도록 한다.

★ 발바닥 마사지

① 발가락의 가운데 볼록한 부분을 잡고 하나씩 문지른 다음 빙빙 돌린다.

② 발가락 끝에서부터 발꿈치 쪽으로 눌러 나간다. 양손의 엄지손가락을 이용해 발바닥 전체를 누른다.

③ 주먹 쥔 손의 제 2관절로 가볍게 누르거나 문지른다. 힘을 주지 않고 자극을 주는 것만으로도 효과는 충분하다. 마지막으로 발목을 크게 돌려서 자극을 주어 문지른다. 같은 방법으로 다른 쪽 발도 한다.

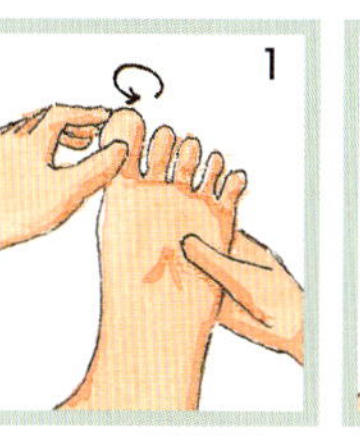
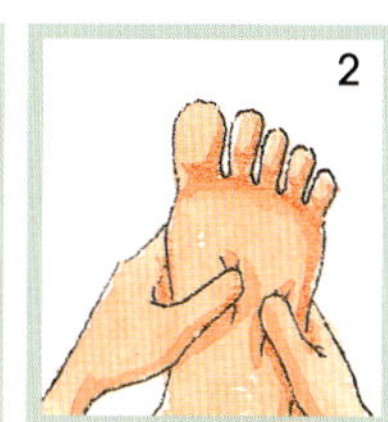
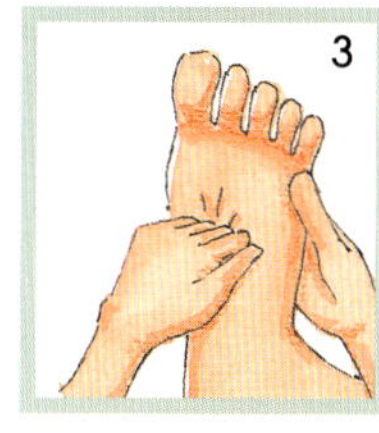

★ 종아리 마사지

① 손바닥으로 매만지면서 위로 가볍게 쓰다듬는다. 편안한 자세로 앉아서 하고, 손바닥 전체를 사용해 발목에서 무릎까지 쓸어올리듯이 아래에서 위로 쓰다듬는다.

② 엄지와 다른 손가락 끝을 사용하여 물건을 잡는 듯한 요령으로 전체를 주무른다.

③ 양손 위치를 겹치지 않게 떨어뜨려 놓고 종아리를 빨래를 짜듯이 가볍게 비튼다. 발목부터 무릎까지 순차적으로 한다.

④ 1~3회 정도 종아리 전체를 문지른 다음 손가락을 쭉 펴서 옆으로 쥐거나 주먹을 쥐고서 가볍게 두드린다.

⑤ 종아리 마사지를 마무리할 때는 손바닥 전체를 사용해 아래에서 위로 매만진다. 쌓여 있던 노폐물이 제거된다.

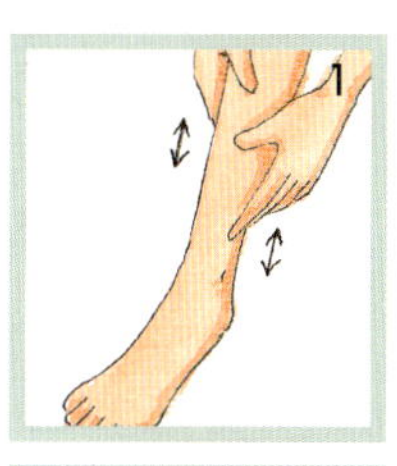
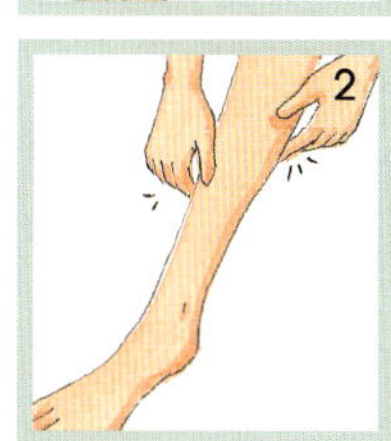
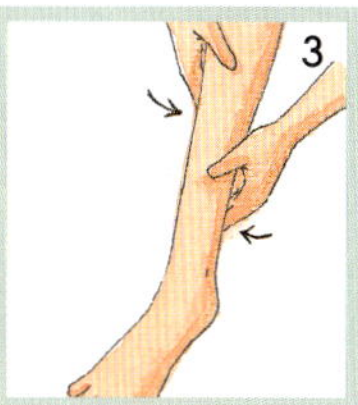
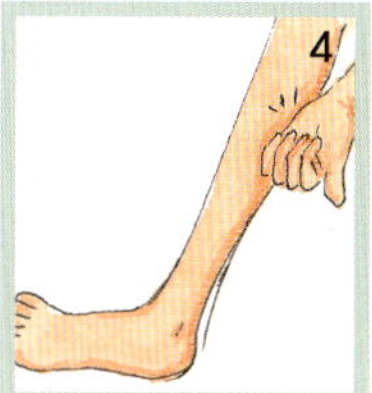
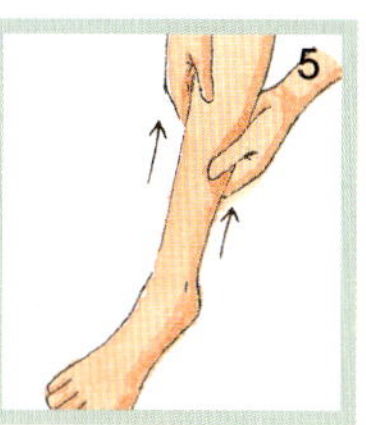

운동태교

임신을 했다고 몸을 지나치게 사리고 가만히 누워만 있거나 집안일조차도 소홀히 해 절대적인 운동량이 부족해지는 경우가 많다. 적당한 운동은 임신부에게 생활에 활력이 되고 태아에게는 뇌 활성화를 돕는다. 자신에게 맞는 운동을 찾아 몸 상태에 맞게 적당히 해주면 임신 기간을 좀더 활기차게 보낼 수 있다.

생활에 활력을 찾아주는 운동태교

임신부의 건강을 도모하고 순산을 돕는다

적당한 운동은 임신부의 건강을 유지해줄 뿐만 아니라 출산을 수월하게 하는 환경을 만들어 준다. 분만할 때 필요한 다리와 허리의 근육을 단련시켜준다.

또한 자연스럽게 호흡법을 익히게 되고 폐활량도 좋게 하여 진통을 이겨낼 수 있게 해준다. 한 연구 결과를 보면 임신 중에 규칙적으로 운동한 임신부의 경우 진통 시간이 짧고, 유도 분만의 필요성이 훨씬 줄어들었다고 한다.

태아의 몸과 뇌 발달을 돕는다

운동을 하면 엄마의 몸을 통해 들어온 신선한 산소가 태아에게 공급된다. 산소는 뇌를 활성화하고 신체 각 기능이 원활히 움직이게 도와주는 역할을 한다.

체중 조절을 할 수 있다

임신을 했다고 무턱대고 먹었다가는 임신부가 너무 비만해져 임신중독증이나 거대아를 출산할 가능성이 높아진다.

또한 출산할 때도 어려움이 있다. 몸이 무겁다고 먹기만 하고 가만히 누워 있는 것은 좋지 않다. 적당한 운동을 하게 되면 비만을 예방할 수 있고 출산 후에도 빠르게 몸매를 회복할 수 있다.

기분이 좋아지고 마음이 안정된다

체형의 변화나 임신에 대한 불안 등으로 스트레스를 받는 임신부나 태아에게 적당한 운동은 보약과 같다.

운동을 하게 되면 엄마 몸에서 엔돌핀이 분비되는데, 엔돌핀이라는 호르몬의 영향으로 기분이 좋아지고 정서가 안정된다. 엄마의 배와 근육이 자연스럽게 움직여 태아를 맛사지함으로써 태아도 안락함을 느끼게 된다.

이상증세가 있을 때는 운동을 피한다

무엇을 하든 욕심은 금물이다. 운동에 빠져들어 자기도 모르게 무리할 수 있으므로 주의한다. 몸 상태를 살펴 자신에게 꼭 맞는 운동을 찾아 적당하게 운동하는 것이 필요하다. 운동 중이라도 피곤함이 느껴질 때는 바로 휴식을 취해야 한다.

특히 질 출혈이 있거나 물과 같은 질 분비물이 있을 때, 족관절이나 손, 얼굴이 갑자기 부을 때, 혈압이 상승할 때, 지속적인 수축이나 복통이 있을 때는 운동을 바로 중단한다. 그리고 임신중독증, 고혈압, 쌍태임신, 심장질환, 전치태반이 있을 때도 운동을 하지 않는 것이 좋다.

임신부 수영의 좋은 점

물 속에서 태아와 엄마가 편안하다

의학이 발달하지 못했을 때는 물이 만병통치약으로 여겨졌을 정도로 질병이나 장애를 치료하는 데 쓰였다.

수영은 이런 물의 의학적 효과를 잘 살린 운동이다. 우리 나라에서는 아직까지 수영이 임신부에게 일반적인 운동으로 자리 잡지 못해 임신했을 때 수영이 주는 효과에 대해서도 알려진 바가 부족한 것이 사실이다.

임신부가 수영을 하게 되면 무거운 자궁을 지탱하고 있던 근육의 부담을 줄일 수 있다. 태아도 자궁 안에서 마치 수영을 하는 듯한 상태로 떠 있는데 엄마가 두 다리로 서 있을 때는 체중을 지탱해야 하기 때문에 자궁에도 힘이 가게 된다.

그러나 엄마가 수영을 하면 자궁이 물 속에서 편안하게 둥둥 뜨게 되고 덩달아 자궁 안의 아기도 편안한 자세가 된다. 물 속에서는 가벼운 점핑이나 러닝 등 다양한 행동을 할 수 있을 정도로 몸이 자유롭다.

다리부기와 허리통증을 완화시킨다

임신을 하면 체중이 기본적으로 10kg 이상 늘어난다. 많게는 20kg 이상 늘기도 하는데, 이렇게 체중이 늘면 근육이나 관절에 무리가 가는 것은 당연하다. 이런 경우 걷기만으로도 발목이나 무릎에 통증이 느껴질 수 있다.

이때 수영은 여느 운동보다 효과적이다. 물의 부력을 이용해 물 속에서 수평을 유지하게 되므로 몸이 훨씬 가볍다. 발목이나 무릎 등 근육과 관절에 무리를 주지 않으며 다리가 붓고 허리 통증이 있을 때도 이를 완화시켜준다.

순산을 돕는다

수영은 자궁을 이완시키고 근력을 붙여주고 심폐기능을 강하게 하여 출산할 때 순산할 수 있게 도와준다. 임신부들이 순산을 위해 라마즈 호흡을 배우는데, 수영을 하면 자연스럽게 호흡법도 익히게 된다.

태아의 뇌 발달에 좋다

임신부가 적당한 운동을 하면 똑똑하고 건강한 아기를 낳을 수 있다. 수영도 마찬가지다. 산소를 많이 받아들이게 되어 태아의 뇌를 활성화시킨다.

혹자는 수영이 태아에게 나쁜 영향을 미치는 것은 아닐까 염려하지만 오히려 이런 긍정적인 효과가 있다.

그러나 배가 팽팽하게 긴장해 있거나 출혈이 있을 때, 열이 나거나 피곤함을 느끼는 등 상태가 좋지 않을 때는 수영을 하지 말아야 한다. 물론 어떤 경우라도 무리하게, 장시간, 수영을 하는 것은 좋지 않다.

임신부 수영교실

임신부가 수영을 하는 것은 유럽에서는 흔히 볼 수 있는 일이지만 우리 나라에서는 아직 낯선 풍경이다.

그래서 임신부 수영교실을 운영하는 곳이 그리 많지 않다.

임신부가 수영을 하고자 할 때는 되도록 임신부 수영교실을 이용하는 것이 좋다. 임신부들이 한기를 느끼지 않도록 수온을 28℃ 정도로 맞춰놓는 등 배려를 해주며, 임신부 수영에 대해 자세히 알고 있는 전문가가 있어 알맞은 운동방법과 호흡법 등을 효과적으로 배울 수 있기 때문이다.

임신부 수영교실을 찾기 어려울 때는 집에서 가까운 일반 수영장이라도 이용해 수영을 해보자.

수영하기 전 주의할 점

의사와 상담한다

수영을 시작할 때나 끝낼 때는 의사와 상담하여 적당한 시기를 정한다. 전문의가 봤을 때 모체와 태아의 건강에 이상이 없다고 판단됐을 때 수영이 가능하다.

대체로 자궁이 안정되는 16주부터 수영을 하라고 권하나 개인에 따라 다르므로 의사와 상담해야 한다. 16주가 지났다 하더라도 의사가 아직 무리라고 판단하면 시기를 더 늦춰야 한다.

끝내는 시기도 의사와 상담해 결정하는 것이 좋다. 대체로 출산 한 달 전인 9개월부터는 조심하는 것이 좋으므로 이때가 되면 수영도 자제하는 것이 좋다. 언제 진통이 시작될지 모르기 때문이다.

오전 10시에서 오후 2시 사이가 좋다

모든 운동이 그렇듯 무리하게 하는 것은 금물이다. 수영을 하는 시간은 30분~1시간 정도가 적당하다.

그리고 오전 10시에서 오후 2시 사이에 하는 것이 좋다. 이때는 하루 중 자궁 수축이 가장 드문 시간이기 때문이다. 일주일에 2~3회 정도 하도록 하고, 수영하는 중간에 배에 긴장감이 느껴지거나 피곤할 때는 수시로 휴식을 취한다.

수영하기 전 몸의 이상을 체크한다

수영하기 전에 내 몸에 어떤 이상이 있는지 스스로 체크한다.

평소와 달리 질 분비물이 많거나 갑작스런 질 출혈이 있는지, 배와 골반에 통증이 있는지, 설사나 어지럼증, 빈혈이 느껴지는지 등 임신부 스스로 몸의 이상을 체크해 보고 이상이 느껴질 때는 전문의를 찾아 상담한 후 수영을 한다.

실전! 임신부 수영

운동시간은 1시간 이내로 한다

임신부 수영은 크게 준비운동, 본운동, 정리운동으로 나누어진다. 몸에 무리가 가지 않도록 1시간 내에 이런 순서대로 운동을 진행한다. 평소 수영을 못하던 사람도 얼마든지 할 수 있다.

임신부 수영은 수영을 잘하기 위해서 하는 것이 아니기 때문이다. 배가 불러 물에 뜨기 쉬우므로 누구나 쉽게 할 수 있다는 것이 장점이다.

반드시 준비운동을 한다

물에 들어가기 전에는 반드시 따뜻한 물로 샤워를 해서 몸을 풀어준다. 그런 다음 준비운동으로 근육을 이완·수축시킨다. 5~10분 정도 준비운동을 하는데, 팔다리를 움직이면서 기초 체조를 한다. 몸이 풀리면 물 속에 들어가 제자리에서 천천히 일어나는 연습을 한다. 다리를 옆으로 벌리고 무릎을 굽혔다가 일어나는 동작을 반복한다.

이때 '후, 하, 후, 하' 하면서 출산을 위한 호흡법을 함께 연습한다. 물 속에 들어가 자유롭게 걷거나 점핑을 하면서 심박수를 서서히 증가시킨다.

물 속에서 본운동을 한다

근력을 강화시키고, 스트레칭, 균형 잡기 등으로 근육을 이완하는 운동을 한다. 이미 수영을 할 수 있는 사람이라도 패들을 잡고 좌우로 흔들어 주며 발 차기 연습부터 한다. 숨이 차면 서서 숨을 고른 후 다시 시작한다.

가슴과 발목에 부력기구를 착용해 몸이 물에 뜨게 한 후 균형을 유지하여 편안하게 눕는다. 몸을 물에 맡긴 상태에서 숨을 들이마신다.

스트레칭과 심호흡으로 마무리한다

정리운동은 본운동으로 올라간 심박수를 내리면서 마무리한다.

임신부는 특히 준비운동과 정리운동이 더 중요하므로 반드시 해야 한다. 물 속에서 팔, 어깨, 아킬레스건을 풀어주는 간단한 스트레칭을 하고 물 밖으로 나와 간단한 체조를 한 후 끝낸다.

{ 운동태교 2
요가태교
}

도움말 김희진 (홍익요가연구원 임신부 요가전문강사)

고대 인도에서 출발한 임신부 요가

동서양을 막론하고 요가가 전 세계적으로 주목을 받고 있다. 건강에 대한 관심이 날로 증가하면서 자연스럽게 요가에 대한 관심도 높아지고 있는 것. 요가는 5~6천년 전 고대 인도에서 시작되었다. 범어로 '나를 완성하는 길'이라는 의미를 담고 있는 요가는 심신의 '결합, 조화, 균형, 통일'을 이루기 위한 명상과 호흡, 수행동작으로 구성된다.

긴장된 몸을 유연하게 풀어주며, 심신의 휴식과 안정을 도모하고, 마음의 고요를 찾게 함으로써 몸과 마음의 평안을 찾는 것이기 때문에 복잡한 현대를 사는 사람들에게 더욱 좋은 운동이다.

이런 의미에서 임신부에게도 요가는 좋은 운동이다. 고대부터 순조로운 출산을 위해 임신부 요가가 행해졌다. 우리 나라에서는 근래 들어서야 각광을 받고 있지만 인도에서는 이것이 임신부 요가태교의 기원이라고 할 수 있다.

요가는 여성 특히 임신한 여성에게 더욱 이상적이다. 건강을 유지하고 몸이 부드럽게 이완되며 마음을 편히 갖게 하여 엄마와 자궁 내 환경을 개선시켜주기 때문이다.

"물 속에서는 임신한 사실을 까맣게 잊어요"

윤성희 씨 (32세, 전남 광주시)

4년 전에 첫째를 낳을 때와는 달리 둘째를 가졌을 때는 몸이 훨씬 무겁고 힘이 들었어요. 배도 훨씬 많이 나오고 6개월 무렵인데도 숨이 차서 너무 힘겨웠어요. 이대로는 안 되겠다 싶었죠. 주변에서 임신부에게 수영이 좋다고들 해서 큰 기대 없이 수영을 하게 되었어요.

평소 운동에 소질이 없기 때문에 약간의 두려움도 있었어요. 임신 6개월이 지나서부터 수영을 배우기 시작했지요. 가까이에 임신부 수영 교실을 운영하는 곳이 없어 일반 수영 교실에 등록했어요. 수영복은 인터넷에서 주문을 했지요. 임신부 전용 수영복은 배 부분을 충분히 감쌀 수 있게 여유가 있고 프릴이 달려 있어 디자인도 예쁘더라구요. 첫날 수영을 하는데, 물 속에서 가만히 사뿐히 걷기만 했는데도 기분이 그렇게 좋을 수가 없었어요. 천근같던 몸이 나비처럼 가벼워 임신 사실을 깜빡 잊을 정도였어요. 걱정 반 두려움 반으로 시작한 수영이었지만 대만족이었죠. 함께 운동하던 분들이나 수영 선생님도 임신한 나를 많이 배려해주고 신경을 더 써줬기 때문에 즐겁게 수영을 할 수 있었어요. 3개월 정도 더 다니다가 9개월에 접어들었을 때 그만두었어요. 출산일이 다가오고 있어 무리를 해서는 안 되겠다 싶었죠. 수영을 하는 동안 허리와 무릎 통증도 줄어들고 호흡도 자연스럽게 익히게 되어 둘째를 낳을 때 순산을 했어요. 둘째 선경이는 하루가 다르게 커가고 있어 엄마를 기쁘게 한답니다. 출산 후 6개월이 지나면 다시 수영을 시작해 예전 몸매를 만들 생각이에요.

임신중 운동할 때 꼭 지키세요

① 의사와 상의해 운동 프로그램을 짠다

② 규칙적으로 운동을 하되 1주에 3회 정도가 적당하다

③ 임신 중에는 운동 능력이 감소하기 때문에 몸에서 보내는 신호에 주의한다.

④ 적당한 식사를 한다. 임신 중에는 하루에 300kcal가 더 필요하다.

⑤ 편안한 복장으로 운동하고 많은 양의 물을 먹도록 한다. 탈수가 일어날 수 있으므로 더운 날씨 또는 밤이라도 습도가 높은 날에는 운동하지 않는다.

⑥ 운동을 마친 다음에는 왼쪽 옆으로 누워 15~20분간 가만히 있는다.

⑦ 지나치게 숨이 찰 때까지 하지 않는다. 숨이 찬다는 것은 임신부나 태아 모두 산소공급이 원활하지 않다는 것을 의미한다.

⑧ 준비운동과 마무리운동을 충분히 한다.

운동법, 호흡법, 명상으로 심신의 안정을 찾는다

요가 수행법은 크게 세 가지로 나뉘어진다. 신체를 단련하여 건강하게 만드는 운동법, 생명력을 강화시키는 호흡법, 마음을 닦아 내적인 평화와 깨달음에 이르는 명상이 그것이다.

운동법은 요가체조를 통해 뼈와 근육, 몸의 각 부분을 골고루 풀어주어 신체를 강하게 하는 것을 말한다.

호흡법은 마시고 내쉬는 호흡조절을 통해 기를 불어넣어 몸에 활력을 주고 마음에 평화를 가져다준다. 명상법은 마음을 바르게 갖는 것으로, 마음의 동요를 없애고 생각을 단순하게 만들어 하나로 모은다. 명상을 통해 진정한 마음의 주인이 되어 자유로운 삶을 살게 하는 것이다.

이 세 가지 수련을 통해 임신부의 마음가짐과 몸가짐을 바로잡아 균형을 회복시켜주는 것이 임신부 요가태교이다.

요가태교의 좋은 점

임신 기간을 건강하게 보낼 수 있다

임신을 하게 되면 신체적, 정신적으로 변화를 겪게 된다. 혈액 순환량이 증가하여 심장에 부담이 가고, 뼈대와 다른 근육의 무게도 증가하여 관절에 무리가 온다. 신경과 감각도 예민해져 쉽게 감정이 동요되고, 스트레스를 받는다.

이때 요가태교를 하게 되면 많은 도움을 받는다. 운동과 호흡, 명상을 통해 체내 활동을 최대한 효율적으로 만들어줌으로써 몸과 마음을 가볍게 유지시켜준다. 요가는 에너지를 생산함과 동시에 효율적인 관리에도 중점을 두기 때문에 임신부가 요가를 수련하면 임신 기간을 건강하고 편안하게 보낼 수 있다.

자연분만의 가능성을 높여준다

제왕절개 분만율이 세계 최고라는 불명예를 갖고 있긴 하지만 최근 들어 이런 우리 사회의 분만 실태와 환경에 문제 제기를 하며 자연분만의 중요성을 강조하는 분위기가 일고 있다. 자연분만은 여성의 평생 건강에 영향을 주기 때문에 의학적 필요가 있을 경우를 제외하고는 가급적 제왕절개를 피하는 것이 좋다.

요가의 좋은 점은 바로 자연분만을 유도한다는 것이다. 심지어 무통분만을 할 수 있도록 도와준다. 많은 임신부들이 요가 수련을 한 후 무통분만을 했다고 말한다.

태아의 성장 발달을 돕는다

임신부의 건강은 태아의 건강과 직결된다. 임신 중에 요가를 하게 되면 태아가 움직일 수 있는 공간을 확보해주며 그것이 곧 태아의 성장, 두뇌 발달에 직접적으로 영향을 준다. 명상과 호흡으로 정신을 맑게 하고 요가 체조로 몸의 기운이 잘 흐르게 하면 이 기운이 태아에게도 영향을 미쳐 두뇌 발달을 돕는다. 또한 엄마의 몸이 신선하고 맑은 상태가 되면 태아 역시 뱃속에서 정서적으로 안정감 있고 밝게 자라나게 된다.

출산 후 건강의 밑거름이 된다

임신을 하면 대다수가 요통이나 부종을 호소한다. 요통이나 부종 또한 요가를 함으로써 예방할 수 있다.

출산 후에도 산모의 회복과 이후의 건강한 삶에 기본 바탕을 마련해준다. 출산한 산모는 인생에서 가장 큰 일 하나를 치러 신체적으로는 지쳐 있고 정신적으로는 일종의 흥분과 책임감에 부담을 느끼기도 한다. 요가는 이러한 변화에 산모의 심신이 빨리 적응하고 최대한 역량을 발휘할 수 있게 도와준다.

임신 시기별 요가태교

준비운동

요가를 하기에 앞서 준비운동을 하면 혈액순환이 증가하여 체온이 상승하고 근육이 부드러워진다. 또 몸이 요가 자세에 훨씬 쉽게 적응할 수 있고 갑작스런 근육경련을 예방할 수 있다.

목 돌리기

귀가 어깨에 닿을 정도로 목을 천천히 크게 왼쪽으로 몇 바퀴 돌린다. 이때 눈을 뜨고 눈동자도 함께 굴려준다. 시선을 목과 함께 가도록 한다. 반대쪽으로도 한다. 어지러울 수도 있으므로 앉아서 천천히 하도록 하고 운동효과를 높이려면 입술을 다문다.

손과 손목 운동

① 팔꿈치를 살짝 구부려서 주먹을 10~30회 쥐었다 편다. 혈액순환과 에너지순환을 돕는다.

② 가볍게 주먹을 쥐고 손목을 왼쪽으로 10~20회 돌린다. 반대쪽으로도 한다.

③ 쥔 주먹을 펴서 손의 물기를 털듯이 빠르게 아래, 위, 옆으로 흔든다. 손가락과 손의 피로가 풀려 시원해진다.

무릎

① 두 발을 붙이거나 어깨 너비로 벌려 선다.

② 두 손으로 각각의 무릎을 잡고 숨을 내쉴 때 앉고 들이마실 때 일어서기를 되풀이한다.

허리 돌리기

① 두 발을 어깨 너비로 벌려 선다.

② 손을 허리에 짚고 허리와 엉덩이를 양옆으로 왔다갔다 움직인다. 옆으로 움직일 때 숨을 내쉰다.

발가락과 발목

① 두 발을 어깨 너비로 벌려서서 왼쪽 발끝을 세워 발목을 돌린다.

② 오른쪽 발목도 같은 방법으로 돌린다.

임신 초기

앉은 산 자세

① 책상다리를 하고 편안히 앉아 몸통을 자연스럽게 수직으로 세우고 어깨와 얼굴의 힘을 뺀다.

② 두 손을 깍지 껴서 머리 위로 뻗어 올린다. 이때 손바닥이 천장을 향하게 한다.

③ 숨을 내쉬면서 팔꿈치를 귀 옆에 붙여서 쭉 펴고 손바닥까지 팽팽하게 늘인다.

④ 숨을 천천히 고르게 쉬면서 몇 초 동안 그대로 있는다. 턱을 앞으로 내밀어서는 안 된다.

⑤ 천천히 팔을 내리고 깍지를 푼다. 손을 무릎 위에 올려놓고 힘을 뺀다.

요가태교할 때 꼭 알아두세요

＊ 준비물은요…
바닥에 깔 수 있는 얇은 매트나 이불과 보통 크기의 수건이 필요하다.

＊ 복장은요…
임신부가 편안하게 느낄 수 있는 면 소재의 헐렁한 옷을 입는다. 가능한 맨발로 수련하는 것이 좋다. 몸에 지니고 있는 액세서리는 모두 풀어놓는다.

＊ 임신부 요가 시 주의할 점은요…
① 모든 자세를 몸의 상태에 맞춰 천천히 한다.

② 자세를 취할 때는 호흡을 깊고 고르게 맞춰서 한다.

③ 수련 시 정성스런 마음가짐으로 태아에게 더 많은 생명력을 준다고 느끼면서 수련한다. 서서 하는 동작을 할 때에는 몸에 무리가 가지 않게 주의하면서 한다.

④ 힘들 때는 동작을 짧게 하는 대신 여러 번 반복한다.

⑤ 지나치게 배를 압박해서는 안 된다.

⑥ 식사 후 3~4시간이 지난 뒤 수련한다.

⑦ 임신 4개월~8개월까지 할 수 있다. 그 이전과 이후에는 전문 지도자와 상담한 후에 하는 것이 안전하다.

● 효과는요…

가슴, 배, 골반을 포함한 몸통 근육 전체를 유연하면서 힘 있게 만든다. 또 골반에 느껴지는 압박을 줄여주고 골반구조를 강화하며 가슴을 완전히 확장시켜 산소가 더 많이 들어오게 하고 폐활량을 증가시킨다.

골반 펴기

① 두 다리를 뻗고 편안하게 척추를 세워 앉는다.
② 발바닥을 마주 붙이고 두 손으로 깍지를 끼어 발을 감싸 쥔다. 발뒤꿈치를 회음부 쪽으로 바짝 당긴다.
③ 척추를 바로 세우고 멀리 앞쪽이나 코끝을 바라본다. 고르게 숨쉬면서 편안하게 할 수 있는 만큼 그대로 있는다.
④ 그 상태에서 무릎이 바닥에 닿을 정도로 올렸다 내렸다를 할 수 있는 만큼 되풀이한다.

● 효과는요…

매일 꾸준히 몇 분 동안 이런 자세로 앉아 있으면 출산 시 통증을 훨씬 줄일 수 있다. 또한 콩팥, 전립선, 방광을 건강하게 한다. 임신 전부터 남편과 함께 하면 부부의 건강을 증진시켜 튼튼한 아기를 낳을 수 있다.

완전 휴식자세

① 등을 대고 누워 두 눈을 살며시 감는다.
② 두 팔은 몸 옆에서 자연스럽게 떼어놓고 손바닥이 위로 향하게 한다.
③ 다리는 편안하게 벌려 힘을 빼고 복숭아뼈가 바닥 쪽으로 향하게 한다. 머리나 팔, 다리가 한쪽으로 기울지 않게 똑바로 눕는다.

● 효과는요…

저녁에 이 자세를 하면 짧은 시간 내에 하루의 피로를 풀 수 있다. 신경과 근육을 편안하게 이완시켜야 하므로 몸의 각 부분 움직임을 최대한 받아들이도록 한다.

임신 중기

소머리 자세

① 무릎을 꿇고 앉는다
② 오른팔을 들어 팔꿈치를 구부려 어깨 뒤로 넘기고 왼팔은 등 뒤로 보내 마주 잡는다.
③ 등 뒤에서 오른손과 왼손을 마주잡고 내쉬면서 당긴다. 고르게 숨쉬면서 15~20초 정도 머문다.
④ 천천히 손을 풀고 팔 위치를 바꾸어 반대쪽으로도 되풀이한다.
⑤ 어깨를 들었다 내렸다 하면서 숨을 고르고 몸을 이완시킨다. 두 손을 잡기 어려운 사람은 수건이나 벨트를 이용한다.

● 효과는요…

가슴 근육의 탄력성을 높여 출산 후 모유 수유를 돕는다. 흉곽을 확장시키고 폐활량을 높이는 등 허파의 기능을 좋게 한다.

앞으로 숙이기

① 두 다리를 앞으로 뻗어 앉는다.
② 두 팔을 머리 위로 들어올려 가슴을 펴면서 숨을 들이마신다.
③ 숨을 내쉬면서 가능한 한 멀리 상체를 앞으로 숙이고 수건이나 벨트로 발바닥을 감싸듯이 걸고 잡아당긴다.
④ 무릎 뒤가 바닥에 닿도록 하여 고르게 숨쉬면서 그대로 있는다. 단, 아랫배를 압박하지 않도록 등 전체를 꼿꼿이 펴며, 억지로 힘을 주지 않는다.
⑤ 천천히 상체를 들어올리고 길게 숨을 고르면서 몸을 이완한다.

● 효과는요…

복부 전체를 자극하여 소화불량, 식욕부진, 변비를 없애주며 아랫배와 허리의 체지방을 없애준다.

쉬운 기울기

① 왼쪽 다리를 안으로 구부리고 오른쪽 다리를 바깥쪽으로 구부려 앉는다.
② 양손을 깍지 끼고 머리 위로 올려 상체만 왼쪽으로 돌린다.

③ 양손을 머리 뒤에서 깍지 낀 후 오른쪽으로 기울인다.
④ 머리 위로 깍지를 뻗어 같은 방향으로 기울인다.

● 효과는요…

고관절의 유연성을 높여주고 요통, 엉치뼈 통증을 미리 줄여줄 수 있다. 또 허리를 중심으로 등 전체의 긴장과 피로를 풀어준다.

임신 후기

박쥐 자세

① 두 다리를 쭉 뻗어 최대한 옆으로 벌린 후 발뒤꿈치를 늘려 허리를 꼿꼿이 세운다.
② 숨을 내쉬면서 두 손을 앞으로 뻗어 천천히 상체를 앞으로 숙인다.
③ 고르게 숨쉬며 10~20초 동안 버틴다.
④ 숨을 마시면서 천천히 상체를

들어올린다.
⑤ 다리를 천천히 가운데로 모아서 쉰다.

● 효과는요…

다리 안쪽과 뒤쪽 근육을 늘려주고 근육통, 근육경련을 없애며 골반의 유연성을 높여준다. 간, 콩팥의 기능을 정상적으로 만든다.

고양이 자세

① 손바닥과 무릎을 바닥에 대고 기어가는 자세를 한다. 무릎과 손바닥을 어깨 너비로 벌리고, 팔과 무릎이 바닥에서 수직이 되도록 한다.

② 숨을 들이마시면서 고개로 뒤로 젖혀 천장을 쳐다보는 동시에 허리를 우묵하게 내리며 엉덩이만 천장 쪽으로 올리듯 한다. 팔꿈치를 편 채로 손바닥과 무릎에 힘을 주어 바닥을 계속 밀어낸다.

③ 숨을 내쉬면서 배를 쳐다보듯이 머리를

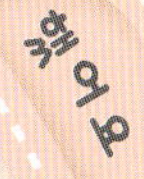

"히히히우~, 남편과
함께 오흡법을 연습했어요"

이향정 씨 (34세, 서울시 서대문구)

특별한 질병은 없었지만 생리가 불규칙하고 자주 피로감을 느껴 평소에도 심신의 안정과 건강을 위해 요가를 꾸준히 해오고 있었어요. 3년간 요가를 하면서 몸도 마음도 많이 건강해졌을 때 드디어 임신이 되었어요. 평소 수련을 해왔기 때문에 임신 초기부터 시작해도 무리가 없다는 강사의 말을 듣고 초기부터 출산할 때까지 임신부 요가를 꾸준히 했죠. 남편 또한 요가를 수련하기 때문에 집에서 함께 자세를 취하기도 하고, 몸이나 요가에 대해 여러 가지 이야기를 나누었어요. 임신하면 남편과의 관계가 소원해진다고 하는 사람들이 많지만 우리는 요가 때문에 오히려 대화거리도 풍부해지고 더 가까워졌어요.

나이 들어 한 임신이기 때문에 은근히 출산이 걱정되었는데, 요가를 꾸준히 하면서 점차 두려움이 줄어들었어요. 요가 강사는 호흡에 신경을 많이 쓰라고 하더군요. 호흡이 자연 진정제 역할을 해서 호흡만 잘해도 수월하다고요. 열심히 코로 들이쉬고 입으로 내쉬는 호흡법을 수련했지요.

아니나 다를까 출산 때 진통이 그렇게 심하지 않더군요. 3시간 정도 진통을 하고 아기를 낳았는데 초산인데도 진행시간이 빠르고 진통도 심하지 않아 주위 사람들이 많이 놀라워했어요. 3.0kg의 건강한 남아로 태어난 우리 아기는 백일도 채 되지 않아 옆으로 돌아눕기도 하고 뒤집기를 하려고 하는 등 움직임이 활발했어요. 아직 어려서 잘은 모르지만 엄마의 운동감각을 뱃속에서부터 익혀서 그런 게 아닐까요.

내리고 어깨를 구부린다. 동시에 배를 등 쪽으로 끌어올려 수축시킨다.
④ 천천히 자세를 풀고 처음부터 ③~⑤번의 과정을 되풀이한다.
⑤ 무릎을 꿇고 앉거나 다른 편안한 자세로 몸을 이완한다.

● 효과는요…

임신으로 커진 자궁이 골반의 혈관과 허리의 척추를 압박하고 다리와 콩팥의 혈액순환을 방해하는 것을 줄여준다.

커진 자궁의 무게를 효과적으로 지탱할 수 있도록 배의 균형을 잡고 척추를 둘러싼 근육과 인대의 균형을 잡고 튼튼하게 한다.

다리 올려 쉬기

① 쿠션을 어깨나 머리 밑에 받치고 등을 대고 눕는다. 바닥에서 45도 정도 각도가 되게 하여 벽에 다리를 올린다. 이때 등이 굳어지지 않도록 주의한다. 팔은 몸 옆 또는 바깥쪽에 쭉 뻗어 놓는다.
② 몇 분 동안 이 자세를 하는데 발이 차가워지거나 쥐가 날 때까지 해서는 안 된다. 눈을 감고 편안하고 리듬 있게 호흡한다.

● 효과는요…

다리를 들어올림으로써 혈액이 심장으로 되돌아가는 순환을 도와주므로 붓고 피로해진 임신부의 팔과 다리를 풀어준다. 허리를 자연스럽게 펴주어 요통을 줄이고 예방한다.

{ 운동태교 3 }
필라테스태교

온몸을 스트레칭하는 필라테스

필라테스는 우리에게 아직 낯설게 들리지만 20세기 초, 조셉 필라테스가 고안한 운동법이다. 필라테스는 특정 근육을 움직이거나 발달시키는 것이 아니라 온몸을 스트레칭하여 움직이는 운동이다.

에어로빅이나 기타 체력 단련과 다른 점은 정확한 발의 위치라든가 어깨 움직임과 같은 각각의 동작을 할 때 집중력과 주의력을 요한다는 점. 그리고 횡경막을 규칙적으로 움직이며 숨을 길게 통제하면서 내쉬는 올바른 호흡법을 강조한다.

꾸준히 필라테스를 하다보면 모든 골격근이 탄탄해지고 긴장했던 근육도 풀어지면서

전체적으로 더 건강해진다. 잘못된 자세를 바로잡아주는 등 신체적인 균형뿐만 아니라 마음의 평안도 얻을 수 있다. 그래서 스트레스가 많은 현대인들에게 꼭 필요함과 동시에 임신부에게도 많은 도움을 준다.

임신부의 몸과 마음을 편안하게 한다

임신을 하게 되면 호르몬의 변화로 신체적, 정신적으로 많은 변화가 오게 된다. 유방이 커지고, 오심이 생기는 등의 증세가 일반적으로 나타난다.

신체 내부의 이런 호르몬의 변화는 임신과 출산을 위한 준비이기 때문에 태어날 아기를 생각하며 기분 좋게 받아들여야 한다. 이처럼 임신으로 인한 여러 변화를 좀더 편안하게 받아들일 수 있게 해주는 것이 바로 필라테스, 요가, 가벼운 수영이나 걷기 등의 운동이다. 임신부를 위한 필라테스는 스트레칭과 휴식, 조화 등을 강조해 그 어떤 운동보다 몸과 마음을 편안하게 할 수 있다.

바른 자세가 중요하다

필라테스에서 가장 강조하는 것은 자세를 바르게 하는 것이다. 바른 자세를 갖는 것은 임신 기간에도 무엇보다 중요하다. 자세를 바르게 하면 근육의 긴장을 풀어주고, 혈액순환이 원활해진다. 또한 자율신경계의 역할을 향상시킨다. 필라테스를 하는 동안 바른 자세를 취하지 않으면 온전한 효과를 얻을 수 없다.

필라테스 하기 전 상담한다

임신 초기 3개월 동안에는 유산의 위험이 있기 때문에 임신 초기에 운동을 하려면 필라테스 전문가나 의사와 상담을 먼저 한 후 시작해야 한다. 지나치거나 과격하게 운동을 하는 것은 금물이다.

준비 단계

본운동에 들어가기 전에 준비운동을 한다. 필라테스 준비운동은 다른 운동을 하기 전의 준비와는 매우 다르다. 근육을 이완·수축시키고 심박수를 증가시키기 위해 하는 것이 아니라 몸 상태를 진정시키고 조화롭게 하는 데 중점을 둔다.

이런 준비운동을 통해 몸이 편안해지고 모든 관심이 자신의 몸에 집중되도록 도와준다. 천천히 그리고 조심스럽게 준비운동을 한다. 만약 하는 중간 피곤함을 느낀다면 즉시 중단하고 휴식을 취한다.

벽에 기대어 서서히 앞으로 숙이기

① 무릎을 벽에서 15~20cm 정도 떨어져 비스듬히 한 채 선다. 발은 엉덩이 너비만큼 벌린다. 척추를 벽에 기대어 선다. 머리는 쳐들고 목은 꼿꼿이 세운다. 팔은 편안하게 내리고 배꼽을 등뼈에 부드럽게 끌어당기는 듯한 느낌으로 서 있는다.

② 깊게 숨을 들이쉬고 다시 내뱉으면서 골반 근육을 위로 끌어올리고 턱은 가슴으로 내린다. 목과 등 위쪽이 팽팽히 펴지는 느낌을 받을 수 있다. 팔은 자연스럽게 흔들거리게 한다.

③ 등을 깊숙이 숙여 아래로 구부린다. 엉덩이는 벽에 붙인 채 팔과 머리는 자연스럽게 아래로 떨어뜨린다. 몸을 아래로 구부려 스트레칭하여 이완시키면서 잠시 동안 자연스럽게 호흡을 한다.

④ 숨을 내쉬면서 배꼽이 척추 쪽으로 당겨져 있는지 확인한다. 골반 근육을 바짝 위로 당기고 골반에서 등으로 다시 서서히 펴면서

서 있는 자세로 돌아간다. 등을 펼 때 어깨가 자연스럽게 내려가게 한다. 이 동작을 3회 반복한다.

임신 초기

임신 초기에는 유산의 위험이 있기 때문에 무리하게 운동을 해서는 안 된다.

베개 누르기

① 바닥에 등을 대고 누운 후 발바닥은 바닥에 붙이고 무릎을 세운다. 세워진 무릎 사이에 베개나 쿠션을 넣는다. 어깨나 목에 긴장이 풀렸는지 확인한다.

만약 편안하지 않거나 목이 바닥에서 떨어져 있는 듯 느껴지면 머리 밑에 작은 베개를 받

친다. 숨을 들이쉬고 골반저근을 끌어올리는 느낌을 가진다.

② 숨을 내쉴 때 복식호흡을 하여 배꼽을 척추 쪽으로 당기고, 다리 사이에 있는 베개를 양 무릎으로 민다. 다른 부분은 그대로 있고 무릎만 움직여야 한다.

③ 숨을 다시 들이쉬면서 베개를 부드럽게 지탱한다. 10회 정도 반복한다.

임신 중기

배가 점점 나오는 등 신체 변화가 눈에 띄게 일어난다.

대부분 임신 초기에 느꼈던 입덧이나 피곤함 등에서도 벗어나 편안하다. 중기에는 누워서 하는 체조가 많은데 누워서 하는 것이 피곤하거나 불편하다면 하지 않는다.

팔·다리 스트레칭하기

바닥에 매트를 깔고 등을 대고 눕는다. 왼쪽 다리는 쫙 펴고, 오른쪽 다리는 무릎을 세운다. 오른팔은 위로 향하여 펴고 왼쪽 팔은 아래로 편안하게 내린다.

이때 복식호흡을 한다. 호흡을 길게 들이쉬고 내쉴 때 팔과 다리의 상태를 서로 바꿔준다. 5~10회 반복한다.

벽에 기대어 쪼그리고 앉기

① 커다란 쿠션을 벽에 붙여 바닥에 놓는다. 다리를 엉덩이 너비만큼 벌리고 벽에 기대어 선다.

② 숨을 들이쉬고 내쉬면서 무릎을 굽히면서

점차 벽을 타고 천천히 쿠션 위에 앉는다. 엉덩이가 쿠션에 닿으면 팔은 무릎 위에 가볍게 올리고 이 자세로 휴식을 취한다.

③ 1~2분 동안 이 자세로 있는다. 몸의 무게를 아래에 두고 허리를 편안하게 이완시킨다. 깊게 숨을 들이쉬고 내쉬면서 다시 천천히 벽을 등에 댄 채 일어선다. 단, 역아일 때는 이런 자세를 해서는 안 된다.

임신 후기

많은 임신부들이 후기가 되면 숨이 차거나 매우 피곤해한다. 또한 손이나 발, 발목에 부종이 자주 나타난다. 부드러운 운동과 충분한 수분 섭취가 부종을 줄이는 데 도움이 된다.

베개 받치고 다리 올리기

① 벽에 기대고 바닥에 앉는다. 다리를 앞쪽

으로 쭉 뻗는다. 베개 두 개를 오른쪽 다리 아래에 받치고 왼쪽 발을 바닥에 대고 무릎을 세운다.

② 오른쪽 다리를 천천히 쭉 뻗으면서 스트레칭 한다. 발가락을 위로 향하게 한 뒤 뒤꿈치에 힘이 들어가게 한다. 그런 후 다리를 이완시켜 편안하게 베개 위에 놓는다. 10회 반복하고 다리를 바꾸어서 해준다.

벽에 다리 올리기

① 머리에 쿠션을 대고 엉덩이가 벽에 닿도록 자세를 취한다. 등이 편안한가를 확인한 후 다리를 가능한 한 편안하게 벽 위로 뻗어 올린다. 5분 동안 그대로 있는다.

② 긴장하지 않고 스트레칭 되는 느낌이 들 정도로 다리를 양옆으로 벌린다. 5분 동안 이 자세로 휴식한다.

기태교 (청정공)

도움말 김무 진행 (포천중문의대 강남차병원 기태교 교실 원장)

수천 년의 역사를 지닌 기태교. 고대 중국 주나라의 태임이 8개월간 수련을 하여 총명하고 어진 문왕을 낳았다는 〈내훈〉의 기록이 있다. 여기서 수련이 바로 임신부들이 할 수 있는 기공 중 하나인 청정공, 즉 흔히 말하는 기태교이다. 청정공은 생명의 에너지인 기를 통해 몸과 마음을 깨끗이 다스리며 엄마 몸을 통해 태아에게 기를 전달한다.

몸과 마음에 생명을 불어넣는 기태교

건강하려면 기(氣)가 원활하게 돌아야 한다

최근 기에 대한 관심이 늘면서 산부인과 병원에 기태교 교실이 속속 문을 열고 있고 기태교를 배우는 임신부들도 늘고 있다. 기란 우주의 근본 실체인 정보를 지닌 에너지를 일컫는 것으로 인체의 신진대사를 촉진시키고, 생명활동을 유지하는 원동력이다. 기는 호흡법을 통해 조절할 수 있다.

기를 조절하게 되면 신체와 정신을 다스리게 되어 건강한 삶을 유지할 수 있다. 사람이 병에 걸리는 근본적인 원인을 살펴보면 몸 안의 기와 혈액순환이 원활하게 되지 않기 때문이다. 몸 안에 탁한 기가 오래 머무르게 되면 여러 가지 질병이 발생하는 것.

심신을 수련하는 청정공

기를 통해 마음과 육체를 다스리는 심신 수련법 중 청정공이 있다. 청정공이라는 수련법은 육체와 정신을 깨끗하게 하는 임신부 기공법이다. 태교뿐만 아니라 출산과 산후에도 도움을 주는 기공법이다.

중국의 고대 문헌 〈내훈〉에 따르면 '주나라 문왕이 총명하고 비범한 것은 선천적인 교육과 밀접한 연관이 있으며 또한 그의 모친은 그를 임신했을 때 화원에서 8개월이나 정양했다'고 적혀 있다. 문왕의 어머니 태임이 나쁜 말을 입에 담지 않고 나쁜 생각을 하지 않고 심신 수련을 하는 등 태교에 힘썼기 때문에 훌륭한 문왕을 낳았다는 것이다. 전통 태교와 기공법을 현대에 알맞게 과학적으로 만들어낸 심신 수련법이 기공에서 일컫는 청정공이다.

임신부의 신체적·정신적 건강에 미치는 영향이 크다

청정공을 하면 정말 심적인 불안이나 우울 등이 해소되고 신체적인 증상들도 사라질까. 한 정신과 전문의가 임신부 45명을 대상으로 설문을 통한 연구를 하였다. 청정공 시행 전, 시행 2주 후, 시행 4주 후에 각각 임신부에게 나타나는 반응들을 체크하게 하여 기태교가 임신부의 신체적, 정신적 건강에 미치는 영향을 알아보았다.

그 결과 수련한 지 4주가 지났을 때 임신 시 생기는 스트레스나 변비, 요통, 불면증 등의 신체증상이 호전되는 것으로 나타났다. 신체적인 불편이 해소된 것은 유연한 체조 때문이며, 정신적인 호전은 명상과 호흡 등으로 일어나는 기의 작용 덕분일 것이라는 결론을 내렸다.

또한 '기태교 청정공이 임신부의 심신에 미치는 영향'이란 한 석사학위 논문에서도 기태교의 효과를 통계학적으로 명확하게 보여주고 있다.

청정공은 동공, 명공, 정공이 있다

청정공은 동공(動功), 명공(命功), 정공(靜功)으로 이루어져 있다. 동공은 우주의 기를 몸에 끌어들여 그것을 활용하는 체조로 흔히 기체조라고 한다. 명공은 에너지 전달법 즉 기 충전법이다. 정공은 고요하고 편안히 앉아서 명상하는 기공법이다.

이 세 가지를 꾸준히 수련하면 태교에도 좋을 뿐더러, 출산 시에도 톡톡히 도움을 받을 수 있다. 청정공은 1개월 이상 해야 효과가 있으므로 임신 16주 이상부터 출산 전까지 꾸준히 하는 것이 좋다. 하루 30분에서 1시간 가량 하면 되는데 자신의 몸 상태를 봐가며 무리하지 않는 범위 내에서 한다. 청정공에는 다양한 기 체조 자세와 명상법이 있는데 누워서 하는 기체조 동작은 임신 8개월을 넘으면 하지 않는다.

주의할 점으로 기체조 전후로는 찬물을 마시는 않아야 한다는 것, 기체조를 하기 전에는 몸을 충분히 풀어주고 체조를 끝낸 후에는 수공(두 손을 열이 날 정도로 비빈 후 얼굴 등을 문지르는 것)을 하여 마무리한다.

기태교 교실을 이용한다

기체조는 자세와 호흡법 및 명상할 때의 마음가짐이 무엇보다 중요하다.

집에서 혼자 하는 경우 교정을 할 수 없으므로 가까운 기태교 교실을 이용하는 것이 좋다. 그래야 기공 수련자의 도움을 받아 제대로 수련을 할 수 있고 다른 임신부와 정보도 교환할 수 있어 임신 기간을 즐겁게 보낼 수 있다.

청정공을 하면 좋은 점

마음 조절이 가능하다

모든 태교의 기본은 엄마의 마음을 편하게 가라앉히는 데 있다. 청정공의 가장 큰 효과 중의 하나도 바로 마음을 조절하는 데 있다. 청정공은 몸과 마음을 다스려 신체적, 정신적 건강을 유지하게 하므로 임신했을 때 수련하면 좋다.

임신과 출산에 따르는 신체적 변화에도 유연하게 대처할 수 있는 여유가 생기고 또한 긍정적이고 밝은 생각을 갖게 하여 올바른 마음가짐으로 임신 기간을 보낼 수 있다.

임신과 출산에 대한 두려움이 없어진다

임신과 출산에 대한 두려움이 없어지면서 임신 중 생활이 즐거워진다. 순산에 대비하는 체조법과 호흡법, 이완법, 명상법을 수련하기 때문에 자연스럽게 임신과 출산에 따른 불안감이나 두려움이 없어진다.

태내 환경이 좋아진다

아기가 어떤 성품이나 기질을 가지고 태어나는가는 자궁 내 환경에 의해 상당 부분 결정된다. 임신 시 엄마가 마음 수련을 하게 되면 태내 환경이 좋아져 태아에게 좋은 영향을 미친다.

태아와 교감을 나눌 수 있다

태교의 출발점은 태아와 어떻게 교감을 나누는가에 있다. 어떤 형태의 태교이건 가장 중요한 것은 태아와 교감하는 것이다. 그래서 태아가 원하는 것에 귀를 기울이게 되고 느낌을 나누기 위해 끊임없이 말을 거는 등의 노력을 통해 태아와 교감을 나누게 된다. 기태교인 청정공은 엄마의 마음을 다스리기 때문에 자연스럽게 태아와 깊이 교감하게 되

기 체조할 때 주의하세요

* 체조 전후 찬 음식을 먹지 않는다.
* 체조 전에 너무 배불리 먹지 않는다.
* 한 동작을 끝낸 후에는 한 시간 정도 쉬었다가 다음 동작으로 넘어간다.
* 순간적으로 무리하게 힘을 주지 않도록 조심한다.
* 배가 뭉치거나 아플 때는 동작을 중단하고 자연스러운 명상만 한다.
* 아기와 하나가 된다는 마음으로 사랑의 마음을 듬뿍 안고 동작 하나하나를 정성들여 한다.
* 동작 중에 일시적으로 통증이 생기는 것은 괜찮으나 동작이 끝난 후에도 아픈 것이 지속된다면 너무 무리하게 했다는 증거. 무리하지 않는 범위 내에서 해야 한다.
* 체조나 명상을 한 후에는 꼭 수공으로 마무리한다.
* 기태교 교육은 반드시 전문 기수련 강사에게 받는다.

고 나아가 태아의 성품과 두뇌발달을 돕는 효과도 낳게 된다.

순산이 가능하다

기수련을 한 많은 임신부들은 아기를 낳을 때 큰 고통이 없이 쉽게 낳았다고들 말한다. 기체조로 몸을 단련하고 호흡법, 이완법 등 몇 가지 기술들을 익히면 순산은 자연스럽게 이루어진다. 실제 호흡법, 이완법은 대뇌에서 엔돌핀을 많이 분비하여 통증을 줄여주고 출산 과정을 빠르게 진행시켜 진통시간을 줄여준다.

소화가 잘되고 변비가 해소된다

임신하면 신체적으로도 다양한 증상이 나타난다. 흔히 나타나는 요통이 많이 해소되고 사지에 쥐가 나거나, 수족 냉증, 다리 부종, 소화 불량, 변비 등 다양한 증상들이 좋아진다. 정서가 안정되면서 불면증이나 두통 등도 없어진다.

기태교를 수련하는 임신부들은 한 달 정도만 지나도 무거웠던 몸이 너무 가벼워져 임신을 했는지 안 했는지 느끼지 못할 정도라고 한다.

청정공 따라하기

청정공 수련을 할 때는 언제나 양미간을 편안히 펴고, 얼굴에 살짝 미소를 띤다. 앉았을 때 일반인은 가부좌나 반가부좌를 해야 하지만 임신부는 편안한 자세로 앉고 허리를 곧게 편다. 시선은 수평으로 앞을 보고 턱은 약간 안으로 끌어당긴다.

호흡법은 주로 자연호흡을 하고 때에 따라 심호흡을 하기도 한다.

동공(기체조)

천기(天氣), 지기(地氣), 인기(人氣)가 합일되어 땅으로부터 지기를 받고 하늘로부터는 천기를 받는 기체조. 에너지를 이용한 호흡법을 병행한 기체조로서, 온몸에 기의 순환이 원활해지고 인체의 자연치유력 또한 높아진다.

기체조는 단순한 동작이 아니라 경혈을 자극하고 막힌 혈을 뚫어주고 기혈을 촉진시킨다. 몸에 쌓인 탁한 기운은 내보내고 우주의 충만한 기운을 온몸에 들어오게 한다. 동작을 할 때마다 태아는 부드러운 자극을 받는다. 엄마가 느끼는 감정, 호르몬, 심박동, 호흡 등도 태아에게 그대로 전달된다.

이 모든 것이 아기의 신체는 물론 두뇌와 정서발달에 큰 도움이 된다. 기체조를 하고서 아기를 낳은 엄마들이 '아기가 활발하면서도 순하다'는 말을 많이 한다.

》 누워서 하는 체조(와행 臥行)

임신 16주부터 32주까지 하면 좋다. 몸이 그다지 무겁지 않을 경우에는 출산 전까지도 가능하다. 누워서 하는 체조를 하게 되면 전신의 기혈순환이 좋아지고 허리 근육이 강화된다. 다리 부종도 예방하고 치료할 수 있게 된다.

두 다리 함께 들어올리기

두 손으로 머리를 받치고 두 다리를 들어올렸다가 굽힐 때 가슴 앞으로 가져온다. 이때 발바닥 전체가 붙는 것이 아니라 뒤꿈치는 떼고 엄지발가락 부분만 붙인다.

● 효과는요…

다리의 기혈순환이 증대되어 다리 부종이 나 부정맥을 막을 수 있다. 허리 근육이 강화되며 자궁의 수축력이 강해진다.

두 다리 번갈아 들어올리기

반듯이 누워서 왼쪽 다리를 굽히고 오른쪽 다리가 몸과 90° 각도가 되게 들어올린다. 손은 편안하게 머리를 받친다. 원하는 만큼 자세를 취한 후 휴식을 갖는다.

● 효과는요…

다리 부종을 예방·치료하며 내장기관을 튼튼히 해 소화를 돕는다.

》 앉아서 하는 체조(좌행 坐行)

임신 초기부터 출산 후까지 가능하다. 남편과 함께 하면 좋다. 좌행을 하면 엄마의 폐활량이 늘고 태내에 충분한 에너지를 공급한다. 태아의 건강한 성장을 돕고 소화나 배설이 잘되며 손발이 따뜻해진다. 기분까지 활발하게 만든다.

쌍수추문(雙手推門) 자세

두 손바닥은 앞을 향해서 굽혔다가 쭉 편다. 팔은 어깨 너비만큼 넓게 벌리고 어깨높이만큼 올린다. 팔을 굽힐 때 숨을 길게 들이마시고 팔을 펼 때 길게 내쉰다. 이 동작을 4회 반복한다.

● 효과는요…

마음을 안정시키고 허리를 튼튼하게 한다. 골반을 넓히는 데도 유리하다. 전신의 기혈이 통하고 태아에게 충분한 산소가 공급된다.

첩수자세(疊手姿勢)

두 손을 깍지 껴서 앞으로 했다가 위로 올렸다 다시 뒤로 한 다음 머리를 뒤로 젖힌다. 이 동작을 2회 반복한다.

● 효과는요…

상체에 기혈을 소통시키고 소화를 도우며 신장 기능을 강화한다. 허리 통증도 해소시킨다.

》 서서 하는 체조(참행: 站行)

임신 중기부터 말기까지 가능하다. 부부가 함께 할 수 있다. 서서하는 체조는 허벅지와 골반강을 튼튼히 하고 전신의 기혈순환을 도와 순산에 도움이 된다.

사지운동

두 발은 어깨 너비만큼 벌리고 먼저, 오른

팔을 머리 옆에서 위로 곧게 쳐든다. 이때 손가락 끝이 하늘을 향하게 한다. 왼 다리를 앞으로 들어서 90°로 굽힌다. 반대로 왼팔을 머리 옆에서 위로 곧게 쳐들고 오른 다리를 앞으로 들어서 90°로 굽힌다. 각각 5회 반복한다.

● 효과는요…
혈액순환을 돕고 신진대사를 촉진하며 다리 근육과 골반강을 강화함으로써 순산에 이롭다.

전요(轉腰)자세(허리 돌리는 자세)

두 팔을 옆으로 펴고 허리는 천천히 오른쪽으로 돌리면서 왼손은 오른쪽 어깨를 잡고 오른손 등을 왼쪽 신장 쪽에 갖다 대고 무릎을 굽혀서 자세를 낮춘다.

반대로 두 팔을 옆으로 펴고 허리는 천천히 왼쪽으로 돌리면서 오른손은 왼쪽 어깨를 잡고 왼손 등을 오른쪽 신장에 갖다 대고 무릎을 굽혀서 자세를 낮춘다. 좌우 5회씩 반복한다.

● 효과는요…
어깨 근육을 이완해 어깨 결림을 막는다. 신장을 보호해주고 허리 근육의 긴장을 풀어 요통을 없애준다.

》 엎드려 하는 체조(역아일 때)

요통이 심하거나 태아의 위치가 거꾸로 된 경우에 하면 효과적이다.

머리 숙이기

두 무릎을 굽히고 두 손은 어깨너비만큼 벌린 후 바닥을 짚는다. 등은 수평이 되게 하고 머리는 깊게 숙인다.

● 효과는요…
태아의 위치를 확실하게 잡아주며 목, 어깨와 등의 이완과 순환을 돕는다.

명공(에너지 전달법)

납기법(拉氣法)

배꼽에서 10cm 거리를 두고 두 손바닥을 마주 향하여 모였다 넓혔다 하는 기공법이다. 시간과 공간에 제약이 없어 대화를 하는 도중이나 텔레비전을 보면서도 할 수 있다.

● 효과는요…
짧은 시간 내에 우주의 맑은 기운을 끌어들여서 자궁에 진기가 많이 생성된다. 또한 태내에 충분한 산소 공급이 된다.

"불안한 마음이 싹 사라졌어요"

문재현 씨 (36세, 경기도 용인시)

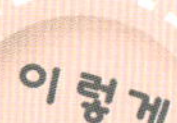

35세가 넘어 첫아기를 가졌어요. 주변에서는 고령임신이라며 주의를 하라고 했어요. 고령임신일 경우 저체중아나 다운증후군 감염 위험성, 임신중독증에 걸리기 쉽다고요. 게다가 몸이 마르고 약해서 순산할 수 있을지 걱정이었어요. 임신에 대해 알면 알수록 불안감과 초조감이 커졌지요. 평범한 임신이어도 아기가 혹 기형아면 어쩌나 하는 두려움을 갖게 마련인데 저 같은 경우엔 오죽했겠어요.

그때 주변에 아는 이가 기태교를 추천했어요. 혹시나 하는 마음으로 기태교를 시작했는데 많은 도움이 되었어요. 임신 5개월부터 시작해 출산 전날까지 열심히 다녔어요. 첫날부터 몸이 가벼워지는 게 느껴지더니 불안했던 마음도 싹 사라지고 편안해졌어요. 평소 운동을 하는 편이 아니었지만 기체조는 몸에 무리를 주지 않았어요. 특히 명상을 하면서 불안과 초조가 없어지고 마음을 가라앉힐 수 있었어요. 간단한 기체조는 집에서 남편과 함께 하기도 했어요. 남편은 기태교에 대해서 별 기대가 없었지만 조금씩 편안해지는 제 상태를 보면서 긍정적으로 변하더군요.

출산 날도 생리보다 조금 아플 정도로 가볍게 가진통이 오더니 점점 강해져 병원에 갔는데 도착한 지 1시간 만에 아기를 낳아 의사 선생님도 놀라셨어요. 그렇게 태어난 아들 주윤이는 잘 먹고 잠도 잘 자는 등 규칙적인 생활리듬을 갖고 있어 키우기가 수월해요. 둘째를 가지게 되면 또 기태교를 할 생각이에요.

보신공(補腎功)

두 손을 열이 나게 비빈 다음 신장에 갖다 댄다.

● 효과는요…

에너지가 엄마의 신장을 통하여 자궁 속 태아에게 전달된다. 태내 환경을 튼튼하게 하고 태아의 건강과 성장발육에 도움을 준다.

행공(걷기)

공기가 좋은 곳에서 손바닥을 안으로 좁혔다가 다시 밖으로 넓혔다가 하면서 천천히 걷는다.

● 효과는요…

맑은 기를 태아에게 전하고 심호흡을 통해 산소를 충분히 받아들일 수 있다. 또한 적당히 걸음으로써 임신부의 다리 근육이 강화되고, 골반 근육이 이완되기 때문에 순산을 돕는다.

정공(명상)

자세는 누워서나 앉아서도 가능하다. 명상은 불안한 마음, 혼란스런 마음을 치유하고 참된 자신의 본성을 깨달

게 하는 수련이다. 명상을 한 임신부에게서 태어난 아기는 자신을 조절할 수 있게 되고 근본적으로 모든 일에 대해 두려움이 적다.

명상을 통해 임신 생활이 즐거워지고 출산 때 진통을 잘 참을 수 있게 된다. 명상을 해서 인내심이 커졌기 때문이 아니라 우리가 모르는 두려움에서 벗어났기 때문이다.

① 누울 경우 반듯하게나 혹은 옆으로 편안하게 눕는다. 양미간을 쫙 펴고 얼굴에 미소를 띤다.
② 목·어깨·손·다리·발의 힘을 빼고 완전히 이완시킨다.

③ 머릿속이 텅 비었다고 생각하거나 아무 생각도 하지 않는 상태, 즉 정신을 한 곳으로 집중한다.
④ 아기의 예쁜 얼굴과 커서 큰 사람이 되는 것을 상상한다.
⑤ 넓은 바다·숲·맑은 물 등 대자연의 청정하고 광대함을 생각한다.
⑥ 몸과 마음 안에서 일어나는 현상을 깨끗이 버리고 지운다. 머리 정수리부터 몸속까지 씻어내 몸 안을 청정하게 한다. 시기, 질투, 미움, 욕심이 있다면 다 씻어버린다. 자신의 마음이 얼마나 맑고 깨끗한가를 관찰한다.

마무리하기

기체조나 명상을 하고 난 후에는 언제나 수공으로 마무리를 한다. 수공은 두 손을 열이 나게 비빈 후 얼굴이나 귀 등을 문지르는 것을 일컫는다.

수공(收功)

① **얼굴 문지르기** 얼굴 피부에 탄력이 생기고 예뻐지는 효과가 있다.
② **머리 빗기** 혈액순환이 잘 되고 혈압이 안정되며 머리의 일체 질병이 치료되고 지력이 개발되는 효과가 있다.
③ **귀 문지르기** 귀에는 전신의 혈이 분포되어 있기에 전신을 맛사지하는 효과가 있다.
④ **대추 문지르기** 대추는 경추 7번 마디, 즉 고개를 숙여서 가장 높게 올라오는 경추마디 부위이다. 감기 예방이나 치료, 기관지, 폐가 좋아진다.
⑤ **선학 점수(仙鶴点水)** 머리를 뒤로 젖혔다가 앞으로 당겨서 턱으로 원을 그린다. 경추·흉추의 병이 치유되고, 목이나 어깨 근육을 이완시킨다.

일기태교

임신부는 호르몬의 변화로 하루에도 몇 번씩 우울과 행복 사이를 오가며 감정의 기복을 경험한다. 이때 장차 태어날 아기를 생각하며 일기를 쓰면 마음이 차분해지면서 평온을 찾을 수 있다. 일기를 쓰면, 그날그날 일어난 특별한 일과 함께 나의 고민, 두려움, 기쁨, 감격 등 모든 감정들을 숨김없이 털어놓을 수 있어 임신부에게 큰 도움이 된다.

마음의 평온함을 찾아주는 일기태교

태교일기 쓰기가 유행이다

"뱃속에서 꾸무럭~하는 느낌이 있었어. 똘똘이가 움직이는 게 느껴졌어. 무얼 하고 노는지… 너무 궁금해. 꾸무럭꾸무럭~. 엄마 뱃속에서 열심히 움직이고 숨쉬고 있는 게 신기하기만 한 하루였단다. 너와 함께 있다는 게 새삼 실감났어."

인터넷에 공개적으로 쓰고 있는 태교일기의 한 구절이다. 뱃속아기의 성장기를 기록하는 태교일기 쓰기가 유행이다. 육아포털 사이트마다 공개 태교일기를 쓰는 주부들이 많이 늘고 있다. 심지어 최근에는 '임신 준비 일기'를 쓰는 열성 예비 엄마, 아빠들도 심심찮게 눈에 띈다.

임신 기간 동안 일기를 쓰면서 엄마의 마음을 평화롭게 하는 일, 이것이 바로 일기태교이다. 태어나기 전부터 태교일기를 쓰는 걸 시작해 태어나서는 육아일기 쓰는 것으로 이어나가면 더없이 좋을 것이다.

일기를 쓰면서 엄마의 마음이 편안해진다

임신 중인 여성은 너나 할 것 없이 심리적으로나 정신적으로 불안한 상태이기 때문에 자신의 감정을 확실히 알 필요가 있다. 이때 좋은 것이 일기다. 일기는 자기 자신에 대해 좀더 깊이 알기 위해 쓰는 것이다. 이런 과정을 통해서 엄마는 불안한 마음을 가라앉힐 수 있고 아기에 대한 사랑도 더불어 키울 수 있다. 남편과 함께 일기를 쓴다면 부부 사이의 애정도 키울 수 있는 시간이 된다. 부부 사이를 친밀하게 하고 임신부에게 정신적인 안정감을 주어 자연스럽게 태교가 된다.

마음에 드는 일기장을 구입한다

학창시절, 방학 때면 매일매일 써야 하는 일기 숙제가 힘들게 느껴졌던 사람들이 많을 것이다. 일기를 쓰는 것은 말처럼 쉬운 일이 아니다. 임신을 하고 막상 일기를 쓰려고 해도 어떻게 써야 할지 몰라 막막함을 느낄지도 모른다. 그렇다고 숙제도 아닌데 억지로 쓰려고 하면 더 어려워진다.

모든 태교의 기본은 엄마가 즐거운 마음으로 해야 한다는 데 있다. 일기 쓰기도 마찬가지다. 아기를 그리며 사랑하는 마음으로 써야 하는 것은 기본이다.

우선 자신의 마음에 드는 노트 한 권을 산다. 학생들이 쓰는 노트든, 예쁜 그림들이 알록달록한 일기장이든 상관없다. 구입한 일기장은 눈에 띄는 곳에 두어 언제든 꺼내어 쓸 수 있게 한다. 임신 기간 동안 절친한 친구가 되어 마음의 비밀, 생각 등을 함께 한다.

형식에 구애받지 않고 마음대로 쓴다

일기에 정해진 형식이 있는 것은 아니다. 가끔은 편지처럼 써도 될 것이고 길게 혹은 짧게 써도 되고 어떤 형식으로 쓰든 상관없다. 잠자리에 들기 전 뱃속의 아기와 이야기하듯 편지 형식으로 쓰는 것도 좋다. 다만 한 가지 중요한 것은 자신에게 솔직해야 한다는 것. 일기를 쓰기 시작하면 꼬박꼬박 써야 한다는 생각에 스트레스를 받을 수도 있다.

매일 꾸준히 쓴다면 더없이 좋겠지만 꼭 그래야 할 필요는 없다. 아기와 대화하고 싶은 날, 특별히 뭔가를 기록할 것이 있는 날 태교일기를 써도 된다.

부정적인 마음을 긍정적으로 바꿔준다

엄마의 솔직한 마음을 일기에 써야 하는데 임신 기간 동안 엄마가 마냥 행복하고 편안하기만 한 것이 아니다.

엄마가 된다는 것에 대한 불안이나 기형아가 태어나면 어쩌나 하는 불안감, 임신으로 인한 부부관계의 소원함 등에 대한 다양한 걱정들 또한 생기게 마련이다. 우선 이런 자신의 마음과 솔직하게 대면한다. 일기를 쓰면서 좀더 생각하면서 조금씩 적극적이고 긍정적인 방식으로 바꿔나간다. 엄마가 고민하고 초조해하면 자궁 내 환경 또한 나빠지기 때문에 태아에게 악영향을 끼치게 된다.

처음으로 임신 사실을 알았을 때, 태아의 태동을 처음 느꼈을 때, 초음파로 커 가는 아기의 모습을 보았을 때, 아기의 심장소리를 들었을 때 등 아기와 관련되어 느꼈던 감격, 기쁨, 신비감 등을 그때그때 생생하게 기록한다. 엄마 아빠가 태교하느라 읽어준 시구나 들려준 음악에 대해서, 엄마 아빠가 얼마나 사랑하고 있는지, 얼마나 기대하고 있는지 등에 대해서 적는다.

아기와 대화하듯 쓴다

글을 쓸 때는 아기와 대화하듯이 써 내려간다. 또한 글만 적는 것이 아니라 검사 받으러 갔을 때 받은 초음파 사진을 함께 붙여 놓는 것도 좋다. 개월마다 변해 가는 엄마의 모습을 사진에 담아 일기장에 붙여도 나중에 좋은 추억이 된다. 나중에 아기가 태어나 선물로 주면 열 마디 말보다 더 큰사랑을 전해 줄 수 있게 된다.

임신 주별로 아기와 엄마의 변화를 적는다

태교일기인 만큼 엄마와 아기의 임신 기간 동안 변화를 기록하는 장이 되도록 한다. 검사를 받은 날은 검사일과 아기 몸무게, 엄마 상태, 아기 상태, 아기 크기 등을 한눈에 볼 수 있게 기록해 둔다.

일기를 다 쓰고 난 후에는 소리내어 읽어준다. 엄마 아빠의 감미로운 목소리로 들려주면 태아는 더 좋아한다. 자연스럽게 태담이 이뤄지는 것이다. 동화책 읽듯이 읽어준다.

일기가 부담스러우면 편지를 쓴다

일기가 부담스러운데도 해야 한다는 강박관념에 하는 것은 또하나의 스트레스가 될 뿐이다. 일기 대신 가끔씩 태어날 아기를 상상하며 편지를 써보자.

편지를 다 쓴 후에도 일기를 쓴 후처럼 편안한 자세로 누워 태아가 들을 수 있게 소리내어 읽어 준다. 엄마 아빠의 사랑을 듬뿍 전할 수 있는 소중한 시간이다.

인터넷에 태교일기를 쓴다

앞으로 태어날 아기를 위해 홈페이지를 미리 꾸며보는 것도 좋은 방법이다. 꼭 일기장에 얽매일 필요 없이 홈페이지를 만들어 부부가 함께 태교일기를 써도 좋다.

임신·출산 관련 인터넷 사이트에 접속하면 태교일기를 쓸 수 있도록 공간을 마련해 놓은 곳도 있다. 육아 포털 사이트 해오름 (www.haeorum.com), 제로투세븐(www.0to7.com)에서는 육아 일기 코너를 이용해 태교일기를 쓸 수 있다.

맘21(www.mom21.com)에서는 태교 일기 프로그램을 무료로 내려 받아 사용할 수 있다. 맘라이프(www.momlife.com)같은 경우, 임신 일기장을 만들어준다. 비공개로 태교일기를 나만이 이용하거나, 공개하여 다른 임신부들과 공유할 수도 있다.

영어태교

태아에게 영어태교를 한다고 하면 많은 이들이 어처구니없어할지 모른다. 태아에게 영어를 어떻게 가르치냐고 하면서. 영어태교는 영어보다는 태교에 중점을 두고 있다. 태교를 하는데, 이왕이면 영어로 하자는 것이다. 국제화시대에 영어를 모르고 살 수는 없는 노릇. 태아 때부터 엄마가 영어를 사용해 영어에 익숙한 환경을 만들어주는 데 의의가 있다.

국제화시대에 꼭 맞는 필수 언어태교

영어태교의 기본은 엄마의 즐거움에 있다

태교란 임신부가 태아에게 좋은 영향을 주기 위한 노력, 즉 임신 전, 수태 시, 임신 후 등 전 기간을 통해 교육적 노력과 좋은 태내 환경을 만들기 위한 활동 일체를 말한다.

태교를 하되 그냥 막연히 태담을 나누는 것이 아니라 영어라는 테마를 가지고 하는 것이 영어태교이다. 요즘 많은 임신부들이 관심을 갖고 하고 있는데, 영어태교는 태내에서부터 하는 교육에 특히 중점을 둔 것이라고 생각하면 된다.

태아의 뇌는 무한한 잠재력을 가진 백지와도 같은 상태. 그만큼 그 시기에 받는 자극이 중요하다는 얘기다. 태아는 엄마의 뱃속에서 엄마가 보고 듣고 느끼는 모든 것에 고스란히 영향을 받는다. 엄마의 목소리를 기억하고 태아 때 들었던 음악을 기억하는 등 뱃속에 있을 때 어떤 자극을 받았느냐는 태어난 이후에도 영향을 미친다.

영어박사가 아니라 영어에 친숙한 아기를 낳는다

물론 영어태교를 한다고 해서 영어를 아주 잘할 거라는 지나친 기대는 하지 말자. 음악을 열심히 듣는다고 태어난 아이가 모짜르트처럼 위대한 음악가가 되는 것이 아니고 미술태교를 열심히 한다고 화가가 되는 것이 아니듯 같은 이치다.

영어태교의 기본 또한 엄마의 즐거움에 있다. 즐거운 마음으로 편안하게 태아에게 영어로 말하고, 노래를 들려주면 태아에게 좋은 뱃속 환경을 만들어주게 된다. 뱃속에서부터 영어를 접한 태아는 그만큼 지능이 좋아지고 태어난 후에도 영어에 훨씬 친숙한 느낌을 갖게 된다.

스트레스 받는다면 차라리 하지 않는다

영어 하면 주눅부터 드는 사람들이 많다. 머릿속에서는 영어가 맴도는데도 막상 입 밖으로는 내뱉지 못한다. 발음이나 액센트 등에 자신이 없기 때문이다. 문장은 맞는 건지, 발음은 정확한 건지 등 걱정부터 앞선다.

영어태교는 태아가 영어 특유의 리듬감이나 액센트, 발음 등에 미리 익숙해질 수 있도록 하는 데 의의가 있는 것이지 제대로 된 학습을 시키려는 것이 아니다. 그리고 엄마가 시험을 보는 것도 아니기 때문에 영어태교로 인해 오히려 스트레스를 받는다면 하지 않는 것이 낫다.

전문가들에 의하면 반나절, 또는 하루 종일 태아와 영어 공부를 하지 않는 이상 태아가 엄마의 발음을 닮는 일은 없다고 한다.

영어태교에 있어 무엇보다 중요한 것은 영어에 대한 거부감 없이 즐겁게 하려는 마음가짐이다. 영어를 잘하지 못해도 즐겁게, 편안하게 공부할 자세가 되어 있으면 그 마음이 그대로 태아에게 전달되어 좋은 자극이 되는 것이다.

6개월 무렵 시작한다

'영어 잘하는 엄마'로 소문난 서현주 씨는 아기로 하여금 뱃속에서부터 영어에 익숙해지게 하려고 동요를 듣고 동화책을 읽는 영어태교를 실천했다. 아들, 딸 두 아이에게 모두 영어태교를 하였는데, 태교의 효과를 실감한다고 말한다. 그녀는 영어는 빨리 시작할수록 외국어라는 거부감 없이 모국어처럼 쉽게 받아들일 수 있다고 말한다. 그래서 이왕이면 태교부터 영어로 해주면 좋다는 것이 서현주 씨의 생각이다.

태교를 영어로 하려고 하는데 막상 어떻게 시작해야 하는지 막막하다. 언제 시작하는 것이 좋을까. 태아는 임신 6개월 무렵부터 외부의 소리를 듣기 시작한다. 엄마의 심장소리, 말소리, 아빠의 목소리, 이 밖의 크고 작은 소음들을 듣기 시작한다.

이때 태아는 외부의 소리에 민감하게 반응하고 동시에 들은 정보를 뇌에 저장한다. 이

시기에 영어태교를 본격적으로 하면 된다. 그러나 반드시 시기에 구애받을 필요는 없다. 언제든 엄마가 영어를 공부하고 싶은 때에 시작하는 것이 좋다. 굳이 태아에게 기준을 맞출 필요는 없는 것이다.

태교를 계기로 영어 공부를 할 수 있다

임신을 기회로 영어 공부를 본격적으로 시작하면 두 마리 토끼를 잡을 수 있다. 첫째는 뱃속아기에게 일찍부터 영어를 접하게 할 수 있고, 둘째는 엄마 자신의 영어 실력 향상을 꾀할 수 있다는 것. 영어 없이는 세상 살기가 불편한 시대에 살고 있는 만큼 누구든 영어를 배워야 한다는 데는 공감하고 있다.

임신부도 예외가 아니다. 평소에는 영어 공부를 해야겠다는 생각을 하면서도 막상 시작을 하고 보면 꾸준히 해나가지 못할 때가 많다. 하지만 임신 기간에는 태교를 한다는 생각에 열심히 할 수 있게 된다.

영어태교 100배 효과 높이기

영어로 뱃속아기와 대화한다

태아의 뇌 속에는 수많은 신경세포들이 있다. 이 신경세포들은 자극을 많이 받을수록 성장, 발달한다. 태아의 뇌세포를 자극시킬 수 있는 가장 좋은 방법이 태담이라고 전문가들은 말한다. 엄마·아빠가 꾸준히 태아에게 말을 걸어주는 것만큼 좋은 자극은 없다.

이때 뱃속아기와 영어로 대화를 나눠보자. 우리말로 하는 태담도 어색해서 하기가 힘든데, 어떻게 영어로 하느냐고 반문하는 사람이 많을 것이다. 하지만 아기에 대한 사랑과 무한한 잠재성에 대한 신념이 있다면 그리 어려운 일도 아니다. 'Good morning, baby' 하고 가볍게 아침인사부터 시작해보자. 배를 부드럽게 쓰다듬으며 아기에게 영어로 한두 마디씩 건네다 보면 익숙해진다.

또 애칭을 만들어 부르면서 하면 말 걸기가 좀더 쉽다.

단, 무슨 말을 해야 할지 불안해하면서 억지로 하게 되면 뱃속아기에게 엄마의 감정이 그대로 전해지므로 좋지 않다. 부담 갖지 말고 언제나 즐거운 마음으로 시작해야 한다는 것을 항상 명심하자.

태담을 하면서 엄마와 아기 사이에 유대감이 돈독해지고, 엄마 목소리를 들음으로써 정서적으로 안정된 아기가 태어난다. 영어에 대한 감각은 이런 과정에서 자연스럽게 따라오는 효과이다.

영어교재는 쉽고 재미있는 것으로 한다

사람마다 취향도 다르고, 수준도 다르기 때문에 영어교재를 선택하는 것도 각양각색일 것이다. 일반적으로 태교에 좋은 영어교재는 쉽고, 재미있는 영어동화책이 손꼽힌다. 영어에 자신이 없는 엄마가 읽기에도 부담이 없어 좋다.

동화책을 고를 때는 우선 그림이 아름다운 것으로 고른다. 뱃속의 아기는 우뇌로 엄마와 감정을 교류하는데, 우뇌는 이미지와 관련 있는 뇌이다. 엄마가 아름답다고 느끼는 그림을 보면서 책을 읽어주면 아기에게 더 많은 자극을 줄 수 있다.

내용은 꿈과 희망, 행복, 자연, 동물 등을 담은 것이 좋다. 읽고 듣는 재미를 더하기 위해 라임(운 또는 운율)이나 의성어, 의태어가 많이 들어 있는 것으로 고른다. 영어 동화책을 미리 구입해 태교에 이용하고, 아기가 태어나면 영어 교육용으로 쓰면 된다.

운율을 살려 반복해 읽어준다

"Twinkle, twinkle, little st**ar**
How I wonder what you a**re**
Up above the world so hi**gh**
Like a diamond in the s**ky**"

Twinkle, little star라는 동시인데 빨갛게 표시된 부분이 라임(Rhyme)이다. 음이 같은 위치에서 반복되면서 리듬이 생기는 것을 라임, 즉 운율이라고 한다. 동시나 책을 읽을 때 운율이 있는 것은 살려서 읽는다.

운율을 반복해서 자주 읽어 주면 영어의 리듬을 자연스럽게 익히게 된다. 운율이 있는 것을 자주 읽으면 영어태교의 효과를 더욱 높일 수 있다.

정해진 시간에 감정을 살려 읽는다

영어 공부는 매일 정해진 시간에 하는 것이 좋다. 동화책도 일정한 시간을 정해 읽어준다. 태아의 청각 신경이 오후 8시에서 오후 11시 사이에 가장 예민하다고 하니 이왕이면 이 시간대에 읽으면 좋겠다.

배를 천천히 쓰다듬으며 대화하듯이 읽는다. 구연동화를 하는 것처럼 재미있게 들려준다. 단조로운 목소리보다 태아의 뇌 발달에 훨씬 좋다고 한다.

그리고 남편이 적극적으로 참여해 함께 읽는 것이 좋다. 아빠의 나직한 목소리가 태아에게 쉽게 전달되기 때문이다. 다 읽고 난 후에는 칭찬의 말을 건네거나 배를 가볍게 두들겨 준다.

오디오나 비디오를 이용한다

동화책을 읽는 것에 영 자신감이 생기지 않는다면 오디오나 비디오 테입을 활용해 우선 시작해보자. 엄마의 목소리로 하는 것이 가장 좋지만 가끔은 오디오나 비디오 테입의 도움을 받는 것도 괜찮다.

쉬고 싶을 때나 목이 잠겼을 때 특히 더 유용하다. 그렇지 않은 경우라도 다양한 매체를 이용해 소리를 많이 들려주면 효과가 배가된다. 엄마가 반복해서 읽어준 내용을 오디오 테입으로 다시 들려주어 원어민의 정확한 발음을 듣게 한다.

과거에 감명 깊게 본 영화를 비디오로 구해서 다시 한 번 음미해 보는 것도 좋은 방법이다.

AFKN 등 영어 방송을 듣는 것도 도움이 된다. 유아용 영어 비디오를 구해서 보는 것도 한 방법이다. 색감이 뛰어나고 내용도 밝고 좋아 태교용 비디오로 적당하다. 태어날 아기를 위해 미리 구입해도 아깝지 않을 것이다.

영어로 자장가를 불러준다

음악태교를 할 때 가장 좋은 것으로 엄마 아빠가 직접 노래를 불러주는 것이라고 말한다. 엄마가 노래를 부르면 저절로 기분이 좋아질 것이고 표정도 밝아져 태아에게 고스란히 전달되기 때문이다.

누구나 아는 'The ABC song', 'Ten little indian boys' 부터 미국에서 아기들을 재울 때 불러주는 'Rock-a-by(e)', 'Hush little baby' 등 부르기 쉽고 엄마가 좋아하는 곡으로 골라 태아에게 들려준다. 책이나 테입을 구입하거나 인터넷에서 영어 자장가의 가사나 곡에 대한 정보를 구할 수 있다.

영어 단어 카드를 만든다

미국에서 평범한 부부가 네 딸 모두를 IQ 160 이상의 천재로 낳아 화제가 된 적이 있다.

이후 부부의 이름을 따서 스세딕 태교로 널리 소개가 되었는데, 스세딕 부인은 카드를 활용해 수학이나 도형 등을 가르치는 학습태교를 하였다. 영어태교를 할 때도 카드를 이용하여 재밌게 할 수 있다.

두툼한 종이에 동물이나 사물의 이름, 특징 등을 영어로 적어 알록달록한 카드를 만든다. 동물 그림을 소재로 이야기를 만들어 보는 것도 좋다.

그림을 잘 그리지 못할 때는 잡지나 책에서 그림을 오려 붙여서 만들어도 된다. 그림과 글자가 적힌 카드를 읽을 때는 재미있는 목소리와 제스처로 한다. 이 카드는 나중에 아기가 태어나서도 활용할 수 있어 일석이조.

영어 동요를 즐겨 듣는다

쉽고 재미있는 영어 동요를 듣는 것도 좋은 방법이다. 영어 동요야말로 자연스럽게 태아에게 영어 환경을 만들어줄 수 있다. 멜로디가 흥겹고 가사도 밝고 아름다워 엄마나 태아의 정서를 안정시킨다. 자주 듣다보면 자연히 가사도 외울 수 있을 정도로 짧은 것이 장점이다. 나중엔 엄마 목소리로 직접 동요를 불러주는 것도 좋다.

동요 외에 엄마가 평소 좋아하던 팝송도 좋다. '예스터데이', '렛잇비', '파이브 헌드리드 마일즈' 등 감미로운 곡으로 골라 가사를 외워 부른다.

엄마는 영어 공부가 절로 되고, 태아는 영어로 들려주는 엄마의 목소리에 편안함과 즐거움을 느낄 것이다.

"쉽고 재밌는 오디오북이 임신 10개월간 친구였어요"

이은희 씨 (31세, 경기도 광명시)

임신 후 우연히 서점에 들렀다가 영어태교에 관한 책을 보게 되었어요. 그에 따르면 태아 때부터 영어에 친숙한 환경을 만들어 주는 것이 중요하다고 하더군요.

요즘 영어 없이는 살 수 없는 시대잖아요. 다들 아이 영어 가르치느라 일찍부터 영어 유치원 보내고 야단들인데, 태교를 영어로 하는 것도 좋은 방법인 것 같았어요. 엄마인 나도 영어를 다시 공부할 수 있는 계기가 되기도 하고요.

무엇으로 공부할까 고민하다 오디오북을 몇 개 샀어요. 책을 먼저 보고 틈나는 대로 오디오를 들었어요. 아이들용이기 때문에 쉽게 접근할 수 있어 좋았어요. 영어동요 테입도 사서 자주 들었어요. 신나는 동요를 틀어놓으면 아기도 태동으로 반응을 보이곤 했어요.

아기가 꼭 영어를 잘 할 거라는 생각은 하지 않았어요. 편안한 마음으로 책을 보고 음악을 듣는데, 그걸 단지 영어 교재와 교구를 이용한 것 뿐이죠. 유창한 발음은 아니지만 간단한 영어로 아기에게 말을 걸기도 하면서 임신 기간을 꽤 즐겁게 보낸 것 같아요.

10개월 동안 영어를 공부한 효과는 둘째를 통해 어렵지 않게 발견할 수 있었어요. 개구쟁이인 첫째 민경이에 비해 둘째 민석이는 책을 유달리 좋아하는데, 태교 때 썼던 영어 테입을 틀어놓으면 그 책을 들고 와서는 읽어달라고 해요. 영어에 대해서도 전혀 낯설어하지 않아요. 다 영어태교 덕분인 것 같아요.

알짜 태교!

이런 영어태담 어때요?

＊ 아침에

Good morning. Did you sleep well? (안녕, 잘 잤니?)

I love you. (사랑해.)

Look at the sky. It's a nice day today. (하늘을 봐. 오늘은 날씨가 맑구나.)

What day is it today? (오늘은 무슨 요일일까?)

Today is Monday. (오늘은 일요일이야.)

I am getting up. (일어나고 있어.)

I am having breakfast. (아침을 먹고 있어.)

Daddy's going to work. Let's say good-bye. (아빠가 출근하시네. 인사하자.)

＊ 오후에

Good afternoon, baby. (안녕, 아가야.)

Shall we go for a walk or listen to some music? (산책 갈까? 아니면 음악을 들을까?)

That's a nice breeze. (바람이 아주 좋구나.)

Look! What a pretty flower. (저기 좀 봐. 예쁜 꽃이야.)

What color is this?, It's red. (무슨 색이지?, 빨간색이네.)

＊ 잠자기 전에

It's already nine o'clock. Let's get ready for bed now. (벌써 9시가 되었구나. 이제 잠잘 준비하자.)

It's story time. Are you ready? (이야기 시간이다. 준비됐니?)

I will read you a book. (책 읽어줄게.)

Good night and sweet dreams. (잘 자. 좋은 꿈 꿔.)

{ 전문가가 추천했어요 태교에 좋은 영어교재 }

동화책, 오디오 테입

Goodnight Moon

그림책의 고전이라 불리는 Bedtime Storybook으로 잠자기 전에 읽으면 좋다.

초록색 방 침대에 누워 잠을 청하는 아기 토끼는 모든 사물들에게 잘 자라고 인사를 한다. 별이 총총 빛나는 초저녁 전경을 시간의 흐름에 따라 정교하게 묘사한 그림과 간결하면서도 리듬감 있게 반복되는 문장은 아이들에게 포근함과 안정감을 준다.

I Love You As Much...

"아가야, 엄마는 널 깊고 깊은 바다만큼 사랑한단다." 따스한 봄바람에 묻어오는 듯한 엄마의 목소리는 아기에게 더없는 행복감을 안겨준다. 마치 꿈속을 거니는 듯한 느낌으로 아기에 대한 엄마의 사랑을 자연에 비유한 이 책은 반복되는 문장 패턴을 속삭임 같은 노래로 들려줄 수 있어 더욱 좋다.

Guess How Much I Love You

"내가 아빠를 얼마큼 많이 사랑하는지 아세요?" 온갖 귀여운 몸짓을 보여주는 아기 토끼와 넉넉한 사랑으로 답해주는 아빠 토끼의 알콩달콩한 사랑의 대화가 귀를 쫑긋 세우게 하는 아름다운 책.

은은한 달빛 아래 잠든 아기 토끼를 안고 선 아빠 토끼의 모습에 사랑이 가득하다.

Down in the Woods at Sleepytime

한 편의 자장가 같은 글은 반복되는 부분이 많아서 노래를 부르듯 쉽게 읽어 나갈 수 있다.

책의 내용은 노래를 부르듯 운율을 살려서 읽을 수 있고 숲 속 동물 친구들의 특징이 살아 있는 다양한 의성어와 의태어는 따라 읽는 즐거움을 더해준다. 하루 해가 저물고 잠이 드는 시간을 포근하고 따뜻한 그림을 통해 나타내고 있다. 잠들기 전 태아와 함께 그림동화를 읽으며 특별한 시간을 만들어 보자.

It Looked Like Spilt Milk

우유가 번지는 듯한 느낌을 그대로 살려낸 그림은 형체만으로 사물을 알아맞히는 재미를 선사한다. 때론 토끼처럼, 때론 털장갑처럼 그리고 때론 쏟아진 우유처럼 보이는 이 수수께끼 같은 물체는 과연 뭘까?

페이지를 넘길 때마다 감쪽같이 변하는 요술쟁이. 그것은 바로 새파란 하늘을 도화지 삼아 맘껏 재주를 펼치는 하얀 구름이다. 간결하게 반복되는 문장이라 누구나 쉽게 따라 읽을 수 있는 책이다.

영어동화 비디오

It's Time to Go to Sleep
(우리 아기 잠잘 시간이에요.)

아름다운 베드타임 스토리(Bedtime Story)를 모아놓은 비디오이다. 아름다운 동화 속에 등장하는 주인공들이 잠들기까지 신나는 모험을 하기도 하고 더 놀고 싶어서 엄마를 조르기도 한다. 비디오를 보면서 마음이 편안해지는 것을 경험하게 된다.

Mama, Do You Love Me?
(엄마, 저를 사랑하세요?)

원작 동화를 바탕으로, 동화책에서는 볼 수 없었던 주인공 나일라의 에피소드와 에스키모 마을의 봄 축제 등 재미있는 줄거리를 추가하여 재구성한 작품이다. 특히, 책의 주 내용인 딸 나일라와 엄마가 나누는 사랑의 대화 부분을 생생한 동영상으로 볼 수 있기 때문에 눈이 즐거울 뿐 아니라, 내용을 이해하는 데 한층 도움이 된다.

이 비디오에는 따스한 가족사랑의 메시지와 더불어, 북극곰 등 극지방 동물들이 눈밭을 뛰노는 아름다운 알래스카의 전경과 동물 모양의 마스크, 두터운 전통의상 그리고 축제 등 에스키모족들의 문화까지 엿볼 수 있는 유익한 내용이 함께 담겨 있다.

The Rainbow Fish / Dazzle the Dinosaur
(무지개 물고기 / 아기공룡 대즐)

마르쿠스 피스터(Marcus Pfister)의 그림책을 바탕으로 만들어진 애니메이션으로 진정한 우정과 용기를 심어 주는 '무지개 물고기'와 '아기공룡 대즐'이 펼치는 신나는 모험의 세계로 초대한다.

원작에 충실하면서도 보다 재미있고 풍성한 볼거리로 사랑받는 이 비디오는 동물 친구들의 대화를 보고 들으며 영어를 보다 쉽고 재미있게 접할 수 있어 감성교육에 좋은 작품이다.

The Animal Fables of Leo Lionni (레오 리오니의 동물 우화)

훌륭한 이야기와 독특한 아름다움을 지닌 이야기로 세계 어린이들에게 가장 사랑받는 작가 중의 한 명이 된 레오 리오니의 대표 작품 다섯 편이 담겨 있다. 우정과 사랑의 소중함을 책에서보다 훨씬 진한 감동으로 아이들에게 전달할 수 있다.

The Little Mouse, the Red Ripe Strawberry, and the Big Hungry Bear
(생쥐와 딸기와 배고픈 큰 곰)

어느 날, 생쥐가 딸기를 따려는데 누군가가 생쥐에게 인사를 건네면서 말을 한다. "배고픈 큰 곰 얘기를 들어봤니?" "그리고, 배고픈 큰 곰은 금방 딴 딸기 냄새를 잘 맡을 수 있다는데…. 딸기를 빼앗기지 않을 방법은 무엇일까?" 생쥐의 놀라는 표정과, 겁먹은 표정이 너무나 귀엽다. 이 외에도 2편의 이야기가 비디오에 수록되어 있다.

인기 동화작가인 Audrey Wood와 Don Wood의 작품모음집으로 재미있는 노래, 배경음악과 함께 애니메이션 영어 동화를 즐길 수 있다.

영어 동요

Wee Sing for Baby

아이들을 위한 영어 노래집으로 대표되는 이 책에는 한국 동요로도 잘 알려진 신나는 곡들을 비롯해 포근한 선율의 자장가 등도 실려 있다. 유아기 아이들이 직접 부른 노래가 수록되어 더욱 사랑스러우며 엄마가 쉽게 따라 부를 수 있다.

Wee Sing Nursery Rhymes and Lullabies

Wee Sing 시리즈 중 하나로, 영어권에서 유명한 전래동요들과 자장가를 모은 책이다. 단순하면서도 재미있는 운율이 반복되는 노래들은 금세 익숙해져 따라 부르기도 쉽고, 악보가 수록된 가사집과 카세트 테입이 함께 묶인 책에는 잘 알려진 라임 55곡과 자장가 22곡이 실려 있다.

Wee Sing Children's Songs and Fingerplays

수록된 곡과 챈트들이 귀에 익은 곡과 라임이다. 쉽게 따라 부를 수 있고 신나는 리듬이 흥미를 자연스럽게 이끌어낸다.

자료제공 영어전문서점 킴앤존슨 (강남점, 02-3478-0505, www.kimandjohnson.com)

체질태교

도움말 김혁 (제마한의원 원장)

체질은 환경보다는 타고난다고 볼 수 있는데, 사람이 본래 가지고 태어난 신체적, 정신적 그 외 다른 여러 가지 특징을
포괄하는 개념이다. 이제마 선생의 사상체질론에 뿌리를 둔 체질태교는 임신부의 체질에 따라서 태교를 달리 해야
한다고 말한다. 나의 체질을 알고 그 체질에 맞는 태교를 해야 건강하고 지혜로운 아기를 낳을 수 있다는 것이다.

건강하고 지혜로운 아기 낳는 체질태교

전(前)태교가 중요하다

태교란 소극적으로는 태중에 있는 아기를 가르치는 것이고, 적극적으로는 건강하고 총명한 아이를 잉태하고, 태중에서 건강히 기르며, 부모의 우수한 유전 형질을 최대한 발휘할 수 있도록 도와주는 것이다.

좋은 아이를 잉태하는 데 가장 중요한 것은 건강한 정자와 난자다. 한의학에서는 이것을 양정(養精)이라고 하는데, 부모의 정수인 난자와 정자가 건강하도록 부모가 준비하는 것이 전태교이다. 최소한 100일은 두 사람이 건강을 위해 힘써야 한다. 이후 아이를 착상시키고 잉태하는 자궁을 건강하게 하는 일, 즉 택지(擇地)에 신경 써야 한다.

땅을 고른다는 말로 좋은 씨앗이 확보되면 좋은 땅이 필요한 것은 기본. 좋은 땅이 확보되면 좋은 시기를 틈타 아기를 만드는 일을 하는 것이 중요하다. 부부가 지극히 사랑하는 일이 바로 때를 고른다고 하는 것이다. 승시(乘時)라고 하는데, 때를 잘 타게 되면 자궁에 무사히 안착하게 되고 그때부터 아기가 자라기 시작하는 것이다. 이제부터 본격적인 태교가 시작된다.

체질에 맞는 태교를 해야 한다

사상의학은 인간을 태양인(太陽人), 태음인(太陰人), 소양인(少陽人), 소음인(少陰人)의 네 체질로 구분하여 각 체질에 따른 일상생활의 섭생법과 치료를 제시한 의학이다. 자신의 체질을 알면 어떤 병에 잘 걸리는지, 예방하려면 무엇을 먹고 무엇을 먹지 말아야 하는지 등 평소 자신의 건강을 관리하는 방법까지 알 수 있다.

임신부도 마찬가지. 임신부가 자신의 체질에 맞게 태교를 실천하면 건강하고 총명한 아기를 낳을 수 있다는 것이 바로 체질태교다. 자신의 체질이 가지고 있는 특성을 제대로 알고 거기에 맞춰 생활 방식 등을 맞춰 나가면 임신부나 태아 모두에게 좋은 영향을 미친다는 것이다.

자신의 체질을 정확히 파악한다

체질태교에서 중요한 것은 자신의 체질을 정확히 파악해야 한다는 것이다. 체질에 대한 관심이 높아지면서 여기저기 체질을 감별하는 진단법이 나돌고 있지만 체질은 한의사와 상담을 통해 정확하게 진단 받는 것이 좋다.

체질의 종류는 네 가지로 나눠져 있으나 대체로 단 하나의 체질로 나오는 경우는 드물다. 특정 체질에 속한다 할지라도 지나치게 얽매이는 것은 좋지 않다. 사상의학의 기본 철학이 중용에 있듯 자신의 육체적, 정신적 장단점을 바로 알고 치우침 없게 생활하는 것에 의의가 있다.

태음인 명상으로 마음을 다스린다

태음인은 땅과 같다. 뿌린 대로 거둘 수 있는 땅처럼 정직하고 자연스럽다. 어떤 상황이든 넉넉히 포용하고 잘 적응하며 주변을 잘 챙기는 후덕한 성정을 지니고 있다. 그러나 뭐든 많이 뿌려야 직성이 풀린다.

신체적인 특성을 보면 몸집이 큰 편이고 위가 발달해 윗배가 많이 나오는 편이다. 또한 땀을 잘 흘린다. 간은 발달했지만 폐는 약해서 기관지와 관련된 잔병치레를 많이 앓는다. 임신을 하면 약을 함부로 먹을 수 없으므로 감기에 걸리지 않도록 주의해야 한다.

태교는요…

권태로울 때는 평소 배우고 싶었던 것을 배운다. 수영이나 십자수, 꽃꽂이 등. 태음인은 생각이 많기 때문에 머리가 복잡하다고 느끼기 쉽다. 이때는 편안한 음악을 듣고 쉬운 책을 보거나 재미있는 영화를 보며 과열된 머리를 진정시킨다.

명상을 하는 것도 많은 도움이 된다. 호르

몬 변화로 자신의 감정을 조절하는 데 어려움을 겪기 때문에 이때 명상을 하여 마음을 다스리면 태아에게도 임신부에게도 좋다. 태아와 하나가 된다는 마음으로 편안히 정좌하고 앉아 가만히 눈을 감는다. 처음부터 무아의 경지에 이르는 것을 목표로 하는 것이 아니라 서서히 이뤄나간다.

임신 초기에는 가부좌를 틀고 앉아 가볍게 두 손을 무릎 위에 올린다. 허리는 곧게 펴고 눈을 살며시 감는다. 호흡은 천천히 깊게 한다. 임신 중기나 후기에는 배가 나오므로 가부좌 자세가 불편하다. 이때는 의자에 앉아 다리를 벌리고 허리를 편다.

섭생은요…

뭐든지 잘 먹는 반면 움직이는 것을 싫어해 살찌기 쉬운 체질을 가지고 있다. 과식을 피하고 항상 부지런히 움직여 운동량을 확보하자.

임신부가 비만하게 되면 태아나 임신부 모두에게 나쁜 영향을 미치므로 과식을 했을 때는 먹은 만큼 열량을 소모할 수 있도록 부지런히 움직인다. 스트레스를 받을 때도 먹는 것으로 풀기 쉬우므로 가볍게 샤워를 하거나 즐거운 음악을 들으며 마음을 가라앉힌다.

머리 좋은 아이를 원한다면 호두, 밤, 잣을 자주 먹고, 폐가 튼튼하기를 바란다면 배나 은행을 먹어보자. 그리고 태음인에게는 오미자, 우유, 쇠고기가 좋다.

소음인
가벼운 산책이나 쇼핑으로 기분 전환을 한다

씨앗처럼 모든 것을 갖춘 체질이다. 작지만 씨앗처럼 꽉 차 스스로 완전한 체질이다. 스스로 준비하고 실천하는 면이 강해 네 가지 체질 중 태교나 육아에 가장 유리하다. 무엇을 하는 데 시간은 좀 걸리지만 뭐든 완벽하고 확실하게 해낸다. 그런 반면 쉽게 스트레스를 느끼기 때문에 우울해지고 안 좋은 생각을 자주 한다. 내성적이고 소극적인 편이고, 섬세하고 깔끔한 것을 좋아한다.

신체적 특징을 보면 비장 기능은 약한데 신장 기능은 튼튼하다. 오장 중 하나인 비장의 기능이 약해지면 배꼽 부위를 눌렀을 때 딴딴하고 아픈 것 같은 느낌이 든다. 또 헛배가 자주 부르고 그득하면서 음식을 먹어도 소화가 잘 안 된다. 그래서 몸이 천근만근 무거워진다.

비장은 팔 다리를 주관하기 때문에 사지에 힘이 쭉 빠지면서 자꾸만 눕고 싶고 뼈마디가 쑤시기도 한다. 소화 장애가 있거나 소화액 분비가 잘 안 되는 경우에는 빈혈이나 순환장애로 인한 손발의 저린 증세가 잘 나타나기도 한다.

태교는요…

안 좋은 생각을 자주 하는 편이라 마음을 다스리는 것이 무엇보다 중요하다. 태어날 아기를 생각하며 부정적인 생각이나 스트레스는 털어 버리도록 한다.

가벼운 산책을 하거나 쇼핑은 좋은 기분 전환이 된다. 계획성 있고 꼼꼼하기 때문에 마음껏 쇼핑하라 해도 절대 낭비하는 법이 없다. 뱃속아기와 태담을 나누면서 마음을 가라앉히는 것도 도움이 된다.

섭생은요…

소음인은 고기로는 닭고기가 좋다. 그러나 소화력이 약해질 수 있으므로 지나치게 먹거나 너무 기름진 것은 피한다. 기운에는 인삼, 삼계탕, 개고기가 좋고, 지나치지만 않는다면 생강, 마늘, 파를 많이 먹어도 좋다. 항상 몸에 따뜻한 기운이 돌게 하는 것이 소음인의 건강을 지키는 지름길이므로 몸이 냉해지지

않도록 주의한다.

게을러지면 살이 많이 찔 수도 있으므로 식후에는 몸을 많이 움직인다. 임신부가 좋아하는 운동을 골라 몸 상태를 봐가며 꾸준히 한다. 아기를 누구보다 잘 낳는 체질이니 크게 걱정할 것은 없다. 즐겁고 행복하게 지내면 태교는 스스로 잘 해나갈 것이다.

태양인
음악이나 미술태교로
안정감을 찾는다

항상 아기 같은 느낌을 주는 태양인은 언제 보아도 철이 없어 보일 때가 많다. 그러나 매사 낙관적으로 생각하고 현명하다. 목 위가 발달해 양기가 위로 올라가 머리가 발달한 편이다.

양기가 많고 자궁이 약하여 임신이 잘 되지 않거나 자주 유산의 징후가 나타나므로,

특히 임신 초기에 각별히 주의한다. 몸이 피곤할 때는 바로 누워서 절대 안정을 취한다.

폐 기능은 튼튼하나 간 기능이 약하여 혈액을 잘 만들지 못한다. 기의 흐름이 원만하지 못하여 허리 아래쪽이 약해서 오는 증상도 주의해야 한다.

태교는요…

감정의 기복이 심해 조울증이 되기 쉬우므로 남편의 각별한 애정과 관심이 필요하다. 전람회나 예술 공연 등을 자주 가고, 사색하는 시간을 가지며, 좋은 책을 많이 읽어 안정감을 찾는다.

태양인은 모든 일에 관심이 많은 편이다. 음악이나 미술태교가 많은 도움이 된다. 매우 진취적이고 독창적이기 때문에 미술태교를 할 때도 단순히 명화를 감상하는 것에 그치지 말고 직접 그림을 그려보도록 하자. 음악도 꼭 클래식만 고집할 것이 아니라 좋아

하는 음악으로 다양한 장르를 접한다.

자궁이 약한 태양인 임신부에겐 복대 사용을 권한다. '고태양법'이라고 부르는데, 너무 조이면 안 되며 가끔 풀어주도록 한다. 임신 5개월부터 할 수 있고 허리를 둘러 감싸되 태아가 자람에 따라 조금씩 늘려가다가 분만이 다가오면 풀어준다. 복대를 하면 허리와 등이 든든해지는 효과가 있다.

섭생은요…

인스턴트나 지나친 육식은 좋지 않으니 삼간다. 간 기능이 약하므로 될 수 있는 대로 담백하고 지방질이 적은 음식이 적합하다. 채소와 생선을 많이 먹고, 오가피차나 솔잎차, 모과차를 상복하고 메밀국수, 해초류를 자주 먹는다.

소양인
운동으로 요통·변비를 다스린다

소양인은 한마디로 새와 같다. 자유로워야 모든 것에 편안함을 느끼는 체질이다. 새처럼 몸의 움직임도 가볍고 걸음도 빠르다. 머리에 양기가 많아 총명한 편인데다 오감을 통한 감각적인 생각도 뛰어나다.

신체적인 특성을 보면 비장 부위인 가슴이 발달한 편이고 상대적으로 허리 아래가 약하기 때문에 허리가 자주 아프다. 또한 소화기는 튼튼하나 배설기관이 약하다.

임신하면 많이 호소하는 증상 가운데 하나가 요통인데 평소에도 허리가 약한 편이라 더 신경을 써야 한다. 변비 또한 잘 생기기 때문에 기태교나 요가태교 등 임신부들이 할

수 있는 운동을 통해 요통과 변비에 걸리지 않도록 주의를 기울인다.

태교는요…

적극적이고 활동적인 소양인에게 좋은 태교법은 수다떨기다. 친구와 전화로 수다를 떨거나, 좋아하는 사람들과 모임을 갖는 것 등을 통해 스트레스를 푼다. 뱃속의 아기와 수다를 떠는 것도 좋은 방법이다.

남편은 깜짝 놀랄 만한 이벤트를 자주 열어주는 것이 좋다. 활동적인 편인데 임신으로 인해 움직이는 것이 불편해지면 심리적으로 스트레스를 받게 된다. 그래서 소양인은 임신 기간 중 변비나 화병에 걸리기 쉽다. 스트레스는 노래나 음악 듣기, 명상, 운동 등으로 그때그때 푸는 것이 중요하다.

섭생은요…

맛있는 과일과 생선을 많이 먹는다. 살이 찌는 것은 걱정 말고 삼겹살이나 생선을 자주 먹는다. 구기자나 오이, 참외는 아주 좋은 음식이니 자주 먹어두면 도움이 된다. 물론 콩이나 두부도 아주 좋다. 소화기가 발달되어 있으므로 조금씩 자주 먹는 것이 좋다.

열이 많은 체질이므로 뜨거운 음식이나 약은 피한다.

"소음인이라 수다로 스트레스를 다스렸어요"

정신희 씨 (28세, 서울시 중랑구)

결혼하고 바로 임신이 되었는데 처음엔 무섭고 두려웠어요. 임신 관련 책을 남편과 함께 보며 조금씩 안정을 찾기 시작했지요. 그러면서 우연히 체질태교에 대한 이야기도 듣게 되었어요. 자신의 체질을 바로 알면 병을 예방하기도, 치료하기도 쉽다는 말에 공감이 가더군요.

먼저 제 체질을 알기 위해 한의원을 찾았어요. 소음인에 가깝다는 말을 듣고 무엇을 먹고 어떻게 생활을 해야 할지 공부하기 시작했어요. 전 평소 뚱뚱한 편이라 스트레스를 줄여 비만이 되지 않도록 하는 게 필요했어요. 수다와 태담이 좋다고 해서 친정 엄마를 자주 만나 이야기를 나누고, 친구들과 수다도 떨고, 아기에게 열심히 말을 걸기도 했어요.

남편도 옆에서 태담을 함께 해줬지요. 남편이 꾸준히 신경을 써준 것이 많은 도움이 된 것 같아요. 남편이 해주는 태담이나 노래를 듣고 있으면 가장 맘이 편해졌거든요. 먹는 것은 조금씩 자주 먹었어요. 비만이 되지 않게 먹은 후에는 적당히 몸도 움직여줬죠. 동네를 산책하거나 집안에서 가벼운 체조를 해줬어요. 내 체질을 바로 알고 나니 뭐든 지나치지 않는 바른 생활습관을 만들 수 있었어요. 아기를 낳은 지금도 몸에 밴 건강한 생활습관을 실천하고 있답니다.

아들 주혁이도 건강하게 잘 크고 있어요. 체질에 따라 성격이 다르기 때문에 아이를 키울 때도 체질 육아법이 필요하다고 해요. 주혁이의 체질을 살펴서 몸도 마음도 건강한 아이로 키울래요.

다른 나라의 태교

우리 나라에는 유독 임신부들과 관련한 금기사항이 많다. 그만큼 태교의 역사가 오래되었기도 하고 관심 또한 높기 때문이다. 역사적으로 볼 때 태교는 서양보다는 동양에서 중시되어 왔지만 최근들어 태교의 효과가 과학적으로 입증되면서 서양에서도 태교의 중요성에 대한 인식이 높아지고 있다. 다른 나라의 태교법을 들여다보자.

일본의 태교

지방색 강하고 복대 사용이 특징

일본에서는 임신을 하면 구청에 신고부터 한다. 신고를 하면 육아서 한 권과 여러 가지 주의사항이 적힌 안내서 한 장을 준다. 안내서에는 임신 중의 올바른 생활, 식생활, 라마즈 호흡법 등이 적혀 있다.

임신 5개월째에 접어들면 복대를 하는 풍습이 있다. 복대 사용은 오래 전부터 해오던 것으로 일본 태교의 특징을 보여준다. 왕후가 임신 중이었는데 먼 여행길에 나서야 되자, 태아를 보호하기 위해 기모노 띠 속에 뜨거운 돌을 넣고 단단히 감쌌는데, 이것이 복대의 시작이다.

천 기저귀처럼 생긴 복대를 배에 꼭꼭 동여매는데, 이것은 허리통증을 예방하고 배에 안정감을 주는 의미가 있다. 신사(神寺)에서 구입한 복대로 배를 감으면 아기가 신의 보살핌 속에서 건강하게 자란다는 말도 있다. 복대의 색상은 붉은색이 많은데, 붉은색이 아기에게 힘을 가져다준다고 믿는다. 이 복대는 출산한 후에도 1주일 정도 더 감고 있다.

태교법은 지역별로 조금씩 특성이 있다. 동경 사람들은 엄마가 몸을 부지런히 움직여야 건강한 아기를 낳는다고 믿는다. 그래서 임신한 이후에도 평소와 다름없이 생활한다.

음식에 대해서도 다른 곳에 비해 금기 사항이 많은데, 기름진 음식이나 육류를 피하라고 권한다.

북해도 지방의 태교는 엄마의 마음가짐에 대한 주의사항이 많다. 불 구경이나 장례식 참여 등을 삼가게 했고 임신부 앞에서 나쁜 말을 하는 것을 금하게 했다.

나라 지방에는 미신에 가까운 금기사항이 널리 퍼져 있다. 묘지에 가면 사산을 하거나 유산을 한다고 하고, 불 구경을 하고 손을 몸에 대면 아기의 몸에 붉은 점이 생긴다는 등 행동을 주의시켰다.

중국의 태교

다양한 태교법이 전해지는 태교 문화의 발상지

우리 나라와 가까이 있는 중국은 태교의 발생지답게 다양한 태교법이 전해지고 있다. 문왕의 어머니 태임이 태교에 힘써 어진 왕을 낳았다는 것이 태교의 유래가 되었다. 태교에 관해 세계적으로 가장 오래된 문헌을 가지고 있다.

광활한 대지를 배경으로 패권싸움이 끊이지 않았던 중국. 그 파란만장한 역사의 한 페이지를 장식할 영웅을 잉태하고 싶다는 여성들의 소망과 맞물려 태교를 엄격히 실천했다.

문헌을 보면 〈사기〉와 〈열녀전〉을 거쳐 〈안씨 가훈〉에 이르러 태교가 체계적으로 정리되었다. 입으로 전해지는 태교법을 정리한 〈열녀전〉을 보면 잉태한 여자의 몸가짐과 금기사항이 구체적으로 적혀 있다. 잠잘 때는 몸이 기울지 않게 했으며, 몸이 무겁다고 자세를 흐트러뜨리면 마음이 바르지 못한 아기가 태어날 수도 있다고 생각했다.

상한 음식은 먹지 말고, 좋지 못한 광경은 보지 않고 나쁜 말은 귀담아 듣지 않는 등의 내용이 기록되어 있다. 지극 정성으로 태교에 힘쓰면 재주가 뛰어난 아기가 태어난다고 결론짓고 있다. 지리적으로 가깝고 같은 문화권이어서 우리의 태교와 닮은 점이 많다.

유태의 태교

우수한 민족성을 엿볼 수 있는 타이밍 태교

나라를 잃고 세계 각지에 뿔뿔이 흩어져 살다가 2천여 년 만에 고향의 땅을 되찾아 세상을 놀라게 한 민족이 유태인이다. 또한 노벨상 수상자가 가장 많이 배출되었고 세계적으로 손꼽히는 부자들 중 유태인이 많다는 것도 알려진 사실이다.

상대성 이론으로 우주의 신비에 접근한 아인슈타인, 발명왕 '토마스 에디슨', 중세시대의 과학자 '갈릴레이 갈릴레오', 정신분석의 거성 '프로이트', 제 3의 물결로 미래 사회를 예견한 '엘빈 토플러', 미술사를 빛낸 '샤갈' 등 각 분야에서 최고의 위치를 누렸던 사람들 중에도 유태인들이 많다.

이런 사실들 때문에 오래 전부터 유태인의 자녀교육이나 태교법은 큰 관심거리였다. 그러나 자녀교육에 있어서는 〈탈무드〉 등 여러 가지 훌륭한 책이나 자료들이 있었지만 태교에 대해서는 구체적으로 명시해놓은 문헌이나 자료가 아직 밝혀지지 않고 있다. 일부 학자들은 그들의 우수성을 남다른 역사에서 찾기도 하지만 태교나 육아교육에서 찾으려는 노력도 끊임없이 이어지고 있다.

유태인들은 결혼 후에도 엄격한 전통 규칙에 따라 부부생활을 하고 있다. '닛다' 라는 타이밍 임신법에 따르면 월경 첫날부터 적어도 5일은 성생활을 금하고, 월경이 끝난 후에도 7일간은 동침할 수 없다. 12일째 밤이 되면 '미크베' 라는 목욕탕에 들어가 몸을 깨끗이 씻은 뒤 성관계를 가질 수 있다.

이는 배란 때를 맞추어 정자를 내보내기 위한 것으로 보인다. 유태인들은 이와 같은 까다로운 성생활 규칙을 1,000년 이상 지속해오고 있다. '닛다' 의 까다로운 규정에는 나름대로 과학적인 근거가 있다. '닛다' 에 따라 부부생활을 하게 되면 신선한 난자와 원기 왕성한 정자가 수정할 가능성이 높다고 한다. '닛다' 는 신선한 정자와 난자가 만나야 우수한 재능을 가진 아기가 태어난다는 것에 의미를 두고 있다.

프랑스의 태교

임신부를 적극적으로 돕는 프랑스 태교

와인의 나라인 프랑스는 임신을 했을 때도 와인에 대해서는 너그러운 편이다. 의사들도 하루 한 잔 정도는 괜찮다고 말한다. 임신을

했다고 해서 특별히 금하는 것이 많지 않을 정도로 평소대로 생활하는 편이다.

임신부가 하고 싶은 것을 하고, 먹고 싶은 것을 먹는 것을 바람직한 태교라고 생각한다. 프랑스 남자들은 원래 식사 준비를 잘 도와주는 편이지만 아내가 임신을 하면 집안일을 적극적으로 돕는 것이 특징. 임신 6개월부터는 병원을 함께 다니며 출산 강의를 듣는다.

임신부는 요가나 산책 등을 하며 순산을 위한 준비를 한다. 프랑스가 패션의 나라이기 때문일까. 임신부들도 딱 붙는 미니스커트나 스판 바지 등을 입으며 멋 내기에도 소홀하지 않는다.

독일의 태교

수영과 체조를 즐기는 합리적인 독일 태교

합리적이고 정확한 민족성으로 유명한 독일인은 태교라는 것을 특별히 하지는 않는다. 흔히 의사들이 기본적으로 지키라고 하는 주의사항 정도 외에는 따로 태교라는 것이 없다.

심한 운동을 삼가고 무거운 것을 들지 않으며, 음악을 자주 듣는 것 등 병원에서 일러주는 기본적인 사항들을 지키면서 임신 기간을 보낸다. 철분과 비타민이 풍부한 과일, 채소, 우유 등의 음식을 많이 먹도록 권하는 반면 날고기와 상하기 쉬운 음식 등은 유산의

위험이 있다고 금하고 있다.

부지런한 국민성에 걸맞게 임신부도 임신을 했다고 가만히 있지 않는다. 다니던 직장도 그대로 다니고 집안일도 평소대로 한다. 또 휴식을 취할 때도 집안에 가만히 누워 있기보다는 운동을 즐긴다.

수영이나 체조는 임신부들이 가장 즐기는 운동. 수영은 근력을 강화시켜주고 순산을 돕는다고 하여 많이들 한다. 체조 또한 대부분의 병원에서 임신부 체조교실을 열고 있을 정도로 인기가 높다. 임신과 출산에 대한 정보도 병원에 비치된 책을 통해 배운다.

미국의 태교

남편의 참여가 두드러지는 미국 태교

술, 마약, 의약품 등의 남용이 다른 나라에 비해 심한 미국은 임신부의 경우도 예외가 아니다. 임신부들도 술이나 약물 복용을 하는 경우가 많아 정부 차원에서 부작용에 대해 철저히 홍보하고 있는 실정이다.

태교는 주로 음악을 듣거나 책을 읽는 것으로 하고 있다. 임신과 출산을 부부 공동작업으로 인식하고 있어 남편과 아내가 각종 임신·출산에 관한 교육을 함께 받는 경우가 많다. 태아는 8개월 때까지 최상의 뇌세포를 만들어 그 후 출생 때까지 50% 이상을 스스로 파괴시킨다고 하여 임신 18~20주 사이에 적극적인 태교를 강조한다.

또한 미국에서는 태내 환경을 중요시 여겨 영재는 타고난다고 본다. 많이 알려진 태교법으로는 스세딕식 태교법이 있다. 어느 평범한 부부가 네 자매를 모두 IQ 160이 넘는 천재로 낳아 화제를 모았다. 이 태교법 역시 태내 환경을 중시한다. 자궁대화를 꾸준히 할 것을 주된 내용으로 하고 있다.

05

실전! 명품태교

동화태교의 효과, 명상태교의 필요성,
명화태교의 방법, 음식태교의 포인트,
운동태교의 중요성, DIY 태교의 즐거움
등에 대해 공부했으니 이제 각 태교들을
하나씩 실천해 보자. 건강하고 똑똑한
태아를 낳기 위한 태교프로젝트의
성공을 위한 태교 실전노트!

똑똑하고
재능있는 아기 낳는 태교

동화
태교

글 / 유효정 그림 / 임희정

방귀쟁이 곰돌이

유별나게 방귀를 잘 뀌는 아기곰이 있었어요.

아침에 눈을 뜨면 "엄마 아빠 안녕히 주무셨어요?" 하는 대신

"엄마 아빠, 뿡뿡뿌웅." 하고 인사를 했어요.

엄마가 "곰돌아 밥 먹자." 하고 부르면

"예." 하는 대신 "뽀오웅." 하고 대답했어요.

곰돌이는 친구들과 함께 놀 때도 쉬지 않고 방귀를 뀌었어요.

"곰돌이는 방귀쟁이야. 매일 방귀만 뀌어."

너구리가 말했어요.

"어우, 냄새 나! 이제 곰돌이랑 놀지 않을 거야."

토끼가 말했어요.

친구들은 방귀 냄새가 싫다며 곰돌이와 놀아 주지 않았어요.

곰돌이는 너무 속이 상해서 엉엉 울며 집으로 돌아왔어요.

"엄마, 친구들이 나랑 놀아 주지 않아요. 내 방귀가 싫대요. 으앙!"

"곰돌아, 울지 마. 방귀를 참을 수 있는 방법을 한번 생각해 보자."

엄마는 곰돌이를 달래며 말했어요.

"엄마, 방귀가 나올 때 손으로 엉덩이를 눌러 주면 어떨까요? 그럼 방귀가 밖으로
 나오지 않잖아요."

곰돌이가 눈물을 훔치며 말했어요.

"그래, 그것 좋은 생각이네."

"어, 지금 방귀가 나오려고 해요."

곰돌이는 얼른 손으로 엉덩이를 꾸욱 눌렀어요.

그랬더니 방귀가 거꾸로 올라와 '꺼억' 하고 트림으로 나왔어요.

트림소리는 방귀소리보다 더 듣기가 거북했어요.

"방귀가 나올 때마다 박수를 치는 건 어떨까? 그럼 아무도 방귀 소리인 줄 모를
 거야."

엄마가 말했어요.

“좋아요!”

곰돌이는 방귀를 뀌면서 박수를 쳤어요.

하지만 밥을 먹다가도 박수를 치고, 걸어가다가도 박수를 치고, 이를 닦다가도 박수를 치느라 정신이 하나도 없었어요.

게다가 박수를 너무 많이 쳐서 손바닥이 벌겋게 부어올랐어요.

“엄마, 박수를 치는 건 너무 힘들어요. 보세요, 이젠 손바닥이 아파서 더 이상 박수를 칠 수가 없어요.”

곰돌이는 시무룩해졌어요.

그날 밤 아빠가 일을 마치고 집으로 돌아왔어요.

“곰돌아!”

아빠가 다정한 목소리로 곰돌이를 불렀어요.

하지만 곰돌이는 방에 콕 박혀서 나오지 않았어요.

“곰돌이가 방귀 때문에 속이 많이 상했나 봐요. 어쩌면 좋죠?”

엄마는 한숨을 내쉬며 걱정을 했어요.

한참 동안 곰곰이 생각을 하시던 아빠는 좋은 생각이 났다며 곰돌이를 불렀어요.

"곰돌아, 방귀는 부끄러운 게 아니야. 우리 방귀로 재미있는 노래를 불러 볼까?"

"방귀로 노래를 부른다고요?"

곰돌이는 눈을 동그랗게 뜨고 아빠를 바라보았어요.

곰돌이는 방귀 소리에 맞춰 노래를 부르기 시작했어요.

"아빠가 출근할 때 뿡뿡뿡 엄마가 안아 줘도 뿡뿡뿡

만나면 반갑다고 뿡뿡뿡 헤어질 땐 또 만나요 뿡뿡뿡."

와아, 정말 재미있는 방귀 노래가 되었네요.

다음 날 친구들을 만난 곰돌이는 방귀 노래를 불렀어요.

"뿡뿡 숨어라! 머리카락 보인다. 뿡뿡 숨어라 머리카락 보인다."

“신기하다. 방귀가 노래를 하네.”

“정말 대단한데. 곰돌아 다시 한 번 불러 줘.”

친구들은 곰돌이의 방귀 노래를 좋아했어요.

곰돌이는 신이 나서 방귀 노래를 불렀어요.

“뽕뽕뽕 꽃이 피었습니다. 뽕뽕뽕 꽃이 피었습니다.”

“뽕뽕뽕 뽕뽕뽕 헌집 줄게 새집 다오, 뽕뽕뽕 뽕뽕뽕 헌집 줄게 새집 다오.”

이제 친구들은 모두 곰돌이와 함께 놀고 싶어했어요.

곰돌이는 더 이상 방귀를 참지 않아도 되고, 친구들은 곰돌이의 방귀 노래를 좋아

하게 됐으니 정말 잘된 일이죠.

우리 엄마가 최고!

아기 동물들이 숲속 놀이터에 모여 놀고 있네요.

코끼리, 하마, 기린, 원숭이가 동그랗게 모여 앉아 즐겁게 이야기를 하고 있어요.

코끼리가 엄마 자랑을 하고 있군요.

"우리 엄마는 코가 아주 길어.

기다란 코로 커다란 나무도 들어올릴 수 있고,

쏴아아! 쏴아아! 시원하게 물도 뿌릴 수 있어.

우리 엄마가 최고야!"

아기 코끼리가 말했어요.

"아니야, 우리 엄마가 최고야!"

아기 하마가 입을 쩌억 벌리며 말했어요.

"우리 엄마는 세상에서 입이 제일 커. 우리 엄마가

하품을 하면 사자랑 호랑이도 전부 무서워서

도망을 가. 그러니까 우리 엄마가 최고야."

“아니야!”

이번엔 기린이 목을 쭈욱 내밀며 말했어요.

“진짜 최고는 바로 우리 엄마야!

우리 엄만 목이 아주 길어.

그래서 높은 나무에 열린 열매들도 쉽게 딸 수가 있어.

이 세상에서 우리 엄마보다 키가 큰 동물은 아마 없을 걸!”

“우리 엄만 세상에서 나무타기를 제일 잘해.”

이번엔 원숭이가 떼구르르 재주넘기를 하며 말했어요.

“우리 엄만 눈 깜짝할 사이에 나무꼭대기까지 올라 갈 수 있어.

나무와 나무 사이를 붕붕 날아가듯이 옮겨 다닐 수도 있지.

우리 엄마가 최고야!”

아기 동물들은 저마다 자기 엄마가 최고라며 목청을 높였습니다.

이러다가 싸움이라도 나면 어쩌죠?

그때였어요.

“아기 코끼리야.”

코끼리 엄마가 아기 코끼리를 부르는 소리가 들렸어요.

“엄마아!”

아기 코끼리는 엄마를 향해 뛰어갔어요.

“엄마가 세상에서 최고죠?”

숨을 헉헉거리며 아기 코끼리가 물었어요

“그게 무슨 소리야?”

엄마 코끼리가 물었어요

“엄마는 코도 길고, 힘도 세잖아요. 그래서 엄마가 최고라고 했더니

다른 애들이 자꾸 자기 엄마가 최고래요. 다른 애들이 틀린 거죠?”

엄마는 빙그레 미소를 지으며 아기 코

끼리를 바라보았어요.

“아니. 너도 친구들도 모두 맞아.

너한테 엄마가 최고이듯이 다른 친구들도 자기

엄마가 세상에서 최고인 거야. 무슨 뜻인지 알겠

니?”

“아니오. 잘 모르겠어요.”

아기 코끼리는 고개를 갸우뚱거렸어요.

“어쨌든 난 엄마가 최고예요.”

아기 코끼리가 환하게 웃으며 말했어요.

엄마 코끼리는 기다란 코로 아기 코끼리를 꼬옥 안아 주

었습니다.

구멍난 운동화

또각또각, 부우웅 부우웅, 빵빵….

시끄러운 소리에 운동화는 잠에서 깨어났어요.

"어, 여기가 어디지?"

운동화는 잠이 덜깬 눈을 부비며 주위를 둘러보았어요.

뚜벅뚜벅 커다란 발자국 소리를 내며 지나가는 사람들, 빵빵 경적을 울리며 달리는 자동차들. 어젯밤에 잠이 들 때만 해도 따뜻하고, 포근한 신발장 안이었는데, 도대체 어떻게 된 일일까요?

그때였어요. 옆에 있던 구두 아저씨가 말을 했어요.

"여긴 길거리야. 우린 버려졌어."

"내가 버려졌다구요? 왜요?"

"네 모습을 좀 보렴. 구멍이 났잖니. 난 구두굽이 너덜너덜해졌고. 우린 더 이상 쓸모가 없어."

'내가 쓸모가 없다니….'

운동화는 너무 슬퍼서 눈물이 났어요.

한참을 울고 있는데, 갑자기 커다란 초록색 청소차가 운동화 앞에 멈춰 섰어요.

저벅저벅, 무시무시한 그림자가 운동화를 향해 다가왔어요.

그리고는 커다란 손으로 운동화를 번쩍 들어서 청소차 안으로 휙 던졌어요.

부릉부릉, 청소차는 어디론가 달려가기 시작했어요.

"아저씨, 여기가 어디예요? 우린 이제 어디로 가는 거예요?"

"쓰레기장으로 가는 거야. 그곳엔 우리처럼 못 쓰게 된 물건들이 잔뜩 쌓여 있단다."

구두 아저씨가 말했어요.

"거기서 뭘 하는데요?"

운동화가 물었어요.

"아무것도. 우린 더 이상 어디서도 필요없는 쓰레기들인걸."

구두 아저씨는 슬픈 목소리로 대답했어요.

"난 필요없지 않아요. 구멍이 나긴 했지만 아직 얼마든지 달릴 수 있어요."

운동화는 씩씩거리며 말했어요.

"그건 네 생각이지. 구멍난 운동화를 좋아할 사람은 아무도 없어."

"아니에요! 이대로 쓰레기장으로 갈 순 없어요."

운동화는 있는 힘을 다해 청소차에서 빠져나가려고 애를 썼어요.

하지만 청소차는 너무 높아서 운동화가 아무리 힘껏 뛰어도 뛰어넘을 수가 없었어요.

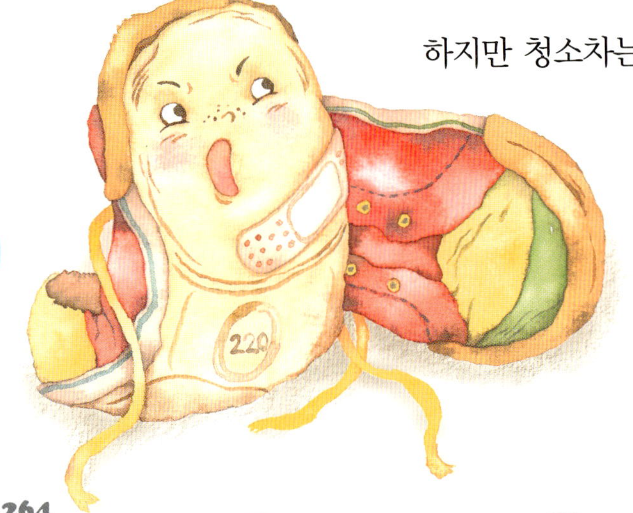

"그래 봤자 아무 소용 없어. 우린 쓰레기더미 속에서 사라지게 될 거야."

구두 아저씨가 말했어요.

“난 할 수 있어요! 난 이대로 쓰레기가 되고 싶지 않아요.”

운동화는 온 힘을 다해 하늘 높이 뛰어 올랐어요. 그때였어요.

덜컹! 하는 소리가 나더니 청소차가 끼익, 요란한 소리를 내며 멈췄어요.

순간, 운동화는 공중으로 부웅 떠올랐다 청소차 밖으로 툭 떨어졌어요.

아아, 비명을 지르며 운동화는 정신을 잃고 말았어요.

얼마나 지났을까요?

짹짹짹, 새들의 노래 소리에 운동화는 부스스 눈을 떴어요.

운동화가 떨어진 곳은 커다란 나뭇가지 위였어요.

“참 근사한걸. 나뭇가지와 잎사귀들을 가져다 놓으면 훨씬 멋진 집이 될 거야”

아빠 참새가 말했어요.

“우리 아가들도 좋아할 거예요.”

엄마 참새도 말했어요.

그날부터 운동화는 새들의 보금자리가 되었어요.

아빠새는 예쁜 나뭇잎들로 운동화를 멋지게 장식했어요.

얼마 후, 운동화 속에서 작고 귀여운 아기새들이 태어났어요.

운동화는 아기새들의 노랫소리를 들으며 행복한 미소를 지었답니다.

채식주의 사자 링고

링고는 이제 막 한 살이 된 아기사자예요.

링고는 엄마, 아빠, 형, 누나와 함께 아프리카 초원에 살고 있어요.

링고와 남매들은 모두 귀엽고, 씩씩한 아기 사자들이죠.

하지만 링고 엄마와 아빠에겐 한 가지 걱정이 있었어요.

바로 링고 때문이죠.

링고는 고기를 싫어하고 야채와 과일만 좋아했어요.

엄마가 고기를 먹이려고 하면 진저리를 치면서 도망다녔어요.

"링고야. 사자는 태어날 때부터 고기를 먹게 되어 있단다."

엄마가 링고를 타이르며 말했어요.

"고기를 먹지 않아도 살 수 있잖아요. 전 고기가 싫어요. 야채와 과일이 더 좋아요."

링고는 단호하게 말했어요.

고기를 먹지 않는 사자라니? 엄마와 아빠는 지금까지 그런 사자는 본 적도,

들은 적도 없었어요.

고민 끝에 엄마와 아빠는 링고에게 사냥하는 법을 가르치기로 했어요.

"링고도 사냥하는 법을 배우면 고기를 먹게 될 거예요."

아빠는 링고와 형 누나를 데리고 초원으로 나갔어요.

"지금부터 사냥하는 법을 가르쳐 주마. 아빠를 잘 보고 따라 해 보렴."

아빠는 매서운 눈빛으로 초원을 바라보았어요.

멀리 아기사슴 한 마리가 뛰어 놀고 있었어요.

아빠는 천천히 아기 사슴을 향해 다가갔어요.

아기 사슴은 아빠 사자가 자기를 노리고 있다는 걸 눈치채지 못했어요.

아빠는 사슴을 향해 달리기 시작했어요.

그때였어요.

풀숲에서 숨 죽이며 바라보고 있던 링고가 소리쳤어요.

"사슴아, 어서 도망가!"

링고의 소리를 들은 사슴은 깜짝 놀라 도망을 갔어요.

아빠 사자는 사슴을 놓치고 말았어요.

아빠 사자는 몹시 화가 났어요.

"링고야! 고기도 먹지 않고 사냥도 못 하는 사자는 사자가 아니야! 너처럼 약해빠
 진 녀석이 내 아들이라니, 정말 부끄럽구나."

아빠 사자는 링고를 호되게 야단쳤어요.

형과 누나도 링고에게 바보라며 놀렸어요.

'내가 부끄럽다고? 나 같은 건 사자도 아니라고?

링고는 그만 으앙 하고 울음을 터뜨렸어요.

한참 동안이나 울고 있는데, 아까 링고가 구해 준 아기 사슴이 다가왔어요.

"아기 사자야, 왜 울고 있니?"

사슴이 물었어요.

"난 고기도 먹지 않고, 사냥도 못하는 한심한 사자야."

링고가 훌쩍이며 말했어요.

"아니야. 넌 내가 본 사자 중에서 가장 멋진 사자야. 넌 내 생명을 구해 줬어."

그때 엄마 사슴이 다가왔어요.

"아기 사자야, 정말 고맙구나. 네가 아니었으면 우리 아기가 큰일날 뻔했어. 넌 정말 좋은 사자야."

엄마 사슴은 몇 번이나 고맙다며 인사를 했어요.

링고는 기분이 조금 이상했어요.

'고기를 먹지 않고, 사냥을 하지 않아도 좋은 사자가 될 수도 있구나.'

링고는 이제 엄마, 아빠에게도 당당하게 말

할 수 있을 것 같았어요.

"난 채식주의 사자 링고라고요."

미스야채 선발대회

오늘은 야채 나라에서 가장 멋진 야채를 뽑는 미스 야채 선발대회가 있는 날
입니다. 대회에 출전한 야채들은 아침부터 멋지게 치장을 하느라 바쁩니다.

브로콜리가 구불구불 곱슬머리를 매만지며 말했습니다.

"내 헤어스타일은 정말 멋져! 이건 100% 자연산이거든. 미스 야채는 분명히
 내가 될 거야."

날씬한 몸매를 요리조리 거울에 비춰보던 오이도 말했어요.

"나보다 더 날씬하고 쭈욱 빠진 야채는 아마 없을 거야. 내가 바로
미스 야채야!"

"무슨 소리! 미스 야채는 당연히 나야. 봐, 나의 붉고 고운 빛깔을."
당근도 자신 있게 말했습니다.
모두들 자기가 최고라며 뽐내고 있군요.

그런데 어디선가 훌쩍훌쩍 우는 소리가 들렸어요.
호박이 바위 뒤에 숨어서 울고 있네요.
지나가던 참새가 호박에게 물었습니다
"넌 왜 여기서 울고 있니?"

"난 왜 이렇게 못생긴 걸까? 오이처럼 날씬하지도 않고, 브로콜리처럼 멋진 머리

카락도 없고, 당근처럼 색깔이 예쁘지도 않잖아."

호박은 눈물이 그렁그렁해졌어요.

"울지 마. 호박아. 내가 널 도와줄게." 참새가 말했어요.

"네가 날 도와주겠다고? 날 예쁘게 만들어 줄 수 있어?"

호박은 눈을 반짝이며 물었어요.

"잠깐만 여기서 기다려 봐!"

참새는 어디론가 훌쩍 날아가버렸어요.

잠시 후 참새는 입에 고운 빛깔의 꽃잎을 물고 돌아왔어요.

참새는 꽃잎을 호박에게 치장해 주었어요.

빨강, 노랑, 파랑, 알록달록 예쁜 색깔의 꽃잎을 호박에게 달아 주었어요.

호박은 기분이 좋아졌어요. 호박처럼 화려하고 멋진 야채는 아무도 없었거든요.

드디어 미스야채 선발대회가 시작되었어요.

심사는 배추 아저씨와 무 아줌마가 맡고 사회는 가지 아저씨가 맡았어요.

"지금부터 미스 야채 선발대회를 시작하겠습니다. 참가번호 1번 오이!"

오이는 날씬한 몸매를 뽐내며 무대 위로 나왔어요.

"다음은 참가번호 2번, 브로콜리!"

브로콜리는 곱슬머리에 예쁜 꽃 장식을 달고 나왔어요.

"다음은 참가번호 3번, 호박!"

호박이 무대 위에 올라서자 사람들은 너무나 달라진 호

박의 모습에 깜짝 놀랐어요.

"에이, 저건 호박이 아니야!"

"맞아, 무슨 호박이 저래? 저건 야채도 아니야!"

야채들이 웅성거렸어요. 호박은 으앙 울음을 터뜨리고 말았어요.

배추 아저씨가 조용히 호박에게 다가와 물었어요.

"호박아, 어떻게 된 일이니?"

"죄송해요. 저도 다른 야채들처럼 예뻐지고 싶었어요."

호박은 울먹이며 대답했어요.

"호박아, 넌 있는 그대로도 충분히 예뻐. 오이처럼 날씬하진 않지만, 대신 동글동글 귀엽잖니. 또 당근처럼 붉은 빛깔은 아니지만 너만의 예쁜 빛깔이 있잖아. 다른 야채들과 비교할 필요가 없어."

배추 아저씨는 호박을 달래 주었어요.

그제야 호박은 깨달았어요. 중요한 건 자기 자신을 사랑할 줄 아는 마음이라는 걸요.

참, 미스 야채는 누가 되었을까요? 오이도, 브로콜리도, 당근도 아닌 울퉁불퉁 볼품없다고 놀림받던 토마토가 되었대요. 사실 미스 야채 선발대회는 모양이 예쁜 야채를 뽑는 게 아니라, 마음이 예쁜 야채를 뽑는 대회였거든요.

코끼리 코, 돼지 코

동물 나라에 기다란 코를 너무 싫어하는 코끼리가 살고 있었어요.

'내 코는 왜 이렇게 길고 흉측하게 생겼을까?'

코끼리는 날마다 거울을 보면서 한숨을 푹푹 내쉬었어요.

어느 날 길을 가던 코끼리가 돼지를 만났어요.

"돼지야, 네 코는 정말 멋지구나. 난 볼품없이 길기만 한 내 코가 정말 싫어. 너무 무겁고, 거추장스러워. 나도 너처럼 멋진 코가 있으면 좋을 텐데."

그러자 돼지가 말했어요.

"내 코가 멋지다고? 나야말로 납작하고, 콧구멍만 커다란 내 코가 정말 싫어. 난 너처럼 크고 기다란 코를 갖고 싶어."

"그럼 우리 서로 코를 바꿀까?"

코끼리가 말했어요.

“정말 코를 바꿀 수 있는 방법이 있어?”
돼지가 물었어요.
“눈 덮인 산꼭대기에 살고 있는 하얀 마녀를 찾아가면 우리 코를 바꿀 수 있을 거야. 하얀 마녀는 뭐든 마음대로 바꿀 수가 있대.”

코끼리와 돼지는 마녀가 사는 눈 덮인 산을 찾아 길을 나섰어요.
사각사각 풀숲을 헤치고, 첨벙첨벙 시냇물을 건너, 살금살금 동굴을 지나, 쌩쌩 눈보라를 뚫고, 드디어 마녀가 살고 있는 눈 덮인 산꼭대기에 도착했어요.
“하얀 마녀님! 하얀 마녀님! 어디 계세요?”
코끼리와 돼지는 큰 소리로 마녀를 불렀어요.
갑자기 차가운 북풍이 몰아치더니, 하얀 마녀가 눈보라와 함께 나타났어요.
“하얀 마녀님, 저희들의 코를 바꿔 주세요.”
“저는 돼지처럼 귀엽고, 납작한 코를 갖고 싶어요.”

코끼리가 말했어요.

"저는 코끼리처럼 길고, 커다란 코를 갖고 싶어요."

돼지도 말했어요.

마녀는 코끼리와 돼지를 물끄러미 바라보며 말했어요.

"정말 너희들 코를 바꾸고 싶니? 후회하지 않을 수 있어?"

"예, 절대 후회하지 않을 거예요. 자신 있어요."

코끼리와 돼지가 입을 모아 말했어요.

"그럼 할 수 없지…."

하얀 마녀가 주문을 외우자 갑자기 거센 눈보라가 불어와 코끼리와 돼지를 휘감았어요.

얼마쯤 지났을까요? 눈보라가 사라지고 햇살이 반짝였어요.

코끼리와 돼지는 눈을 뜨고 서로의 코를 바라보았어요.

정말 코끼리 코와 돼지 코가 서로 바뀌었어요.

"코끼리는 납작한 코, 돼지는 길고 커다란 코."

코끼리와 돼지는 너무너무 신이 나서 노래를 부르며 집으로 돌아갔어요.

하지만 하루이틀 시간이 지날수록 코끼리와 돼지는 바뀐 코 때문에 힘들고 불편했어요.

코끼리는 더 이상 코로 음식을 집어 먹을 수가 없었어요. 그뿐만이 아니었어요.

기다란 코에 물을 가득 담아 시원하게 목욕을 할 수도 없었고, 등을 간지럽히는 파리들도 쫓아 버릴 수가 없었어요.

돼지도 마찬가지였어요.

코가 너무 길고 커서 걸을 때마다 이리 쿵 저리 쿵 넘어졌어요.

서 있기도 힘들고, 누워서 잠자기도 힘들고, 코 때문에 아무것도 할 수가 없었어요.

코끼리와 돼지는 엉엉 울고 싶어졌어요.

코끼리와 돼지는 다시 눈 덮인 산에 사는 하얀 마녀를 찾아갔어요.

"하얀 마녀님, 저희를 도와주세요. 다시 옛날 코로 돌아가고 싶어요."

하얀 마녀는 싸늘한 눈으로 코끼리와 돼지를 바라보았어요.

"절대 후회하지 않는다고 하더니 벌써 마음이 바뀌었니?"

"저희들이 너무 어리석었어요. 내 코가 얼마나 소중한지 모르고, 바보 같은 짓을 해버렸어요."

코끼리와 돼지는 눈물을 글썽이며 말했어요.

"이제 알겠지? 우리 몸에 있는 모든 것은 다 소중하고 필요한 것들이야. 다시는 그런 어리석은 짓을 하면 안 돼."

"예…. 다시는 우리의 코를 부끄러워하지 않을 거예요."

휘리릭, 하얀 마녀는 주문을 외웠어요.

"어, 내 코가 다시 길어졌어."

코끼리가 기뻐하며 말했어요.

"내 코도 다시 납작해졌어."

돼지도 활짝 웃으며 말했어요.

그날 이후 코끼리와 돼지는 자신들의 멋진 코를 자랑스러워했어요.

안녕, 그림자야!

오늘도 준이는 놀이터에서 혼자 놀고 있어요.

준이네 엄마, 아빠는 모두 일을 하느라 바쁘시거든요.

친구들도 유치원이며 학원에 가느라 놀이터에서 놀 시간이 없대요.

텅빈 놀이터에서 준이 혼자 그네를 타고 있어요.

삐그덕 삐그덕, 아이들의 웃음소리가 사라진 놀이터에 그네 소리만 들리네요.

'너무 심심해. 만날 나혼자뿐이야.'

준이는 시무룩한 표정으로 고개를 떨구었어요.

그때였어요.

"안녕, 준아!"

준이는 깜짝 놀라 고개를 들었어요.

그림자가 준이를 보며 웃고 있었어요.

"넌 누구니?"

"난 네 그림자야. 나랑 같이 놀래?"

"정말?"

준이는 친구가 생겨서 너무 기뻤어요.

준이와 그림자는 놀이터에서 신나게 놀았어요.

그네를 타고 누가누가 더 높이 올라가나 시합도 하고 시소에

마주 앉아 오르락내리락 시소놀이도 하고 미끄럼틀에서 술래잡기도 했어요.

놀이터에서 준이의 웃음소리가 끊이질 않았어요.

"자, 내 손을 잡아 봐! 아주 멋진 걸 보여 줄게."

그림자가 준이에게 손을 내밀며 말했어요.

준이가 그림자의 손을 잡자 몸이 '부웅' 공중으로 떠올랐어요.

준이는 그림자의 손을 잡고 하늘 높이 날아올랐어요.

하늘 위에서 바라본 풍경은 정말 멋졌어요. 집도, 자동차도, 나무도 아주 작게 보였어요.

준이 옆으로 새들이 쨱쨱거리며 지나갔어요.

준이는 구름 속을 휘익 뚫고 날아갔어요. 구름 사이를 지나가는 기분은 아주 짜릿했어요.

준이와 그림자는 마을을 건너, 숲을 지나, 동산 위에 사뿐히 내려앉았어요.

저 멀리 푸른 바다가 보였어요.

"와, 바다다!"

준이와 그림자는 동산 위에 나란히 앉아 푸른 바다를 바라보았어요.

얼마 후 하늘이 조금씩 붉게 물들어 가기 시작했어요.

"이제 그만 갈 시간이야."

그림자가 말했어요.

준이는 그림자의 손을 잡고 다시 하늘을 훨훨 날아 놀이터로 돌아왔어요.

어느새 놀이터엔 어둠이 내리고 있었어요.

"정말 재미있었어!"

준이는 활짝 웃으며 그림자를 바라보았어요.

어, 그런데 그림자가 사라지고 없네요.

그림자는 어디로 가버린 걸까요?

아기 돼지 꿀꿀이의 여행

뭐, 재미있는 일 없을까?

아기 돼지 꿀꿀이는 하루하루가 너무 지루하고 심심했어요.

매일 보는 나무, 매일 보는 마을, 매일 보는 친구들, 매일 보는 엄마와 아빠….

꿀꿀이는 새로운 세상, 새로운 친구들을 만나고 싶었어요.

어느 날 아침 꿀꿀이는 여행가방을 꾸려 집을 떠나기로 결심했어요.

"꿀꿀아, 꼭 떠나야 겠니? 네가 떠나면 엄마, 아빠는 너무 외로울 거야."

엄마, 아빠는 슬픈 목소리로 꿀꿀이를 말려 보았지만 소용 없었어요.

"엄마, 저는 이 답답하고 좁은 마을이 너무 싫어요. 넓고 큰 세상에서 자유롭고 멋지게
 살고 싶어요."

슬퍼하는 엄마, 아빠를 뒤로 하고 꿀꿀이는 넓은 세상을 향해 걸음을 재촉했어요.

마을이 멀어져 갈수록 꿀꿀이의 마음은 점점 더 기대와 호기심으로 부풀어 갔어요.

한참을 걸어가던 꿀꿀이는 독수리를 만났어요.

"아기 돼지야, 어디 가니?"

"난 넓은 세상을 보려고 여행을 하고 있어."

"그럼 날 따라와. 내가 사는 곳을 보여 줄게."

독수리는 날카로운 발톱으로 꿀꿀이를 꼭 잡고는 하늘 높이 훨훨 날아올랐어요.

하늘 위에서 바라본 세상은 정말 멋졌어요.

커다란 나무도, 집도, 모두 개미처럼 작게 보였어요.

독수리는 산꼭대기에 있는 자기 집으로 꿀꿀이를 데리고 갔어요.

"넌 정말 멋진 곳에 사는구나."

"여기서 나랑 같이 살래?"

"아니, 난 아직 보고 싶은 게 많아."

독수리는 아기 돼지를 땅 위에 내려다 주었어요.

꿀꿀이는 다시 길을 떠났어요. 이번엔 낙타를 만났어요.

"아기 돼지야, 어디 가니?"

"난 넓은 세상을 보려고 여행을 하고 있어."

"내가 사는 곳에 같이 가 볼래?"

꿀꿀이는 낙타 등에 올라타고 길을 떠났어요.

가도가도 끝없는 모래밭이 펼쳐진 사막이 나타났어요.

"넌 정말 넓은 곳에 사는구나. 그런데 여긴 너무 더워. 난 그만 가야겠어."

아기돼지는 땀을 뚝뚝 흘리며 사막을 빠져 나왔어요.

한참을 걸어가다 이번엔 펭귄을 만났어요.

"아기 돼지야 어디 가니?"

"난 넓은 세상을 보려고 여행을 하고 있어."

"그럼 나하고 같이 가자. 내가 사는 곳을 보여 줄게."

꿀꿀이는 펭귄과 함께 바다로 갔어요.

얼음이 둥둥 떠다니는 바다 위에서 펭귄은 신나게 헤엄을 쳤어요.

"바다는 정말 멋지구나. 하지만 여긴 너무 추워. 게다가 난 수영을 못해."

꿀꿀이는 다시 길을 떠났어요.

얼마쯤 지났을까? 부웅부웅 빵빵 요란한 소리와 번쩍이는 불빛에 꿀꿀이는 눈이 휘둥그레졌어요.

"여기가 바로 도시구나. 정말 멋지다. 내가 찾던 바로 그곳이야."

도시에 도착한 꿀꿀이는 마냥 신이 났어요.

도시는 온통 신기하고 재미있는 것들로 가득했어요.

하지만 위험하고 무서운 것들도 많았어요.

길을 건너다가 자동차에 부딪힐 뻔도 하고, 정육점 주인에게 붙잡혀 햄이 될 뻔도 했어요.

시간이 지날수록 꿀꿀이는 몸도 마음도 지쳐갔어요.

고향에 두고 온 엄마, 아빠, 친구들이 그리웠어요.

꿀꿀이는 집으로 돌아가기로 결심했어요.

도시를 지나, 바다를 건너, 사막을 헤치고, 높은 산을 넘어 다시 집으로 돌아왔어요.

"엄마, 아빠!"

꿀꿀이는 큰 소리로 엄마, 아빠를 불렀어요

"꿀꿀아!! "

엄마와 아빠는 환한 미소로 꿀꿀이를 안아 주었어요.

엄마 품에 안긴 꿀꿀이는 깨달았어요.

세상에서 가장 편안하고, 따뜻한 곳은 바로 엄마 품 안이라는 사실을요.

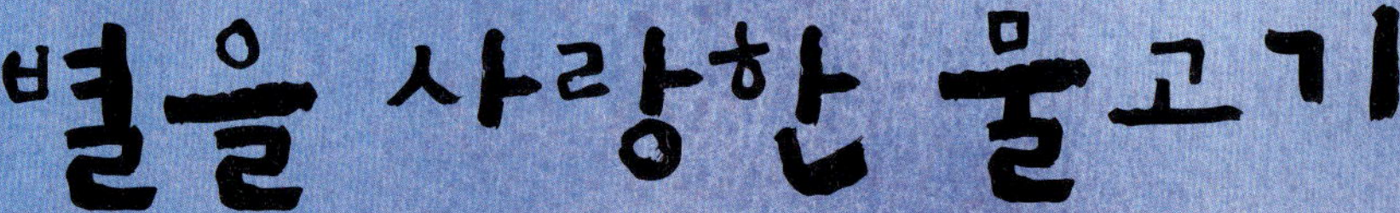

별을 사랑한 물고기

저 멀리 깊고 푸른 바닷속에 '치치'라는 작은 물고기 한 마리가 살고 있었습니다. 치치는 호기심이 많은 장난꾸러기였어요. 넓은 바다 속에 살면서도 언제나 바다 밖 세상이 궁금해서 견딜 수가 없었어요.

"엄마, 바다 밖에는 뭐가 있어요?"

치치가 물었어요.

"바다 밖에는 무서운 괴물들이 살고 있어. 그러니까 절대 바다 위로 올라가서는 안 된다."

엄마는 치치가 걱정이 되어 말했어요.

'무서운 괴물이라고? 도대체 어떻게 생겼을까? 상어보다 무서울까? 고래보다 커다랄까?'
치치는 엄마가 말한 무서운 괴물이 궁금해서 견딜 수가 없었어요.

그날 밤 치치는 엄마가 잠이 든 사이는 몰래 집을 빠져 나왔어요.
그리고 바다 위를 향해 열심히 헤엄을 쳤어요.
한참 뒤 치치는 드디어 바다 위에 도착했어요.

"하나, 둘, 셋!"

치치는 눈을 커다랗게 뜨고 바다 밖으로 얼굴을 쑤욱 내밀었어요. 어둠에 잠긴 하늘에는 반짝반짝 아름다운 별이 빛나고 있었어요.

"너무 아름다워…. 저 반짝이는 게 뭐지?"

치치는 처음 본 별의 모습에 넋을 잃고 말았어요.

"저건 별이야. "

치치 옆을 지나가던 삼치 아저씨가 말했어요.

"별이라고요?"

치치는 밤이 새도록 별을 바라보고 또 바라보았어요.

그날 이후 치치는 밤이면 밤마다 바다 위로 올라가 아침이 될 때까지 별만 바라보았어요. 별이 뜨지 않는 낮에는 먹지도 자지도 않고 오직 별이 뜨기만을 기다렸어요.

"치치가 별과 사랑에 빠졌대! 쯔쯔쯔."

다른 물고기들은 사랑에 빠진 치치를 안타까워했어요.

시간이 지날수록 치치의 몸은 점점 야위어 갔어요.

"치치야, 이제 별을 보러 가는 건 그만두렴. 별은 하늘에서, 넌 바다에서 살아야 해. 그게
운명이야."

하지만 치치는 별을 잊을 수가 없었어요.
별을 보지 않고는 하루도 더 살고 싶지 않았어요.
치치는 하늘을 바라보며 소원을 빌었어요.
"하느님 제발 제 소원을 들어주세요. 별을 바다로 보내 주세요."
치치는 슬픈 눈물을 흘렸어요. 치치의 눈물은 바람을 타고 하늘로
날아올랐어요. 그때였어요.
하늘에서 별이 쏟아져 내리기 시작했어요.
치치는 너무나 행복해서 하염없이 눈물을 흘렸어요.

바다로 온 별들은 더 이상 반짝거리진 않았지만,
아름다운 별 모양만은 고이 간직하고 있었어요.
물고기들은 바다 속에 살게 된 별들을 '불가사리' 라고 불렀어요.
하늘에 있던 별이 바다로 떨어진 건 정말 불가사의한 일이니까요.
치치는 어떻게 됐냐고요?
물론 불가사리와 바다 속에서 오래오래 행복하게 살았답니다.

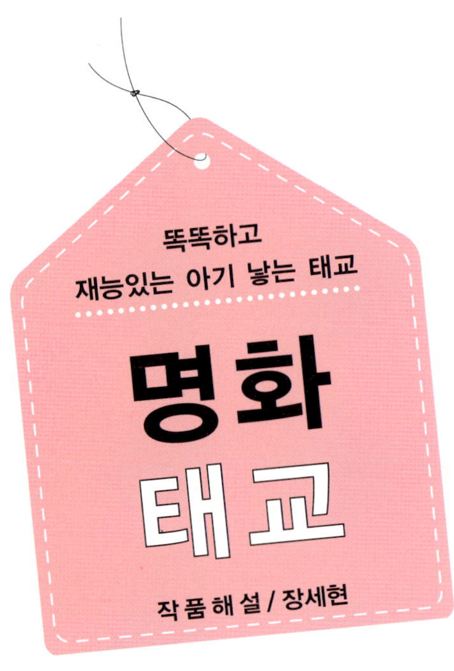

1

라파엘로 아름다운 여정원사

라파엘로는 레오나르도 다 빈치, 미켈란젤로와 함께 르네상스를 대표하는 예술가입니다. 그의 그림에는 단아하고 잔잔한 아름다움이 깃들어 있습니다.

〈아름다운 여정원사〉를 한번 보세요. 그림을 보면 어디선가 한번쯤 본 그림이란 느낌이 들 것입니다. 아마도 시골의 오래된 교회당 벽이나 이발소에는 아직도 이런 그림이 걸려 있을지도 모릅니다. 그림에서 풍기는 따뜻한 정감 때문에 오래도록 사랑을 받은 그림입니다. 오른쪽 아래, 십자가를 어깨에 걸친 아이가 성 요한입니다. 그는 존경과 경외심에 가득한 눈빛으로 아기 예수를 쳐다보고 있습니다. 이 시선을 받아 아기 예수는 성모 마리아를 올려다 보고, 온화한 표정의 마리아는 눈을 살포시 내리깔고 아기 예수를 내려다 보고 있습니다. 세 사람의 시선이 트라이 앵글을 이루며 화면 중심의 응집력을 높여주고 있습니다. 화면 속에서 은은히 배어나오는 조용하고 명상적인 분위기는 바로 이 '트라이 앵글'에서 비롯된 것입니다.

성모 마리아의 자애로운 눈길은 세상 모든 것을 다 감싸안을 듯 따사롭기 그지없습니다.

보티첼리는 이탈리아의 피렌체에서 태어났습니다. 그는 초기 르네상스를 이끈 화가로서, 특히 그리스 로마 신화의 신비스런 이야기를 그림으로 옮기는 데 많은 노력을 기울였습니다. 풍부한 시적 상상력으로 그림을 그려 '시인 화가'라 불리기도 합니다. 그의 명작인 〈프리마베라〉를 보면 왜 그런 명성을 얻었는지 능히 짐작이 갈 겁니다.

이 작품을 이해하기 위해서는 약간의 신화적 지식이 있어야 합니다. 그림 한가운데 사랑의 여신 비너스가 있고, 머리 위로는 큐피드가 하늘을 날며 사랑의 화살을 당기는 모습입니다. 비너스를 중심으로 왼쪽에 마치 춤을 추듯 얽혀있는 여인들은 미의 세 여신입니다. 그 옆에는 신들의 재빠른 심부름꾼 헤르메스가 쇳조각으로 하늘의 구름을 걷어내는 듯한 동작을 취하고 있습니다. 오른쪽 숲 속에서 불쑥 날아든 남자는 서풍의 신 제피로스입니다. 그는 들판에서 놀던 요정 클로리스를 보고 한눈에 반해 그녀를 데려다 아내로 삼았다고 합니다.

부드러운 선과 투명감 넘치는 색채, 풍부한 시적 상상력이 돋보이는 그림입니다. 그래서 보티첼리가 오늘날 태어났다면 멋진 패션 디자이너가 되었을 거라는 우스갯소리도 있습니다.

2

보티첼리 프리마베라

3
브뤼겔 농민의 결혼식

브뤼겔은 아주 재미있는 화가입니다. 그는 우리나라의 김홍도와 비교할 수 있는 서양의 풍속화가입니다.

풍속화의 가장 중요한 소재는 뭐니뭐니 해도 사람입니다. 사람들이 생활하는 모습, 즉 먹고 마시고 놀고 일하는 장면 모두가 풍속이라고 할 수 있습니다. 그래서 브뤼겔의 작품 중에는 사람들이 시끌벅적 등장하는 그림이 많습니다. 〈농민의 결혼식〉도 그 중의 하나입니다.

그림을 보면 브뤼겔이 살았던 당시 네덜란드의 결혼 풍속을 엿볼 수 있습니다. 그는 허름한 옷을 걸친 채 몰래 남의 잔치 자리에 끼어 음식을 얻어먹으며 사람들을 구경하곤 했다고 합니다. 그림 맨 오른쪽에 검은 옷에 긴 칼을 찬 남자가 보이는데 브뤼겔 자신을 그려넣은 것이라는 얘기도 있습니다.

동서고금을 막론하고 결혼식은 이처럼 시끌벅적 떠들썩해야 제맛이 난다고 하겠습니다.

루벤스
수산나 푸르망의 초상

예술가 중에는 불행한 삶을 살다간 사람이 많습니다. 그러나 루벤스는 예술가로서 보기 드물게 커다란 부와 명예를 동시에 누린 화가입니다. 그가 갖가지 성공과 행복을 누릴 수 있었던 것은 무엇보다도 탁월한 그림 솜씨 덕분입니다.

루벤스의 특기는 인물을 살아 숨쉬는 듯 생기있게 만드는 마술같은 솜씨입니다. 그의 유명한 걸작 〈수산나 푸르망의 초상〉을 한번 볼까요? 그림의 모델은 훗날 루벤스의 두번째 아내가 되는 헬렌 푸르망의 언니 수산나 푸르망입니다. 그녀를 모델로 한 그림은 지금 남은 것만도 7점이나 되는데 이 작품이 가장 걸작으로 평가되고 있습니다.

그림에 대한 첫인상은 맑고 청순한 이미지입니다. 발그레한 뺨에 어린 수줍은 표정, 곁눈질치듯 살짝 치켜올린 크고 시원한 눈망울, 다소곳하게 모은 두 손의 자태 등이 단번에 보는 이의 눈길을 사로잡고 있습니다. 아직 소녀티가 가시지 않은 앳된 얼굴에는 뭔가에 대한 설레임이 감돌고 있습니다. 단지 외형뿐 아니라 이렇듯 내면에 감추어진 미묘한 표정과 분위기까지 생생하게 잡아내는 건 아무나 흉내낼 수 없는 천부적인 재능이라 하겠습니다.

밀레는 프랑스 화가로서 가난한 농부의 아들로 태어났습니다. 그는 소박하고 평화로운 농촌 풍경을 많이 그렸습니다. 그의 그림에는 한편의 시를 읽는 듯한 서정적 아름다움이 깃들어 있으며, 그 아름다움은 소박한 농촌의 삶을 바탕에 두고 있습니다. 〈이삭줍기〉는 그런 아름다움이 담긴 세계적인 명작입니다.

그림을 보면 세 명의 시골 아낙네들이 가을걷이가 끝난 들판에서 허리를 구부려 이삭을 줍고 있습니다. 지금 우리의 눈에는 매우 평화로운 풍경이지만, 이 작품이 처음 발표했을 때는 격렬한 정치적 논쟁에 휘말리기도 했습니다. 당시 이삭을 줍는 일은 가장 하층민들이 하는 일이었기 때문에 오해를 불러일으켰던 것입니다.

그림 속에는 이전의 화가들처럼 화려한 색채도 없고, 신화 속 이야기나 우아한 인물도 없습니다. 하지만 고즈녁한 농촌 풍경과 허리를 굽힌 아낙네의 모습에서 한 알의 곡식이라도 소중히 여기는 농부의 마음을 읽을 수 있습니다. 밀레의 그림에서 풍기는 이런 따뜻하고 인간적인 아름다움 때문에 그의 그림은 오늘날까지도 많은 사람들에게 사랑을 받고 있답니다.

5

밀레 이삭줍기

와토는 18세기 프랑스 회화를 이끈 중심적인 화가입니다. 화려하면서도 귀족적인 우아함을 풍기는 로코코 양식의 그림을 주로 그렸는데, 특히 남녀간의 사랑을 주제로 한 그림을 많이 그렸습니다. 그 대표적인 작품이 〈키테라 섬의 순례〉입니다.

그림을 보면, 귀족풍의 화사하고 환상적인 분위기가 화면 가득 펼쳐져 있습니다. 현실에는 결코 있을 것 같지 않은 환상의 섬으로 한 무리의 청춘 남녀들이 사랑의 여행을 떠난 장면입니다. 신화에 따르면, 키테라 섬은 바닷물의 거품 속에서 태어난 비너스가 바람에 떠밀려 처음 닿은 곳입니다. 따라서 그곳은 사랑의 상징으로서, 화면 오른쪽 숲속을 보면 비너스의 동상이 서 있습니다. 이곳에서 달콤한 사랑을 나눈 젊은이들은 여행을 마치고 돌아가려는 중입니다. 화면 왼쪽 끝에 화려하게 장식된 뱃머리가 보일 겁니다. 모두들 즐겁고 다정한 모습으로 배에 오르기 전인데, 뭔가 아쉬운 듯 뒤를 돌아보거나 아직도 동상 아래서 사랑의 속삭임을 나누는 연인도 있습니다.

마치 꿈을 꾸는 듯한 환상적 아름다움이 가득한 그림입니다.

6
와토 키테라 섬의 순례

7

고갱
이아 오라나 마리아

고갱은 독불장군에다 개성이 아주 강한 화가로 알려져 있습니다. 아내와 다섯 명의 아이까지 있었던 고갱은 35세의 늦은 나이에 화가가 되기 위해 직장인 증권거래소를 그만두었습니다. 그리고는 문명세계를 버리고 타히티 섬으로 들어가 원시적인 삶과 자연의 아름다움을 그림에 담았습니다. 〈이아 오라나 마리아〉는 그 시절에 그린 대표작 가운데 하나입니다.

이 작품은 타히티 섬의 원주민과 풍물을 소재로 하고 있습니다. 어떠한 기교나 멋을 부린 흔적도 없이 그저 투박한 원주민의 생활상을 그린 것처럼 보입니다. 하지만 이 그림의 주인공인 듯한 원주민 차림의 여자와 아이는 놀랍게도 성모 마리아와 아기 예수를 그린 것입니다. 왼쪽에는 두 여인이 손을 가지런히 합장한 채 그들을 경배하는 모습입니다. 그 뒤쪽에 나무에 가려져 잘 보이지는 않지만 하늘의 계시를 전하러 온 날개달린 천사도 그려져 있습니다.

〈이아 오라나 마리아〉는 원주민어로 '마리아를 경배하며' 란 뜻입니다. 이런 측면에서 보면 기독교적 신앙이 담긴 일종의 종교화로도 볼 수 있지만, 원시적이면서도 때묻지 않은 순수함이 그림 속에 잘 녹아있다고 하겠습니다.

8
칸딘스키
최초의
추상적 수채화

칸딘스키는 추상미술의 아버지로 불리는 화가입니다. 사람들은 추상미술을 매우 어렵게 느끼고 있습니다. 하지만 추상미술을 어떤 눈으로 감상해야 하는지 알고 나면 하나도 어려울 게 없습니다.

칸딘스키가 추상미술을 그리게 된 데는 하나의 계기가 있습니다. 그가 어느 날 밖에 나갔다가 아틀리에로 돌아와 문을 열자, 유난히 아름다운 그림 한 폭이 눈에 띄었습니다. 한참을 쳐다보았지만 무엇을 그린 것인지 알 수가 없었습니다. 가까이 다가가 살펴보니 그것은 옆으로 돌려놓은 자기 그림이었습니다. 하지만 실망스럽게도 그것이 무슨 그림인지를 아는 순간 이상야릇한 아름다움도 사라졌습니다. 이 때부터 그는 그림에서 형상을 몰아내고 추상화를 그리기 시작했습니다.

그림을 보면 아이들이 장난이라도 친 것처럼 아무렇게나 물감이 칠해져 있습니다. 칸딘스키는 자신의 그림을 음악에 비유한 적이 있는데, 우리는 이 그림을 보면서 자꾸만 어떤 의미를 캐내려고 하면 안됩니다. 그냥 좋은 음악을 들으면서 그 리듬에 몸을 맡기듯, 색채의 아름다운 선율에 빠져버리면 그만인 것입니다.

그림을 보면서 칸딘스키가 내면 속에서 흥얼거리던 음악을 느껴보시기 바랍니다.

Vincent

9 고흐 해바라기

빈센트 반 고흐! 그의 이름은 화가의 대명사로서 신화와 전설이 되어 우리 곁에 남았습니다. 그의 작품이 전 세계인으로부터 사랑받는 이유는 깊이있는 예술적 감동이 그 속에 스며있기 때문입니다.

해바라기 그림은 고흐를 상징할 만큼 아주 유명합니다. 그의 해바라기 그림에는 아주 묘한 매력이 숨어 있습니다. 그림을 가만히 한번 보세요. 화병에 꺾어놓은 해바라기가 살아있는 듯 생생합니다. 마치 꽃이 춤을 추고 있는 듯, 노래를 부르고 있는 듯 재미있는 모습입니다. 거칠고 굵은 붓자국을 내면서 죽은 사물도 살아있는 것처럼 표현해내는 것이 고흐 그림의 독특한 매력이라고 할 수 있습니다.

그런데 그림을 보면 좀 이상한 것이 있습니다. 고흐는 동생 테오에게 보낸 편지에서 해바라기 14송이를 그렸다고 했는데 실제로 세어 보면 15송이입니다. 그가 착각을 한 것인지, 다른 이유가 있는지는 아직도 수수께끼로 남아 있습니다.

어쨌거나 다른 화가들이 결코 흉내낼 수 없는 고흐만의 독자적인 개성과 예술적 깊이가 느껴지는 명작입니다.

10 베르메르
진주 귀걸이를 한 소녀

베르메르는 네덜란드의 화가입니다. 그의 생애에 대해서는 알려진 게 거의 없고, 남겨진 작품도 37점 정도에 불과합니다. 하지만 그는 오늘날 네덜란드 풍속화의 가장 위대한 거장 가운데 한 사람으로 평가받고 있습니다. 그의 명성을 높이는 데 큰 몫을 한 것이 바로 〈진주 귀걸이를 한 소녀〉입니다. 북유럽의 〈모나리자〉라 불릴 만큼 아주 매력적인 작품입니다. 단아하고 순박한 인상을 가진 소녀의 초상을 한번 보세요. 모델이 누구인지는 밝혀진 바 없지만 진주 귀걸이로 멋을 부린 것이나 터번을 두른 머리 장식을 보면 꽤 부유하고 신분이 높은 집안의 소녀가 아닐까 싶습니다.

그녀는 마치 누가 부르기라도 한 듯 옆을 힐끗 돌아보는 모습입니다. '나를 부르셨나요?' 하는 쳐다보는데, 눈빛이 마주치는 순간 우리는 숨이 턱 막히는 느낌을 받게 됩니다. 짙은 어둠을 배경으로 한 줄기 빛에 드러난 그녀의 얼굴은 표정이 없는 듯하면서 사람의 마음을 잡아끄는 묘한 표정입니다. 물기에 젖은 듯 촉촉한 입술과 그늘 속에서 살짝 빛을 내는 진주 귀걸이는 특히 매혹적입니다.

그림 속에 영혼을 불어넣은 듯한 소녀의 초상이라 하겠습니다.

임신초기에 좋은 음식

*스크램블드바게트

재료
바게트 작은 것 1개, 달걀 3개, 소금 · 올리브유 조금씩, 맛술 1작은술, 파슬리가루 · 식용유 1큰술씩

이렇게 만드세요
01 바게트는 1~2cm 두께로 썰고 달걀은 소금과 맛술, 파슬리가루를 넣어 섞는다.
02 팬에 달걀을 스크램블한다.
03 바게트 속을 숟가락으로 눌러 속이 들어가게 한 다음 스크램블드한 달걀을 채운다.
04 달걀 위에 올리브를 슬라이스해 얹는다.

*참치회덮밥

재료
따뜻한 밥 3공기, 냉동참치 400g, 참나물 50g, 양배추 2장, 양파 · 오이 1/3개씩, 고추 1개, 깻잎 5장
초고추장 고추장 2큰술, 식초 3큰술, 설탕 · 깨소금 1큰술씩, 레몬즙 조금

이렇게 만드세요
01 냉동참치는 저며 썰거나 2cm로 네모지게 썰어 둔다.
02 참나물, 양배추, 오이, 양파, 깻잎은 채썰고 풋고추는 송송 썬다.
03 큰 그릇에 고추장, 식초, 설탕, 레몬즙, 깨소금을 넣어 초고추장을 만든다.
04 그릇에 따뜻한 밥을 담고 준비한 참치와 참나물, 깻잎, 풋고추를 올리고 초고추장을 곁들인다.

*두부선

재료
두부 1모, 닭고기 200g, 붉은고추 1/2개, 피망 1개, 표고 · 석이버섯 2장씩, 대추 5알, 잣 30알, 달걀 2개, 마늘 1/2큰술, 다진파 1큰술, 소금 · 참기름 · 깨소금 1작은술씩, 후춧가루 조금, 밀가루 5큰술

이렇게 만드세요
01 두부는 거즈에 싸서 물기를 꼭 짠 후 으깨고 닭고기는 곱게 다진다. 붉은고추와 피망은 곱게 다지고 표고는 기둥을 떼고 곱게 채썬다.
02 석이버섯은 따뜻한 물에 불려 곱게 채썰고, 대추는 돌려 깎은 후 채썬다. 잣은 고깔을 떼어 준비한다.
03 달걀은 지단을 부쳐 2cm 길이로 채썬다.
04 두부, 고기, 고추와 피망은 달걀흰자와 밀가루를 넣어 치대고 소금, 후춧가루, 깨소금, 참기름, 다진파를 넣어 오랫동안 치댄다.
05 네모난 틀이나 은박 도시락에 꼭꼭 눌러담고 대추, 잣, 석이버섯, 달걀 지단을 뿌려 김이 오른 찜통에 10분간 찐다.

임신초기는 태아가 급속히 성장하는 시기이므로 양질의 단백질과 칼슘을 충분히 섭취한다. 양질의 단백질 식품으로는 쇠고기, 돼지고기, 생선, 달걀, 우유 등 동물성 단백질 식품과 식물성 단백질 식품인 콩이 있다.

태아의 뼈와 치아 형성을 돕는 칼슘 식품으로는 멸치, 우유, 치즈 등이 좋다. 입덧은 소화가 잘되고 입맛이 당기는 음식으로 관리하는데 특히 구토가 심하면 수분을 충분히 섭취하도록 한다.

*마늘닭구이

재료

닭다리 1개, 다진마늘 1/4컵, 깻잎 5장, 상추 5장, 양상추 2장, 치커리 3장, 밀가루 · 식용유 조금씩 **조림양념** 맛술 1/2컵, 진간장 2큰술

이렇게 만드세요

01 닭다리는 뼈는 발라내고 넓게 저며 편 다음 다진 마늘을 앞뒤로 재워 놓는다.

02 채소류는 씻어 한입 크기로 잘라 물기를 빼 둔다.

03 냄비에 조림양념을 넣어 한 번 끓어오르면 불을 끈다.

04 닭에 밀가루를 묻혀 팬에 식용유를 두르고 노릇하게 지진다.

05 끓여놓은 조림 양념을 지져 놓은 닭고기에 부어 윤기가 나도록 조린다.

06 접시 한가운데 완성된 닭을 담고 가장자리에 채소를 돌려 담아 상에 낸다.

*오렌지닭가슴살샐러드

재료

닭가슴살 4쪽, 대파 1/2뿌리, 오렌지 2개, 샐러드용 채소 조금 **드레싱** 오이 1/2개, 셀러리 1줄기, 올리브오일 2큰술, 소금 조금, 설탕 1작은술

이렇게 만드세요

01 닭가슴살을 냄비에 담고 파를 넣은 후 물을 붓고 충분히 익도록 끓인다.

02 오렌지는 껍질을 벗기고 과육만 자르고, 남은 것은 즙을 짜서 드레싱 재료로 사용한다.

03 샐러드용 채소는 씻어 먹기 좋은 크기로 잘라 물기를 턴다.

04 드레싱에 넣을 오이와 셀러리는 강판에 간 후 다른 재료들과 오렌지즙을 넣어 고루 섞는다.

05 접시에 오렌지와 닭가슴살과 야채를 담고 드레싱을 듬뿍 끼얹는다.

*멸치당근주먹밥

재료

잔멸치조림 100g, 당근 1/4개, 밥 3공기, 소금 · 깨소금 1큰술씩, 참기름 1작은술

이렇게 만드세요

01 잔멸치는 굵게 다진다.

02 당근은 곱게 다져서 고슬하게 볶는다.

03 큰 그릇에 밥을 담고 잔멸치와 당근을 넣어서 소금, 깨소금, 참기름을 넣어 양념해서 버무린다.

04 양념한 밥을 한 주먹씩 뭉쳐서 주먹밥을 완성해 접시에 담아 낸다.

임신중기에 먹으면 좋은 음식

*감자부추부침개

재료
감자 4개, 부추 한 움큼, 소금 조금, 식용유 4큰술
게맛살양념간장 게맛살 1/2개, 진간장 4큰술, 식초 1
큰술, 맛술 2작은술, 통깨 1작은술

이렇게 만드세요
01 감자는 껍질을 벗기고 강판에 곱게 갈아 체에 밭
   쳐 건더기만 건진다.
02 건진 감자는 넓은 그릇에 담고 부추는 뿌리를 다
   듬어 씻어 송송 썰어 감자에 섞는다.
03 강판에 갈고 난 국물을 가만히 두면 흰 녹말이
   가라앉는데, 윗물은 버리고 바닥에 가라앉은 녹
   말만 숟가락으로 긁어 갈아놓은 감자에 넣어 섞
   는다.
04 달군 팬에 기름을 두르고 반죽을 한 국자씩 덜어
   앞뒤로 노릇하게 지진다.
05 게맛살은 잘게 썰어 그릇에 담고 나머지 재료를
   넣고 고루 섞어 양념간장을 만든다.
06 감자부추부침개를 그릇에 담고 양념간장을 끼얹
   는다.

*삼치토마토케첩조림

재료
삼치 1마리, 굵은소금 · 후춧가루 조금씩, 토마토케첩
1큰술반, 설탕 · 파슬리가루 1작은술씩, 다진마늘 1/2
작은술, 식용유 1큰술

이렇게 만드세요
01 삼치는 머리와 꼬리를 자르고 등뼈를 중심으로
   포를 뜬 후 등뼈는 물론 잔뼈까지 골라낸 후
   4~5cm 길이로 잘라 소금물에 헹궈 건진다.
02 토마토케첩을 그릇에 담고 설탕과 다진마늘, 후
   춧가루를 넣어 고루 섞어 토마토케첩소스를 만든
   다.
03 달구어진 팬에 기름을 두르고 삼치를 넣어 앞뒤
   로 구운 후 준비한 소스를 골고루 끼얹어 다시
   한 번 살짝 더 조린다.
04 완성된 요리를 접시에 담고 파슬리가루를 솔솔
   뿌려 맛을 더한다.

*토마토시금치스파게티

재료
통밀가루 3컵, 다진삶은시금치잎 50g, 달걀 1/2개,
샐러드유 · 파마산치즈 1큰술씩, 소금 · 파슬리가루
조금씩 스파게티소스 다진양파 · 잘게 썬 토마토 1/2
컵씩, 다진마늘 · 레드와인 1큰술, 토마토주스 1컵,
샐러드유 조금, 소금 · 후춧가루 · 녹말물 조금씩

이렇게 만드세요
01 통밀가루에 시금치, 식용유, 달걀물을 넣고 반죽
   해 밀어 스파게티국수로 썰고, 삶아 식용유에 볶
   는다.
02 다진양파와 마늘을 볶다가 잘게 썬 토마토, 레드
   와인을 넣는다.
03 토마토주스를 넣고 간을 맞춘 후 녹말물을 넣는
   다.
04 스파게티국수 위에 소스를 끼얹고 파슬리가루와
   파마산치즈를 뿌린다.

임신중기는 태아가 혈액을 만들기 시작하는 시기이므로 단백질, 칼슘뿐만 아니라 철분도 충분히 섭취한다.
입덧이 끝나면 식욕이 회복되는 시기이므로 칼로리보다는 질적으로 우수한 식사를 하여 비만을 예방한다.
변비가 나타나기 쉬운 시기이므로 규칙적인 식사, 배변 습관 등으로 변비 예방에 힘쓴다.

*단호박풋콩밥

재료

불린멥쌀 2컵, 물 2컵, 단호박 200g, 대추 7개, 풋콩 1/4컵, 잣 · 소금 조금씩

이렇게 만드세요

01 단호박은 반으로 갈라 속씨를 긁어내고 1.5cm 굵기로 썬다.
02 대추는 작은 것으로 준비해 씨를 발라내고 풋콩은 씻어 건진다.
03 준비한 단호박, 대추, 풋콩을 불린쌀과 함께 담고 분량의 물과 소금을 조금 넣어 밥을 짓는다.
04 뜸을 들여 밥을 한 후 보슬하게 섞어 그릇에 담고 잣을 뿌린다.

*쑥버무리

재료

쌀가루 3컵, 애쑥(어린쑥) 100g, 설탕 1/4컵

이렇게 만드세요

01 소금을 넣고 빻아온 쌀가루는 고운 체에 한 번 내린다.
02 애쑥은 뿌리를 자르고 깨끗하게 씻어 물기를 없앤다.
03 찜통에 젖은 베보자기를 깔아 둔다.
04 쑥에 설탕을 뿌리고 쌀가루를 넣은 다음 가볍게 섞는다.
05 베보자기를 깐 찜통에 쌀가루를 섞은 쑥과 남은 쌀가루를 편평하게 부어 넣고 20분 정도 쪄낸다.

*꽈리고추쇠고기조림

재료

꽈리고추 100g, 쇠고기 살코기 100g, 쪽마늘 5개, 말린홍고추 1개, 소금 · 통깨 조금씩 조림간장 간장 2큰술, 마늘 3쪽, 설탕 · 청주 1큰술씩, 다시마물 1/3컵

이렇게 만드세요

01 꽈리고추는 씻어 꼭지를 떼어 내고 꼬치로 몇 곳을 찔러 준 다음 소금을 넣은 끓는물에 파랗게 데쳐 건진다.
02 살코기는 저며 썰어 끓는물에 데친다.
03 쪽마늘은 저며 썰고 분량대로 조림간장을 만들어 저어 준다.
04 끓는물에 고기를 넣고 끓여 거품을 걷어내면서 조린다.
05 자작하게 조린 고기에 쪽마늘과 송송썬 말린홍고추, 꽈리고추를 넣고 물기 없이 조려 담고 통깨를 뿌린다.

*콜리플라워아몬드볶음

재료

콜리플라워 100g, 생표고버섯 4개, 올리브유 · 송송 썬 실파 조금씩, 저며썬 마늘 2쪽, 슬라이스아몬드 1큰술, 청주 1/2큰술, 청 · 홍고추 1/2개씩, 소금 · 흰 후춧가루 적당량씩

이렇게 만드세요

01 콜리플라워는 끓는물에 소금을 넣고 데쳐 찬물에 식힌다.

02 어린 콜리플라워는 저며썰고, 생표고버섯은 0.2cm로 썰어 연한 소금물에 헹군다.

03 프라이팬에 올리브유를 두르고 마늘과 아몬드를 볶다가 콜리플라워, 생표고버섯을 넣고 청주를 뿌려 볶는다.

04 재료가 익으면 청 · 홍고추를 썰어 넣고 소금, 후 춧가루로 간을 한 후 송송썬 실파를 뿌린다.

*두부구이쇠고기전골

재료

두부 1/4모, 얇은 쇠고기 150g, 육수 4컵, 팽이버섯 1봉, 생표고 2개, 배추 2잎, 대파 1/2뿌리, 곤약 · 불린당면 100g씩, 양파 1/2개, 당근 30g, 쑥갓 · 소금 · 후춧가루 조금씩

이렇게 만드세요

01 얇은 쇠고기를 적당한 크기로 썬다.

02 팽이버섯은 가닥을 분리하고 생표고는 0.3cm 두께로 썬다.

03 대파는 어슷썰고 배추는 5~6cm 길이, 2cm 폭으로 썬다. 양파는 반갈라 0.5cm 폭으로 썬다.

04 곤약은 1.5cm 길이, 0.5cm 두께로 잘라 가운데 부분에 칼집을 넣어 뒤집는다.

05 두부는 적당한 두께로 썰어 팬에서 굽는다.

06 전골냄비에 준비한 재료를 모두 담고 국물을 부어 끓이고 간을 맞춘다.

*도미양파구이

재료

도미 600g, 양파 4개 **도미양념장** 와인 2큰술, 소금 · 후춧가루 조금씩 **양파양념장** 간장 · 맛술 5큰술씩, 청주 · 마늘즙 2큰술씩, 후춧가루 조금 **소스** 유자청 · 맛술 2큰술씩, 생강즙 1작은술, 설탕 · 간장 3큰술씩, 래디시 4~5개, 오이 2개

이렇게 만드세요

01 도미를 양념장에 재운 다음 200℃ 오븐에서 10분 동안 익힌다.

02 반으로 자른 양파를 양념장에 30분 정도 재운 다음 남은 양념장과 함께 팬에 익힌다.

03 양념장이 졸아들면 오븐에 구운 생선과 소스를 넣고 살짝 졸여 접시에 담는다.

04 오이와 래디시를 가늘게 채썰어 보기 좋게 담아 낸다.

임신후기에는 태아의 뇌 발달이 완성되므로 단백질과 비타민을 충분히 섭취한다. 그리고 임신 7~8개월에는
임신중독증이 생기기 쉬우므로 염분과 수분을 지나치게 섭취하지 않도록 주의한다.
또한 소화가 잘되는 음식으로 조금씩 자주 먹어 체중이 급격이 증가하지 않도록 신경 쓴다.

*연두부깨장냉채

재료

연두부 1모, 쑥갓 80g, 무순 30g, 실파 5대, 당근
1/5개 깨장소스 참깨 · 간장 · 참기름 1큰술씩, 흑임
자 · 설탕 · 식초 · 다진마늘 1작은술씩, 다시마우린물
2큰술, 소금 · 후춧가루 조금씩

이렇게 만드세요

01 연두부는 깨끗하게 씻은 뒤 한 수저씩 떠서 준비
한다.

02 쑥갓은 짧게 잘라 씻고 무순은 잡티를 제거하고
물에 씻어서 물기를 뺀다. 실파는 송송 썰고 당
근은 3cm 길이로 곱게 채썬다.

03 분량의 재료를 섞어 깨장소스를 만든다.

04 접시에 쑥갓을 깔고 연두부를 올린 후 무순과 실
파, 당근을 모양내서 올린 후 깨장소스를 뿌리고
차게 해서 낸다.

*단호박베이컨말이구이

재료

단호박 1/4개, 베이컨 4장, 다진마늘 · 버터 1큰술씩,
소금 · 후춧가루 조금씩 소스 머스터드 · 다진마늘 1
큰술씩, 마요네즈 5큰술

이렇게 만드세요

01 단호박은 속의 씨를 빼고 6등분한다.

02 단호박의 껍질을 벗기고 랩을 씌워 전자레인지에
2분간 데운다.

03 단호박에 베이컨을 길이대로 돌돌 말아 감는다.

04 달구어진 팬에 버터를 두르고 다진마늘을 볶다가
향이 나면 단호박을 앞뒤로 굽는다.

05 그릇에 준비한 머스터드소스와 마요네즈, 다진마
늘을 넣고 고루 잘 섞어 소스를 만든 후 단호박
베이컨 위에 끼얹는다.

*녹차소스쇠고기야채볶음

재료

녹차우린물 1컵, 꿀 · 간장 2큰술씩, 다진생강 1작은
술, 다진마늘 1큰술, 쇠고기 400g, 당근 · 양파 · 홍
고추 1개씩, 브로콜리 조금, 옥수수전분 1작은술

이렇게 만드세요

01 볼에 녹차, 꿀, 간장, 생강, 마늘을 섞고 쇠고기를
넣어 30분~1시간 정도 재워 둔다.

02 양파는 3~4cm 크기로 썰고 당근은 반달 모양
으로 썬다.

03 팬에 양파와 당근을 넣고 볶는다.

04 다시 팬에 남은 마늘과 생강을 넣어 볶다가 고추
를 어슷썰어 볶고 쇠고기를 볶는다. 여기에 볶은
당근과 양파, 데친 브로콜리를 넣어 다시 볶는다.

05 고기를 재워 둔 양념에 옥수수전분을 섞고 팬에
서 볶는다.

산후에 먹으면 좋은 음식

*단호박수프

재료

단호박 1/2개, 양파 1/3개, 베이컨 2장, 버터 1큰술, 밀가루 2큰술, 육수 3컵, 소금·후춧가루 조금씩, 우유 1컵, 식빵 3장, 튀김기름 적당량

이렇게 만드세요

01 단호박은 껍질을 벗겨서 한입 크기로 썰고 양파와 베이컨은 잘게 썬다.

02 팬에 버터를 두르고 양파와 베이컨을 볶다가 단호박과 버터, 밀가루를 넣고 갈색이 나도록 볶는다.

03 육수를 붓고 끓이다가 믹서에 넣고 간다.

04 간 재료에 우유를 붓고 따뜻하게 데워 소금, 후춧가루로 간을 한다.

05 식빵은 1cm 크기로 네모지게 썰고 160℃의 기름에 바삭하게 튀긴다.

06 그릇에 수프와 식빵튀김을 담는다.

*홍합미역국

재료

불린미역 100g, 마른홍합 50g, 국간장·참기름 1큰술씩, 물 6컵, 청주 1작은술, 다진마늘 1큰술, 소금 조금

이렇게 만드세요

01 마른홍합은 물에 20분 정도 불린 후 물기를 건져 놓는다.

02 미역은 1시간 정도 물에 충분히 불려 헹군 다음 건져서 5cm 길이로 잘라 물기를 짠다.

03 냄비에 미역과 홍합을 넣고 분량의 국간장, 참기름, 청주를 넣은 다음 달달 볶는다.

04 미역과 홍합이 볶아지면 물을 붓고 푹 끓인다.

05 푹 끓으면 다진마늘을 넣고 소금으로 간을 맞춘 후 한 번 더 끓인다.

*부추달걀국

재료

달걀 2개, 소금 조금, 청주 1작은술, 영양부추 반 움큼, 치킨스톡 1개

이렇게 만드세요

01 달걀은 깨뜨려 멍울이 없도록 고루 저어 소금과 청주를 넣어 간한다.

02 영양부추는 밑동을 자르고 씻어 송송 썰거나 1~2cm 길이로 자른다.

03 냄비에 물 5컵을 붓고 치킨스톡을 넣어 팔팔 끓여 육수를 만든 후 소금으로 간한다.

04 달걀 푼 물에 부추를 넣고 고루 섞은 후 팔팔 끓는 육수를 넣어 살짝 익힌다. 그릇에 담고 붉은 고추를 송송 썰어 장식으로 얹는다.

출산 후에는 기력이 쇠하고 피로하고 지친 상태가 된다. 소화기능 또한 약해져 있기 때문에 처음에 먹는 음식은 부드럽고 소화가 잘되어 위에 부담이 가지 않는 것이 좋다. 단백질은 기력을 회복하고 모유를 만들어 내는 데 없어서는 안 될 영양소이다. 아기의 뇌나 몸의 세포를 만드는 데에도 중요한 역할을 한다. 고등어, 정어리 같은 등푸른 생선이나 두부, 우유, 요구르트, 치즈, 달걀 등에 양질의 단백질이 들어 있다. 육류는 살코기 위주로 먹는 것이 좋다. 산모는 평소보다 더 많은 칼로리가 필요하다. 그렇다고 너무 많은 칼로리를 섭취한 경우 자칫 산후비만이 되기 쉽다.

*미역재첩된장국

재료

불린미역 1공기, 재첩 2공기, 굵은소금 조금, 대파 1/2뿌리, 붉은고추 1/2개, 된장 1큰술

이렇게 만드세요

01 불린미역은 먹기 좋은 크기로 잘라 달구어진 팬에 파랗게 볶는다.

02 재첩은 소금을 조금 푼 물에 담가 잠시 그대로 두었다가 바락바락 문질러 해감을 토하게 한다.

03 해감을 뺀 재첩을 냄비에 안치고 자작하게 물을 부은 후 대파를 약간 잘라 넣어 팔팔 끓인다. 조개는 건지고 국물은 고운 거즈에 밭쳐 둔다.

04 재첩 삶은 국물이 끓으면 된장을 푼 후 미역을 넣어 살짝 더 끓인 후 송송썬 대파와 붉은고추를 조금씩 얹어 맛을 돋운다.

*장어구이

재료

장어 2마리, 데리야끼소스 1/2컵, 초생강 조금 데리야끼소스 간장 1컵, 물 2컵, 설탕 1컵반, 맛술 1/2컵, 양파 1/2개, 대파 1뿌리, 사과 1/4개, 셀러리 1대, 붉은고추 1개, 마늘 2쪽, 생강 1톨

이렇게 만드세요

01 분량의 데리야끼소스 재료를 냄비에 넣고 뚜껑을 열어 조린다.

02 소스의 양이 반이 될 때까지 조린다.

03 불을 끄고 소스의 국물을 체에 걸러 식힌 후 병에 담아 냉장보관한다.

04 손질한 장어는 반으로 잘라 흐르는 물에 잘 씻어 물기를 닦아준 다음 달군 팬에 식용유를 두르고 장어를 올려 앞뒤로 애벌구이한다.

05 살짝 구워지면 만들어둔 데리야끼소스를 붓으로 골고루 발라가며 구워 낸다.

06 먹기 직전 그릴에 올려 소스를 발라가며 다시 한 번 굽는다 (석쇠에 올려 굽거나 오븐에 구워도 좋다).

07 4cm 정도로 잘라 담고 초생강을 곁들여 낸다.

*닭곰탕

재료

닭 1/2마리, 생강편 2쪽, 굵은파뿌리 3개, 통후추 5알, 마늘 5쪽, 소면 50g, 대파 2대, 달걀 1개, 소금·후춧가루 조금씩

이렇게 만드세요

01 닭은 토막내 기름기를 떼어 낸 후 핏물을 30분 정도 빼서 건져 둔다.

02 냄비에 물을 붓고 생강, 파뿌리, 통후추, 마늘을 넣고 끓으면 준비한 닭을 넣고 푹 곤다.

03 소면은 팔팔 끓는물에 삶아 찬물에 헹궈 건진다.

04 굵은파는 송송 채썰어서 찬물에 헹구어 건져 매운기를 없애고 달걀은 흰자와 노른자를 분리해서 지단을 부친 후 채썬다.

05 닭살이 부드러워질 때까지 푹 끓이다가 국물이 뽀얗게 우러나면 불을 끄고 기름과 나머지 재료를 모두 걷어 낸다.

06 그릇에 곰탕과 소면, 황백지단, 송송썬 파를 얹고 소금과 후춧가루를 곁들인다.

*잡채

재료
당근·통도라지 50g씩, 양파 50g, 목이버섯 1/2컵, 당면 150g, 배 1/4쪽, 불린표고 4장, 쇠고기·느타리버섯 100g씩, 잣가루 조금, 붉은고추 1/4개, 황백지단 조금 **양념장** 간장 1큰술반, 다진마늘·깨소금 1/2큰술씩, 설탕·다진파·참기름 1큰술씩, 후춧가루 조금

이렇게 만드세요
01 당근, 통도라지, 양파는 4cm 길이로 채썰고, 목이버섯과 당면은 물에 불린다. 배는 채썰고, 고추도 씨를 빼고 채썬다.

02 불린 표고와 고기는 각각 채썰어 양념장에 무친다. 느타리버섯은 삶아 찢어서 당근과 함께 데친다.

03 팬에 당근, 양파는 소금만 조금 넣어 볶아 식히고 도라지, 느타리, 목이버섯은 소금과 다진파, 다진마늘을 넣고 볶아 식힌다.

04 양념한 표고버섯과 쇠고기를 볶다가 당면을 넣고 볶아 식힌 다음 야채와 고기, 버섯을 담고 무침양념을 넣어 무친다. 무침양념은 설탕, 참기름, 깨소금, 후춧가루를 조금씩 섞어 만든다. 배채와 고추채, 지단을 얹어 상에 낸다.

*메로발사믹

재료
메로살 1×4×4cm 크기 4쪽, 녹말가루 1/2컵, 달걀 흰자 1개, 브로콜리 4쪽, 소금 조금, 식용유 2컵 **발사믹소스** 양파 100g, 사과 1개, 버터 3×3cm크기 1개, 물 150cc, 설탕 3큰술, 발사미코양조식초 3큰술, 물녹말 2큰술

이렇게 만드세요
01 메로살을 우선 달걀 흰자로 고루 바르고 녹말가루를 묻힌다.

02 브로콜리는 끓는 물에 넣어 소금과 식용유를 넣고 데친다.

03 기름 2컵을 부은 튀김팬에 메로살을 넣고 170℃ 정도로 온도가 오르면 메로살을 넣어 튀긴다.

04 양파, 사과는 송송 썰어서 버터를 녹인 팬에 넣어 볶다가 소스 재료를 순서대로 넣는다. 마지막에 물녹말을 넣어 걸쭉하게 만든다.

05 튀겨놓은 메로살 위에 ④의 소스를 얹고 브로콜리를 곁들인다.

*멸치고추볶음

재료
멸치(중간크기) 15g, 풋고추 1개, 붉은고추 1/2개, 마늘 1쪽, 간장·청주·식용유 1/2큰술씩

이렇게 만드세요
01 멸치는 마른 면보에 싸서 가볍게 비벼 잡티를 털어내고 마른 팬에서 잠깐 볶아 비린내를 없앤다.

02 풋고추와 붉은고추는 어슷하게 저며 썰어 씨를 빼내고 마늘은 편으로 썬다.

03 기름을 조금 두른 팬에 마늘 썬 것을 넣고 볶다가 마늘 향을 낸 후 살짝 볶은 멸치를 넣고 약한 불에서 볶는다.

04 멸치가 알맞게 볶아지면 풋고추와 붉은고추를 넣고 간장, 청주로 간한 뒤 잠깐 더 볶는다.

음식태교는 쉽게 따라 할 수 있으면서 효과가 좋은 태교법 중의 하나로, 빠른 성장 속도를 보이는 태아에게 시기별로 필요한 음식을 사랑으로 전해 주고, 신체적으로 그리고 정서적으로 엄마와 아이가 교감을 나눌 수 있는 방법이다. 하지만 엄마의 몸은 임신 시기에 따라 여러 가지 변화를 보이므로 엄마의 신체 상태, 정서 상태에 맞게 섭취하는 음식의 종류가 조금씩 달라져야 한다.

음식 태교의 원칙

임신을 하면 귀동냥으로 어떤 음식이 좋다더라 하는 이야기를 듣게 된다. 아이의 머리를 좋게 한다, 영양이 풍부하다, 심지어는 이런저런 음식을 먹고 아들을 낳았다더라 등의 얘기들인데, 음식태교의 기본은 임산부가 먹고 싶은 음식인가 하는 점이다. 아무리 영양이 풍부한 음식이라 하더라도 먹고 싶지 않다면 억지로 먹을 필요는 없다. 또한 좋아하는 음식이라고 해서 그 음식만 먹는 것도 좋지 않다.

임산부는 하루에 30가지 음식을 섭취하는 것이 좋다는 말이 있다. 되도록 많은 종류의 음식을 조금씩 골고루 먹는 것이 다양한 영양소를 빠뜨리지 않고 섭취하는 비결이다. 또한 과식은 금물이다. 임신 중에는 약을 먹기도 쉽지 않고 또 탈이 난 것만으로도 엄마와 태아가 모두 힘들기 때문이다. 조금 자주 먹더라도 약간 부족한 듯 먹는다.

재료를 고를 때는 가장 예쁘고 윤기 나고 정갈한 것으로 고르고, 자연산 위주로, 우리나라에서 나는 것을 고르도록 한다. 수입 농산물은 첨가물이나 잔류 농약 여부를 쉽게 확인하기 어렵고 유통 기한으로 볼 때 우리나라에서 생산되는 것보다 덜 싱싱하기 때문이다. 요즘은 비닐하우스에서 생산하는 농산물이 많아져 식품의 제철이 점점 없어지고 있지만 제철 햇빛을 받고 자란 제철 식품이 영양가가 가장 풍부하다. 또한 간편하게 조리하기 위해 냉동식품을 재료로 사용하는 경우에는 유통기한을 꼭 확인하도록 한다.

태교 음식의 조리법

임신부에게 좋은 조리법이 따로 있는 것은 아니다. 하지만 임신초기에 입덧으로 고생할 때는 기름기는 적게, 음식 온도는 차갑게 하고, 임신중기에 접어들어서는 구이나 조림 같은 담백한 조리법이 도움이 된다. 임신후기에는 체중 조절에 주의해야 하므로 되도록 튀김이나 부침 같은 칼로리 높은 조리법은 피한다.

양념은 싱거운 것을 기본으로 한다. 특히 임신초기에는 향과 맛이 강하면 입덧이 더 심해질 수 있다. 또 자극이 강한 양념은 변비를 일으키기 쉬운데, 변비는 영양 흡수를 방해하므로 주의해야 한다. 소금도 주의해야 할 양념 중의 하나이다. 임신부에게 가장 좋은 식단이 전형적인 한식 밥상이다. 하지만 이때 짜게 먹지 않도록 주의해야 하는데 염분 섭취가 늘어나면 신체의 무기질 균형이 깨져서 물을 필요 이상으로 섭취하게 되고 이것이 부종이나 임신중독증을 초래할 수 있기 때문이다.

입덧완화에 좋은 음식

*과일카레깐풍기

재료

닭가슴살 300g **깐풍소스** 표고버섯 1장, 죽순 1/2개, 홍고추 2개, 다진마늘 1큰술, 다진파·간장 3큰술씩, 다진생강 1작은술, 청주 1큰술반, 설탕 1/2큰술, 참기름 조금, 소금·후춧가루 조금씩, 식용유 적당량

이렇게 만드세요

01 닭고기는 한입 크기로 썰어 청주, 간장 1큰술씩, 소금·후춧가루 조금씩에 잠시 재워 두었다가 달걀 1개를 풀고 불린녹말 4~5큰술을 넣어 버무려 170℃의 기름에 두 번 튀긴다.

02 표고버섯과 죽순, 홍고추는 손질하여 잘게 다진다.

03 기름을 넉넉히 두른 중국팬에 다진마늘, 파, 생강, 홍고추를 넣어 볶다가 표고버섯과 죽순을 넣고 부드럽게 볶은 후 분량의 간장, 청주, 설탕을 넣고 살짝 끓으면 소금, 후춧가루로 간하고 참기름을 뿌려 향을 낸다.

04 ③의 소스에 튀겨놓은 닭고기를 넣고 재빨리 버무려 낸다.

*무단초절이

재료

무 150g, 설탕·식초 2큰술씩, 소금·레몬즙 1작은술씩, 홍파프리카 1/4개, 당근 50g, 오이 1/4개, 사과 1/2개, 쇠고기 150g **겨자장** 발효겨자 1큰술, 설탕 1큰술, 식초 2큰술, 소금 1/4작은술, 간장 1작은술

이렇게 만드세요

01 무는 일정한 두께로 얇게 썰어 레몬즙을 뿌리고 식초, 설탕, 소금을 섞은 양념에 재워 둔다.

02 홍파프리카, 오이, 당근, 사과는 채썬다. 쇠고기는 사태나 양지로 준비해 푹 삶아 핏물이 나지 않으면 건져 채썬다.

03 겨자는 미지근한 물에 발효시킨 후 식초, 설탕, 소금, 간장을 넣고 소스를 만든다.

04 절여 놓은 무에 채썬 야채와 편육을 넣고 둘둘 만다.

05 초절이는 겨자소스와 같이 곁들이는데 무말이가 약간 크다고 생각되면 어슷하게 반으로 잘라 놓아도 좋다.

*녹두빈대떡

재료

불린녹두 2컵, 물 1/2컵, 소금 1/2작은술 **부침개속** 김치 100g, 쇠고기·숙주·양파 50g씩, 쪽파 4뿌리, 소금 1/2작은술, 다진마늘·참기름·통깨 1작은술씩, 후춧가루 조금 **쇠고기양념** 간장 1작은술, 설탕 1/2작은술, 다진마늘 1/4작은술, 후춧가루·참기름 조금씩

이렇게 만드세요

01 녹두는 6시간 정도 불린 다음 껍질을 벗기고 물기를 뺀 뒤 물 반 컵을 섞어 믹서에 약간 거칠게 간다.

02 김치는 속을 털고 송송 썰어 물기를 짜고, 쇠고기는 다져서 쇠고기양념에 버무린다. 숙주와 양파는 다듬어 잘게 썬다. 그릇에 밑손질한 부침개속 재료들을 분량대로 넣고 골고루 섞는다.

03 팬에 기름을 넉넉히 두르고 소금 간한 녹두반죽을 한 국자씩 떠 놓은 다음 그 위에 부침개속을 적당량 얹고 살짝 반죽을 덧입혀 노릇하게 지진다.

입덧은 보통 배가 고프면 구토가 일어나면서 불쾌해지고 음식을 먹으면 기분이 나아지는데, 음식을 먹고 나서 기분이 언짢아지면서 구토를 하는 사람도 있다. 입덧이 심할 때는 무리해서 먹으려고 하지 말고 먹을 수 있을 때 먹고 싶은 것을 마음껏 먹도록 한다. 이때, 영양섭취가 골고루 되도록 먹어야 한다는 강박관념은 금물. 입덧 증세가 심해지면 먹는 양도 줄고 토하는 일도 있어서 수분 섭취량이 줄어든다. 몸의 수분이 부족해지면 구토 증세가 더 심해지기 때문에 물을 많이 마셔야 한다. 입덧을 가라앉혀 주는 음식은 상큼한 샐러드나 냉채, 새콤한 초무침 등이며 신선한 과일과 야채도 많이 먹는 것이 좋다.

*닭가슴살냉채

재료

닭가슴살 300g, 소금 · 후춧가루 조금씩, 맛술 1큰술, 양파 1/4개, 마늘 1쪽, 파 1대, 양상추 1/2통, 치커리 80g **냉채소스** 올리브오일 4큰술, 식초 2큰술, 설탕 1작은술, 오렌지즙 3큰술

이렇게 만드세요

01 닭가슴살은 소금과 후춧가루로 밑간한다.

02 밑간한 닭가슴살과 맛술, 양파, 마늘, 파를 냄비에 넣고 물을 부은 후 끓이다가 닭이 익으면 살을 굵직하게 찢어 둔다.

03 양상추와 치커리는 물에 담갔다가 한입 크기로 뜯어 준비한다.

04 올리브오일 식초, 설탕 등을 넣고 골고루 섞어 냉채소스를 만든다.

05 그릇에 준비한 야채와 닭가슴살을 얹고 냉채소스를 끼얹는다.

*오이도라지생채

재료

통도라지 6개, 소금 · 식초 조금씩, 오이 1개, 고운고춧가루 1/2큰술, 다진홍고추 1큰술, 깨소금 · 참기름 조금씩

이렇게 만드세요

01 통도라지는 껍질을 벗겨내고 씻어 6cm 길이, 0.3cm 굵기로 채썬다.

02 도라지를 소금과 식초를 넣고 버무려 맛을 들인다.

03 오이는 길게 반으로 잘라 속을 긁어내고 0.2cm 두께로 어슷하게 썬다.

04 오이에 소금을 넣고 약간 숨이 죽을 정도로만 절인다.

05 절인 도라지와 오이의 물기를 제거한 뒤 다진홍고추, 고운고춧가루, 깨소금, 참기름을 넣고 무쳐 간을 맞춘다.

*열무비빔쟁반

재료

국수 400g, 열무김치 적당량, 오이 1/2개, 배 1/4개, 풋고추 2개, 적채 · 쑥갓 · 미나리 · 양배추 적당량, 삶은달걀 2개 **불고기양념** 간장 1큰술반, 설탕 · 다진마늘 · 맛술 · 깨소금 · 참기름 1/2큰술씩, 다진파 1큰술, 후춧가루 조금 **비빔양념** 고추장 5큰술, 고춧가루 · 깨소금 2큰술씩, 물엿 · 설탕 · 참기름 1큰술씩, 다진마늘 · 다진파 · 생강즙 1/2큰술씩

이렇게 만드세요

01 국수를 삶아 건져 여러 번 냉수에 손으로 비벼 끈기 없이 씻어 건져 놓는다.

02 열무김치는 국물을 살짝 짜 놓는다.

03 오이, 배, 적채, 양배추는 채썬다.

04 쑥갓과 미나리는 씻은 후 다른 야채와 같은 길이로 썬다.

05 삶은달걀은 반으로 자르고, 불고기는 분량의 양념으로 재워 팬에 굽는다.

06 삶아 놓은 국수는 먹기 전에 비빔양념에 비빈 후 준비한 야채와 불고기를 돌려 담는다.

*꽁치소금구이

재료

꽁치 2마리, 소금 조금, 샐러드유 조금, 레몬 1쪽

이렇게 만드세요

01 꽁치는 깨끗이 씻은 다음 키친타월로 물기를 닦는다.

02 꽁치에 소금을 뿌려 20분 정도 두어 간이 배면, 반으로 자른다.

03 호일에 샐러드유를 발라 그릴에 깔고 꽁치를 놓아 윗면에 기름을 살짝 발라 굽는다. 꼬리와 지느러미는 호일로 살짝 감싼다.

04 접시에 먹음직스럽게 구운 꽁치 두 마리를 나란히, 혹은 엇갈리게 놓고 레몬과 푸른잎으로 장식한다.

*바지락볶음

재료

바지락 200g, 양파 1/2개, 화이트와인 1큰술, 버터 1큰술, 토마토케첩 1큰술, 설탕 1/2작은술, 소금 · 후춧가루 조금씩, 다진파슬리 조금

이렇게 만드세요

01 바지락은 옅은 소금물에 담가 해감을 토하게 한 후 비벼가면서 씻고 물기를 없앤다. 양파는 곱게 채썬다.

02 냄비에 버터와 화이트와인을 넣은 후 끓으면 양파를 넣고 볶다가 바지락을 넣어 익힌다.

03 바지락이 입을 벌리면 소금, 후춧가루, 설탕, 토마토케첩을 넣어 버무린다.

04 접시에 바지락볶음을 담고 다진파슬리를 뿌려 낸다.

*양배추참치샐러드

재료

양배추 200g, 적색 양배추 100g, 당근 50g, 양파 1/3개, 통조림참치 1캔 샐러드소스 양겨자 · 설탕 1작은술씩, 올리브유 3큰술, 식초 · 물 1큰술씩, 소금 · 후춧가루 조금씩

이렇게 만드세요

01 양배추는 4cm 길이로 곱게 채썰고, 당근과 양파도 곱게 채썰어 물에 담가 싱싱하게 준비한다.

02 참치는 기름을 빼고 굵직하게 뜯어 둔다.

03 그릇에 분량의 소스 재료를 넣고 잘 섞이도록 흔들어 드레싱을 만든다.

04 샐러드 그릇에 준비한 야채를 담고 참치와 드레싱을 먹기 직전에 끼얹는다.

임신 중기에 들어서면서 문제가 되는 것 중의 하나가 바로 빈혈이다. 하루에 12mg이던 임신 전의 철분 필요량이 임신 초기에는 15mg, 후기에는 20mg으로 거의 배 이상이다. 또한 모유에 부족한 철분을 보충하기 위해 태아는 이유기까지 필요한 철분을 미리 저장하여 태어나기 때문에 엄마 뱃속에 있을 때 상당히 많은 양의 철분이 필요하다. 그러므로 모체의 빈혈 예방뿐 아니라 태아의 건강을 위해서도 철분을 충분히 섭취해야 한다. 철분은 감, 굴, 참치, 조개류에 많고 미나리나 시금치, 무말랭이나 해조류 등에도 풍부하게 들어 있다. 철분은 칼슘과 결합해서 각각의 특성을 발휘하지 못하게 하는 작용을 하므로 초콜릿이나 우유 등의 칼슘식품과는 함께 먹지 않는 것이 좋다.

*굴미역무침

재료

굴 120g, 물미역 100g, 미삼 100g, 홍고추 1개 **초간장** 간장·식초·물 2큰술씩, 설탕 1큰술, 레몬즙 1작은술

이렇게 만드세요

01 굴은 껍질이 붙어 있지 않도록 잘 골라서 소금물에 흔들어 씻어 건져 둔다.

02 미역은 끓는물에 소금을 넣고 파랗게 데친 후 한 입 크기로 썬다.

03 미삼은 물에 담갔다가 건져 두고 홍고추는 채썰거나 다진다.

04 그릇에 분량의 초간장 재료를 넣고 잘 섞어 초간장을 만든다.

05 그릇에 굴, 미역 등 준비한 재료를 담고 초간장으로 버무린다.

*시금치연두부수프

재료

시금치 1단, 연두부 1/2모, 마른새우 1/2컵, 다진마늘 1작은술, 다진파 1큰술, 국간장·식용유 1큰술씩, 물 6컵, 물녹말 1/2컵, 소금·후춧가루·참기름 조금씩

이렇게 만드세요

01 시금치는 뿌리 쪽을 완전히 떼고 시든 잎을 제거한 후 흙이 더 이상 나오지 않을 때까지 깨끗하게 씻어 물기를 빼둔다.

02 팬에 식용유를 두르고 다진마늘과 다진파를 볶다가 향이 나기 시작하면 새우를 넣고 잠깐 더 볶는다.

03 씻어 놓은 시금치를 넣고 볶다가 숨이 죽으면 물을 붓는다.

04 강한 불에서 물이 끓기 시작하면 국간장을 넣고 연두부를 스푼으로 1수저씩 떠 넣는다.

05 소금과 후춧가루로 간을 맞춘 후 불을 낮추고 물녹말을 조금씩 넣어가며 농도를 맞춘 후 참기름을 조금 넣는다.

*대합구이

재료

대합 2개 **양념장** 고춧가루 1/2큰술, 간장 2작은술, 청주 2큰술, 다진마늘 1작은술, 깨소금 조금, 다진파 1큰술, 생강즙 1/2작은술

이렇게 만드세요

01 대합은 깨끗이 씻어 겉면에 낀 이물질을 제거하고 반으로 갈라 내장을 빼낸 다음 살만 발라 2cm 크기로 썬다.

02 대합살에 분량의 양념을 넣고 고루 버무린다.

03 양념한 대합살을 깨끗이 씻은 껍데기에 다시 넣고 불에 올려 지글지글 굽는다.

유산방지에 좋은 음식

유산은 초기유산과 중기유산이 있다. 초기유산은 대부분 태아 자체에 문제가 있어 일어나고 중기유산은 임신부의 몸에 이상이 있어 생기는 경우가 많다. 임신초기에 '태루'라고 하여 소량의 출혈이 비치면서 유산이 염려될 때는 쑥떡이나 쑥차가 도움이 되며, 중기유산을 예방하는 데는 칼슘과 비타민 함량이 높은 음식이 좋다.

*해삼불고기

재료
해삼 600g, 양파 1개, 통마늘 200g, 청경채 6장 **불고기양념장** 간장 4큰술, 꿀 2큰술, 설탕 1/2큰술, 국간장·참기름 1작은술씩, 다진파·다진마늘 1큰술씩, 후춧가루 조금, 맛술·생강즙·배즙 1큰술씩 **마늘 삶는 물** 청주 1큰술, 소금 1/2큰술, 물 3컵

이렇게 만드세요
01 분량의 재료를 섞어 불고기양념장을 만든다.
02 불고기양념장에 불린 해삼을 넣고 30분 정도 재운다.
03 달구어진 팬에 해삼과 양파를 넣고 볶는다.
04 마늘 삶는 물을 준비하여 통마늘을 넣고 삶은 후 소금, 후춧가루, 참기름을 1작은술씩 넣고 볶은 다음 그릇에 볶은 해삼과 통마늘을 보기 좋게 담아 상에 낸다.

*해물누룽지탕

재료
누룽지 4쪽, 죽순 30g, 불린 표고버섯 2개, 청경채 1개, 초고버섯 2개, 해삼 50g, 중새우 4개, 갑오징어 40g, 식용유 2컵, 키조개살 1개 **소스** 식용유 1큰술, 대파 10g, 생강·마늘 1쪽씩, 청주·간장 1큰술씩, 물 2컵, 치킨파우더 1큰술, 후춧가루 1/2작은술, 굴소스 2큰술, 물녹말 3큰술, 참기름 1작은술

이렇게 만드세요
01 죽순과 표고버섯, 해삼은 편으로 썰고 청경채와 대파는 4cm 길이로 썬다. 초고버섯은 반 가르고 생강은 채썰고 마늘은 편으로 썬다. 해물도 손질해 비슷한 크기로 썬다.
02 대파와 생강, 마늘을 제외한 모든 재료를 끓는물에 넣고 데친 다음 체에 밭쳐 물기를 뺀다.
03 팬에 식용유 1큰술을 두르고 대파, 마늘, 생강을 5초 정도 볶는다. 그런 다음 청주와 간장을 넣고 데친 재료를 넣어서 10초 정도 살짝 볶는다.
04 3에 물 2컵을 붓고 치킨파우더, 후춧가루, 굴소스를 넣어 간한 다음 물녹말을 넣어 농도를 맞추고 참기름을 넣는다.
05 180℃의 기름에 누룽지를 튀겨 소스를 끼얹는다.

*쑥고기완자전

재료
쑥 100g, 다진쇠고기 200g, 두부 150g, 달걀 1개, 다진파 1큰술, 다진마늘 1/2큰술, 깨소금·참기름 1/2큰술씩, 소금·후춧가루 조금씩, 밀가루 2큰술, 식용유 조금

이렇게 만드세요
01 쑥은 지저분한 노란잎과 단단한 줄기를 잘라내고 다듬는다.
02 쑥 다듬은 것은 흐르는 물에 씻어 끓는물에 소금을 넣고 살짝 데친 후 건져내 찬물에 헹군다.
03 찬물에 헹군 쑥은 물기를 꼭 짠 다음 잘게 다진다.
04 두부를 칼편으로 눌러 으깬 후 달걀, 다진쇠고기, 다진파, 다진마늘, 깨소금, 참기름, 소금, 후춧가루를 넣고 재료들이 잘 섞이도록 밀가루를 조금 넣는다.
05 팬을 달군 후 기름을 두르고 쑥고기 반죽을 수저로 떠서 동글납작한 모양을 만들어 앞뒷면을 노릇하게 지진다.

임신 부종을 완화시키는 음식

흔히 임신 20주를 전후해 온몸이 붓고 배가 불러오면서 숨이 차는 경향이 생기는데, 임신 7개월이 되는 25~28주 무렵이 되면 임신부종이 가장 잘 나타난다. 임신부종은 고혈압, 단백뇨와 함께 임신중독증의 3대 증상 중 하나이다. 임신부종이 심하면 태반의 혈액순환 장애로 태아발육 부진뿐 아니라 산소 결핍으로 태아가 질식 상태에 빠질 수 있어 위험하다.

*옥수수동그랑땡

재료

게맛살 3개, 양파 1/4개, 통조림옥수수알 1/2컵, 청피망 1/2개, 생표고버섯 2개, 밀가루 2큰술, 달걀 1개, 소금 조금, 식용유 적당량

이렇게 만드세요

01 게맛살과 양파, 청피망, 생표고버섯은 각각 옥수수알 크기만 하게 다진다.

02 큰 그릇에 다져 준비한 채소들과 게맛살, 통조림 옥수수알을 한데 섞고 분량의 달걀, 밀가루, 소금을 넣어 고루 버무린다.

03 기름 두른 팬에 ②의 반죽을 한 수저씩 떠놓아 노릇하고 먹음직스럽게 부친다.

04 상에 낼 때는 작은 접시에 2~3개씩 담아 1인분씩 낸다.

*단호박약선죽

재료

단호박 1개, 모둠콩 1/2컵, 찹쌀 1/4개, 대추 8알, 밤 5톨, 은행 5알, 잣 1큰술, 소금 조금, 설탕 2큰술, 물 적당량

이렇게 만드세요

01 단호박은 껍질을 벗기고 씨를 발라내 적당한 크기로 썰어 김이 오른 찜기에 넣고 푹 찐 후 잘 으깨고 물을 부어 중불에서 끓인다.

02 모둠콩은 깨끗이 씻어서 먼저 끓는물에 팔팔 삶아낸 다음 끓고 있는 단호박 냄비에 넣고 함께 끓인다.

03 대추는 주름 부분의 먼지까지 깨끗이 씻어서 물기를 닦고, 밤은 속껍질까지 말끔하게 벗겨낸다. 은행은 끓는물에 데쳐서 속껍질을 벗기고, 잣은 고깔을 떼고 마른 거즈에 닦는다.

04 냄비의 단호박과 모둠콩이 익으면 곱게 갈아 둔 찹쌀가루를 넣고 저어가면서 끓이다가 대추, 밤, 은행, 잣을 넣고 끓인다.

05 설탕과 소금을 넣어 간한 후 걸쭉해지면 그릇에 담아 낸다.

*아욱보리새우국

재료

아욱 1단, 육수 4컵, 된장 2큰술, 마른보리새우 1/3컵, 참기름 1작은술, 다진마늘 1큰술, 매운고추 1개, 대파 1대, 소금 조금

이렇게 만드세요

01 아욱은 한쪽으로 꺾어 잡아당기면서 투명한 겉껍질을 벗긴 다음 푸른물이 빠지게 주물러 씻어 둔다.

02 멸치육수나 고기육수에 된장을 풀어 끓인다.

03 마른보리새우는 물에 담가 불린 후 굵직하게 다지고, 매운고추는 송송썰고, 대파는 어슷썬다.

04 냄비에 참기름을 조금 두르고 다진새우와 다진마늘을 넣어 살짝 볶다가 ②의 된장 푼 육수를 붓고 끓인다.

05 ④에 ①의 아욱을 넣고 끓여 아욱이 부드러워지면 송송썬 매운고추와 어슷썬 파를 넣고 소금으로 간한다.

변비 예방에 좋은 음식

*알감자버터구이

재료

알감자 15개, 버터 50g, 설탕 조금 **소스** 고추장 2작은술, 마요네즈 2큰술, 설탕 조금, 깨소금 1작은술, 실파 20g

이렇게 만드세요

01 알감자는 깨끗이 씻어 껍질을 벗긴 다음 김 오른 찜통에 살짝 찐다.

02 내열용기에 찐 감자를 넣고 소금과 버터를 넣어 고루 섞은 뒤 200℃로 예열된 오븐에서 20~30분간 굽는다.

03 고추장과 마요네즈, 설탕을 섞은 뒤 깨소금 1작은술, 송송썬 실파를 넣어 소스를 만든다.

04 접시에 구운 감자를 보기 좋게 담고 소스를 곁들여 상에 낸다.

*쑥쌀고구마밥

재료

쌀 3컵, 쑥쌀 1컵, 고구마 2개, 대추 8개, 검은깨 1/4컵 **장국** 다시마 10cm 길이 1쪽, 멸치 30g, 물 4컵 **양념장** 간장 4큰술, 설탕 1/2큰술, 다진파 2큰술, 다진마늘·다진홍고추 1큰술씩, 깨소금·참기름 적당량

이렇게 만드세요

01 쌀은 밥짓기 30분 전에 미리 씻어 충분히 불려 두었다가 체에 밭쳐 물기를 빼고 쑥쌀은 불리지 않고 그대로 사용한다.

02 대추는 씨를 발라 반으로 자르고 고구마는 물에 씻어 껍질째 큼직하게 썬 후 물에 담가 전분을 뺀다. 검은깨는 잘 씻은 후 마른 팬에 넣고 고소하게 볶아 분쇄기로 반 정도 으깨지도록 간다.

03 냄비에 물을 붓고 다시마와 멸치를 넣고 끓이다가 기포가 생기기 시작하면 다시마는 건져 내고 멸치는 5분간 더 끓여 장국을 만든다.

04 냄비에 불린 쌀과 쑥쌀, 고구마, 대추, 검은깨를 모두 넣고 장국을 부어 밥을 짓는다. 한소끔 끓어오르면 뒤적인 후 불을 줄여 뜸을 들인다.

05 그릇에 소복이 담고 양념장과 함께 곁들여 먹는다.

*양배추불고기쌈밥

재료

양배추 1/2통, 밥 4공기, 참기름·흰깨 2큰술씩, 검은깨 1큰술, 소금 조금, 쇠고기 400g, 풋고추·고추장·식용유 조금씩 **불고기양념장** 간장 3큰술, 다진파·설탕·청주·참기름·깨소금·배즙 2큰술씩, 다진마늘 1큰술, 소금·후춧가루 조금씩

이렇게 만드세요

01 양배추는 한 잎씩 떼어 가운데 심을 없애고 김오른 찜통에 쪄낸다. 물러지지 않게 살짝만 찐다.

02 따뜻한 밥에 참기름과 흰깨, 검은깨, 소금을 넣고 고루 섞어 둥글게 주먹밥 모양으로 뭉친다.

03 쇠고기는 키친타월로 핏물을 뺀 후 양념장을 넣고 고루 버무려 양념한다. 약 20분 정도 맛이 배도록 잠시 둔다.

04 팬에 기름을 두르고 양념한 쇠고기를 넣어 국물 없이 고슬고슬하게 볶는다.

05 삶은 양배추를 한 장씩 편 후 양념한 주먹밥을 올리고 불고기를 얹는다. 접시에 담고 송송썬 풋고추를 조금씩 얹는다.

임신 중에는 일반적으로 위장의 기능이 약해져 변비가 생기기 쉽다. 또 임신이 진행되면서 커진 자궁이 장을 압박해 변비가 생기기도 한다. 특히 입덧 등으로 식사를 제대로 하지 못할 경우에도 변비가 올 수 있으므로 평소 야채와 과일을 많이 먹고, 변도 규칙적으로 보는 습관을 들인다.

변비 예방에는 섬유질 섭취가 가장 효과적이다. 섬유질이 풍부한 식품은 주로 야채와 과일인데 특히 녹황색채소나 복숭아, 사과 등의 과일이 좋다. 각종 버섯류나 고구마, 옥수수, 호박 등도 변비 예방에 좋은 식품이다. 우유나 요구르트도 통변을 좋게 하는 작용이 있으며 매일 아침 물을 한 잔씩 마시는 것도 좋은 방법이다. 야채는 살짝 데치거나 절여서 먹는다.

*야채필라프

재료

밥 3공기, 당근 1/3개, 양파 1개, 청 · 홍피망 1/2개씩, 청경채 2포기, 메추리알 4개 양념장 굴소스 · 식용유 · 참기름 · 물 3큰술씩, 고추장 · 간장 · 통깨 1큰술씩, 소금 · 후춧가루 조금씩

이렇게 만드세요

01 양파와 당근, 청 · 홍피망은 0.5cm의 주사위 모양으로 자른다.

02 청경채는 잎을 길이로 반 갈라 놓는다.

03 깊이가 있는 팬에 분량의 양념장을 넣고 끓으면 잘라 놓은 야채들을 살짝 볶은 후 청경채를 넣어 숨이 죽을 정도로만 볶는다.

04 청경채를 제외한 야채에 밥을 넣어 조금 더 볶다가 소금으로 간한다.

05 밥을 담을 그릇 속에 청경채를 담고 그 속에 밥 볶은 것을 담아 누른 후, 접시에 엎어 담고 한쪽 면만 익힌 메추리알을 얹어 낸다.

*고구마아몬드맛탕

재료

고구마 3개, 식용유 1컵, 아몬드 1/2컵, 머시멜로 3개 시럽 설탕 · 물 1/2컵씩

이렇게 만드세요

01 고구마는 껍질째 깨끗하게 씻어 먹기 좋은 크기로 네모지게 썰어 물기를 완전히 닦는다.

02 속이 깊은 팬에 기름을 붓고 썰어 놓은 고구마를 넣어 센불에서 속까지 충분히 익도록 튀긴다.

03 속이 깊은 팬에 설탕을 담고 동량의 물을 넣어 설탕이 녹을 때까지 충분히 끓여 시럽을 만든다.

04 고구마를 시럽에 넣고 가만히 저어 시럽을 묻히다가 아몬드를 넣어 맛을 낸 후 그릇에 담고 머시멜로를 잘게 썰어 얹는다.

*단호박그라탱

재료

단호박 1/3개, 양파 1/2개, 베이컨 3장, 양송이버섯 5개, 파프리카 1개, 다진마늘 1큰술 화이트소스 밀가루 2큰술, 버터 2큰술, 우유 1컵, 소금 · 후춧가루 조금씩, 다진피자치즈 150g

이렇게 만드세요

01 단호박은 껍질을 벗기고 6등분하여 전자레인지에 넣고 3분간 데운다.

02 양파는 채썰고, 베이컨은 잘게 썬다.

03 양송이는 껍질을 벗겨 저며 썰고 파프리카도 한입 크기로 썬다.

04 냄비에 준비한 버터와 밀가루를 볶다가 멍울이 지지 않도록 우유를 붓는다. 소금, 후춧가루로 간을 해 화이트소스를 만든다.

05 달구어진 팬에 버터를 두르고 베이컨과 양파, 마늘을 볶다가 향이 나면 준비한 단호박을 볶는다. 소금과 후춧가루로 간을 한 후 화이트소스를 넣고 잘 섞는다.

06 그라탱 용기에 버터를 바르고 준비한 재료를 올린 후 남은 화이트소스를 붓는다. 피자치즈 다진 것을 올린 후 220℃ 오븐에서 20분간 굽는다.

*가지그라탱

재료

통통하고 짧은 가지 2개, 오징어 1마리, 양파 1/4개, 다진마늘 1/2큰술, 모짜렐라치즈 100g, 빵가루 2큰술, 소금·흰후춧가루 조금씩 **화이트소스** 버터 2큰술, 밀가루 4큰술, 육수·우유 1/2컵씩, 월계수잎 2장, 소금·흰후춧가루 조금씩

이렇게 만드세요

01 가지는 길이로 반 갈라 가장자리를 조금 남기고 칼집을 넣어 속을 파내고 파낸 속은 잘게 썬다. 가지 껍질은 그릇으로 이용한다.

02 오징어는 껍질을 벗기고 소금물에 씻어 잘게 썰고, 양파도 같은 크기로 잘게 썰어 팬에 다진마늘, 가지 속을 넣고 소금, 후춧가루로 간하여 볶는다.

03 팬에 버터를 녹이고 밀가루를 넣어 약한불에서 볶다가 육수를 붓고 월계수잎을 띄워 고루 젓는다. 우유를 넣어 걸쭉해지면 소금·후춧가루로 간하여 소스를 만든다.

04 ②에 ③을 넣고 버무려 가지 껍질에 채운 뒤 모짜렐라치즈를 잘게 다져 얹고 빵가루를 뿌려 240℃의 오븐에 굽는다.

*삼치구이실파깨소스

재료

삼치 4토막, 실파 50g 구이양념 소금 1/3작은술, 레몬즙 1/2큰술, 청주·양파즙 1큰술씩, 생강즙 1작은술 **깨소스** 참깨가루 2큰술, 양파즙·물엿 1큰술씩, 발효겨자 1/2작은술, 오렌지즙 1큰술, 소금·후춧가루 조금씩

이렇게 만드세요

01 삼치는 머리와 내장을 제거하고 소금물에 흔들어 씻는다.

02 손질한 삼치는 뼈를 발라내고 살만 저민 후 5cm 길이로 자른다.

03 분량의 재료를 골고루 섞어 구이양념을 만든 후 저며 놓은 삼치살에 뿌린다.

04 그릇에 분량의 깨소스 재료를 담고 골고루 섞어 깨소스를 만든다.

05 석쇠나 프라이팬에 구이양념으로 재워 놓은 삼치를 넣고 굽다가 깨소스를 뿌린다.

06 실파는 소금을 조금 넣은 물에 데친 후 건져 4cm 길이로 썰어 삼치구이에 곁들인다.

*파인애플탕수육

재료

돼지고기 250g, 청주·간장 1큰술씩, 파인애플 4조각, 옥수수 1/2컵, 완두콩 1/4컵, 대파 1/4대, 다진마늘 조금, 마른고추·달걀 1개씩, 불린녹말 5큰술 **소스** 물 1컵반, 설탕 1/2컵, 식초 1/3컵, 간장 1작은술, 소금 조금, 물녹말 2큰술

이렇게 만드세요

01 돼지고기는 한입 크기로 썰어 간장, 청주로 밑간한다.

02 파인애플은 8등분하고, 옥수수·완두콩은 물에 한 번 헹군다.

03 대파는 반을 갈라 3cm 길이로 썰고 마른고추는 어슷썰며 마늘은 칼등으로 두드린다.

04 밑간한 고기에 달걀과 불린녹말을 넣어 버무린 후 고온에서 두 번 튀긴다.

05 팬에 파, 마늘, 마른고추를 볶다가 야채를 넣고 육수를 부은 후 간장, 소금, 설탕, 식초로 맛을 내고 물녹말을 푼다.

06 튀긴고기에 소스를 뿌린다.

소금의 과다한 섭취는 부기나 고혈압, 임신중독증의 한 원인이 되므로 특히 후기부터는 소금 섭취를 줄여야 한다. 소금을 많이 섭취하면 목이 말라 필요 이상으로 물을 많이 마시게 되어 수분을 과잉섭취하게 된다. 그러면 몸이 붓게 되고 식욕이 떨어지며 심하게 태아에게도 치명적인 영향을 미치게 된다.

또 음식을 만들 때 소금을 적게 넣어야 간이 싱거워져 반찬을 많이 먹게 되고 그러면 자연히 다양한 영양소를 골고루 섭취하게 되므로 영양적으로 균형을 이룰 수 있다.

소금을 적게 섭취하려면 생강이나 마늘, 파 등 맛이 강한 양념 재료나 토마토 같은 야채를 많이 이용하는 것이 좋다. 이런 재료들은 그 자체로도 풍미가 있고 맛에 악센트를 주므로 특별히 간을 강하게 하지 않아도 된다.

*허브갈릭소스오징어구이

재료
오징어 4마리 허브갈릭소스 깐마늘 6쪽, 소금 · 후춧가루 1작은술씩, 올리브오일 1/2컵, 화이트와인비네거 3큰술, 레몬즙 · 파슬리 1큰술씩

이렇게 만드세요
01 마늘은 반으로 잘라 믹서에 넣고 소금, 파슬리를 넣어 살짝 간 다음, 올리브오일을 조금씩 넣어가며 믹서에 돌려 고루 섞이게 한다.

02 마요네즈 상태처럼 걸쭉해지면 화이트와인비네거와 레몬즙을 넣어 잘 섞는다.

03 오징어는 손질해 껍질을 벗기고 모양을 살린 후 소금, 후춧가루를 뿌려 달군 팬에 오일을 두르고 앞뒤로 잘 굽는다.

04 접시에 구운 오징어를 담고 소스를 끼얹어 내거나 찍어 먹는다.

*버섯야채잡채

재료
당면 300g, 청경채 2뿌리, 느타리버섯 80g, 팽이버섯 1봉, 실파 4뿌리, 당근 50g, 얇은쇠고기 200g, 식용유 · 소금 · 후춧가루 · 깨소금 · 설탕 · 참기름 조금씩 고기양념 간장 2큰술, 청주 · 설탕 · 다진파 · 다진마늘 1큰술씩, 깨소금 · 후춧가루 · 참기름 조금씩 당면양념 간장 3큰술, 설탕 2큰술, 참기름 1큰술

이렇게 만드세요
01 청경채는 1cm 폭으로 길게 저며 썰고 느타리버섯은 길이 그대로 찢는다.

02 팽이버섯은 밑동을 자른 뒤 가닥을 분리하고 실파는 6cm로 잘라 반으로 쪼개 썬다.

03 당근은 길이 6cm, 폭 0.3cm로 얇게 썬다. 쇠고기는 끓는물에 헹군 후 길게 찢어 고기양념으로 버무려 팬에서 볶는다.

04 당면은 삶아 건진 후 15cm 길이로 잘라 당면양념을 넣고 버무려 식용유로 볶는다.

05 팬에 식용유를 두르고 야채를 각각 볶아 간한 후 당면을 함께 담아 깨소금, 설탕, 참기름을 조금 더 넣어 버무려 담는다.

*오이미역냉국

재료
마른미역 30g, 오이 1개, 양파 1/4개, 마늘 1쪽, 청 · 홍고추 1개씩, 고추장 1큰술 냉국물 설탕 2큰술반, 식초 4큰술, 소금 조금, 물 3컵

이렇게 만드세요
01 마른미역은 물에 불린 뒤 주물러 씻어서 물기를 빼고 짧게 자른다.

02 오이는 소금으로 문질러서 동그랗게 썰고 양파는 채썬다.

03 마늘은 편으로 썰고 고추는 송송썰고 고추씨는 뺀다.

04 그릇에 미역과 오이, 마늘, 고추를 넣고 고추장으로 조물조물 무친다.

05 분량의 재료를 넣어 냉국물을 만든 후 시원하게 냉장고에 잠시 두었다가 준비한 재료를 넣어 냉국을 만든다.

*돼지고기부추볶음

재료

돼지고기 150g, 부추 50g, 붉은고추 1개, 양파 1/3개, 대파 1/3줄기, 마늘 2개, 생강 1/2개, 굴소스 2큰술, 청주 1/2큰술, 후춧가루 · 참기름 · 식용유 조금씩

이렇게 만드세요

01 돼지고기는 5cm 길이로 가늘게 채썰고 부추는 뿌리를 깨끗하게 다듬어 씻어 4cm 길이로 자른다.

02 양파는 채썰고 붉은고추는 반으로 가른 후 씨를 털고 가늘게 채썬다.

03 대파, 마늘, 생강은 가늘게 채썬다.

04 팬을 뜨겁게 달구어 기름을 두르고 대파, 마늘, 생강 채썬 것을 넣어 향을 낸 다음 돼지고기 채썬 것, 양파, 붉은고추 채썬 것을 넣는다.

05 고기가 익으면 굴소스, 청주, 후춧가루로 간을 하고 부추와 참기름을 조금 넣어 볶은 후 접시에 담는다.

*연두부양상추볶음

재료

양상추 300g, 샐러드유 조금, 굴소스 1큰술, 소금 조금, 연두부 1모 소스 양파 1/3개, 홍고추 2개, 풋고추 1개, 대파 1/2대, 다진마늘 · 물녹말 1큰술씩, 두반장 2큰술, 육수 1컵, 소금 · 후춧가루 · 참기름 조금씩

이렇게 만드세요

01 양상추는 한입 크기로 뜯어 두고 양파, 고추, 파는 1cm로 네모지게 썬다. 연두부는 용기째로 끓는물에 살짝 데친 후 큼직하게 썬다.

02 팬에 기름을 두르고 다진마늘과 준비한 야채를 볶다가 두반장과 육수를 넣고 끓인다.

03 한 번 끓으면 물녹말을 넣고 간을 한 후 참기름을 둘러 걸쭉한 소스를 만든다.

04 팬에 기름을 두르고 손질한 양상추를 볶다가 굴소스를 넣고 살짝 볶아 그릇에 담고 연두부를 올린 후 소스를 끼얹는다.

*버섯구이

재료

새송이버섯 400g, 양파 1개, 식용유 · 잣가루 2작은술 버섯양념 간장 2큰술, 고운고춧가루 · 청주 · 설탕 · 다진마늘 1큰술씩, 다진생강 1/2큰술, 깨소금 · 소금 · 후춧가루 · 참기름 조금씩

이렇게 만드세요

01 새송이버섯을 소금물에 흔들어 씻는다.

02 버섯은 도톰하게 썰고 양파는 둥글게 썬다.

03 큰 그릇에 버섯을 담고 버섯양념으로 재워 놓는다.

04 프라이팬에 식용유를 두른 후 양념한 버섯을 가지런히 넣고 양파도 같이 굽는다.

05 접시에 구운 버섯과 양파를 담고 위에 잣가루를 뿌린다.

임신 중기에 접어들면 입덧이 훨씬 덜해지면서 식욕이 되살아난다. 하지만 과식은 비만으로 이어질 수 있고 너무 살이 찌면 임신중독증으로 발전할 위험이 있으므로 주의한다. 저열량, 고영양, 고단백 식사를 하는 것이 중요한데 저칼로리 식품으로는 해조류나 버섯 등이 있으며 고기에 야채를 많이 넣어 함께 조리하는 것도 좋은 방법이다. 칼로리를 낮추려면 조미료는 정확히 계량하여 사용하고, 볶음요리를 할 때는 기름을 적게 넣어도 들러붙지 않도록 코팅된 프라이팬을 사용하는 것이 좋다. 닭고기는 껍질 부분이 칼로리가 높으므로 껍질을 벗겨 조리하고 스테이크나 햄버거에 곁들이는 야채는 튀기거나 볶지 말고 데쳐서 사용한다.

*해파리냉채

재료

해파리 300g, 오이 1/2개, 게맛살 3개 **해파리양념장** 식초 2큰술, 설탕 1큰술, 소금 조금 **마늘소스** 다진마늘·식초 2큰술씩, 진간장 1/2큰술, 물 1/2컵, 소금 조금, 설탕·참기름 1큰술씩

이렇게 만드세요

01 해파리는 5시간 정도 찬물에 담가 해파리 특유의 냄새를 없앤다. 중간에 2번 정도 물을 바꾼다.

02 뜨거운 물에 해파리를 넣어 꼬들꼬들해지면 건져 6cm 길이로 썬 후 해파리양념장에 재워 둔다.

03 오이는 4cm 길이로 가늘게 채썰고 게맛살은 4cm 길이로 가늘게 찢어 준비한다.

04 분량의 마늘소스 재료를 잘 섞어 마늘소스를 만든다.

05 그릇에 오이와 게맛살, 해파리를 돌려 담고 마늘소스를 차게 준비했다가 먹기 직전에 끼얹는다.

*곤약잡채

재료

곤약 600g, 표고버섯 2개, 청·홍피망 1/2개씩, 양파 1개, 소금·참기름 조금씩

이렇게 만드세요

01 곤약은 가늘게 채썰어 찬물을 부어 한소끔 끓인 다음 그대로 담가 역한 냄새를 없앤다. 냄새가 빠지면 찬물에 씻어 물기를 뺀다.

02 표고버섯은 물에 불려 기둥을 떼고 가늘게 채썬다.

03 청·홍피망과 양파도 길이로 가늘게 채썬다.

04 팬에 기름을 조금 두르고 채썬 야채를 살짝 볶아 소금을 간한 뒤 접시에 넓게 펴서 식힌다.

05 곤약에 참기름과 소금을 넣어 가볍게 무친 다음 볶은 야채를 모두 넣고 다시 한 번 버무린다.

*우엉고추장양념구이

재료

우엉 250g, 식초 1/2큰술 **고추장양념** 고추장 2큰술, 설탕·물엿·다진파·참기름 1/2큰술씩, 다진마늘 2작은술, 깨소금 1작은술

이렇게 만드세요

01 우엉은 칼로 껍질을 벗겨 4cm 길이로 잘라 얇게 저며 썰어 끓는물에 식초를 조금 넣고 데친다.

02 고추장에 설탕, 물엿, 다진파, 다진마늘, 깨소금, 참기름을 분량대로 골고루 섞어 양념장을 만든다.

03 우엉 데친 것에 고추장양념을 넣고 버무려 간이 배도록 1시간 가량 둔다.

04 팬에 기름을 조금 넣고 양념에 재워 놓은 우엉을 한 장씩 겹치지 않게 놓아 굽는다.

*새우볶음

재료

중하 10마리, 죽순 50g, 피망 1/2개, 당근 50g, 새송이버섯 60g, 식용유 · 버터 조금씩 **양념** 마늘채 1큰술, 생강즙 1작은술, 흰후춧가루 · 맛소금 조금씩

이렇게 만드세요

01 새우는 꼬리만 붙여 두고 껍질을 벗긴 후 배 쪽에 잔칼집을 넣어 준비한다.

02 죽순은 석회를 제거한 뒤 빗살 모양으로 얇게 썬다.

03 피망은 어슷썰고 당근은 골패쪽 모양으로 썬다.

04 새송이버섯은 도톰하게 모양대로 썬다.

05 잘 달구어진 팬에 식용유를 넉넉히 두르고 새우를 살짝 볶다가 기름은 따라 버리고 버터를 볶기 시작한다.

06 준비된 채소를 넣고 볶으면서 분량의 양념을 넣어 간을 맞춘 후 초간장을 곁들인다.

*전갱이튀김과 야채

재료

전갱이 1마리, 소금 · 후춧가루 조금씩, 생강즙 1큰술, 튀김기름 적당량, 레몬 1/3쪽, 양배추 1잎, 토마토 1/2개 **튀김옷** 밀가루 적당량, 달걀푼 물 2개 분량, 빵가루 1컵

이렇게 만드세요

01 전갱이는 표면의 두꺼운 비늘을 저며내고 머리와 내장을 잘라낸 다음 소금물에 씻는다.

02 소금물에 씻은 전갱이는 살만 저며내고 잔뼈까지 제거한 후 물에 씻는다.

03 물기를 닦은 전갱이에 소금, 후춧가루, 생강즙으로 밑간을 한다.

04 밑간한 전갱이에 밀가루, 달걀푼 물, 빵가루 순으로 튀김옷을 입힌 후 노릇하게 튀겨낸다.

05 레몬을 얇게 슬라이스하고, 양배추는 채썬다. 토마토도 먹기 좋은 크기로 썰어 튀긴 전갱이와 곁들여 낸다.

*콩비지찌개

재료

흰콩 2컵, 돼지고기 150g, 배추김치 200g, 무 100g, 새우젓국 1큰술, 식용유 1큰술반 **돼지고기양념** 간장 1큰술, 다진파 2큰술, 다진마늘 · 참기름 1/2큰술씩, 다진생강 1작은술, 후춧가루 조금 **양념간장** 간장 4큰술, 다진파 2큰술, 고춧가루 1/2큰술, 설탕 1작은술, 깨소금 · 다진마늘 · 참기름 1큰술씩

이렇게 만드세요

01 흰콩은 하룻밤 정도 물에 담가 불려서 손으로 비벼 껍질을 벗기고 체에 건져 물기를 뺀다.

02 믹서에 콩과 같은 분량의 물을 넣고 곱게 간다.

03 돼지고기는 2cm 크기로 썬 다음 분량의 양념으로 밑간한다.

04 배추김치는 속을 털어내고 2cm 폭으로 썰고, 무도 껍질을 벗기고 약간 굵직하게 채썬다.

05 냄비에 기름을 두르고 돼지고기를 넣어 볶다가 배추김치를 넣어 한데 볶는다. 여기에 무 채썬 것을 넣고 콩 간 것을 가만히 부어 중불에서 서서히 익힌다.

06 콩 간 것이 익어서 맑은물이 들면 새우젓으로 싱겁게 간하고 양념간장을 곁들인다.

태아의 골격은 임신 4주에서 6주 사이에 형성되기 때문에 임신부는 임신 이전부터 칼슘 섭취를 늘려 임신 기간 동안 모체에 충분한 양의 칼슘이 저장되도록 해야 한다. 이 시기에 칼슘이 부족하면 태아의 골격 형성에 이상을 가져올 수 있고 태아에게 부족한 칼슘을 모체에서 가져가므로 임신부에게도 치명적일 수 있다.

칼슘이 풍부한 식품은 유제품과 녹색잎 채소, 콩제품, 작은 생선, 뼈째 먹는 생선 등이다. 특별한 이유로 우유를 마시지 못하거나 유제품을 섭취하지 못하면 칼슘의 요구량이 더욱 높아진다. 이때는 더욱 칼슘이 풍부한 식품을 섭취해야 하며, 칼슘의 체내 흡수를 증가시키는 비타민D의 섭취를 증가시키는 것도 효과적이다. 치즈와 달걀은 칼슘과 비타민D가 모두 풍부한 식품이므로 매일 먹는 것이 좋다.

*모둠야채달걀말이

재료
달걀 3개, 시금치 30g, 다진양파 2큰술, 송송썬 청·홍고추 1개분량씩, 소금·후춧가루·식용유 조금씩

이렇게 만드세요
01 달걀은 소금과 후춧가루를 넣고 풀어 체에 내린다.
02 시금치는 끓는물에 데쳐 물기를 꼭 짠 다음 1cm 길이로 송송 썬다.
03 달걀 푼 물에 다진양파, 시금치, 송송썬 청·홍고추를 넣고 골고루 저어 적당하게 간을 맞춘다.
04 사각 팬에 식용유를 두르고 달걀을 부어 넣고 한쪽 끝 부분부터 익혀가면서 돌돌 만다.
05 달걀말이는 뜨거울 때 김발에 말아 눌러주면 달걀에 김발의 모양이 울룩불룩하게 만들어진다.
06 달걀말이의 모양이 잡히면 알맞은 두께로 썰어 담는다.

*뱅어포구이

재료
뱅어포 10장 양념장 고추장·물엿·다진파 3큰술씩, 간장·참기름 2큰술씩, 고운고춧가루 1큰술, 설탕·다진마늘·깨소금 1큰술반씩

이렇게 만드세요
01 뱅어포를 앞뒤로 살펴보아 붙어 있는 이물질을 제거한 다음 손바닥으로 툭툭 털어 부스러기와 먼지를 털어낸다.
02 분량의 양념을 합해 양념장을 만들어 뱅어포에 고르게 바른 다음 재워 둔다.
03 석쇠를 이용해 구울 때는 뱅어포를 2장씩 겹쳐 앞뒤로 굽는다.
04 팬을 이용해 구울 때는 팬에 식용유를 두르고 뱅어포를 한 장씩 올려 굽는다.
05 구워낸 뱅어포는 가위로 한입 크기로 자른다.

*닭가슴살치즈튀김

재료
모짜렐라치즈 200g, 닭가슴살 8개, 소금·후춧가루 조금씩, 맛술 4큰술, 밀가루 1컵, 달걀 2개, 빵가루 1컵반, 파슬리가루 1작은술, 튀김기름 적당량

이렇게 만드세요
01 모짜렐라치즈는 0.5cm 두께, 5cm 길이 스틱 모양으로 썬다.
02 닭가슴살은 도톰한 가운데 부분에 칼집을 넣어 반으로 저며 넓게 펼친 후 소금과 후춧가루로 간을 하고 맛술에 10분 정도 재워 둔다.
03 재워 둔 고기를 펼쳐 모짜렐라치즈를 두 개씩 넣어 돌돌 말아 밀가루를 묻힌다.
04 달걀은 풀어 두고 빵가루는 파슬리가루와 섞는다.
05 돌돌 만 고기에 달걀, 빵가루 순으로 묻힌 후 겉면이 노릇해질 때까지 튀겨 살사소스나 핫소스 등과 함께 곁들여 낸다.

운동 태교

입덧 완화 체조

혈액순환 개선 체조

허리 통증 줄여 주는 체조

● 허리 들어올리기

● 허리 비틀기

● 만자 체조

팔·다리 부기 내려 주는 체조

● 발목 운동

● 손목 운동

등 통증 없애는 체조

● 고양이 체조

● 바람 빼기 자세

● 등 구르기

골반뼈 통증 감소시키는 체조

● 다리 들어올리기

● 골반 돌리기

골반의 탄력성 높이는 체조

● 나비 자세

● 골반 누르기

유선발달 돕는 체조

● 합장 운동

● 엎드려 걷기

● 옆으로 누워 팔 돌리기

순산을 돕는 체조

● 합장합족 하기 - - - - - - - - - - - - - - - ● 오리걸음 걷기 - - - - - - -

분만에 도움이
되는 동작

● 힘주기 - - - - - - - - - - - -

가슴답답증
덜어 주는 체조

● 가슴 들어올리기 - - - - - - - - - -

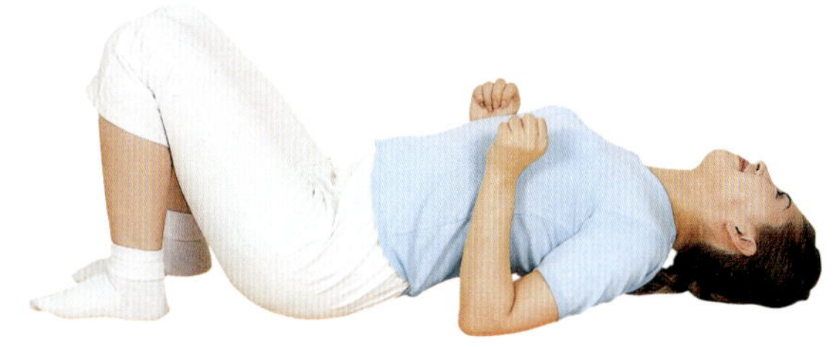

산후 회복 스트레칭

● 복근운동

● 메뚜기 자세 변형 운동

● 물주전자 자세 운동

1★배냇저고리

●● 이런 재료를 준비하세요!

메리야스 면(100cm×50cm), 바이어스 테이프, 똑딱이단추 3개

●● 이렇게 만드세요!

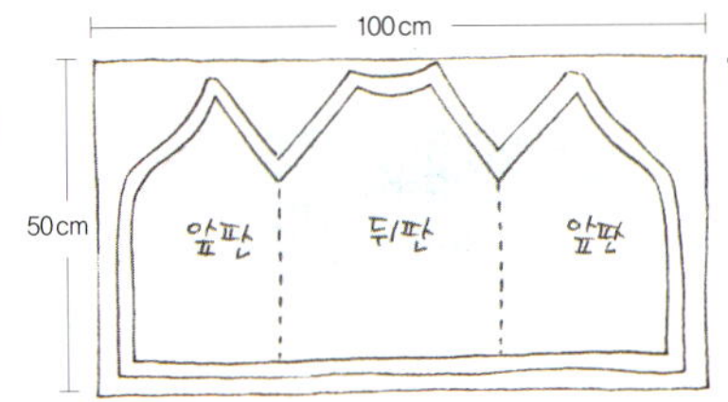

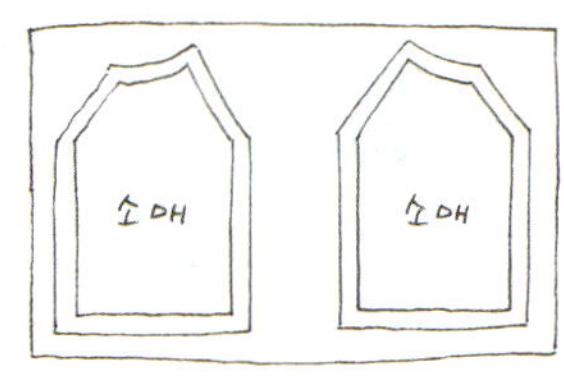

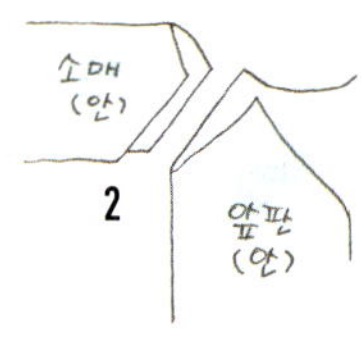

<u>01</u> 천 위에 본을 놓고 재단한 후 옷본보다 1~2cm의 여유분을 두고 마름질한다.

<u>02</u> 소매본을 반으로 접어 진동선 사이에 끼운 다음 박음질한다.

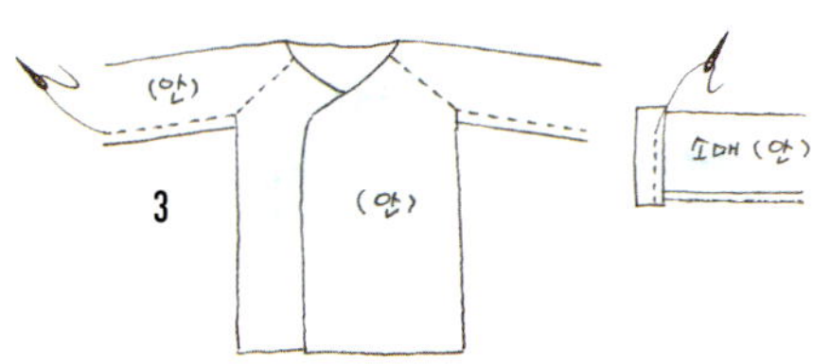

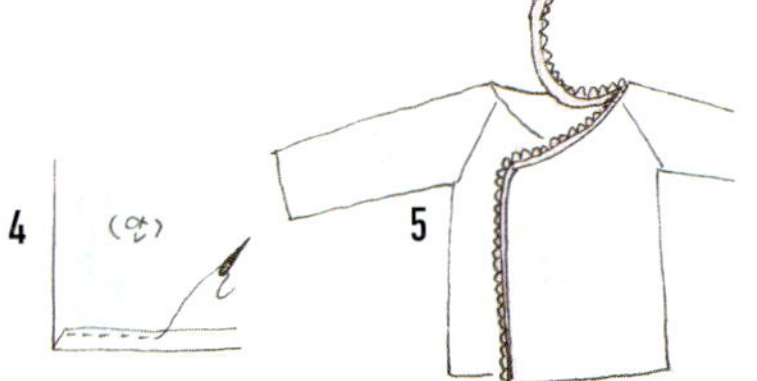

<u>03</u> 소매선을 박음질한다.

<u>04</u> 소맷단과 밑단의 시접을 접은 뒤 박음질로 마무리한다.

<u>05</u> 배냇저고리를 바로 뒤집은 다음 앞 여밈선을 따라 목둘레에서 뒤 여밈선까지 바이어스 테이프를 돌려 준다.

<u>06</u> 여밈 부분 안쪽으로 똑딱이 단추를 단다.

<u>07</u> 가슴에 아기의 이름을 수놓는다.

2★기본 턱받이

●● 이런 재료를 준비하세요!

면니트(20cm×20cm), 바이어스 테이프, 자수실

●● 이렇게 만드세요!

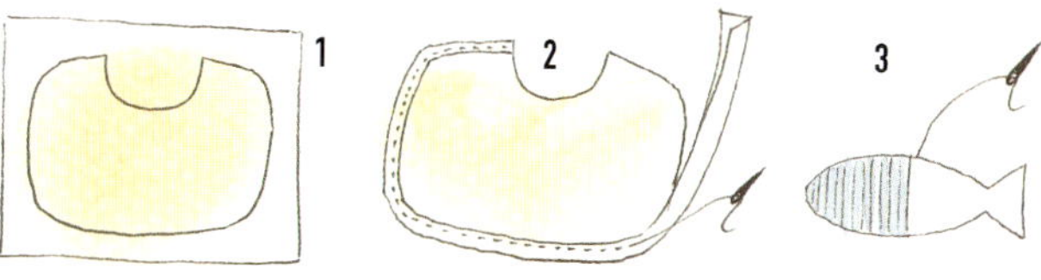

01 천 위에 턱받이 본을 대고 마름질한다.
02 가장자리를 따라 바이어스 테이프를 둘러 박음질한다.
03 턱받이에 물고기 모양을 그린 뒤 자수실을 이용해 수를 놓는다. 또는
    턱받이 위에 원하는 모양을 그려넣은 후
    프렌치노트 스티치로 수를 놓는다.
    프렌치노트 스티치는 바늘에 실을 감은 뒤
    다시 천에 꽂아 고정시키는 것인데, 바늘에 실을
    감는 횟수에 따라 매듭의 크기가 결정되고 완성된 모양이 달라진다.

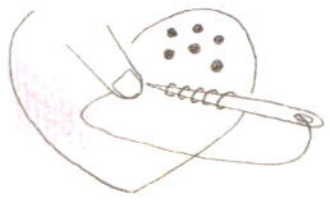

3★원피스형 턱받이

●● 이런 재료를 준비하세요!

핑크색 타월(60cm×40cm), 체크무늬 면 적당량(아플리케용과 바이어스
테이프용)

●● 이렇게 만드세요!

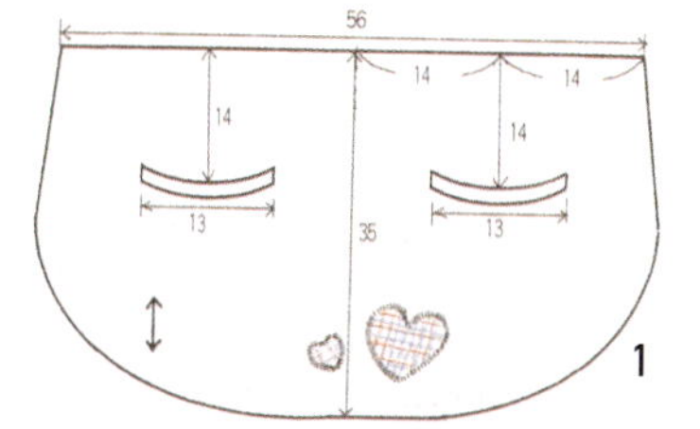

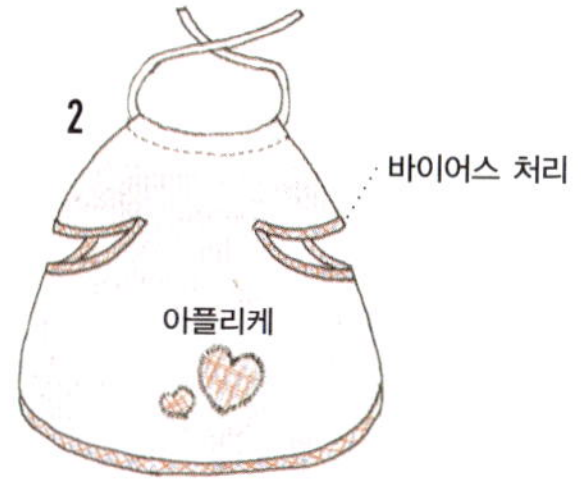

01 완성선대로 재단하고, 바이어스 테이프를 250cm 만들어 턱받이 둘레와
    소매둘레를 바이어스 처리한다.
02 5cm, 3cm 정도 크기로 하트 모양을 잘라내어 턱받이 앞부분에 아플리케
    한다.
03 목둘레를 1.5cm 정도 뒤로 접어 박아 끈이 들어갈 자리를 만든다.
04 체크무늬 면을 2cm×80cm로 잘라 0.7cm 폭으로 두 번 접어 박아 끈을
    만들어서 ③에 끼운다.

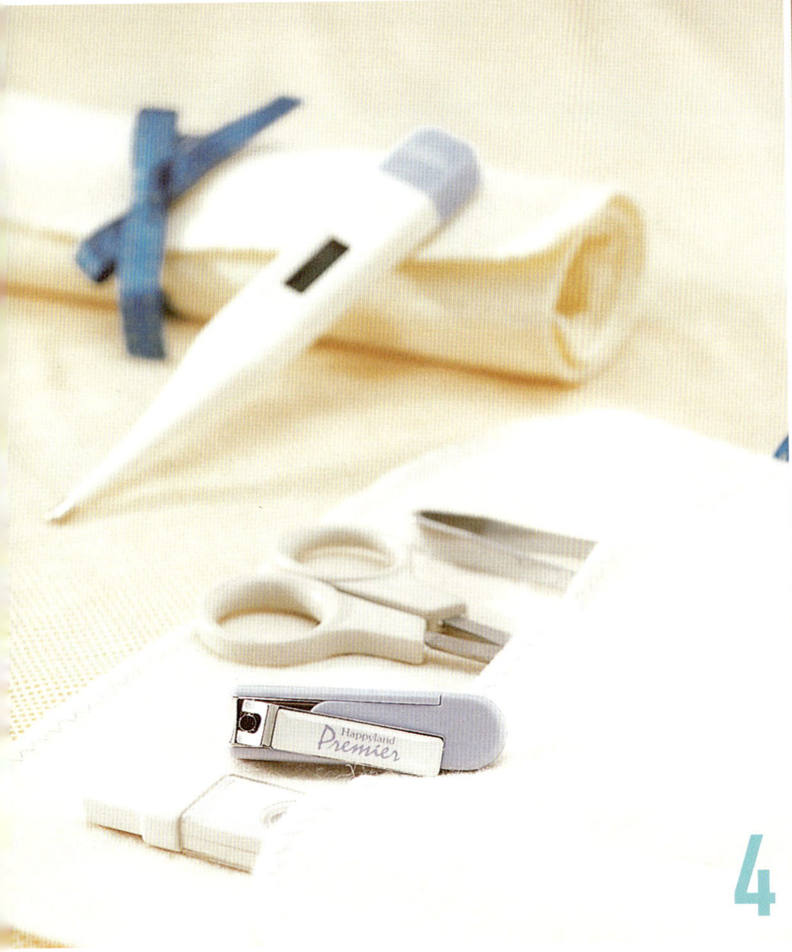

4 ★ 베이비키트

●● 이런 재료를 준비하세요!

펠트지(20cm×25cm), 리본 테이프

●● 이렇게 만드세요!

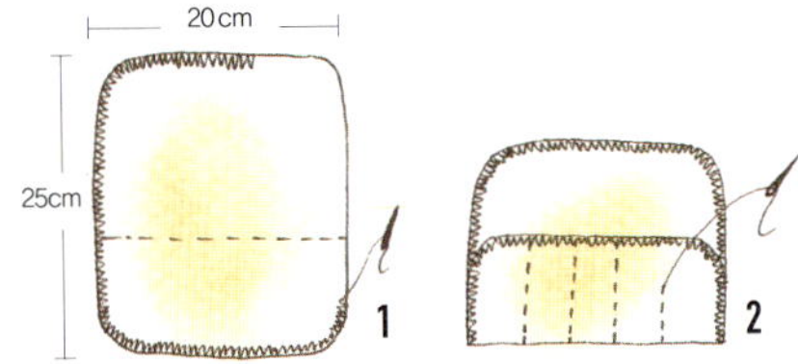

01 펠트지에 본을 대고 시접분 없이 마름질하고 테두리를 따라 재봉틀로 오버록을 친다.

02 접는 선을 따라 펠트지를 접은 뒤 4~5cm 간격으로 박음질해 칸을 나눈다.

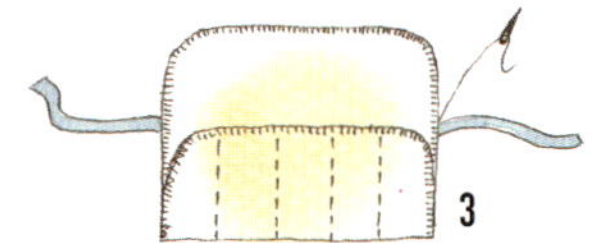

03 리본 테이프를 양쪽에 단다.

5 ★ 타월 발싸개

●● 이런 재료를 준비하세요!

하늘색 타월(50cm×15cm), 아플리케용 체크무늬 면(5cm×10cm), 고무줄 테이프 조금

●● 이렇게 만드세요!

01 완성선대로 두 장을 재단해 앞 중심선에 하트 모양을 아플리케하고, 발목 부분에 오버록 처리한다.

02 그림처럼 안끼리 마주 대고 접어 발 아랫부분을 오버록하여 연결한다.

03 발목에서 2cm 아래로 고무줄 테이프를 적당히 당겨 박는다.

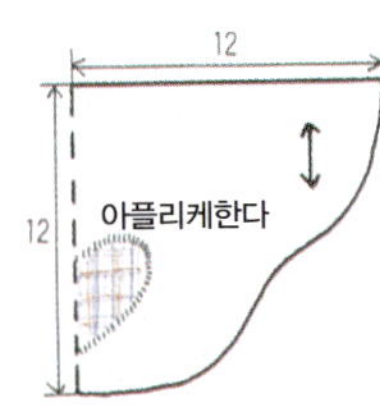

★ 타월 손싸개

●● 이런 재료를 준비하세요!

핑크색 타월(10cm×40cm), 아플리케용 체크무늬 면(5cm×10cm), 고무줄 테이프 조금

●● 이렇게 만드세요!

01 핑크색 타월을 앞뒤 각각 2장씩, 모두 4장을 완성선대로 재단하여 앞판에 아플리케해 둔다.

02 시접이 피부에 닿지 않도록 앞뒤판을 안끼리 마주 보고 겉에서 오버록하여 붙인다.

03 손목둘레를 오버록하고 2cm 내려온 곳에 고무줄 테이프를 대고 박는다. 고무줄 테이프의 절반을 표시해 반씩 나눠 박으면 한쪽으로 안 밀린다.

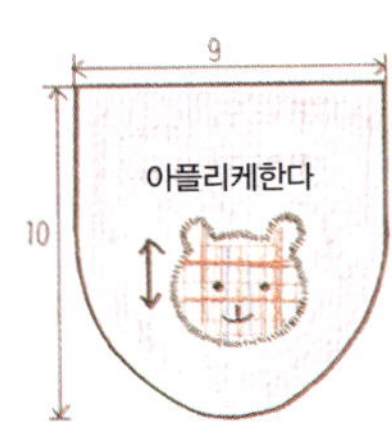

6★옐로 발싸개

●● 이런 재료를 준비하세요!
메리야스 면(10cm×30cm), 리본 테이프, 자수실

●● 이렇게 만드세요!

30cm
10cm
1
2

01 발싸개 본을 대고 마름질한다.
02 발등 부분에 손싸개와 같은 무늬의 수를 놓는다.

안
3
안
안
안
4
5

03 발바닥과 신발본의 겉끼리 대고 뒤꿈치까지 박는다.
04 싸개 발목 부분을 이어 박는다.
05 손싸개와 같은 방법으로 단춧구멍을 낸 뒤
리본 테이프를 끼운다.

★옐로 손싸개

●● 이런 재료를 준비하세요!
메리야스 면(20cm×20cm), 리본 테이프, 자수실

●● 이렇게 만드세요!

20cm
20cm
1
새틴스
프렌치
노트스
2
안
3

01 천 위에 손싸개 본을 대고 재단한다.
02 앞면에 원하는 도안을 그려 수를 놓는다.
03 겉과 겉을 마주 보게 댄 후 박음질한다.
04 손목 부분 시접을 접어 박는다.
05 손목 시접 부분에 버튼홀
스티치로 단춧구멍을 낸 뒤
리본 테이프를 끼운다.

안
4
5

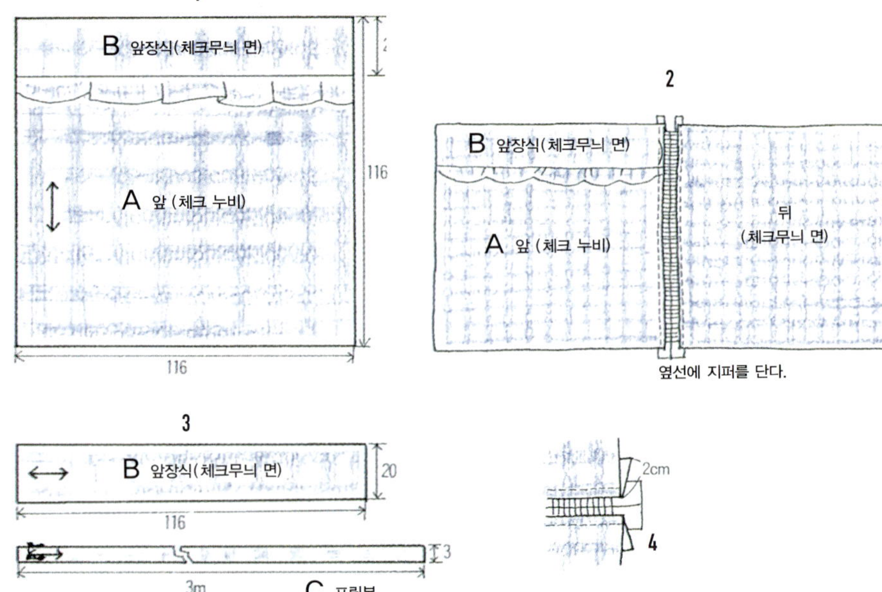

7 ★ 체크무늬 이불커버

●● 이런 재료를 준비하세요!

체크 누비천(110cm×230cm), 체크무늬
면(110cm×230cm), 지퍼(90cm) 1개

●● 이렇게 만드세요!

01 지퍼를 달 부분은 2cm, 나머지는 1cm씩
   시접을 주어 누비천으로 앞판을, 체크무늬
   면으로 뒤판과 앞장식, 프릴을 재단한다.

02 C의 아랫단을 두 번 접어 박고, 윗단은 굵은
   땀으로 두 줄 박아 밑실을 잡아당겨 118cm가
   되게 셔링을 잡는다.

03 누비천 A 위에 ②를 끼우고 B를 겉끼리
   마주 대고 박아 프릴을 단다.

04 앞판과 뒤판 옆선에 지퍼를 달아서 겉끼리
   마주 대고 박아 뒤집는다.

8 ★ 레이스 이불커버

●● 이런 재료를 준비하세요!

공단누비(110cm×230cm), 공단(110cm×35cm),
흰색 면(110cm×230cm), 레이스(250cm), 리본 테이프(130cm),
지퍼(90cm) 1개

●● 이렇게 만드세요!

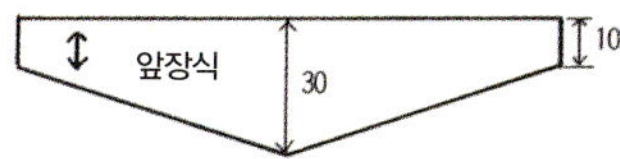

<u>01</u> 이불의 앞뒤판, 앞 장식 부분을 1cm씩 시접을 주어 재단한다.

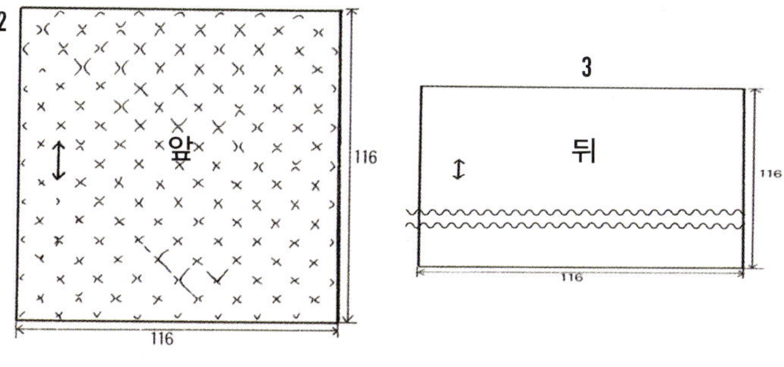

<u>02</u> 앞판 윗부분에 앞 장식 부분을 덧대어 시친다.
<u>03</u> ②의 장식 아랫부분에 주름 잡은 레이스를 시친 다음 시침질
윗부분에 리본 테이프를 올려 두 줄 눌러 박아 붙인다.
<u>04</u> 앞판과 뒤판의 한쪽 옆선에 지퍼를 달고 겉끼리 마주 대고 박아
뒤집어서 한 번 더 눌러 박아 마무리한다.

9 ★ 보낭

●● 이런 재료를 준비하세요!

핑크색 타월(90cm×90cm), 누비천(110cm×90cm), 바이어스 테이프(250cm)

●● 이렇게 만드세요!

<u>01</u> 몸판과 주머니는 누비천과 타월지로 1장씩 재단하고, 팔걸이는 2장 재단한다.
<u>02</u> 팔걸이는 겉을 마주 대고 길이로 접어 박아 뒤집어 몸판 누비천에 붙인다.
<u>03</u> 몸판의 누비천과 타월지를 겉끼리 마주
대고 윗부분만 박아 뒤집어서 한 번
더 눌러 박는다.
<u>04</u> 주머니로 잘라 놓은 누비천과
타월지를 안끼리 겹쳐서
윗단에만 바이어스 처리를 해
둔다.
<u>05</u> ③과 ④의 타월지끼리 마주 대
주머니 위치를 잡아 양옆에서
17cm 들어간 부분부터 박음질을 해
칸을 만들고 아랫단에 바이어스로
마무리한다.
<u>06</u> 여밈 부분에 단춧구멍을 내고, 단추를 단다.

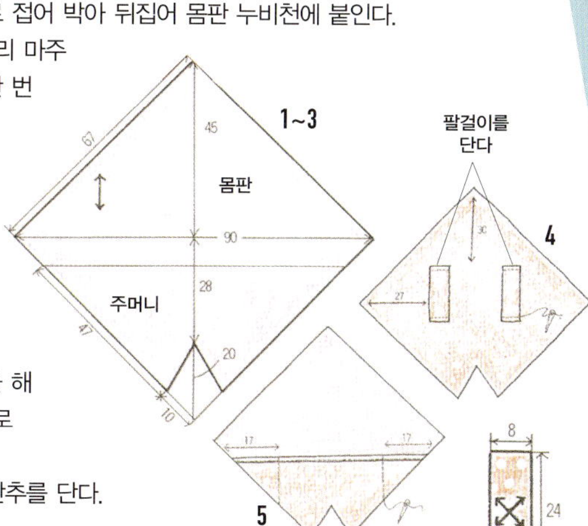

lesson.2
아기 장난감

10 ★ 패치워크 토끼인형

●● 이렇게 만드세요!

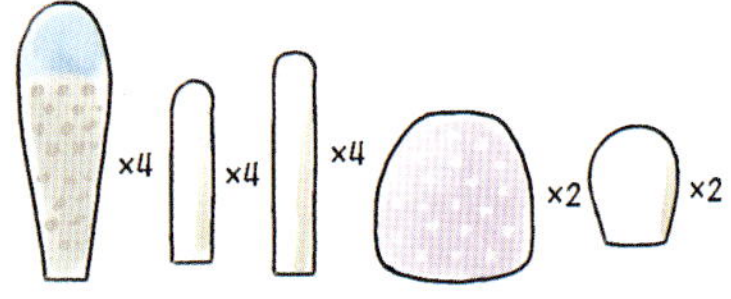

01 패치워크한 원단이나 예쁜 천들을 준비해서 원하는 크기에 사방 0.8cm 정도 여유를 두고 얼굴 2장, 구 2장, 팔 2장, 다리 2장, 몸통 2장을 재단한다.

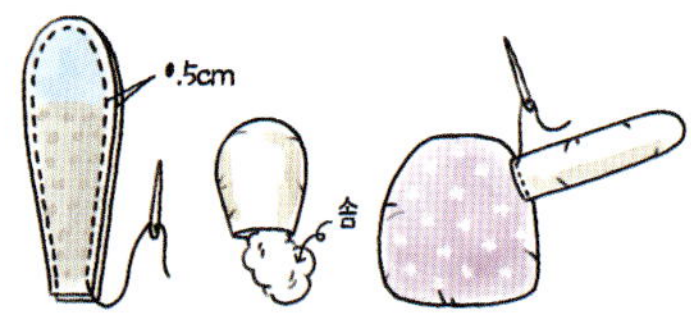

02 각 부위별로 2장씩 서로 뒷면을 맞대고 솜을 넣을 수 있는 구멍을 남기고 박는다.

03 귀를 제외한 각 부위를 뒤집어 남겨 둔 구멍으로 솜을 가득 채운다.

04 솜을 채운 각 부위를 토끼의 특징을 잘 살려 배치한 후 연결 부위를 보이지 않게 박아 준다.

05 마지막으로 토끼 몸통에 주머니를 만들어 주고 단추로 장식한다. 스티치로 눈, 코를 그려 완성한다.

11 ★ 블록

●● 이런 재료를 준비하세요!

일반 패브릭(10cm×10cm) 6장, 스펀지

●● 이렇게 만드세요!

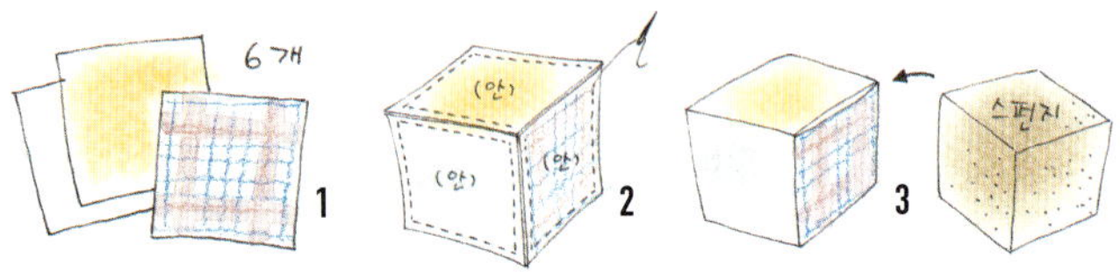

01 여러 가지 조각천을 같은 크기로 6장 준비한다.

02 한 면만 남긴 채 천조각을 겉면끼리 맞댄 뒤 정육면체가 되도록 박음질한다.

03 정사각형을 정리해가며 뒤집은 후 스펀지를 넣는다.

04 남겨진 면을 공그르기로 마무리한다.

12 ★ 곰돌이인형

●● 이런 재료를 준비하세요!

메리야스 천(20cm×40cm), 솜, 자수실

●● 이렇게 만드세요!

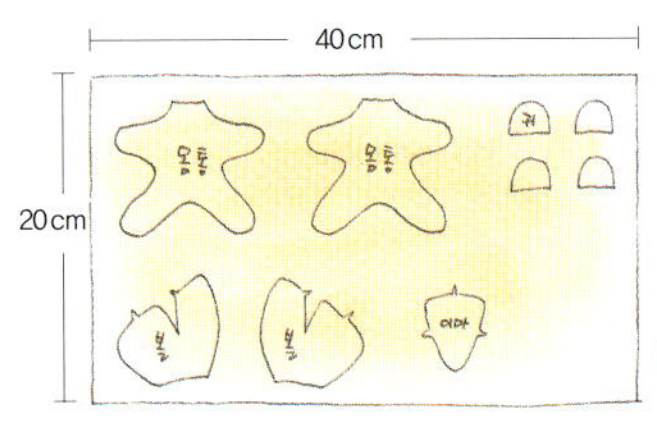
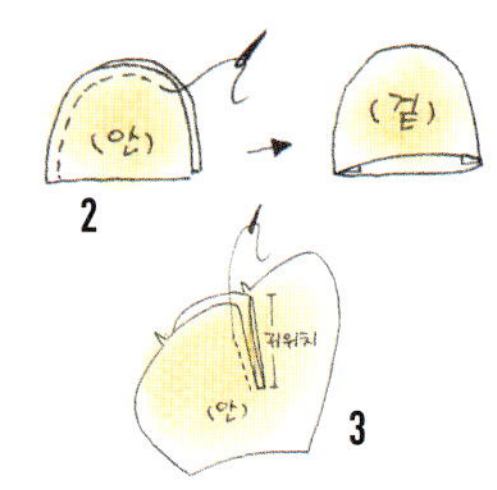

01 천 위에 패턴을 대고 재단한다.

02 귀 2장을 겉끼리 맞대어 박음질한 뒤 뒤집는다.

03 귀 위치에 귀를 박음질한다.

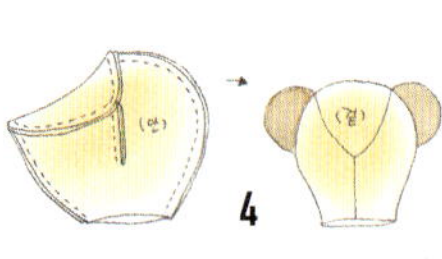
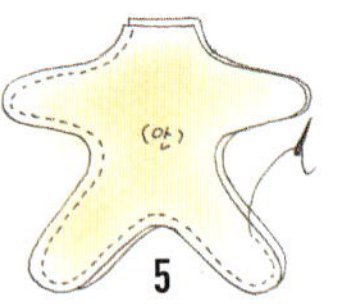

04 이마 1장과 볼 2장을 겉면끼리 맞대고 앞코, 이마, 뒷머리, 턱선 순으로 박음질하여 뒤집는다.

05 목 부분만 남긴 채 몸체 겉면끼리 맞대고 박음질한다.

06 얼굴에 솜을 채운 뒤 눈, 코, 입을 수놓는다.

07 몸체에 솜을 채워 머리와 공그르기로 잇는다.

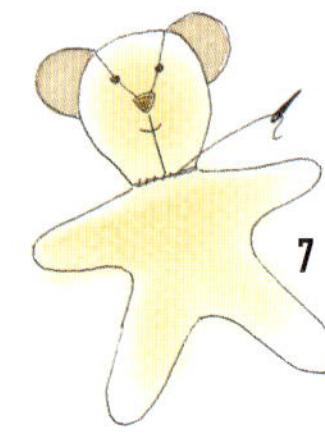

10
11
12
BABY

13

13★구름비행기 모빌

●● 이렇게 만드세요!

01 무지 리넨과 잔잔한 무늬가 있는 면 소재 조각천을 겹쳐놓고 하트
   모양, 구름 모양, 비행기 모양 등을 본을 대고 그린다.

02 가장자리 시접을 0.5cm씩 두고 재단한 후 겉면끼리 대고 창구멍을
   남겨 완성선을 따라 박는다.

03 ②를 창구멍을 통해 뒤집고 구멍 속으로 솜을 탱탱하게 채운 다음
   뒤집어 창구멍을 공그르기한다.

04 단추, 방울 등을 달아 장식하고 리본 테이프나 십자수 실로 연결해
   나뭇가지에 매달아 완성한다.

14 ★ 토끼딸랑이

●● 이런 재료를 준비하세요!

아사 면(10cm×10cm), 타월지(15cm×4cm), 솜, 자수실, 방울 1개

●● 이렇게 만드세요!

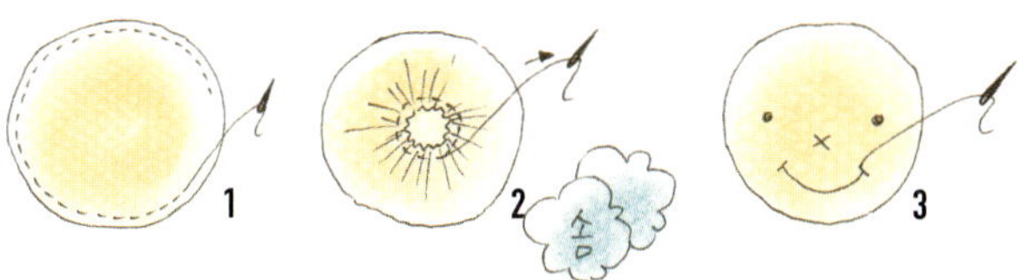

01 동그란 천 조각의 원둘레를 홈질한다.
02 천 안에 솜을 넣고 홈질한 실을 당겨 동그랗게 만든다.
03 얼굴에 자수실로 눈, 코, 입을 만든다.

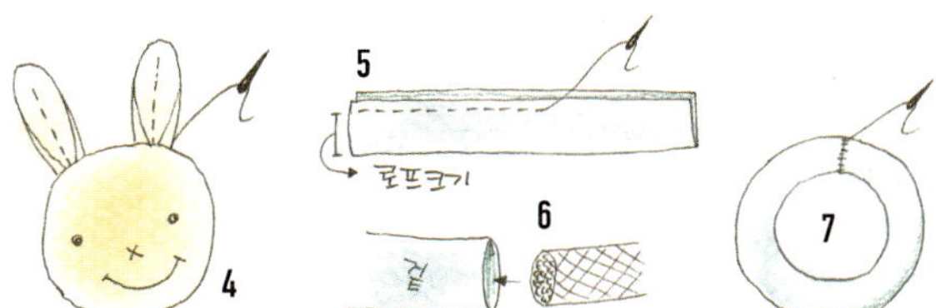

04 다른 천에 귀를 만들어 박은 뒤 머리 뒤쪽에 달아 준다.
05 안쪽을 반 접은 뒤 로프 크기에 맞춰 박음질을 한다.
06 겉면이 나오도록 뒤집어 로프를 안으로 넣는다.
07 로프를 동그랗게 만든 뒤 양끝을 꿰맨다.
08 완성된 고리에 토끼얼굴을 꿰맨 다음 방울을 단다.

15 ★ 육아일기장

●● 이런 재료를 준비하세요!

패턴 패브릭(40cm×40cm), 펠트지 조금, 양면테이프

●● 이렇게 만드세요!

01 예쁜 패브릭으로 빈 노트를 감싼다.
02 펠트를 잘라 네임태그를 만든다.
03 양면테이프로 책 커버에 육아노트 네임태그를 붙인다.
04 예쁜 펜으로 페이지를 꾸민다.

1

사랑을 하기보다 사랑을 받는 사람이 되어야 합니다.
사랑을 하면 문제가 생깁니다.
"내가 너를 얼마나 사랑했는데!" 이 말처럼 무서운 말은 없습니다.
사랑을 하면 보상심리가 생기고, 더불어 배신감도 생깁니다.
그러니 사랑을 받으세요.
사랑을 받기 위해서는 많이 웃고 분수와 주제를 아는 지혜를 갖추세요.
그런 사람은 어디를 가나 사랑 받게 되어 있습니다.

– 차길진 〈영혼산책〉 중에서 –

2

방황하는 이여, 길은 없는 것.
길은 걸으면서 만들어지나니,
홀로 걸으면서 길을 내가다
문득 뒤돌아보면,
그때 우리 눈에 길이 보일지니…

– 테라사 J.스튜어트 〈길은 걸으면서 만들어진다〉 중에서 –

3

타인이 도움 없이 양말을 신고
밥을 먹고 책을 읽고 일을 하는 것,
비바람을 막아 주는 따뜻한 집과
열심히 일을 할 수 있는 직장과
사랑스런 가족이 있다는 것
책 한 권을 살 수 있는 여유와 한 끼의 식사
그리고 타인을 배려할 줄 아는 마음,
이런 소소한 일상이 가져다 주는
행복에 대해 깊이 감사할 일입니다.

– 공병호〈에스프레소, 그 행복한 사치〉 중에서 –

4

만일 어떤 남편이 아내를 사랑하는 마음으로 보살피고
아내는 항상 남편에게 순종적이고 모든 일에서 그가 명령하는 것을 행하고,
그래서 두 사람이 서로 다른 의무들에 성실하다면,
이런 부부 생활은 그들을 총체적으로 발전시켜 주지 못한다.
아내가 자신을 남편으로 보고, 남편이 자신을 아내로 볼 때
비로소 그 두 사람은 온전하게 발전할 수 있다.

- 비노바 바베 〈간디를 만나다〉 중에서 -

5

"나는 가난한 탁발승이오. 내가 가진 거라고는 물레와 교도소에서 쓰던 밥그릇과
염소젖 한 깡통, 허름한 요포 여섯 장, 수건 그리고 대단치도 않은 평판 이것
뿐이오."
마하트마 간디가 1931년 9월 런던에서 열린 제2차 원탁회의에 참석하기 위해
가던 도중 세관원에게 소지품을 펼쳐 보이면서 한 말이다. K.크리팔라니가 엮은
〈간디어록〉을 읽다가 이 구절을 보고 나는 몹시 부끄러웠다. 내가 가진 것이 너무
많다고 생각되었기 때문이다. 적어도 지금의 내 분수로는.

- 법정스님 〈무소유〉 중에서 -

6

책상 말인데요. 책상 하면 네모 반듯한 것, 그런 거만 봤고 만들었어요. 보고 듣는
것이 다 바르고 바르게였으니 딴 생각할 수 없었죠. 그런데 나무는 곧게만 자라질
않아요. 굽은 나무가 더 멋있고 마음이 편해요. 마침 알맞게 굽은 송판으로 책상
만드니 부드러운 느낌이 들고 금방 정이 들어요. 곧은 것보다 굽은 것이 더 좋을
수도 있다는 말을 알 것 같아요. 똑바로 뻗은 길을 걸으면 지겨운데, 꾸불꾸불한
길은 재미나게 걸을 수 있는 까닭은 무엇일까요? 사실 자연엔 직선이 별로 없지요.
그래서 바른 건 피곤하다, 적당히 굽고 굽어 편하게 살자꾸나 싶어요.

- 전우익 〈사람이 뭔데〉 중에서 -

7

행복은 반드시 타워팰리스 48층에만 있는 것도 아니며
BMW7 시리즈 뒷자리에만 있는 것도 아닐 것입니다.

어쩌면 행복은
소나기를 피해 들어간 이름모를 카페에서 마시는
한 잔의 모카커피에 녹아 있을지도 모르고
출근길 만원 지하철에서 운 좋게 당신 차지가 된
빈자리에 놓여 있을지도 모르고

밤새 작업을 마치고 집으로 돌아오는 길에
만나는 싸한 새벽공기에 스며 있을지도 모릅니다.
행복은 그렇게 가까운 곳에 있을지 모릅니다.

행복해지고 싶다면 노력해야 합니다.
집을 깔끔하게 정리하듯
내 마음에서 버릴 것은 버리고
간수할 것은 간수해야 하는 것입니다.

내게 소중하고 아름다운 기억과
칭찬의 말들은 간직해도 좋지만
필요도 없는 비난이나 고통은
쓰레기나 잡동사니 치우듯이 과감히 버리는 것입니다.

에이브러햄 링컨이 말했습니다.
"사람은 행복하기로 마음먹은 만큼 행복하다"

– 문윤정 〈당신의 아침을 위하여〉 중에서 –

8

쓸모없는 말을 엮어
늘어놓은 천마디보다
들으면 마음이 가라앉는 한마디가
훨씬 뛰어난 말이다.

쓸모없는 구절을 모아
지어 놓은 천 편의 시보다
들으면 마음이 가라앉는 한 편의 시가
훨씬 뛰어난 시다

– 〈법구경〉 중에서 –

9

이제부터는 인생의 목표를 명확히 인식하도록 하게. 그래서 주변에 널린 풍성한
가능성에 마음의 눈을 뜨도록 하게나. 보다 많은 열정을 갖고 삶을 추진하게.
인간의 마음은 세계에서 가장 큰 여과장치지. 제대로만 사용한다면 그것은 자네가
찾는 정보만 제공해줄 걸세. 지금 우리가 앉아 있는 이 거실에도 우리가 전혀
신경 쓰지 않는 것이 최소한 수백 가지는 되네. 길거리를 함께 걸어가는 연인이
킥킥거리며 웃는 소리, 자네 뒤에 있는 어항에서 춤추는 금붕어, 에어컨에서
나오는 시원한 공기, 심지어 심장의 박동 소리까지 온갖 것이 우리의 지각기관에
잡히고 있지. 그 가운데 내가 심장의 박동 소리에 의식을 집중하기로 작정한다면
이내 그것의 리듬과 특성에 주목할 수 있네. 마찬가지로 자네가 자기 인생의
목적과 목표에 의식을 집중하기로 한 경우에도 자네 마음은 다른 중요하지 않은
것을 모두 걸러내고 오직 중요한 것에만 신경을 쓰게 된다네.

– 로빈 S. 샤르마 〈나를 찾아가는 여행〉 중에서 –

10

소리 내어 행복을 불러들여라.
좋은 하루를 만들기 위해 "나는 행복해, 나는 운이 좋아, 정말 살아 볼 만한
세상이야" 등을 아침에 눈을 뜨는 순간부터 되뇌어 보라. 그러면 거기에 걸맞은
파동이 생겨 생각과 행동이 바뀌고, 습관이 변하고 인격이 달라진다.
건강과 부와 성공이 저절로 따라온다.

– 주선희 〈얼굴 경영〉 중에서 –

11

"힘들지 않나요?" 라고 묻는 분들도 계시지만, 난 정원의 나무나 꽃에게 특별한 걸
해주지는 않아요. 그저 좋아하니까 나무나 꽃에게 좋으리라 생각되는 것, 나무와
꽃이 기뻐하리라 생각되는 것을 하고 있을 뿐이지요. 잡초 뽑기나 물주기를
게을리하지 않고, 필요한 비료를 제대로 주기만 하면 정원은 그에 화답해 줍니다.

– 타샤 튜더 〈타샤의 정원〉 중에서 –

12

행복하다고 말하는 동안은
나도 정말 행복한 사람이 되어
마음에 맑은 샘이 흐르고

고맙다고 말하는 동안은
고마운 마음 새로이 솟아올라
내 마음도 더욱 순해지고

아름답다고 말하는 동안은
나도 잠시 아름다운 사람이 되어
마음 한 자락 환해지고
좋은 말이 나를 키우는 걸
나는 말하면서 다시 알지.

— 이해인 〈나를 키우는 말〉 중에서 —

13

그러나 마라톤에서의 골인지점은 정해져 있지만
사랑에서의 골인지점은 정해져 있지 않다.

경우에 따라서는 한평생을 달려도 골인지점에 도달하지 못할 수도 있다.

그렇다. 사랑은 그대의 한평생을 아무 조건 없이 희생하는 것이다.

그러기에는 자신의 인생이 너무 아깝고 억울하다면
역시 진정한 사랑을 탐내기에는 자격미달이다.

차라리 사랑을 탐내지 말고 사탕을 탐내도록 하라.

— 이외수 〈그대가 누군가를 사랑한다면〉 중에서 —

14

"사랑합니다."라는 말은
억지부리지 않아도
하늘에 절로 피는 노을 빛
나를 내어 주려고
내가 타오르는 빛

"고맙습니다."라는 말은
언제나 부담없는
푸르른 소나무 빛
나를 키우려고
내가 싱그러워지는 빛

"용서하세요."라는 말은
부끄러워 스러지는
겸허한 반딧불 빛
나를 비우려고 내가 작아지는 빛

― 이해인 〈말의 빛〉 중에서 ―

15

행복은 건강이라는 나무에서 피어나는 꽃이다.
건강한 몸과 마음을 유지하기 위해 스스로를 단련하라.
분노와 격정과 같은 격렬한 감정의 혼란을 피하고 정신적인 긴장이 계속되지
않도록 주의해야 한다.
날마다 규칙적인 운동을 하고 섭취하는 음식물에 대한 조절이 필요하다.
건강하면 모든 것이 기쁨의 원천이 된다.
재산이 아무리 많더라도 건강하지 않으면 즐길 수 있는 마음의 여유를 가질 수
없다.

― 쇼펜하우어 〈희망에 대하여〉 중에서 ―

16

지금 알고 있는 걸 그때도 알았더라면
내 가슴이 말하는 것에 더 자주 귀 기울였으리라.
더 즐겁게 살고 덜 고민했으리라.
금방 학교를 졸업하고 머지않아 직업을 가져야 한다는 걸 깨달았으리라.
아니, 그런 것들은 잊어 버렸으리라.
다른 사람들이 나에 대해 말하는 것에는 신경 쓰지 않았으리라.
그 대신 내가 가진 생명력과 단단한 피부를 더 가치 있게 여겼으리라.
더 많이 놀고, 덜 초조해했으리라.
진정한 아름다움은 자신의 인생을 사랑하는 데 있음을 기억했으리라.
부모가 날 얼마나 사랑하는가를 알고
또한 그들이 내게 최선을 다하고 있음을 믿었으리라.

사랑에 더 열중하고 그 결말에 대해선 덜 걱정했으리라.
설령 그것이 실패로 끝난다 해도 더 좋은 어떤 것이 기다리고 있음을 믿었으리라.

아, 나는 어린아이처럼 행동하는 걸 두려워하지 않았으리라.
더 많은 용기를 가졌으리라.
모든 사람에게서 좋은 면을 발견하고 그것들을 그들과 함께 나눴으리라.

지금 알고 있는 걸 그때도 알았더라면 나는 분명코 춤추는 법을 배웠으리라.
내 육체를 있는 그대로 좋아했으리라.
내가 만나는 사람을 신뢰하고 나 역시 누군가에게 신뢰할 만한 사람이
되었으리라.

입맞춤을 즐겼으리라.
정말로 자주 입을 맞췄으리라.
분명코 더 감사하고 더 많이 행복해했으리라.
지금 내가 알고 있는 걸 그때도 알았더라면.

– 킴벌리 커버거 〈지금 알고 있는 걸 그때도 알았더라면〉 –

17

손을 모으고 무릎을 조아리고
새해에는 기도하는 마음으로 살아가게 하소서
나 자신과 내 가족의 행복만을 위해 기도하지 말고
한번이라도 나 아닌 사람의 행복을 위해
꿇어앉아 기도하게 하소서
한사람, 한사람의 기도가 시냇물처럼 모여들어
이 세상 전체가 아름다운 평화의 강이 되어 출렁이게 하소서.

새해에는 뉘우치게 하소서
남의 허물을 함부로 가리키던 손가락과
남의 멱살을 무턱대고 잡던 손바닥과
남의 가슴을 향해 날아가던 불끈 쥔 주먹을 부끄럽게 하소서
그리고 인간과 자연에 대한 모든 무례와 무지와 무관심을
새해에는 부디 뉘우치게 하소서

새해에는 스스로 깨우치게 하소서
내 배 부를 때 누군가 웅크리고 떨고 있다는 것을
내 이마에 햇살이 닿을 때 누군가의 등에는 그늘이 지고 있다는것을
새해에는 알게 하소서
내가 아무 생각 없이 발걸음을 옮길 때
내 발 밑에 밟혀 죽는 작은 벌레와 풀잎이 있다는 것을 알게 하소서
새해에는 연약한 것들을 아끼고 쓰다듬을 수 있는 손길을 주소서
빛나지 않는 것들을 사랑할 수 있는 마음을 주소서.

– 안도현 〈새해 아침의 기도〉 중에서 –

18

이 세상 최초의 인간이었던 아담은 빵을 먹기 위하여 얼마나 많은 일을 해야
했을까. 먼저 밭을 갈아 씨를 뿌리고, 그런 뒤 그것을 가꾸어 거두어들여서 빻아
가루로 만들고, 반죽하고, 굽는 등 15단계의 과정을 거치지 않고는 안 되었을
것이다.
그러나 지금은 돈만 있으면 빵집에서 만들어 놓은 빵을 손쉽게 살 수 있다.
옛날에는 혼자서 해야 했던 15단계의 일들을 여러 사람이 나누어 하고 있기
때문이다. 그러므로 빵을 먹을 때는 많은 사람들에게 감사하는 마음을 잊으면 안 된다.
최초의 인간은 입을 옷 하나를 만들기 위하여 얼마나 많은 일을 해야 했을까.
들에 가서 양을 사로잡아 그것을 키워 털을 깎고, 그 털로 실을 만들어 옷감을
짜고, 그것으로 다시 옷을 지어 입기까지는 많은 수고가 필요했을 것이다.
그런데 지금은 돈만 있으면 양복점에서 마음에 드는 옷을 사 입을 수 있다.
옛날에는 한 사람이 해야 했던 많은 일들을 여러 사람이 나누어 하고 있기
때문이다. 그러므로 옷을 입을 때는 많은 사람들에게 감사하는 마음을 잊어서는
안 된다.

- 탈무드 중에서 -

19

"인생은 밀고당김의 연속이네. 자넨 이것이 되고 싶지만, 다른 것을 해야만 하지.
이런 것이 자네 마음을 상하게 하지만, 상처받지 말아야 한다는 것을 자넨 너무나
잘 알아. 또 어떤 것들은 당연하게 받아들이네. 그걸 당연시하면 안 된다는 사실을
알면서도 말야."
"상반됨의 긴장은 팽팽하게 당긴 고무줄과 비슷해. 그리고 우리 대부분은 그
중간에서 살지."
"무슨 레슬링 경기 같네요."
"레슬링 경기라. 그래. 인생을 그런 식으로 묘사해도 좋겠지."
교수님은 웃음을 터트린다.
"어느 쪽이 이기나요?"
난 어린 학생처럼 묻는다.
그는 내게 미소짓는다. 그 주름진 눈과 약간 굽은 이를 하고서.
"사랑이 이기지. 언제나 사랑이 이긴다네."

- 미치 앨봄 〈모리와 함께한 화요일〉 중에서 -

20

태어날 때부터 전문가인 사람이 어디 있는가.
누구든지 처음은 있는 법. 독수리도 가는 법부터 배우지 않는가.
처음이니까 모르는 것도 많고 실수도 많겠지.
저런 초자가 어떻게 이런 현장에 왔나 하는 사람도 있을 거다.
그러니 이 일을 시작한 지 겨우 6개월 된 나와 20년차 베테랑을 비교하지 말자.
오늘의 나와 내일의 나만을 비교하자.
나아감이란 내가 남보다 앞서 가는 것이 아니고 현재의 내가 과거의 나보다 앞서
나가는 데 있는거니까.
모르는 건 물어보면 되고 실수하면 다시는 같은 실수를 하지 않도록 하면 되는
거야.

- 한비야 〈지도 밖으로 행군하라〉 중에서 -

21

지옥 밑바닥에 '간다다' 라는 사내가 다른 죄인들과 함께 있었습니다.
그는 사람을 죽이고 남의 집에 불을 지르는 등의 나쁜 짓을 일삼아온
도둑이었습니다. 하지만 딱 한 번, 착한 일을 한 적이 있습니다.
어느 날 간다다가 숲속을 지나던 길에 거미 한 마리가 기어가는 것을 보았습니다.
그래서 한쪽 발을 들어 밟아 죽이려다가 '아니야. 아무리 작다고 해도
거미에게도 생명이 있는데, 그 생명을 함부로 죽인다면 너무 불쌍하지
않은가!' 라고 마음을 돌려 거미를 살려 보냈습니다.
부처님께서는 지옥을 지켜보면서 간다다가 거미를 살려 주었던 일을 기억해내고,
그에 대한 보답으로 지옥에서 그를 구해내고 싶다는 생각을 하였습니다.
그때 마침 부처님의 옆에 거미 극락의 한 마리가 아름다운 은색실로 집을 짓고
있었습니다.
부처님은 거미줄을 살짝 손에 쥔 후 그것을 지옥 밑바닥으로 내려뜨렸습니다.

- 아쿠타가와 류노스케 〈거미줄〉 중에서 -

22

어떤 임금님에게 외동딸이 있었다. 어느 날 임금님의 외동딸이 큰 병이 나서
자리에 눕게 되었다. 의사는 세상에서 둘도 없는 신통한 약을 먹이지 않는 한
살아날 가망이 없다고 했다. 그래서 고심하던 임금님은 딸의 병을 고쳐 주는
사람을 사위로 삼는 것은 물론, 다음 임금의 자리까지 물려주겠다고 포고문을
붙였다.

당시 아주 외딴 시골에 삼 형제가 살고 있었는데, 그 가운데 맏이가 망원경으로 그
포고문을 보게 되었다. 그래서 삼 형제는 그 사정을 딱하게 여겨 임금님 외동딸의
병을 고쳐 보자고 의논했다.

삼 형제 중 둘째는 마술의 융단을 가지고 있었고, 막내인 셋째도 마술의 사과를
가지고 있었다. 마술 융단은 아무리 먼 곳이라도 주문만 외면 잠깐 사이에 날아갈
수 있고, 마술 사과는 먹기만 하면 어떤 병이고 감쪽같이 낫는 신통력이 있었다.
이들 삼 형제가 함께 서둘러 마술 융단을 타고 궁전에 도착하여, 공주한테 마술
사과를 먹게 하자 공주의 병은 정말 신통하게도 말끔히 낫게 되었다. 온 백성들은
거리로 쏟아져 나와 기뻐했으며, 임금님은 큰 잔치를 벌이고 사위이자 다음번
임금이 될 사람을 발표하기로 했다.

그러나 삼 형제는 서로 의견이 달랐다. 이중 큰형이 "만일 내 망원경으로 포고문을
보지 못했다면 우리는 공주가 병으로 누운 사실도 몰랐을 거야."라고 주장했다.
그러자 둘째는 "만일 날아다니는 내 양탄자가 없었다면 이 먼 곳까지 어떻게
왔겠느냐?"고 했다. 셋째는 내 마술 사과가 없었으면 공주의 병을 고칠 수
없었다."고 주장했다.

만약 여러분이 임금이라면 과연 삼 형제 가운데 누구를 사윗감으로 정하겠는가?
여기에서 사위가 되고 다음번 왕위를 이을 사람은 마술 사과를 가진 셋째이다.
왜냐하면 망원경을 가진 첫째는 공주를 치료한 후에도 그 망원경이 그대로 남아
있고, 둘째도 타고 온 융단이 그대로 남아 있으나, 셋째의 사과는 공주가 먹어버려
없어졌기 때문이다.

셋째는 임금의 외동딸을 위하여 자신이 가진 것을 모두 주었던 것이다. 이와 같이
탈무드에서는 남에게 도움을 줄 때 아낌없이 주는 것을 가장 소중하게 여긴다.

- 〈탈무드〉 중에서 -

23

랍비 메이어는 설교를 잘하기로 유명했다. 그는 매주 금요일 밤이면 회당에서 어김없이 설교를 했는데, 몇백 명씩 한꺼번에 몰려들어 그의 설교를 들었다. 그들 가운데 메이어의 설교를 매우 좋아하는 여자가 있었다. 다른 여자들은 금요일 밤이면 집에서 안식일 절기에 먹을 음식을 만드느라 바쁜데, 그 여자만은 이 랍비의 설교를 들으러 회당에 나왔다.

메이어는 긴 시간 설교를 했다. 그 여인은 설교를 듣고 만족한 마음으로 집으로 돌아왔다. 그런데 남편이 문에서 그녀를 기다리고 있다가 내일이 안식일인데 음식은 장만하지 않고 어디를 쏘다니느냐며 버럭 화를 냈다.

"도대체 어디에 갔다 오는 거요?"

"회당에서 메이어 랍비님의 설교를 듣고 오는 길이에요."

그러자 남편은 더욱 화를 내며 소리쳤다.

"그 랍비의 얼굴에다 침을 뱉고 오기 전에는 절대로 집에 들어올 생각은 하지도 마시오!"

집에서 쫓겨난 아내는 할 수 없이 친구 집에서 머물며 남편과 별거했다. 이 소문을 들은 메이어는 자신의 설교가 너무 길어서 한 가정의 평화를 깨뜨렸다고 몹시 후회했다. 그러고는 그 여인을 불러 눈이 몹시 아프다고 호소하면서 이렇게 간청했다.

"남의 침으로 씻으면 낫게 된다는데, 당신이 좀 씻어 주시오."

그리하여 여인은 랍비의 눈에다 침을 뱉게 되었다.

제자들은 랍비에게 물었다.

"선생님께선 덕망이 높으신데, 어찌하여 여자가 얼굴에 침을 뱉도록 허락하셨습니까?"

랍비는 이렇게 대답했다.

"가정의 평화를 되찾기 위해서는 그보다 더한 일이라도 할 수 있다네."

– 〈탈무드〉 중에서 –

가

가려움증을 풀어주는 마사지 … 118
가슴 운동 … 105
간 기능을 강화시키는 음식 … 54
간염검사 … 40
감상태교 … 193
건강한 정자와 난자 … 36, 43
건강검진 … 37
검은깨우유죽 … 103
계획임신 … 35, 42

골반 돌리기 운동 … 81
골반 밀기 운동 … 81
굴두부탕 … 55
굴미나리전 … 79
국립고궁박물관 … 214
규칙적인 생활 … 37
균형 잡기 운동 … 81, 152
귤찹쌀말이화채 … 115
그림태교 … 196

근육 형성을 돕는 음식 … 102
기억력을 살려주는 마사지 … 155
기태교 … 231
기태교 사례 … 234
단원 미술제 … 210
꼬막살야채무침 … 139
꽁치구이 … 67

나, 다

나비축제 … 211
난소와 자궁근종검사 … 40
남성의 생식기관 … 45
내훈 … 182
냉·대하 증가를 풀어주는 마사지 … 58
냉이조개된장무침 … 55
뇌발달을 돕는 음식 … 78
누워서 하는 기체조 … 233
다른 나라의 태교 … 248
담양 대나무골 테마공원 … 212

한국대나무박물관 … 214
대장기능을 강화하는 음식 … 138
더덕생채 … 127
도자기축제 … 210
독일의 태교 … 248
동의보감 … 182
동화책 재미있게 읽는 요령 … 199
동화태교 … 198
동화태교 사례 … 201
동화태교의 좋은 점 … 198

두 다리 들고 원 그리기 운동 … 104
두통 … 107
뒤꿈치 들기 운동 … 105
뒷다리 늘리기 운동 … 57
등 늘리기 운동 … 92
등 비틀기 운동 … 104
등 펴기 운동 … 56, 129
등·어깨통증 풀어주는 마사지 … 106

마, 바

마른새우청경채볶음 … 103
매독반응검사 … 40
모시조개샐러드 … 67
모유분비를 촉진하는 음식 … 162
목 돌리기 운동 … 57
몸 펴기 운동 … 129
몸통 돌리기 운동 … 129
무릎 구부려 천장 보기 운동 … 164
미국의 태교 … 250
미술태교 … 193
발목 돌리기 운동 … 117

발목 부딪치기 운동 … 152
발육을 돕는 음식 … 150
밥상태교 … 29
방광기능을 강화시켜주는 음식 … 162
배 당김을 풀어주는 마사지 … 95
배란일 체크 … 43
벽 잡고 등 펴기 운동 … 92
변비를 예방하는 섬유질 식품 … 103
변비를 풀어주는 마사지 … 83
보성차밭 … 211
봉평 이효석 마을&허브나라 … 212

분만예정일 … 14
불면증을 없애주는 마사지 … 130
불임을 풀어주는 마사지 … 59
비만을 풀어주는 마사지 … 167
빈뇨를 풀어주는 마사지 … 59
빈혈검사 … 40
빈혈을 풀어주는 마사지 … 82
뼈를 튼튼하게 하는 음식 … 150
뼈의 성장을 돕는 음식 … 102

사

사회적 태교의 중요성 … 30
산소태교 … 215
산수유차 … 151
산욕기의 일일 식품구성표 … 163
산책 후 발마사지 요령 … 219
산책태교 … 215
산후 부기를 풀어주는 마사지 … 167
산후건망증 … 157
산후우울증 … 157

산후우울증을 풀어주는 마사지 … 166
삼계탕 … 115
삼림욕 100배 즐기는 요령 … 218
삼림욕태교 … 217
상·하체 동시에 들기 운동 … 68
상추오이겉절이 … 163
상황별 음악태교 … 191
서서 하는 기체조 … 233
설소대수술 … 22

세계소리축제 … 210
소변검사 … 40
소양인의 태교 … 247
소음인의 태교 … 245
소화불량을 풀어주는 마사지 … 83
손 털기 운동 … 141
손·발저림을 풀어주는 마사지 … 143
손목 돌리기 운동 … 117
손바닥 밀기 운동 … 141

사

쇠고기등심마늘구이 … 103
수삼닭고기강정 … 91
수영태교 … 220
수영태교 사례 … 223
수정과 착상의 과정 … 46
스세딕부인의 태교 포인트 … 203

스세딕태교 … 203
스세딕태교 사례 … 204
스세딕태교 카드 만들기 … 207
스트레스가 적은 분만 방법 … 169
스트레스를 풀어주는 마사지 … 155
스트레스와 태아곤란증 … 97

시금치조갯살죽 … 79
신장기능을 강화하는 음식 … 150
심장발달을 돕는 음식 … 78
심호흡하기 운동 … 57
십자수태교 … 196
쑥된장국 … 91

아

아보카도의 영양 … 151
아욱된장국 … 127
아이의 평생건강 좌우하는 태교 … 26
아침고요수목원 … 213
앉아서 골반 밀기 … 165
앉아서 하는 기체조 … 233
알레르기비염 풀어주는 마사지 … 119
앞뒤로 다리 벌려 앉기 운동 … 105
양배추과일초절임 … 55
양송이피망볶음 … 163
양쪽으로 다리 벌려 앉기 운동 … 116
어깨 넣기 운동 … 141
어깨 늘리기 운동 … 129
어깨 돌리기 운동 … 80
어깨 힘주었다 풀기 운동 … 68
엉덩이 밀어올리기 … 69
엎드려 배 흔들기 운동 … 116
엎드려 상체 들기 운동 … 69
에이즈검사 … 40
여성의 생식기관 … 45
여행태교 … 208
여행태교 사례 … 214
연근엿장조림 … 91
연꽃축제 … 210
엽산 … 39
엽산이 풍부한 음식 … 78
영어태교 … 238
영어태교 100배 효과 높이는 요령 … 239
영어태교 사례 … 241
영어태교에 좋은 교재 … 242
옆구리 늘리기 운동 … 57, 141
옆구리 운동 … 80
옆으로 누워 다리 들기 … 164
왕세자태교 … 29
왕실의 태교 프로젝트 … 29
요가 준비운동 … 224

요가태교 … 223
요가태교의 좋은 점 … 224
운동태교 … 220
원정출산 … 22
위로 팔 들었다 내리기 운동 … 140
위인들의 태교 … 73
위장기능을 강화하는 음식 … 114
윗몸 일으키기 운동 … 69
유등축제 … 209
유방통증을 풀어주는 마사지 … 95
유산을 막아주는 음식 … 91
유산을 방지하는 마사지 … 71
유산을 예방하는 음식 … 151
유태의 태교 … 249
음악태교 … 184
음악태교 방법 … 185
음악태교 배울 수 있는 곳 … 188
음악태교 사례 … 187
음악태교의 효과 … 184
이벤트여행 … 209
인테리어태교 … 197
일기태교 … 236
일본의 태교 … 248
임신 … 44
임신 13~16주 임신부 신체변화 … 88
임신 13~16주 체크포인트 … 88
임신 13~16주 태아의 성장발달 … 88
임신 13~16주에 좋은 음식 … 90
임신 13~16주에 하면 좋은 운동 … 92
임신 13~16주의 트러블 마사지 … 94
임신 17~20주 임신부 신체변화 … 100
임신 17~20주 체크포인트 … 100
임신 17~20주 태아의 성장발달 … 100
임신 17~20주에 좋은 음식 … 102
임신 17~20주에 하면 좋은 운동 … 104
임신 17~20주의 트러블 마사지 … 106
임신 21~24주 임신부 신체변화 … 112

임신 21~24주 체크포인트 … 112
임신 21~24주 태아의 성장발달 … 112
임신 21~24주에 좋은 음식 … 114
임신 21~24주에 하면 좋은 운동 … 116
임신 21~24주의 트러블 마사지 … 118
임신 25~28주 임신부 신체변화 … 124
임신 25~28주 체크포인트 … 124
임신 25~28주 태아의 성장발달 … 124
임신 25~28주에 좋은 음식 … 126
임신 25~28주에 하면 좋은 운동 … 128
임신 25~28주의 트러블 마사지 … 130
임신 29~32주 임신부 신체변화 … 136
임신 29~32주 체크포인트 … 136
임신 29~32주 태아의 성장발달 … 136
임신 29~32주에 좋은 음식 … 138
임신 29~32주에 좋은 운동 … 140
임신 29~32주의 트러블 마사지 … 142
임신 33~36주 임신부 신체변화 … 148
임신 33~36주 체크포인트 … 148
임신 33~36주 태아의 성장발달 … 148
임신 33~36주에 좋은 음식 … 150
임신 33~36주에 좋은 운동 … 152
임신 33~36주의 트러블 마사지 … 154
임신 37~40주 임신부 신체변화 … 160
임신 37~40주 체크포인트 … 160
임신 37~40주 태아의 성장발달 … 160
임신 37~40주에 좋은 음식 … 162
임신 37~40주에 좋은 운동 … 164
임신 37~40주의 트러블 마사지 … 166
임신 5~8주 임신부 신체변화 … 64
임신 5~8주 체크포인트 … 64
임신 5~8주 태아의 성장발달 … 64
임신 5~8주에 좋은 음식 … 66
임신 5~8주에 하면 좋은 운동 … 68
임신 5~8주의 트러블 마사지 … 70
임신 9~12주 임신부 신체변화 … 76
임신 9~12주 체크포인트 … 76

아

임신 9~12주 태아의 성장발달 … 76
임신 9~12주에 좋은 음식 … 78
임신 9~12주에 하면 좋은 운동 … 80
임신 9~12주의 트러블 마사지 … 82
임신 시기 결정 … 36
임신 전 부부의 마음가짐 … 36
임신 전 부부의 몸관리 … 37
임신 전 부부의 생활습관 … 38
임신 전 부부의 음식습관 … 38
임신 전 스세딕태교 … 204
임신 전 태교의 중요성 … 34
임신 전 태교플랜 … 36
임신 전에 꼭 받아야 하는 검사 … 39
임신 중 성생활 … 47
임신 중 여행하는 요령 … 208
임신계획 … 42
임신부 수영 … 222

임신성 당뇨를 풀어주는 마사지 … 154
임신성 부종을 풀어주는 마사지 … 143
임신우울증을 풀어주는 마사지 … 119
임신의 다양한 징후 … 45
임신중기 요가태교 … 226
임신중기 필라테스태교 … 229
임신중기의 일일 식품구성표 … 127
임신중기의 태교동화 … 201
임신중기의 태교음악 … 189
임신중기의 태담법 … 177
임신중독증에 효과있는 음식 … 138
임신중독증을 풀어주는 마사지 … 167
임신초기 스세딕태교 … 205
임신초기 요가태교 … 225
임신초기 필라테스태교 … 229
임신초기에 좋은 식품 … 78
임신초기의 일일 식품구성표 … 79

임신초기의 태교동화 … 201
임신초기의 태교음악 … 188
임신초기의 태담법 … 176
임신하기 좋은 시기 … 42
임신후기 스세딕태교 … 206
임신후기 요가태교 … 227
임신후기 필라테스태교 … 230
임신후기의 일일 식품구성표 … 139
임신후기의 태교동화 … 201
임신후기의 태교음악 … 189
임신후기의 태담법 … 177
입덧과 빈혈을 예방하는 음식 … 66
입덧을 풀어주는 마사지 … 70
잇몸염증을 풀어주는 마사지 … 94
잉태태교 … 34

자 , 차

자궁안의 구조 … 52
전복데리야끼 … 139
전통태교 … 178
전통태교 사례 … 183
정맥류를 풀어주는 마사지 … 131
젖이 잘 나오게 해 주는 마사지 … 167
조개메밀수제비 … 79
조산을 방지하는 마사지 … 142

조산통을 풀어주는 마사지 … 143
죽순채무침 … 67
중국의 태교 … 248
질 조이기 운동 … 152
쪼그려 앉기 … 165
착상을 돕는 음식 … 54
책상다리 앉기 운동 … 117
척추 비틀기 운동 … 93

철분함유 식품 … 115
청정공 따라하기 … 232
청정공을 하면 좋은 점 … 232
체질태교 … 244
체질태교 사례 … 247
치질을 풀어주는 마사지 … 94
칠태도 … 61
칡차 … 115

카 , 타

클라미디아검사 … 41
탈춤축제 … 209
태교신기 … 181
태교에 좋은 동화책 … 202
태교에 좋은 음악 … 186
태교음악 감상법 … 188
태교의 과학성 … 24
태교의 기초 … 35

태교의 신비 … 23
태내환경 … 27
태담 잘 하는 요령 … 121
태담태교 … 172
태담태교 사례 … 175
태담태교를 해야 하는 이유 … 172
태담하는 요령 … 173
태반기능을 좋게 해 주는 음식 … 90

태아를 안정시키는 음식 … 150
태아의 성장을 돕는 식품군 102
태아의 성장을 촉진시키는 음식 … 114
태양인의 태교 … 246
태음인의 태교 … 244
태중훈문 … 182
테마여행 … 211
톡소플라즈마검사 … 40

파 , 하

팔 돌리기 운동 … 105
폐 기능 발달을 돕는 음식 … 126
풍진검사 … 39
프랑스의 태교 … 250
피로를 풀어주는 마사지 … 71
피임 … 37

필라테스태교 … 228
하동 쌍계사 십 리 벚꽃 … 212
한국민속촌 민속관 … 214
해강 도자미술관 … 214
해삼찜 … 151
허리통증 풀어주는 마사지 … 107

현대과학도 놀란 전통태교 … 179
현미새우죽 … 139
호흡곤란을 풀어주는 마사지 … 131
호흡하기 운동 … 128